Angewandte Atomphysik

Eine Einführung
in die theoretischen Grundlagen

Von

Dr. Rudolf Seeliger

Professor an der Universität Greifswald

Mit 175 Textabbildungen

Berlin

Verlag von Julius Springer

1938

ISBN-13: 978-3-642-90395-3   e-ISBN-13: 978-3-642-92252-7
DOI: 10.1007/ 978-3-642-92252-7

Vorwort.

In unvergleichlich größerem Umfang als früher ist der Ingenieur, vor allem der Elektrotechniker, heute gezwungen, sich mit den Ergebnissen der atomphysikalischen Forschung vertraut zu machen. Die Elektrotechnik ist in den letzten Jahrzehnten hinausgewachsen über die klassische Elektrotechnik, die vorwiegend eine Anwendung MAXWELLschen Gedankengutes war; fruchtbare Entwicklungsarbeit ist heute auf vielen Gebieten nur zu leisten mit den Werkzeugen, die zur Verfügung gestellt werden von der modernen Atomphysik. Die Lehrpläne der Technischen Hochschulen tragen dem auch bereits in gewissem Umfang Rechnung und dem Spezialisten stehen in Handbuchartikeln und monographischen Darstellungen Materialsammlungen zum Teil vorzüglicher Art zur Verfügung. Aber nicht nur für den Anfänger, der einer zunächst verwirrenden Fülle von Einzeldingen gegenübersteht, sondern auch für den vielgeplagten Mann der Praxis, der gelegentlich doch immer wieder gezwungen ist, sich über Fragen außerhalb seines speziellen Arbeitsgebietes zu orientieren, ist es schwer, sich in dem einschlägigen physikalischen und eigentlich für Physiker bestimmten Schrifttum zurechtzufinden.

Hier nun will das vorliegende Buch helfend eingreifen. Wie und in welchem Umfang dies geschehen soll, habe ich versucht, schon in dem gewählten Titel zum Ausdruck zu bringen: Es sollte sich handeln um eine Überschau über die angewandte Atomphysik, d. h. über die Anwendungen atomphysikalischer Betrachtungsweise, oder genauer gesagt, um eine zusammenfassende Darstellung der theoretischen Grundlagen für diese Anwendungen. Denn diese selbst — wenigstens im Sinn der eigentlich technischen Anwendungen — zu behandeln, gehört nicht mehr hierher und hätte auch weit mehr wie noch einen Band gefüllt. Es sollte ferner sich handeln um eine Einführung, d. h. nicht um eine Belastung mit Einzeldaten und Zahlenmaterial nach Art der Darstellungen in den Handbüchern, sondern um eine Herausarbeitung des Wesentlichen mehr nach Art eines Lehrbuches mit dem Ziel, das Studium des Sonderschrifttums vorzubereiten und zu erleichtern. Und endlich sollte das Buch bestimmt sein für den Ingenieur und zwar insbesondere für den Elektrotechniker, d. h. sich beschränken auf die Gebiete der Atomphysik, die in der Elektrotechnik eine Rolle spielen.

Damit sind auch bereits die Auswahl und Abgrenzung des behandelten Stoffes kurz umschrieben. Ich beginne stets dort, wo die klassischen phänomenologischen Betrachtungen aufhören und ende stets dort, wo der Übergang zu den technischen Anwendungen erfolgt. Bei der Abgrenzung nach unten hin ergeben sich kaum Schwierigkeiten. Zu sagen ist dazu nur, daß die Kenntnis auch der neueren experimentellen Forschungsergebnisse vorausgesetzt wird etwa in dem Umfang, wie sie in der üblichen Vorlesung über Experimentalphysik vermittelt wird. Schwerer ist es, die Abgrenzung nach oben hin zu finden. Da der Umfang des Buches schon im Hinblick auf die Preisgestaltung nicht über ein gewisses und zwar relativ zu dem Umfang des zu behandelnden Stoffes ziemlich begrenztes Maß anschwellen durfte und da es zugleich ein einigermaßen abgeschlossenes Ganzes bilden und deshalb auch viele vorbereitende Überlegungen vermitteln sollte, war es natürlich nicht leicht, die richtigen Grenzen zu ziehen. Wieweit dies gelungen ist, wird sich zeigen. Erwähnt sei nur noch, daß ich mich entschlossen habe, die neueste wellen- und quantenmechanische Entwicklung der Theorien nicht mehr oder jeweils nur in ganz kurzen Hinweisen zu bringen. Nicht nur, weil sie ohne sehr weitgehende Vorkenntnisse nicht zu verstehen und auch nicht klar zu machen sind, wenn man sich nicht mit oberflächlichen Redensarten begnügen will, sondern auch deshalb, weil man, von verhältnismäßig wenigen Ausnahmen abgesehen, zur Zeit noch ohne sie einigermaßen auskommen und im Rahmen der älteren Vorstellungen bleiben kann.

Im übrigen habe ich versucht, die Art der Darstellung möglichst einfach zu gestalten. Dazu war vor allem notwendig, grundsätzlich alles wegzulassen, was für die eigentlichen Anwendungen nicht unbedingt erforderlich ist. Man wird also z. B. auch nur die Erwähnung kernphysikalischer Fragen, relativitätstheoretischer Überlegungen oder vieler Feinheiten der BOHRschen Atomtheorie u. dgl. vergeblich suchen und wird also nicht etwa ein vollständiges Bild von dem Umfang und der Tiefe heutiger physikalischer Kenntnis gezeichnet finden. Dies sei schon hier betont, um sogleich die richtige Einstellung zu Ziel und Absicht des Buches zu ermöglichen: Ich hoffe damit meinen Freunden in der Praxis einen Dienst zu erweisen und es soll — in Abwandlung einer Bemerkung im Vorwort eines bekannten Lehrbuches der theoretischen Physik — eine Bergbahn sein, die sie mit möglichst geringer Anstrengung auf das eigentliche Arbeitsplateau führt. Ganz ohne Anstrengung geht das freilich nicht; dazu ist der Stoff doch zu schwierig und für manche wohl auch die dem Thema angemessene Denkart zu fremd.

Die Formeln sind, soweit es sich nicht lediglich um Gleichungen für Zwischenrechnungen handelt, durchgehend numeriert. Jedem Kapitel ist eine kurze Übersicht mitgegeben, die dem Leser sagen soll, wozu der Inhalt des betreffenden Kapitels gut ist im Hinblick auf die Bedürfnisse des Praktikers. Ferner gibt diese Übersicht Hinweise auf das Schrifttum, und zwar in möglichst knapper Auswahl; wie diese Auswahl getroffen wurde, mußte allerdings oft Sache des persönlichen Geschmacks bleiben und soll deshalb keine objektiven Werturteile vermitteln.

Ich bitte um Hinweise auf Lücken, Vorschläge zu Ergänzungen oder Kürzungen und um die Mitteilung von Fehlern. Zu großem Dank verpflichtet bin ich Herrn STEENBECK für eine Durchsicht des Manuskriptes und für einige Vorschläge zu Ergänzungen, den Herren JUNG, ROMPE und SOMMERMEYER für mancherlei wertvolle Anregungen, Herrn FUNK für seine Hilfe bei der Korrektur. Der Verlagsbuchhandlung Julius Springer darf ich auch hier bestens danken für alle ihre Bemühungen um die äußere Ausgestaltung des Buches und für ihr stets verständnisvolles Eingehen auf viele Wünsche.

Greifswald, im Januar 1938.

R. SEELIGER.

Inhaltsverzeichnis.

      Seite

I. Kinetische Theorie der Gase 1
  1. Physikalische und mathematische Grundlagen 1
     Erster Entwurf eines theoretischen Bildes S. 1. — Grundlagen
     der Wahrscheinlichkeitsrechnung S. 4. — Geometrische Wahrschein-
     lichkeiten S. 6. — Verteilungsfunktionen S. 8.
  2. Das Boltzmann-Prinzip 12
     Wahrscheinlichster Zustand S. 12. — Formulierung des Prinzips
     S. 15. — Anwendung auf Dipole S. 17.
  3. Maxwell-Verteilung; Gleichverteilungssatz 18
     MAXWELLsches Verteilungsgesetz S. 18. — Gasdruck, Konden-
     sation und Verdampfung S. 20. — Thermisches Gleichgewicht
     S. 22. — Gleichverteilungssatz S. 24.
  4. Freie Weglänge und Stoßzahl 26
     Verteilung und Mittelwert der freien Weglängen S. 26. — Weg-
     länge und Stoßzahl S. 28. — Verallgemeinerung des Weglänge-
     und Stoßzahlbegriffs S. 31.
  5. Die Transportgleichung 34
     Wärmeleitung S. 34. — Allgemeine Transportgleichung; Dif-
     fusionsprobleme S. 38.
  6. Grenzen gaskinetischer Betrachtungsweise; Wandstöße 40
     Volumstöße und Wandstöße S. 40. — Strömungswiderstand stark
     verdünnter Gase S. 41. — Wärmeleitung bei tiefen Drucken; Ak-
     kommodationskoeffizient S. 44.
  7. Entartung der Gase; die neue Statistik 46
     Statistische Abzählungsregeln S. 46. — Das allgemeine Ver-
     teilungsgesetz S. 48. — Entartung der Gase S. 51.
  8. Schwankungserscheinungen 52
     Begriff der Schwankung S. 52. — Mittlere Schwankung; mitt-
     leres Schwankungsquadrat S. 53. — Schwankungsformeln S. 56.

II. Bau der Atome 58
  9. Lichtquanten und Energiequanten 59
     Grenzen der Wellentheorie des Lichts; Photoeffekt S. 59. —
     Quantentheorie des Photoeffekts S. 60. — Fluoreszenz; Compton-
     effekt S. 61. — Die $h\nu$-Beziehung S. 63.
  10. Gesetze der Serienspektren; Termsystematik 64
     Linienserien S. 64. — Serienformeln S. 67. — Spektralterme
     S. 69.
  11. Das BOHRsche Atommodell 71
     Feinbau der Atome S. 71. — Grundlagen der BOHRschen Atom-
     theorie S. 73.
  12. Das Termschema der Atome 76
     Graphische Darstellung der Energieniveaus S. 76. — Anwendung
     auf spezielle Beispiele: Natrium S. 78. — Quecksilber- und Neon-
     atom; metastabile Zustände S. 81.

Seite

13. Röntgenstrahlen 84
    Bremsstrahlen S. 84. — Charakteristische Linienstrahlung S. 85.
14. Theorie der Hohlraum-Strahlung; kontinuierliches Spektrum . . . 87
    Bandenspektrum; kontinuierliches Spektrum S. 87. — Hohl-
    raumstrahlung S. 89.
15. Elementare Stoßvorgänge 93
    Kritische Spannungen, Ausbeute S. 93. — Ionisierungsausbeute
    S. 95. — Optische Anregungsfunktion S. 98. — Stöße zweiter Art
    S. 100. — Anlagerung, Wiedervereinigung S. 102. — Thermische
    Ionisation von Gasen S. 103.

III. Elektronen im Hochvakuum 106
16. Bewegung freier Ladungsträger in elektrischen und magnetischen
    Feldern 106
    Grundgesetze S. 106. — Beschleunigung im elektrischen Feld
    S. 110. — Ablenkung in elektrischen und magnetischen Feldern
    S. 113. — Magnetron S. 116.
17. Massenspektrograph; Braunsches Rohr 118
    Massenspektrograph S. 118. — Braunsches Rohr, Kathodenstrahl-
    oszillograph S. 121.
18. Ausbreitung elektromagnetischer Wellen in der Atmosphäre . . . 123
    Grundlagen der Dispersionstheorie S. 123. — Absorption und
    Brechung in der Heavisideschicht S. 126.
19. Elektronenoptik 129
    Das Elektronenmikroskop S. 129. — Beziehungen zwischen
    Mechanik und geometrischer Optik S. 131. — Elektrische und
    magnetische Linsen S. 134.
20. Raumladungswirkung von Trägerströmen 138
    Feldverzerrung durch Raumladungen S. 138. — Raumladung
    und Trägerstromdichte S. 142. — Raumladungsbegrenzung des
    Stromes S. 142. — Berücksichtigung der Anfangsgeschwindigkeit
    der Elektronen S. 145. — Raumladungsgesetz für beliebige Elek-
    trodenform; Güte des Vakuums S. 148. — Gitterröhren S. 150.

IV. Elektrizitätsleitung in Gasen 153
21. Bewegung der Träger in Gasen 153
    Fortschreitungsgeschwindigkeit; Beweglichkeit S. 154. — Be-
    wegungsgesetze der Elektronen S. 157. — Diffusion von Trägern
    S. 160. — Ambipolare Diffusion S. 161.
22. Unselbständige Strömung 162
    Kennzeichen und Einteilung S. 162. — Unipolare Strömung
    S. 163. — Bipolare Strömung S. 165.
23. Luftelektrizität 170
    Potentialgefälle; vertikaler Leitungsstrom S. 170. — Ionisierungs-
    bilanz der Atmosphäre S. 174. — Aufrechterhaltung der negativen
    Erdladung S. 175. — Ionisation der obersten Teile der Atmosphäre
    S. 177. — Theorie der Gewitter S. 179.
24. Das Plasma 182
    Mechanismus der Vorgänge im Plasma S. 183. — Temperatur
    der Elektronen S. 186. — Theorie der Sonden S. 187.
25. Die positive Säule 191
    Eigenschaften der Säule S. 191. — Diffusionstheorie der Säule
    S. 194. — Die thermische Säule S. 199.

Seite

26. Der Kathodenfall 202
Grundbegriffe S. 203. — Glimmentladungskathoden S. 204. —
Theorie des Kathodenfalls S. 207. — Glühkathoden S. 211. —
Bogenkathoden S. 216.

27. Die Lichtemission der Gasentladungen 218
Anregung durch Elektronenstoß S. 218. — Stufenprozesse
S. 220. — Lichtemission der Säule S. 221.

28. Ähnlichkeitsgesetze 225
Die Ähnlichkeitsgesetze S. 225. — Gültigkeit der Ähnlichkeitsgesetze S. 226. — Anwendungsbeispiele S. 227.

29. Zünden und Löschen von Entladungen 230
Mechanismus der Zündung S. 230. — Theorie der Zündung
S. 232. — Entwicklung höherer Entladungsformen S. 240. — Zündung
in Glühkathodenröhren S. 241. — Gesteuerte Zündung S. 242. —
Löschen von Entladungen S. 244.

V. Elektrizitätsleitung in festen Körpern 245

30. Metallische Leitung; Elektronentheorie der Metalle 246
Elementare Elektronentheorie der Metalle S. 246. — Die neue
Statistik der Metallelektronen S. 251. — Allgemeine Theorie des
metallischen Zustandes S. 254.

31. Thermischer Elektronenaustritt aus Metallen; Photoeffekt 256
Glühkathoden S. 258. — Photoeffekt S. 263. — Schroteffekt,
Funkeleffekt, Wärmerauschen S. 268.

32. Elektronenbefreiung durch starke Felder; Stoßeffekte an Metallflächen 273
Autoelektrischer Effekt S. 273. — Stoßeffekte an Metallflächen
S. 275. — Elektronenbefreiung durch Stöße S. 279. — Kathodenzerstäubung S. 283.

33. Aktivierte und sensibilisierte Kathoden 284
Einfache Oberflächenschichten S. 285. — Wolfram-Cäsium- und
Wolfram-Thorium-Glühkathoden S. 290. — Sensibilisierte Photo-
kathoden S. 295. — Zusammengesetzte Photokathoden S. 298.

34. Elektrizitätsleitung in Halbleitern 301
Elektronen- und Ionenleitung S. 301. — Einfache Modellvorstellungen S. 305. — Die Energiebändermodelle S. 310. — Halbleiterphotoeffekt; Sperrschichten S. 312.

35. Durchschlag fester Isolatoren 314
Beschreibende Übersicht S. 314. — Der Wärmedurchschlag
S. 317. — Der elektrische Durchschlag S. 319.

VI. Elektrizitätsleitung in Flüssigkeiten 323

36. Elektrolytische Leitung 324
Die Leitfähigkeitsgleichung S. 324. — Theorie der Ionenbeweglichkeit. Starke und schwache Elektrolyte S. 329. — Dissoziation
und Massenwirkungsgesetz S. 335. — Elektromotorische Kraft im
Konzentrationsgefälle S. 338.

37. Grenzflächenvorgänge 340
Osmotische Theorie der Grenzflächenpotentiale S. 340. — Polari-
sationseffekte S. 344. — Die Grenzflächendoppelschicht S. 350. —
Elektrokapillarität S. 354. — Elektrokinetische Erscheinungen S. 359.

Seite
38. Isolierende Flüssigkeiten 367
 Leitfähigkeit bei kleinen Feldstärken S. 368. — Anomalien der
Stromleitung S. 372. — Leitung in starken Feldern S. 374. — Mechanismus des Durchschlags S. 379.

VII. Dielektrika und Magnetika 383
 39. Die Dielektrizitätskonstante 384
  Die dielektrische Polarisation S. 384. — Molekulare Dipole
 S. 390. — Molekülstruktur S. 393. — Ergänzungen und Erweiterungen der Theorie S. 397.

 40. Dielektrische Anomalien 401
  Normale und anomale Vorgänge in Dielektriken S. 401. —
 Formale Theorie der dielektrischen Anomalien S. 404. — Mecha-
 nismus der anomalen Vorgänge S. 407.

 41. Elektrostriktion; Piezoelektrizität; Kerreffekt 411
  Elektrostriktion S. 412. — Piezoelektrische Kristalle S. 413. —
 Kerreffekt S. 419.

 42. Diamagnetismus, Paramagnetismus; Ferromagnetismus 424
  Einleitende Übersicht S. 424. — Theorie des Diamagnetismus
 S. 430. — Theorie des Paramagnetismus S. 432. — Grundlagen
 der Theorie des Ferromagnetismus S. 434. — Ausbau der Theorie
 S. 438.

 43. Gitterbau der Festkörper 444
  Geometrische Grundbegriffe S. 445. — Die Gitterkräfte S. 447. —
 Einfachste Anwendungen der idealen Gittertheorie S. 449. — Real-
 kristalle S. 451.

Sachverzeichnis 454

Berichtigung.

Die zweite der Formeln (97) auf S. 252 muß lauten:

$$\varkappa = \frac{8\,\pi^3}{9}\,\frac{\lambda\,k^2\,T}{h}\left(\frac{3\,n}{8\,\pi}\right)^{2/3}.$$

I. Kinetische Theorie der Gase.

Das klassische Gebiet physikalischer Anwendungen wahrscheinlichkeitstheoretischer Betrachtungen ist die kinetische Gastheorie. Ganz abgesehen von den zahlreichen und unmittelbaren Anwendungen ihrer allgemeinen Ergebnisse in allen Teilen der Atomphysik vermittelt sie die Kenntnis der wichtigsten Begriffsbildungen und mathematischen Methoden, von denen wir im folgenden immer wieder Gebrauch machen müssen. Sie ist die Grundlage, von der allein aus alles weitere verständlich werden kann.

Von den vielen ausführlicheren lehrbuchartigen Darstellungen sind als die handlichsten zu empfehlen: K. F. HERZFELD: Kinetische Theorie der Wärme (MÜLLER-POUILLETS Lehrbuch der Physik, Bd. III, 2) und L. LOEB: Kinetic Theory of Gases. Zahlenwerte und Formeln findet man zusammengestellt in den Gasentladungstabellen von KNOLL, OLLENDORFF und ROMPE, Kap. II e. Das geeignetste Lehrbuch der Wahrscheinlichkeitsrechnung dürfte für unsere Zwecke sein die Wahrscheinlichkeitsrechnung von E. CZUBER.

1. Physikalische und mathematische Grundlagen.

Erster Entwurf eines theoretischen Bildes. Für viele Zwecke genügt es, die Gase aufzufassen als kontinuierlich den Raum erfüllende Medien. Diese Auffassung liegt insbesondere zugrunde der ganzen Aerodynamik und es würde keine Vorteile bringen und nur unökonomisch sein, hier von ihr abzugehen. Auch z. B. die in der Zustandsgleichung $pv = RT$ zusammengefaßte Beschreibung der thermischen und elastischen Eigenschaften der idealen Gase enthält zunächst noch keinerlei Annahmen über eine Feinstruktur des gasförmigen Aggregatzustandes. Andererseits kann man die — ursprünglich aus der Chemie stammende — Lehre von der Zusammensetzung der Materie aus elementaren Teilchen natürlich auch auf Gase anwenden; die Möglichkeit, die Dichte eines Gases durch eine Änderung des äußeren Druckes beliebig verändern zu können und die vollkommene Mischbarkeit verschiedener Gase miteinander legen dies sogar zwingend nahe. Man erkennt aber sofort, daß dann schon zur Erklärung selbst der einfachsten Erfahrungstatsachen noch weitere Annahmen besonderer Art erforderlich sind. So z. B. ist das Bestreben der Gase, sich auszudehnen und stets den ganzen verfügbaren Raum einzunehmen, nicht ohne weiteres zu verstehen, und zwar selbst dann nicht, wenn die Gasteilchen nicht wie die Bausteine der festen Körper an Ruhelagen gebunden, sondern vollkommen frei beweglich sind. Die erforderlichen Zusatzannahmen könnten an sich in verschiedenster Weise gewählt werden — man könnte etwa an abstoßende Kräfte zwischen den Gasteilchen denken — und über ihre Brauchbarkeit kann letzten Endes natürlich nur die Verfolgung aller ihrer Konsequenzen bis zu einem Vergleich mit der Erfahrung entscheiden. Es ist nun sehr bemerkenswert, daß alles Wünschenswerte in weitem Umfang schon die einfache weitere Annahme leistet, daß die Gasteilchen in ständiger Bewegung sind und daß sie untereinander und mit den Gefäßwänden wie vollkommen elastische Körper zusammenstoßen. Durch diese zunächst ebenso kühne wie geniale Annahme ist also alles zurückgeführt auf die Bewegung (Kinetik) elastischer Gasteilchen; die Aufgabe der „kinetischen Gastheorie" ist es, dies Bild im einzelnen und vor allem quantitativ auszubauen.

Jedes Teilchen, das auf die Gefäßwand trifft, wird von dieser elastisch reflektiert. Dabei ändert sich die Bewegungsgröße (der Impuls) des Teilchens, da die Normalkomponente der Geschwindigkeit einfach ihre Richtung umkehrt und die Tangentialkomponente überhaupt unverändert bleibt. Es überträgt also jedes stoßende Teilchen einen gewissen Betrag von Bewegungsgröße auf die Wand und dies äußert sich in einem Druck, dem Gasdruck p, der so eine sehr einfache kinetische Deutung findet. Wenn auch der auf die Wand ständig auftreffende Teilchenhagel außerordentlich dicht ist — z. B. in Luft von Atmosphärendruck und Zimmertemperatur fallen auf jeden cm² in jeder Sekunde rd. 10^{23} Teilchen auf —, so ist der Gasdruck nach dieser Vorstellung doch keine vollkommen konstante Größe, sondern er schwankt dauernd und unregelmäßig um einen Mittelwert, und diese Schwankungen erfolgen lediglich so rasch und mit so kleiner Amplitude, daß sie auch mit unseren empfindlichsten Druck-Meßinstrumenten gänzlich verborgen bleiben. Es ist aber als eine besonders eindrucksvolle Bestätigung für die Richtigkeit des der kinetischen Gastheorie zugrunde liegenden Bildes anzusehen, daß es eine Möglichkeit gibt, diese Schwankungen des Druckes sogar unmittelbar sichtbar zu machen. Wenn nämlich in einem Gas kleine Körperchen suspendiert sind, werden deren Oberflächen ebenfalls von allen Seiten her von dem Teilchenhagel getroffen und erhalten deshalb von allen Seiten her Bewegungsimpulse und wenn die Schwebeteilchen klein genug sind, so werden sie diesen Impulsen einigermaßen folgen können und werden deshalb die Schwankungen des Teilchenhagels durch Zitterbewegungen verraten, die im Mikroskop beobachtet werden können (BROWNsche Molekularbewegung).

Wir können über den Gasdruck aber sogleich noch mehr aussagen und können so bereits zu einer ganz wesentlichen Ergänzung unseres kinetischen Bildes kommen. Es sei m die Masse eines Gasteilchens, n die Zahl der Teilchen in 1 cm³ und $\tilde{c}$ ihre Geschwindigkeit, die wir zunächst für alle Teilchen der Größe nach als gleich annehmen wollen (es ist dies $\tilde{c}$ ein Mittelwert aus allen tatsächlichen Geschwindigkeiten und mit ihm zu arbeiten ist eine bei allen derartigen Überlegungen erlaubte und sehr brauchbare Vereinfachung). Nun ist offenbar die von einem Teilchen übertragene Bewegungsgröße proportional mit $m\tilde{c}$, die Zahl der auf die

Flächeneinheit in der Zeiteinheit auftreffenden Teilchen proportional mit $n\tilde{c}$ und demgemäß die insgesamt pro Flächen- und Zeiteinheit auf die Wand übertragene Bewegungsgröße, d. h. der Gasdruck p, proportional mit $n\,m\,\tilde{c}^2$. Da andererseits nach der Zustandsgleichung $pv = RT$ ist, ist der Druck p bei konstantem Volumen proportional mit T. Es ergibt sich also, daß $\tilde{c}$ proportional mit $\sqrt{T}$ sein muß. Damit haben wir das wichtige Ergebnis gefunden, daß die Geschwindigkeit der Gasteilchen von der Temperatur des Gases abhängt und zwar derart, daß ihr mittlerer Geschwindigkeitswert proportional mit der Wurzel aus der absoluten Gastemperatur ist. Wenn wir ein Gas durch Zufuhr von Wärme auf höhere Temperatur bringen, so wird dabei also nach den Vorstellungen der kinetischen Gastheorie die Geschwindigkeit der Gasteilchen gesteigert.

Die Berechnung des Proportionalitätsfaktors in der Beziehung $\tilde{c}$ prop $\sqrt{T}$ und auch die exakte Definition der hier benutzten Mittelwerte $\tilde{c}$ der Geschwindigkeit können wir im Rahmen so einfacher Überlegungen, wie die eben durchgeführte, allerdings noch nicht leisten. Es ist dazu eine viel tiefergehende Analyse notwendig, auf die wir später noch eingehen werden. Das Ergebnis ist, daß für alle Gase ganz allgemein die Beziehung gilt (S. 19, 21)

$$\tilde{c}\left(= \sqrt{\overline{c^2}}\right) = \sqrt{\frac{3\,k}{m}}\,\sqrt{T},$$

worin k eine universelle Konstante, die sog. BOLTZMANNsche Konstante, ist, deren Dimension erg/Grad und deren Größe $1{,}37 \cdot 10^{-16}$ ist. Es ist also die mittlere Geschwindigkeit bei derselben Temperatur um so kleiner, je größer die Masse m der Teilchen ist. Numerisch ergeben sich aus dieser Formel, da man die Masse m der Teilchen für jede Gasart kennt, unmittelbar die Zahlenwerte für dieses $\tilde{c}$; man findet so Werte von der Größenordnung 100 bis 1000 m/s bei Zimmertemperatur, also überraschend große Geschwindigkeiten. Der genaue Wert ist für Wasserstoff bei $T = 273°$ abs. (d. h. bei $0°$ C) 1694 m/s, woraus man auch für alle anderen Gase nun sofort die genauen Werte errechnen kann. So z. B. ist für Quecksilberdampf, dessen Atome 100mal so schwer sind wie das Wasserstoffmolekül,

$$\text{bei einer Temperatur von } 300°\text{C } \bar{c} = 1694 \cdot \sqrt{\frac{300 + 273}{273}} \cdot \sqrt{\frac{1}{100}} = 245 \text{ m/s}.$$

Die hohen eben erwähnten Werte der Teilchengeschwindigkeit geben Veranlassung zu einer neuen Überlegung. Man sollte nämlich zunächst erwarten, daß die Diffusion zweier Gase ineinander — z. B. der Ausgleich der Füllung eines Wasserstoff enthaltenden Gefäßes mit der Außenluft — in sehr kurzen Zeiten stattfindet, wenn man das Gefäß öffnet. Die Erfahrung zeigt nun aber, daß dieser Prozeß sogar recht langsam vor sich geht. Auch dafür gibt die kinetische Gastheorie eine einfache Erklärung, deren quantitativer Ausbau zu einer Reihe wichtiger Folgerungen führt. Die Gasteilchen bewegen sich nämlich nicht über beliebige Strecken

mit den angegebenen Geschwindigkeiten frei durch den Raum, sondern
sie stoßen dauernd, und zwar wegen ihrer großen Zahl schon jeweils
nach sehr kleinen Flugstrecken zusammen, werden dabei abgelenkt und
durchlaufen also in Wirklichkeit sehr komplizierte, vielfach gebrochene
Zickzackbahnen. Die mittlere Wegstrecke zwischen zwei aufeinanderfolgenden Zusammenstößen bezeichnet man als die mittlere freie Weglänge. Sie ist bei Atmosphärendruck nur etwa von der Größenordnung
10^{-5} cm und ist eine neue, für jedes Gas kennzeichnende Größe, die bei
allen gaskinetischen Überlegungen eine große Rolle spielt.

Wir sind damit in der Vervollständigung des Bildes von einem Gas
schon ein großes Stück weitergekommen. Es wird erwünscht sein, es
durch einige quantitative Angaben zum Schluß noch etwas anschaulicher zu gestalten. Die Zahl der Gasteilchen in 1 cm³ ist bei derselben Temperatur und demselben Druck für alle Gase, wie schon die Elementarphysik lehrt, dieselbe und beträgt $3 \cdot 10^{19}$ (LOSCHMIDTsche Zahl) bei 1 at und 0° C; sie ändert sich mit Temperatur und Druck gemäß der Zustandsgleichung proportional mit p/T. Der mittlere Abstand der Teilchen ist bei 1 at und 0° C von der Größenordnung $1/\sqrt[3]{3 \cdot 10^{19}} \sim 3 \cdot 10^{-7}$ cm, die Teilchengröße ist aber nur von der Größenordnung 2 bis $3 \cdot 10^{-8}$ cm, so daß also für kugel-

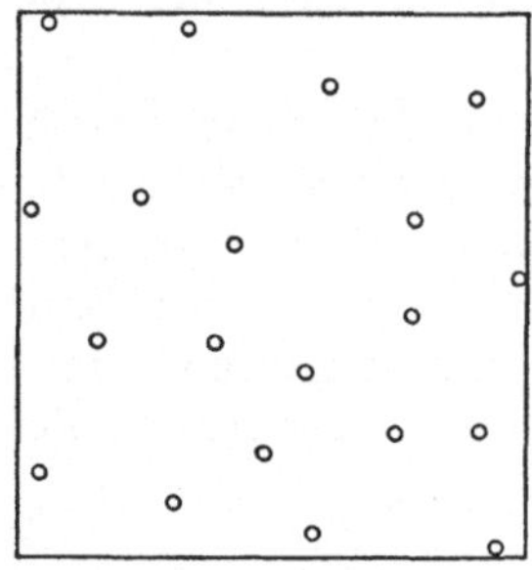

Abb. 1. Bild eines Gases bei 1 at und 0° C.

förmige Teilchen eine Momentaufnahme eines Gases in maßstäblich
richtiger Vergrößerung etwa so aussehen würde wie Abb. 1.

Grundlagen der Wahrscheinlichkeitsrechnung. Wie wir eben sahen,
hat man es in der kinetischen Gastheorie zu tun mit physikalischen
Systemen, die aus sehr vielen Einzelindividuen (Teilchen) bestehen und
mit Vorgängen, die aus dem Zusammenwirken sehr vieler elementarer
Einzelereignisse (den Zusammenstößen der Teilchen untereinander und
mit der Wand) resultieren. Es wäre natürlich ganz unmöglich, sich um
das Schicksal jedes Teilchens bekümmern oder die Einzelereignisse selbst
übersehen zu wollen. Es ist das aber auch gar nicht notwendig zur
Erzielung der uns interessierenden Ergebnisse, sondern es handelt sich
und kann sich nur handeln um eine „statistische" Betrachtungsweise
und um die Ableitung „statistischer" Gesetzmäßigkeiten, die sich alle
nur auf gewisse Mittelwerte beziehen. Die Sachlage ist also eine ganz
analoge wie in der Bevölkerungsstatistik oder in der Versicherungs-
mathematik und das mathematische Rüstzeug zur Behandlung derartiger Probleme liefert die Wahrscheinlichkeitsrechnung. Wir wollen
uns damit hier natürlich nur soweit beschäftigen, wie dies unbedingt
notwendig ist und uns mit einem erinnernden Überblick über das Wesentlichste begnügen.

Die grundlegenden Überlegungen und abstrakten Gesetze der Wahrscheinlichkeitsrechnung macht man sich am besten klar an Hand unmittelbar evidenter konkreter Beispiele, wozu am geeignetsten sind solche aus dem Gebiet der Würfel-, Urnen- oder Kartenspiele und üblicherweise auch stets benutzt werden. Wenn wir mit einem Würfel werfen oder aus einer mit numerierten Kugeln gefüllten Urne eine Kugel ziehen, so ist es natürlich ganz unmöglich zu sagen, welche Augenzahl oder Kugelnummer wir bei einem einzigen derartigen Versuch erhalten werden. Wenn wir den Versuch aber sehr oft wiederholen, so können wir, zunehmend mit zunehmender Versuchszahl, angeben, welcher Bruchteil der Versuche zu einem bestimmten gewünschten Ergebnis führt. Wir können also z. B. sagen, daß unter sehr vielen Würfen $^1/_6$ der Würfe eine gewünschte Augenzahl ergibt. Die Verallgemeinerung dieser Überlegung und ihre mathematische Formulierung führt nun sofort zu dem Begriff der „Wahrscheinlichkeit" eines Ereignisses im Sinne der Wahrscheinlichkeitsrechnung. Wir definieren ganz allgemein diese Wahrscheinlichkeit w als das Verhältnis der Zahl der (für das Eintreten des Ereignisses) günstigen zu der Zahl der möglichen Fälle

$$w = \frac{\text{Zahl der günstigen Fälle}}{\text{Zahl der möglichen Fälle}}.$$

Befinden sich z. B. in einer Urne r rote und s schwarze Kugeln, so ist also die Wahrscheinlichkeit dafür, eine rote Kugel zu ziehen, $w = r/(r+s)$; die Wahrscheinlichkeit dafür, aus einem Kartenspiel von 32 Karten einen König zu ziehen, ist $w = 4/32 = 1/8$. Die Wahrscheinlichkeit ist demnach eine Zahl, die stets kleiner ist als 1; im Grenzfall $w = 1$, indem alle Fälle günstig sind und das Ereignis also immer eintritt, spricht man auch von Gewißheit.

Wir wollen gleich einen Schritt weiter gehen und die Wahrscheinlichkeit von sog. „zusammengesetzten Ereignissen" betrachten. Wenn ein Ereignis nicht nur auf eine Weise realisiert werden kann, sondern es dazu verschiedene, voneinander unabhängige Möglichkeiten gibt, ist die Wahrscheinlichkeit dieses Ereignisses gegeben einfach durch die Summe der Wahrscheinlichkeiten der Teilmöglichkeiten. Es ist dann also $w = w_1 + w_2 + w_3 \ldots$ und auch dies dürfte unmittelbar einleuchtend sein. Wir wollen als einfaches Beispiel die Wahrscheinlichkeit dafür betrachten, mit einem Würfel eine Augenzahl zu werfen, die größer als 2 ist. Es kann dies Ereignis offenbar realisiert werden durch irgendeinen der Würfe, die 3, 4, 5 oder 6 liefern. Die Wahrscheinlichkeit für jede dieser Teilmöglichkeiten ist 1/6 und die gesuchte Wahrscheinlichkeit dann $1/6 + 1/6 + 1/6 + 1/6 = 2/3$. Eine sehr wichtige Anwendung dieses Summensatzes von der Zusammensetzung der Wahrscheinlichkeiten werden wir später noch bei den Ausführungen über die sog. geometrischen Wahrscheinlichkeiten kennenlernen und stillschweigend noch oft bei gaskinetischen Überlegungen davon Gebrauch machen. Nicht ganz so einfach ist zu übersehen, wie sich die Berechnung der Wahrscheinlichkeit einer anderen Gruppe zusammengesetzter Ereignisse gestaltet. Die eben besprochenen Ereignisse erfolgen nach dem Schema entweder/oder, d. h. das Ereignis kann eintreten entweder auf die eine, oder auf eine andere oder auf eine dritte usw. Weise. Die nun zu besprechenden hingegen sollen erfolgen nach dem Schema erst/dann, d. h. sie sollen eintreten, wenn erst ein gewisses Teilergebnis, dann ein anderes, dann ein drittes usw. eingetreten ist. Wenn man z. B. mit zwei Würfeln eine Doppelvier werfen will, muß man erst mit dem einen und dann mit dem anderen Würfel die Augenzahl 4 werfen (wobei natürlich die zeitliche Aufeinanderfolge an sich keine Rolle spielt); oder wenn man aus einem Spiel in zwei Zügen zwei Könige, oder was dasselbe ist, in einem Doppelzug zwei Könige ziehen will, muß man (erst) mit der einen und (dann) mit der anderen Karte einen König ziehen. Die Regel für die Wahrscheinlichkeit derartiger Ereignisse lautet nun: Die Wahrscheinlichkeit eines Ereignisses, das erst durch das Zusammentreffen mehrerer Teilereignisse zustande kommt, ist gegeben durch das Produkt der Wahrscheinlichkeit der Teilereignisse; es ist also nun $w = w_1 \cdot w_2 \cdot w_3 \ldots$ Wenden wir dies an auf die obigen Beispiele, so finden wir für die Wahrscheinlichkeit für das Würfeln einer Doppelvier $w = 1/36$ und für die Wahrscheinlichkeit, zwei Könige zu ziehen $w = 4/32 \cdot 3/31 = 3/248$.

Geometrische Wahrscheinlichkeiten. Diese einfachen und grundlegenden Betrachtungen ermöglichen uns nun bereits das Verständnis einer Verallgemeinerung des Wahrscheinlichkeitsbegriffes und auch aller seiner Anwendungen, mit denen wir es im folgenden zu tun haben werden. Es ist das der Begriff der „geometrischen" Wahrscheinlichkeit. Wir gehen aus von zwei konkreten Beispielen, aus denen alles Wesentliche anschaulich zu ersehen sein wird. Auf einer Scheibe von der Flächengröße F sei als Ziel eine Teilfläche f abgegrenzt; die Scheibe werde, ohne zu zielen, beschossen und vorausgesetzt sei nur, daß jeder Schuß überhaupt die Scheibenfläche F trifft. Für die Wahrscheinlichkeit dafür, das Ziel f zu treffen, d. h. für den Bruchteil aller Schüsse, welche f treffen, werden wir dann sofort gefühlsmäßig und ganz richtig $w = f/F$ angeben. Aber wir können dies nun leicht auch begründen mit Hilfe des Summensatzes. Denken wir uns F aufgeteilt in gleich große Flächenelemente $d\sigma$ (etwa von der Größe der Einschußlöcher) und ist dann $F = Z \cdot d\sigma$ und $f = z \cdot d\sigma$, so wird die ganze Scheibe F bzw. die Zielfläche f getroffen jedesmal, wenn eines der in ihnen liegenden Elemente $d\sigma$ getroffen wird und die Wahrscheinlichkeit dafür, daß f getroffen wird, ist offenbar gegeben durch $w = z/Z = f/F$. Denn das Ereignis des Treffens einer bestimmten Fläche kann realisiert werden durch jedes der Teilereignisse des Treffens eines ihrer Teile; man hat es also zu tun mit einer Summe aus unendlich vielen, unendlich kleinen Teilwahrscheinlichkeiten. Das Typische an der Berechnung derartiger Wahrscheinlichkeiten und die Herkunft der

Bezeichnung geometrische Wahrscheinlichkeit dürfte damit anschaulich geworden sein. Wir können aber sogleich noch eine Ergänzung anfügen und damit einen neuen Begriff kennenlernen. Vorausgesetzt ist nämlich bei den obigen Überlegungen stillschweigend noch, daß die einzelnen Flächenelemente hinsichtlich des Getroffenwerdens als untereinander gleichwertig zu betrachten sind oder, wie man dies auszudrücken pflegt, daß ihre „a-priori-Wahrscheinlichkeit" dieselbe ist. Es ist dies zwar im vorliegenden Fall selbstverständlich, aber im allgemeinen bedarf diese Voraussetzung bei allen Untersuchungen über geometrische Wahrscheinlichkeiten von Fall zu Fall einer besonderen Nachprüfung; wir werden später auch sehen (S. 16), daß diese Nachprüfung durchaus nicht immer einfach und selbstverständlich ist.

Das zweite Beispiel soll folgendes sein: Von einem festen Punkt P aus fliegen Teilchen ganz regellos, d. h. ohne Bevorzugung irgendeiner Richtung, nach allen Seiten hin in den Raum hinaus auf geradlinigen Bahnen. Wie groß ist die Wahrscheinlichkeit für eine bestimmte Richtung, die gegeben ist durch den Neigungswinkel ϑ gegen eine vorgegebene Gerade? Zunächst ist dazu zu sagen, daß die Aufgabe in dieser Form keinen Sinn hat, sondern strenger gefaßt werden muß. Denn die Wahrscheinlichkeit für einen bestimmten Richtungswinkel ϑ ist um so kleiner, je genauer dieser Richtungswinkel vorgeschrieben wird, und ist bei einer Festlegung von ϑ, die genau im mathematischen Sinn ist, unendlich klein, d. h. Null. Sinnvoll wird unsere Forderung also erst, wenn wir sie so fassen, daß der Winkel zwischen zwei definierten Grenzen liegen soll, also etwa zwischen ϑ und $\vartheta + d\vartheta$. So soll von jetzt ab auch ganz allgemein die Formulierung aller derartiger Forderungen verstanden sein. Wenn also gefordert wird, daß eine Strecke die Länge λ habe, so soll dies bedeuten, daß ihre Länge zwischen λ und $\lambda + d\lambda$ liegt; daß eine Geschwindigkeit der Größe nach den Wert c hat, soll heißen, daß sie zwischen c und $c + dc$ liegt; der Mittelpunkt eines kugeligen Teilchens soll an der durch die Koordinaten x, y, z bestimmten Stelle liegen, heißt, seine Koordinaten sollen zwischen x und $x + dx$, y und $y + dy$, z und $z + dz$ liegen oder er soll sich in einem an der Stelle x, y, z liegenden Volumelement von der Größe $dx \cdot dy \cdot dz$ befinden; usw. Kehren wir nun zu unserem Beispiel zurück, so soll also die Flugrichtung zwischen den durch die Winkel ϑ und $\vartheta + d\vartheta$ gegebenen Richtungen, d. h. in dem Elementarkegel zwischen ϑ und $\vartheta + d\vartheta$ liegen. Dieser Kegel schneidet nun aus einer Kugel vom Radius 1 mit der Kegelspitze als Mittelpunkt einen Flächenstreifen von der Größe $2\pi \sin \vartheta \cdot d\vartheta$ aus. Wenn dieser Flächenstreifen getroffen wird, ist unsere Forderung erfüllt, d. h. seine Flächengröße mißt die Zahl der günstigen Fälle. Die Zahl der möglichen Fälle ist ebenso gegeben durch die Fläche 4π der ganzen Einheitskugel, und die gesuchte Wahrscheinlichkeit ist demgemäß

$$(1) \qquad w = \frac{2\pi \cdot \sin \vartheta \cdot d\vartheta}{4\pi} = \frac{1}{2} \sin \vartheta \cdot d\vartheta.$$

Die Wahrscheinlichkeit ist, wie aus dieser Formel hervorgeht, proportional zu der Größe $d\vartheta$ des Bereiches der Genauigkeit, mit der die zu erfüllende Forderung festgelegt wurde. Dies gilt ganz allgemein und ist natürlich letzten Endes nur der Ausdruck dafür, daß die a-priori-Wahrscheinlichkeit aller Elementarbereiche dieselbe ist. Wir werden also, um nur eines der oben schon genannten Beispiele nochmals herauszugreifen, für die Wahrscheinlichkeit der Lage des Mittelpunktes eines Teilchens an der Stelle x, y, z einen Ansatz von der Form $w = f(x, y, z)\, dx \cdot dy \cdot dz$ von vornherein zu erwarten (und dann aus der speziellen Sachlage jeweils die Funktion f zu bestimmen) haben.

Verteilungsfunktion. Hier anknüpfend wollen wir zum Schluß noch den Begriff der „Verteilungsfunktion" erläutern, die weiterhin noch eine sehr große Rolle spielen wird. Auch hier empfiehlt es sich, sogleich ein konkretes Beispiel zu betrachten, womit wir übrigens zugleich eine für spätere Rechnungen nützliche Vorarbeit verbinden können. Wir betrachten einen Schwarm sehr vieler, regellos in allen Richtungen und mit allen möglichen Geschwindigkeiten umherfliegender Teilchen; in einem bestimmten Zeitmoment denken wir uns die Geschwindigkeit eines jeden Teilchens nach Größe und Richtung durch einen Vektor c, den Geschwindigkeitsvektor, dargestellt. Dies Bild können wir übersichtlicher gestalten durch folgendes Verfahren. Wir konstruieren uns ein rechtwinkliges Achsenkreuz mit den Koordinaten u, v und w, dessen Achsenrichtungen parallel zu den Richtungen x, y und z eines gewöhnlichen Koordinatensystems liegen. Interpretieren wir u, v und w als die drei Komponenten c_x, c_y und c_z der Geschwindigkeit c nach den drei Richtungen x, y, und z, so können wir in unserem u-, v-, w-System offenbar jede Geschwindigkeit eindeutig darstellen durch die Koordinaten seines Endpunktes. Es entspricht dann also dem Geschwindigkeitsvektor jedes Teilchens ein bestimmter Punkt im u-, v-, w-System, ganz analog, wie der räumlichen Lage jedes Teilchens ein bestimmter Punkt im x-, y-, z-System entspricht. Man bezeichnet deshalb auch kurz die Größen u, v, w als „Geschwindigkeitskoordinaten" und den u-, v-, w-Raum als den „Geschwindigkeitsraum", in Analogie zu den „Lagekoordinaten" x, y, z und dem ihnen zukommenden „Lageraum". Einer bestimmten Verteilung der Geschwindigkeiten unter den Teilchen, und zwar nach Größe und Richtung, entspricht dann weiterhin eine bestimmte räumliche Verteilung von Punkten (den sog. Bildpunkten) im Geschwindigkeitsraum, wobei natürlich auch hier wieder die Lage eines Bildpunktes gekennzeichnet ist durch seine Lage in dem an der Stelle u, v, w liegenden Volumelement $du \cdot dv \cdot dw$. Die Zahl der Bildpunkte, die in jedem solchen Volumelement liegen, wird nun im allgemeinen von Volumelement zu Volumelement eine andere sein und die Verteilungsdichte $D(u, v, w)$ der Bildpunkte beschreibt also in einfacher und nun wohl auch unmittelbar anschaulicher Weise die Verteilung der Geschwindigkeit in unserem Teilchensystem und wird deshalb als Verteilungsfunktion bezeichnet.

Wir wollen uns jetzt etwas eingehender mit solchen Verteilungsfunktionen und ihrer formalen Analyse beschäftigen. Die Gesamtzahl der Teilchen sei N, das Volumelement $du \cdot dv \cdot dw$ des Geschwindigkeitsraumes sei mit $d\omega$ bezeichnet. Dann können wir die Zahl der Bildpunkte im Volumelement $d\omega$ auch darstellen durch $N \cdot \Phi(u, v, w)\, d\omega$, wo nun $\Phi(u, v, w)$ der Bruchteil der Teilchen ist, deren Geschwindigkeitskomponenten u, v, w sind. Eine allgemeine Eigenschaft dieser Funktion Φ können wir sofort angeben. Wenn wir nämlich die Teilchenzahlen in allen Volumelementen des ganzen (unendlich ausgedehnten) Geschwindigkeitsraumes zusammenzählen, müssen wir die Gesamtzahl N aller Teilchen des Systems erhalten, d. h. es muß stets sein

$$(2) \qquad \int\limits_{-\infty}^{+\infty}\!\!\int\!\int \Phi(u, v, w)\, du\, dv\, dw = 1.$$

Ferner können wir nach den früheren Begriffsbestimmungen $\Phi(u, v, w)\, d\omega$ offenbar auch bezeichnen als die Wahrscheinlichkeit dafür, daß die Komponenten der Geschwindigkeit die Werte u, v und w haben, oder anders ausgedrückt, daß die Geschwindigkeit c nach Größe und Richtung eben den durch diese ihre Komponenten bestimmten Wert hat. Und endlich können wir unter gewissen Voraussetzungen die Verteilungsfunktion noch in anderer Form darstellen. Ist $f_1(u)\,du$ die Wahrscheinlichkeit dafür, daß die x-Komponente der Geschwindigkeit u ist, $f_2(v)\,dv$ bzw. $f_3(w)\,dw$ analog die Wahrscheinlichkeit für die y-Komponente v bzw. die z-Komponente w, und sind diese drei Wahrscheinlichkeiten unabhängig voneinander, so muß sein

$$\Phi(u, v, w)\, dw = f_1(u)\, du \cdot f_2(v)\, dv \cdot f_3(w)\, dw$$

oder

$$(3) \qquad \Phi(u, v, w) = f_1(u) \cdot f_2(v) \cdot f_3(w).$$

Es folgt das sofort aus dem S. 6 erwähnten Produktensatz für die Wahrscheinlichkeit zusammengesetzter Ereignisse. Sind insbesondere alle Geschwindigkeitsrichtungen gleichwahrscheinlich oder, wie man dies oft auszudrücken pflegt, ist der Geschwindigkeitsraum isotrop, so ist $f_1 = f_2 = f_3 = f$ und es wird $\Phi = f(u) \cdot f(v) \cdot f(w)$.

Scharf zu unterscheiden von der bisher betrachteten Verteilungsfunktion $\Phi(u, v, w)$ ist eine andere Verteilungsfunktion, die wir mit $F(c)$ bezeichnen wollen. $\Phi d\omega$ war, um dies nochmals zu betonen, die Wahrscheinlichkeit dafür, daß die Geschwindigkeitskomponenten u, v und w sind, d. h. daß die Geschwindigkeit c nach Größe und Richtung einen bestimmten Wert hat. $F(c)\,dc$ hingegen soll nun die Wahrscheinlichkeit dafür bedeuten, daß ohne Rücksicht auf die Richtung die Geschwindigkeit c lediglich der Größe nach den Wert $|c| = c$ besitzt. Dieser grundsätzliche Unterschied wird aus den folgenden Überlegungen und Formeln noch klarer werden. $\Phi\, d\omega$ ist die Zahl der Bildpunkte in einem ganz bestimmten Volumelement $d\omega$, $F(c)\, dc$ hingegen ist offenbar die Zahl der Bildpunkte in dem ganzen Schalenraum zwischen den beiden Kugeln mit den Radien c und $c + dc$ und ist also sicher viel größer. Es ist auch anschaulich klar, daß $F(c)\, dc$ nichts anderes ist als die Summe aller auf die einzelnen Volumelemente $d\omega$ des genannten Schalenraumes bezüglichen Werte von $\Phi\, d\omega$. Oder analytisch formuliert, es ist

$$F(c)\, dc = \iiint_{\text{Kugelschale}} \Phi(u, v, w)\, du\, dv\, dw,$$

wo die Summation = Integration sich erstreckt über den Schalenraum. Diese Integration können wir ausführen mit Hilfe der Darstellung Gl. (3) der Funktion Φ, wenn der Geschwindigkeitsraum isotrop ist. Es kann dann $f(u) \cdot f(v) \cdot f(w)$ von den drei Größen u, v, w nur abhängen in der Verbindung $u^2 + v^2 + w^2 = c^2$, und wir wollen dafür zur Abkürzung einfach schreiben $f(u) f(v) f(w) = f(c)$. Wenn wir in üblicher Weise Polarkoordinaten einführen, wird das Volumelement

$$d\omega = du\, dv\, dw = c^2\, dc \cdot \sin\vartheta \cdot d\vartheta \cdot d\psi$$

und das dreifache Integral läßt sich sofort auswerten

$$(4) \qquad F(c)\, dc = f(c) \cdot c^2\, dc \int_0^{\pi} \sin\vartheta \cdot d\vartheta \int_0^{2\pi} d\psi = 4\,\pi\, f(c)\, c^2 \cdot dc.$$

Wie die verschiedenen Verteilungsfunktionen Φ bzw. f bzw. F wirklich aussehen, hängt natürlich ab von den physikalischen Eigenschaften des betreffenden Teilchensystems und darüber nähere Angaben zu machen, ist eine sehr viel weitergehende und schwierigere Aufgabe als die Aufstellung der abgeleiteten formalen und letzten Endes rein geometrischen Relationen. Wir werden uns damit im Verlauf der späteren gaskinetischen Untersuchungen noch eingehend zu beschäftigen haben. Hier seien nur noch einige allgemeine Bemerkungen angefügt, und zwar an Hand der Verteilungsfunktion F. In sinngemäßer Übertragung gelten diese Bemerkungen aber recht allgemein für alle statistischen Verteilungsfunktionen und können deshalb allgemeines Interesse beanspruchen.

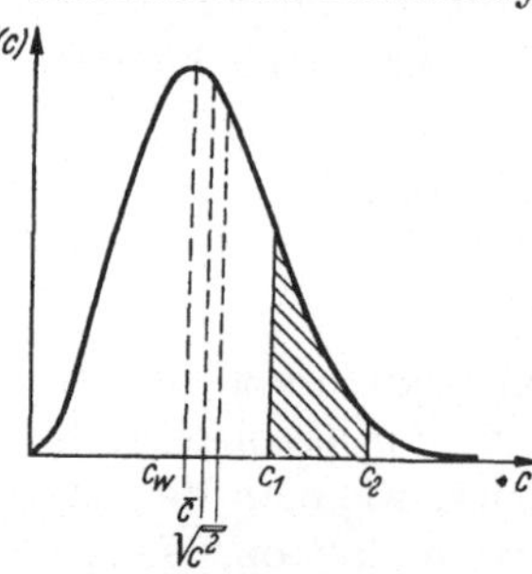

Abb. 2. Verteilungsglocke der Geschwindigkeiten.

Wie wir sehen werden (S. 19), sieht die Funktion F für die Teilchen eines Gases so aus, wie dies in Abb. 2 skizziert ist; sie hat also die Gestalt einer sog. Glockenkurve, die vom Wert 0 bei $c = 0$ aufsteigt zu einem Maximum und dann wieder absinkt zu dem Wert 0 bei $c = \infty$. Schneiden wir einen schmalen Streifen von der Breite dc aus dieser Glocke aus, so ist der Inhalt dieses Streifens gleich dem Bruchteil aller Teilchen, deren Geschwindigkeiten (der Größe nach) zwischen c und $c + dc$ liegen. Der Inhalt der ganzen Glocke ist — es ist dies die der Gl. (2) S. 9

entsprechende Aussage — gleich 1; der Bruchteil aller Teilchen, deren Geschwindigkeiten zwischen c_1 und c_2 liegen, ist gegeben durch die zwischen den zu c_1 und c_2 gehörenden Ordinaten liegende Fläche der Glocke. Der zu dem Maximum der Glockenkurve gehörende Geschwindigkeitswert c_w hat noch eine besondere Bedeutung. Denn es ist das offenbar die Geschwindigkeit, welche am häufigsten vertreten ist, und man bezeichnet sie deshalb als die wahrscheinlichste Geschwindigkeit. (Zu bemerken ist dazu jedoch, daß durchaus nicht alle Verteilungskurven die Gestalt einer solchen Glocke mit einem Maximum haben und, daß es deshalb nicht immer einen wahrscheinlichsten Wert der Verteilungsvariablen gibt; ein Beispiel solcher Art ist etwa das S. 28 besprochene, das die Verteilung der sog. freien Teilchenweglängen betrifft.) Man kann also aus der Verteilungsfunktion F alles Wünschenswerte sofort entnehmen. Damit ist aber die Brauchbarkeit von F noch nicht erschöpft; denn die Kenntnis der Verteilungsfunktion spielt eine große Rolle und ist unentbehrlich vor allem bei der Berechnung von allen „Mittelwerten". Denken wir uns allgemein eine Größe $G(c)$, die von c abhängt, wie z. B. die kinetische Energie $\frac{m}{2}\,c^2$ eines Teilchens. Dann wird im Mittel über alle Teilchen des Systems dieser Größe ein bestimmter Wert zukommen, der natürlich abhängt von der Art der Verteilung. Wir wollen uns dies klar machen an dem Beispiel der kinetischen Energie. Die Zahl der Teilchen, deren Geschwindigkeit c_1 bzw. c_2 bzw. $c_3 \ldots$ ist, ist $N\,F(c_1)\,dc$ bzw. $N\,F(c_2)\,dc$ bzw. $N\,F(c_3)\,dc \ldots$ und die gesamten kinetischen Energien jeder dieser Teilchengruppen sind also $\frac{m}{2}\,c_1^2\,N\cdot F(c_1)\,dc$ bzw. $\frac{m}{2}\,c_2^2\,NF(c_2)\,dc$ bzw. $\frac{m}{2}\,c_3^2\,NF(c_3)\,dc\ldots$. Die kinetische Energie des ganzen Teilchensystems ist demnach

$$E = N\left(\frac{m}{2}\,c_1^2\cdot F(c_1)\,dc + \frac{m}{2}\,c_2^2\,F(c_2)\,dc + \frac{m}{2}\,c_3^2\,F(c_2)\,dc + \cdots\right)$$

Im Mittel entfällt deshalb auf jedes Teilchen der mittlere Betrag an Energie E/N, den man kurz als Mittelwert der Energie bezeichnet. Verallgemeinern wir dies auf die Größe $G(c)$ und schließen die diskreten Geschwindigkeitswerte $c_1, c_2, c_3 \ldots$ kontinuierlich aneinander, so erhalten wir die sehr wichtige Formel für den Mittelwert $\overline{G(c)}$ von $G(c)$

$$(5) \qquad \overline{G(c)} = \int\limits_0^\infty G(c)\,F(c)\,dc.$$

Insbesondere wird später von Bedeutung sein die mittlere Geschwindigkeit $\bar{c}$ und das mittlere Geschwindigkeitsquadrat $\overline{c^2}$, für die wir aus Gl. (5) erhalten

$$(5\,\mathrm{a}) \qquad \left\{ \begin{aligned} \bar{c} &= \int\limits_0^\infty c\,F(c)\,dc \\[2ex] \overline{c^2} &= \int\limits_0^\infty c^2\,F(c)\,dc. \end{aligned} \right.$$

Bemerkt sei dazu noch, daß scharf zu unterscheiden ist zwischen dem mittleren Geschwindigkeitsquadrat $\overline{c^2}$ und dem Quadrat $\bar{c}^2$ der mittleren Geschwindigkeit und daß zwar $\sqrt{\overline{c^2}} = \bar{c}$, nicht aber $\sqrt{\overline{c^2}} = \bar{c}$ ist. Man muß also bei der Bildung von Mittelwerten stets sehr genau die Bedeutung der betreffenden Art der Mittelwertbildung von vornherein festlegen.

2. Das Boltzmann-Prinzip.

Auch in der Wissenschaft ist größtmögliche Ökonomie eines der erstrebten Ziele. Von diesem Standpunkt aus ist z. B. die Zusammendrängung der ganzen klassischen Elektrodynamik und Optik in den MAXWELLschen Gleichungen, der ganzen Mechanik im d'ALEMBERTschen bzw. HAMILTONschen Prinzip oder der ganzen geometrischen Optik im FERMATschen Prinzip vom kürzesten Lichtweg höchste formale Vollendung. Und in diesem Sinn werden wir auch das Boltzmann-Prinzip als ein die ganze klassische statistische Mechanik beherrschendes Prinzip zu werten haben. Allerdings ist es, wie man heute weiß, und wie wir in der Bezeichnung „klassische" Statistik bereits zum Ausdruck gebracht haben, nicht so umfassend, wie man früher wohl dachte. Beschränkungen grundlegender Ansätze und Vorstellungen sind aber in der theoretischen Physik auch sonst längst nichts mehr Neues; bleibt man sich ihrer bewußt und mutet den klassischen Ansätzen nicht zu viel zu, so tun diese Beschränkungen ihrer Schönheit und Brauchbarkeit keinen Abbruch.

Wahrscheinlichster Zustand. Um dem Verständnis des Boltzmann-Prinzips näher zu kommen, wollen wir anknüpfen an die Geschwindigkeitsverteilung der Gasteilchen. Wir hatten zunächst einfach vorweggenommen, daß die Teilchen nicht alle dieselbe Geschwindigkeit besitzen und daß diese Annahme grundsätzlich richtig ist, ist auch unmittelbar einzusehen. Stellen wir uns die Teilchen etwa vor als elastische Kugeln, deren gegenseitige Zusammenstöße natürlich unter den verschiedensten Winkeln zwischen der jeweiligen Relativgeschwindigkeit und der Stoßzentrale erfolgen, so ist klar, daß dies automatisch zu den verschiedensten Geschwindigkeiten führen muß. Wir hatten ferner vorweggenommen, daß sich die Geschwindigkeitsverteilung durch eine Verteilungsfunktion $F(c)$ beschreiben läßt, derart, daß der Bruchteil aller Teilchen deren Geschwindigkeit zwischen c und $c+dc$ liegt, gegeben ist durch $F(c) \cdot dc$. Ob es aber wirklich eine derartige Verteilung gibt, die sich also von selbst einstellt und stationär bestehen bleibt, und wie die Verteilungsfunktion $F(c)$ aussieht, mußten wir ganz offen lassen; hier liegt offenbar ein viel tiefer liegendes Problem verborgen. Alles dies könnten wir offenbar ohne wesentliche Änderung und lediglich in etwas anderer Formulierung an Stelle auf die Geschwindigkeit c auch beziehen auf die kinetische Energie $u_k = m/2 \cdot c^2$ der Teilchen. Denken wir uns nun aber die Teilchen als kompliziertere Gebilde, die sich nicht nur wie Massenpunkte rein translatorisch bewegen, sondern die auch rotieren oder deren Komponenten innere Schwingungen gegeneinander ausführen können, die endlich auch dem Einfluß äußerer Kräfte (z. B. der Schwerkraft oder elektrischer Kräfte u. dgl.) unterworfen sein können, so erweist sich unsere Problemstellung als grundsätzlich zu eng und zu speziell. Der physikalische Zustand eines Teilchens innerhalb der ganzen Teilchenschar ist dann nicht mehr durch die kinetische Energie allein zu kennzeichnen und es liegt dann nahe, seine ganze Energie u als bestimmende Größe heranzuziehen, die sich aus einem translatorischen, einem rotatorischen und aus einem potentiellen Anteil zusammensetzt. Man kommt so auf die allgemeinere Problemstellung, ob es in einem solchen Teilchensystem allgemeinster Art eine bestimmte Energieverteilung gibt und wie die Verteilungsfunktion $f(u)$ aussieht. Die Antwort darauf gibt das Boltzmann-Prinzip.

Um nun wenigstens die Grundgedanken der Ableitung des Boltzmann-Prinzips verstehen zu können — die strenge Begründung führt weit in

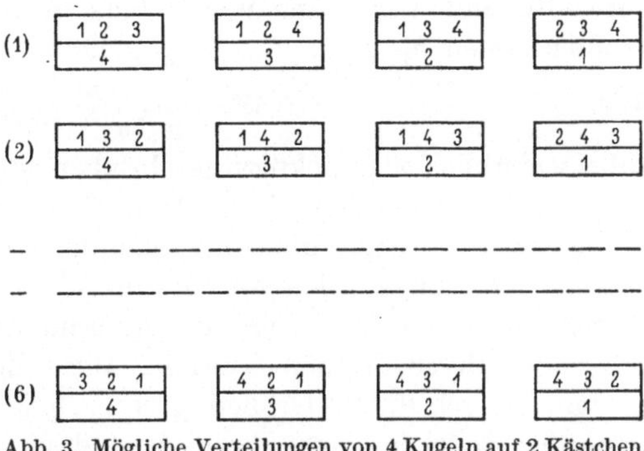

Abb. 3. Mögliche Verteilungen von 4 Kugeln auf 2 Kästchen.

allgemeine mechanische und thermodynamische Überlegungen hinein — wollen wir zuerst einen einfachen Modellversuch betrachten. Wir denken uns sehr viele Kugeln auf ein System von kleinen Kästchen geworfen, die etwa wie Bienenwaben nebeneinander angeordnet sind. Die Kugeln werden sich dann auf die einzelnen Kästchen irgendwie verteilen derart, daß in jede Zelle eine gewisse Anzahl von Kugeln — allgemein in der Zelle Nr. i n_i Kugeln — zu liegen kommen. Kennzeichnend für die Art der Verteilung ist dann die Gesamtheit der Besetzungszahlen n_i, wobei $\Sigma n_i = n = $ Anzahl aller Kugeln ist. Wenn wir nun diesen Versuch sehr oft wiederholen, bekommen wir jedesmal eine andere Verteilung und wir werden offenbar diejenige Verteilung als die wahrscheinlichste anzusehen haben, die sich dabei am öftesten einstellt. Wenn wir im ganzen N Kästchen haben, so läßt sich eine durch bestimmte Besetzungszahlen n_i gekennzeichnete Verteilung der Kugeln auf diese Kästchen aber auf verschiedene Weise herstellen. Nehmen wir das einfache Beispiel, daß $N = 2$ (2 Kästchen), $n = 4$ (4 Kugeln) und $n_1 = 3$, $n_2 = 1$ (also in dem Kästchen Nr. 1 drei Kugeln und in dem Kästchen Nr. 2 eine Kugel) ist. Dann gehören alle in der Abb. 3 angegebenen Verteilungen (wobei die Kugeln durch ihre Nummern gekennzeichnet sind) zu der durch die Besetzungszahlen $n_1 = 1$, $n_2 = 3$ charakterisierten Verteilung. Im ganzen sind das 24 verschiedene Möglichkeiten für die Realisierung dieser

Verteilung. Die in der Abbildung jeweils untereinanderstehenden unterscheiden sich aber nur dadurch voneinander, daß stets dieselben drei Kugeln in dem Kästchen Nr. 1 liegen (lediglich in verschiedener Reihenfolge). Es ist nun sehr einleuchtend, anzunehmen, daß dies bei der Abzählung der Realisationsmöglichkeiten nicht zu berücksichtigen ist und daß also jede derartige Teilgruppe von Anordnungen nicht sechsfach, sondern nur einfach zu zählen ist. Wir würden dann also nicht 24, sondern nur 4 als Zahl der Realisationsmöglichkeiten erhalten. Wie man sich leicht überlegen kann (und wie die mathematische Kombinatorik ergibt), ist bei dieser Art zu zählen allgemein die Zahl der Realisationsmöglichkeiten für eine Verteilung von n Kugeln auf N Kästchen mit den Besetzungszahlen $n_1, n_2 \ldots n_i \ldots n_N$ gleich

$$(6) \qquad W = \frac{n!}{n_1!\, n_2! \cdots n_N!},$$

wobei wie üblich $x!$ abgekürzt geschrieben ist für das Produkt $1 \cdot 2 \cdot 3 \ldots \cdot x$. Diese Zahl W benutzen wir als Maß für die Wahrscheinlichkeit der Verteilung und erhalten die wahrscheinlichste Verteilung also mit denjenigen Besetzungszahlen n_i, für die W am größten wird.

Kehren wir jetzt zurück zu unserem aus sehr vielen Teilchen bestehenden physikalischen System. Der „Zustand" jedes Teilchens sei bestimmt durch die $2f$ Größen $q_1, q_2 \ldots q_{2f}$, die sog. allgemeinen Koordinaten des Teilchens; man bezeichnet dann f als die Zahl der Freiheitsgrade eines Teilchens. So kann z. B. für den Fall von Massepunkten als Teilchen der Zustand festgelegt werden durch die drei Lagekoordinaten $q_1 = x$, $q_2 = y$, $q_3 = z$ und durch die drei zugehörenden Geschwindigkeitskomponenten $q_4 = u$, $q_5 = v$, $q_6 = w$ und es ist die Zahl der Freiheitsgrade in diesem Fall 3. Denken wir uns nun einen $2f$ dimensionalen Raum, den sog. Zustandsraum oder „Phasenraum", mit den $2f$ Koordinaten q konstruiert, so entspricht jedem Zustand eines Teilchens eine Lage des Bildpunktes dieses Teilchens im Phasenraum, und zwar in einem ganz bestimmten Volumelement $d\omega = dq_1, dq_2 \ldots dq_{2f}$. Die Verteilung der Bildpunkte aller Teilchen im Phasenraum ist somit kennzeichnend für den Zustand des betrachteten Systems. Die Sachlage ist also eine ganz analoge wie bei dem Kugelversuch, wenn wir die Kästchen ersetzen durch die Volumelemente des Phasenraumes, und der wahrscheinlichste Zustand des Systems — der sich in Wirklichkeit von selbst einstellen bzw. stationär erhalten wird — ist der Zustand, welcher der wahrscheinlichsten Verteilung entspricht. Natürlich ist dies alles statistisch zu verstehen in dem Sinn, daß auch andere als dieser wahrscheinlichste Systemzustand an sich durchaus möglich sind, daß aber gerade dieser bevorzugt und deshalb im Mittel oder in der Regel vorzugsweise zu beobachten sein wird.

Wir wollen jetzt noch einen Schritt weiter gehen und jedes Volumelement (jede „Zelle") des Phasenraumes kennzeichnen durch einen bestimmten Wert der Energie jedes in in ihr enthaltenen Teilchens, so daß also jedes Teilchens, das in der Zelle Nr. i liegt, eine Energie u_i — oder genauer gesagt, eine zwischen u_i und $u_i + du_i$ liegende Energie — besitzt. Sind bei der zur Diskussion stehenden Verteilung in dieser Zelle $n_i\, d\omega_i$ Teilchen, so ist die Gesamtenergie aller dieser Teilchen $n_i\, u_i\, d\omega_i$ und $\Sigma u_i\, n_i\, d\omega_i$, summiert über alle Zellen, ist der gesamte Energieinhalt U des ganzen Teilchensystems.

Formulierung des Prinzips. Unsere Aufgabe bestand darin, die wahrscheinlichste Verteilung der Bildpunkte über den Phasenraum, oder genauer gesagt, über die Energiezellen des Phasenraums zu finden. Dabei sind jedoch noch zwei Nebenbedingungen stets zu erfüllen. Die eine ist selbstverständlich und lautet mathematisch formuliert, daß die Gesamtzahl $\Sigma n_i\, d\omega_i = n$ aller Teilchen konstant gehalten werden muß; denn wir vergleichen bei der Berechnung der den verschiedenen Verteilungen zukommenden Wahrscheinlichkeiten natürlich nur Systeme, die aus denselben Teilchen bestehen. Auch die zweite dürfte unmittelbar plausibel sein. Sie sagt aus, daß $\Sigma u_i\, n_i\, d\omega_i = U$ bei dem Vergleich konstant gehalten werden muß, d. h. daß wir auch nur Systemzustände miteinander vergleichen, welche dieselbe Gesamtenergie besitzen, die also im energetischen Gleichgewicht miteinander sind. Mathematisch handelt es sich demnach um die Lösung einer Extremalaufgabe mit zwei Nebenbedingungen, wozu die Rechenmethoden fertig vorliegen. Das Ergebnis ist ein sehr einfaches und läßt sich beschreiben durch die Formel

$$(7\,\text{a}) \qquad n_i = A \cdot e^{-\beta u_i}$$

für die Zahl der Teilchen mit der Energie u_i. Sie enthält entsprechend den beiden Nebenbedingungen zwei willkürliche Konstanten A und β. Mit Hilfe der Nebenbedingungen $\Sigma n_i d\omega_i = n$ können wir aber die eine leicht durch die andere ausdrücken. Denn diese Nebenbedingung lautet ausgeschrieben

$$\sum A \cdot e^{-\beta u_i}\, d\omega_i = n$$

und dies gibt

$$A = \frac{n}{\sum e^{-\beta u_i}\, d\omega_i}.$$

Setzen wir das in die Formel (7a) ein, so erhalten wir

$$(7\,\text{b}) \qquad n_i = \frac{n \cdot e^{-\beta u_i}}{\sum e^{-\beta u_i}\, d\omega_i}.$$

Schwieriger ist es, die physikalische Bedeutung der noch verbliebenen Konstante β anzugeben, die vorläufig lediglich ein das System formal kennzeichnender Parameter ist. Ehe wir darauf eingehen, ist noch eine Zwischenbemerkung angebracht. Wir haben nämlich bei der Ableitung der Verteilungsformeln (7), außer von abstrakt mathematischen und logischen Überlegungen, stillschweigend noch von einer Voraussetzung Gebrauch gemacht. Es ist das die Voraussetzung, daß alle Volumelemente $d\omega_i$

des Phasenraumes dieselbe a-priori-Wahrscheinlichkeit besitzen (S. 7) und sie kam dadurch zum Ausdruck, daß wir die Zahl der in einem Volumelement $d\omega_i$ befindlichen Teilchen zu $n_i d\omega_i$, d. h. proportional der Größe des Volumelementes, ansetzten. Wie sich zeigen läßt (Theorem von LIOUVILLE), ist diese Voraussetzung erfüllt nur, wenn wir die bestimmenden Koordinaten q geeignet wählen, und zwar ist es notwendig, als solche die Lagekoordinaten und die Impulse zu benutzen. Wir brauchen hierauf hier nicht näher einzugehen; es genügt, diese Vorschrift einfach als eine Rechenregel für die richtige Anwendung der Formeln (7) hinzunehmen, deren Bedeutung im übrigen durch die späteren Anwendungsbeispiele noch klar werden wird.

Es fehlt jetzt nur noch die Bestimmung der Konstante β, um die Brücke von den bisherigen abstrakten Überlegungen zur Wirklichkeit zu schlagen und eine dann unmittelbar auf beliebige praktische Beispiele anwendbare Endformel zu erhalten. Allerdings müssen wir uns dabei mit einer rohen Skizze des Gedankenganges begnügen, wenn wir nicht recht weitgehende thermodynamische Vorkenntnisse voraussetzen wollen. Wir wissen bereits (S. 3), daß zwischen der Temperatur T eines idealen Gases und der mittleren kinetischen Energie seiner Teilchen ein enger Zusammenhang besteht. Wenn wir unsere Verteilungsformel auf den speziellen Fall eines solchen Gases anwenden, so werden wir zu erwarten haben, daß sich β durch die Temperatur T ausdrücken läßt. Andererseits soll die Verteilungsformel aber ganz allgemein für beliebige mechanische Systeme gelten und auch diesen kann man im Sinn einer allgemeinen thermodynamischen Betrachtungsweise eine Temperatur T zuordnen; denn die Bestimmungsgröße, die wir als Temperatur bezeichnen, hat die Eigenschaft, daß sie sich nicht ändert bei der Vereinigung zweier im thermodynamischen Gleichgewicht stehender Systeme zu einem größeren Gesamtsystem. Dies läßt erwarten, daß wir die Konstante β allgemein gültig an dem speziellen Beispiel des idealen Gases berechnen können, für das sich diese Berechnung vollständig durchführen läßt. Das Ergebnis ist

$$\beta = \frac{1}{kT},$$

wo k eine universelle Konstante, die sog. BOLTZMANNsche Konstante ist, die wir schon S. 3 eingeführt hatten. Wir erkennen jetzt auch, warum die Dimension von k, wie damals angegeben, Energie/Grad und ihr Zahlenwert also in erg/Grad (bzw. kcal/Grad) anzugeben ist. Denn die Exponenten βu_i in der Verteilungsformel müssen natürlich dimensionslos sein und haben die Form u_i/kT.

Damit aber sind wir am Ende und können nun die Verteilungsformel anschreiben in vollständiger und unmittelbar verwertbarer Gestalt

$$(7) \qquad n_i = A \cdot e^{-u_i/kT} = \frac{n \cdot e^{-u_i/kT}}{\sum e^{-u_i/kT} \cdot d\omega_i}.$$

Es ist das die formelmäßige Darstellung des berühmten Boltzmann-Prinzips, das der ganzen klassischen statistischen Mechanik zugrunde liegt.

Anwendung auf Dipole. Wir werden das Boltzmann-Prinzip noch oft benutzen und im nächsten Abschnitt aus ihm eine der wichtigsten gaskinetischen Formeln ableiten. Bei diesen Anwendungen auf konkrete Beispiele wird dann auch sein Inhalt und die Methode, mit ihm zu rechnen, ganz von selbst anschaulicher werden. Ein besonders lehrreiches und übrigens auch für die Theorie der dielektrischen bzw. magnetischen Eigenschaften flüssiger und gasförmiger Substanzen wichtiges Anwendungsbeispiel (vgl. S. 391) sei hier zum Schluß noch angeführt. Wenn die Gasteilchen elektrische Dipole enthalten, so werden die Achsen dieser Dipole infolge der ständigen gegenseitigen Zusammenstöße der Teilchen natürlich regellos und gleichmäßig nach allen Richtungen hin eingestellt sein, befindet sich jedoch das Gas in einem äußeren elektrischen Feld, so wird dieses Feld die Dipolachsen in Richtung der Feldkraft auszurichten bestrebt sein. Es arbeiten sich dann also zwei Wirkungen entgegen, nämlich die orientierende Wirkung des elektrischen Feldes und die desorientierende Wirkung der Wärmebewegung der Gasteilchen. Was wir mit Hilfe des Boltzmann-Prinzips ausrechnen wollen, ist nun der mittlere Orientierungsgrad oder exakt ausgedrückt, der Bruchteil der (z. B. in der Volumeinheit vorhandenen) Teilchen, deren Dipolachsen im Mittel einen zwischen ϑ und $\vartheta + d\vartheta$ liegenden Winkel mit der Feldrichtung bilden. Ist μ das Moment eines Dipols und E die Feldstärke, so besitzt ein solcher ϑ-Dipol eine potentielle Energie vom Betrag $-\mu \cdot E \cdot \cos\vartheta$ und wir haben also in unserer Formel einfach $u_i = -\mu \cdot E \cos\vartheta$ zu setzen. Bei gleichmäßiger Richtungsverteilung der Dipolachsen würde die Zahl der ϑ-Dipole einfach proportional mit $df = 2\pi \sin\vartheta \cdot d\vartheta$ sein, wo df (vgl. S. 7) die Fläche des Kreisringes ist, der auf der Einheitskugel von den beiden Kegeln mit den Öffnungswinkeln ϑ und $\vartheta + d\vartheta$ ausgeschnitten wird. Die gesuchte Zahl dn_ϑ der ϑ-Dipole eines Gases von der Temperatur T haben wir demgemäß anzusetzen in der Form

$$d n_\vartheta = A \cdot e^{\frac{\mu \cdot E \cos\vartheta}{kT}} \cdot df = 2\pi A \cdot e^{\frac{\mu E \cos\vartheta}{kT}} \sin\vartheta \cdot d\vartheta$$

und müssen nun nur noch die Proportionalitätskonstante A bestimmen. Dies geschieht auf Grund der Überlegung, daß die Zahl aller ϑ-Dipole gleich sein muß der Gesamtzahl N aller Dipole pro Volumeinheit und gibt

$$N = 2\pi A \int\limits_0^\pi e^{\frac{\mu E \cos\vartheta}{kT}} \sin\vartheta \cdot d\vartheta .$$

Das Integral läßt sich in geschlossener Form darstellen und gibt

$$N = 4\pi A \cdot \left(\frac{kT}{\mu E}\right) \cdot \mathfrak{Sin}\, \frac{\mu E}{kT} \qquad \left(\mathfrak{Sin}\, x = \frac{e^x - e^{-x}}{2}\right),$$

so daß als Endformel für dn_ϑ folgt

$$d\,n_\vartheta = \frac{N}{2}\,\frac{\mu\,E}{k\,T}\,\frac{e^{\dfrac{\mu\,E\cos\vartheta}{k\,T}}}{\mathfrak{Sin}\,\dfrac{\mu\,E}{k\,T}}\,\sin\vartheta\cdot d\,\vartheta\,.$$

3. Maxwell-Verteilung; Gleichverteilungssatz.

Maxwellsches Verteilungsgesetz. Als ein weiteres und zugleich wohl wichtigstes Anwendungsbeispiel für das Boltzmann-Prinzip wollen wir die Ableitung des Geschwindigkeitsverteilungsgesetzes $F(c)$ für ein einatomiges Gas betrachten, das wir S. 10 schon allgemein eingeführt hatten. Die einfachste modellmäßige Vorstellung, die man sich von den Teilchen eines einatomigen Gases im Rahmen gaskinetischer Betrachtungen bilden kann, ist die vollkommen elastischer und vollkommen glatter Kugeln; ein derartiges Teilchen besitzt 3 Freiheitsgrade, da sein „Zustand" vollständig beschrieben wird durch die drei Komponenten u, v, w seiner Geschwindigkeit, d. h. im Sinn unserer Rechnungsregel durch die 3 dazugehörenden Impulse (Impulskoordinaten) $p_x = m\,\dot{x} = m\,u$, $p_y = m\dot{y} = m\,v$ und $p_z = m\dot{z} = m\,w$. Die Energie U des Teilchens ist rein kinetische Energie und läßt sich durch die Impulse darstellen

$$U = \frac{m}{2}\,(\dot{x}^2 + \dot{y}^2 + \dot{z}^2) = \frac{1}{2\,m}\,(p_x^2 + p_y^2 + p_z^2)\,.$$

Die den einzelnen Zellen zugeordneten Teilchenenergien hängen nun also überhaupt nicht von den Lagekoordinaten ab, die räumliche Verteilung ist deshalb eine homogene und weiterhin ohne Interesse. Dies alles gilt natürlich nur, wenn keine äußeren Kräfte auf die Teilchen wirken. Sind solche vorhanden, so sind auch die Lagekoordinaten zu berücksichtigen. Die Teilchenenergie besteht dann aus einem kinetischen und einem potentiellen Anteil und die räumliche Dichteverteilung ist nicht mehr homogen. Beispiele dafür sind die Verteilung der Gasdichte in der dem irdischen Schwerefeld unterworfenen Atmosphäre oder die Verteilung der Teilchendichte eines ionisierten Gases in einem elektrischen Feld. Aber in so schwachen Feldern wie im Schwerefeld der Erde macht sich die Änderung der Gasdichte mit der Höhe erst auf so großen Strecken bemerkbar, daß sie innerhalb aller praktisch in Betracht kommenden Gefäßdimensionen gar keine Rolle spielt, und wir können deshalb hier von vornherein so rechnen, als ob kein äußeres Kraftfeld vorhanden sei.

Die Zahl der Teilchen, die im Volumelement $dp_x \cdot dp_y \cdot dp_z$ des Impulskoordinatenraumes liegen, d. h. deren Impulse zwischen p_x und $p_x + dp_x$, $\cdots p_z$ und $p_z + dp_z$ liegen, können wir nach der Formel (7a) S. 15 sofort anschreiben

$$n_{p_x,\,p_y,\,p_z}\cdot d\,p_x\cdot d\,p_y\cdot d\,p_z = A\cdot e^{-\dfrac{1}{2\,m\,k\,T}\,(p_x^2 + p_y^2 + p_z^2)}\cdot d\,p_x\,d\,p_y\,d\,p_z\,.$$

Führen wir für die Impulse wieder die Geschwindigkeitskomponenten ein, so erhalten wir

$$n_{u,v,w}\,du\,dv\,dw = A^{1/3}\,e^{-\frac{m\,u^2}{2\,k\,T}} \cdot A^{1/3}\,e^{-\frac{m\,v^2}{2\,k\,T}} \cdot A^{1/3}\,e^{-\frac{m\,w^2}{2\,k\,T}} \cdot du\,dv\,dw$$

und erkennen hierin unsere frühere allgemeine Verteilungsformel (4) S. 10 wieder. Wir hatten dort auch schon besprochen wie man hieraus zu dem Ausdruck für die Verteilungsfunktion $F(c)$ kommt. Die Durchführung der diesbezüglichen, rein formalen Rechnungen gibt dafür

$$n_c\,dc = A \cdot c^2 \cdot e^{-\frac{m\,c^2}{2\,k\,T}}\,dc\,.$$

Wir müssen jetzt nur noch die Konstante A bestimmen. Dazu benutzen wir, daß die Summe der Zahlen aller c-Teilchen gleich der Gesamtzahl N aller Teilchen der betrachteten Gasmasse sein muß. Es muß also sein

$$\int_0^\infty n_c\,dc = N$$

und die Ausrechnung des Integrals gibt den Wert von A und damit das Verteilungsgesetz in der vollständigen, für alle weiteren Anwendungen unmittelbar brauchbaren Form

$$(8) \qquad n_c\,dc = N\,\frac{4}{\sqrt{\pi}\cdot\left(\dfrac{2\,k\,T}{m}\right)^{3/2}}\,c^2\cdot e^{-\frac{m\,c^2}{2\,k\,T}}\,dc\,.$$

Wir sind damit in den Stand gesetzt, die S. 11 allgemein angedeuteten Berechnungen von Mittelwerten nun explizite durchzuführen, denn es handelt sich nun nur noch um die formale Berechnung der dabei auftretenden Integrale. Für die wahrscheinlichste Geschwindigkeit ergibt sich

$$(8\,\mathrm{a}) \qquad c_w = \sqrt{\frac{2\,k\,T}{m}}$$

und für die mittlere Geschwindigkeit $\bar{c}$ bzw. für das mittlere Geschwindigkeitsquadrat $\bar{c}^2$ erhalten wir (vgl. Abb. 2, S. 10)

$$(8\,\mathrm{b}) \qquad \bar{c} = \frac{2\,c_w}{\sqrt{\pi}} = \sqrt{\frac{8\,k\,T}{\pi\,m}}\,; \qquad \bar{c}^2 = \frac{3\,c_w^2}{2} = \frac{3\,k\,T}{m}\,.$$

Aus dem Ausdruck für $\bar{c}^2$ folgt endlich noch für die mittlere kinetische Energie $\bar{L}$ eines Teilchens

$$(9) \qquad \bar{L} = \frac{m}{2}\,\bar{c}^2 = \frac{3}{2}\,k\,T$$

und damit also die S. 3 angekündigte quantitative Ergänzung der dortigen allgemeinen Überlegungen. Mit dem Zahlenwert $1{,}372 \cdot 10^{-16}$ erg/grad für k erhalten wir

$$\bar{L} = 2{,}06 \cdot 10^{-16} \cdot T \ \mathrm{erg} = 2{,}06 \cdot 10^{-23}\,T\ \mathrm{Ws}\,.$$

Zur quantitativen Veranschaulichung möge noch die Abb. 4 dienen, in der z. B. für Stickstoff, und zwar für die beiden Temperaturen 273°

und 373° abs. die Verteilungsfunktion gezeichnet ist. Wie man sieht, fällt
die Verteilungsfunktion jenseits des Maximums ziemlich steil ab und
zwar um so steiler, je tiefer die Temperatur ist; schon bei kleinen Vielfachen der wahrscheinlich-
sten Geschwindigkeit sind
die Funktionswerte im allgemeinen praktisch ver-
nachlässigbar klein.

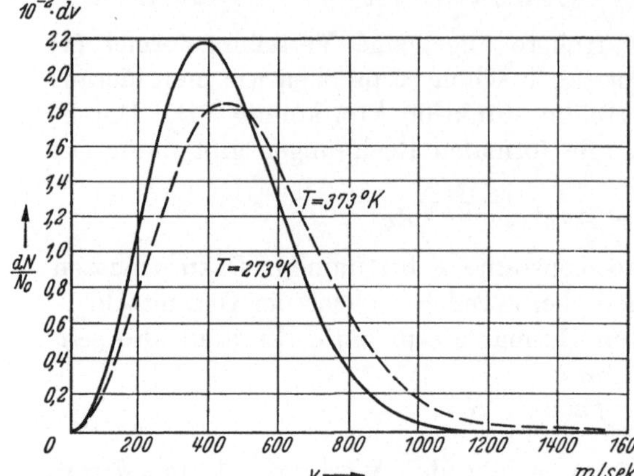

Abb. 4. Maxwell-Verteilung für Stickstoff bei 273° und 373°
abs. (Nach HERZFELD.)

**Gasdruck, Kondensa-
tion und Verdampfung.** Es
ist hier eine Einschaltung
angebracht, die teils zur
Ergänzung früherer Über-
legungen notwendig ist,
teils aber auch den Aus-
gangspunkt für eine ganze
Reihe neuer Überlegungen
liefert. Wir hatten S. 3
gesehen, daß der Gas-
druck durch die Übertragung von Bewegungsgröße auf die Gefäßwand
infolge der elastischen Reflektion der auf die Wand auftreffenden Gasteilchen zustande kommt und hatten daraus bereits
abgeleitet, daß er proportional $n \cdot m \cdot \tilde{c}$ ist, wo n
die Zahl der Teilchen in 1 cm³, m die Masse eines
Teilchens und $\tilde{c}$ ein Mittelwert der Geschwindigkeit
der Teilchen ist. Damals konnten wir dies nur aus
einer recht rohen Überschlagsbetrachtung folgern
und konnten insbesondere auch über die exakte
Definition des Mittelwertes $\tilde{c}$ und den numerischen
Wert des Proportionalitätsfaktors noch nichts sagen.
Zur genaueren Analyse wollen wir nun so vorgehen: Von allen in einem Volumteil eines Gases
enthaltenen Teilchen hat nach Gl. (1) S. 7 der
Bruchteil $\frac{1}{2}\sin\alpha \cdot d\alpha$ eine Flugrichtung, die gegen
eine beliebig vorgegebene Richtung einen Winkel
zwischen α und $\alpha + d\alpha$ bildet. Betrachten wir jetzt
eine Flächeneinheit der Wand und von den Teilchen
zunächst nur diejenigen, deren Geschwindigkeit c
ist — ihre Zahl in der Volumeinheit des Gases sei

Abb. 5a u. b. Elastische
Reflektion an einer
Wand.

dn_c —, so treffen auf sie in der Zeiteinheit unter dem Winkel α alle
Teilchen auf, die sich in dem Volumen $V = c \cdot \cos\alpha$ befinden (Abb. 5a)
und die Flugrichtung α haben. Es sind das

$$(10\,\mathrm{a}) \qquad\qquad dn_c \cdot \frac{c}{2}\sin\alpha \cdot \cos\alpha \cdot d\alpha$$

Teilchen. Jedes von ihnen überträgt aber auf die Wand die Bewegungsgröße $2\,mc\cos\alpha$ bei der elastischen Reflektion (Abb. 5 b) und der Anteil
des Gasdruckes, der von den (α, c) Teilchen herrührt, ist deshalb

$$d n_c \cdot m\, c^2 \cdot \sin\alpha \cdot \cos^2\alpha \cdot d\alpha.$$

Den gesamten, wirklichen Gasdruck finden wir daraus, wenn wir einerseits über alle möglichen Werte von α, d. h. bezüglich α von 0 bis $\pi/2$
summieren und andererseits über alle möglichen Werte von c; dazu müssen
wir nach dem MAXWELLschen Verteilungsgesetz $d n_c = n\,F(c)\,dc$ setzen
und bezüglich c von 0 bis ∞ summieren. Alles in allem entsteht so ein
doppeltes Integral und dessen Ausrechnung gibt

$$(10) \qquad p = \frac{n \cdot m}{3} \cdot \overline{c^2} = n \cdot k \cdot T.$$

Ein Vergleich dieser Beziehung mit der bekannten Gasgleichung liefert
noch eine nützliche Relation für die Boltzmann-Konstante k. Wenn R_0
die absolute Gaskonstante, ϱ die Gasdichte und μ das Molekulargewicht
des Gases ist, so lautet die Gasgleichung $p = \varrho \cdot \dfrac{R_0}{\mu}\, T$. Die Formel (10)
können wir aber, weil $n \cdot m = \varrho$ ist, auch schreiben $p = \varrho \cdot \dfrac{k}{m}\, T$ und ein
Vergleich mit der Gasgleichung liefert dann

$$k = \frac{R_0\, m}{\mu} = \frac{R_0}{N_0},$$

wo N_0 die sog. AVOGADROsche Zahl $=$ Zahl der Gasteilchen im Mol ist.

Wir wollen noch eine andere Betrachtung hier anschließen, die für
manche Zwecke nützlich ist und zugleich eine interessante Anwendung
gestattet. Die Zahl Z der Teilchen, die in der Zeiteinheit auf die Flächeneinheit einer Wand auftreffen, können wir aus der oben benutzten
Zwischenformel (10 a) sofort angeben; denn sie ergibt sich offenbar durch
Summation über alle Richtungen α und über alle Geschwindigkeiten c,
wenn wir wieder $d n_c = n\,F(c)$ setzen, entsprechend dem MAXWELLschen
Verteilungsgesetz. Die Ausrechnung gibt

$$(11) \qquad Z = n \cdot \sqrt{\frac{k\,T}{2\,\pi\,m}}.$$

Es ist das eine Formel, die eine Rolle spielt bei Betrachtungen über die
Kondensation von Dämpfen an Kühlflächen (z. B. des Hg-Dampfes in
Gleichrichtern); ihre quantitative Auswertung erfordert allerdings noch
die Kenntnis des Bruchteiles der auftreffenden Teilchen, die dann auch
an der Wand hängen bleiben (vgl. S. 45). Eine andere Anwendung ist
die der Dampfdruckbestimmung schwerflüchtiger Metalle, wie z. B. des
Wolframs von Glühlampenfäden und deshalb nicht ohne praktisches
Interesse. Der Gedankengang ist der folgende. Wenn eine verdampfende
Metalloberfläche im Gleichgewicht mit dem Dampf ist, verlassen ebensoviele Atome das Metall, als aus dem Dampf zu ihm zurückkehren. Die

Zahl Z der letzteren aber haben wir eben berechnet. Wir wollen unsere Formel (11) nur noch etwas anders schreiben durch eine Kombination mit der Formel (10) für den Dampfdruck p, durch Benutzung von $k/m = R_0/\mu$ und dadurch, daß wir an Stelle der Atomzahl Z die Substanzmenge $M = Z\,m$ einführen, welche in der Zeiteinheit die Flächeneinheit verläßt bzw. auf sie zurückkehrt; dies gibt

$$(11\,\mathrm{a}) \qquad\qquad M = p\,\sqrt{\frac{\cdot\,\mu}{2\,\pi\,R_0\,T}}\,.$$

Da nun aber die vom Metall in den Dampf abgehende Menge unabhängig davon ist, ob sich außerhalb des Metalls überhaupt Dampf befindet oder nicht und durch die Temperatur des Metalls und dessen thermische Materialeigenschaften an sich bestimmt sein muß, ist M zugleich die von dem Metall bei der Temperatur T pro Zeit und Flächeneinheit z. B. in ein Vakuum verdampfende Substanzmenge. Unsere Formel kann deshalb als eine Beziehung aufgefaßt werden zwischen dem Dampfdruck $\overset{\smile}{p}$ und der „Verdampfung" M und man kann mit ihr die eine dieser beiden Größen aus der anderen berechnen. Man kann also z. B. M experimentell bestimmen durch Messung des Gewichtsverlustes des im Vakuum erhitzten Metalls und dann den Dampfdruck p finden. Für Wolfram ($\mu = 184$) z. B. wird, wenn M in g/cm²s und p in mm Hg (Torr) gemessen ist, $M = 0{,}759\ p/\sqrt{T}$; dies gibt z. B. aus dem durch Verdampfungsmessungen im Vakuum bei 2500 erhaltenen Wert $M = 4{,}7 \cdot 10^{-9}$ g/cm²s für den Dampfdruck bei dieser Temperatur $3 \cdot 10^{-7}$ Torr. Sehr viel schwieriger würde es natürlich sein, eine Theorie der Verdampfung selbst zu entwickeln, d. h. M aus den thermischen Eigenschaften des Metalls zu berechnen. Wenn die Verdampfung nicht in einen leeren Raum hinein erfolgt, ist die Sachlage eine wesentlich verwickeltere, weil dann die vom Metall abfliegenden Atome an den Teilchen der umgebenden Fremdgasatmosphäre zum Teil reflektiert und auf das Metall zurückgeworfen werden. Man kommt, wenn man dies im einzelnen verfolgen will, auf Probleme die mit der freien Weglänge zusammenhängen, mit der wir uns erst später beschäftigen werden.

Thermisches Gleichgewicht. Aus der Formel (9) S. 19 für die mittlere kinetische Energie $\overline{L}$ wollen wir nun noch zwei wichtige Folgerungen ziehen. Wie die Formel zeigt, ist $\overline{L}$ unabhängig von der Teilchenmasse m, d. h. es hat für alle Gase bei derselben Temperatur denselben Wert. Dies gilt nun aber nicht nur für den Fall, daß die Gase sich in verschiedenen Gefäßen befinden, sondern es gilt ganz allgemein auch für ein Gemisch verschiedener Gase. In einem solchen Gemisch von einheitlicher Temperatur ist also die mittlere kinetische Energie aller Teilchen dieselbe; es sind dann eben — und nur dann — die Komponenten im „Temperaturgleichgewicht" oder „thermischen Gleichgewicht". (Die mittleren Geschwindigkeiten $\bar{c}$ selbst sind dabei natürlich, um dies noch besonders zu betonen, nicht gleich, sondern sie verhalten sich umgekehrt wie die Wurzeln aus den Teilchenmassen.) Diese eigentümliche und zunächst überraschende Angleichung der mittleren kinetischen Energien der einzelnen Teilchenarten aneinander kommt mechanisch zustande durch die Wirkung der gegenseitigen Zusammenstöße und läßt sich auch im einzelnen verfolgen. Wir wollen sie uns noch klarmachen durch eine Überschlagsbetrachtung der energetischen Vorgänge bei den Zusammenstößen: Wenn nämlich zwei Körper, deren Massen m und M sind, vollkommen elastisch zusammenstoßen, muß nach den Gesetzen der Mechanik die Energie und die Bewegungsgröße des aus den beiden Körpern bestehenden Systems unverändert bleiben. Sind die Geschwindigkeiten der beiden Körper vor dem Zusammenstoß v und V, nach dem Zusammenstoß v' und V', so muß also sein

$$\frac{m}{2}\,v^2 + \frac{M}{2}\,V^2 = \frac{m}{2}\,v'^2 + \frac{M}{2}\,V'^2,$$

$$m\,v + M \cdot V = m\,v' + M\,V'.$$

Daraus ergibt sich

$$\left(\frac{m}{2}\,v'^2 - \frac{M}{2}\,V'^2\right)_2 = \left(\frac{M}{2}\,V^2 - \frac{m}{2}\,v^2\right)_1 \cdot \left\{\frac{8\,m\,M}{(m+M)^2} - 1\right\} + \frac{4\,m\,M\,(m-M)}{m+M}\,v\cdot V.$$

In dieser Gleichung haben zwei Glieder eine unmittelbar ersichtliche, einfache physikalische Bedeutung. Es ist nämlich $(\ )_1$ die Differenz der kinetischen Energien der beiden stoßenden Teilchen vor dem Stoß und $(\ )_2$ diese Differenz nach dem Stoß: Bei vielen aufeinanderfolgenden Stößen wird ferner $v \cdot V$ teils positiv und teils negativ sein, und zwar im Mittel gleich oft, so daß also das letzte Glied im Mittel den Wert Null haben wird. Da nun der Absolutbetrag von $\{\ \}$ immer kleiner als 1 ist, sagt die Gleichung also aus, daß im Verlauf vieler Stöße die Differenz der kinetischen Energien der Stoßpartner durch die Wirkung der Zusammenstöße immer kleiner wird, d. h., daß sich die kinetischen Energien der Teilchen m und M automatisch einander angleichen.

Die große Bedeutung der Erkenntnis, daß in einem Gas von der Temperatur T die mittlere kinetische Energie der Gasteilchen proportional T ist, und zwar mit dem universellen Proportionalitätsfaktor $\frac{3}{2}\,k$, liegt vor allem darin, daß sie eine ganz allgemeine kinetische Interpretation eben dieser physikalischen Zustandgröße T gibt, die man als Temperatur bezeichnet. Wenn ein Gas allseitig von heißen Wänden umgeben wird, deren Temperatur überall T ist, so setzt es sich mit diesen — wie dies im einzelnen geschieht, werden wir später noch sehen — ins Temperaturgleichgewicht und nimmt ebenfalls die Temperatur T an, bis im stationären Endzustand das ganze aus dem Gas und den Wänden bestehende System im thermischen Gleichgewicht ist. Das Gas wird also von den Wänden her „aufgeheizt", d. h. die mittlere kinetische

Energie aller seiner Teilchen steigt, bis sie den Gleichgewichtswert $\frac{3}{2} kT$ erreicht hat. Neben dieser grundsätzlichen Einsicht gibt es nun aber natürlich eine große Reihe von Einzelbeispielen, in denen die eben durchgeführten Überlegungen sich als nützlicher und unentbehrlicher Ausgangspunkt für weitere Schlüsse erweisen. Wir werden solche noch gelegentlich kennenlernen und wollen nur noch ein Beispiel besonders extremer Art für das Temperaturgleichgewicht in Gasgemischen erwähnen, auf das wir später (S. 200) von ganz anderen Gesichtspunkten aus noch zurückkommen werden. Es ist dies ein „Gasgemisch", das aus den Atomen z. B. eines Edelgases oder Metalldampfes und aus freien Elektronen besteht, wie man es in elektrischen Gasentladungen häufig vorfindet. Die Aufheizung geschieht hier dadurch, daß man ein elektrisches Feld auf die Elektronen wirken und so an diesen elektrische Triebkräfte angreifen läßt. Wie dies vor sich geht und welche Vorgänge sich außer den im Rahmen gaskinetischer Betrachtungen vorauszusetzenden elastischen Zusammenstößen untereinander und wechselseitig zwischen den Elektronen und den Atomen dabei noch abspielen, kann hier noch nicht erläutert werden. Aber wir können ein derartiges Gebilde jedenfalls auffassen als ein Gemisch zwischen einem aus Elektronen und einem aus Atomen bestehenden Gas (mit einem quantitativ extremen Verhältnis der Teilchenmassen M und m von der Größenordnung 10^4 bis 10^6). Worauf es hier allein ankommt, ist nun die Einsicht, daß sich auch diese beiden „Gase" — genügend häufige ausgleichende Zusammenstöße zwischen den Elektronen und den Atomen, d. h. genügend große Dichte des Atomgases vorausgesetzt — in ein thermisches Gleichgewicht mit gleichen mittleren kinetischen Energien der Elektronen und der Atome setzen wird und daß es deshalb sinnvoll ist, auch diesem Gemisch bzw. den beiden Komponenten eine „Temperatur" zuzuschreiben. Der neuerdings bei gasentladungstheoretischen Betrachtungen und in der Elektronentheorie der Metalle eine große Rolle spielende Begriff der „Temperatur der Elektronen" erhält so seine allgemeine theoretische Fundierung.

Gleichverteilungssatz. Eine zweite, nicht weniger wichtige Folgerung aus der Formel (9) wird nahegelegt durch die folgende Überlegung (die sich natürlich auch in aller Strenge und bündiger durchführen läßt als hier). Wir haben bisher ein einatomiges Gas betrachtet, dessen Teilchen 3 Freiheitsgrade besitzen und deren Energie nur aus kinetischer Energie besteht. Verteilen wir den mittleren Energieinhalt eines Teilchens vom Betrag $\frac{3}{2} kT$ gleichmäßig auf diese 3 Freiheitsgrade, so entfällt also formal auf jeden der Betrag $\frac{1}{2} kT$. Dies legt die Vermutung nahe, daß hierin eine allgemeinere Gesetzmäßigkeit zum Ausdruck kommt, nämlich die, daß überhaupt auf jeden Freiheitsgrad von irgendwie komplizierter gebauten Systemen oder Systemteilchen im thermischen Gleichgewicht der Energiebetrag $\frac{1}{2} kT$ entfällt. Zur Erläuterung, wie dies zu verstehen ist und welche physikalisch anschaulichere Bedeutung diesem Gesetz, dem sog. „Gleichverteilungssatz" zukommt, mag ein ganz einfaches Beispiel genügen. Wir betrachten ein System von Teilchen, die nun nicht mehr frei beweglich, sondern durch gewisse Kräfte, z. B. nach Art elastischer Bindungskräfte, an gewisse Ruhelagen gebunden sein sollen. Ein System dieser Art wird in einfacher Modellvorstellung z. B. vorliegen bei einem festen, aus Atomen aufgebauten Körper. Dann hat jedes Systemteilchen offenbar 6 Freiheitsgrade, nämlich 3 die seine räumliche Lage und 3, die wie bei einem vollkommen freien Gasteilchen seine Geschwindigkeit nach Größe und Richtung bestimmen. Analytisch ausgedrückt, ist der Zustand eines Teilchens bestimmt durch die 3 Lage-koordinaten x, y und z und durch die 3 Geschwindigkeitskomponenten u, v und w. Wenn nun auf jeden Freiheitsgrad im Mittel der Energie-betrag $\frac{1}{2} kT$ entfällt, ist also der mittlere Energieinhalt — der sich jetzt aus kinetischer und aus potentieller Energie zusammensetzt — $6 \cdot \frac{1}{2} kT = 3 kT$. Dies hat zur Folge, daß der ganze Energieinhalt des Systems, das aus N Teilchen bestehen möge, zu $3 N kT$ anzusetzen ist und ermöglicht auch sofort eine Aussage über die spezifische Wärme eines derartig auf-gebauten festen Körpers. Denn die spezifische Wärme C ist die Wärme-menge $=$ Energie, die man der Gewichtseinheit des Körpers zuführen muß, um seine Temperatur um einen Grad zu steigern und ist deshalb einfach $3 N k$, wenn nun N die Anzahl der Körperatome pro Gewichts-einheit ist. Dies Ergebnis findet sich auch bei den meisten Stoffen recht gut bestätigt (DULONG-PETITsches Gesetz); aber es gilt nur innerhalb gewisser Temperaturbereiche und erweist sich insbesondere als ganz unrichtig bei sehr tiefen Temperaturen, wo die spezifischen Wärmen sehr viel kleiner sind und mit Annäherung an den absoluten Nullpunkt sogar gegen Null gehen. Der Grund für diese Abweichungen zwischen Theorie und Erfahrung ist aber leider nicht zu sehen etwa nur in einer zu einfachen modellmäßigen Vorstellung vom Aufbau der festen Körper, sondern er liegt viel tiefer: Die Grundlagen unserer ganzen statistischen Betrachtungsweise haben sich als nicht so allgemeingültig erwiesen, als man zuerst dachte, die „klassische Statistik" ist nicht die einzig mögliche und alle physikalisch statistischen Vorgänge beherrschende. Vorläufig genügt es jedoch, zu wissen, daß wir im Bereich der eigentlichen gas-kinetischen Überlegungen und im Bereich der in wohl fast allen ihren Anwendungen praktisch vorkommenden Temperaturen unbedenklich die klassische Statistik benutzen können. Wir werden darauf später auch noch mehrfach zurückkommen und dann (z. B. S. 46) auf die Grenzen ihrer Anwendungsmöglichkeit besonders hinweisen.

4. Freie Weglänge und Stoßzahl.

Verteilung und Mittelwert der freien Weglänge. Wir wollen uns nun einer Gruppe von Betrachtungen mehr geometrischer Art zuwenden. Ein einfacher Versuch möge zeigen, daß es sich dabei um Problemstellungen handelt, die an Bedeutung den bisher besprochenen nicht nachstehen: Wenn wir ein Gefäß, gefüllt auf Atmosphärendruck mit irgendeinem Gas, offen stehen lassen, dauert es geraume, nach Sekunden oder sogar Minuten messende Zeit, bis das Gas ausgeströmt ist, d. h. bis seine Moleküle sich in die umgebende Luft zerstreut haben. Da nun die Geschwindigkeit der Gasteilchen, wie wir schon S. 3 sahen, auch bei Zimmertemperatur eine sehr erhebliche, nach Hunderten von Metern/Sekunde messende ist, ist dies ein zunächst überraschender Befund; denn man sollte erwarten, daß der Ausgleich praktisch fast momentan erfolgt. Es ist das ein Einwand, der auch tatsächlich gegen die Grundvorstellungen der kinetischen Gastheorie erhoben worden ist, der aber schon durch die folgende Überlegung entkräftet werden kann und zu einer Reihe wichtiger weiterer Überlegung Veranlassungen gibt. Es fliegen nämlich die Gasteilchen zwar tatsächlich mit jenen großen mittleren Geschwindigkeiten im Raum umher, sie bewegen sich dabei aber nicht geradlinig, sondern sie stoßen dauernd mit anderen Teilchen zusammen, so daß ihre wirklichen Flugbahnen die Gestalt vielfach gebrochener Zickzacklinien haben. So ergibt sich von selbst die Aufgabe, diese Zickzackbahnen genauer zu untersuchen. Natürlich kann auch dies nicht in dem Sinn geschehen, daß man etwa die Bahn eines einzelnen Teilchens schrittweise zu verfolgen versucht, sondern auch hier kann es sich nur um eine statistische Erfassung und um Mittelwertsbetrachtungen handeln. Bezeichnen wir die zwischen zwei aufeinanderfolgenden Zusammenstößen von einem Teilchen zurückgelegte Wegstrecke als „freie Weglänge", so wird es sich also nur darum handeln können und auch vollständig genügen, die Wahrscheinlichkeit für eine freie Weglänge von bestimmter Größe und weiterhin die „mittlere freie Weglänge" anzugeben.

An einem anschaulichen Beispiel können wir eigentlich schon alles Wesentliche aus dem hierher gehörenden Problemkreis erkennen und werden dann nur noch gewisse Verallgemeinerungen vorzunehmen haben, die grundsätzliche gedankliche Schwierigkeiten kaum mehr enthalten dürften. Wir denken uns in einen Wald aus gleich dicken, vollkommen unregelmäßig verteilten Bäumen eine breite Garbe gleichgerichteter Schüsse in der x-Richtung abgefeuert. Wie unmittelbar ersichtlich, werden einige Kugeln früher, andere später auf einen Baum treffen und stecken bleiben und es wird also die Zahl N der Kugeln in der Garbe eine ständig abnehmende Funktion $N(x)$ der Schußweite x sein. Die Abnahme dN der Kugelzahl auf der Strecke dx können wir allgemein proportional mit N und mit dx ansetzen; es ist also $- dN = \alpha N\, dx$, woraus $N = N_0 e^{-\alpha x}$ folgt, wo N_0 die Kugelzahl bei $x = 0$ ist. Andererseits ist dN die Zahl der gerade zwischen x und $x+dx$ steckenbleibenden Kugeln, d. h. in der üblichen Bezeichnungsweise, es ist $w(x) \cdot dx = dN/N_0$ die Wahrscheinlichkeit für eine freie Weglänge von der Größe x (genauer gesagt, die Wahrscheinlichkeit dafür, daß eine zwischen x und $x+dx$ liegende Strecke ohne Zusammenstoß zurückgelegt wird). Wir haben also

$$dN = -\alpha N\, dx = -\alpha N_0 e^{-\alpha x}\, dx$$
$$w(x)\, dx = -dN/N_0$$

und erhalten daraus

$$w(x) = \alpha \cdot e^{-\alpha x}.$$

Die Bedeutung des Proprotionalitätsfaktors α ergibt sich sofort aus der Überlegung, daß

$$\alpha \int_0^\infty x \cdot e^{-\alpha x}\, dx = 1/\alpha$$

der Mittelwert aller freien Weglängen, d. h. die „mittlere freie Weglänge" ist. Diese mittlere freie Weglänge λ ist dabei aufzufassen als eine für den betreffenden Wald charakteristische Konstante, die offenbar nur abhängen ·kann von der Baumdicke und dem mittleren Baumabstand. Bezeichnen wir sie mit λ, so wird also

$$(12) \qquad w(x) = \frac{1}{\lambda} \cdot e^{-x/\lambda}.$$

Die Sachlage ist demnach hier eine ganze andere als z. B. bei der früher besprochenen Geschwindigkeitsverteilung. Es gibt keine „wahrscheinlichste" freie Weglänge und es bleiben also nicht etwa, wie man zunächst versucht sein könnte anzunehmen, die meisten Kugeln in einer bestimmten optimalen Entfernung von $x=0$ stecken.

Den Ansatz $N = N_0 e^{-\alpha x}$ können wir in der Form $N = N_0 e^{-x/\lambda}$ schreiben. Es ist das ein Gesetz für die Abnahme der Zahl der Kugeln in der Kugelschar, das dem optischen Absorptionsgesetz für die Abnahme der Intensität einer Lichtwelle beim Eindringen in ein absorbierendes Medium ganz analog ist; je kleiner die mittlere freie Weglänge λ ist, desto schneller nimmt die Kugelzahl ab und λ ist die Strecke, auf der sie auf den Bruchteil $1/e$ des Anfangswertes abgenommen hat. Ausdrücklich sei auch noch hingewiesen darauf, daß die Wahrscheinlichkeit $W(x)$ dafür, daß eine Kugel einen Weg x frei (d. h. ohne anzustoßen) zurücklegt, natürlich verschieden ist von der eben berechneten Wahrscheinlichkeit $w(x)\, dx$ dafür, daß sie gerade zwischen x und $x+dx$ stecken bleibt. Der Zusammenhang zwischen W und w ergibt sich daraus, daß offenbar $W(x+dx) - W(x) = w(x) \cdot dx$ sein muß. Entwickelt man $W(x+dx)$ in eine Reihe, so gibt dies $dW(x)/dx = w(x) \cdot dx$. dx und daraus folgt mit dem oben gefundenen Wert für w der Ausdruck für W

$$(13) \qquad W(x) = e^{-x/\lambda}.$$

Der Verlauf von $W(x)$ ist in Abb. 6 gezeichnet; sie zeigt unmittelbar, daß die mittlere freie Weglänge ($x/\lambda = 1$) also nur recht selten erheblich überschritten wird.

Weglänge und Stoßzahl. Die Übertragung dieser Überlegungen auf die Verhältnisse in einem Gas ist ohne weiteres möglich, wenn wir zunächst nur Teilchen betrachten, die sich in einem System anderer ruhender Teilchen bewegen. Physikalisch heißt dies, daß wir uns zunächst auf Teilchen beschränken, deren Geschwindigkeit groß ist gegenüber den (mittleren) Geschwindigkeiten aller übrigen (wie dies z. B. der Fall ist bei der Bewegung von Elektronen durch ein Gas in einem elektrischen Feld). Ehe wir uns von dieser Beschränkung frei machen, wollen wir aber

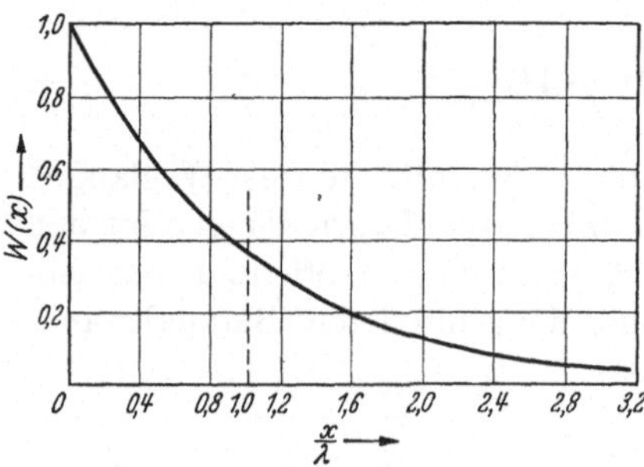

Abb. 6. Verteilung der freien Weglängen.

noch einige allgemeine Überlegungen über die Beziehungen zwischen der mittleren freien Weglänge und der Teilchengröße anstellen. Zunächst ist leicht einzusehen, daß wir allen Teilchen Kugelgestalt zuschreiben können, weil es sich stets nur um Mittelwertsbetrachtungen handelt und auch nichtkugelförmige Teilchen im Mittel wegen ihrer verschiedenen Orientierungen wie Kugeln wirken werden. Wir können die Sachlage aber noch weiter wesentlich vereinfachen dadurch, daß wir das uns interessierende bewegte Teilchen (Radius r_1) als punktförmig annehmen und dafür den übrigen Teilchen (Radius r_2) einen Wirkungsradius ϱ von der Größe $\varrho = r_1 + r_2$ zuschreiben: denn ein Zusammenstoß erfolgt offenbar immer dann, wenn sich die Mittelpunkte der beiden Stoßpartner auf mindestens den Abstand ϱ genähert haben. Maßgebend für den Zusammenstoß zweier gleicher Teilchen vom Radius r ist also der Wirkungsradius $\varrho = 2\,r$, maßgebend für den Zusammenstoß eines sehr kleinen praktisch punktförmigen Teilchens mit einem Teilchen vom Radius r der Wirkungsradius $\varrho = r$; die sog. Wirkungssphäre $f = \varrho^2 \cdot \pi$ ist deshalb im ersteren Fall viermal so groß als im letzteren. Bestimmend für die Zahl der Stöße ist demnach die Größe der Wirkungssphäre, die als eine für jedes Gas charakteristische Konstante aufzufassen ist, und es ist deshalb noch die Aufgabe zu lösen, die mittlere freie Weglänge λ auszudrücken durch f. Man sieht aber sogleich, daß λ nicht nur von f allein abhängt, sondern daß eine Rolle spielen muß auch noch die Gasdichte, d. h. die Zahl n der in der Volumeinheit vorhanden Gasteilchen. Der gesuchte Zusammenhang $\lambda(f, n)$ ist nun leicht zu finden auf Grund der folgenden Überlegung. Schneiden wir aus dem ruhenden Gas in der Flugrichtung der stoßenden Teilchen einen flachen Zylinder von der Dicke dx und von der Querschnittsfläche 1 aus, so enthält dieser Zylinder

$n \cdot dx$ Teilchen. Die Summe aller Wirkungssphären innerhalb dieses Zylinders, die sich den Stoßteilchen als Ziel darbieten, ist also $n f dx$; da die Wahrscheinlichkeit dafür, daß ein Stoßteilchen den Zylinder ohne einen Zusammenstoß durchfliegt, gegeben ist durch das Verhältnis der freien Querschnittsfläche zur ganzen Querschnittsfläche (Abb. 7) ist sie

$$\frac{1 - n f d x}{1} = 1 - n f d x \, (= 1 - n \pi \varrho^2 \cdot d x).$$

Vorausgesetzt ist dabei allerdings, daß sich die Projektionen der einzelnen Wirkungssphären nicht überdecken. Wie die unten angegebenen Zahlen zeigen, ist dies jedoch erst bei hohen Drucken, d. h. großen Gasdichten, zu befürchten; denn bei Atmosphärendruck und $0°$ ist der mittlere Teilchenabstand ungefähr zehnmal so groß (vgl. Abb. 1, S. 4) wie der Wirkungsradius ϱ. Unsere Überlegung gilt also mit einer für fast alle praktischen Zwecke vollständig hinreichenden Genauigkeit. Andererseits ist aber diese Wahrscheinlichkeit nichts anderes als $W(dx) =$ Wahrscheinlichkeit dafür, daß das Teilchen die Strecke dx zurücklegt, ohne zusammenzustoßen. Nach Gl. (13) ist $W(dx) = e^{-dx/\lambda} = 1 - dx/\lambda$. Wir haben also die Relation

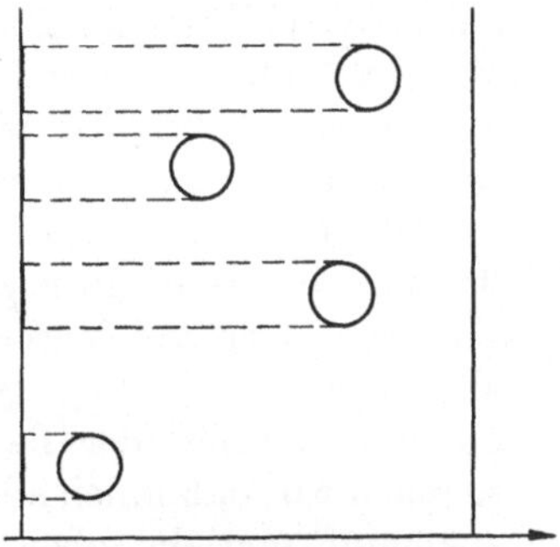

$$1 - n f \cdot d x = 1 - d x/\lambda$$

oder

(14a)
$$\lambda = \frac{1}{n f} = \frac{1}{n \cdot \pi \varrho^2}.$$

Abb. 7. Querschnittsfläche der Wirkungssphären.

Wir können diese wichtige Formel noch etwas anders schreiben. Die Zahl n der Teilchen in 1 cm³ ist proportional dem Gasdruck p und umgekehrt proportional der Gastemperatur T; ist n_0 die Teilchenzahl pro cm³ bei Atmosphärendruck $= 760$ Torr und $0°\,C = 273$ abs., so ist bei einem Druck von p Torr und bei der Temperatur T,

$$n = n_0 \cdot \frac{273}{760} \cdot \frac{p}{T},$$

und es wird, wenn wir für n_0 den Wert $27{,}1 \cdot 10^{18}$ einsetzen

$$\lambda \,(\text{cm}) = \frac{3{,}27}{10^{20}} \cdot \frac{1}{\varrho^2} \cdot \frac{T}{p}.$$

Wir werden im nächsten Abschnitt Methoden zur Bestimmung von λ kennenlernen, die es mit Hilfe dieser Formel ermöglichen, den Wirkungsradius ϱ zu bestimmen. Zur Abschätzung der Größe von λ wollen wir umgekehrt für den Teilchenradius die Größenordnung 10^{-8} cm vorwegnehmen und erhalten dann für die Größenordnung von λ bei Atmosphärendruck und $0°\,C$ 10^{-4} bis 10^{-5} cm. Zum Schluß sei noch darauf hingewiesen, daß man natürlich λ nicht etwa mit dem mittleren Teilchenabstand $d = \sqrt[3]{n}$ identifizieren darf; es geht dies aus den ganzen bisherigen Überlegungen hervor und läßt sich durch Einsetzen der Zahlenwerte auch unmittelbar zeigen; so z. B. ergibt sich mit den eben benutzten Zahlen, daß bei Atmosphärendruck λ ungefähr zehnmal größer ist als d. Anschließend dürfte noch eine Bemerkung über die Stoßzahl nützlich sein. Wir haben bisher unsere Betrachtungen bezogen auf eine Schar von Teilchen, die sich in einem System ruhender Teilchen bewegen und haben den Mittelwert λ der freien Weglänge gebildet durch eine Mittelung über die Schar der bewegten Teilchen (sog. Scharmittel). Ebensogut könnten wir aber offenbar auch ein einzelnes bewegtes Teilchen (das an den ruhenden dauernd reflektiert wird) auf seinem Zickzackweg verfolgen und dann über die aufeinanderfolgenden Weglängen mitteln (sog. Zeitmittel). Wie sich zeigen läßt, erhält man nach beiden Methoden im allgemeinen dasselbe Endergebnis. Bei konstanter Fluggeschwindigkeit v durchläuft ein Teilchen in der Zeiteinheit insgesamt einen Weg von der Länge v cm und macht also in der Zeiteinheit im Mittel v/λ Zusammenstöße; bezogen auf eine Wegstrecke von 1 cm hingegen macht es unabhängig von seiner Geschwindigkeit $1/\lambda$ Zusammenstöße.

Alle bisherigen Überlegungen haben nun durchaus nicht nur Bedeutung im Sinn einer grundsätzlichen und begrifflichen Klärung der Sachlage oder als Vorbereitung zum Verständnis der nachfolgenden allgemeineren Überlegungen. Erinnern wir uns an das bereits erwähnte konkrete Beispiel der Bewegung (schneller) Elektronen durch ein Gas, so sehen wir, daß ihnen auch eine durchaus reale physikalische Bedeutung zukommt und die oben abgeleiteten Formeln in allen diesen Fällen angewendet werden können; wir werden sie später bei gasentladungstheoretischen Betrachtungen deshalb auch noch oft und mit Nutzen heranziehen. Trotzdem ist es unbedingt notwendig, sich von der bisherigen Beschränkung in den Voraussetzungen freizumachen, wenn man weitere Betrachtungen gaskinetischer Art im üblichen Sinn anstellen will. Der Ausgangspunkt dazu ist die allgemeingültige Beziehung $Z = l/\lambda$ zwischen der auf die Zeiteinheit bezogenen mittleren Stoßzahl Z eines Teilchens zu der in der Zeiteinheit durchflogenen Wegstrecke l und der mittleren Weglänge λ. In dem bisher betrachteten Fall eines mit konstanter Geschwindigkeit v durch ein System ruhender Teilchen sich bewegenden Teilchen war l numerisch einfach gleich v zu setzen und dies ergab $Z = n \cdot \pi \varrho^2 \cdot v$. Ein Gasteilchen selbst aber bewegt sich als Stoßteilchen mit einer von Stoß zu Stoß sich ändernden Absolutgeschwindigkeit sowohl wie auch mit einer von Stoß zu Stoß anderen Relativgeschwindigkeit (relativ zu dem jeweiligen Stoßpartner). Wir müssen deshalb offenbar einerseits an Stelle von $l = v$ jetzt $l = \bar{c}$ setzen, wo $\bar{c}$ die mittlere Geschwindigkeit ist, und andererseits an Stelle von $Z = n \cdot \pi \varrho^2 \cdot v$ jetzt $Z = n \pi \varrho^2 \bar{r}$ setzen, wo $\bar{r}$ die mittlere Relativgeschwindigkeit ist. Dies gibt

$$n \pi \varrho^2 \bar{r} = \bar{c}/\lambda$$

oder für die gesuchte mittlere freie Weglänge

$$\lambda = \frac{1}{n\,\pi\,\varrho^2} \cdot \frac{\bar c}{\bar r}\,.$$

Die Bedeutung von $\bar c$ ist uns schon bekannt (vgl. S. 19). Die Bedeutung von $\bar r$ ist die folgende. Für zwei Teilchen, deren Geschwindigkeiten c_1 und c_2 sind und miteinander den Winkel ϑ bilden, ist die Relativgeschwindigkeit $r = \sqrt{c_1^2 + c_2^2 - 2c_1c_2\cos\vartheta}$. Diesen Ausdruck haben wir zu mitteln über alle möglichen Geschwindigkeitswerte c_1 und c_2 sowohl, wie über alle möglichen Winkelwerte ϑ. Und zwar hinsichtlich der Geschwindigkeitswerte unter Berücksichtigung der durch das MAXWELLsche Verteilungsgesetz gegebenen Häufigkeiten und hinsichtlich der Winkelwerte unter Berücksichtigung der uns schon bekannten durch $\frac{1}{2}\sin\vartheta \cdot d\vartheta$ gegebenen Häufigkeit für den Winkelwert ϑ. Führt man die diesbezüglichen ziemlich weitläufigen Rechnungen durch, so findet man $\bar r = \bar c\,\sqrt{2}$ und demnach für die mittlere freie Weglänge

$$(14\,\text{b}) \qquad\qquad \lambda = \frac{1}{\sqrt{2}} \cdot \frac{1}{n\,\pi\,\varrho^2}\,,$$

also einen Ausdruck, der von dem früheren [Gl. (14a)] sich nur um den Faktor $1/\sqrt{2} = 0{,}71$ unterscheidet. Zusammenfassend können wir jetzt die folgende Liste für die verschiedenen mittleren freien Weglängen aufstellen, wenn wir noch den Radius r_0 der Gasteilchen einführen an Stelle des Wirkungsradius ϱ.

Mittlere freie Weglänge in einem Gas . . . . $\lambda_0 = \dfrac{1}{4\,\sqrt{2}} \cdot \dfrac{1}{n\,\pi\,r_0^2}\,.$

Mittlere freie Weglänge eines punktförmigen Teilchens in einem Gas, an dessen thermischer Bewegung es teilnimmt . . . . $\lambda = \dfrac{1}{\sqrt{2}\cdot n\,\pi\,r_0^2} = 4\,\lambda_0\,.$

Mittlere freie Weglänge eines punktförmigen Teilchens, dessen Geschwindigkeit groß ist gegenüber der thermischen Geschwindigkeit der Gasteilchen . . . . . . $\lambda_e = \dfrac{1}{n\,\pi\,r_0^2} = 5{,}7\cdot\lambda_0\,.$

Verallgemeinerung des Weglänge- und Stoßzahlbegriffs. Wir wollen uns zum Schluß schon hier mit einer Verallgemeinerung der Begriffe „freie Weglänge", „Stoßzahl" und „Wirkungssphäre" vertraut machen, die wir später bei der Betrachtung der Vorgänge in ionisierten Gasen noch oft brauchen werden. Als Ausgangspunkt für die Untersuchung der Stoßvorgänge in einem Gas hatten wir eine sehr einfache Definition des „Zusammenstoßes" zweier Teilchen benutzt: Immer dann und nur dann, wenn die Mittelpunkte zweier Teilchen sich auf eine Entfernung nahekommen, die gleich dem Wirkungsradius ϱ ist, erfolgt das Ereignis, das wir als Zusammenstoß bezeichnen. Der Wirkungsradius ist dabei als eine für die Art der beiden Stoßpartner charakteristische Konstante anzusehen, die vollständig genügt zur Beschreibung der hier

interessierenden Eigenschaften der Teilchen. Den Weg zu einer Verallgemeinerung des Stoßbegriffes finden wir nun am einfachsten, wenn
wir die Sachlage von einem etwas anderen — übrigens im vorhergehenden
gelegentlich bereits eingenommenen — Gesichtspunkt aus betrachten.
Wir können nämlich fragen nach der Wahrscheinlichkeit des durch einen
Stoß der eben genannten Art bedingten Ereignisses. Dann hängt die
Wahrscheinlichkeit der bisher betrachteten „gaskinetischen" Stöße, wie
wir sie weiterhin kurz nennen wollen, offenbar ab nur von der Größe des
Wirkungsradius, nicht aber von der Relativgeschwindigkeit r der beiden
Stoßpartner gegeneinander; sie ist rein geometrisch, ohne Mitwirkung
kinematischer Faktoren bestimmt, wie dies schon unmittelbar in den an
die Abb. 7 anschließenden Überlegungen zum Ausdruck gekommen ist.
Diese Fassung ist deshalb nützlich, weil es mit einem Stoß verbundene
Ereignisse gibt, deren Eintreten auch noch von der Relativgeschwindigkeit r abhängt und zwar in dem Sinn, daß sie nicht nur überhaupt nur
eintreten oberhalb bestimmter Relativgeschwindigkeiten, sondern daß
dann zudem ihre Häufigkeit noch von r abhängt. Hierher gehören, um
gleich ein konkretes Beispiel zu nennen, die Vorgänge der Ionisation und
der Leuchtanregung von Atomen durch Elektronenstoß. In diesen Fällen
können wir die Sachlage dadurch beschreiben, daß wir z. B. sagen, das
betreffende Ereignis trete nur ein bei einem von r abhängenden Bruchteil $f(r)$ der gaskinetischen Stöße oder mit einer von r abhängenden
„Ausbeute"; wir können sie auch z. B. dadurch beschreiben, daß wir die
zu dem betreffenden Ereignis führenden Stöße zwar nach wie vor durch
einen Wirkungsradius ϱ' erfassen, nun aber diesen Wirkungsradius nicht
mehr als eine für die Stoßpartner charakteristische Konstante ansetzen,
sondern allgemeiner als eine für die Stoßpartner charakteristische Funktion $\varrho'(r)$ der Relativgeschwindigkeit.

Dementsprechend wird die ganze Rechenmethodik eine, wenn auch
nicht grundsätzlich andere, so doch wesentlich kompliziertere, und in
den meisten Fällen ist man gezwungen, durch sinngemäße Näherungsverfahren, Benutzung von Mittelwerten schon von Anfang an u. dgl.
sich die Durchrechnung zu erleichtern oder sie überhaupt zu ermöglichen. Ohne auf die physikalische Ausdeutung hier im einzelnen schon
einzugehen, wollen wir dies an einem Beispiel erläutern, nämlich an der
bereits erwähnten Ionisation von Atomen durch den Stoß von Elektronen.
Wir gehen davon aus, daß nicht jeder gaskinetische Stoß zu einer
Ionisierung führt, sondern, daß 1. eine Ionisation überhaupt nur eintreten kann, wenn die kinetische Energie $\frac{m}{2} r^2 = E$ des stoßenden Elektrons größer als ein bestimmter Schwellenwert E_0 ist, und daß 2. auch
für $E > E_0$ nicht jeder Stoß zu einer Ionisation führt, sondern nur ein
Bruchteil der Stöße, der sich bis hinauf zu etwa $E = 3\,E_0$ darstellen
läßt durch die einfache Näherungsformel $C(E - E_0)$, wo C eine für jede

Atomart charakteristische Konstante ist (vgl. S. 97). Ferner wollen wir ein Gemisch von Gasatomen und von Elektronen betrachten, das im thermischen Gleichgewicht ist, so daß also das „Elektronengas" und das „Atomgas" diese gemeinsame Temperatur T besitzen (S. 24) und die Geschwindigkeiten in beiden nach dem MAXWELLschen Gesetz verteilt sind. Strenge Gültigkeit des Gleichverteilungssatzes ist allerdings wegen der unelastischen ionisierenden Stöße nicht zu erwarten, sie gilt aber mit hinreichender Genauigkeit, wie eine hier. nicht interessierende eingehendere Analyse zeigt. Eine weitere wesentliche Vereinfachung ist dadurch möglich, daß die zu dem Schwellenwert E_0 gehörende Geschwindigkeit r_0 der Elektronen groß ist gegen die mittlere Geschwindigkeit der Atome und daß wir deshalb die Atome als ruhend betrachten und an Stelle mit der Relativgeschwindigkeit r mit der Absolutgeschwindigkeit v der Elektronen rechnen dürfen.

Nach diesen Vorbereitungen ist es nun nicht mehr schwer, die „Ionisation" q in dem Elektronen-Gas-Gemisch zu berechnen, d. h. die Zahl der ionisierenden Elektronenstöße, die pro Zeiteinheit und Volumeinheit stattfinden, oder mit anderen Worten, die Zahl der Ionen, die gebildet werden. Wenn in der Volumeinheit im ganzen n Elektronen vorhanden sind, so haben davon (vgl. S. 19)

$$a \cdot n \cdot v^2 \cdot e^{-\frac{m v^2}{2 k T}} d v \qquad \left(a = 4\pi \left[\frac{m}{2 \pi k T}\right]^{3/2}\right)$$

eine zwischen v und $v + dv$ liegende Geschwindigkeit. Diese v-Elektronen machen in der Zeiteinheit v/λ Zusammenstöße wobei nach den Angaben auf S. 31 $\lambda = 5{,}7 \cdot \lambda_0$ zu setzen ist. Von diesen Zusammenstößen führt aber nur ein Bruchteil zu einer Ionisation, der durch die oben erwähnte Ausbeutefunktion gegeben ist. Die Zahl der Ionisationen durch die v-Elektronen ist also

$$d q_v = \frac{a \cdot n \cdot C}{\lambda} \cdot \left(\frac{m}{2} v^2 - E_0\right) v^3 \cdot e^{-\frac{m v^2}{2 k T}} d v .$$

Diesen Ausdruck müssen wir, um das gesuchte q zu finden, nur noch summieren über alle Geschwindigkeiten v, d. h. unter Berücksichtigung des Schwellenwertes E_0 über alle Geschwindigkeiten zwischen $v = \sqrt{\frac{2 E_0}{m}}$ und $v = \infty$. Wir erhalten also

$$q = \frac{a n C}{\lambda} \int\limits_{\sqrt{\frac{2 E_0}{m}}}^{\infty} \left(\frac{m}{2} v^2 - E_0\right) \cdot v^3 \cdot e^{-\frac{m v^2}{2 k T}} d v$$

und die Ausrechnung des Integrals gibt

$$q = \frac{C \cdot n}{\lambda} \left(\frac{8 k T}{\pi m}\right)^{1/2} \cdot e^{-\frac{E_0}{k T}} \cdot (E_0 + 2 k T) .$$

Dabei haben wir allerdings insofern nicht ganz richtig gerechnet, als wir die Gültigkeit der benutzten Ausbeutefunktion für alle Geschwindigkeiten bis hinauf zu $v = \infty$ vorausgesetzt haben, während in Wirklichkeit dieser einfache Ausdruck nur bis hinauf zu etwa $E = 3\,E_0$ gilt. Der durch diese unerlaubte Extrapolation entstehende Fehler ist aber praktisch bedeutungslos, wenn die Temperatur T des Gases nicht außerordentlich hoch ist. Denn die Zahl der Elektronen, deren Energie größer als $3\,E_0$ ist, ist so klein (vgl. etwa Abb. 4, S. 20), daß diese Elektronen zu unserem Integral keinen merklichen Beitrag mehr liefern.

5. Die Transportgleichung.

Aus der großen Zahl von Problemen, die sich nach den Methoden der kinetischen Gastheorie behandeln lassen, wollen wir nur noch eine Gruppe herausgreifen. Es handelt sich dabei nicht allein darum, nun die Brücke von gewissen Rechengrößen der Theorie zu experimentell faßbaren Größen zu schlagen und dadurch die Beibringung von Zahlenwerten für jene Größen zu ermöglichen, sondern vor allem auch um Überlegungen, die sich für spätere Zwecke als sehr nützlich erweisen werden, nämlich um die gaskinetisch-theoretische Erfassung der Vorgänge, die man als Wärmeleitung, Diffusion und innere Reibung bezeichnet. Diese Vorgänge lassen sich von einem allgemeineren Gesichtspunkt aus als der „Transport" einer physikalischen Eigenschaft durch das Gas hindurch auffassen und demgemäß auch formal durch dieselbe Relation, die sog. „Transportgleichung", beschreiben.

Wärmeleitung. Bisher haben wir stillschweigend stets vorausgesetzt, daß wir es mit Gasen zu tun haben, deren Temperatur überall dieselbe ist. Betrachten wir nun ein Gas, für das dies nicht mehr zutrifft, also z. B. ein Gas zwischen zwei Platten, die auf verschiedenen Temperaturen gehalten werden. Dann wird, ganz ebenso wie durch einen festen oder flüssigen Körper, durch das Gas hindurch Wärme von den Stellen höherer zu den Stellen tieferer Temperatur fließen, d. h. es wird der Vorgang der Wärmeleitung stattfinden. Man kann diesen Vorgang bekanntlich beschreibend erfassen durch den einfachen Ansatz, daß die Dichte des Wärmestromes, d. h. die durch die Flächeneinheit in der Zeiteinheit strömende Wärmemenge, an jeder Stelle proportional ist zu dem dort vorhandenen Temperaturgradienten und bezeichnet dann den Proportionalitätsfaktor als das Wärmeleitvermögen σ der betreffenden Substanz. Ist die Dichte des Wärmestromes j, so ist also

$$j = \sigma \operatorname{grad} T.$$

Eine kleine Abschweifung in die formale Theorie der Wärmeleitung sei hier gestattet. Bei den in der Praxis vorkommenden Aufgaben handelt es sich stets darum, die räumliche Temperaturverteilung in einem Körper von gegebener Gestalt zu finden, wenn in ihm Wärmequellen in bekannter

Weise verteilt sind; man denke etwa an das einfachste Beispiel eines elektrisch geheizten Widerstandskörpers. Betrachten wir ein Volumelement $d\tau$ des Körpers, in dem die Wärmemenge $Q\,d\tau$ pro Zeiteinheit erzeugt wird, so wird diese Wärme teils verwendet zur Aufheizung der in $d\tau$ befindlichen Körpersubstanz und teils wird sie als Wärmestrom abfließen zu den benachbarten Volumelementen. Der Abfluß ist gegeben durch $\operatorname{div} j$, die Aufheizung äußert sich in einer Temperaturerhöhung $\partial T/\partial t$, und zwar derart, daß Dichte $\varrho \times$ spez. Wärme $c \times \partial T/\partial t$ gleich dem pro Volumeinheit verbleibenden Wärmeüberschuß ist. Wir erhalten also für die Temperatur die Differentialgleichung

$$Q + \operatorname{div}(\sigma \operatorname{grad} T) = c\,\varrho\,\frac{\partial T}{\partial t}.$$

Nehmen wir zur Vereinfachung an, daß das Wärmeleitvermögen und die spez. Massenwärme unabhängig von der Temperatur sind (wie dies meist mit genügender Näherung angenommen werden darf), so erhalten wir

$$Q + \sigma \operatorname{div} \operatorname{grad} T = Q + \sigma\left(\frac{\partial^2 T}{\partial x^2} + \frac{\partial^2 T}{\partial y^2} + \frac{\partial^2 T}{\partial z^2}\right) = c\cdot\varrho\,\frac{\partial T}{\partial t}.$$

Die Lösung dieser Gleichung zu finden — zu deren eindeutigen Festlegung natürlich noch die Kenntnis der Temperaturverteilung zur Zeit $t=0$ (Anfangsbedingungen) und die Kenntnis der Temperaturverhältnisse an der Oberfläche des Körpers (Randbedingungen) notwendig sind —, ist eine rein mathematische, allerdings meist recht schwierige Aufgabe. Für den stationären Zustand wird die Gleichung etwas einfacher, nämlich

$$Q + \sigma\left(\frac{\partial^2 T}{\partial x^2} + \frac{\partial^2 T}{\partial y^2} + \frac{\partial T^2}{\partial z^2}\right) = 0.$$

Noch um einen Grad einfacher wird sie, wenn überhaupt keine Wärmequellen vorhanden sind und nur z. B. an der Oberfläche irgendwie Temperaturdifferenzen aufrecht erhalten werden, nämlich

$$\frac{\partial^2 T}{\partial x^2} + \frac{\partial^2 T}{\partial y^2} + \frac{\partial^2 T}{\partial z^2} = 0.$$

Kehren wir nun zurück zum eigentlichen Thema, so werden wir von der kinetischen Theorie eine Aufklärung über den Mechanismus der Wärmeleitung in Gasen und eine Berechnung des Wärmeleitkoeffizienten aus den für das Gas charakteristischen Größen wie Teilchenzahl, mittlere freie Weglänge, mittlere Teilchengeschwindigkeit usw. zu fordern haben. Der erste Teil dieses Programms ist nicht schwer zu erledigen: Die Temperatur ist nach unseren Grundannahmen eng verbunden mit der mittleren kinetischen Energie der Gasteilchen, und zwar ist diese um so größer, je höher die Temperatur ist. Die aus einem Gebiet höherer Temperatur stammenden Teilchen bringen also in ein Gebiet niedrigerer Temperatur einen Überschuß an kinetischer Energie mit, sie „transportieren" kinetische Energie von den wärmeren zu den kälteren Teilen des Gases und heizen so die kälteren Teile auf, wenn sie ihre kinetische Energie an die der dort befindlichen Teilchen angleichen. Viel schwieriger ist es, diesen Gedankengang quantitativ in Formeln zu fassen und die Wärmeleitfähigkeit wirklich zu berechnen. In voller Strenge und Allgemeinheit dies durchzuführen, ist sogar überhaupt noch nicht gelungen; aber eine für wohl alle praktischen Bedürfnisse ausreichende Näherungsbetrachtung läßt sich schon verhältnismäßig leicht bewältigen. Vorausgeschickt sei, daß offenbar die Diskussion eines geometrisch möglich einfachen Sonderfalles genügt, weil es sich um die Berechnung einer „Materialkonstante" des Gases, nämlich des Wärmeleitvermögens handelt und diese unabhängig sein muß von der benutzten Versuchsanordnung. Als solche wählen wir zwei ebene parallele Platten, die auf verschiedenen Temperaturen gehalten werden und zwischen denen sich das Gas in einem stationären thermischen Zustand befindet. Dann hängt nämlich alles nur von einer Koordinate ab, und wir können folgendermaßen vorgehen:

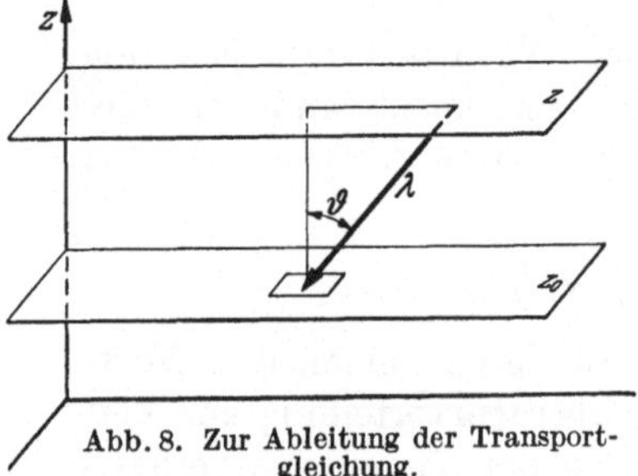
Abb. 8. Zur Ableitung der Transportgleichung.

Wir denken uns (Abb. 8) an der Stelle z_0 ein Flächenelement von der Größe 1 cm² senkrecht zur z-Richtung in das Gas gelegt und betrachten zunächst nur die Teilchen, die von oben kommend, durch dies Flächenelement hindurchfliegen. Diese Teilchen werden, dem Verteilungsgesetz der freien Weglängen entsprechend, vorher irgendwo zum letztenmal zusammengestoßen sein und wir wollen nun einfach ansetzen, daß sie im Mittel aus einer Entfernung $\lambda =$ mittlere freie Weglänge kommen und von dort die dem betreffenden z-Niveau entsprechende mittlere kinetische Energie mitbringen. Ein Teilchen, das aus dem Niveau $z = z_0 + \lambda \cos \vartheta$ kommt, bringt also die kinetische Energie dieses Niveaus mit, die wir mit $G(z)$ bezeichnen wollen. Ist $d N_{\vartheta,\,z}$ die Zahl der Teilchen, die aus dem Niveau z kommend unter dem Winkel ϑ in der Zeiteinheit durch unsere Flächeneinheit hindurchtreten, so wird also von diesen Teilchen der Betrag $d N_{\vartheta,\,z} \cdot G(z)$ transportiert und den gesamten Transport erhalten wir dann durch eine Summation über alle ϑ zwischen 0 und π. Wenn im Niveau z in der Volumeinheit $n(z)$ Teilchen vorhanden sind und ihre mittlere Geschwindigkeit $\bar{c}(z)$ ist, finden wir durch dieselbe Überlegung wie früher (S. 20) bei der Berechnung des Druckes für $d N_{\vartheta,\,z}$ den Ausdruck $d N_{\vartheta,\,z} = n \bar{c} \cdot \dfrac{1}{2} \sin \vartheta \cdot \cos \vartheta \cdot d\vartheta$. Alles dies zusammengefaßt ergibt so für den Transport von oben nach unten

$$G_\downarrow = \int\limits_0^\pi \frac{n\,\bar{c}}{2} \sin \vartheta \cos \vartheta \cdot G(z_0 + \lambda \cos \vartheta)\, d\vartheta$$

und natürlich ein ganz analoger Ausdruck für den Transport von unten nach oben, in dem lediglich die Integration sich nun über die z-Werte erstreckt, die kleiner als z_0 sind. Zur Ausrechnung dieser Integrale können wir $G(z_0 \pm \lambda \cos \vartheta)$ entwickeln

$$G(z_0 \pm \lambda \cos \vartheta) = G(z_0) \pm \lambda \cos \vartheta \cdot \left(\frac{\partial G}{\partial z} \right)_{z_0}.$$

Außerdem aber müssen wir noch die tiefergehende Vereinfachung vornehmen, daß wir für $n\bar{c}$ — das natürlich auch von z abhängt — einen Mittelwert ansetzen, als welchen wir den Wert für $z = z_0$ benutzen. Es ist das sicher nicht unbedenklich, aber es läßt sich bei näherer Überlegung doch rechtfertigen, und es ist eben leider notwendig, wenn wir überhaupt zu einem brauchbaren Endergebnis kommen wollen. Nach Durchführung der einfachen Zwischenrechnungen erhalten wir dann für den totalen Transport die berühmte Transportgleichung in der Form

$$(15) \qquad G(= G_\downarrow - G_\uparrow) = \frac{n\bar{c}\lambda}{3} \frac{\partial G}{\partial z}.$$

Erwähnt sei noch, daß Verfeinerungen der Ableitung eigentlich nur zu einer formalen Mehrbelastung führen, daß im Verlauf der praktischen Durchführung der Rechnungen letzten Endes doch wieder eine Reihe von Vernachlässigungen erforderlich werden und daß man dann doch wieder zu derselben Endformel geführt wird. Wenn man hier grundsätzlich weiter kommen will, müßte man von vornherein methodisch ganz anders vorgehen, kommt dabei aber auf noch unüberwindliche Schwierigkeiten.

Die transportierte Größe G ist im Fall der Wärmeleitung die kinetische Energie. Für einatomige Gase umfaßt sie den ganzen Wärmeinhalt des Gases und was transportiert wird, ist also Wärme im üblichen Sinn. Setzen wir nach dem Gleichverteilungssatz für die mittlere kinetische Energie $\frac{m}{2} \bar{c}^2 = \frac{3}{2} kT$, so wird demnach die Dichte des Wärmeflusses

$$j = \frac{n \cdot \bar{c} \lambda}{3} \cdot \frac{3}{2} k \cdot \frac{\partial T}{\partial z} = \frac{n \bar{c} \lambda k}{2} \frac{\partial T}{\partial z}$$

und wenn wir dies mit der gewöhnlichen Wärmeleitgleichung vergleichen,

$$j = \sigma \frac{\partial T}{\lambda z}$$

erhalten wir für das Wärmeleitvermögen σ

$$(16\,\mathrm{a}) \qquad \sigma = \frac{n \bar{c} \lambda k}{2}.$$

Wir haben damit unser Ziel erreicht und σ berechnet aus den gaskinetischen Grundgrößen. Eine sehr bemerkenswerte Folgerung läßt sich sogleich aus dieser Formel ziehen. Da n proportional dem Druck und λ umgekehrt proportional der Gasdichte ist, erweist sich nämlich σ als unabhängig von der Gasdichte. Die Erweiterung auf mehratomige Molekülgase ist ebenfalls unmittelbar vorzunehmen. An Stelle der kinetischen

Energie der Teilchen tritt dann lediglich deren Gesamtenergie, für die wir nach dem Gleichverteilungssatz den Ausdruck $\frac{f}{2}\,kT$ gefunden hatten (S. 24), wo f die Zahl der Freiheitsgrade des Moleküls ist. Dies gibt für das Wärmeleitvermögen

$$\sigma = \frac{n\,\bar{c}\,\lambda\,k\,f}{6}\,.$$

Allgemeine Transportgleichung; Diffussionsprobleme. Wir übersehen aber auch bereits, daß die ganze vorhergehende Betrachtung offenbar nicht beschränkt ist auf den speziellen Fall der Wärmeleitung, der sich ergibt, wenn wir als transportierte Größe die Teilchenenergie wählen; denn zur Ableitung der Transportgleichung (15) sind ja Annahmen über die physikalische Natur von G zunächst noch gar nicht notwendig. Wenn wir z. B. ein Gas haben, dessen einzelne Volumteile sich relativ zueinander bewegen, so wird zwischen ihnen durch den Vorgang der inneren Reibung Bewegungsgröße übertragen. Setzen wir also für G die Bewegungsgröße mv der in der Gasströmung fortgetragenen Teilchen an, so werden wir ganz analog wie bei der Wärmeleitung nun den sog. Koeffizienten der inneren Reibung berechnen können.

Wichtiger in Hinblick auf spätere Anwendungen ist für uns ein anderer Sonderfall, nämlich der Massetransport in einem Gas, dessen Temperatur zwar überall dieselbe, dessen Dichte jedoch von Ort zu Ort verschieden ist. Die Dichte sucht sich dann durch den Vorgang der „Diffusion" auszugleichen, der kinetisch darin besteht, daß ein Überschuß von Gasteilchen von den Stellen größerer Dichte zu denen geringerer Dichte wandert. Die Dichte j des Teilchenstromes ist analog zur Wärmeleitung gegeben durch

$$j = -\,D\,\mathrm{grad}\,n\,,$$

wo D der Diffusionskoeffizient ist und wenn wir unsere vorhergehenden Überlegungen sinngemäß übertragen, erhalten wir

$$(16\,\mathrm{b}) \qquad\qquad D = \frac{\lambda\,\bar{c}}{3}\,.$$

Dies gilt nun nicht nur für den Fall eines einheitlichen Gases, sondern auch für den Fall eines Gasgemisches, d. h. für das Diffundieren zweier Gase ineinander. Die allgemeine und strenge kinetische Theorie der Diffusion in einem Gasgemisch ist allerdings schwierig und führt auf eine Reihe noch nicht vollständig gelöster Probleme; aber gerade bei den hierher gehörenden Aufgaben, die uns später beschäftigen werden, werden wir mit vollkommen hinreichender Genauigkeit mit den obigen einfachen Ansätzen rechnen können.

Zur Ergänzung werden vielleicht noch einige allgemeine Bemerkungen erwünscht sein, um die physikalische Sachlage auch in Fällen komplizierterer Art als den bisher behandelten wenigstens übersehen zu können. Eine wirkliche quantitative Durchrechnung erweist sich zwar,

wie schon bei dem Beispiel der Diffusion in einem Gasgemisch erwähnt
wurde, meist als unmöglich, aber zu einer grundsätzlichen Klärung und
unter Umständen auch zu einer Beurteilung der sich bietenden Näherungs-
lösungen werden die folgenden Betrachtungen immerhin beitragen können.

Wie wir sahen, handelt es sich bei der Wärmeleitung um einen Transport von kinetischer Energie von den Stellen höherer zu den Stellen
tieferer Temperatur. Dieser Energietransport wird besorgt von den
Gasteilchen, die aus dem Gebiete höherer Temperatur kommen und deshalb im Mittel eine größere kinetische Energie oder allgemeiner einen
größeren mittleren Energieinhalt haben als die Teilchen in den Gebieten
tieferer Temperatur. Wenn aber in einem Gas Temperaturdifferenzen
vorhanden sind, kann natürlich die Dichte des Gases nicht überall
dieselbe sein; denn da der Druck bekanntlich überall derselbe ist (weil
sonst Strömungen auftreten würden), muß nach der Zustandsgleichung
$p = \text{const} \dfrac{T}{\varrho}$ die Gasdichte ϱ umgekehrt proportional der Temperatur
sein. An den Stellen höherer Temperatur ist also die Gasdichte = Teil-
chenzahl pro cm³ kleiner als an den Stellen tieferer Temperatur. Trotzdem kann selbstverständlich — das ganze Gas ist ja im statischen Gleichgewicht — kein Teilchenstrom in diesem Dichtegefälle fließen, und dies
gibt nun sofort Veranlassung zu einigen Bemerkungen. Was zunächst
die Frage betrifft, warum in einem Gas, in dem sich nach den Gesetzen
der Wärmeleitung eine bestimmte Temperaturverteilung und eine entsprechende Dichteverteilung eingestellt hat, nur ein Wärmetransport
und nicht auch ein Massetransport stattfindet, so hat man auf den
verschiedensten Wegen sich damit auseinanderzusetzen versucht. Wirklich befriedigend ist aber keine der entwickelten Vorstellungen, wenn es
auch für alle praktischen Zwecke vollkommen genügt, die Tatsache des
Fehlens eines Massetransportes eben als solche hinzunehmen und davon
überzeugt sein, daß unsere Ansätze für die Wärmeleitung auch quantitativ vollkommen genau genug gelten.

Man muß überhaupt bei der Behandlung von Diffusionsproblemen
recht vorsichtig sein, weil die Diffusionsansätze zunächst nur gelten
für Gase von räumlich konstanter Temperatur; die obigen Betrachtungen
dürften dies an einem Sonderfall bereits deutlich gezeigt haben. Alle
diese Schwierigkeiten, die ganz allgemein auftreten bei der Anwendung
gaskinetischer Methoden auf ein Gas, in dem die Temperatur oder die
Dichte oder beide räumlich nicht mehr konstant sind, kommen letzten
Endes daher, daß in einem solchen Gas das MAXWELLsche Verteilungsgesetz nicht mehr genau, sondern nur noch mit mehr oder minder großer
Annäherung gilt und daß es außerordentlich schwierig ist, das richtige,
Verteilungsgesetz anzugeben. Aber glücklicherweise sind die Abweichungen in fast allen praktisch vorkommenden Fällen so gering,
daß sie in erster Näherung vernachlässigt werden können. Wie eine

Abschätzung zeigt, die hier wiederzugeben allerdings viel zu weit führen würde, ist dies der Fall, wenn

$$\lambda \operatorname{grad} T \ll T, \qquad \lambda \operatorname{grad} n \ll n,$$

wenn also die auf eine Strecke von der Länge der mittleren freien Weglänge entfallende prozentuale Änderung der Temperatur bzw. der Teilchendichte klein ist. Daß dies immerhin recht weitgespannte Bedingungen sind, sei erläutert an dem bereits schon recht extremen Beispiel eines in freier Luft brennenden Lichtbogens. Bei einer Achsentemperatur von 4000 bis 5000° ist der Temperaturabfall nach außen hin am größten am äußeren Rand und dort von der Größenordnung 10^4 Grad/cm. Da in Luft von Atmosphärendruck bei einer Temperatur von 4000° λ von der Größenordnung 10^{-4} cm ist, ist also $\lambda \dfrac{\partial T}{\partial r}$ = radialer Temperaturgradient pro freie Weglänge nur von der Größenordnung 1 Grad und demnach stets klein gegen die Temperatur selbst. Da ferner bei konstantem Druck nach der Gasgleichung $\dfrac{1}{T} \dfrac{\partial T}{\partial r} = \dfrac{1}{n} \dfrac{dn}{dr}$ ist, folgt unmittelbar, daß auch $\lambda \dfrac{\partial n}{\partial r}$ stets klein gegen n selbst ist.

Es ist in diesem Zusammenhang von Interesse, noch ein anderes Beispiel zu betrachten. Aus dem Boltzmann-Prinzip folgt unmittelbar, daß ein ruhendes Gas im Schwerefeld der Erde bei konstanter Temperatur sich mit einer nach oben hin abnehmenden Dichte aufbaut, und zwar so, daß die Teilchenzahl n pro cm³ mit der Höhe h abnimmt nach dem Gesetz (barometrische Höhenformel)

$$n = n_0 \cdot e^{-\frac{mgh}{kT}}.$$

Von den hier interessierenden Gesichtspunkten aus haben wir also nun ein Gas von überall derselben Temperatur T und von räumlich veränderlicher Dichte, in dem trotzdem keine Diffusion (von unten nach oben) stattfindet. Das ist natürlich nicht in Widerspruch mit unseren früheren Diffusionsansätzen; denn diese bezogen sich nur auf Gase ohne den Einfluß äußerer Kräfte und diese sind es hier gerade, die — selbstverständlich nur bei der angegebenen Dichteverteilung — den Diffusionsstrom unterbinden. Ganz ebenso wie für die Schwerkraft gilt dies natürlich auch für andere Kräfte und spielt z. B. eine wichtige Rolle bei der Verteilung von Ladungsträgern in einem elektrischen Feld, woraus wir später (S. 161) noch einige nützliche Folgerungen werden ziehen können.

6. Grenzen gaskinetischer Betrachtungsweise; Wandstöße.

Volumstöße und Wandstöße. Wir wollen beginnen mit einer größenordnungsmäßigen Abschätzung (im folgenden bezeichnet mit $\sim$) der Zahl der Stöße, die in einem Gas in 1 s die Teilchen einerseits unter-

einander, andererseits gegen 1 cm² der begrenzenden Gefäßwand ausführen. Die Zahl der Teilchen in 1 cm³ sei n, ihre mittlere Geschwindigkeit $\bar{c}$ und ihre mittlere freie Weglänge λ. Es durchläuft jedes Teilchen
in der Zeiteinheit einen Weg von der Gesamtlänge $\bar{c}$ und macht dabei $\bar{c}/\lambda$
Zusammenstöße. Die n-Teilchen machen also innerhalb des Gasraumes
in 1 cm³

$$Z_v \sim n\,\frac{\bar{c}}{\lambda}$$

Stöße. Andererseits ist die Zahl der Teilchen, die in der Zeiteinheit
auf die Flächeneinheit auftreffen, d. h. die Zahl der Wandstöße auf 1 cm²

$$Z_w \sim n\,\bar{c}.$$

Für das Verhältnis beider ergibt sich demnach

$$\frac{Z_w}{Z_v} \sim \lambda.$$

Wenn das Volumen des Gefäßes V und die Oberfläche O ist, gilt für die
Gesamtzahlen der beiden Stoßarten

$$\frac{Z_w}{Z_v} \sim \lambda \cdot \frac{O}{V}$$

und da die mittlere freie Weglänge umgekehrt proportional mit der
Gasdichte (d. h. bei derselben Temperatur mit dem Gasdruck) ist,
nimmt also mit abnehmendem Druck die Zahl der Wandstöße zu relativ
zur Zahl der Volumstöße. Nun sind die in Laboratoriumsversuchen und
in der Praxis vorkommenden Gefäßdimensionen etwa von der Größen-
ordnung $O \sim 10^2\,\mathrm{cm}^2$ und $V \sim 10^3\,\mathrm{cm}^3$ (wobei eine Zehnerpotenz mehr
für das folgende belanglos ist) und es ist deshalb $Z_w/Z_v \sim \lambda/10$. Erinnern
wir uns nun daran, daß bei Atmosphärendruck λ von der Größenordnung
10^{-5} cm ist, so finden wir für $Z_w/Z_v \sim 10^{-6}$; die Volumstöße überwiegen
an Zahl die Wandstöße außerordentlich. Andererseits ist z. B. bei einem
Druck von 10^{-5} mm Hg, der etwa einem technisch noch bequem herstellbaren Vakuum entspricht, λ von der Größenordnung 10^3 cm und
demgemäß $Z_w/Z_v \sim 10^2$; die Sachlage hat sich hier also bereits umgekehrt
und es überwiegen jetzt die Wandstöße schon ganz beträchtlich.

Wir werden durch diese anschauliche Überschlagsbetrachtung nun
sofort zu zwei wichtigen Folgerungen veranlaßt. Erstens nämlich werden
wir zu erwarten haben, daß alle an den Wänden sich abspielenden Vorgänge an Bedeutung gewinnen und in ihren Wirkungen sich bemerklich
machen um so mehr, je tiefer der Druck ist. Andererseits werden wir uns
zu fragen haben, ob, bzw. bis herab zu welchen Drucken, unsere bisherigen Überlegungen und Rechnungsansätze denn überhaupt noch mit
zunehmender Verdünnung der Gase gelten, für deren statistische Erfassung doch im wesentlichen die Volumstöße maßgebend waren.

Strömungswiderstand stark verdünnter Gase. Was zunächst die Frage
nach dem Gültigkeitsbereich der üblichen, auf „normale" Verhältnisse

zugeschnittenen Ansätze und Entwicklungen und ihr Ersatz durch eine
andere Gaskinetik für tiefe Drucke betrifft, können wir uns kurz fassen.
Denn wir werden darauf später kaum noch zurückkommen müssen und
soweit dies der Fall ist, wird die Faustregel genügen, daß Vorsicht ge-
boten ist, sobald die mittlere freie Weglänge λ an die Größenordnung der
Gefäßdimensionen herankommt. Es möge deshalb ein Hinweis auf eines
der Ergebnisse der kinetischen Theorie stark verdünnter Gase genügen,
das nicht ohne Bedeutung ist für die Arbeitsmethodik der modernen
Hochvakuumtechnik. Bei der Evakuation von Entladungsgefäßen ist
für die Pumpgeschwindigkeit maßgebend nicht nur die Leistungsfähigkeit der Pumpe selbst, sondern auch der Strömungswiderstand, den das
Gas in der Verbindungsleitung zwischen dem Gefäß und der Pumpe
zu überwinden hat. Der Strömungswiderstand w kann sinngemäß
definiert werden als das Verhältnis der Druckdifferenz $p_1 - p_2$ zwischen
den Enden des Rohres zu der sekundlich durchfließenden Gasmenge
Q (cm³). Bei höheren Drucken gilt nun bekanntlich (für nicht zu weite
Rohre bzw. nicht zu große Durchflußgeschwindigkeiten) das sog.
POISEUILLEsche Gesetz, nach welchem

$$(17\,\mathrm{a}) \qquad w = \left(\frac{128\,\eta}{\pi \cdot p} \right) \cdot \frac{L}{D^4}$$

ist. L und D sind die Länge und der Durchmesser des zylindrischen
Rohres, p ist der Druck, bei welchem Q gemessen wird und η ist der
sog. kinematische Reibungskoeffizient des Gases, also eine für jedes Gas
charakteristische Größe. Das Gesetz läßt sich ableiten aus den Grundgleichungen der Hydrodynamik und hat nur zur Vorraussetzung, daß
die Strömung eine sog. laminare ist, d. h., daß alle Stromlinien parallel
zur Rohrachse verlaufen. Wie sich dabei ergibt, ist die Verteilung der
Strömungsgeschwindigkeit über den Rohrquerschnitt eine parabolische,
ansteigend von der Rohrwand gegen die Rohrachse hin. Kinetisch ist
der Mechanismus dieses POISSEUILLEschen Strömungszustandes so zu
deuten: Über die ungeordnete thermische Geschwindigkeit der Gasteilchen ist eine geordnete Geschwindigkeitskomponente in Richtung der
Strömung gelagert. Jedes Teilchen, das auf die Rohrwand auftrifft,
wird aber von dieser diffus reflektiert, weil selbst die glattesten Wände
im Bereich molekularer Größenordnungen rauh sind und eine Ober-
flächengestalt haben wie ein Gebirge. Die gerichtete Geschwindigkeit
wird also durch die Wandstöße vernichtet und ist deshalb dicht an der
Wand unter Umständen sogar verschwindend klein; in makroskopischer
Betrachtungsweise spricht man dann von einem „Haften" des Gases
an der Wand und hat dies im Rahmen der hydrodynamischen Betrachtungsweise auszudrücken durch die Randbedingung, daß die Strömungsgeschwindigkeit an der Wand Null ist. Der Vorgang ist demnach der,
daß Bewegungsgröße in der Strömungsrichtung dauernd aus dem Inneren
an die Rohrwand transportiert und dort vernichtet wird, wobei dieser

Transport natürlich besorgt wird durch Vermittlung der im Gas erfolgenden Zusammenstöße, wie wir dies bei den Betrachtungen über die Transportgleichung gesehen haben. Deshalb spielt der Vorgang der inneren Reibung die maßgebende Rolle und in der Endformel für den Strömungswiderstand erscheint als bestimmende, das Gas charakterisierende Größe der Koeffizient η der inneren Reibung. Es ist aber nun auch sofort einzusehen, daß dies alles nur gilt, wenn eben Volumstöße in großer Zahl auftreten, d. h., wenn die mittlere freie Weglänge λ klein ist gegen den Rohrradius. Ist die Gasdichte so gering, daß λ vergleichbar mit oder gar groß gegen den Rohrradius ist, so müssen sich die Verhältnisse grundsätzlich ändern. Es fliegen dann offenbar die Gasteilchen praktisch frei zwischen den Rohrwänden hin und her, die Übertragung der gerichteten Komponente der Bewegungsgröße erfolgt nicht mehr durch Vermittlung der Volumstöße von Schicht zu Schicht, d. h. der Begriff der inneren Reibung verliert seinen Sinn und der Reibungskoeffizient ist nicht mehr maßgebend für den Strömungswiderstand. Wir werden deshalb nun bei tiefen Drucken ein ganz anderes Strömungsgesetz zu erwarten haben, in dem η überhaupt nicht mehr vorkommt, ferner eine ganz andere Verteilung der

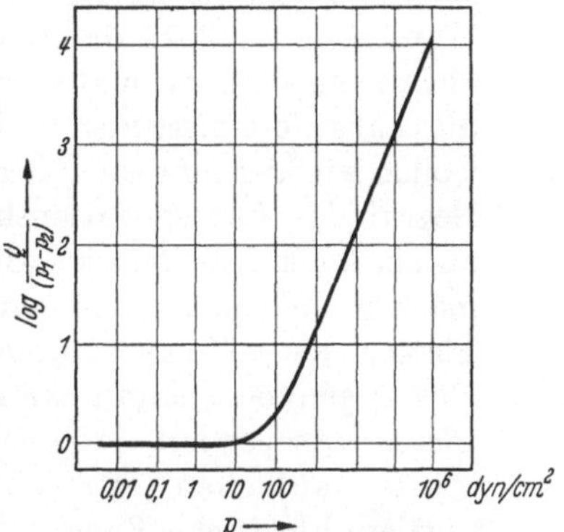

Abb. 9. Strömungswiderstand eines Gases in einem Rohr von 10 cm Länge und 1 cm Durchmesser.

Strömungsgeschwindigkeit über den Rohrquerschnitt als die parabolische, nämlich eine praktisch konstante, und endlich, daß maßgebend die an der Wand geltenden Reflexionsgesetze sind. Das Ergebnis ist für sehr kleine Gasdichten die zu Gl. (17a) analoge Formel für den Strömungswiderstand

$$(17\,\text{b}) \qquad w = \left(\frac{6\,\sqrt{\varrho_0}}{\sqrt{2\,\pi}}\right) \cdot \frac{L}{D^3},$$

wo ϱ_0 die Gasdichte bei einem Druck von 1 dyn/cm², d. h. eine reine Materialkonstante ist. Wir erhalten also ein ganz anderes Gesetz als das für größere Dichten geltende Gesetz (17a) und es spielt insbesondere nun, wie dies nach den vorhergehenden Betrachtungen zu erwarten war, die innere Reibung überhaupt keine Rolle mehr. Im Gebiet mittlerer Drucke geht natürlich die eine in die andere Strömungsart kontinuierlich über und unsere beiden Formeln (17) sind in Strenge anzusehen lediglich lich als Grenzformeln, die für sehr große bzw. sehr kleine Gasdichte gelten, solange eben D/λ sehr groß oder sehr klein gegen 1 ist. Zur quantitativen Veranschaulichung diene noch die Abb. 9, in der für ein Rohr von 10 cm Länge und 1 cm Durchmesser der Quotient $Q/(p_1 - p_2)$ für Luft von Zimmertemperatur in Relativwerten aufgetragen ist; p ist der mittlere Gasdruck als Maß für die Gasdichte in dyn/cm² (1 dyn/cm² = 0,75·10⁻³ mm Hg oder Torr). Der Strömungswiderstand $(p_1 - p_2)/Q$ nimmt also mit abnehmender Dichte sehr stark zu — er ist bei sehr kleinen Dichten 10000mal größer als bei Atmosphärendruck — und es ist deshalb zwecks voller Ausnutzung der Leistungsfähigkeit moderner Hochvakuumpumpen erforderlich, möglichst kurze und weite Pumpleitungen zu verwenden.

Wärmeleitung bei tiefen Drucken; Akkommodationskoeffizient. Wie schon erwähnt, wird man über die Vorgänge an Wänden Aufschluß erhalten können nur durch Versuche bei sehr tiefen Drucken, bei denen die Wandstöße an Zahl die Volumstöße überwiegen und die Wandeffekte nicht mehr verdeckt und verwischt werden durch die bei höheren Drucken durchaus dominierenden Volumstöße. Von den vielerlei Wandeffekten wollen wir hier nun einen herausgreifen, der uns zu dem wichtigen neuen Begriff des Akkomodationskoeffizienten führen wird; die Anknüpfung an ein konkretes Beispiel wird die Problemstellung sogleich anschaulich machen. Wir gehen aus von folgender Anordnung: Zwei eben parallele Platten, deren Temperaturen T_1 und T_2 $(< T_1)$ sind, stehen sich in einem Gas gegenüber. Dann wird Wärme von der wärmeren zur kälteren Platte transportiert dadurch, daß die Gasteilchen sich an der wärmeren Platte „aufheizen" auf die der Plattentemperatur T_1 entsprechende mittlere kinetische Energie, diese dann durch Vermittlung der Volumstöße von Schicht zu Schicht weiterleiten und endlich an der kälteren Platte durch „Abkühlung" auf deren Temperatur T_2 abgeben. Wie aber die Aufheizung bzw. Abkühlung an den beiden Platten im einzelnen erfolgt, wird bei höheren Drucken durch die zwischengeschalteten Volumstöße vollkommen verschleiert; es wird um so klarer hervortreten, je kleiner die Gasdichte und je größer demgemäß die mittlere freie Weglänge ist; und wenn die Weglänge groß ist gegen den Plattenabstand, werden die Teilchen praktisch ganz ungestört zwischen den Platten hin und her fliegen und maßgebend wird dann überhaupt nur noch sein, was an den Plattenoberflächen selbst passiert.

Für den Grenzfall sehr geringer Dichte, wo zwischen den Platten praktisch überhaupt keine Zusammenstöße mehr erfolgen, können wir schon durch eine sehr einfache Überlegung zu einem Ausdruck für das Wärmeleitvermögen gelangen. Die Platten mögen horizontal angeordnet sein und die wärmere Platte 1 mit der Temperatur T_1 oben, die kältere Platte 2 mit der Temperatur T_2 unten liegen. Durch eine zwischen den Platten parallel zu diesen liegenden Fläche von der Größe 1 cm sollen in der Zeiteinheit n_1 Teilchen von oben nach unten fliegen. Wenn wir annehmen, daß diese Teilchen die Temperatur der Platte 1 angenommen haben, von der sie kommen und mit der sie zuletzt zusammengestoßen sind, so transportiert jedes von ihnen einen Betrag E_1 an kinetischer Energie und es ist dies $E_1 = \frac{3}{2} k T_1$. Es fließt also von oben nach unten ein Wärmestrom von der Dichte $n_1 E_1$. Ganz ebenso ist die Dichte des Wärmestromes, der von unten nach oben fließt, $n_2 E_2$, und der totale Wärmestrom zwischen den Platten ist $n_1 E_1 - n_2 E_2$. Da im stationären Zustand aber kein Transport von Gas von der einen zur anderen Platte stattfinden kann, muß $n_1 = n_2$ sein, wofür wir einfach n setzen wollen, so daß wir für den Wärmestrom erhalten $n(E_1 - E_2)$. Dies können wir noch etwas anders schreiben mit $E_1 = \dfrac{3}{2} k T_1$ bzw. $E_2 = \dfrac{3}{2} k T_2$ und bekommen dann die gesuchte Endformel für den Wärmestrom pro Flächeneinheit, der insgesamt von der wärmeren zur kälteren Platte fließt, in der Form

$$j = \text{const} \cdot (T_1 - T_2).$$

Man kann diese Formel quantitativ experimentell nachprüfen und findet dann, daß in Wirklichkeit weniger Wärme fließt, als die Formel angibt. Unsere Theorie muß also an irgendeiner Stelle noch ergänzungsbedürftig sein, und man sieht unmittelbar, wo überhaupt noch Platz für eine Änderung ist. Nämlich offenbar nur hinsichtlich der Annahme, daß ein jedes Teilchen bei der Reflektion an einer Wand eine der Wandtemperatur entsprechende kinetische Energie annimmt, d. h. daß es seine „Temperatur" der Wandtemperatur vollständig angleicht. Wir werden demgemäß unsere einfache Vorstellung von den energetischen Vorgängen bei einem Wandstoß zu ergänzen und zu verfeinern haben. Dazu bieten sich nun zwei Möglichkeiten, die im Endeffekt allerdings gleichwertig sind, sich aber im einzelnen doch wesentlich unterscheiden. Es kann nämlich entweder bei allen Stößen die Angleichung der Temperaturen in der gleichen Weise eine unvollständige sein, oder sie kann bei einem Teil der Stöße ganz vollständig, bei einem anderen Teil ganz unvollständig und demgemäß im Mittel wiederum in demselben Grad unvollständig sein, wie nach der ersteren Annahme. Man kann dies noch in etwas anderer Formulierung beschreiben. Ganz unvollständige Angleichung bedeutet nämlich, daß ein Teilchen unabhängig von der Temperatur der Wand vollkommen elastisch reflektiert wird, ganz vollständige Angleichung bedeutet, daß das Teilchen unabhängig von seiner Einfallsenergie mit einer der Wandtemperatur entsprechenden Energie abfliegt, d. h., daß die Reflektion vollkommen unelastisch erfolgt. Dies letztere kann man sich z. B. so deuten, daß das Teilchen zunächst während einer gewissen Verweilzeit an der Wand in einer Art adsorbierten Zustand haften bleibt und dann von der Wand im thermischen Gleichgewicht mit ihr wieder abdampft.

Wie dem aber nun auch sei, wir werden jedenfalls zu der Annahme geführt, daß ein Teilchen das mit einer Energie $\dfrac{m}{2} c_e^2$ auf eine Wand auftrifft, mit einer anderen Energie $\dfrac{m}{2} c_r^2$ die Wand wieder verläßt, die zwischen $\dfrac{m}{2} c_e^2$ und der der Wandtemperatur T_w entsprechenden Energie

$\frac{m}{2}\,c_w^2 \left(= \frac{3}{2}\,kT_w \right)$ liegt. Wenn die Wand und das Gas im thermischen Gleichgewicht sind, d. h. dieselbe Temperatur haben, ist natürlich $c_e = c_r = c_w$ und alles ist so, wie in der gewöhnlichen kinetischen Gastheorie. Diese Überlegungen legen es unmittelbar nahe, die „Elastizität" der Wandstöße zu beschreiben durch eine Größe α, die man als „Akkommodationskoeffizienten" bezeichnet und die man praktisch definiert durch

$$(18) \qquad \alpha = \frac{c_e^2 - c_r^2}{c_e^2 - c_w^2} \qquad \left(= \frac{E_e - E_r}{E_e - E_w} \right).$$

Denn dann liegt dies α stets zwischen 0 und 1 und es ist $\alpha = 0$ für $c_r = c_e$, d. h. für vollkommen elastische Reflexion, bzw. $\alpha = 1$ für $c_r = c_w$, d. h. für vollkommen unelastische Reflexion. Die experimentellen Bestimmungen haben gezeigt, daß α von der Art des Gases sowohl, wie von der Art der Wand abhängt und daß insbesondere der Reinheitsgrad und die Oberflächenbeschaffenheit der Wand von maßgebendem Einfluß ist. Es hat deshalb auch nicht viel Sinn, Zahlenwerte anzugeben (die meist zwischen 0,1 und 0,8 liegen). Die physikalische Bedeutung des Akkommodationskoeffizienten ist durch das bisher Gesagte aber nicht erschöpft. Er spielt offenbar ganz allgemein immer dann eine Rolle, wenn Wände nicht im Temperaturgleichgewicht mit einem System bewegter molekularer Teilchen sind; er spielt ferner eine Rolle nicht nur für die Energieübertragung, sondern auch für die Übertragung von Bewegungsgröße (Druckeffekte). Wir werden gelegentlich (z. B. S. 217) darauf zurückkommen.

7. Entartung der Gase; die neue Statistik.

Wir wollen uns noch beschäftigen mit einigen allgemeinen statistischen Überlegungen. Sie haben zwar bis jetzt noch vorwiegend theoretisches Interesse, sind aber doch für das Verständnis z. B. der modernen Theorie der Glühkathoden und der Elektronentheorie der Metalle unentbehrlich, sobald man etwas tiefer eindringen will. Auf eine bis in die letzten Tiefen reichende Begründung wollen und müssen wir hier allerdings verzichten; es wird sich im folgenden lediglich darum handeln können, für den späteren Gebrauch einige Formeln bereitzustellen und diese Formeln wenigstens einigermaßen verständlich zu machen und nicht allzu willkürlich erscheinen zu lassen.

Statistische Abzählungsregeln. Der ganzen klassischen kinetischen Gastheorie, mit der wir uns bisher beschäftigt haben, liegt letzten Endes ein sehr allgemeiner Ansatz für die Wahrscheinlichkeit des Zustands eines physikalischen Systems zugrunde, nämlich der durch die Gl. (6) S. 14 gegebene. Dieser Ansatz scheint so unmittelbar einleuchtend und überzeugend zu sein, daß er lange Zeit als der einzig mögliche und richtige gegolten und demgemäß die ganze klassische statistisch orientierte Physik beherrscht hat. Damit ist aber noch durchaus nicht gesagt, daß er auch der einzige logisch mögliche und an sich vernünftige ist. Man hat denn auch später noch andere davon grundsätzlich verschiedene Ansätze gefunden und dann mit Erfolg statistischen Untersuchungen zugrunde gelegt. Dies geschah natürlich nicht nur von rein theoretisch-logischen Spekulationen aus, sondern unter dem Zwang von Erfahrungstatsachen, die sich im Rahmen der klassischen Statistik nicht verstehen ließen. Die Gesetze der Hohlraumstrahlung und insbesondere die Metallelektronik seien als Beispiele erwähnt.

Der Gedankengang der zur Festlegung des wahrscheinlichsten Zustandes eines Systems führte (S. 15), war der folgende: Der Zustandsraum wurde eingeteilt in Energiezellen, kennzeichnend für den Zustand des Systems sollten die Besetzungszahlen n_i dieser Zellen sein, ein Maß für die Wahrscheinlichkeit eines so gekennzeichneten Zustandes sollte sein die Zahl der Verteilungsmöglichkeiten der Systemindividuen auf die Zellen (in der durch die Zahlen n_i bestimmten Art) und der wahrscheinlichste Zustand endlich sollte der sein, für den diese Zahl der Verteilungs-(Realisations)möglichkeiten am größten ist. In der neuen Statistik, die wir hier betrachten wollen, bleibt nun ungeändert die ganze mathematische Methodik, nämlich das Abzählen gewisser kombinatorischer Möglichkeiten, geändert, und zwár grundsätzlich geändert, wird jedoch die Regel, nach der das Abzählen erfolgt. Es sollen nämlich jetzt nicht die Besetzungszahlen n_i der einzelnen Zellen das Maßgebende sein, sondern die Zahlen z_i der Zellen, die mit jeweils i Individuen besetzt sind. Wir haben also die Gegenüberstellung: Alte Statistik — für jedes Individuum wird angegebenen, in welcher Zelle es sich befindet; neue Statistik — für jede Zelle wird angegeben, wieviele Individuen sich in ihr befinden. Ein ganz einfaches Beispiel möge das noch etwas anschaulicher machen. Wir betrachten ein System, das aus zwei Teilchen 1 und 2 besteht und die Verteilung auf drei Zellen a, b, und c. Dann sehen die Verteilungsmöglichkeiten nach der alten und der neuen Statistik so aus:

Alt: 9 Möglichkeiten.

a	b	c
1	2	
2	1	
1		2
2		1
	1	2
	2	1
1,2		
	1,2	
		1,2

Neu: 6 Möglichkeiten.

a	b	c
*	*	
*		*
	*	*
**		
	**	
		**

(Für * ist 1 oder 2 einzusetzen.)

Beide Regeln sind natürlich an sich gleich vernünftig und „richtig" im Sinn einer rein logischen Bewertung und es bedarf entweder der

Prüfung der aus ihnen zu ziehenden Folgerungen an der Erfahrung oder offenbar sehr viel tiefergehender Überlegungen, um zu entscheiden, welche von ihnen brauchbar ist. So z. B. hat die Erfahrung gelehrt, daß für ein System von Gasteilchen die alte Regel die richtige ist, d. h. zu einer Übereinstimmung mit dem wirklichen Verhalten der Gase führt; sie beginnt hier jedenfalls erst unter extremen Bedingungen, etwa bei sehr tiefen Temperaturen, zu versagen. Andererseits hat sich gezeigt, daß man mit der alten Regel z. B. für die Erklärung der Eigenschaften der Elektronen in Metallen nicht durchkommt und die neue Regel anwenden muß.

Wir wollen uns hier nur mit einer speziellen Art der neuen Statistik beschäftigen, die sich durch eine einschränkende Annahme ergibt. Es soll sich nämlich in jeder Zelle höchstens ein Teilchen befinden dürfen. Es würden also in dem obigen Beispiel von den 6 Möglichkeiten die drei letzten von vornherein wegfallen und die Zahl der Möglichkeiten würde sich demgemäß auf 3 reduzieren. Diese einschränkende Annahme ist rein logisch nicht mehr zu begründen, sie ist zunächst einfach ein Postulat und enthält augenscheinlich irgend etwas Physikalisches und ganz Neues. (Dies Neue zu begründen, ist hier nicht möglich. Es muß der Hinweis genügen, daß es sich dabei um ein in der Quantentheorie des Atombaus bewährtes Prinzip, das sog. Pauli-Prinzip, handelt; aber es genügt auch, es eben als ein Postulat hinzunehmen, dessen Berechtigung dann nachträglich aus den Folgerungen sich erweist.) Wenn wir nun die den klassischen Ansätzen entsprechenden Rechnungen, die S. 15 f. angedeutet wurden, im übrigen ganz ebenso auf Grund der neuen Festsetzungen durchführen, sie also wieder anwenden auf ein aus einzelnen Teilchen bestehendes „Gas", erhalten wir für den wahrscheinlichsten Zustand natürlich nicht mehr die MAXWELLsche Energieverteilung, sondern eine ganz andere. Wir wollen diese Verteilung, ohne auf die langwierigen Zwischenrechnungen einzugehen, einfach hinschreiben und dann mit ihr weiterarbeiten; wie man zu ihr kommt, dürfte ja nun wenigstens in den Grundgedanken verständlich geworden sein.

Das allgemeine Verteilungsgesetz. Nach der alten klassischen Regel hatten wir für die Zahl $N(\varepsilon)\,d\varepsilon$ der Teilchen, deren Energie zwischen ε und $\varepsilon + d\varepsilon$ liegt, das MAXWELLsche Verteilungsgesetz erhalten (S. 19).

$$N(\varepsilon)\,d\varepsilon = N \cdot \beta \cdot \varepsilon^{1/2} \cdot e^{-\frac{\varepsilon}{kT}}\,d\varepsilon,$$

wo N die Gesamtzahl der Systemteilchen, T die Systemtemperatur und k die universelle Boltzmann-Konstante ist. β ist ein Parameter, der sich ohne Schwierigkeiten aus der Nebenbedingung

$$\int_0^{\infty} N(\varepsilon)\,d\varepsilon = N$$

errechnen läßt. Ihn hier beizubehalten und nicht sogleich den expliziten Ausdruck dafür in die Verteilungsformel einzuführen, ist angebracht aus Gründen, die sogleich verständlich sein werden. Nach der neuen Regel hingegen ergibt sich das Verteilungsgesetz (m = Teilchenmasse)

$$(19) \qquad N(\varepsilon)\, d\varepsilon = V \cdot C_0 \cdot m^{3/2} \cdot \varepsilon^{1/2} \cdot \frac{1}{e^{\alpha + \frac{\varepsilon}{kT}} + 1}\, d\varepsilon,$$

wo V das Gesamtvolumen des Systems, C_0 eine Konstante und α ein (dimensionsloser) Parameter ist, der sich wieder aus der Nebenbedingung

$$(19\,\mathrm{a}) \qquad \int_0^\infty N(\varepsilon)\, d\varepsilon = N$$

ergibt. Die Konstante C_0 kommt herein durch weitausholende quantentheoretische Überlegungen. Es genügt für unsere Zwecke, zu notieren, daß sie sich darstellen läßt in der Form

$$(19\,\mathrm{b}) \qquad C_0 = \frac{2 \cdot 2^{3/2} \cdot \pi \cdot G}{h^3},$$

wo G ein Zahlenfaktor ist, der für einatomige Gase den Wert 1, für Elektronen den Wert 2 hat und h das bekannte PLANCKsche Wirkungsquantum ist (vgl. z. B. S. 90). Da h sehr klein ist, nämlich $6{,}5 \cdot 10^{-27}$, ist C_0 also außerordentlich groß, nämlich von der Größenordnung 10^{80}. Formal liegen die Dinge bei dem neuen Verteilungsgesetz viel verwickelter als bei dem alten, weil der durch die Nebenbedingung bestimmbare Parameter α nicht, wie früher beim MAXWELLschen Gesetz der Parameter β, als Faktor auftritt, sondern in die Formel eingebaut ist. Dies bedingt bei der Diskussion recht weitläufige Rechnungen, die sich einigermaßen übersichtlich gestalten lassen nur durch ein geschicktes Näherungsverfahren. Wir wollen dazu zwei spezielle Fälle extremer Art betrachten zwischen denen alle übrigen sich einordnen lassen, nämlich einerseits den Fall, daß α positiv und groß gegen 1 ist und andererseits den Fall, daß α negativ und sein Absolutwert ebenfalls groß gegen 1 ist.

Wenn α positiv und groß gegen 1 ist, ist die Sachlage sehr einfach zu übersehen; denn man kann dann im Nenner des Verteilungsgesetzes (19) die 1 gegen die Exponentialfunktion vernachlässigen und kann das Integral in der Nebenbedingung (19a) sofort auswerten. Dies ermöglicht die Bestimmung des Parameters α in geschlossener Form und wenn man den so erhaltenen Wert von α in das Verteilungsgesetz einführt, nimmt dieses nach einer ganz einfachen Zwischenrechnung genau die Gestalt des MAXWELLschen Gesetzes an. Also: Für große positive Werte von α geht das neue Verteilungsgesetz in das MAXWELLsche über, d. h. wir erhalten das gewohnte klassische Verteilungsgesetz als einen Grenzfall des neuen.

Nicht so einfach liegen die Dinge, wenn α negativ ist, weil dann die eben geschilderte formale Vereinfachung nicht mehr erlaubt ist. Wir wollen uns zuerst den Verlauf von $N(\varepsilon)$ qualitativ überlegen. Für kleine Werte von α steigt $N(\varepsilon)$ wie eine Parabel proportional mit $\varepsilon^{1/2}$ an, für große $|\alpha|$-Werte weicht aber die $N(\varepsilon)$-Kurve mit zunehmendem ε nach unten von dieser Parabel ab, geht durch ein Maximum und nähert sich für große ε-Werte asymptotisch der ε-Achse (Abb. 10). Zur genaueren Diskussion müssen wir wieder auf die Gl. (19a) zurückgehen und das Integral wirklich auswerten. Dies gelingt nun ohne große Schwierigkeiten, in dem erwähnten Grenzfall, daß α negativ und $|\alpha| \gg 1$ ist.

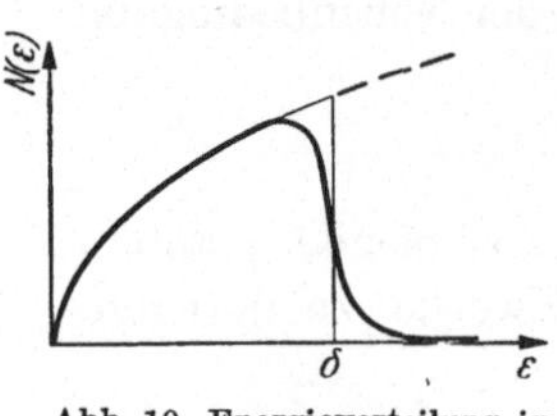

Abb. 10. Energieverteilung in einem entarteten Gas.

Dann läßt sich α darstellen in der Form einer Reihe, von der wir hier nur das erstes Glied anschreiben wollen

$$(20\,\mathrm{a}) \qquad \alpha = -\frac{\delta}{kT} \cdot$$

Die hierin auftretende Größe δ (von der Dimension einer Energie) ist eine Abkürzung für

$$\delta = \frac{1}{m} \cdot \left(\frac{n}{C_0}\right)^{2/3},$$

wo $n = N/V$ die Teilchenzahl pro Volumeinheit ist. Führen wir noch den früher angegebenen Wert (19b) für C_0 ein, so wird

$$(20\,\mathrm{b}) \qquad \delta = \frac{n^{2/3}}{m}\left(\frac{h^3}{2 \cdot 2^{3/2}\,\pi\,G}\right)^{2/3} \cdot$$

In der Klammer stehen nur bekannte Zahlenfaktoren und es hängt also δ ab von der Masse m der Teilchen und von der Zahl n der Teilchen pro Volumeinheit.

Aus später noch zu erörternden Gründen bezeichnet man ein System, für das der betrachtete Extremfall α negativ und $|\alpha| \gg 1$ zutrifft, das sich also in seinen Eigenschaften weit entfernt von einem klassischen MAXWELLschen Gas, als „entartet" (oder genauer gesagt, als stark entartet) und die Gl. (20) geben ein Kriterium dafür, wann wir es mit einem solchen entarteten System zu tun haben. Nämlich offenbar in extremer Ausbildung dann, wenn δ/kT groß gegen 1 ist, aber bereits beginnend, wenn δ und kT von derselben Größenordnung sind. Dies aber hängt, wie der Ausdruck (20b) für δ zeigt, nicht nur von der Systemtemperatur T ab, sondern auch von n und m. Wenn wir den Übergang von dem noch klassischen Zustand in den entarteten Zustand größenordnungsmäßig bei $\delta \gtrless kT$ ansetzen, erhalten wir für die „Entartungstemperatur" T_0, unterhalb welcher also das System als entartet bezeichnet werden soll

$$(20\,\mathrm{c}) \qquad T_0 = \frac{n^{2/3}}{m}\left(\frac{h^3}{2 \cdot 2^{3/2} \cdot k^{3/2}\,\pi\,G}\right)^{2/3}$$

und sehen daraus, daß T_0 um so höher liegt, je größer n und je kleiner m ist. Wenn also insbesondere n sehr groß und zugleich m sehr klein ist, wie dies z. B. für die Elektronen in einem Metall der Fall ist (vgl. S. 252), werden wir schon bei gewöhnlicher Zimmertemperatur und unter Umständen sogar noch bei recht hohen Temperaturen mit einer Entartung zu rechnen haben. Andererseits wird jetzt auch sofort verständlich, warum es praktisch bisher ausgeschlossen ist, von einer Entartung materieller Gase der gewöhnlichen Art etwas feststellen zu können. Selbst für Helium, das nächst Wasserstoff leichteste Gas, finden wir mit $m = 6,6 \cdot 10^{-24}$ g, $n = 3 \cdot 10^{19}$ (bei Atmosphärendruck), $k = 1,37 \cdot 10^{-16}$ und $C_0 = 0,6 \cdot 10^{80}$ für die Entartungstemperatur den außerordentlich tiefen Wert von nur rd. 0,1° abs.

Entartung der Gase. Wir wollen nun zur Betrachtung der Verteilungskurve zurückkehren, die wir in Abb. 10, S. 50 bereits qualitativ skizziert hatten. Im Falle starker Entartung — der für sehr tiefe Temperaturen dicht am absoluten Nullpunkt $T = 0$ natürlich stets vorliegen muß — können wir für α den Wert $- \delta/kT$ einführen und erhalten

$$N(\varepsilon) = \text{const} \cdot \frac{\varepsilon^{1/2}}{e^{\frac{\varepsilon - \delta}{kT}} + 1}.$$

Wenn wir dies für den Grenzfall $T = 0$ aufzeichnen, erhalten wir den in der Abb. 10 dünn eingezeichneten Verlauf von $N(\varepsilon)$; denn es ist dann $N(\varepsilon) = 0$ für alle $\varepsilon > \delta$ und $N(\varepsilon) = \text{const} \cdot \varepsilon^{1/2}$ für alle $\varepsilon < \delta$. Dies führt aber sofort zu einer physikalisch sehr interessanten und überraschenden Folgerung. Grundsätzlich verschieden nämlich von der Sachlage in einem Gas, das sich nach den Regeln der klassischen Statistik verhält und in dem beim absoluten Nullpunkt überhaupt keine thermische Bewegungsenergie mehr vorhanden ist, haben in dem entarteten Gas die Teilchen auch noch für $T = 0$ kinetische Energie — die sog. Nullpunktsenergie — und zwar bis zu dem maximalen Betrag $\varepsilon = \delta$ pro Teilchen. Damit bekommt die Größe δ eine anschauliche physikalische Bedeutung und es dürfte nun auch verständlich sein, warum man ein derartiges Gas als ein entartetes bezeichnet.

Wir wollen unsere Betrachtungen über die Gasentartung abschließen mit einer Bemerkung über die spezifische Wärme, die uns später (S. 251) für die Bewertung der theoretischen Vorstellungen von gewissen Vorgängen in Metallen noch von Nutzen sein wird. Betrachten wir zuerst die Sachlage in einem nicht entarteten gewöhnlichen Gas, für das die Regeln der klassischen Statistik und die Gesetze der üblichen kinetischen Gastheorie gelten. Wenn wir der Einfachheit halber annehmen, daß das Gas einatomig ist, also jedes seiner Teilchen drei Freiheitsgrade besitzt, so ist nach dem Gleichverteilungssatz (S. 24) die mittlere kinetische Energie pro Teilchen $\frac{3}{2} kT$, also der Energieinhalt E einer Gasmenge von insgesamt N Teilchen $E = N \cdot \frac{3}{2} kT$. Wenn wir diesem Gas Wärme = Energie im Betrag dE von außen zuführen (und zwar bei konstanten Volumen, so daß das Gas dabei keine Arbeit leistet), so steigt die Gastemperatur um dT, und es ist definitionsgemäß die spezifische Wärme $c_v = dE/dT$. Der obige Ausdruck für E gibt dafür $c_v = \frac{3}{2}\,kN$, d. h. die spezifische Wärme eines solchen Gases hat unabhängig von der Temperatur stets denselben Wert. Es ist dies Ergebnis qualitativ und quantitativ bei nicht zu tiefen Temperaturen auch in bester Übereinstimmung mit der Erfahrung. Ganz anders aber liegen die Dinge bei einem entarteten Gas. Der Energieinhalt ist jetzt zu berechnen aus

$$E = \int\limits_{0}^{\infty} \varepsilon\, N(\varepsilon)\, d\varepsilon$$

und wenn wir für $N(\varepsilon)$ das Verteilungsgesetz (19) einsetzen, können wir das Integral durch eine Reihenentwicklung berechnen, woraus sich die Form $E = a_0 + a_1 \cdot (kT)^2 + \cdots$ ergibt. Der Energieinhalt setzt sich also zusammen aus einem von der Temperatur unabhängigen Teil a_0 (der wieder die Nullpunktsenergie ist) und aus einem von der Temperatur abhängigen Teil $a_1 (kT)^2 + \cdots$. Die spezifische Wärme ergibt sich daraus zu

$$c_v = \frac{\partial E}{\partial T} = 2\,a_1\,k^2 \cdot T + \cdots.$$

Das aber bedeutet, daß nun für unser entartetes Gas c_v mit abnehmender Temperatur abnimmt und im absoluten Nullpunkt ganz verschwindet. Auch der Zahlenwert von c_v ist natürlich ein ganz anderer wie für ein gewöhnliches Gas, wie sich aus der Berechnung der Reihenkoeffizienten a zeigen läßt.

8. Schwankungserscheinungen.

Begriff der Schwankung. Wenn wir in diesem abschließenden Kapitel auf die Grundlagen der Theorie einer Gruppe von Erscheinungen eingehen, die man zusammenfassend als „Schwankungserscheinungen" bezeichnet, so geschieht dies nicht so sehr in Hinblick auf die gelegentlichen späteren Anwendungen (z. B. S. 269) als vielmehr deshalb, weil wir damit eine besonders eindringliche neue Einsicht in den Ablauf von Ereignissen kennenlernen werden, die durch Wahrscheinlichkeitsgesetze geregelt werden.

Es liegt in dem Begriff des „Wahrscheinlichkeits"gesetzes und der statistischen Bedingtheit derartiger Vorgänge, daß sie sich stets nur auf Mittelwerte beziehen und daß deshalb das Einzelereignis als solches nicht in den Rahmen des Mittelwertsgesetzes zu fallen braucht, sondern die gesetzmäßige Beschreibung eben nur im Mittel und mit einer gewissen Streuung möglich ist. Wenn wir sagen, ein Ereignis trete mit einer Wahrscheinlichkeit w ein, so heißt dies, daß bei sehr vielen „Versuchen" die Anzahl g der zu dem Eintreten des Ereignisses günstigen Versuche ein Bruchteil $w \cdot Z$ der Anzahl Z aller Versuche ist. Je größer die Anzahl Z aller Versuche ist, desto genauer wird eine Abzählung der günstigen

Versuche die „richtige", d. h. aus den Rechenregeln der Wahrscheinlichkeitsrechnung folgende Zahl g ergeben. Wir wollen ein einfaches Beispiel betrachten, an das wir dann auch unsere weiteren Betrachtungen anschließen können. Unser Versuch bestehe darin, gleichzeitig 10 gleichartige Münzen auszuwerfen; das Ereignis, das uns interessiert, bestehe darin, daß die Ziffernseite oben (die Münzseite unten) liegt. Die S. 5 angegebene Grundregel lehrt dann, daß die Wahrscheinlichkeit für dies Ereignis 1/2 ist, d. h. daß von den 10 Münzen im Mittel über sehr viele Versuche bei jedem Auswurf 5 Münzen mit der Ziffernseite nach oben zu liegen kommen. Die folgenden Zahlen zeigen das Ergebnis einer tatsächlich durchgeführten Versuchsreihe

3	6	5	5	5	4	7	6	4	7	Mittel aus Versuch 1— 10		5,2
6	5	7	4	4	9	3	7	5	6	1— 20		5,4
5	6	6	4	5	4	9	6	4	8	1— 30		5,5
3	1	7	7	8	8	5	5	4	2	1— 40		5,3
.	.	.	.	.	.	.	.	.	.	1—500		5,12

wirklich angestellter Versuche. Sie sind aufeinanderfolgend in Gruppen von je 10 Versuchen angeordnet und geben die bei jedem der Auswürfe erhaltenen Anzahlen der Münzen, die mit der Ziffernseite oben zu liegen kamen. Was uns hier an diesen Zahlen interessiert, ist aber nicht in erster Linie die schon recht gute, und zwar mit zunehmender Versuchszahl besser werdende Übereinstimmung mit dem theoretischen Wert 1/2, sondern der Umstand, daß die einzelnen Versuchsergebnisse „Schwankungen" um das mittlere Versuchsergebnis bzw. den theoretischen Wert aufweisen. Und zwar Schwankungen (Abweichungen) nach oben und nach unten hin von zum Teil recht beträchtlicher Größe. Daß es solche Schwankungen gibt, ist selbstverständlich und die Folge aus dem Wahrscheinlichkeitscharakter des betrachteten Ereignisses; es ist eben der anschauliche und konkrete Ausdruck dafür, daß durch Wahrscheinlichkeitsgesetze bestimmte Größen sich mit einer gewissen „Dispersion" um einen Mittelwert gruppieren. Es erhebt sich aber natürlich sogleich die Frage, ob man vielleicht über die Größe und Verteilung solcher Schwankungen allgemein etwas aussagen kann. Dies ist nun tatsächlich der Fall und solche Aussagen zu ermöglichen, ist die Aufgabe der Schwankungstheorie. Selbstverständlich können diese Aussagen wiederum auch nur Wahrscheinlichkeitscharakter haben und sich z. B. auch nur auf die Berechnung gewisser Mittelwerte der Schwankung beziehen. Auch damit ist jedoch schon viel gewonnen und mehr zu verlangen ist auch von vornherein und grundsätzlich unmöglich.

Mittlere Schwankung; mittleres Schwankungsquadrat. Um zu einer allgemeinen Formulierung der Problemstellung zu kommen, betrachten wir N jeweils in einem Versuch realisierter, voneinander ganz unabhängiger Ereignisse, die günstig oder ungünstig im Hinblick auf einen gewünschten Erfolg ausfallen können. Die Wahrscheinlichkeit für günstigen Ausfall sei p, die Wahrscheinlichkeit für ungünstigen demnach $1-p$, die tatsächlichen Zahlen der in den einzelnen Versuchen günstigen Ereignisse seien n, der Mittelwert von n aus sehr vielen Versuchen sei v, das also einfach gleich pN zu setzen ist. (In dem obigen Münzenbeispiel ist $N=10$, $p=1/2$, $v=5$ und n sind die in der Versuchstabelle angegebenen Zahlen.) Wir bezeichnen nun als Schwankung s den Wert von $s=n-v$ (in dem Münzbeispiel also gemäß der Tabelle der Reihe nach die Größen $-2, +1, 0\,0, 0, -1, +2$ usw.). Der Mittelwert $\bar{s}$ der Schwankung, der unter Berücksichtigung des Vorzeichens gebildet ist, ist bei genügend vielen Versuchen natürlich 0. Was wir berechnen wollen, ist der Mittelwert $|\bar{s}|$ der Absolutbeträge (die sog. mittlere Schwankung) bzw. der Mittelwert $\bar{s}^2$ des Schwankungsquadrats (das sog. mittlere Schwankungsquadrat). Vielfach ist es praktischer, nicht die Schwankung s, sondern die relative oder prozentuale Schwankung zu betrachten, die man sinngemäß durch $\delta = \dfrac{n-v}{v}$ definieren wird. Dementsprechend haben wir die einfachen Beziehungen

$$(21\,\mathrm{a}) \qquad\qquad v\,|\bar{\delta}| = \bar{s}, \qquad v^2\,\bar{\delta}^2 = \bar{s}^2,$$

so daß es genügt, wenn wir uns weiterhin stets nur mit der relativen Schwankung δ und ihren Mittelwerten beschäftigen.

Zur Berechnung von $|\bar{\delta}|$ und $\bar{\delta}^2$ gehen wir aus von der folgenden Formel für die Wahrscheinlichkeit $w(n)$ für ein bestimmtes n

$$w(n) = \frac{N!}{n!\,(N-n)!}\, p^n \cdot (1-p)^{N-n} \qquad (x! = 1 \cdot 2 \cdot 3 \cdots x)$$

die sich so ableiten läßt: Die Zahl n kommt zustande dadurch, daß n Teilereignisse günstig, $(N-n)$ ungünstig sind. Da die Wahrscheinlichkeit für ein günstiges Teilereignis p, die für ein ungünstiges $1-p$ ist, ist die Wahrscheinlichkeit für eine Zahl n nach der Produktregel (S. 6) also $p^n(1-p)^{N-n}$. Dies gilt zunächst aber nur für einen ganz bestimmten Fall, daß nämlich n ganz bestimmte Teilereignisse günstig und $N-n$ ganz bestimmte andere Teilereignisse ungünstig sind. Da es aber gleichgültig ist, welche günstig und welche ungünstig sind, ist der obige Ausdruck $p^n(1-p)^{N-n}$ nach der Summenregel S. 5 offenbar noch zu multiplizieren mit der Zahl $\dfrac{N!}{n!\,(N-n)!}$ der Kombinationen von N Elementen in Gruppen zu je n. Die Bedeutung der Formel wird noch klarer werden durch ein konkretes Beispiel, das übrigens zugleich auch physikalisch ganz interessant ist. Wir denken uns ein Volumen V eines Gases, das im ganzen N Moleküle enthält und fragen nach der Wahrscheinlichkeit dafür, daß in einem bestimmten Volumteil $v\,(<V)$ sich gerade n Moleküle befinden. Es stellt hier das Vorhandensein eines Moleküls in einer bestimmten Volumeinheit ein unabhängiges Teilereignis dar und die Wahrscheinlichkeit p dafür, daß das Molekül sich

in dem Volumteil v befindet, ist offenbar v/V. Die Wahrscheinlichkeit für das Vorhandensein von n bestimmten Molekülen in v ist also $(v/V)^n$ und die für das Nichtvorhandensein der restlichen $(N-n)$ Moleküle ist $(1-p) = \left(\dfrac{V-v}{V}\right)^{N-n}$. Es ist demnach die Wahrscheinlichkeit, daß jene n Moleküle und nur sie in v sich befinden $\left(\dfrac{v}{V}\right)^n \cdot \left(\dfrac{V-v}{V}\right)^{N-n}$ und da es gleichgültig ist, welche n Moleküle von allen N überhaupt zur Verfügung stehenden diese sind, so ist die gesuchte Wahrscheinlichkeit

$$w = \frac{N!}{n!\,(N-n)!}\left(\frac{v}{V}\right)^n \left(\frac{V-v}{V}\right)^{N-n}$$

entsprechend der oben angegebenen Formel.

Diese Formel ermöglicht nun sofort die Berechnung der mittleren Schwankungsgrößen $|\bar\delta|$ und $\bar{\delta^2}$, und zwar geschieht dies einfach nach den Regeln der Mittelwertsbildung. Die Schwankung $|\delta|$ war nach der Definition S. 54 geben durch $|\delta| = \dfrac{n-\nu}{\nu}$. Wenn wir also jeden ihrer Werte mit der zugehörigen Wahrscheinlichkeit $w(n)$ multiplizieren und über alle möglichen Werte von n summieren, erhalten wir ihren Mittelwert

$$(21\,\mathrm{b}) \qquad |\bar\delta| = \sum_{n=0}^{N} w(n) \cdot \frac{|n-\nu|}{\nu}$$

und ebenso

$$(21\,\mathrm{c}) \qquad \bar{\delta^2} = \sum w(n) \cdot \left(\frac{n-\nu}{\nu}\right)^2.$$

Damit ist unsere Aufgabe allgemein und vollständig gelöst. Die beiden Ausdrücke sind in dieser Form allerdings noch recht unhandlich zum praktischen Gebrauch. Sie lassen sich aber durch rein formale Zwischenrechnungen (die ziemlich langwierig sind und hier nicht interessieren) wesentlich vereinfachen. Wir brauchen für das folgende nur die Endformel für das mittlere Schwankungsquadrat, für die sich ergibt

$$(22) \qquad \bar{\delta^2} = \frac{1}{\nu} - \frac{1}{N}.$$

Darin bedeutet, um dies nochmals zu wiederholen, N die Zahl der jeweils in einem Versuch realisierten (voneinander unabhängigen) Ereignisse, n die Zahl der in jedem dieser Versuche anfallenden günstigen, d. h. das gewünschte Ereignis hervorbringenden Fälle und ν den Mittelwert von n. Die „Schwankung" s war definiert durch $n-\nu$, die „relative Schwankung" durch $\delta = \dfrac{n-\nu}{\nu}$ und das „mittlere relative Schwankungsquadrat" demgemäß durch $\bar{\delta^2} = \bar{s^2}/\nu^2$. Im übrigen sei zur Veranschaulichung dieser etwas abstrakten Ausführungen nochmals erinnert an das eingangs benutzte Beispiel des Münzenwurfversuches. Wenn N, wie dies oft der Fall ist, sehr groß ist gegen 1 und auch gegen ν, vereinfacht sich die Formel noch weiter zu der üblichen Grundformel der ganzen Schwankungstheorie

$$(22\,\mathrm{a}) \qquad \bar{\delta}^2 = \frac{1}{\nu}$$

oder mit Hilfe von $\bar{s}^2 = \nu^2\,\bar{\delta}^2$ umgeschrieben auf $\bar{s}^2$

$$(22\,\mathrm{b}) \qquad \bar{s}^2 = \nu.$$

Da ν der Mittelwert der die Schwankungen ausführenden Größe ist, um den die Schwankungen erfolgen, so ist aus diesen Formeln, abgesehen von ihrem quantitativen Inhalt, unmittelbar zu ersehen, was gefühlsmäßig zu erwarten war. Nämlich, daß die relative Schwankung $\sqrt{\bar{\delta}^2}$ — nicht natürlich die absolute $\sqrt{\bar{s}^2}$ — um so größer ist, je kleiner ν ist, d. h. je kleiner gewissermaßen die „Verdünnung" der schwankenden Größe ist. Dies tritt besonders eindringlich hervor in dem Beispiel der Verteilung der Moleküle eines Gases, das wir bereits betrachtet hatten. Von den N Molekülen, die im ganzen in einem Gefäß vom Volumen V vorhanden sind, sollten n Stück in einem Teilvolumen v sich befinden. N ist hier eine sehr große Zahl ($\sim 10^{19}$ pro cm³ bei Atmosphärendruck) und wenn v nur ein kleiner Teil von V ist, so dürfen wir unbedenklich die vereinfachte Formel (22 a) benutzen. Ist N_0 die mittlere Molekülzahl pro cm³, so ist $\nu = N_0 v$ und das mittlere Schwankungsquadrat wird also $\bar{\delta}^2 = \dfrac{1}{N_0 v}$, d. h. um so größer, je kleiner N_0 und v sind. Nur bei tiefen Drucken und innerhalb kleiner Volumteile wird man also merkliche Schwankungen der Gasdichte zu erwarten haben und dies dürfte, wie schon gesagt, wohl auch gefühlsmäßig verständlich sein. Wenn aber die Dinge nicht ganz extrem liegen, sind diese Schwankungen außerordentlich klein. Bei Atmosphärendruck und bezogen auf 1 cm³ sind sie nur von der Größenordnung $\sqrt{\bar{\delta}^2} \sim 10^{-10}$. Sie entziehen sich hier vollkommen jeder direkten Messung, aber sie spielen nebenbei bemerkt in gewissen Sekundäreffekten (Himmelsblau, Tyndall-Effekt) optischer Art eine interessante Rolle und verraten so ihre Existenz.

Schwankungsformeln. Es wird vielleicht erwünscht sein, für die formal-mathematische Durchrechnung von Schwankungsaufgaben noch einige Hinweise zu geben. Es kommt das im wesentlichen darauf hinaus, Näherungsdarstellungen der oben angegebenen Formeln zu geben für die in praxi vorkommenden Fälle und wird zugleich auch einige grundsätzlich interessante Ausblicke auf tiefere statistische Zusammenhänge vermitteln. Ohne auf die mathematischen Einzelheiten einzugehen, wollen wir nur die wesentlichen Schritte des Gedankenganges angeben. Wenn N, n und ν sehr große Zahlen sind, kann man zunächst einmal für $N!$, $n!$ und $(n-\nu)!$ die bequeme Näherungsdarstellung durch die STIRLINGsche Formel benutzen, die allgemein lautet $x! = x^x e^{-x} \sqrt{2\pi x}$. Ferner kann man sich nutzbar machen, daß größere Abweichungen des n

von v hier sehr unwahrscheinlich sein werden und daß demgemäß δ eine kleine Größe sein wird, von der man alle höheren Potenzen vernachlässigen darf. Endlich, und dies ist am wichtigsten und führt zu einer neuen Auffassungsmöglichkeit für $w(n)$, kann man nun folgendermaßen vorgehen. $\delta = \dfrac{n-v}{v}$ ist natürlich stets ganzzahlig und ändert sich deshalb, aufgefaßt als Funktion von n, mit diesem sprunghaft um nur ganzzahlige Beträge, nämlich um $\Delta\delta = \Delta n/v$. Wenn aber v sehr groß ist, sind diese Sprünge sehr klein, so daß man praktisch δ als eine kontinuierliche Funktion von n betrachten kann. Schreiben wir nun $w(n)$ als Funktion von δ, nämlich als $w(v\delta + v)$, das im folgenden kurz mit $w(\delta)$ bezeichnet sei, so müssen wir jetzt natürlich $w(\delta)$ definieren dadurch, daß $w(\delta)d\delta$ die Wahrscheinlichkeit dafür ist, daß δ zwischen δ und $\delta + d\delta$ liegt. Dementsprechend haben wir zu setzen $w(n)\,dn = v \cdot w(\delta)\,d\delta$ [weil $dn = v \cdot d\delta$ ist]. Dies alles zusammen liefert an Stelle der unhandlichen Formel für w auf S. 55 die mathematisch sehr viel bequemere Formel

$$(23\,\text{a}) \qquad w(\delta)\,d\delta = \sqrt{\frac{v}{2\,\pi\,(1-p)}} \cdot e^{-\frac{v}{2\,(1-p)} \cdot \delta^2}.$$

Zu bemerken ist dazu, daß diese Formel ebenso wie alle an sie anknüpfenden Rechnungen zunächst nur für sehr kleine Werte von δ gilt; denn dies wurde im Verlauf der Ableitung ja ausdrücklich vorausgesetzt. Trotzdem können wir sie unbedenklich als brauchbar für alle beliebigen Werte von δ ansehen, weil die Wahrscheinlichkeit für alle größeren Werte von δ nur sehr klein ist und die durch eine Extrapolation auf diese Werte entstehenden Fehler deshalb praktisch keine Rolle spielen.

Mit Hilfe von Gl. (23 a) können wir nun aber auch die Schwankungsmittelwerte $|\bar{\delta}|$ und $\overline{\delta^2}$ ebenfalls in sehr bequemer Form angeben, nämlich

$$(23\,\text{b}) \quad \begin{cases} |\bar{\delta}| = \displaystyle\int\limits_{-\infty}^{\infty} \delta \cdot w(\delta)\,d\delta = \sqrt{\dfrac{2\,(1-p)}{v\,\pi}} \\[2em] \overline{\delta^2} = \displaystyle\int\limits_{-\infty}^{+\infty} \delta^2\, w(\delta)\,d\delta = \dfrac{1-p}{v}\left(= \dfrac{1}{v} - \dfrac{1}{p} = \dfrac{1}{v} - \dfrac{1}{N}\right). \end{cases}$$

Wenn wir endlich noch in Gl. (23 a) $\dfrac{1-p}{v}$ nach Gl. (23 b) ersetzen durch $\overline{\delta^2}$, erhalten wir

$$(23) \qquad w(\delta)\,d\delta = \frac{1}{\sqrt{2\,\pi\,\overline{\delta^2}}} \cdot e^{-\frac{\delta^2}{2\,\overline{\delta^2}}}\,d\delta$$

und diese Art der Darstellung ist sehr bemerkenswert. Denn wir haben damit die „Verteilungsfunktion" (vgl. S. 8 f.) der Schwankungen erhalten und zwar in einer Form, die analog der Maxwellschen Verteilungsfunktion der Geschwindigkeiten ist (S. 19) und die übereinstimmt mit dem aus der Theorie der Beobachtungsfehler bekannten GAUSSschen Fehlergesetz. Die Schwankungstheorie mündet so in die allgemeine Theorie der statistischen Verteilungsfunktionen und wir erkennen nun, wie beide aus derselben Wurzel entspringen.

Von den vielerlei Anwendungen sei nur noch hingewiesen auf eine hier besonders interessante Gruppe, nämlich auf die Anwendungen in der technischen Großzahlforschung, aus der bereits wertvolle Hinweise für die Fabrikationsüberwachung von Massenerzeugnissen erwachsen sind. Allerdings liegen die Dinge in praxi nicht immer so einfach, wie dies in den eben durchgeführten Überlegungen vorausgesetzt wurde. Dies kommt daher, daß der für die Entstehung eines Fabrikationserzeugnisses maßgebende Hauptvorgang nicht immer in annähernd der gleichen Weise abläuft, sondern daß es auch nicht vollkommen zufällige Störungen und Unregelmäßigkeiten geben kann.

II. Bau der Atome.

Grundlage und Ausgangspunkt für das Verständnis aller atomtheoretischen Untersuchungen ist auch heute noch trotz der in letzter Zeit erzielten grundsätzlichen Vertiefungen und der dadurch bedingten Wandlungen die BOHRsche Atomtheorie. Sie hat zu einem sehr anschaulichen Bild vom Atombau geführt, das sich verstehen und mit dem sich arbeiten läßt, auch ohne daß man auf die allgemeinen, abstrakt-theoretischen Überlegungen der Quantentheorie des Atombaus zurückgeht. Die Kenntnis wenigstens der Grundlagen der BOHRschen Atomtheorie und eine gewisse Übung in der Benutzung des BOHRschen Atommodells als Hilfsmittel für weitere Überlegungen sowie die Kenntnis einiger an ihm unmittelbar anschaulich werdender allgemeiner Begriffe ist unerläßlich insbesondere für das Verständnis der ganzen modernen Gasentladungsphysik einschließlich aller ihrer Anwendungen. Im Zusammenhang mit der eigentlichen Atomtheorie stehen einige Betrachtungen aus der Quantentheorie der Strahlung, die zu behandeln als Ergänzung erwünscht sein wird, weil sie auch z. B. in der Beleuchtungstechnik eine Rolle spielen.

Das grundlegende Werk über Atomtheorie ist immer noch das Buch von SOMMERFELD über Atombau und Spektrallinien. Es wird ergänzt durch die vollständige und kritische Sammlung des Beobachtungsmaterials in einem Artikel von PENNING und DE GROOT über Anregung von Quantensprüngen durch Stoß im Handbuch der Physik, Bd. 13, 1, und vor allem durch die unentbehrlichen graphischen Darstellungen der Spektren von GROTRIAN. Speziell zu dem Abschnitt über elementare Stoßprozesse findet man eine eingehendere Darstellung außer in dem Handbuchartikel von PENNING und DE GROOT bei STEENBECK und v. ENGEL, Gasentladungen I, bei SEELIGER, Physik der Gasentladungen, und in den Gasentladungstabellen von KNOLL, OLLENDORFF und ROMPE. Endlich sei noch zur Einführung in die allgemeinen physikalisch-theoretischen Probleme hingewiesen auf das vorzügliche kleine Buch von HOPF: Materie und Strahlung, in der Sammlung Verständliche Wissenschaft und zur Orientierung über alle Sonderfragen auf die einschlägigen Artikel im Handbuch der Experimentalphysik und im Handbuch der Physik (wie z. B. auf den Artikel von LAX und PIRANI über die Temperaturstrahlung fester Körper im Handbuch der Physik, Bd. 21).

9. Lichtquanten und Energiequanten.

Grenzen der Wellentheorie des Lichtes; Photoeffekt. Die Wellentheorie des Lichtes (elektromagnetische Lichttheorie) nimmt bekanntlich an, daß das Licht aus elektromagnetischen Wellen besteht, in denen ein elektrisches und ein magnetisches Feld senkrecht zueinander und zu der Fortpflanzungsrichtung der Welle schwingen. Die ganze Optik in ihrer unendlichen Fülle von Einzelerscheinungen, angefangen von der einfachen Reflexion und Brechung bis zu den komplizierten Farbenerscheinungen, die man an Kristallen in polarisiertem Licht beobachtet, und alle Interferenzvorgänge lassen sich im Rahmen dieser Theorie zwanglos erklären. Wenn man noch gewisse Zusatzannahmen über die Wechselwirkung zwischen dem elektrischen Feld der Lichtwellen und geladenen schwingungsfähigen Teilchen hinzunimmt, kann man auch das weite Gebiet der Dispersions- und Absorptionsvorgänge auf diesem Weg verständlich machen. Die elektromagnetische Lichttheorie umfaßt natürlich auch nicht nur die Wellen, die wir mit dem Auge als „Licht" im engeren Sinn des Wortes wahrnehmen können, sondern die Gesamtheit aller elektromagnetischen Wellen von den Radiowellen bis herab zu den Röntgenstrahlen und γ-Strahlen. Und das Schöne und Überzeugende dieser Theorie liegt darin, daß so die ganze Optik im weitesten Sinn nichts anderes ist, als ein Spezialgebiet der von den MAXWELLschen Gleichungen beherrschten Elektrodynamik; mathematisch-formal ausgedrückt, handelt es sich dabei in der Tat letzten Endes lediglich um raum-zeitlich periodische Lösungen der MAXWELLschen Gleichungen.

Diese Einheitlichkeit in der Auffassung der optischen Erscheinungen ist nun aber leider arg gestört worden durch eine Gruppe von experimentellen Ergebnissen aus neuerer Zeit, die sich auf keine Weise durch die Wellentheorie deuten lassen und die dann weiterhin zwangläufig zu einem Dualismus schärfster Ausprägung in der Lichttheorie geführt haben. Und zwar zu einem Dualismus, wie ihn die Lichttheorie merkwürdigerweise in grundsätzlich fast derselben Art, wenn auch damals natürlich. viel weniger tief begründet und herrührend von Überlegungen ganz anderer Richtung, schon einmal erlebt hat; nämlich in der Wellentheorie von HUYGHENS einerseits und in der korpuskularen Emissionstheorie von NEWTON andererseits. Die neueste Entwicklung der theoretischen Physik ist zwar in der sog. Wellenmechanik bzw. Quantenmechanik auf dem besten Weg, diesen Dualismus Welle/Korpuskel in einer Synthese höherer Stufe wiederum zu überwinden. Damit brauchen wir uns aber hier nicht zu beschäftigen. Denn als Arbeitshypothese ist die korpuskulare Auffassung des Lichtes — und zwar, wie vorgreifend erwähnt sei, überall dort, wo es sich um energetische Belange handelt — nicht nur sehr anschaulich und bequem, sondern sogar unentbehrlich zum Verständnis alles folgenden, und in diesem Sinn wollen wir sie bewerten und ohne weitere Spekulationen hinnehmen.

Wir beginnen am besten mit der Betrachtung einer längst bekannten Erscheinung, des sog. „lichtelektrischen Effekts" oder „Photoeffekts". Er besteht darin, daß aus einer Metallfläche bei Bestrahlung mit kurzwelligem Licht Elektronen austreten. Die Zahl und Geschwindigkeit dieser Elektronen kann man untersuchen mit einer Anordnung nach Art der in Abb. 11 schematisch gezeichneten. Ist die Platte A negativ, die Platte B positiv gepolt, so zeigt das Galvanometer einen Strom an, dessen Stärke $i = n\varepsilon$ ist, wo n die Zahl der in der Zeiteinheit austretenden Elektronen und ε die Ladung eines Elektrons ist. Ist hingegen die Platte A positiv, die Platte B negativ und die Spannung zwischen beiden Platten V, so können bis auf B gelangen und dann im äußeren

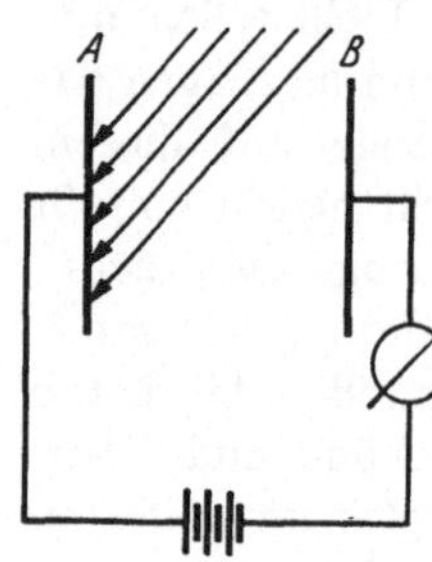
Abb. 11. Photoeffekt.

Schließungskreis als meßbarer Strom zu A zurückfließen offenbar nur die Elektronen, deren Austrittsgeschwindigkeit v_0 aus A genügend groß ist, um das Gegenfeld zu überwinden; nämlich nur die Elektronen, für die $\frac{m}{2} v_0^2 \geq \varepsilon V$ ist. Macht man nun derartige Versuche mit monochromatischem Licht von jeweils der Wellenlängen λ bzw. der Frequenz $\nu = c/\lambda$ und von jeweils verschiedener Intensität, so findet man, daß 1. die Zahl der austretenden Elektronen proportional der Intensität der Bestrahlung ist, daß 2. die Austrittsgeschwindigkeit v_0 gänzlich unabhängig ist von der Intensität der Bestrahlung, daß 3. die Austrittsgeschwindigkeit abhängt von der Frequenz des benutzten Lichtes und mit zunehmender Frequenz (d. h. abnehmender Wellenlänge) zunimmt und endlich, daß 4. es eine kleinste Grenzfrequenz ν_m, d. h. größte Wellenlänge λ_m gibt, jenseits welcher überhaupt keine Elektronen mehr aus dem Metall befreit werden. Quantitativ läßt sich die Abhängigkeit der Austrittsgeschwindigkeit v_0 von der Frequenz ν einfach beschreiben durch die Beziehung

$$(24) \qquad \frac{m}{2} v_0^2 = h\nu - W,$$

worin h eine für alle Metalle gleiche (universelle) und W eine für jedes Metall charakteristische Konstante ist. Auf die Diskussion dieser fundamentalen Beziehung kommen wir anschließend noch zurück. Hier genügt es, sie vorläufig als ein gesichertes Ergebnis der experimentellen Forschung zu betrachten. Notiert sei dazu nur noch, daß h von der Dimension Energie $\times$ Zeit und W von der Dimension Energie ist und ferner, daß die Grenzfrequenz gegeben ist durch $\nu_m = W/h$; denn wenn $\nu = \nu_m$ ist, ist die Austrittsgeschwindigkeit $v_0 = 0$ und wenn es noch kleiner ist, können überhaupt keine Elektronen mehr austreten.

Quantentheorie des Photoeffekts. Man könnte zwar für den Mechanismus der Auslösung von Elektronen aus Metallen durch elektromagnetische Wellen an sich plausible Vorstellungen entwickeln, unverständlich bliebe aber dabei die Unabhängigkeit der Austrittsgeschwindigkeit von der Intensität der Wellen und insbesondere ihre einfache Beziehung zu der Frequenz des auslösenden Lichtes, und tatsächlich sind auch alle Bemühungen der Theoretiker hier gescheitert. Alles wird aber zwanglos und lückenlos verständlich, wenn wir die — zunächst allerdings sehr kühn anmutende und grundsätzlich neuartige — Annahme, daß das Licht aus einzelnen diskreten „Energiequanten" besteht, die mit Lichtgeschwindigkeit fliegen, und daß die Größe eines solchen Quantes proportional der Frequenz v ist, d. h. proportional mit der physikalischen Größe, die wir in der Wellentheorie eben als Frequenz bezeichnen: Licht von der Frequenz v besteht energetisch betrachtet aus Quanten von der Größe hv, wo der Proportionalitätsfaktor h nun derselbe sein soll, wie die universelle Konstante in der lichtelektrischen Grundgleichung (24). Schließen wir uns dieser Auffassung an, so wird die Grundgleichung sofort verständlich. Sie ist nämlich dann so zu deuten, daß jedes auftreffende Quant im einfachsten Fall gerade ein Elektron auslöst und dabei eine gewisse Auslösearbeit leisten muß, die gegeben ist durch W. Dabei bleibt von seiner Energie der Restbetrag $(h\,v - W)$ verfügbar und wird benutzt, um den ausgelösten Elektron noch kinetische Energie im Betrage $(h\,v - W)$ mitzugeben. Ist v so klein, daß das Energiequant hv kleiner ist als die Auslösearbeit W, so können natürlich überhaupt keine Elektronen ausgelöst werden. Nebenbei bemerkt, kann man Messungen der Austrittsgeschwindigkeiten für verschiedene Frequenzen umgekehrt auch benutzen zu einer Bestimmung der beiden Größen h und W und hat so für h in Übereinstimmung mit anderen Methoden den Wert $6{,}55 \cdot 10^{-27}$ erg $\cdot$ sec gefunden.

Fluoreszenz; Compton-Effekt. Es wäre allerdings etwas viel verlangt, allein der Erklärung des Photoeffektes zuliebe eine so tiefgehende Änderung unserer Anschauungen über die Natur des Lichtes vorzunehmen. Aber es gibt nicht nur eine ganze Reihe weiterer experimenteller Befunde, die sich im Rahmen dieser „Lichtquantentheorie" sofort und nur so verstehen lassen, sondern es handelt sich dabei um ein wohlfundiertes und breit angelegtes theoretische Gebäude und um Überlegungen, die zum Teil und in ihrer historischen Entwicklung sogar von ganz anderer Seite her sich aufgedrängt haben. Von diesen, mit der Theorie der Hohlraumstrahlung zusammenhängenden Überlegungen rührt auch die übliche Bezeichnung „PLANCKsches Wirkungsquantum" für die fundamentale Größe h her; Wirkungsquantum, weil h, wie schon erwähnt, die Dimension einer Wirkung = Energie $\times$ Zeit hat. Wir werden hierauf an anderer Stelle (S. 90) eingehen und wollen hier nur noch zwei unmittelbare Anwendungsmöglichkeiten der Lichtquantentheorie besprechen, von denen die erste sich auf eine, neuerdings übrigens auch in der Beleuchtungstechnik wichtig gewordenen Gruppe von Erscheinungen bezieht.

Man weiß seit langem, daß das von fluoreszierenden Substanzen ausgesandte Licht in der Regel eine Frequenz ν_f besitzt, die kleiner ist als die Frequenz ν_e des die Fluoreszenz erregenden Lichtes (Regel von STOKES). Dies wird nun sofort verständlich als eine einfache Anwendung des Energieprinzipes auf den Vorgang der Fluoreszenzerregung, auch ohne daß man über dessen Mechanismus im einzelnen Annahmen zu machen braucht. Denn jedes Quant des erregenden Lichtes hat die Energie $h\nu_e$, jedes Quant des erregten Lichtes die Energie $h\nu_f$ und die in der fluoreszierenden Substanz sich abspielende Transformation kann nach dem Satz von der Erhaltung der Energie nur so vor sich gehen, daß $h\nu_f$ kleiner als $h\nu_e$ (oder im Fall einer 100%igen Ökonomie bestenfalls gleich $h\nu_e$) ist. Daraus aber folgt unmittelbar, daß $\nu_f < \nu_e$ sein muß. Wo sich Abweichungen von der STOKESschen Regel ergeben haben (sog. Anti-STOKESsche Fluoreszenz), erklären sich diese, wie noch bemerkt sei, dadurch, daß die Energie der Wärmebewegung der die betreffende Substanz bildenden Teilchen bei der Transformation beteiligt ist und so dem Transformationsprozeß Fremdenergie zugeführt wird. Aber vielleicht am eindringlichsten zeigt sich die Notwendigkeit und Richtigkeit der Lichtquantentheorie durch den sog. Compton-Effekt: Bei der Streuung von Röntgenstrahlen durch Materie ist die Frequenz der gestreuten Strahlen kleiner als die Frequenz der einfallenden Strahlen vor der Streuung, d. h. man beobachtet bei Benutzung von monochromatischen Strahlen durch die Streuung eine (allerdings nur sehr kleine) Verschiebung der Röntgenlinien nach dem roten Ende des Spektrums hin. Wir können dies, und zwar bis in alle Einzelheiten in Übereinstimmung mit den experimentellen Befunden, erklären durch die Auffassung, daß die Streuung an den in den Atomen der streuenden Substanz enthaltenen Elektronen stattfindet und daß sich dabei die Lichtquanten der Röntgenstrahlen genau so verhalten, wie Korpuskeln, die elastisch mit den Körperelektronen zusammenstoßen unter Austausch von Energie und Bewegungsgröße nach den Gesetzen der Mechanik. Wenn also ein Quant $h\nu$ (mit Lichtgeschwindigkeit) angeflogen kommt und auf eines der ruhenden Körperelektronen „stößt", so erteilt es diesem eine gewisse kinetische Energie $\frac{m}{2}v^2$, während es selbst als $h\nu'$ (wiederum natürlich mit Lichtgeschwindigkeit) weiterfliegt. Nach dem Energieprinzip muß auf jeden Fall sein

$$h\nu = h\nu' + \frac{m}{2}v^2,$$

es ist also $\nu' < \nu$, d. h. das gestreute Licht ist langwelliger als das einfallende. Wie sich die Energie $h\nu$ aufteilt auf die beiden Energiebeträge $h\nu'$ und $\frac{m}{2}v^2$, hängt wie beim Stoß elastischer Körper ab von den Stoßwinkeln φ und ϑ (Abb. 12) und kann berechnet werden, wenn man die Massen der Stoßpartner kennt. Daß der eine der drei Stoßpartner, das

Elektron, eine Masse m besitzt, kann hier wohl als bekannt vorausgesetzt werden. Aber auch den Lichtquanten haben wir eine bestimmte Masse zuzuschreiben, und zwar von der Größe $h\nu/c^2$ bzw. $h\nu'/c^2$, wo c die Lichtgeschwindigkeit ist. Wie diese Formel zustande kommt, kann hier allerdings nicht erörtert werden, da hierzu recht weitläufige relativitätstheoretische Überlegungen notwendig sind; es muß genügen zu erwähnen, daß ganz allgemein nach den Vorstellungen der Relativitätstheorie jeder Energie E eine Masse von der Größe E/c^2 zukommt und wir in unserem speziellen Fall also nur $E = h\nu$ bzw. $E = h\nu'$ zu setzen haben, um die Massen der beiden Lichtquanten zu erhalten. Die Durchrechnung des durch die Abb. 12 gekennzeichneten Stoßvorganges — die, um dies nochmal zu wiederholen, durchaus nach den Gesetzen der gewöhnlichen klassischen Mechanik erfolgt — gibt dann als Endformel

$$(25) \qquad \nu' = \nu - \frac{2 h \nu^2}{m c^2} \sin^2 \frac{\varphi}{2}$$

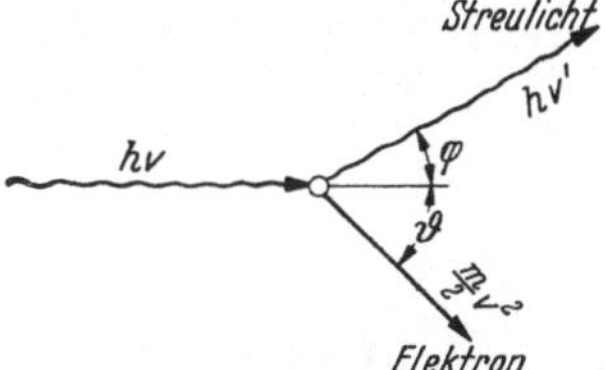

Abb. 12. Compton-Effekt.

für die Frequenz der Streustrahlung und kann experimentell geprüft werden, da man den Streuwinkel φ ja unmittelbar kennt aus der Richtung, in der man das Streulicht beobachtet.

Die $h\nu$-Beziehung. Die Bedeutung der Erkenntnis, daß das Licht im Rahmen energetischer Überlegungen aufgefaßt werden kann als bestehend aus Energiequanten — die für monochromatisches Licht einheitlich die Größe $h\nu$ haben — reicht aber noch weit über die aus den eben angeführten Beispielen zu entnehmende hinaus. Nicht nur um eine neue Lichttheorie nämlich handelt es sich dabei, oder genauer gesagt im Hinblick auf das dualistische Weiterbestehen der Wellentheorie, um einen neuen, zweiten Gesichtspunkt für die Betrachtung des Januskopfes „Licht", sondern letzten Endes um den Aufbau einer neuen Physik. Es ist das die Quantenphysik. Wir werden davon im folgenden nur gelegentlich und in einzelnen Bruchstücken etwas benötigen und deshalb darauf besser von Fall zu Fall als in einer allgemeinen Darlegung eingehen. Was wir öfter und insbesondere zum Verständnis der BOHRschen Atomtheorie brauchen werden, läßt sich eigentlich alles zusammenfassen in einer Relation, die — unter der Bezeichnung „$h\nu$-Beziehung" — eine ganz fundamentale Rolle spielt. Es ist dies die Relation

$$(26) \qquad E = h\nu,$$

die wir in speziellen Anwendungsformen eben kennengelernt haben und deren allgemeiner physikalischer Inhalt am besten nun vielleicht folgendermaßen formuliert werden kann: Bei elementaren periodischen Naturvorgängen, die mit der Frequenz ν ablaufen, spielt die Größe $h\nu$ die Rolle einer kleinsten Energieeinheit, die sich stets als Ganzes umsetzt.

10. Gesetze der Serienspektren; Termsystematik.

Linienserien. Neben der Energie-$h\nu$-Beziehung, die wir eben besprochen haben, benötigen wir zum Verständnis der modernen Atomtheorie (und damit aller ihrer Anwendungen) noch eine zweite Erkenntnis,
die wir uns hier rein beschreibend aus den in mühevoller Arbeit der
Spektroskopiker gesammelten Erfahrungen holen wollen. So vorzugehen
ist angebracht, weil wir dabei zugleich einige unentbehrliche spektro-
skopische Begriffe und Bezeichnungen kennenlernen werden; wir folgen
damit auch dem Gang der historischen Entwicklung. Allerdings wollen

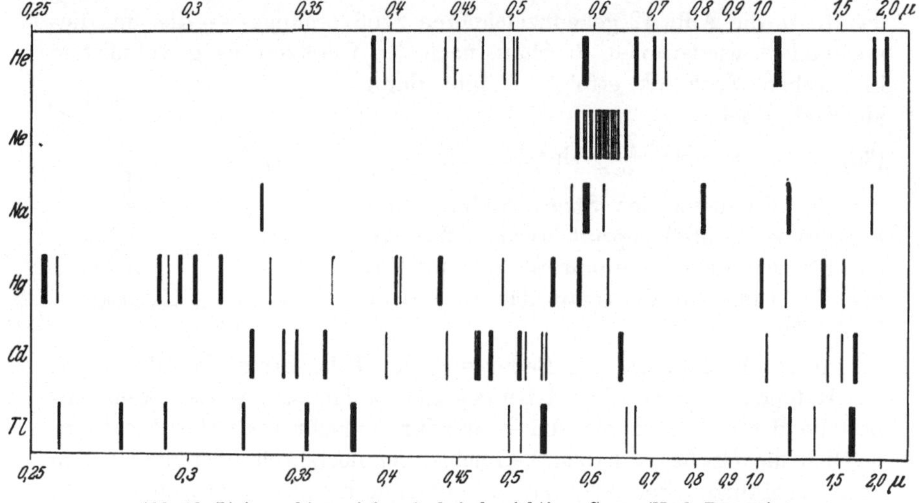

Abb. 13. Linienspektren einiger technisch wichtiger Gase. (Nach PIRANI.)

wir andererseits nicht vergessen, daß wir so die Leistungsfähigkeit der
Atomtheorie nicht voll würdigen und gesehen vom Standpunkt des
reinen Theoretikers ein etwas schiefes Bild bekommen. Denn die Atomtheorie — mit der wir uns im nächsten Abschnitt beschäftigen werden —
konnte seinerzeit zwar nur aufgebaut werden dank der Kenntnis der hier
zu besprechenden empirischen Gesetze, nachträglich aber ist es gelungen,
sie aus allgemeinen abstrakten Quantengesetzen zu entwickeln und damit
auch jene empirischen Gesetze rein theoretisch abzuleiten. Sie bedarf
also längst nicht in so weitgehendem Maß, wie dies hier scheinen könnte,
empirischer Elemente.

Wenn man das Spektrum eines leuchtendes Gases betrachtet, das
aus Atomen besteht — die Spektren von Molekülgasen zeigen ein grundsätzlich anderes Aussehen (S. 88) —, so sieht man lauter einzelne Linien
scheinbar regellos verteilt über alle Wellenlängen. Die Abb. 13 gibt dafür
Beispiele an den Spektren der technisch wichtigsten Gase bzw. Metalldämpfe. Sie enthält allerdings nur die hellsten Linien, gekennzeichnet

in ihrer Intensität durch verschieden dicke Striche; in Wirklichkeit ist die Zahl der Linien eine sehr viel größere und der Aufbau der Spektren also ein noch wesentlich komplizierterer. Das verschiedene Aussehen dieser Linien (mehr oder minder große Schärfe) die verschiedenen Änderungen dieses Aussehens bei Änderung des Druckes, bei Einwirkung eines magnetischen oder elektrischen Feldes (Zeeman-Effekt, Stark-Effekt) u. dgl. deuten aber darauf hin, daß sich die Linien in gewisse zusammengehörende Gruppen einteilen lassen. Die exakte Durchmessung des Spektrums hat dann weiterhin Gesetzmäßigkeiten für die Anordnung der Linien innerhalb jeder Gruppe und für die Anordnung der Gruppen innerhalb des ganzen Spektrums enthüllt und diese Gesetzmäßigkeiten sind es nun, die uns hier interessieren. Um sie in einfachster Form hervortreten zu lassen, ist es angebracht, die Lage einer jeden Linie nicht durch die Wellenlänge λ (1 μ = 1000 $\mu\mu$ = 10000 ÅE = 10^{-4} cm), sondern durch die Frequenz ν festzulegen, deren Bedeutung als bestimmende Größe bei vielen optischen Untersuchungen sich also auch hier wieder zeigt. Der Zusammenhang zwischen der Wellenlänge λ (cm) und der Frequenz ν (Anzahl der Schwingungen in 1 s) ist bekanntlich gegeben durch $\lambda = c/\nu$ (c = Lichtgeschwindigkeit = $3 \cdot 10^{10}$ cm/s). Um aber nicht unhandlich große Zahlen für ν zu erhalten ist es praktischer, statt der Frequenz $\nu = c/\lambda$ die sog. Wellenzahl $1/\lambda$ zu benutzen, die im folgenden nun stets mit ν bezeichnet werden soll; ihre physikalische Bedeutung ist einfach die Zahl der auf 1 cm entfallenden Wellenlängen.

Die genannten Gruppen jeweils zusammengehörender Linien bezeichnet man als „Serien" und demgemäß als „Seriengesetze" die Gesetze für die Anordnung der Linien innerhalb einer Serie und für die gegenseitige Lage der Serien zueinander. Eine jede Serie besteht theoretisch aus sogar unendlich vielen, praktisch, d. h. unter den realisierbaren Versuchsbedingungen, immerhin noch aus vielleicht 20 und mehr Linien, den sog. „Seriengliedern", und zwar ist der Bau aller Serien, wenn auch nicht quantitativ, so doch grundsätzlich derselbe. Er ist nämlich dadurch gekennzeichnet, daß die Serienglieder nach kürzeren Wellenlängen, also gegen die violette Seite des Spektrums hin, immer näher zusammenrücken und sich zum Schluß gegen eine Grenzlinie, die sog. „Seriengrenze" zusammendrängen. Zur Veranschaulichung möge das Beispiel des Lithiumspektrums dienen (Abb. 14). Die einzelnen Serien, im ganzen fünf, sind hier nebeneinander gezeichnet und geben zusammengelegt das Gesamtspektrum links mit seiner scheinbar ganz regellosen Anordnung der Linien. In vielen Fällen bestehen die Linien aus zwei oder mehreren Komponenten oder besser gesagt, es zeigt sich, daß jeweils mehrere Linien gesetzmäßig eng zusammengehören (vgl. S. 69). Man spricht in solchen Fällen von „Dublettlinien" bzw. „Dublettserien" oder allgemein von „Multiplettlinien bzw. -serien" (im Gegensatz zu den Einfach- oder Singulettlinien bzw. -serien). Dabei

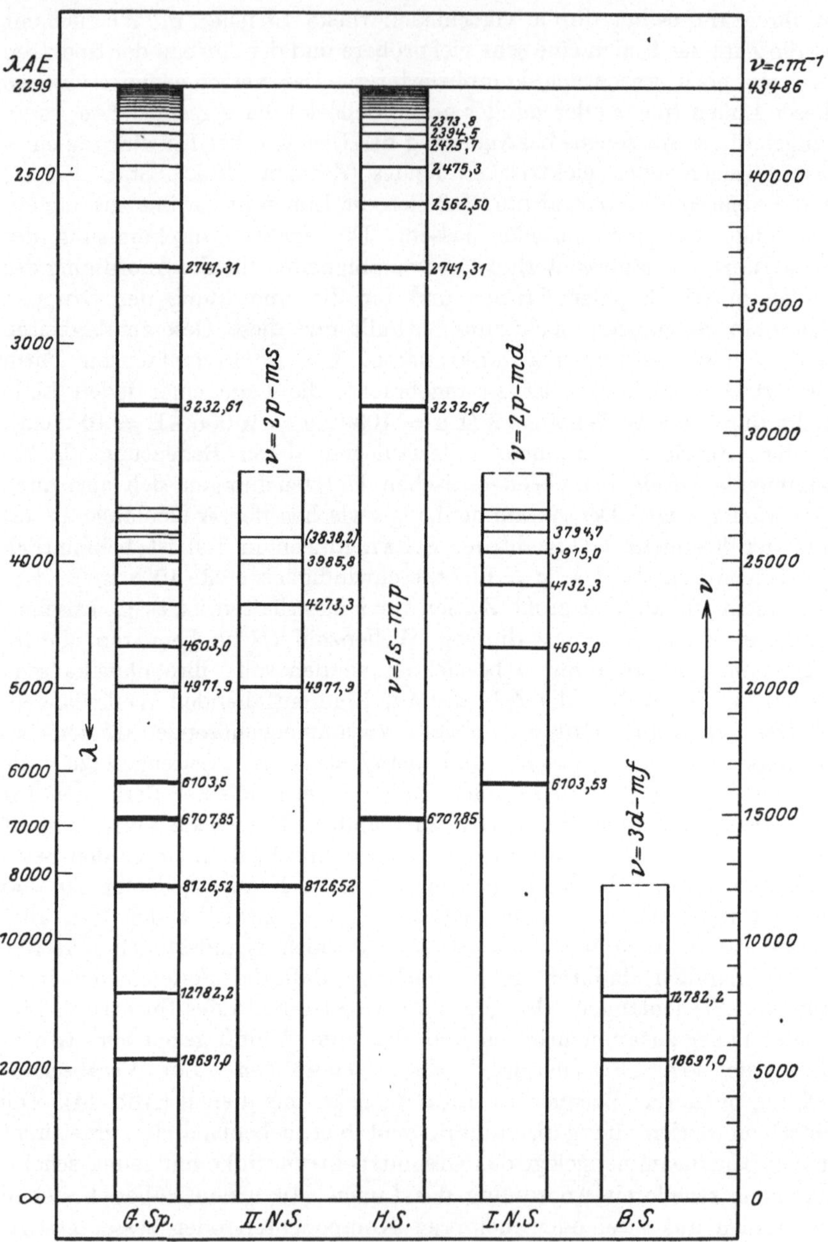

Abb. 14. Serien des Lithiumspektrums. (Nach GROTRIAN.)

brauchen die Komponenten aber durchaus nicht dicht zusammenzuliegen, es können sogar einzelnen Multipletts ineinandergreifen und ihre innere Zusammengehörigkeit erst auf Grund einer tiefergehenden physikalischen und mathematischen Analyse verraten. Als ein Beispiel diene der in Abb. 15 gezeichnete Ausschnitt aus dem System der Quecksilber „Triplettserien", in dem die jeweils zusammengehörenden drei Komponenten durch Klammern gekennzeichnet sind.

Serienformeln. Nach diesen Vorbereitungen können wir nun übergehen zu dem eigentlichen interessanten und wichtigen Teil unserer Betrachtungen. Wenn wir die einzelnen Glieder (Linien) zunächst einer Serie von Einfachlinien durchnumerieren, beginnend mit dem ersten langwelligsten Glied, so lassen sich alle Serien durch einfache Formeln

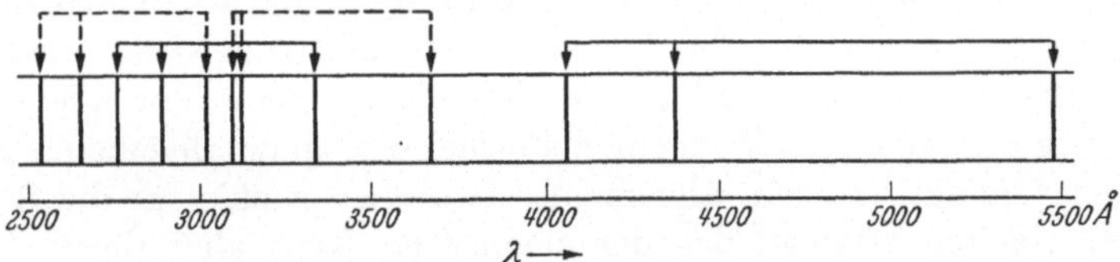

Abb. 15. Ausschnitt aus dem System der Triplettlinien des Quecksilbers.

von stets demselben Typ darstellen, nämlich durch Formeln folgender Art für die Wellenzahlen

$$(27\,\text{a}) \qquad \nu = R\left\{\frac{1}{(m+a)^2} - \frac{1}{(n+b)^2}\right\}.$$

R ist dabei eine für alle Atomarten und alle Serien gleich große universelle Konstante, die sog. Rydberg-Zahl, vom Betrag 109673 cm^{-1}, a und b sind individuelle Konstanten und m sowie n sind ganze Zahlen. Und zwar erhält man die aufeinanderfolgenden Serienglieder, wenn man dem m einen für jede Serie charakteristischen (ganzzahligen) Wert gibt und n, die sog. Laufzahl, der Reihe nach die aufeinanderfolgenden Werte der ganzen Zahlen durchlaufen läßt, beginnend mit der kleinsten ganzen Zahl, für die ν nicht negativ ist. Man kann also eine bestimmte Serie auch darstellen durch die etwas einfachere Formel

$$(27\,\text{b}) \qquad \nu = G - \frac{R}{(n+b)^2}$$

und erkennt auch sofort die Bedeutung von G. Denn für $n = \infty$ erhält man einerseits die Wellenzahl ν_∞ der Seriengrenze und andererseits wird dafür $R/(n+b)^2 = 0$, d. h. es ist $G = \nu_\infty$. Als Beispiel betrachten wir die bereits in Abb. 14 gezeichnete, mit HS bezeichnete Serie des Lithiums. Hier ist für die Wellenzahl der Seriengrenze (also für G) zu setzen 43484,4, das erste Glied wird erhalten für $n = 2$ und die Konstante b hat den Wert $b = 0,0966\ldots$ Dies gibt die folgenden Zahlenwerte.

n	2	3	4	5	. . .	∞
$\dfrac{R}{(n+b)^2}$	28581,1	12559,9	7017,0	4472,8	. . .	0
ν	14903,1	30924,5	36467,5	39011,6	. . .	43484,4
λ (ÅE)	6708,2	3232,8	2741,4	2562,6	. . .	2302,0

Man wird natürlich sofort fragen, wozu man denn überhaupt die kompliziertere Formel (27a) braucht, wenn die einfachere Formel (27b) auch schon zur vollständigen Darstellung aller Serien hinreichend ist. Die Antwort darauf ergibt sich, wenn wir uns erinnern, daß wir durch die Serienformeln nicht nur die Anordnung der Linien innerhalb einer Serie, sondern auch die gegenseitige Lage der verschiedenen Serien des vollständigen Spektrums beschreiben wollen. Gerade diese gegenseitige Lage der einzelnen Serien zueinander wird nämlich in sehr einfacher Weise beschrieben, wenn wir Formeln der allgemeineren Art (27a) benutzen. Denn wie sich zeigen wird, müssen wir dazu lediglich für die ganzen Zahlen m und für die Konstanten a und b gewisse, wiederum gesetzmäßig miteinander verknüpfte Werte einsetzen. Vor allem aber werden wir erst aus der allgemeinen Formel eine ganz allgemeine Regel oder besser gesagt, ein sehr allgemeines Ordnungsprinzip für die Serienspektren ableiten können, das der eigentliche Kern aller dieser Überlegungen ist. Wir betrachten zuerst wieder ein spezielles Beispiel, nämlich das System der vier in Abb. 14 gezeichneten Serien des Lithiums, die mit HS, I. NS, II. NS und BS bezeichnet sind. Es sind das Abkürzungen für die Bezeichnungen Hauptserie, I. und II. Nebenserie und Bergmann-Serie, die in der deutschen spektroskopischen Literatur üblich geworden sind (und gewählt wurden aus hier nicht interessierenden Gründen). Alle diese Serien lassen sich nun darstellen, wenn wir den Konstanten a und b gewisse Zahlenwerte geben, die wir mit s, p, d und f bezeichnen, und der Konstante m die (ganzzahligen) Werte 1 bzw. 2 zuteilen, und zwar in der folgenden Weise

$$\text{HS} \quad a = s, \; b = p, \; m = 1, \; n = 2, 3, 4 \;\ldots\; \nu = \frac{R}{(1+s)^2} - \frac{R}{(n+p)^2},$$

$$\text{I. NS} \quad a = p, \; b = d, \; m = 2, \; n = 3, 4, 5 \;\ldots\; \nu = \frac{R}{(2+p)^2} - \frac{R}{(n+d)^2},$$

$$\text{II. NS} \quad a = p, \; b = s, \; m = 2, \; n = 2, 3, 4 \;\ldots\; \nu = \frac{R}{(2+p)^2} - \frac{R}{(n+s)^2},$$

$$\text{BS} \quad a = d, \; b = f, \; m = 3, \; n = 4, 5, 6 \;\ldots\; \nu = \frac{R}{(3+d)^2} - \frac{R}{(m+f)^2}.$$

Damit sind also recht einfache, gesetzmäßige, und zwar nicht nur etwa für dies spezielle Beispiel gültige Verknüpfungen zwischen den einzelnen Serien gegeben und es ist eine vollständige Systematik der Serienspektren erreicht. Das Schema kann aber auch noch verallgemeinert werden auf Serien, die nicht aus Einfachlinien, sondern aus Dubletts oder Tripletts bestehen. Dazu hat man solche Mehrfachlinienserien sozusagen nur aufzufassen als ineinandergeschaltete Einfachserien, die aus jeweils dem ersten, zweiten usw. Glied jedes Multipletts bestehen, und ihnen dementsprechend verschiedene Werte der Konstanten p, d ... — die man dann durch Indizes kennzeichnet — zuzuschreiben. Als Beispiel mag das Triplettsystem des Quecksilberspektrums dienen, und zwar die Hauptserie. Jedes Glied besteht hier aus drei Komponenten, die in diesem Fall sogar recht weit auseinander liegen (vgl. Abb. 15, S. 67) und an Stelle der einen Zahl p treten demgemäß drei solche Zahlen p_1, p_2 und p_3 auf, so daß wir also die Darstellung erhalten:

$$a = s, \ m = 1, \ n = 2, 3, 4 \ \ldots \ p = \begin{cases} p_1 & \nu = \dfrac{R}{(1+s)^2} - \dfrac{R}{(n+p_1)^2}, \\[2mm] p_2 & \nu = \dfrac{R}{(1+s)^2} - \dfrac{R}{(n+p_2)^2}, \\[2mm] p_3 & \nu = \dfrac{R}{(1+s)^2} - \dfrac{R}{(n+p_3)^2}. \end{cases}$$

Spektralterme. Und nun kommen wir zu dem eigentlichen, über die bisher betrachtete formale Beschreibungsmöglichkeit der Serienstrukturen hinausgehenden Ergebnis aller dieser Überlegungen, nämlich zu dem Begriff des Spektralterms und zur Termtheorie der Serienspektren. Die Betrachtung des letzten Formelsystems zeigt, daß sich die Wellenzahl bzw. die Frequenz jeder Serienlinie darstellen läßt als die Differenz je zweier Größen, die allgemein von der Form $R/(n+c)^2$ sind, wobei n stets eine ganze Zahl ist. Diese Ausdrücke bezeichnet man als „Terme" und kann sie als für jede Atomart charakteristische Größen auffassen, durch deren geeignete Kombination zu je zweien die Frequenzen aller von dieser Atomart ausgesandten Linien dargestellt werden können (Kombinationsprinzip von Rıtz). Man wird vermuten, daß es sich dabei um mehr als nur um ein elegantes Ordnungsschema handelt und daß die Wurzeln dieses Kombinationsprinzips bis tief in die Atomstruktur selbst reichen und den Termen irgendeine reale physikalische Bedeutung zukommt. Wir werden dies im nächsten Abschnitt auch bestätigt finden und werden sehen, daß sich darauf die ganze neuere Atomtheorie aufbaut. Vorerst wollen wir aber noch bei der formalen Seite der Termspektroskopie bleiben, die zu kennen und einigermaßen mit ihr vertraut zu sein unerläßlich ist für das Verständnis alles folgenden.

Um mit den Termen möglichst einfach arbeiten zu können, hat man eine symbolische Schreibweise ausgebildet, die sich als formales Hilfsmittel bestens bewährt hat. Leider ist aber diese Symbolik immer noch nicht einheitlich durchgeführt und man findet in den verschiedenen Arbeiten immer noch die verschiedensten Bezeichnungsweisen benutzt. Für den praktischen Gebrauch kommt es lediglich darauf an, sich mit einer von ihnen vertraut zu machen und sich an sie zu gewöhnen, und wir wollen deshalb hier die einfachste benutzen. Wir bezeichnen einen Term, der nach dem eben Gesagten allgemein die Form hat

$$\frac{R}{(n+c)^2}$$

und durch zwei Größen, den Termbuchstaben oder die „Termzahl" c und die stets ganzzahlige „Laufzahl" n gekennzeichnet ist, kurz durch nc.

Dann können wir also jede Frequenz bzw. Wellenzahl darstellen durch die Differenz zweier Terme, von denen der erste fest, der zweite die Laufzahl enthaltend und deshalb von Glied zu Glied der Serie veränderlich ist. Es wird so z. B. für die HS

$$\nu = 1\,s - n\,p \quad (n = 2,\ 3,\ 4 \ldots)$$

und für die II. NS

$$\nu = 2\,p - n\,s \quad (n = 2,\ 3,\ 4 \ldots)$$

usw. zu schreiben sein. Vom Standpunkt des allgemeinen Kombinationsprinzips aus haben wir noch allgemeiner zu schreiben

$$\text{HS:} \quad \nu = m\,s - n\,p$$
$$\text{II. NS:} \quad \nu = m\,p - n\,s$$

und dies aufzufassen als Kombination der Terme

$$\text{HS:} \quad \begin{cases} m\,s & (m = 1) \\ n\,p & (n = 2,\ 3,\ 4 \ldots) \end{cases}$$

$$\text{II. NS:} \quad \begin{cases} m\,s & (m = 2,\ 3,\ 4 \ldots) \\ n\,p & (n = 2) \end{cases}$$

Ganz analog ist die Darstellung für die Multiplettlinien. So z. B. würde nun eine Tripletthauptserie darzustellen sein durch

	PASCHEN			RUSSEL u. SAUNDERS		
Einfache Terme	$n\,S$			$n\,{}^1S_0$		
	$n\,P$			$n\,{}^1P_1$		
	$n\,D$			$n\,{}^1D_2$		
	$n\,F$			$n\,{}^1F_3$		
Dublett-Terme	$n\,\mathfrak{s}$			$n\,{}^2S_1$		
	$n\,\mathfrak{p}_1$	$n\,\mathfrak{p}_2$		$n\,{}^2P_2$	$n\,{}^2P_1$	
	$n\,\mathfrak{d}_1$	$n\,\mathfrak{d}_2$		$n\,{}^2D_3$	$n\,{}^2D_2$	
	$n\,\mathfrak{f}_1$	$n\,\mathfrak{f}_2$		$n\,{}^2F_4$	$n\,{}^2F_3$	
Triplett-Terme	$n\,s$			$n\,{}^3S_1$		
	$n\,p_1$	$n\,p_2$	$n\,p_2$	$n\,{}^3P_2$	$n\,{}^3P_1$	$n\,{}^3P_0$
	$n\,d_1$	$n\,d_2$	$n\,d_2$	$n\,{}^3D_3$	$n\,{}^3D_2$	$n\,{}^3D_1$
	$n\,f_1$	$n\,f_2$	$n\,f_2$	$n\,{}^3F_4$	$n\,{}^3F_3$	$n\,{}^3F_2$

$$\nu_1 = 1\,s - n\,p_1$$
$$\nu_2 = 1\,s - n\,p_2$$
$$\nu_3 = 1\,s - n\,p_3$$

Auf die vielen weiteren Einzelheiten der zu einem umfangreichen und komplizierten System ausgearbeiteten Termspektroskopie einzugehen, ist vorerst nicht notwendig. Es wird aber erwünscht sein, zum Schluß noch ein kleines Lexikon zu geben für die Übersetzung der eben benutzten Bezeichnungsweise in eine andere, neuerdings oft benutzte. Unsere Symbolik — die von PASCHEN — wird in praxi meist noch etwas übersichtlicher formuliert dadurch, daß man für Einfachlinien große lateinische Buchstaben, für Dublettlinien kleine deutsche Buchstaben und für Triplettlinien kleine lateinische Buchstaben benutzt. Wie dann die entsprechenden Termsymbole in der anderen Schreibweise — der von RUSSEL und SAUNDERS — lauten, ist unmittelbar aus der vorstehenden Übersichtstafel abzulesen.

11. Das Bohrsche Atommodell.

Feinbau der Atome. In der kinetischen Gastheorie konnten wir mit sehr einfachen Vorstellungen über den Feinbau und die Eigenschaften der Gasteilchen (Atome oder Moleküle) auskommen und konnten weitgehend sogar nur von „Teilchen" schlechthin sprechen, d. h. von einzelnen unveränderlichen Individuen, für deren Gesamtheit gewisse sehr allgemeine statistische Gesetze gelten. Nun wollen wir einen wesentlichen Schritt weitergehen und uns mit dem Feinbau dieser Teilchen und mit den in ihrem Inneren sich abspielenden Vorgängen beschäftigen.

Für praktische Belange, wobei uns das in der Atomphysik zusammengefaßte experimentelle und theoretische Erfahrungsmaterial und Erkenntnisgut lediglich als ein, allerdings unentbehrliches, Handwerkszeug zu dienen hat, werden wir mit einigen neuen Begriffen, einigen Regeln zu ihrer Anwendung und den erforderlichen Zahlenangaben auskommen. Diese neuen Begriffe lassen sich kennzeichnen durch die Schlagworte Termschema, Anregungs- und ·Ionisierungsspannung, Ausbeutefunktionen, metastabile Zustände und vielleicht noch einige wenige andere gelegentlich vorkommende und darin ist eigentlich schon alles enthalten was wir unmittelbar brauchen. Das theoretische Bild, aus dem die Bedeutung dieser Begriffe abgelesen werden kann, ist das Bohrsche Atommodell. Wenn auch Fundierung und Deutung dieses Modells neuerdings nicht nur vertieft, sondern auch wesentlich gewandelt worden sind in Richtung einer Abkehr von der früheren Anschaulichkeit, kommen wir hier doch noch vollkommen damit aus und können unbedenklich noch daran festhalten.

Daß die Atome, aus denen sich alle Substanzen zusammensetzen, nicht unteilbare, im eigentlichen Sinn des Wortes einfache Teilchen sind, ist seit langem bekannt. Die radioaktiven Erscheinungen und die Ionenbildung — um nur zwei Beispiele zu nennen — zeigen, daß sie aus noch kleineren Komponenten bestehen müssen, die teils eine positive, teils eine negative Ladung tragen, und zwar derart, daß ein insgesamt elektrisch neutrales Gebilde aus ihnen aufgebaut werden kann. Die Natur der negativen Komponenten, der „Elektronen", war schon lange bekannt und erforscht; wir werden uns mit ihnen später noch an vielen Stellen beschäftigen und wollen vorläufig nur notieren, daß jedes Elektron dieselbe universelle Ladung von der Größe $\varepsilon = 1{,}59 \cdot 10^{-19}$ C ($= 4{,}77 \cdot 10^{-10}$ st. E.) besitzt und daß ihm eine Ruhmasse von der Größenordnung $0{,}9 \cdot 10^{-27}$ g zugeschrieben werden kann. Schwieriger ist es, über die Natur der positiv geladenen Komponenten etwas auszusagen. Denn zunächst weiß man nur, daß ein Atom, in dem im ganzen n Elektronen vorhanden sind, positive Ladung vom Betrag $n\varepsilon$ enthalten muß. Aufschluß über die Art der Verteilung der positiven Ladung in den Atomen erhielt man erst durch Beschießung von Atomen mit Elektronen oder mit den positiv geladenen α-Teilchen der radioaktiven Elemente und durch das quantitative Studium der Ablenkungen, welche sie bei der Durchdringung der Atome erleiden. Versuche solcher Art haben eindeutig erwiesen, daß die positive Ladung im Atom in einem gegen die Größe des ganzen Atoms sehr kleinen Bereich im sog. „Kern" konzentriert sein muß und dann weiterhin, daß dieser Kern eine für jedes chemische Element charakteristische positive Ladung $+ Z \cdot \varepsilon$ enthält. Die „Kernladungszahl" Z ergab sich einfach gleich der Ordnungszahl des betreffenden Elementes im periodischen System der Elemente und ist also für Wasserstoff (H) 1, für Helium (He) 2, für Lithium (Li) 3 ... für Argon (Ar) 18, ... für Quecksilber (Hg) 80 usw. Dementsprechend muß natürlich wegen der Neutralität des ganzen Atoms die Gesamtzahl n der Elektronen im Atom ebenfalls gleich Z sein. Zusammengefaßt haben wir uns also vom Bau der Atome das Bild zu machen, daß um einen praktisch punktförmigen Kern, der die positive Ladung $+Z\varepsilon$ trägt, im ganzen Z Elektronen angeordnet sind, von denen jedes die negative Ladung $-\varepsilon$ trägt. Nicht näher zu beschäftigen brauchen wir uns im folgenden mit der Struktur des Kerns selbst, der wiederum ein kompliziert aufgebautes Gebilde ist; ihr Studium ist Gegenstand der Kernphysik, die sich in den letzten Jahren zu einer Wissenschaft für sich entwickelt und zu Ergebnissen von grundsätzlichster Bedeutung geführt hat.

Die Elektronen dürfen wir uns natürlich nicht einfach in Ruhe befindlich, wie eine Wolke den Kern umgebend, vorstellen. Dies wird ohne weiteres klar an dem einfachsten Atom, dem H-Atom, das nur aus einem Kern und einem Elektron besteht; denn dieses Elektron würde sofort infolge der gegenseitigen Anziehung auf den Kern fallen. Die Elektronen müssen also jedenfalls in ständiger Bewegung sein und irgendwie um den Kern kreisen wie etwa die Planeten um die Sonne. Wir können ferner sogleich sagen, daß dabei die üblichen Gesetze der klassischen Elektrodynamik nicht mehr gelten können. Denn diese lehren, daß ein in einer gekrümmten Bahn sich bewegendes Elektron dauernd Energie in Form elektromagnetischer Wellen ausstrahlt und daß deshalb das System der den Kern umkreisenden Elektronen nicht stationär bestehen bleiben könnte. Jedenfalls müssen wir also für das Innere unseres Atoms andere elektrodynamische Gesetze als gültig annehmen, als die üblichen, aus makroskopischen Erfahrungen abgeleiteten und an ihnen geprüften und bewährten. Sie hier zu begründen und abzuleiten, würde ein Eingehen auf tiefgehende quantentheoretische Überlegungen erfordern, ist aber für unsere Zwecke auch gar nicht nötig. Wir wollen nämlich nicht von diesen quantentheoretischen Überlegungen ausgehend die Gesetze des Atombaus ableiten und dann aus ihnen die uns interessierenden Folgerungen ziehen, sondern umgekehrt von gewissen empirischen Befunden ausgehend zusehen, welche Eigenschaften unser Atommodell haben muß, um diese Befunde verständlich zu machen. Auf diesem Weg kommen wir ohne

weitschweifige theoretische Überlegungen zum Verständnis des für alle
Anwendungen wichtigsten Begriffs, nämlich des sog. Term- oder Niveau-
schemas der Atome, und erhalten zugleich auch einen immerhin soweit
gehenden Einblick in den Atombau wie wir brauchen werden.

Grundlagen der Bohrschen Atomtheorie. Wir gehen aus von dem
spektroskopischen Kombinationsprinzip, das ein ungeheuer großes Beobachtungsmaterial einfach und zusammenfassend beschreibt. Dieses
Prinzip sagt, wie wir S. 69 sahen, aus, daß man die Frequenz v jeder
der von einem Atom ausgesandten Spektrallinien darstellen kann als
die Differenz zweier Terme aus dem für das Atom charakteristischen
Termsystem. Wir brauchen nur zwei Annahmen zu machen, um die
Brücke von der Spektroskopie zur Theorie des Atombaus zu schlagen.
Sie werden hier natürlich zunächst einigermaßen willkürlich anmuten
und als Axiome hingenommen werden müssen, aber ihre Berechtigung
und Fruchtbarkeit wird sich nachträglich aus den Erfolgen zeigen (ganz
abgesehen davon, daß sie einer im Sinn der Quantentheorie orientierten
Auffassung des Naturgeschehens entsprechen und, wie schon erwähnt,
durchaus einer tieferen Begründung fähig sind). Die erste Annahme ist:
Jedes Atom ist nur ganz bestimmter Zustände fähig derart, daß ihm
nur bestimmte diskrete und für jedes Element charakteristische Energie-
inhalte E_i zukommen. Den Energieinhalt eines Atoms können wir uns
dabei modellmäßig deuten als die Arbeit, die aufgewendet werden müßte,
um alle seine Komponenten aus der betreffenden Anordnung und aus den
betreffenden Bewegungszuständen heraus in unendlicher Entfernung
voneinander zu bringen und dort ihre Bewegungen abzubremsen. Jedem
Term des Atomspektrums ordnen wir einen solchen, durch seinen Energieinhalt E_i gekennzeichneten Zustand zu. Wir sehen also in dem abstrakten Termschema sozusagen eine Widerspiegelung der möglichen
Atomzustände. Die zweite Annahme ist die folgende und ist nach den
vorbereitenden Überlegungen in Abschnitt 9 nun fast unmittelbar plausibel: Wenn ein Atom aus einem jener Zustände in einen anderen von
kleinerem Energieinhalt übergeht (etwa so, wie eine gespannte Feder
von einem in einen anderen Spannungszustand umspringt), wird ein
bestimmter Energiebetrag frei. Sind die beiden Zustände gegeben durch
E_n und $E_m (< E_n)$, so ist dieser Energiebetrag $E_n - E_m$ und diese
freiwerdende Energie wird verwendet zur Erzeugung und Emission
einer monochromatischen Lichtwelle von bestimmter Frequenz $v_{n,m}$
die nach der allgemeinen hv-Beziehung (26) S. 63 gegeben ist durch die
Relation

$$h \, v_{n,m} = E_n - E_m.$$

Zusammengefaßt kommen wir so zu der Vorstellung, daß die einzelnen
Linien des Spektrums eines Atoms entstehen bei den Übergängen
des Atoms von jeweils einem in einen anderen seiner möglichen

Energiezustände und daß ihre Frequenzen bestimmt sind durch

$$(28) \qquad \nu_{n,m} = \frac{1}{h}\,(E_n - E_m).$$

Wenn wir das vollständige System der möglichen Zustände E_i eines Atoms kennen, können wir also das ganze von ihm emittierte Spektrum, aufgelöst in Serien und deren Linien, angeben; und andererseits ist ein Atom hinsichtlich seiner in diesem Umfang interessierenden Eigenschaften durch das System der E_i vollständig gekennzeichnet und wir könnten von einer modellmäßigen Veranschaulichung im einzelnen ganz absehen.

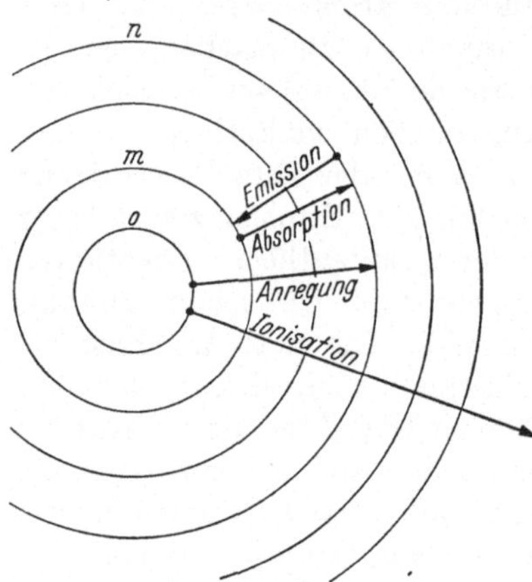

Abb. 16. Bohrsches Modell des Wasserstoffatoms (schematisch).

Wir erkennen unmittelbar die — nach dem Vorhergehenden selbstverständliche — Gleichheit des Baues der Frequenzformel (28) und der früheren Frequenzformel (27a), S. 67, gekennzeichnet durch die Differenzbildung aus zwei „Termen" und müßten eigentlich noch zeigen, daß die Atomterme E_i/h wirklich so aussehen, wie wir das für die Spektralterme kennengelernt haben. Diesen Nachweis zu erbringen und damit die Kette unserer Überlegungen zu schließen, ist Aufgabe der Quantentheorie des Atoms und ist, wie schon erwähnt, hier weder nötig noch in Kürze möglich. Immerhin ist es nützlich und erleichtert die weiteren Überlegungen, modellmäßige Vorstellungen nicht ganz beiseite zu lassen. In diesem Sinn werden wir den Übergang eines Atoms aus einem Zustand E_n in einen anderen Zustand E_m interpretieren als den Übergang seines Elektronensystems von einer Konfiguration in eine andere und wollen dies an dem einfachsten — und übrigens auch allein noch der vollständigen Durchrechnung zugänglichen — Beispiel des H-Atoms etwas genauer betrachten. Wie wir schon wissen, besteht dieses Atom aus einem Kern $+\varepsilon$, um das ein Elektron $-\varepsilon$ wie ein Planet um die Sonne kreist. Die ausgezeichneten, quantentheoretisch allein möglichen Zustände sind hier gegeben durch bestimmte diskrete Bahnen, die als Kreise anzunehmen, hier vollständig genügt (Abb. 16). Der Übergang $E_n \to E_m$, der mit der Emission der Frequenz $\nu_{n,m}$ verbunden ist, ist also einfach zu interpretieren als der Übergang des Elektrons aus der n-ten in die m-te Bahn, wobei wir uns die Bahnen von innen nach außen durch die Nummern 0, 1, 2, ... m ... n ... ∞ gekennzeichnet denken. Im Normalzustand, dem sog. „Grundzustand", befindet sich das Elektron auf dem Kreis 0 und sein Energieinhalt hat den kleinstmöglichen Wert E_0. Dann ist offenbar notwendig dazu, daß überhaupt die Linie $\nu_{n,m}$ emittiert werden kann, daß das Elektron zuerst einmal von der Grundbahn auf die n-te Bahn gebracht wird und dazu ist notwendig, daß dem Atom Energie im Betrag $E_n - E_0$ zugeführt wird; ist es einmal auf der n-ten Bahn, so springt es von dort nach einer gewissen unbekannten (aber wie man aus anderweitigen Betrachtungen weiß, im Mittel nur etwa 10^{-8} s dauernden) Verweilzeit zurück auf irgendeine der weiter innen gelegenen Bahnen und wenn dies Zurückspringen gerade auf die m-te Bahn erfolgt, wird eben die Linie $v_{n,m}$ emittiert. Solange das Elektron sich in der n-ten Bahn befindet, ist das Atom im „angeregten" (oder genauer gesagt, im n-ten angeregten) Zustand. Das Zurückspringen auf eine der weiter innen gelegenen Bahnen erfolgt spontan, analog etwa, wie der Zerfall eines radioaktiven Atoms spontan und aus unbekannten Gründen erfolgt. Auch über die Wahrscheinlichkeit dafür, daß es gerade in die m-te Bahn und nicht in irgendeine andere erfolgt, läßt sich von vornherein nichts aussagen; aber augenscheinlich ist diese Wahrscheinlichkeit mit maßgebend für die Intensität der Linie $v_{n,m}$. Wesentlich ist für uns die Erkenntnis, daß also die Vorbedingung für die Emission einer Linie die „Anregung" des Atoms ist, d. h. die Zufuhr eines ganz bestimmten, für jede Linie charakteristischen Energiebetrags; man bezeichnet sie als die „Anregungsarbeit" oder „Anregungsspannung" (Anregungspotential) der Linie. Wenn wir das Elektron ganz aus dem Atomverband loslösen, also das Atom ionisieren wollen, müssen wir es aus der Grundbahn in praktisch unendliche Entfernung vom Kern bringen. Übersetzt in unsere Modellvorstellung heißt dies, daß wir es auf die äußerste Bahn bringen müssen und auch dazu ist eine ganze bestimmte Energiezufuhr, nämlich $E_\infty - E_0$, notwendig, die man analog als die „Ionisierungsarbeit" oder „Ionisierungsspannung" des Atoms bezeichnet. Dies alles gilt natürlich nicht nur für den hier betrachteten einfachsten Fall des H-Atoms, sondern allgemein für jedes Atom, wenn dann auch nicht mehr eine so einfache modellmäßige Vorstellung möglich ist, sondern nur noch eine analytische Darstellung durch die Terme. Die Anregungsspannung einer Linie, deren Frequenz $v_{n,m} = E_n/h - E_m/h$ ist, ist dann eben $E_n - E_0$ und die Ionisierungsspannung des betreffenden Atoms ist $E_\infty - E_0$.

Ehe wir hier anknüpfend auf weitere Einzelheiten eingehen, wollen wir uns noch mit der Frage beschäftigen, wie ein Atom aus dem Grundzustand in einen der angeregten Zustände bzw. in den ionisierten Zustand oder allgemeiner, wie es aus einem durch den Energieinhalt E_m gekennzeichneten Zustand in einen anderen, durch den größeren Energieinhalt E_n gekennzeichneten übergeführt werden kann; oder mit anderen Worten, wie man einem Atom einen Energiebetrag $(E_n - E_m)$ zuführen kann. Es genügt vorläufig, zwei solche Möglichkeiten zu betrachten, nämlich den Elektronenstoß und die Lichtabsorption. Wenn ein Elektron auf ein Atom trifft, so kann es an dieses einen Teil seiner kinetischen

Energie $\frac{m}{2} v^2$ abgeben zu dem Zweck, den Energieinhalt des Atoms zu vermehren; wie das im einzelnen geschieht, ist hier noch gleichgültig und wird erst später zu besprechen sein (S. 93f.). Kümmern wir uns vorläufig nur um die nackte Energiebilanz des Vorganges, so muß offenbar $\frac{m}{2} v^2 \geqq (E_n - E_m)$ sein, damit der genannte Übergang $E_m \to E_n$ überhaupt möglich ist. Die zweite Möglichkeit besteht in der Aufnahme eines Lichtquants durch das Atom, d. h. optisch gesprochen, in der Absorption von Licht, und auch hierfür gibt die Energiebilanz sogleich die notwendige Bedingung; denn es muß offenbar nun $h\nu \geqq (E_n - E_m)$ sein, wobei ν die Frequenz des benutzten Lichtes ist. Aber zwischen den beiden Vorgänge, dem Elektronenstoß und der Lichtabsorption, besteht noch ein wesentlicher Unterschied. Wie nämlich die Erfahrung gezeigt hat, ist die Bedingung $\frac{m}{2} v^2 \geqq (E_n - E_m)$ für ein Elektron nicht nur notwendig, sondern auch hinreichend, und zwar ist dies so zu verstehen: Auch wenn $\frac{m}{2} v^2 > (E_n - E_m)$ ist, kann die Übertragung der Energie $(E_n - E_m)$ auf das Atom stattfinden und das Elektron selbst fliegt dann eben mit einer kinetischen Energie vom Restbetrag $\frac{m}{2} v^2 - (E_n - E_m)$ weiter. Für ein Lichtquant hingegen liegen die Dinge nicht so einfach, sondern es wird nur vom Atom aufgenommen, wenn sein Energieinhalt $h\nu$ gerade und genau gleich ist dem an das Atom abzugebenden $(E_n - E_m)$. Das hat eine wichtige und folgenschwere Konsequenz. Man darf nämlich nicht einfach ein Atom, das man aus dem Zustand E_m in einen anderen Zustand E_n durch Lichtabsorption bringen will, ähnlich wie beim Photoeffekt (S. 60) mit Licht bestrahlen, das nur genügend kurzwellig ist, so daß es die Bedingung $h\nu > (E_n - E_m)$ erfüllen würde, sondern man muß Licht von einer ganz bestimmten Frequenz $\nu = (E_n - E_m)/h$ benutzen. Erinnern wir uns nun daran, daß andererseits unser Atom beim Übergang vom Zustand E_n in den Zustand E_m Licht von der Frequenz $\nu = (E_n - E_m)/h$ ausstrahlt, so sehen wir, daß gerade dieses Licht die obige Bedingung erfüllt. Also: Ein Atom, kann nur durch Absorption des Lichtes aus einem Zustand E_m in einen anderen Zustand E_n übergeführt werden, das es selbst bei dem inversen Übergang $E_n \to E_m$ ausstrahlen würde.

12. Das Termschema der Atome.

Graphische Darstellung des Energieniveaus. Aus den eben ·durchgeführten Überlegungen geht unmittelbar hervor, wie wichtig es ist, für jede Atomart die vollständige quantitative Liste der möglichen Energiezustände E_i zu kennen, und daß die Kenntnis dieser Listen sogleich eine große Menge von Folgerungen ermöglicht. Wir haben in dem Abschnitt über die Serienspektren auch schon gesehen, wie man sich diese

Listen durch eine quantitative Ausmessung der Linienspektren verschaffen kann. Es hat allerdings der Arbeit einer Generation von Spektroskopikern bedürft, um die dazu erforderliche Arbeit zu leisten; aber heute sind wir im Besitz der „Energielisten" aller Atomarten und können damit arbeiten etwa wie mit Logarithmentafeln. Wir wollen nun in diesem Abschnitt eine sehr bequeme und praktische Methode zur Veranschaulichung der ganzen Sachlage besprechen, die für atomphysikalische Untersuchungen aller Art ein unentbehrliches Hilfsmittel geworden sind. Es handelt sich dabei um eine graphische Darstellung der möglichen Energiezustände E_i und der möglichen Übergänge zwischen diesen Zuständen, die man als „Termschema" oder „Niveauschema" bezeichnet. Wenn man sich erst einmal in den Aufbau und die Bedeutung dieser Schematas etwas hineingedacht und etwas Übung in ihrer Benutzung erlangt hat, dürfte es in der Tat kein handlicheres und anschaulicheres Hilfsmittel bei der Diskussion atomphysikalischer Probleme geben. Vorausgeschickt sei späteren Ausführungen (S. 78ff.) vorgreifend noch folgendes. Energie oder Arbeit mißt man bekanntlich in Erg oder in Kalorien oder in Wattsekunden (Joule). Hier, wo es sich um den Energieinhalt von Elektronensystemen handelt bzw. nach der oben erwähnten Relation $\frac{m}{2} v^2 = (E_n - E_m)$ um die kinetische Energie von Elektronen, die durch einen Stoß gegen ein Atom auf dieses gewisse Energiemengen übertragen, ist es praktischer und das Übliche, ein anderes Energiemaß zu benutzen, nämlich das „Elektronenvolt" (eV oder e-Volt). Es ist 1 eV die kinetische Energie, die ein Elektron besitzt, wenn es vom ruhenden Zustand aus eine Spannung von 1 V frei durchfallen hat oder etwas anders ausgedrückt, die Arbeit, die man leisten muß, um ein freies Elektron gegen ein elektrisches Feld zu verschieben von einem Potentialniveau auf ein anderes, um 1 V höher, liegendes. Die quantitative Beziehungen zwischen den verschiedenen Energie-Maßeinheiten sind

$$1 \text{ eV} = 1,6 \cdot 10^{-12} \text{ erg} = 3,8 \cdot 10^{-20} \text{ gcal} = 1,6 \cdot 10^{-19} \text{ Ws (Joule)}$$

und könnten natürlich auch an sich, ohne Bezugnahme auf die obige Erklärung, einfach als Definition für das e-Volt benutzt werden. Wie wir sahen, kann man nach der allgemeinen $h\nu$-Beziehung jeder Elektronenenergie auch eine äquivalente Frequenz ν' und dann auch eine Wellenlänge $\lambda = c/\nu'$ und eine Wellenzahl $\nu = 1/\lambda$ zuordnen. Es gehören zu 1 eV die Zahlenwerte ($c = 3 \cdot 10^{10}$ cm/s¹, $h = 6,55 \cdot {}^{-27}$ erg $\cdot$ s $= 6,55 \cdot 10^{-34}$ Ws², 1 ÅE $= 10^{-1} \mu\mu = 10^{-8}$ cm)

$$\nu' = 2,44 \cdot 10^{14}, \quad \lambda = 12\,300 \text{ ÅE}, \quad \nu = 8,1 \cdot 10^3.$$

Um nun zu der angekündigten graphischen Darstellung der für ein Atom charakteristischen Energiewerte E_i zu gelangen, zeichnen wir sie einfach, gewissermaßen wie die Stockwerte eines Hauses, übereinander ein, und zwar gerechnet von dem dem Grundzustand zugehörenden

Wert E_0 als Nullniveau aus; wir setzen also $E_0 = 0$. Es muß dabei, um das Bild nicht zu unübersichtlich werden zu lassen, die seitliche Anordnung der einzelnen E_i-Niveaus praktisch gewählt werden. Wie man diese Anordnung im einzelnen vornimmt, ist an sich gleichgültig, aber es ist das Gegebene und Übliche, spektroskopisch zusammengehörende E-Werte in jeweils einer Vertikalen übereinander zu stellen. Maßstäblich richtig hingegen soll man die Höhenlagen der Niveaus einzeichnen; dies ergibt sich übrigens von selbst, wenn man eine Skala der Voltzahlen (e-Volt) anbringt. Jede Verbindungslinie zweier Niveaus stellt einen Übergang des Atoms zwischen den betreffenden Zuständen dar und gehört, von oben nach unten durchlaufen, zur Emission einer Linie, deren Wellenlänge nach dem vorhergehenden leicht anzugeben ist. Denn es ist die Frequenz dieser Linie $\nu = \dfrac{E_n - E_m}{h}$ und es ist $\lambda = c/\nu$. Mißt man E in e-Volt und λ wie üblich in ÅE, so erhält man

$$\lambda = \frac{12300}{E_n - E_m}.$$

Hierzu ist aber noch eine wichtige einschränkende Bemerkung zu machen. Rein energetisch würden nämlich zwar alle Übergänge von jedem der Zustände zu jedem anderen kleineren Energieinhalt möglich und mit der Emission einer Linie verbunden sein, die Erfahrung hat aber gezeigt, daß in Wirklichkeit nicht alle diese Linien auftreten. Die Quantentheorie des Atoms hat dann auch in Form gewisser „Übergangsregeln" die Gründe dafür anzugeben erlaubt, warum gewisse Übergänge nicht stattfinden oder, wie man zu sagen pflegt, „verboten" sind. Wir brauchen darauf nicht allgemein einzugehen und wollen uns einfach nur erlaubte, d. h. wirklich stattfindenden Übergänge eingezeichnet denken. Die „Übergangsverbote" gelten übrigens, und dies ist praktisch von Bedeutung, nur für die spontanen Übergänge von einem höheren zu einem tieferen Niveau, nicht aber für die durch einen äußeren Eingriff, z. B. durch Elektronenstoß bewirkten Übergänge in umgekehrter Richtung von einem tieferen zu einem höheren Niveau.

Anwendung auf spezielle Beispiele: Natrium. Besser als diese allgemeinen Vorbemerkungen werden die Bedeutung und die Benutzung des Termschemas klar werden aus der Betrachtung eines speziellen Beispiels. Wir wählen dazu das Termschema des Natriumatoms, das in Abb. 17 wiedergegeben ist (und zwar in seinem unteren Teil vollständig, in seinem oberen Teil der Übersichtlichkeit wegen nur noch angedeutet). Wir sehen die Stufenreihe der Niveaus jeweils vertikal übereinanderliegend angeordnet in vier Gruppen, die mit s, p, d und f bezeichnet sind in Übereinstimmung mit der S. 68 besprochenen spektroskopischen Terminologie; die Kolonne p tritt dabei doppelt auf als p_1 und p_2, entsprechend dem Dublettcharakter des Spektrums. Die Niveaus in jeder Kolonne rücken nach oben hin immer enger und enger zusammen und geben so

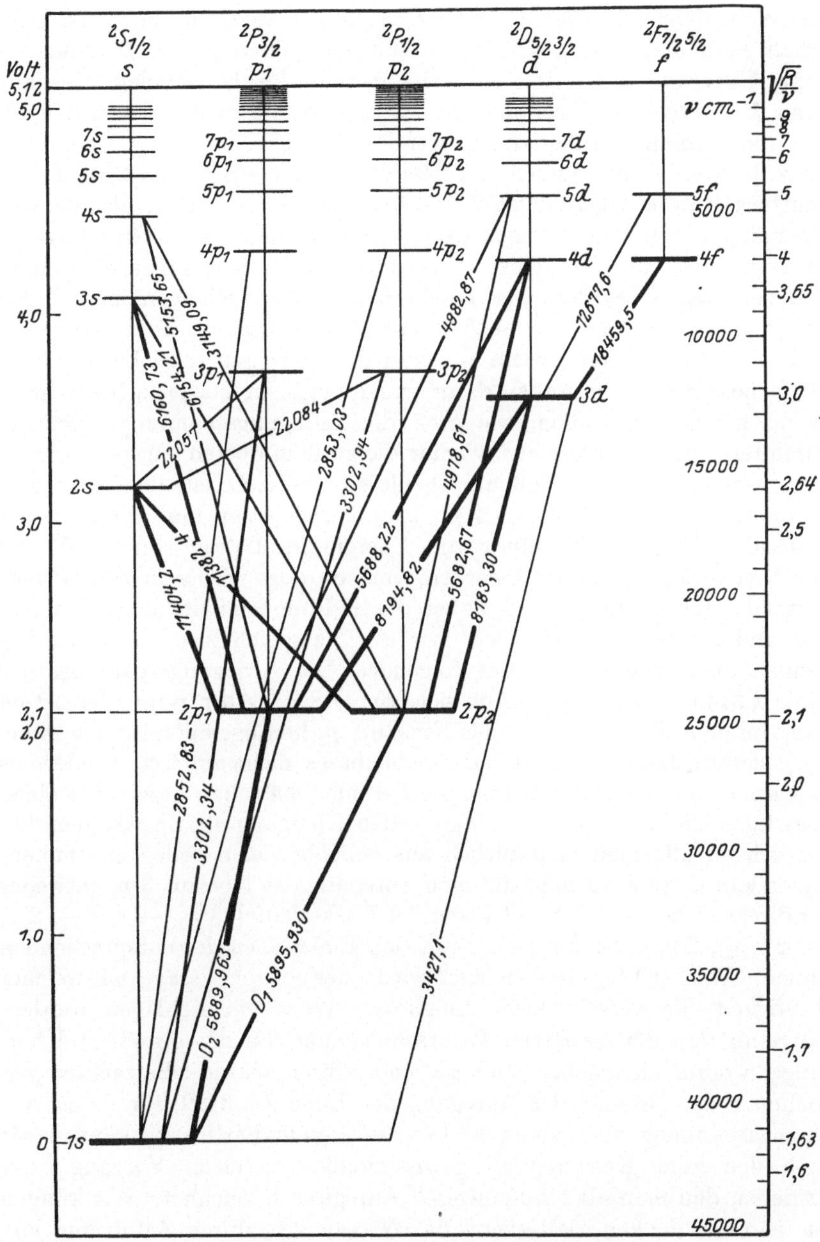

Abb. 17. Termschema des Natriums. (Nach GROTRIAN.)

die Serienanordnung der Terme unmittelbar wieder. Eingezeichnet sind ferner die wichtigsten Übergänge und es ist an die Übergangslinien die Wellenlänge der dabei emittierten Linien angeschrieben. So z. B. erhält man die Linie $\lambda = 5890$ — eine der beiden gelben D-Linien — beim Übergang $2\,p_1 \rightarrow 1\,s$ oder die bereits im Ultraviolett liegende Linie $\lambda = 3149$ beim Übergang $4\,s \rightarrow 2\,p_2$ usw. Besonders deutlich wird, wie die einzelnen aufeinanderfolgenden Linien einer Serie entstehen. So z. B. werden die Linien der Hauptserie $1\,s - n\,p_1\,(p_1 = 2,\ 3,\ 4\ \ldots)$ emittiert bei den Übergängen $2\,p_1 \rightarrow 1\,s,\ 3\,p_1 \rightarrow 1\,s\ \ldots$ usw., also bei den Übergängen von den Niveaus der zweiten Kolonne zum Grundniveau. Es steht also nun der ganze Aufbau des Natriumspektrums anschaulich vor uns. Über derartige beschreibende Feststellungen hinaus gibt uns das Termschema aber auch unmittelbar Aufschluß über noch viele andere wichtige Dinge, wenn wir nun die links angeschriebene e-Volt-Skala beachten. Wir wollen dafür einige typische Beispiele betrachten. Wenn wir wissen wollen, wie groß die Anregungsspannung einer bestimmten Linie ist, brauchen wir nur die zu dem oberen Ausgangsniveau dieser Linie gehörende Voltzahl abzulesen. So z. B. ist die Anregungsspannung der D_1-Linie $(1\,s - 2\,p_1)$ 2,1 eV; das Atom muß vom Grundzustand $1\,s$ aus durch Zufuhr von Energie im Betrag von 2,1 eV auf das Niveau $2\,p_1$ „gehoben" werden, um von dort wieder in den Grundzustand „zurückfallen" und dabei die D-Linie emittieren zu können. Ein anderes Beispiel, aus dem wir auch zugleich zwei neue Begriffe kennenlernen können, ist das folgende. Die Anregungsspannung der Linie $\lambda\,3149\ (2\,p_2 - 4\,s)$ ergibt sich zu 4,48 V. Aber wenn das Atom nun von dem Niveau $4\,s$ auf das Niveau $2\,p_2$ herabgefallen ist und dabei die genannte Linie emittiert hat, so bleibt es nicht auf $2\,p_2$, sondern es fällt weiter auf $1\,s$ und emittiert die D-Linie 5896; man bezeichnet einen derartigen, in Etappen vor sich gehenden Übergang als „Kaskadenfall", der sich im allgemeinen natürlich aus beliebig vielen Teilen zusammensetzen kann. So etwa folgt auf eine Anregung des Niveaus $3\,p_2$ entweder der direkte Übergang $3\,p_2 \rightarrow 1\,s$ oder der Kaskadenfall $3\,p_2 \rightarrow 2\,s,\ 2\,s \rightarrow 2\,p_1$ (oder $2\,p_2$), $2\,p_1$ (oder $2\,p_2) \rightarrow 1\,s$ mit den Emissionen der entsprechenden Linien. Welcher Weg eingeschlagen wird, oder genauer gesagt, mit welcher Häufigkeit die verschiedenen möglichen Wege eingeschlagen werden, hängt ab von den relativen Wahrscheinlichkeiten der einzelnen Übergänge, worauf einzugehen hier zu weit führen würde. Betrachten wir nochmals das Beispiel der Anregung der Linie $\lambda = 3149$, für deren Anregungsspannung wir bereits 4,48 eV festgestellt hatten, so können wir auch den zum Kaskadenfall gewissermaßen inversen Vorgang konstruieren, den man als „stufenweise" Anregung bezeichnet. Wir können uns nämlich denken, daß zuerst das Niveau $2\,p_2$ durch Zuführung von 2,1 eV angeregt wird und dann durch nochmalige Zufuhr von $4{,}48 - 2{,}1 =$ 2,38 eV das Niveau $4\,s$. Die zweite Zufuhr muß natürlich erfolgen, solange sich das Atom noch auf $2\,p_2$ befindet, also wegen der äußerst kurzen Verweilzeit des Atoms in einem bereits angeregten Zustand unmittelbar auf die erste folgend. Wir werden aber später bei der Betrachtung des Quecksilbers Fälle kennenlernen, wo die Dinge günstiger liegen und daran die große praktische Bedeutung der Stufenanregung sofort erkennen.

Zum Schluß wollen wir noch die Möglichkeit einer Absorption von Licht durch das Atom und die dadurch erzielbare „optische Anregung" betrachten. Wir hatten als Bedingung dafür, daß Licht von der Frequenz v absorbiert werden kann, wobei das Atom von einem Zustand E_m in einen höheren Zustand E_n übergeht, S. 76 kennengelernt, daß $hv = E_n - E_m$ sein muß. Was dies praktisch zu bedeuten hat, können wir nun unmittelbar von unserem Termschema ablesen: Von dem in einem bestimmten Zustand befindlichen Atom kann nur das Licht derjenigen Linien absorbiert werden, deren Übergangsgeraden auf dem betreffenden Zustandsniveau enden. Es kann also z. B. die D-Linie absorbiert werden von einem normalen unangeregten, d. h. im Grundzustand $1\,s$ befindlichen Natriumatom, die Linie $\lambda = 3149$ hingegen nur von einem bereits auf den Zustand $2\,p_2$ angeregten Atom usw. Durch die Absorption wird das Atom dann auf ein höheres Niveau gehoben, also z. B. durch die Absorption einer der D-Linien auf eines der Niveaus $2\,p$; von dort aber kehrt es nach einer sehr kurzen Verweilzeit von selbst wieder in den Grundzustand zurück und „reemittiert" dabei wiederum dieselbe Linie, die es vorher absorbiert hatte. Wie die Anregung des Atoms zur Vorbereitung der Absorption bewirkt wird, ist an sich natürlich gleichgültig. Man kann also z. B. zwecks Absorption der Linie $\lambda = 3149$ das Atom in den angeregten Zustand $2\,p_2$ bringen sowohl durch Absorption von D-Linienlicht wie durch Elektronenstoß. Wir können jetzt auch verstehen, daß die Stärke der Absorption einer bestimmten Linie abhängt von der Zahl der Atome, die sich in dem geeigneten absorptionsfähigen Zustand befinden und daß hier eine Sonderstellung die Absorption der Linien einnimmt, die vom Grundzustand ausgehen (der sog. Resonanzlinien); einfach deshalb, weil sich — außer in extremen Fällen — stets die überwiegende Mehrzahl der Atome im Grundzustand befindet. Es ließen sich hier anschließend natürlich noch viele Feinheiten und Ergänzungen besprechen, auf die wir auch bei anderer Gelegenheit zum Teil noch zurückkommen werden. Es handelt sich dabei nämlich durchaus nicht nur um Dinge von rein theoretischer Bedeutung, sondern um Überlegungen, die für die Lösung einer ganzen Reihe praktischer Fragen sich als notwendig erwiesen haben und insbesondere bei der Entwicklung von Gasentladungsröhren zu beleuchtungstechnischen Zwecken aufgetaucht sind.

Quecksilber- und Neonatom; metastabile Zustände. Grundsätzlich verläuft die Diskussion der Termschemata aller anderen Atome ganz ebenso wie in dem eben behandelten Beispiel des Natriumatoms. Wir wollen jedoch noch kurz eingehen auf die Besprechung des Quecksilberatom-Termschemas und auf einen Ausschnitt aus dem Termschema des

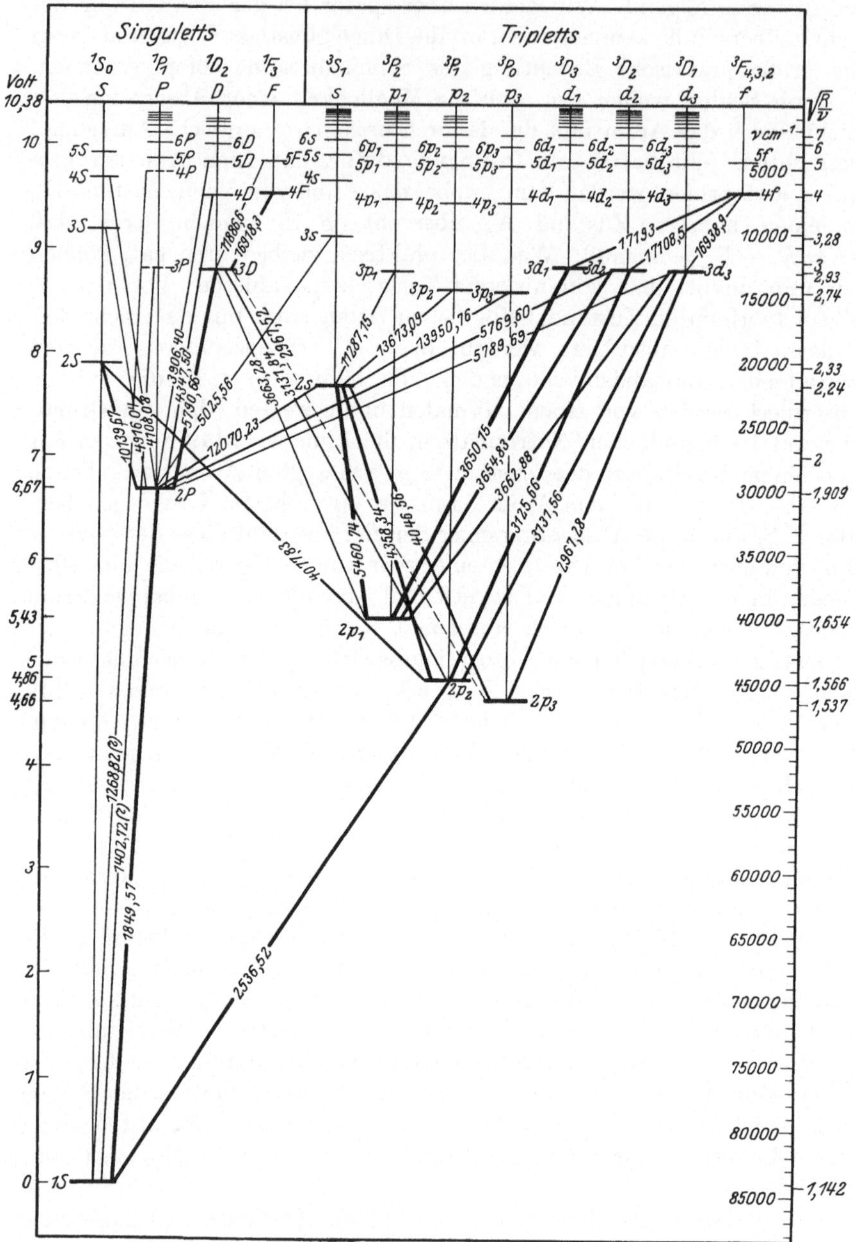

Abb. 18. Termschema des Quecksilbers. (Nach GROTRIAN.)

Neonatoms, weil wir dabei eine Besonderheit von größter Wichtigkeit
kennenlernen werden. Das Termschema des Quecksilbers ist in Abb. 18

gezeichnet und sieht nicht wesentlich anders aus als das des Natriums. Es ist nur insofern etwas komplizierter gebaut, als das Quecksilberspektrum Singulett- (Einfach-) Linien und Triplettlinien besitzt und deshalb die den letzteren zugehörenden Terme nun jeweils dreifach auftreten. Hingewiesen sei im übrigen nur auf die Linie $\lambda = 2536$ ($2\,p_2 - 1\,s$), (Anregungsspannung 4,86 V) ist. Sie spielt eine große Rolle, weil sie, wie die D-Linien des Natriums, vom Grundzustand ausgeht, d. h. eine Resonanzlinie ist. Betrachten wir aber das Termschema etwas genauer, so sehen wir, daß die Übergänge $2\,p_1 \rightarrow 1\,s$ und $2\,p_3 \rightarrow 1\,s$ nicht eingezeichnet sind. Sie gehören nämlich zu den S. 78 erwähnten verbotenen Übergängen, sie finden also in Wirklichkeit nicht statt und es fehlen die ihnen entsprechenden Linien im Spektrum. Wenn sich also das Atom einmal in einem diesen beiden Niveaus $2\,p_1$ und $2\,p_3$ entsprechenden Zuständen befindet — es kann in sie gebracht werden entweder durch Elektronenstoß vom Grundzustand aus oder durch Kaskadenfall von oben her — bleibt es dort, d. h. es geht jedenfalls nicht von selbst in den Grundzustand zurück. Es gibt natürlich Möglichkeiten, um das Atom wieder aus diesen Zuständen herauszubringen (z. B. dadurch, daß man es durch Elektronenstoß oder durch Absorption auf ein höheres Niveau hebt, von dem aus es auf irgendeinem der aus dem Termschema ersichtlichen Umwege in den Grundzustand zurückfallen kann, oder — und das ist die praktisch wichtigste Möglichkeit — durch einen sog. Stoß zweiter Art, auf den wir S. 100 noch ausführlicher eingehen werden); aber von selbst geschieht dies, wie gesagt, nicht, im Gegensatz zu der Sachlage für die Zustände gewöhnlicher Art, mit denen wir es bisher zu tun hatten. Man bezeichnet deshalb derartige gesperrte Zustände als „metastabil"; durch systematische Untersuchung hat man dann auch bei einer Reihe anderer Atome, so insbesondere bei den Atomen der Edelgase, solche metastabilen Zustände entdeckt. Die große praktische Bedeutung der metastabilen Zustände werden wir allerdings erst später ganz übersehen können, wenn wir atomtheoretische Überlegungen auf Gasentladungsfragen anwenden werden, aber wir können sie uns doch schon hier zum Teil klarmachen durch den folgenden einfachen Gedankengang: Der Grundzustand eines Atoms ist offenbar dadurch ausgezeichnet, daß sich unter nicht ganz extremen Anregungsbedingungen die Mehrzahl der Atome in ihm befinden, weil die Verweilzeit in den höheren angeregten Zuständen außerordentlich klein ist. Wenn nun aber ein angeregter Zustand ein metastabiler ist, so entfällt die dauernde Leerung dieses Zustandes durch das natürliche Zurückfallen auf tiefere (im Fall des Quecksilbers auf den Grundzustand) Zustände, die Verweilzeit in ihm ist also ebenfalls groß und er wird deshalb eine ganz analoge Rolle wie der Grundzustand selbst spielen können. Betrachten wir z. B. die Anregung in Stufen etwa des Niveaus $2\,s$, so kann diese erfolgen auf einem der drei Wege $1\,s \rightarrow 2\,p_1 \rightarrow 2\,s$ oder $1\,s \rightarrow 2\,p_2 \rightarrow 2\,s$ oder $1\,s \rightarrow 2\,p_3 \rightarrow 2\,s$.

Auf dem zweiten dieser Wege müßte das Atom wegen der sehr kurzen Verweilzeit in dem nichtmetastabilen Zustand $2\,p_2$ außerordentlich rasch hintereinander von zwei Elektronen getroffen werden, auf dem ersten und dritten jedoch, die über die metastabilen Zustände führen, ist dies nicht notwendig. Dies wird insbesondere aktuell bei der Ionisation in Stufen. Denn um das Quecksilberatom zu ionisieren, sind 10,38 eV erforderlich, wenn die Ionisation direkt vom Grundzustand aus geschieht, aber nur jeweils viel weniger, wenn sie in zwei Etappen über einen der Zustände $2\,p_1$ oder $2\,p_3$ vor sich geht. Wir brauchen nämlich, um z. B. $2\,p_1$ vom Grundzustand aus zu erreichen, 5,43 eV und dann von hier aus nur noch $10,38 - 5,43 = 4,95$ V. Um Quecksilberdampf in einer Entladung zu ionisieren, braucht man also nicht Elektronen von mindestens 10,38 eV, sondern es können dies schon Elektronen von 5,43 eV leisten.

Wegen seiner praktischen Bedeutung für die Theorie der Leuchtröhren möge als ein anderes Beispiel für metastabile Zustände noch ein Ausschnitt aus dem Termschema des Neons dienen. Das Spektrum des Neons und dementsprechend sein Termschema sind außerordentlich kompliziert gebaut und erst seit kurzem vollständig entwirrt worden. Hier interessiert uns davon nur der in Abb. 19 gezeichnete Ausschnitt, der aus vier nahe zusammenliegenden Niveaus s_2, s_3, s_4 und s_5 besteht, die sich in rd. 16,5 V Höhe über dem Grundzustand $1\,p$ aufbauen. Von diesen sind s_2 und s_4 gewöhnlicher Art, s_3 und s_5 hingegen sind

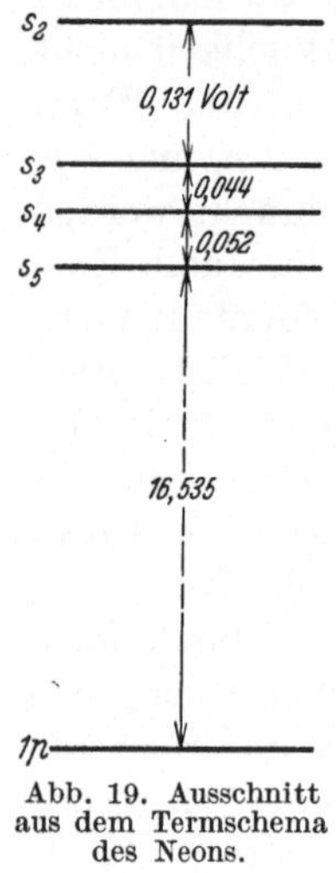

Abb. 19. Ausschnitt aus dem Termschema des Neons.

metastabil. Bemerkenswert ist der sehr kleine Abstand der beiden metastabilen Niveaus von den zwischen ihnen liegenden Niveaus, wodurch manche Eigentümlichkeiten von Neonentladungen bedingt sind und ihre zwanglose Erklärung finden.

13. Röntgenstrahlen.

Wir werden mit einigem Recht erwarten können, daß eine so allgemeine und breit fundierte Theorie der Strahlungsvorgänge, wie die Quantentheorie, auch die Röntgenstrahlen umfaßt, die sich als Wellen lediglich quantitativ durch ihre kleinere Wellenlänge von den gewöhnlich als optische Strahlen bezeichneten unterscheiden. Diese Erwartung ist auch in vollem Umfang erfüllt.

Bremsstrahlen. Bekanntlich gibt es zwei Arten von Röntgenstrahlen, die Bremsstrahlung und die charakteristische (Linien-) Strahlung. Die Entstehung der ersteren läßt sich verstehen noch ganz im Rahmen klassisch elektrodynamischer Überlegungen: Mit der Abbremsung der auf die Antikathode auftreffenden Elektronen ist die Aussendung elektromagnetischer Impulse verbunden. Wenn ein Elektron innerhalb der sehr kleinen Zeit τ von der Geschwindigkeit v zur Ruhe abgebremst wird, so gehört zu dem stationären Bewegungszustand ein stationäres elektromagnetisches Feld und zum Ruhezustand das elektrostatische Feld im ganzen Raum außerhalb des Elektrons. Alle Feldänderungen, herrührend von einer Änderung des Bewegungszustandes des Elektrons, pflanzen sich als Störungen in den Raum hinaus fort mit der Lichtgeschwindigkeit c, und wir können deshalb zu jeder Zeit eine Störzone — die sich ebenfalls mit Lichtgeschwindigkeit fortpflanzt — feststellen, die zwischen zwei Kugelflächen liegt; außerhalb der größeren Kugel herrscht das stationäre Bewegungsfeld, innerhalb der kleineren das statische Ruhefeld und in der Störzone zwischen den Kugeln befindet sich ein gewisser Betrag von elektromagnetischer Energie, die als Impuls mit der Störzone nach außen fließt. Den Abstand zwischen den beiden Kugeln, d. h. die Breite der Störzone, bezeichnet man als die Impulsbreite; sie ist nach den obigen Überlegungen $c\tau$ oder, wenn wir durch $l = \tau \cdot (v/2)$ den Bremsweg l einführen, $2\,c\,l/v$ und ist also um so kleiner, je größer die Anfangsgeschwindigkeit des Elektrons und je kleiner der Bremsweg ist. Diese Impulsbreite ist ein inverses Maß für das, was man die „Härte" der Röntgen-Bremsstrahlung nennt, die in Benoist- oder Wehnelt-Graden oder durch das Absorptionsvermögen der Strahlen in durch Übereinkommen festgelegten Substanzen empirisch angegeben werden kann. Fassen wir den Impuls auf als einen Wellenberg, so können wir die Impulsbreite äquivalent mit einer halben Wellenlänge setzen und bekommen dann die Beziehung

$$\lambda = 2\,c\,\tau = 4\,c\,l/v.$$

Das gibt uns die Möglichkeit, auch hier die allgemeine $h\nu$-Relation von S. 63 anzuwenden. Denn die Primärenergie der Elektronen muß sich wiederfinden in der elektromagnetischen Energie des Impulses bzw. in der Energie der Röntgenstrahlphotonen. Messen wir sie durch die Größe der Spannung V, die zwischen der Kathode und der Antikathode als Beschleunigungsspannung für die Elektronen angelegt ist, so erhalten wir aus $h\nu = h\,c/\lambda \leq \varepsilon\,V$

$$(29) \qquad \lambda \geq \frac{h\,c}{\varepsilon\,V}.$$

Dies gibt mit den auf S. 77 angegebenen Umrechnungszahlen z. B. für $V = 10\,\mathrm{kV}$ eine kleinste Wellenlänge von der Größenordnung 10^{-9} cm die also bereits um 4 bis 5 Zehnerpotenzen kleiner ist als die Wellenlängen des sichtbaren Lichtes.

Charakteristische Linienstrahlung. Die Bremsstrahlung zeigt für das Antikathodenmaterial kennzeichnende Merkmale nur in geringem Maß, nämlich nur insoweit, als die Bremszeit bzw. der Bremsweg und sekundär die Absorption in den Oberflächenschichten der Antikathode davon abhängt. Wie eingangs schon erwähnt, gibt es aber noch eine ganz andere Art von Röntgenstrahlen, die durchaus charakteristisch für das Antikathodenmaterial ist und konzentriert ist in ganz bestimmten Linien. Sie wird nicht wie die Bremstrahlung ausgesandt von den Elektronen, sondern von den durch diese Elektronen angeregten Atome der Antikathode, ist analog der in den vorhergehenden Abschnitten besprochenen optischen Atomstrahlung und läßt sich wie diese erfassen durch die Bohrsche Atomtheorie. Allerdings müssen wir dazu unser Atommodell noch etwas ergänzen, aber im übrigen bleiben eigentlich alle Überlegungen grundsätzlich dieselben wie früher.

Die Ergänzung des Modells besteht in der Annahme, daß innerhalb der innersten früher betrachteten und dort als Grundbahn bezeichneten Bahn (Abb. 16, S. 74) noch weitere „Elektronenschalen" vorhanden sind (für die von innen nach außen sich die Bezeichnung K-, L-, M- und N-Schale eingebürgert hat), daß wie früher bei dem Übergang eines Schalenelektrons von einer zu einer anderen Schale die Energiebeträge $E_K - E_L$, $E_K - E_M$ usw. frei und als monochromatische Wellen ausgestrahlt werden, daß aber nun im Gegensatz zu früher alle diese Schalen vollbesetzt sind, so daß der Übergang eines Elektrons nur erfolgen kann, wenn vorher ein anderes Elektron entfernt worden ist auf eine der äußeren optischen Bahnen bzw. ganz aus dem Atom heraus. Dazu ist ein bestimmter Energieaufwand nötig, den wir als Anregungsspannung der betreffenden Serie bezeichnen. Sie ist — wie dies unmittelbar verständlich ist — größenordnungsmäßig größer als die optischen Anregungsspannungen, nimmt zu mit zunehmender Kernladungszahl und erreicht z. B. für die K-Schale der schweren Atome 100 kV. Wenn ein Elektron aus einer der Schalen entfernt worden ist, beginnt sogleich ein großes Springen der übrigen im Atom vorhandenen Elektronen von außen nach innen, bis alle Schalen wieder voll aufgefüllt sind. Aus der Abb. 20, die schematisch nun das vollständige Modell in Ergänzung zu der früheren Abb. 16 zeigt, kann man sich dies leicht im einzelnen klar machen und sich veranschaulichen, was passiert. Wenn wir z. B. ein Elektron aus der K-Schale entfernen, so springt ein L-Elektron in die entstandene Lücke und emittiert dabei die Linie mit der Frequenz $\nu = (E_K - E_L)/h$ (die sog. K_α-Linie des betreffenden charakteristischen Röntgenspektrums), oder ein M-Elektron unter Emission der K_β-Linie usw., dann aber anschließend ein M- oder N-Elektron in die neu entstandenen Lücken usw. Neu und grundsätzlich anders als bei den optischen Spektren ist also, daß bei Erreichung der Anregungsspannung sogleich die ganze Serie emittiert wird. Neu und grundsätzlich anders liegen die Dinge aber auch bezüglich der Absorption. Eine Röntgenlinie kann offenbar nicht in Analogie zu einer optischen Linie absorbiert werden; es kann also z. B. die Linie K_α nicht absorbiert werden durch den ihrer Emission inversen Vorgang, d. h. durch Aufnahme des

Energiequants $h\nu_{K\alpha}$ und Hebung eines Elektrons von der K- und in die L-Schale. Und zwar einfach deshalb nicht, weil ja alle Schalen vollbesetzt sind und gehobene Elektronen in weiter außen liegenden Röntgenschalen keinen Platz finden. Absorption setzt erst ein bei etwas größerer Frequenz als die der kurzwelligsten Linie einer Serie, wobei Hebung in die innerste optische Bahn stattfinden kann. Im übrigen läßt sich die

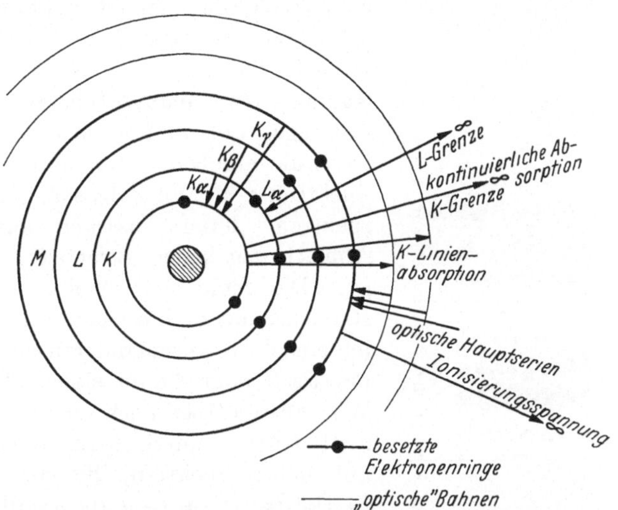

Abb. 20. Schema eines vollständigen BOHRschen Atommodells. (Nach GERLACH.)

Theorie der Röntgenspektren ausbauen ganz in Analogie zu der der optischen Spektren, es lassen sich Seriengesetze und Termschematas angeben und daran weitere Schlüsse knüpfen.

14. Theorie der Hohlraum-Strahlung; kontinuierliches Spektrum.

Bandenspektrum; kontinuierliches Spektrum. Bisher haben wir uns beschäftigt mit der von einzelnen Atomen ausgesandten Strahlung. Wir haben gesehen, daß nur Strahlung von ganz bestimmten, diskreten Frequenzen (Wellenlängen) ausgesandt wird, denen die einzelnen Spektrallinien des Atomspektrums entsprechen, haben die gesetzmäßige Anordnung dieser Linien im Serienspektrum kennengelernt und ihre quantentheoretische Deutung an Hand des BOHRschen Atommodells besprochen. In einem Gas von nicht zu großer Dichte ($\lesssim 1$ at), das aus Atomen besteht — wie dies für die Edelgase und die meisten Metalldämpfen zutrifft — beeinflussen sich die Atome gegenseitig so wenig, daß ein solches Gas als aus praktisch ungestörten, isolierten Atomen bestehend angesehen werden kann; die Spektren derartiger Gase sind also Linienspektren bzw. Serienspektren im Sinn der BOHRschen Atomtheorie. Für Gase,

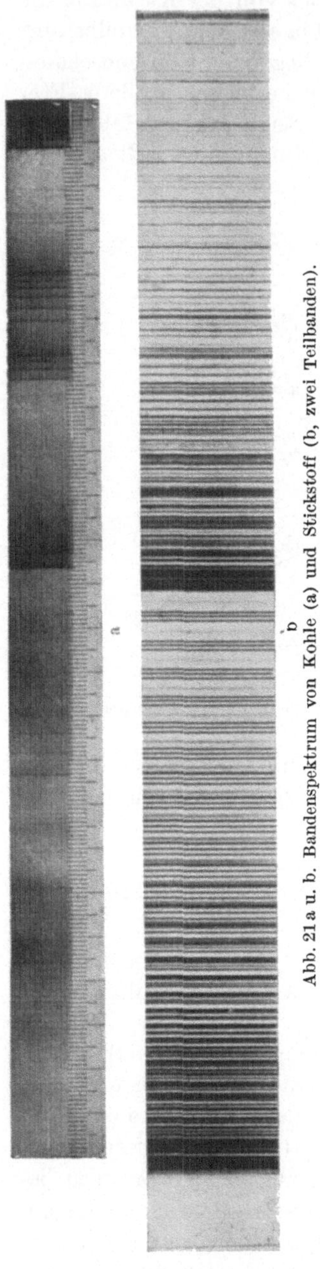

Abb. 21 a u. b. Bandenspektrum von Kohle (a) und Stickstoff (b, zwei Teilbanden).

die — wie alle unedlen Gase — aus Molekülen bestehen, werden wir zwar ebenfalls noch eine diskrete Verteilung der Strahlung auf bestimmte Frequenzen zu erwarten haben, die Anordnung dieser Frequenzen im Spektrum wird aber nun nicht mehr den einfachen Seriengesetzen gehorchen, sondern komplizierteren Gesetzmäßigkeiten, die sich aus einer Übertragung der quantentheoretischen Vorstellungen auf die komplizierter gebauten Moleküle ergeben. Man bezeichnet diese Spektren von Molekülgasen als Bandenspektren, deren Aussehen aus den in Abb. 21 gegebenen Beispielen ersichtlich ist. Die recht verwickelte Theorie der Bandenspektren brauchen wir hier nicht im einzelnen auseinanderzusetzen, da sie praktisch noch kaum eine Rolle spielen. Wir müssen aber noch eingehen auf eine dritte Gruppe von Spektren, die sog. kontinuierlichen Spektren, die von glühenden Festkörpern ausgesandt werden; denn Lichtquellen dieser Art spielen in der Beleuchtungstechnik (Glühlampen, Bogenlampen) eine sehr große Rolle.

Wie der Name schon sagt, ist in den kontinuierlichen Spektren die Strahlungsintensität kontinuierlich über alle Frequenzen verteilt. Die individuellen Eigenschaften der strahlenden Körper sind dabei meist sehr weitgehend verwischt. Nur in einigen Sonderfällen, bei den sog. Selektivstrahlern, finden sich ausgeprägtere charakteristische Besonderheiten, so vor allem in den Spektren der Oxyde der seltenen Erden. Ein Beispiel dafür gibt die Abb. 22, in der die Intensitätsverteilung im Spektrum von aus Thoroxyd und Ceroxyd bestehenden Leuchtkörpern (Auer-Strumpf) aufgezeichnet ist. Die Theorie der kontinuierlichen Festkörperspektren ist aber leider noch nicht über einige allererste Anfänge hinaus entwickelt und jedenfalls noch längst nicht so weit, daß man

etwa daran denken könnte, etwa Voraussagen über das Aussehen des Spektrums aus den Atomeigenschaften der Festkörperbausteine zu machen. Es ist auch unschwer zu übersehen, woran dies liegt. Gerade im Gegensatz zu der Sachlage bei den Linienspektren von Atomgasen hat man es hier zu tun mit einem System von Strahlungszentren, die in enger gegenseitiger Kopplung stehen; die Vorgänge in den einzelnen Atomen oder Molekülen beeinflussen sich deshalb weitgehendst und an Stelle einer ungestörten Summation von elementaren Einzelprozessen tritt nun ein mehr oder minder durch statistische Gesetze geregeltes Zusammenarbeiten der Strahlungszentren.

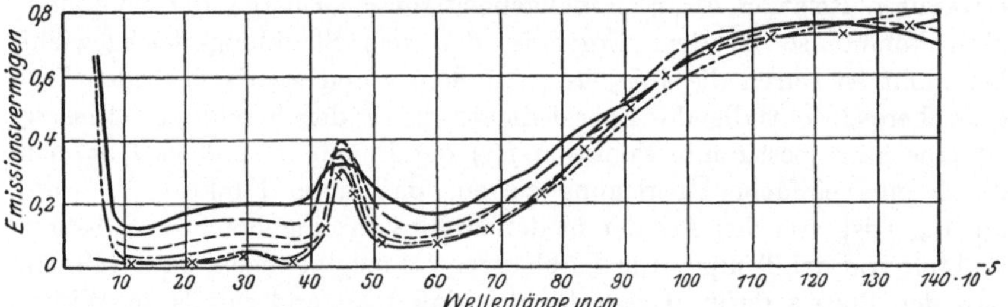

Abb. 22. Intensitätsverteilung im Spektrum des Auer-Strumpfes. (Nach LAX und PIRANI.)

Hohlraumstrahlung. Es liegt im Anschluß an diese Überlegungen nahe, einen Idealfall zu konstruieren, in dem die Herrschaft der Statistik eine vollkommene ist und alle individuellen Eigenschaften der elementaren Strahlungsquellen, die im Festkörper tätig sind, gänzlich verwischt sind. Dieser Idealfall liegt vor bei der sog. „Hohlraumstrahlung" oder — die Herkunft dieser Bezeichnung wird sogleich verständlich werden — der sog. „schwarzen Strahlung". Von diesem Gesichtspunkt aus dürfte es wenigstens am einfachsten und ohne abstrakt-theoretische Betrachtungen anschaulich verständlich sein, wie man zu dem Begriff der Hohlraumstrahlung kommt und warum sie ein so großes theoretisches und auch praktisches Interesse beansprucht; die Strahlung der realen Festkörper wird man dann auffassen als eine Annäherung an jenen Idealfall. Wir müssen auf diese Dinge auch schon deshalb etwas eingehen, weil wir so die Herkunft der universellen und fundamentalen Naturkonstante h, des PLANCKschen Wirkungsquantums, noch von anderer Seite her werden verstehen können, die in den vorhergehenden Überlegungen bereits eine so große Rolle gespielt hat.

Wenn sich in einem Körper, der überall die Temperatur T hat, ein Hohlraum befindet, wenn die Wände dieses Hohlraums vollkommen spiegelnd sind und wenn in diesen Hohlraum irgendeine Substanz hineingebracht wird (die ebenfalls die Temperatur T annimmt), so erfüllt die von der Substanz ausgesandte Strahlung allmählich den ganzen Hohlraum und es stellt sich ein stationärer Zustand ein, den man als

Strahlungsgleichgewicht bezeichnet. Dies Strahlungsgleichgewicht ist weitgehend analog dem thermischen Gleichgewicht eines Gases, das allseitig von gleichtemperierten Wänden umschlossen ist. Die Analogie tritt am deutlichsten hervor, wenn wir uns auf den Standpunkt der Lichtquantentheorie stellen, nach welcher die Strahlung aus Lichtquanten (Photonen) besteht (S. 61). Wie in einem Gas der Gleichgewichtszustand bestimmt ist durch die Zahl der Teilchen pro Volumeinheit, die jeweils eine bestimmte kinetische Energie besitzen, so ist das Strahlungsgleichgewicht bestimmt durch die Zahl der Photonen pro Volumeinheit, die eine bestimmte Frequenz besitzen; denn die Frequenz ist nach der S. 63 erwähnten Relation $E = h \cdot v$ maßgebend für die Energie der Photonen. Man kommt so zu dem Ergebnis, daß das Strahlungsgleichgewicht bestimmt ist durch die auf jeden zwischen v und $v + dv$ liegenden Frequenzbereich entfallende Energiedichte $u_v\, dv$ der Strahlung. Dies u_v ist eine ganz bestimmte Funktion $f(v)$ der Frequenz, und es läßt sich durch eine einfache Überlegung zeigen, daß diese Funktion $f(v)$ unabhängig ist von der Art der in den Hohlraum eingebrachten Substanz und nur von der Temperatur T abhängt. Es mag genügen, zu erwähnen, daß der Beweis dafür darauf beruht, daß man andernfalls zu Widersprüchen mit der klassischen Thermodynamik (und zwar insbesondere mit dem zweiten Hauptsatz) geraten würde. Wir wollen auch die langwierige Berechnung der Funktion f hier übergehen, nachdem wir nun wenigstens den Grundgedanken klar zu machen versucht haben, daß es sich dabei um die Formulierung der Bedingung für einen statistischen Gleichgewichtszustand handelt und es auch verständlich geworden sein dürfte, warum dabei das universelle Wirkungsquantum h eine Rolle spielt.

Diese Überlegungen müssen jedoch noch ergänzt werden durch die folgenden Betrachtungen, wenn wir zu experimentell faßbaren und nachprüfbaren Ergebnissen kommen wollen; denn die Energiedichten der Strahlung u_v — man bezeichnet sie meist kurz als Strahlungsdichten — sind natürlich nicht direkt der Messung zugänglich. Wir denken uns ein kleines Loch in die Wand unseres Hohlraums gebohrt, durch das Strahlung heraustreten und so der spektroskopischen Untersuchung zugänglich gemacht werden kann. (Das Loch soll so klein sein, daß das Gleichgewicht im Inneren des Hohlraums praktisch dadurch nicht gestört wird.) Als Strahlungsquelle benutzen wir also die Lochöffnung und müssen nun nur noch überlegen, was wir aus der spektroskopischen Analyse schließen können. Wir sehen im Spektroskop ein kontinuierliches Spektrum und können die Intensitätsverteilung in diesem Spektrum nach den bekannten photometrischen Methoden untersuchen, d. h. wir können feststellen, welcher Energiebetrag $E_v dv_v$ im Frequenzbereich zwischen v und $v + dv$ von der Lochöffnung ausgestrahlt wird. Dabei wollen wir, um eine wohldefinierte Sachlage zu haben, alles beziehen auf die Flächeneinheit des Loches, auf die Zeiteinheit und auf die Strahlung,

die senkrecht auf der Flächeneinheit in den körperlichen Winkel von der Größe 1 abgestrahlt wird. Der Übergang von den Energiedichten u_ν auf die abgestrahlten Energien E_ν erfolgt dann auf Grund der Überlegung, daß die Strahlung sich mit der Geschwindigkeit $c = $ Lichtgeschwindigkeit ausbreitet; es wandern also die mit Strahlungsenergie von der Raumdichte u_ν beladenen Volumelemente mit dieser Geschwindigkeit durch die Lochöffnung hindurch, genau so, als ob das mit Energie beladene Photonengas mit der Geschwindigkeit c und mit der aus den Ansätzen der kinetischen Gastheorie bekannten Richtungsverteilung aus der Öffnung ausströmen würde. Das Endergebnis ist die berühmte PLANCKsche Strahlungsformel

$$(30\,\mathrm{a}) \quad E_\nu \, d\nu = \frac{2\,h\,\nu^3}{c^2} \, \frac{1}{e^{h\nu/kT} - 1} \, d\nu \, ,$$

worin c die Lichtgeschwindigkeit ($3 \cdot 10^{10}$ cm/s), k die BOLTZMANNsche Konstante ($1{,}37 \cdot 10^{-23}$ Ws/Grad), h das PLANCKsche Wirkungsquantum ($6{,}55 \cdot 10^{-34}$ Ws²) und T die Temperatur des Hohlraums ist. Mit der bekannten Relation $\nu = c/\lambda$ können wir die Formel noch umschreiben auf die Wellenlängen λ

$$(30\,\mathrm{b}) \quad E_\lambda \, d\lambda = \frac{2\,h\,c^2}{\lambda^5} \cdot \frac{1}{e^{h\nu/kT} - 1} \, d\lambda$$

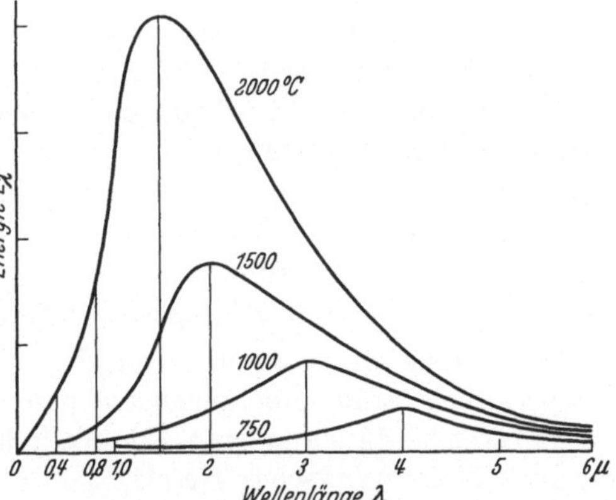

Abb. 23. Intensitätsverteilung im Spektrum des schwarzen Körpers. (Nach GEHLHOFF.)

und können ihr dann die gewöhnlich benutzte Form geben

$$(30\,\mathrm{c}) \qquad E_\lambda = \frac{2\,c_1}{\lambda^5} \cdot \frac{1}{e^{c_2/\lambda T} - 1} \, ,$$

wo $c_1 = c^2 \cdot h = 5{,}87 \cdot 10^{-13}$ W $\cdot$ cm² und $c_2 = hc/k = 1{,}43$ cm $\cdot$ Grad zwei universelle Konstante sind. E_λ ist dann gemessen in W/cm³ und $E_\lambda d\lambda$ hat also die Dimension W/cm². Eine Darstellung von E_λ für verschiedene Temperaturen gibt die Abb. 23.

Zur vollständigen physikalischen Ausdeutung dieser Formeln wollen wir aber noch einen Schritt weiter gehen. Was wir erhalten haben, ist die Energie, die von dem Loch in der Hohlraumwand abgestrahlt wird. Denken wir uns nun umgekehrt auf das Loch von außen Strahlung auffallend, so wird diese Strahlung in den Hohlraum eindringen, wird dann im Inneren von den Hohlraumwänden sehr oft hin und her reflektiert und ehe sie zufällig Gelegenheit findet, durch das Loch wieder auszutreten, von der im Hohlraum enthaltenen Substanz praktisch vollständig absorbiert werden. Das Loch verhält sich also genau so wie ein Stück der Oberfläche eines Körpers, der alle auf ihn auftreffenden Strahlen absorbiert. Einen solchen Körper bezeichnet man als einen „schwarzen"

Körper und wir können deshalb die Gl. (30) dahin interpretieren, daß sie die von einem schwarzen, auf der Temperatur T befindlichen Körper pro Flächen- und Zeiteinheit in den senkrechten Raumwinkel von der Größe 1 emittierte Strahlungsenergie gibt. Wollen wir endlich noch die überhaupt von der Flächenheinheit in der Zeiteinheit emittierte Strahlung erhalten, so müssen wir noch über alle Raumwinkel summieren und zwar unter Berücksichtigung des Umstandes der Richtungsverteilung der Abstrahlung. Erfahrungsgemäß sowohl, wie aus allgemeinen thermodynamischen Gründen wird die Strahlung gleichmäßig nach allen Richtungen hin ausgesandt, so daß wir also einfach den Faktor 2π an unserer Formel anzubringen haben.

Nur auf zwei Folgerungen wollen wir noch ganz kurz eingehen. Wie die Abb. 23 zeigt, besitzt E_λ bei einer bestimmten, ihrerseits von der Temperatur des Strahlers abhängenden Wellenlänge $\lambda = \lambda_m$ ein Maximum, und zwar liegt dieses Maximum bei um so kleinerem λ_m, je größer T ist. Der quantitative Zusammenhang ergibt sich leicht aus der Strahlungsformel (30c) und läßt sich auf die einfache Form bringen (WIENsches Verschiebungsgesetz)

$$(31) \qquad \lambda_m \cdot T = \text{const} = 0{,}29 \text{ cm} \cdot \text{Grad} \,.$$

Wenn man die gesamte, von der Flächeneinheit eines schwarzen Körpers abgestrahlte Energie ausrechnen will, muß man über alle Wellenlängenbereiche $d\lambda$ summieren. Man erhält so für die gesamte Emission (STEFAN-BOLTZMANNsches Gesetz)

$$(32) \qquad E = 2\pi \int_0^\infty E_\lambda \, d\lambda = \sigma \cdot T^4 \, \text{W/cm}^2 \quad (\sigma = 5{,}73 \cdot 10^{-12} \, \text{W/cm}^2 \cdot \text{Grad}^4) \,.$$

Zur Ergänzung diene noch die folgende kleine Zahlentafel, in der abgerundet der prozentuale Anteil der Strahlung angegeben ist, der auf das zwischen $\lambda = 0{,}4 \, \mu$ und $0{,}7 \, \mu$ ($1 \, \mu = 10^{-4}$ cm) liegende Gebiet der sichtbaren Lichtstrahlung entfällt. Dieser Anteil hat also zwischen $6000°$ und $7000°$ ein Maximum, eine Folge des Umstandes, daß mit steigender Temperatur nach dem WIENschen Verschiebungsgesetz das Maximum der Emission nach kleineren Wellenlängen hin rückt. So hoch müßte man also einen schwarzen Körper erhitzen, um eine möglichst günstige Leuchtausbeute zu erhalten.

T	3000	4000	5000	6000	7000	8000	9000	1000
%	10	23	35	40	40	37	35	31

Auf die beleuchtungstechnische Auswertung der Theorie der schwarzen Strahlung einzugehen, gehört nicht mehr hierher. Die Erweiterung der Theorie auf die Strahlungseigenschaften realer körperlicher Oberflächen ist, wie eingangs schon erwähnt wurde, bisher noch nicht geglückt und was man hierüber weiß, ist lediglich niedergelegt in rein empirischem Beobachtungsmaterial von allerdings recht großer Vollständigkeit. Die einzige Gesetzmäßigkeit, die allgemein — weil auf theoretischer Grundlage ruhend — gültige Aussagen erlaubt, ist das klassische KIRCHHOFFsche Gesetz. Es stellt bekanntlich einen Zusammenhang her zwischen dem Emissionsvermögen e und dem Absorptionsvermögen a einer jede Substanz und zwischen dem Emissionsvermögen E des schwarzen Körpers

$$\frac{e}{a} = E$$

und gilt nicht nur für die Gesamtstrahlung, sondern auch für jeden einzelnen Wellenlängenbereich zwischen λ und $\lambda + d\lambda$. Damit wird ermöglicht, da E aus den vorhergehenden Ausführungen bekannt ist, über e Aussagen zu machen auf Grund experimenteller oder theoretischer Kenntnisse über das Absorptionsvermögen a (bzw. das Reflexionsvermögen $r = 1 - a$). Hierüber aber gibt die elektromagnetische Lichttheorie Aufschluß und erlaubt uun so Verbindungen herzustellen zu den optischen Materialkonstanten (Brechungsindex und Absorptionsindex).

15. Elementare Stoßvorgänge.

Kritische Spannungen, Ausbeute. Wie wir in den Abschnitten über das BOHRsche Atommodell und über das Term- (Niveau-) Schema der Atome sahen, ist zur Überführung eines Atoms von einem in einen anderen höheren Quantenzustand ein bestimmter, quantitativ angebbarer Energieaufwand erforderlich. Es ist das so zu verstehen, daß mindestens die betreffende Energiemenge auf das Atominnere — nach der BOHRschen Modellvorstellung, auf das zu hebende Atomelektron — übertragen werden muß. Die folgende Zahlentafel gibt für einige der technisch wichtigsten Atomarten Zahlenwerte in e-Volt; V_j ist die Ionisierungsspannung, V_a die kleinste Anregungsspannung vom Grundzustand aus.

	Cs	Na	Cd	Hg	A	Ne	He	H$_2$	N$_2$
V_j	3,9	5,1	8,9	10,4	15,7	21,5	24,5	15,4	15,8
V_a	1,4	2,1	3,9	4,7	11,5	16,6	19,8	7,0	6.3

So wichtig und unentbehrlich für die Beurteilung der Vorgänge in Gasentladungen diese Zahlen auch sind, so geben sie doch nur Aufschluß über einen Teil der Sachlage, nämlich nur über die nackte Energiebilanz. Ebenso wichtig ist es jedoch, die „Ausbeute" der Anregungs- und Ionisierungsvorgänge zu kennen. Denn wir wissen vorläufig, wenn wir uns zunächst auf Elektronenstöße beschränken, nur folgendes: Wenn ein Elektron mit einer Relativenergie auf ein Atom stößt, die mindestens gleich oder größer ist als in den obigen Zahlenwerten zum Ausdruck kommt, so ist eine Anregung oder Ionisierung möglich. Aber es ist damit noch nichts ausgesagt darüber, ob der betreffende Vorgang auch wirklich stattfindet, d. h. wie groß die Ausbeute an Anregungen bzw. Ionisierungen wirklich ist und wie diese Ausbeute von der Geschwindigkeit des Stoßelektrons abhängt.

Ehe wir uns damit eingehender beschäftigen, müssen wir den Begriff der Ausbeute genauer und in einer für quantitative Überlegungen geeigneten Weise fassen. Es gibt dazu verschiedene, wenn auch letzten Endes auf dasselbe hinauskommende Möglichkeiten, und es ist lediglich eine Frage der Praxis, welche von Fall zu Fall den Vorzug verdient. Ausgangspunkt wird offenbar stets sein müssen, daß man den Begriff des Stoßes eines Elektrons gegen ein Atom festlegt; hier werden wir unmittelbar an die elementaren gaskinetischen Vorstellungen anzuknüpfen haben (S. 32). Wir schreiben den Atomen einen bestimmten, für jede Atomart charakteristischen Wirkungsradius ϱ zu oder den Elektronen bei ihrer Bewegung durch das Gas eine bestimmte mittlere freie Weglänge λ bzw. mittlere Stoßzahl s pro cm Bahnlänge und gehen aus von den Beziehungen zwischen ϱ, λ und s

$$\lambda = \frac{1}{(N\,\pi)\,\varrho^2}\,; \qquad s = \frac{1}{\lambda} = (N\,\pi)\,\varrho^2,$$

wobei wir die Elektronen als praktisch punktförmige Gebilde und ihre Geschwindigkeit als groß gegen die mittlere Geschwindigkeit der Atome annehmen dürfen. Es ist deshalb λ nach den Überlegungen auf S. 31 $4\sqrt{2} = 5{,}64$ mal so groß anzusetzen wie die mittlere freie Weglänge der Gasteilchen. Ohne Energieübertragung auf das Atominnere sind die Stöße vollkommen „elastisch", d. h. die Elektronen geben nach den Gesetzen des elastischen Kugelstoßes einen Teil ihrer kinetischen Energie an die Atome ab. Wegen des sehr kleinen Massenverhältnisses m/M der Elektronenmasse m zur Atommasse M ist die übertragene Energie natürlich sehr klein; es ergibt sich (S. 158) für den Bruchteil k, den ein Elektron von seiner kinetischen Energie im Mittel pro Stoß abgibt, der Wert $k = 2m/M$, also z. B. für Helium die Größenordnung 10^{-4} und für Quecksilber die Größenordnung 10^{-6}.

Wenn nun eine Energieübertragung auf das Atominnere stattfindet, aber nicht jeder der eben definierten gaskinetischen Stöße zu einem der uns hier interessierenden Ereignisse (Anregung oder Ionisation) führt, können wir die Ausbeute A unmittelbar und am einfachsten erfassen durch den Bruchteil der wirksamen Stöße. Ist die Zahl der gaskinetischen Stöße s, die Zahl der wirksamen Stöße s', so werden wir also setzen $A = s'/s$ und eine Ausbeute z. B. von 20% würde dann bedeuten, daß $^1/_5$ aller Stöße wirksam ist. Eine andere Möglichkeit ist die, daß wir neben dem gaskinetischen Wirkungsradius ϱ einen Wirkungsradius ϱ' einführen und dementsprechend die Ausbeute definieren durch $A = \varrho'^2/\varrho^2$. Und endlich könnten wir auf die Elektronenweglänge zurückgehen und neben der gaskinetischen Weglänge λ eine effektive Weglänge λ' einführen; die obige Formel zeigt, daß dann einfach $\lambda'/\lambda = \varrho^2/\varrho'^2$ zu setzen ist. Bemerkt sei dazu noch, daß natürlich auch die Ausbeute aufzufassen ist als ein Mittelwert, den zu kennen aber für alle Zwecke vollkommen genügt. Für die Anregung und die Ionisation sind selbstverständlich die

Ausbeuten ganz verschieden und sind auch verschieden für die Anregung
der einzelnen angeregten Zustände; die Ausbeute ist also nicht nur eine
für jedes Atom charakteristische Zahlengröße, sondern auch für den
betreffenden Elementarvorgang charakteristisch. Ferner hängt sie, wie
bereits erwähnt, von der Relativgeschwindigkeit bzw. Relativenergie
der Stoßpartner ab und gerade diese Abhängigkeit zu kennen ist von
Interesse. Unterhalb der kritischen Energien, den Anregungs- bzw.
Ionisierungsspannungen, ist sie natürlich Null und beginnt erst bei deren
Überschreitung von Null verschiedene Werte anzunehmen; und zwar
geht sie dann im allgemeinen ziemlich steil in die Höhe, erreicht einen
optimalen Wert und sinkt dann langsamer wieder ab.

Wenn es auch möglich sein muß (und auch tatsächlich durch allerdings sehr viel tiefergehende Überlegungen quantenmechanischer Art
als die in den vorhergehenden Abschnitten besprochenen ermöglicht
worden ist), atomtheoretisch Aussagen über die Ausbeuten zu machen,
ist es für unsere Zwecke ausreichend und auch praktischer, wenn wir
uns einfach auf die experimentellen Ergebnisse beziehen.

Ionisierungsausbeute. Wir wollen zuerst die derzeitige Kenntnis der
Ionisierungsausbeuten kurz besprechen. In Wirklichkeit hat man es
naturgemäß nicht zu tun mit einzelnen Elektronenstößen, sondern mit
dem Durchgang von Elektronen durch Gase, sei es in einem feldfreien
oder in einem felderfüllten Raum, und was man messend erfassen kann,
ist stets eine Summation von elementaren Vorgängen; auch was bei den
Anwendungen auf die Probleme der Gasentladungsphysik interessiert,
ist durchaus nicht immer und unmittelbar die Ionisierungsausbeute in
dem oben definierten Sinn. Wir wollen deshalb unterscheiden zwischen
zwei Arten der Ausbeute, aus denen dann alles Wünschenswerte zu entnehmen ist. Unter der „differentialen Ionisierung" $s(V)$ soll verstanden
sein die Zahl der neuen Trägerpaare (Elektronen und positive Ionen), die
ein Elektron von der Voltenergie V im Mittel auf 1 cm Bahnlänge bei
einer Gasdichte erzeugt, die 1 Torr und $0°$ C entspricht. Vorausgesetzt ist dabei, daß die Energie des Elektrons erhalten bleibt, daß
man also s eigentlich zu beziehen hat auf ein nur sehr kurzes Bahnstück
und längenproportional auf die Bahnlänge 1 cm reduziert wird. Genügend genau für fast alle Zwecke der Gasentladungsphysik können wir
annehmen, daß s proportional mit der Gasdichte ist und daß nur einfach
geladene Ionen gebildet werden. Aus s läßt sich dann auch sofort die
Ausbeute in dem eingangs angegebenen Sinn finden. Denn die Zahl der
gaskinetischen Stöße auf 1 cm Bahnlänge ist $1/\lambda$ und deshalb der Bruchteil $f(V)$ der Stöße, der zur Ionisation führt, gegeben durch $f(V) = s(V) \cdot \lambda$.
Es ist üblich, f als „Ionisierungsfunktion" zu bezeichnen. Sie steigt
ziemlich steil, bei der Ionisierungsspannung V_j beginnend, zu einem
Maximum auf, das in der Gegend von 100 V liegt und sinkt dann langsamer wieder ab (Abb. 24). Der erste Teil des Anstiegs erfolgt praktisch

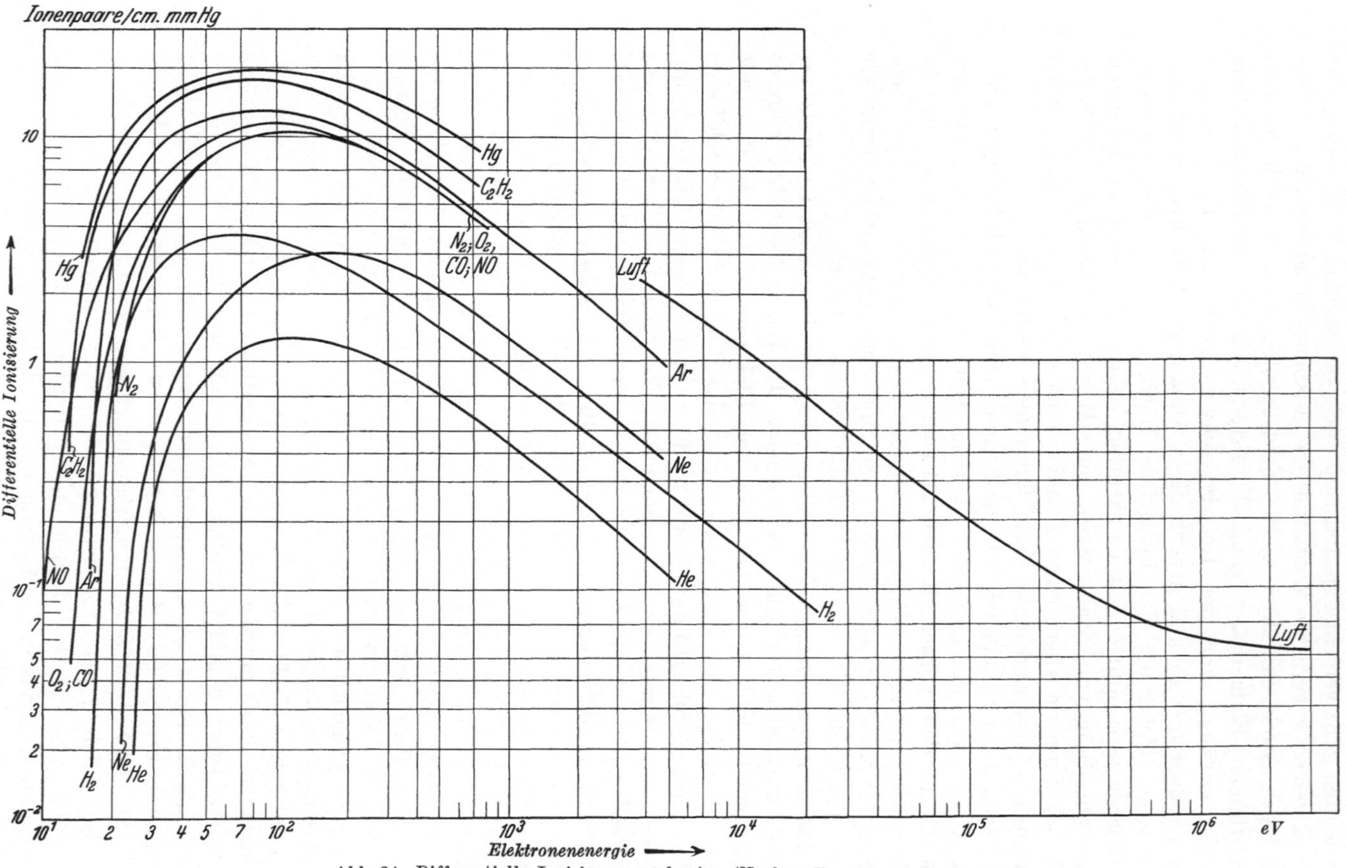

Abb. 24. Differentielle Ionisierungsausbeute. (Nach v. ENGEL und STEENBECK.)

linear mit $C(V - V_j)$ und läßt sich deshalb — etwa bis hinauf zu dem Doppelten bis Dreifachen der Ionisierungsspannung V_j — gut darstellen durch

$$(33) \qquad f(V) = C(V - V_j),$$

wo C eine für jedes Gas kennzeichnende Konstante ist. Einige Zahlenwerte von C gibt die nebenstehende Zahlentafel.

Eine Anwendung dieser Formel ist z. B. die Berech-

He	Ne	A	Hg	H$_2$	N$_2$	O$_2$
0,045	0,055	0,71	0,82	0,26	0,30	0,26

nung der Ionisation in einem Gas, in dem sich Elektronen mit bekannter Energieverteilung bewegen, womit wir uns S. 33 bereits beschäftigt hatten.

Eine zweite Art der Ausbeute, die ebenso wichtig ist wie die eben besprochene, durch die differentiale Ionisierung bzw. die Ionisierungsfunktion erfaßte, spielt eine Rolle in allen Fällen, in denen sich Elektronen unter der Wirkung eines Feldes durch das Gas bewegen. Dies Feld sei räumlich konstant und habe die Stärke E V/cm. Dann wandern die Elektronen, wie wir dies später noch eingehender betrachten werden (S. 154), mit einer von ihrer Bahngeschwindigkeit verschiedenen Fortschreitungsgeschwindigkeit in Richtung des Feldes durch das Gas und wenn das Feld stark genug ist, bilden sie dabei neue Elektronen und Ionen bei ihren Stößen gegen die Gasteilchen. Unter dem „Ionisierungskoeffizient" $\alpha(E)$ soll nun verstanden sein die Zahl der Ionisationen, die von einem Elektron auf 1 cm Fortschreitungsweg vollbracht werden. Wir entfernen uns allerdings damit bereits recht weit von dem elementaren Vorgang der Ionisierung im Einzelstoß, und es ist auch gar nicht einfach, den Ionisierungskoeffizient α in Verbindung zu setzen mit den oben betrachteten Größen s bzw. f; aber wir gewinnen durch die Einführung von α einen unmittelbaren Anhalt für die Vorgänge in Gasentladungen, woraus die große praktische Bedeutung dieses neuen Begriffes hervorgeht.

Es ist leicht einzusehen, daß α proportional der Gasdichte, d. h. proportional dem Gasdruck p sein muß und daß es im übrigen von E und p nur in der Verbindung E/p abhängen kann. Denn wenn wir E und p so ändern, daß E/p ungeändert bleibt, so bleibt die Potentialdifferenz längs einer freien Elektronenweglänge unverändert und deshalb auch die Energetik jedes Stoßes. Es muß also α die Form haben

$$(34\,\mathrm{a}) \qquad \alpha = p \cdot \Phi\left(\frac{E}{p}\right),$$

d. h. es muß sich für jedes Gas α/p darstellen lassen als Funktion von E/p. Die Abb. 25 zeigen die Ergebnisse diesbezüglicher Messungen. Erwähnt sei noch, daß eine für viele Zwecke sehr nützliche Darstellung sich geben

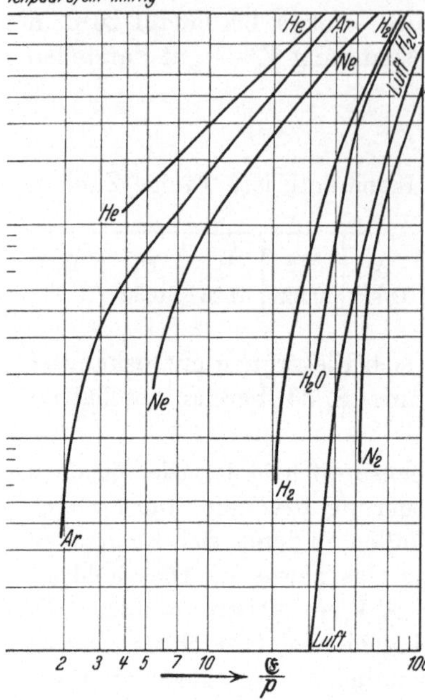

läßt durch die Formel

$$(34\,\mathrm{b}) \qquad \frac{\alpha}{p} = c_1 \cdot c^{-\frac{c_2 p}{E}},$$

wo c_1 und c_2 zwei für jedes Gas charakteristische Konstante sind. Zahlenwerte im Volt, mm Hg-System gibt die Zahlentafel.

	He	A	H₂	N₂	Luft
c_1	34	13,6	5,0	12,4	13,2
c_2	2,8	235	130	342	278

Optische Anregungsfunktion. Viel weniger Material steht zur Verfügung hinsichtlich der Anregungsausbeuten, teils wegen der Schwierigkeit der diesbezüglichen Messungen, teils deshalb,

Abb. 25 a u. b. Ionisierungskoeffizienten.
(Nach V. ENGEL und STEENBECK.)

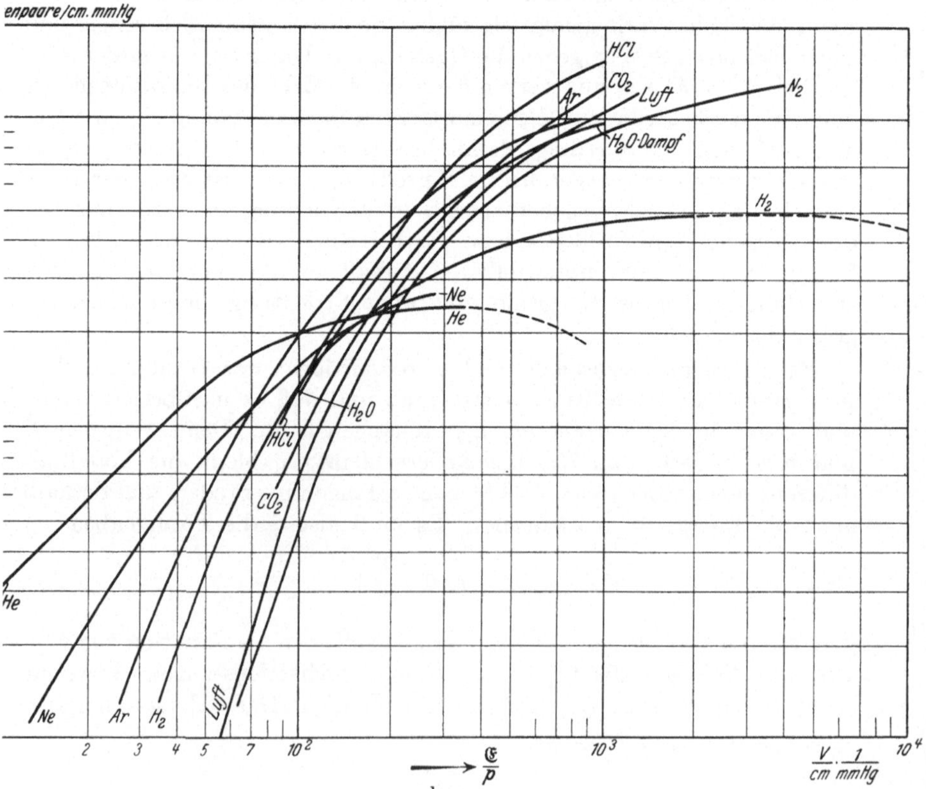

weil hier die Dinge an sich nicht so einfach liegen, wie bei der Ionisation.
Wenn nämlich ein Elektron mit einer Energie, die größer ist als die Anregungsspannung einer bestimmten Spektrallinie, auf ein Atom trifft. so
kann die Emission dieser Linie auf verschiedene Arten zustande kommen.
Entweder dadurch, daß das Ausgangsniveau der Linie angeregt, auf das
Atom also gerade die Anregungsenergie V_a übertragen wird; oder auch
dadurch, daß irgendein höheres Niveau angeregt wird und bei der Rückkehr in den Grundzustand das Atomelektron das Ausgangsniveau jener

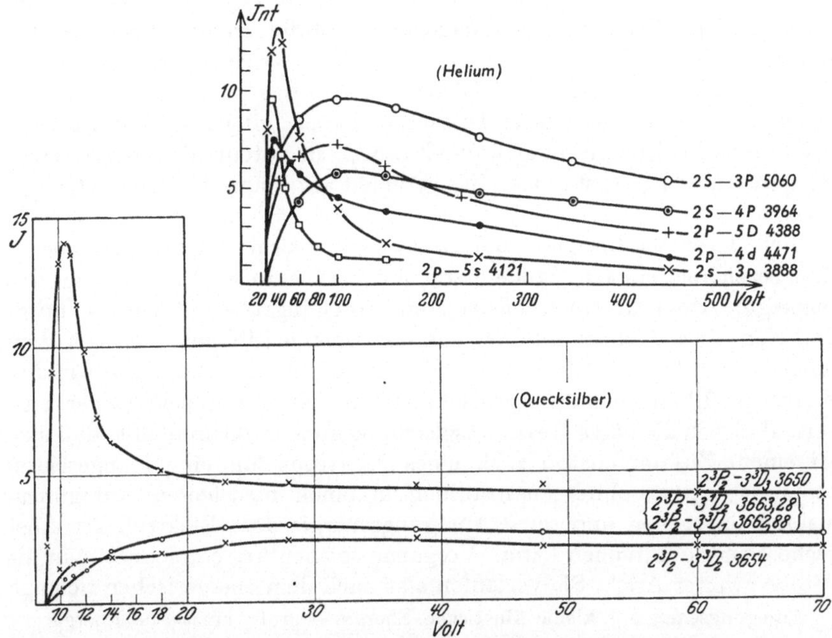

Abb. 26. Relative optische Anregungsfunktionen. (Nach HANLE.)

Linie passiert. Wir müssen deshalb unterscheiden zwischen der „optischen
Anregungsfunktion" $f_0(V)$ und der „elektrischen Anregungsfunktion"
$f_e(V)$. Die erstere gibt an, wie die Intensität einer Linie abhängt von der
Energie der stoßenden Elektronen, die letztere hingegen erfaßt die
Häufigkeit nur der Anregungen des Ausgangsniveaus der interessierenden
Linie selbst oder, bezogen auf die stoßenden Elektronen, die Häufigkeit
der Stöße, die gerade zu einem Energieverlust im Betrag von V_a führen.
Es kommt noch dazu, daß die Messung der Absolutintensitäten einer
Linie schwierig ist und deshalb die meisten Untersuchungen sich
beziehen lediglich auf die Relativintensitäten in Abhängigkeit von V.
Die Abb. 26 zeigen einige ausgewählte Beispiele von relativen optischen
Anregungsfunktionen, um die Mannigfaltigkeit der beobachteten Formen
zu veranschaulichen. Die Absolutausbeuten, d. h. die pro gaskinetischen

Stoß erfolgende Anzahl von Emissionen hat sich als stets sehr klein erwiesen; sie scheint selbst für die optimalen Elektronenenergien nicht größer als einige Promille oder vielleicht Prozente zu sein.

Stöße zweiter Art. Auf die Ionisation und Anregung durch den Stoß von Ionen gegen Atome brauchen wir hier nicht einzugehen. So interessant und theoretisch bedeutungsvoll diese Vorgänge an sich auch sind, so spielen sie doch praktisch (z. B. für den Mechanismus der Gasentladungen) keine Rolle wegen der sehr kleinen Ausbeute; wir kommen zudem darauf in anderem Zusammenhang (Kap. IV) noch zurück. Von um so größerer Bedeutung sind dagegen die Stoßvorgänge, denen wir uns nun zuwenden wollen, nämlich die sog. Stöße zweiter Art.

Die Stöße von geladenen Teilchen, mögen das nun Elektronen oder Ionen sein, wie wir sie bisher betrachtet haben, gingen alle so vor sich, daß kinetische Energie umgewandelt wurde in potentielle Energie eines höheren Anregungszustandes. Sie verliefen also nach dem energetischen Schema

Große kinetische Energie $\rightarrow$ Anregungsenergie $+$ kleine kinetische Energie.

Man bezeichnet sie als „Stöße erster Art". Nachfolgend kehrt dann das angeregte Atom in einen niedrigeren Anregungszustand zurück unter Emission eines Lichtquants $h\nu$, das der Energiedifferenz zwischen dem höheren und dem niedrigeren Anregungszustand entspricht, wie wir dies in Abschn. 12 eingehend besprochen hatten. Es ist nun sehr bemerkenswert, daß sich die obige Reaktionsgleichung auch umkehren läßt, daß also bei einem Zusammenstoß z. B. eines Elektrons mit einem angeregten Atom das Atom ohne Ausstrahlung in einen niedrigeren Anregungszustand übergehen und seine Anregungsenergie dem Elektron als kinetische Energie mitgeben kann. Vorgänge solcher Art bezeichnet man als „Stöße zweiter Art". Sie verlaufen also nach dem energetischen Schema

Anregungsenergie $+$ kleine kinetische Energie $\rightarrow$ große kinetische Energie.

Aber es lassen sich diese Überlegungen sogleich noch wesentlich verallgemeinern und es läßt sich dadurch der Begriff der Stöße zweiter Art noch erheblich erweitern. Betrachten wir zwei Stoßpartner A und B, deren jeder kinetische Energie und Anregungsenergie besitzt. Dann ist die allgemeinste energetische Reaktionsgleichung zwischen ihnen gegeben durch

Anregungsenergie $A +$ kinetische Energie $A \rightarrow$

Anregungsenergie $B +$ kinetische Energie B

die als speziellen Fall die oben angeschriebene mit umfaßt. Einige Beispiele werden genügen, um diese allgemeinen Ansätze anschaulicher zu machen. Wenn in einer Gasentladung angeregtes Helium und Elektronen vorhanden sind (wobei zu beachten ist, daß die Anregungsspannungen des Heliums zwischen 19,3 und 24,5 V liegen), so können auch ohne die Mitwirkung äußerer elektrischer Felder beliebig langsame Elektronen durch die Stöße zweiter Art auf recht hohe, nämlich die den obigen Anregungsspannungen entsprechenden Geschwindigkeiten, beschleunigt werden. Diese Elektronen können dann ihrerseits, wenn dem Helium etwas Quecksilber oder Natrium beigemischt ist, die Atome der Beimischung durch gewöhnliche Stöße erster Art ionisieren. Wenn in einem angeregten Gas zwei angeregte Atome zusammenstoßen und die Ionisierungsspannung des einen nicht größer ist als die Summe der beiden Anregungsspannungen, so kann nach dem Schema

Angeregtes Atom + angeregtes Atom
= unangeregtes neutrales Atom + Ion + Elektron (+ kinetische Energie)

eine Ionisation stattfinden. Wenn ein auf 19,8 V angeregtes Heliumatom mit einem normalen neutralen Argonatom zusammentrifft, so kann nach den Zahlenwerten auf S. 93 das Argonatom ionisiert werden. Durch die freie Austauschbarkeit von Anregungsenergien untereinander und mit kinetischen Energien ist also eine fast unbegrenzte Möglichkeit neuer Vorgänge in angeregten bzw. ionisierten Gasen gegeben, woraus die große Bedeutung der Stöße zweiter Art für den Mechanismus der Gasentladungen ohne weiteres verständlich sein dürfte.

Maßgebend für die quantitative Beteiligung der Stöße zweiter Art ist natürlich wiederum ihre Ausbeute. Zunächst ist klar, daß die Häufigkeit des gaskinetischen Zusammentreffens eines Stoßpartners mit einem angeregten Teilchen als zweiten Stoßpartner an sich von Bedeutung ist. Es müssen also möglichst viele „Angeregte" vorhanden sein und dazu ist offenbar erforderlich, daß der Stoß erfolgt, ehe die Anregung wieder abgeklungen ist. Im allgemeinen ist nun die Lebensdauer der angeregten Zustände sehr klein, nämlich nur von der Größenordnung 10^{-8} s, und daraus ergibt sich unmittelbar die große Bedeutung der metastabil angeregten Zustände (S. 81) für das Auftreten von Stößen zweiter Art. Denn die „Metastabilen" gehen von selbst wahrscheinlich überhaupt nicht in den normalen unangeregten Zustand zurück, ihre Lebensdauer ist an sich beliebig groß, und eben nur durch Stöße zweiter Art werden sie vernichtet, soweit sie nicht an die Gefäßwände diffundieren und dort zugrunde gehen. Die Ausbeute selbst, d. h. der Bruchteil gaskinetischer Stöße zwischen einem angeregten und einem normalen Atom unter Übertragung der Anregungsenergie in einem Stoß zweiter Art, folgt einer Art „Resonanzprinzip". Sie ist nämlich um so größer, je kleiner der in kinetische Energie umzusetzende Restbetrag der übertragenen Anregungsenergie ist. Wenn z. B. die Metastabilen des Neons, deren Anregungsspannung 16,6 V ist, in einem Gemisch von Argon (Ionisierungsspannung 15,7 V) und Quecksilberdampf (Ionisierungsspannung 10,4 V) vorhanden sind, so ist zu erwarten, daß die Ausbeute an Ionisationen durch Stöße zweiter Art größer ist bezüglich der Ne-A-Stöße als bezüglich der Ne-Hg-Stöße. Oder wenn man z. B. abschätzen will, auf welchem Weg die Metastabilen des Heliums, deren Anregungsspannung 19,8 V ist, vernichtet werden in einer reinen He-Füllung, so könnte

man unter anderem daran denken, daß ein Übergang in den unangeregten
Normalzustand durch einen Stoß zweiter Art mit normalen He-Atomen
erfolgt derart, daß die ganze Anregungsenergie von fast 20 V den beiden
Stoßpartnern als kinetische Energie mitgegeben wird. An sich ist dies
sicher möglich, aber die Wahrscheinlichkeit dafür ist nach dem Resonanzprinzip ebenso sicher nur sehr gering.

Anlagerung, Wiedervereinigung. Von den vielerlei sonstigen elementaren Stoßprozessen sei neben den im Vorhergehenden besprochenen
Gruppen der Stöße erster und zweiter Art nur noch der wohl nächst-
wichtigste erwähnt, der in der Anlagerung eines Elektrons an ein positives
Ion mit dem Endergebnis der Vernichtung der beiden Ladungsträger
als solcher und der Bildung eines neutralen Atoms (bzw. Moleküls)
besteht. Man bezeichnet diesen Vorgang als „Wiedervereinigung" oder
„Rekombination", und er ist deshalb von großer Bedeutung, weil er die
einzige Möglichkeit des unmittelbaren Verschwindens von Elektronen
im freien Gasraum darstellt. (Eine andere, bereits indirekte Möglichkeit,
nämlich die Anlagerung eines Elektrons an ein neutrales Gasteilchen =
Bildung eines negativen Ions mit nachfolgender Wiedervereinigung
dieser negativen mit positiven Ionen kommt praktisch nur in unedlen
Gasen in Frage und soll in anderem Zusammenhang besprochen werden.)
Allgemein muß natürlich gelten, daß die Zahl Z der Wiedervereinigungen
pro Volum- und Zeiteinheit proportional ist der Zahl n_- der Elektronen
und der Zahl n_+ der positiven Ionen in der Volumeinheit. Dies führt
zu dem Elementargesetz der Wiedervereinigung

$$(35) \qquad Z = -\frac{dn_-}{dt} = -\frac{dn_+}{dt} = r \cdot n_- n_+.$$

Den Proportionalitätsfaktor r bezeichnet man als den „Rekombina-
tionskoeffizient", über den jedoch leider quantitativ noch recht wenig
bekannt ist. Es läßt sich zur Zeit nur sagen, daß die Wahrscheinlichkeit für eine Wiedervereinigung rasch abnimmt mit zunehmender
Elektronengeschwindigkeit und selbst für langsame Elektronen recht
klein ist. Schon bei Elektronengeschwindigkeiten, die nur Bruchteilen
von e-Volt entsprechen, ist damit zu rechnen, daß nur Bruchteile von
Prozenten oder gar Promillen der gaskinetischen Zusammenstöße zu
einer dauernden Wiedervereinigung führen. Erwähnt sei noch, daß
die bei der Wiedervereinigung frei werdende Energie als Licht ausgestrahlt wird, und zwar entsprechend der in Gasentladungen kontinuierlichen Verteilung der kinetischen Energien der Elektronen nicht
als Licht von bestimmter Frequenz, sondern als kontinuierliches Spektrum. Wie die BOHRsche Atomtheorie ergibt — worauf hier einzugehen
nicht erforderlich ist — schließt sich diese Emission eines kontinuierlichen
Spektrums nach den kleineren Wellenlängen hin an die Seriengrenzen
an (Seriengrenzkontinuum); umgekehrt kann also aus ihrem Auftreten
optisch auf Wiedervereinigungen zwischen Elektronen und Ionen

geschlossen werden. Also auch Gase und nicht nur Festkörper können kontinuierliches Spektrum emittieren.

Thermische Ionisation von Gasen. Ein Beispiel der Summation und des Zusammenwirkens von Elementarprozessen läßt sich vollständig durchrechnen; aber es soll nicht nur deshalb hier noch kurz besprochen werden, sondern auch seiner großen praktischen Bedeutung wegen. Es ist das die thermische Ionisation von Gasen, die ursprünglich nur die Astrophysiker bei der Entwicklung einer Theorie der Sternatmosphären interessierte, neuerdings aber in den Hochstrombogen — mögen das nun Schaltbogen oder Hochdruckentladungen zu Beleuchtungszwecken sein — verwirklicht und deren Theorie für das Verständnis dieser Entladungsformen von ausschlaggebender Bedeutung geworden ist. Allerdings liegen die Dinge so, daß man mit kinetischen Betrachtungen überhaupt nicht oder doch nur unter größten Mühen und mit mancherlei Hilfsannahmen durchkommen würde, sondern daß thermodynamische Überlegungen zum Ziel geführt haben. Worauf es uns ankommen soll, ist deshalb lediglich, die für spätere Zwecke nötige Endformel zu erläutern und den Grundgedanken der Ableitung wenigstens in den großen Zügen zu verstehen. Manches daran wird vielleicht noch klarer werden durch die Betrachtungen in Abschn. 25, S. 200, worauf hier schon hingewiesen sei.

In einem hocherhitzten Gas besitzen merkliche Mengen von Atomen so große Geschwindigkeiten (Energien), daß bei den Zusammenstößen zwischen ihnen eine Anregung oder Ionisation stattfindet. Die dabei entstehenden Elektronen, die als ein dem Atomgas beigemischtes Elektronengas betrachtet werden können und mit jenem im Temperaturgleichgewicht sich befinden (S. 22), erzeugen ihrerseits und sogar in besonders wirksamer Weise neue Elektronen und Ionen sowie angeregte Atome. Auch die angeregten Atome greifen natürlich ein in den Ionisations- und Anregungsprozeß, sei es durch die Ermöglichung von Stufenprozessen (S. 80), sei es durch ihre Emission von Photonen (Lichtquanten) bei der Rückkehr in Zustände kleineren Energieinhaltes, wobei die Photonen dann ihrerseits wieder von anderen Atomen absorbiert werden und diese anregen können. Zugleich aber verschwinden dauernd durch die (zu den eben aufgezählten) inversen Prozesse Elektronen, Ionen und angeregte Zustände. Alles in allem stellt also ein derartiges heißes, ionisiertes und angeregtes Gas ein Gemisch von neutralen, normalen und angeregten Atomen, von positiven Ionen, von Elektronen und von Photonen dar, und zwar ein Gemisch, das sich im thermischen Gleichgewicht befindet, d. h. in dem alle Komponenten dieselbe Temperatur haben und deren Konzentrationen nach dem Boltzmann-Prinzip (S. 15) festgelegt sind. Dieser Gleichgewichtszustand ist erreicht und bleibt dann stationär bestehen, wenn jede Komponente ebenso häufig erzeugt wie vernichtet wird; es muß das Gleichgewicht also nicht nur in statistischer Grobbilanz ein thermisches Gleichgewicht sein, sondern auch ein vollständiges thermodynamisches oder „detailliertes" Gleichgewicht. Betrachten wir z. B. den Vorgang der Ionisation beim Zusammenstoß zweier neutraler Atome, so entsteht dabei aus zwei neutralen Atomen A_1 und A_2 ein neutrales (langsameres) Atom A_1', ein positives Ion A_2^+ und ein Elektron; der inverse Vorgang ist ein „Dreierstoß", bei dem ein Atom, ein Ion und ein Elektron zusammentreffen und zwei neutrale Atome entstehen. Das detaillierte Gleichgewicht verlangt dann, daß der eine Prozeß ebenso häufig vorkommt wie der andere und dasselbe gilt natürlich für alle übrigen speziellen Prozesse. Wir übersehen jedenfalls, daß es sehr schwer ist, rein kinetisch das Gleichgewicht zu berechnen; wobei unter Berechnung zu verstehen ist die Berechnung der Konzentration jeder Komponente aus den kritischen Energien und Ausbeuten der in Betracht kommenden Elementarprozesse, und zwar letzten Endes lediglich in Abhängigkeit von der ursprünglich vorhandenen Zahl der Atome und vor allem in Abhängigkeit von der Temperatur, die als unabhängige Variable durch die Versuchsbedingungen gegeben ist und eindeutig bestimmend für das Gleichgewicht sein muß.

Für die meisten Zwecke genügt es — und zwar, wie sich zeigen läßt, praktisch sogar stets auch quantitativ — nur die Ionisation zu berücksichtigen, also anzunehmen, daß man es nur zu tun hat mit neutralen normalen Atomen a, mit positiven Ionen j und mit Elektronen e und daß sich nur der Vorgang und der Gegenvorgang abspielen, die gekennzeichnet sind durch die Reaktion

$$a \rightleftarrows j + e.$$

Dieser Vorgang ist aber ganz analog dem Vorgang der thermischen Dissoziation eines Moleküls AB in zwei Atome A und B nach dem Schema

$$AB \rightleftarrows A + B,$$

die sich thermodynamisch vollständig behandeln und beschreiben läßt durch das Massenwirkungsgesetz. Wenn wir allgemein mit p_i die Partialdrucke der Komponenten, mit c_i die spezifischen Wärmen der Komponenten pro Mol bei konstantem Druck, mit ν_i die sich bei der Reaktion umsetzenden Teilchenzahlen der Komponenten und endlich mit W die Reaktionswärme pro Mol, d. h. die Energiedifferenz des Systems vor und nach der Reaktion bezeichnen, lautet die thermodynamische Formel für das Massenwirkungsgesetz allgemein ($R =$ abs. Gaskonstante)

$$(36\,\mathrm{a}) \qquad p_1^{\nu_1} \cdot p_2^{\nu_2} \cdot p_3^{\nu_3} \ldots = B \cdot e^{-\frac{W}{RT}} \cdot T^{\frac{\nu_1 c_1 + \nu_2 c_2 + \nu_3 c_3 + \cdots}{R}}.$$

Die ν_i sind dabei positiv oder negativ zu rechnen, je nachdem bei der Reaktion in Richtung positiv gerechneter Reaktionswärme die Teilchen entstehen oder verschwinden. Wenden wir diese Gleichung sogleich an auf die uns hier interessierende Ionisation, so ist also zu setzen $\nu_1 = \nu_a = -1$ und $\nu_2 = \nu_e = \nu_3 = \nu_j = +1$. Ferner ist die Reaktionswärme hier offenbar nichts anderes als die Ionisierungsarbeit (ausgedrückt in cal/Mol) und die spezifischen Wärmen sind, da alle drei Komponenten einatomig sind, $\frac{5}{2} R$. Dies gibt

$$(36\,\mathrm{b}) \qquad \frac{p_e\,p_j}{p_a} = B \cdot e^{-\frac{W}{RT}} \cdot T^{5/2}.$$

Unbekannt und im Rahmen klassisch-thermodynamischer Überlegungen nicht zu errechnen ist die Konstante B, die nebenbei bemerkt unmittelbar zusammenhängt mit den sog. chemischen Konstanten der Reaktionsteilnehmer. Wir müssen uns damit begnügen, zu erwähnen, daß quantenstatistische Betrachtungen ziemlich komplizierter Art dafür einen bestimmten Zahlenwert ergeben haben, nämlich den Wert $\ln B = -14,9$, wenn die Partialdrucke in Atmosphären $= 760$ Torr gemessen werden. Die Gl. (36 b) läßt sich noch etwas handlicher schreiben. Zunächst messen wir die Ionisierungsarbeit wie üblich in e-Volt und bezeichnen sie dann mit V_j; dies gibt $W = 11\,600\,V_j$. Ferner führen wir statt der Partialdrucke den Gesamtdruck p des Gases ein, der unmittelbar meßbar ist und gegeben durch $p = p_a + p_j + p_e$. Und endlich führen wir den Ionisationsgrad x ein als den Bruchteil der ursprünglich vorhandenen Atome, die ionisiert sind. Wir setzen also $p_e = p_j = x p_0$ bzw. $p_a = (1 - x) p_0$, wo p_0 der Druck ist, der bei der betrachteten Temperatur herrschen würde, wenn keine Ionisation stattgefunden hätte. Dies gibt $p_e p_j / p_a = x^2 / (1 - x^2) \cdot p$ (und kann, wenn es sich nur um kleine Ionisationsgrade handelt, noch vereinfacht werden zu $x^2 \cdot p$). Wenn wir dies alles einsetzen und logarithmieren (um bequem rechnen zu können, benutzen wir nicht die natürlichen, sondern die BRIGGschen Logarithmen), so erhalten wir als Endergebnis (SAHA-EGGERTsche Formel p in Atmosphären; V_j in Volt)

$$(36) \qquad \log \frac{x^2}{1 - x^2}\, p = -\frac{5039\,V_j}{T} + 2,5 \log T - 6,5.$$

Damit können wir nun für jede Substanz bei jeder Temperatur und jedem Druck den Ionisationsgrad ausrechnen. Je höher T und je kleiner p ist, desto größer ist der Ionisationsgrad für daselbe Gas; je größer die Ionisierungsspannung ist, desto kleiner ist er unter denselben Bedingungen für verschiedene Gase. Zwei Beispiele mögen die Sachlage noch quantitativ veranschaulichen, nämlich die

T	$p = 1$ at	$= {}^1/_{10}$ at	$= {}^1/_{100}$ at	${}^1/_{1000}$ at
2 000	$2 \cdot 10^{-5}$	$6 \cdot 10^{-5}$	$2 \cdot 10^{-4}$	$6 \cdot 10^{-4}$
4 000	$3 \cdot 10^{-1}$	$9 \cdot 10^{-1}$	3	9
6 000	9	28	70	94
8 000	46	84	99	100
10 000	85	98	100	100

thermische Ionisation von Kalzium und von Quecksilber. Die Ionisierungsspannung des Kalziums ist 6,1 V, also noch verhältnismäßig klein. Die vorstehende Zahlentafel gibt die Werte des Ionisationsgrades, d. h. also den Bruchteil der ionisierten Atome, und zwar in Prozenten.

Quecksilber hat eine Ionisierungsspannung von 10,4 V und ist demgemäß schon schwerer zu ionisieren (a fortiori würde dies z. B. für Neon oder Helium mit ihren mehr wie doppelt so großen Ionisierungsspannungen gelten). Die Abb. 27 gibt die Ionisationsgrade bei einem Druck von 1 at in Abhängigkeit von der Temperatur, also z. B. für Hg bei 13000° rd. $x = 0,6 = 60\%$.

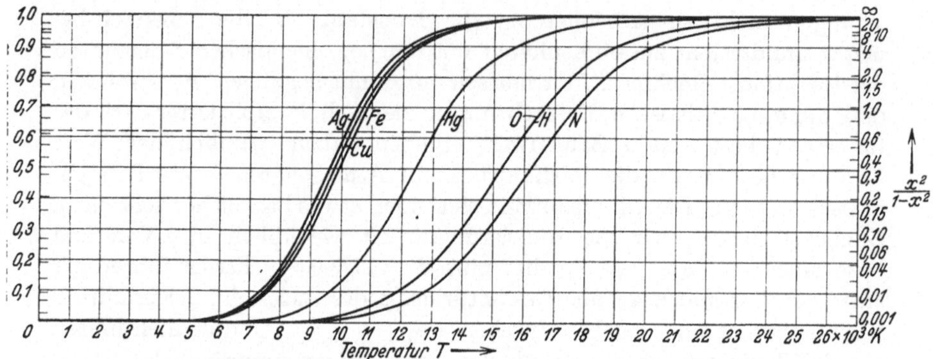

Abb. 27. Thermische Ionisation der Gase bei 1 at. (Nach KNOLL, OLLENDORFF u. ROMPE.)

III. Elektronen im Hochvakuum.

Die Bewegung von Elektronen und allgemeiner von Ladungsträgern im Hochvakuum unter dem Einfluß elektrischer und magnetischer Felder ist der Grundvorgang, der sich in allen Hochvakuumröhren abspielt; die Elementargesetze für diese Bewegung bilden deshalb die Grundlage für das theoretische Verständnis der Vorgänge, mit denen man es zu tun hat in der Röhrentechnik. Mit diesen Elementargesetzen einschließlich vor allem auch der Raumladungswirkung von Trägerströmen muß man sich also gründlichst vertraut machen. In der Physik spielen die Bewegungsgesetze für Ladungsträger in elektrischen und magnetischen Feldern eine Rolle insbesondere in der sog. Massenspektroskopie, in der Elektro- und Magnetooptik und in der Dispersionstheorie.

Aus dem ausgedehnten Schrifttum, wobei hier das über die Gitterröhren selbst nicht mehr interessiert und das über die Glühkathoden noch an anderer Stelle erwähnt werden wird, seien nur vier monographische Darstellungen genannt. Eine Übersicht (die übrigens auch die Elektronenemission und die Wechselwirkung zwischen Elektronen und Atomen noch mitumfaßt) findet man in der „Einführung in die Elektronik" von KLEMPERER, einen ganz vorzüglichen zusammenfassenden Bericht über alle hierhergehörenden Fragen bei LANGMUIR und COMPTON, Reviews of Modern Physics, Bd. 3, Nr. 2 (Electrical Discharges in Gases, Part II). BRÜCHE und SCHERZER behandeln in ihrer „Geometrischen Elektronenoptik" eingehend einschließlich der Anwendungen die Grundlagen und die Entwicklung der Elektronenoptik. Über das BRAUNsche Rohr unterrichtet das Buch von ALBERTI über „BRAUNsche Kathodenstrahlröhren und ihre Anwendungen".

16. Bewegung freier Ladungsträger
in elektrischen und magnetischen Feldern.

Grundgesetze. Auf den Bewegungszustand eines elektrisch neutralen Teilchens, z. B. eines gewöhnlichen Gasatoms, können wir nur durch unmittelbaren mechanischen Stoß einwirken; etwa dadurch, daß wir in die Flugbahn des Teilchens eine Fläche bringen, von der es wie eine Billardkugel reflektiert wird. Den Bewegungszustand eines Ladungsträgers hingegen können wir dank der auf ihm sitzenden elektrischen Ladung durch elektrische und magnetische Felder beeinflussen und können so den Träger in eine gewünschte Bahn zwingen, beschleunigen und abbremsen. Wenn die Bewegung des Trägers in einem Gas stattfindet, überlagert sich über diese gewünschte und regelbare Wirkung noch die Wirkung der Zusammenstöße mit den Gasteilchen und die ganze Sachlage wird naturgemäß eine äußerst komplizierte. Von diesen Störeffekten wollen wir hier nun von vornherein absehen, wir wollen also nur die Bewegung im Vakuum betrachten. Wieweit diese Voraussetzung zutrifft, läßt sich von Fall zu Fall leicht abschätzen aus den Angaben (S. 29 f.) über die freie Weglänge. Wir werden nämlich einen Träger als „freien" Träger betrachten und sicher sein können, daß seine Bewegung nicht anders als im theoretisch vollkommenen Vakuum verläuft, wenn seine mittlere freie Weglänge groß ist gegenüber der Länge der gesamten Bahn, um die es sich in dem gerade interessierenden Beispiel handelt. Dadurch erhalten wir eine untere Grenze für die Güte des erforderlichen Vakuums, aber wir werden in vielen Fällen auch noch bei wesentlich schlechterem Vakuum die für freie Träger gültigen Bewegungsgesetze praktisch anwenden können.

Ein Ladungsträger ist allgemein eine Masse M, auf der eine Ladung $n\varepsilon$ sitzt, die ein ganzes (in praxi meist nur kleines) Vielfaches der Elementarladung ε ist. Zunächst können wir uns aber unbedenklich beschränken auf die Betrachtung einwertiger Träger mit der Ladung ε, weil eine Verallgemeinerung auf mehrwertige Träger ohne jede Schwierigkeit vorgenommen werden kann. Wenn auf einen solchen Träger eine Kraft $\mathfrak{F}$ wirkt, bewegt er sich wie jede Masse nach den Gesetzen der gewöhnlichen Mechanik, d. h. er wird beschleunigt nach dem Grundgesetz Masse $\times$ Beschleunigung $=$ Kraft. Aufgelöst in die drei Komponenten in den Richtungen x, y und z gibt dies die bekannten elementaren Bewegungsgleichungen

$$(37) \qquad \begin{cases} M\,\dfrac{d^2 x}{d t^2} = \mathfrak{F}_x\,, \\[2mm] M\,\dfrac{d^2 y}{d t^2} = \mathfrak{F}_y\,, \\[2mm] M\,\dfrac{d^2 z}{d t^2} = \mathfrak{F}_z\,, \end{cases}$$

die bei Kenntnis der drei Kraftkomponenten $\mathfrak{F}_x$, $\mathfrak{F}_y$ und $\mathfrak{F}_z$ gelöst werden müssen, wenn man die Bewegung vollständig übersehen will. Was neu ist gegenüber der Mechanik, ist also lediglich die Art der in elektrischen und magnetischen Feldern auf einen Träger wirkenden Kräfte.

Wenn ein elektrisches Feld $\mathfrak{E}$ und ein magnetisches Feld $\mathfrak{H}$ auf einen Träger wirkt, auf dem die Ladung ε sitzt und der sich mit der

Geschwindigkeit $\mathfrak{v}$ bewegt, läßt sich der allgemeine Ansatz für die Kraft $\mathfrak{F}$ zusammenfassen in der Grundformel

(38a) $$\mathfrak{F} = e\,\mathfrak{E} + e\,[\mathfrak{v}\,\mathfrak{H}]\,,$$

die in die drei Komponenten aufgelöst sich schreiben läßt

(38b) $$\begin{cases} \mathfrak{F}_x = e\,\mathfrak{E}_x + e\,(\mathfrak{v}_y\,\mathfrak{H}_z - \mathfrak{v}_z\,\mathfrak{H}_y)\,, \\ \mathfrak{F}_y = e\,\mathfrak{E}_y + e\,(\mathfrak{v}_z\,\mathfrak{H}_x - \mathfrak{v}_x\,\mathfrak{H}_z)\,, \\ \mathfrak{F}_z = e\,\mathfrak{E}_z + e\,(\mathfrak{v}_x\,\mathfrak{H}_y - \mathfrak{v}_y\,\mathfrak{H}_x)\,. \end{cases}$$

Setzt man diese Ausdrücke in die Gl. (37) ein, so ist alles weitere dann Sache einer rein mathematischen Analyse.

Zunächst müssen wir uns mit dem Grundgesetz (38) etwas näher beschäftigen. Wir erkennen, daß sich die Kraft $\mathfrak{F}$ zusammensetzt aus einem elektrischen und einem magnetischen Anteil. Beide sind ganz unabhängig voneinander; in einem rein elektrischen Feld wirkt also nur die Kraft $e\,\mathfrak{E}$, in einem rein magnetischen nur die Kraft $e\,[\mathfrak{v}\,\mathfrak{H}]$ und bei gleichzeitigem Vorhandensein eines elektrischen und eines magnetischen Feldes findet eine ungestörte Überlagerung der beiden Kräfte statt. Sehr einfach und unmittelbar verständlich ist die physikalische Interpretation der elektrischen Kraft: In einem elektrischen Feld wirkt auf die Ladung e unabhängig von ihrem Bewegungszustand die Kraft $e\,\mathfrak{E}$ in Richtung der Feldstärke $\mathfrak{E}$. Es ist das von anderem Gesichtspunkt aus betrachtet natürlich nichts weiter als die übliche Definition der Feldstärke (nämlich als der Kraft, die auf die Einheitsladung ausgeübt wird). Nicht so einfach liegen die Dinge bezüglich der magnetischen Kraft $e\,[\mathfrak{v}\,\mathfrak{H}]$. In einem magnetischen Feld wirkt auf einen ruhenden Träger überhaupt keine Kraft, sondern nur auf einen bewegten; die Kraft steht dann senkrecht auf der Richtung der magnetischen Kraftlinien und auf der Richtung der Trägergeschwindigkeit und ihre Größe ist $e\,|\mathfrak{v}|\,|\mathfrak{H}|\sin\alpha$, wo α der Winkel zwischen $\mathfrak{H}$ und $\mathfrak{v}$ ist. Wir erkennen darin formal das Grundgesetz der Elektrodynamik wieder, nach welchem auf ein Element $d\,\mathfrak{s}$ eines von einem Strom i durchflossenen Leiters in einem Magnetfeld $\mathfrak{H}$ die Kraft $i\,[d\,\mathfrak{s}\,\mathfrak{H}]$ wirkt und können unseren Kraftansatz auffassen als eine Übertragung dieses Gesetzes auf den von dem Träger getragenen Konvektionsstrom. Weiter begründen im Sinn einer Zurückführung auf noch einfachere Ansätze läßt sich unser Ansatz nicht, ebensowenig, wie etwa die MAXWELLschen Gleichungen. Er muß hingenommen werden als eines der Grundaxiome der Elektrizitätslehre und findet seine Bestätigung in der Übereinstimmung aller aus ihm ableitenden Folgerungen mit der Erfahrung.

Es sei an dieser Stelle noch eine kleine Einschaltung über Vorzeichenfragen und über die Wahl des Maßsystems erlaubt. Die Richtung der elektrischen Feldstärke $\mathfrak{E}$ wird üblicherweise positiv gerechnet vom positiven zum negativen Pol hin oder in der Richtung der Kraft, die auf einen positiv geladenen Probekörper ausgeübt wird. Damit ist die Kraft

$|\mathfrak{F}_e| = |e\mathfrak{E}|$ auf einen Träger je nach dem Vorzeichen der Trägerladung e auch der Richtung nach vollständig festgelegt. Die Richtung der magnetischen Feldstärke $\mathfrak{H}$ wird analog positiv gerechnet in Richtung vom Nordpol zum Südpol hin. Dann ist die Richtung der Kraft $|\mathfrak{F}_m| = e[\mathfrak{v}\mathfrak{H}]$ dadurch gegeben, daß die drei Richtungen von $\mathfrak{F}_m$, $e\mathfrak{v}$ und $\mathfrak{H}$ in dieser Reihenfolge eine Linksschraube bilden, wie dies auch in der bekannten Linke-Hand-Regel zum Ausdruck kommt (Kraftlinienrichtung = Zeigefinger, Stromrichtung = Mittelfinger, Bewegungsantrieb = Daumen). Die Abb. 28 zeigt den Zusammenhang speziell für Elektronen (e negativ) in Verbindung mit dem Wicklungssinn von Stromspulen, da solche fast immer zur Erzeugung des Magnetfeldes dienen. Zur quantitativen Berechnung der Größe von $|\mathfrak{F}_e|$ und $|\mathfrak{F}_m|$ müssen wir noch ein Übereinkommen über die Wahl der zu benutzenden Maßeinheiten treffen. Wir messen Spannungen stets in Volt, elektrische Feldstärken in Volt/cm, Ladungen in Coulomb (Amperesekunden). Dann wird die Kraft $\mathfrak{F}_e$ auf einen Träger mit der Elementarladung $\varepsilon = 1{,}59 \cdot 10^{-19}\,\mathrm{C}$ in einem elektrischen Feld von der Stärke $\mathfrak{E}\,\mathrm{V/cm}$

$$\mathfrak{F}_e = 1{,}59 \cdot 10^{-19} \cdot \mathfrak{E}\ \mathrm{Ws/cm} = 1{,}59 \cdot 10^{-12} \cdot \mathfrak{E}\ \mathrm{dyn}.$$

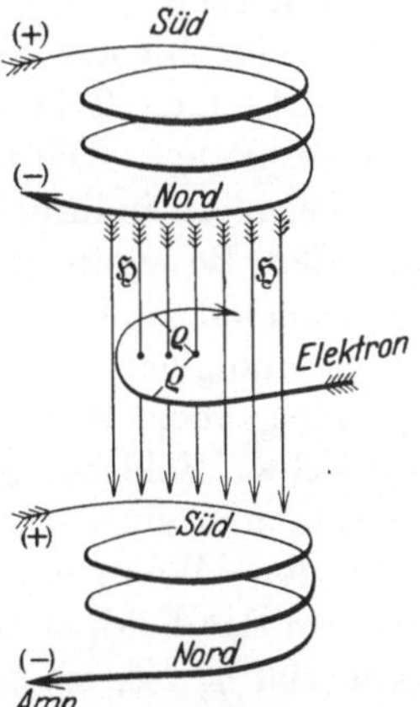

Abb. 28. Ablenkung eines Elektrons im Magnetfeld einer Stromspule. (Nach KLEMPERER.)

Magnetische Feldstärken messen wir in Gauß, Geschwindigkeiten in cm/s. Dann wird die Kraft $\mathfrak{F}_m$ auf einen Träger wiederum mit der Elementarladung, der sich in einem magnetischen Feld von der Stärke $\mathfrak{H}$ Gauß mit der Geschwindigkeit $\mathfrak{v}$ cm/s bewegt,

$$\mathfrak{F}_m = 1{,}59 \cdot 10^{-27} \cdot [\mathfrak{v}\mathfrak{H}]\ \mathrm{Ws/cm} = 1{,}59 \cdot 10^{-20}\,[\mathfrak{v}\mathfrak{H}]\ \mathrm{dyn}.$$

Wie diese Formeln zeigen, sind die Absolutwerte der Kräfte auch in starken Feldern nur außerordentlich klein. Man darf dabei aber nicht vergessen, daß auch die Trägermassen, deren Bewegungszustand durch die Wirkung dieser Kräfte geändert werden soll, außerordentlich klein sind und daß deshalb auch unter durchaus nicht extremen Bedingungen sehr erhebliche Beschleunigungen bewirkt werden. Dies wird vielleicht am deutlichsten, wenn wir mit den hier auftretenden Beschleunigungen die Beschleunigung der Trägermasse im Schwerefeld der Erde vergleichen, wobei zugleich klar wird, daß man die Wirkung der Schwerkraft gegenüber der Wirkung der praktisch in Betracht kommenden Felder elektrischen oder magnetischen Ursprungs stets vollkommen vernachlässigen kann. Die Schwerkraft wirkt bekanntlich auf eine Masse von M Gramm in einer Stärke von $M \cdot 981$ dyn; also selbst auf einen so schweren Träger wie z. B. ein Quecksilberion, dessen Masse von der Größenordnung $3 \cdot 10^{-22}$ g ist, wird in einem Feld von nur 1 V/cm eine Kraft ausgeübt, die rd. 10^7-mal stärker ist als die Schwerkraft. In magnetischen Feldern liegen die Dinge nicht anders, weil man es hier in praxi stets mit Trägern von erheblichen Absolutgeschwindigkeiten zu tun hat. So z. B. ist, wie wir sogleich sehen werden, die Geschwindigkeit wiederum des schweren Quecksilberions nach einer Beschleunigung über nur 1 V Potentialdifferenz von der Größenordnung 10^4 cm/s.

Nach diesen Vorbereitungen können wir nun dazu übergehen, uns mit etwas mehr ins einzelne gehenden Überlegungen zu beschäftigen. Die praktische Bedeutung dieser Überlegungen werden wir dann im nächsten Abschnitt an einigen der wichtigsten Anwendungsbeispiele kennenlernen.

Beschleunigung in einem elektrischen Feld. Ein elektrisches Feld übt auf einen Träger in bzw. entgegengesetzt der Feldrichtung eine Triebkraft aus. Die von dem Träger im Feld durchlaufene Bahn selbst ist aber meist in ihrer Gestalt nicht ohne weiteres zu übersehen und muß aus den Bewegungsgleichungen berechnet werden; aber es gibt einen allgemeinen und sehr einfachen Zusammenhang zwischen der Trägergeschwindigkeit und der Verschiebung des Trägers im Feld, der von grundlegender Bedeutung ist. Man kann nämlich in allen elektrostatischen Feldern, gleichviel welcher Herkunft im einzelnen sie sein mögen, aus einer einfachen Anwendung des Energieprinzips folgendes schließen: Wenn ein Träger, dessen Ladung e ist, sich von einem Ort, an dem das Feldpotential φ_1 ist, an einen Ort bewegt, an dem das Feldpotential φ_2 ist, so ist ganz unabhängig von der Form der dabei durchlaufenen Bahn die am Träger durch das Feld geleistete Arbeit $e(\varphi_2 - \varphi_1)$ und diese Arbeit muß gleich sein der Änderung der kinetischen Energie des Trägers zwischen den beiden Orten. Es ist also

$$\frac{M}{2}\, v_2^2 - \frac{M}{2}\, v_1^2 = e(\varphi_2 - \varphi_1).$$

Wenn insbesondere der Träger am Ort 1 startet, dort also die Geschwindigkeit $v_1 = 0$ hat, ist demnach seine Geschwindigkeit am Ort 2 gegeben durch

$$\frac{M}{2}\, v^2 = e(\varphi_2 - \varphi_1)$$

und hängt also nur von der durchlaufenen Potentialdifferenz $(\varphi_2 - \varphi_1)$ ab. Ist diese V, so ist also seine Endgeschwindigkeit

$$(39) \qquad\qquad v = \sqrt{\frac{2\,e}{M}} \cdot \sqrt{V}\,.$$

Für verschiedene Trägerarten ist, wie aus diesen Formeln folgt, die Endgeschwindigkeit — stets natürlich bei demselben V — proportional mit der Wurzel aus dem Verhältnis der Trägerladung zur Trägermasse, während die erzielte kinetische Energie unabhängig von der Trägermasse nur von der Trägerladung abhängt und dieser proportional ist. Es ist also insbesondere für alle einwertigen Träger — für die e gleich der Elementarladung ist ε — die kinetische Energie gleich, die

Geschwindigkeit umgekehrt proportional mit der Trägermasse. Dies hat zu einer einfachen und praktischen Bezeichnungsweise geführt. Man mißt nämlich die Trägerenergien nicht in Erg wie in der Mechanik, sondern in sog. Elektronenvolt (e-Volt) und versteht unter 1 eV (1 Elektronenvolt) die Energie, die ein einwertiger Träger, aus dem Ruhezustand startend, nach dem freien Durchlaufen einer Spannungsdifferenz von 1 V bekommt. Für das Elektron ist (dessen Masse $9 \cdot 10^{-28}$ g und dessen Ladung $\varepsilon = 1,6 \cdot 10^{-19}$ C ist), wenn V die frei durchlaufene Spannungsdifferenz in Volt ist

Energie nach freiem Durchlaufen von V Volt $1,59 \cdot 10^{-12} \cdot V$ erg $= 1,59 \cdot 10^{-19}$ Ws

Geschwindigkeit nach freiem Durchlaufen von V Volt $5,94 \cdot 10^{7} \sqrt{V}$ cm/s

und für einen einwertigen Träger, der aus einem Atomion vom Atomgewicht A besteht, die Beziehungen

Energie nach freiem Durchlaufen von V Volt $1,59 \cdot 10^{-12} \cdot V$ erg $= 1,59 \cdot 10^{-19}$ Ws

Geschwindigkeit nach freiem Durchlaufen von V Volt $\dfrac{1,39 \cdot 10^{6}}{\sqrt{A}} \cdot \sqrt{V}$ cm/s.

Es muß hier aber noch auf eine Besonderheit hingewiesen werden, die vor allem von großem theoretischem Interesse ist und unsere Einsicht in die Natur der Elektronen wesentlich vertieft. Vergleicht man nämlich die aus der Formel $v = 5,94 \cdot 10^{7} \sqrt{V}$ sich ergebenden Geschwindigkeiten mit den gemessenen, tatsächlich erreichten, so findet man nur bis hinauf zu beschleunigenden Spannungen von einigen tausend Volt gute Übereinstimmung, dann aber immer größere Abweichungen in dem Sinn, daß die berechneten Werte größer sind als die tatsächlichen. Die Abb. 29 zeigt dies an den über der Beschleunigungsspannung V aufgetragenen tatsächlichen v-Werten und den punktiert eingetragenen, aus unserer Formel sich ergebenden. Der Grund dafür ist der, daß die „Masse" m eines Elektrons in Wirklichkeit nicht konstant ist, sondern von der Geschwindigkeit abhängt, und zwar derart, daß sie mit zunehmender Geschwindigkeit zunimmt. Quantitativ ist diese Abhängigkeit gegeben durch die Formel

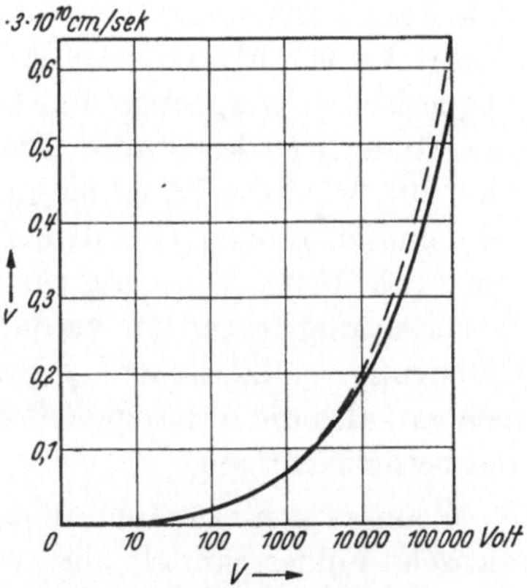

Abb. 29. Zunahme der Elektronenmasse mit der Geschwindigkeit.

$$(40) \qquad m = m_0 \dfrac{1}{\sqrt{1 - \dfrac{v^2}{c^2}}},$$

in der m die Masse bei der Geschwindigkeit v, m_0 die sog. Ruhmasse ist, d. h. die Masse bei der Geschwindigkeit Null (oder praktisch bei gegen

die Lichtgeschwindigkeit $c = 3 \cdot 10^{10}$ cm/s kleinen Geschwindigkeiten).
Für $v = c$ würde also m sogar unendlich groß werden; wie m mit zunehmendem v ansteigt zeigen die folgenden nach dieser Formel berechneten
Relativzahlen ($V = $ Beschleunigungsspannung in kV).

v/c . . .	0	0,5	0,9	0,950	0,990	0,999
m	1,00	1,15	2,30	3,20	7,09	22,37
V	0	79	661	1125	3110	10900

Auf die Ableitung der Formel (40) können wir hier nicht eingehen; sie
ergibt sich am einfachsten und konsequentesten aus relativitätstheoretischen Überlegungen. Wir können uns die Sachlage aber im Rahmen
MAXWELLscher klassischer Betrachtungen wenigstens qualitativ plausibel
machen, wenn wir uns vergegenwärtigen, daß ein in Bewegung befindliches Elektron einen Ladungstransport darstellt und deshalb mit einem
elektrischen Strom äquivalent ist. Ein fliegendes Elektron erzeugt also
wie ein Strom ein Magnetfeld in seiner Umgebung, das nach MAXWELL
der Sitz von potentieller Energie ist. Eine Änderung der Geschwindigkeit des Elektrons erfordert deshalb einen Arbeitsaufwand = Änderung
der magnetischen Feldenergie, das Elektron verhält sich deshalb geschwindigkeitsändernden Kraftwirkungen gegenüber wie eine träge mechanische
Masse: Es ist mit anderen Worten die „Masse" des Elektrons elektromagnetischen Ursprungs und es wird so verständlich, daß sie nicht eine
únveränderliche konstante Größe besitzt. Wie schon erwähnt (vgl. die
Abb. 29), wird die Zunahme der Elektronenmasse praktisch erst aktuell
bei ziemlich großen Geschwindigkeiten, die Beschleunigungsspannungen
von etwa 10000 V an aufwärts entsprechen. Sie ist deshalb bei allen
Gasentladungsfragen zu vernachlässigen, nicht mehr aber z. B. bei der
Erzeugung „künstlicher" β-Strahlen. Hier muß man „relativistisch"
rechnen, also die Abhängigkeit der Elektronenmasse von der Geschwindigkeit berücksichtigen.

Wenn es sich nun auch in den meisten praktischen Fällen um elektrostatische Felder handelt, die zwischen unter Spannung stehenden Metallflächen (Elektroden) erzeugt werden oder von Raumladungen (S. 138 ff.)
herrühren, ist diese Beschränkung für die Gültigkeit des Grundansatzes
$\mathfrak{F}_e = \varepsilon \mathfrak{E}$ natürlich nicht erforderlich. Es kann z. B. das Feld auch herrühren von einer über die Träger hinwegstreichenden elektromagnetischen
Welle, wofür wir bei der Betrachtung der Vorgänge in der Heavisideschicht (S. 126) noch eine Anwendung kennenlernen werden. Ein anderes
neuerdings auch praktisch wichtig gewordenes Beispiel, das vielleicht
besonders instruktiv ist, ist das folgende. Wenn wir in einem von Trägern
erfüllten Raum ein zeitlich veränderliches Magnetfeld erzeugen, dessen
Kraftlinien in Richtung der z-Achse verlaufen mögen, so wird bekanntlich — es ist das die Aussage der zweiten MAXWELLschen Gleichung —

längs jeder geschlossenen Kurve, z. B. in den zur z-Achse senkrechten Ebenen eine elektromotorische Kraft E induziert, die proportional der Änderungsgeschwindigkeit der magnetischen Durchflutung ist. Es entsteht um die z-Achse ein zirkulares elektrisches Feld und, es ist in der üblichen Schreibweise der MAXWELLschen Gleichungen

$$\frac{\partial}{\partial t} \int \int \mathfrak{H}_n \, d\sigma = - c \oint \mathfrak{E} \, d\mathfrak{s} = c \cdot E.$$

Dieses Feld setzt die Träger in tangentieller Richtung in Bewegung (Abb. 30) und die auf einen Träger wirkende Triebkraft ist nach unserem Grundansatz $\varepsilon \mathfrak{E}$. Quantitativ erhalten wir die induzierte elektrische Feldstärke $\mathfrak{E}$ in V/cm, wenn die magnetische Feldstärke $\mathfrak{H}$ in Gauß gemessen wird, aus der Relation

$$E = 2 \pi r \cdot \mathfrak{E} = r^2 \pi \cdot \frac{\partial \mathfrak{H}}{\partial t} \cdot 10^{-8} \text{ (V)}.$$

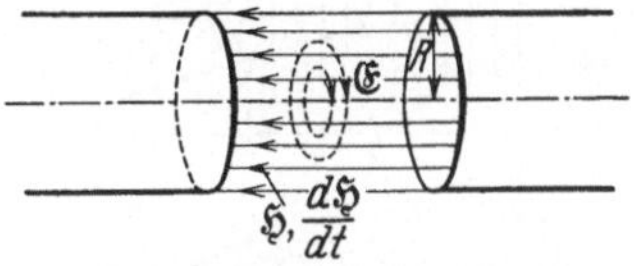

Benutzen wir z. B. zur Erzeugung des Magnetfeldes Wechselstromspulen, so ist

$$\mathfrak{H} = \mathfrak{H}_0 \cdot \sin n t$$

und es wird

$$\mathfrak{E} = \frac{r}{2} \cdot 10^{-8} \cdot \frac{\partial \mathfrak{H}}{\partial t} = \frac{r}{2} \cdot 10^{-8} \cdot \mathfrak{H}_0 \cos n t \text{ V/cm}.$$

Abb. 30. Zirkulares elektrisches Feld in einem magnetischen Wechselfeld. (Nach v. ENGEL und STEENBECK.)

Man kann also nach dieser Methode ohne äußere Spannungsquellen große elektrische Triebkräfte erzeugen, wenn man mit großen Frequenzen n arbeitet.

Ablenkung in elektrischen und magnetischen Feldern. Wie wir eben sahen, ändert ein elektrisches Feld den Bewegungszustand eines Trägers zunächst einmal dadurch, daß es an dem Träger Arbeit leistet, also dessen kinetische Energie und damit den Absolutwert seiner Fluggeschwindigkeit ändert. Es kann aber außerdem, wenn es quer zur Bewegungsrichtung wirkt (sog. „transversales" Feld) den Träger aus seiner ursprünglichen Bewegungsrichtung ablenken, so daß er im allgemeinen eine gekrümmte Bahn im Feld durchläuft. Die Gestalt dieser Bahn hängt ab von der Feldstruktur und von der Trägergeschwindigkeit nach Größe und Richtung beim Eintritt in das Feld. Wir müssen uns dabei aber vor der unrichtigen Folgerung hüten, daß die Träger etwa den Kraftlinien folgen und also die Trägerbahnen mit den Kraftlinien zusammenfallen; das gilt nur in ganz speziellen Fällen, nämlich, wenn die Kraftlinien gerade Linien sind und wenn der Träger im Feld mit der Geschwindigkeit Null startet (also für die Felder zwischen parallelen ebenen oder zwischen konzentrischen kugelförmigen oder zylindrischen Elektroden, von deren Oberfläche die Träger starten). In allen anderen Fällen sind die Bahnkurven meist recht komplizierte Gebilde und nur aus den Bewegungsgleichungen rechnerisch zu erhalten.

Beispiele für kompliziertere elektrische Felder werden wir bei der Besprechung des Elektronenmikroskops (S. 129 f.) noch kennenlernen. Im übrigen hat man es meist mit homogenen Feldern zu tun, wie sie zwischen parallelen ebenen Elektroden sich ausspannen, und hier liegen die Dinge verhältnismäßig einfach. Wir können von vornherein sagen, daß ein in ein solches Feld hineingeschossener Träger eine parabelförmige Bahn durchlaufen wird, ganz ebenso nämlich, wie sich beim freien Wurf der Mechanik ein Körper im homogenen Schwerefeld der Erde in einer Parabel bewegt. Wenn in das in der z-Richtung liegende (homogene und nicht streuende) Feld $\mathfrak{E}_0$ ein Träger mit der Geschwindigkeit v_0 in der x-Richtung hineingeschossen wird (Abb. 31), sind die Bewegungsgleichungen (37) S. 107

$$\frac{d^2 x}{d t^2} = 0,$$

$$\frac{d^2 z}{d t^2} = \frac{e}{M} \cdot \mathfrak{E}_0.$$

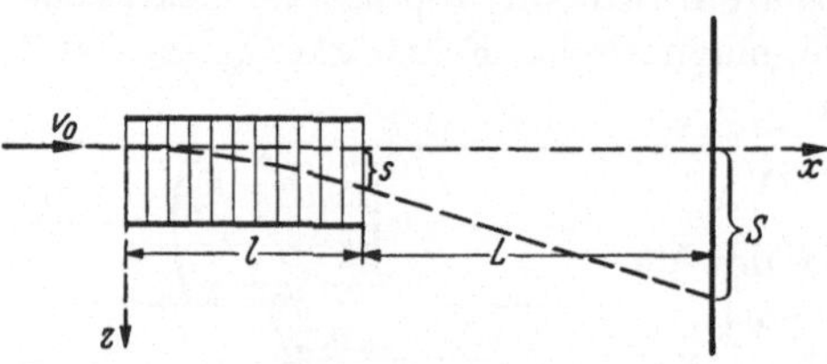

Die erste Gleichung gibt

Abb. 31. Ablenkung eines Elektronenstrahls in einem
elektrischen Querfeld.

$$\frac{d x}{d t} = v_x = \text{const} = v_0.$$

Die zweite Gleichung läßt sich ebenfalls sofort integrieren und liefert

$$z = \frac{1}{2} \frac{e}{M} \mathfrak{E}_0 \cdot t^2 + c_1 t + c_2.$$

Die beiden Integrationskonstanten c_1 und c_2 sind dadurch bestimmt, daß für $t = 0$, $z = 0$ und $dz/dt = 0$ ist und ergeben sich hieraus zu $c_1 = c_2 = 0$. Dann wird also

(41 a)
$$z = \frac{1}{2} \frac{e}{M} \mathfrak{E}_0 \cdot t^2.$$

Andererseits folgt aus $d x/dt = v_0$, daß

(41 b)
$$x = v_0 t$$

ist. Durch die beiden Gl. (41) ist die Bahn im Feld vollständig bestimmt. Insbesondere ergibt sich die „Ablenkung" s durch das Feld, dessen Längserstreckung l sei, zu

(42 a)
$$s = \frac{1}{2} \frac{e}{M} \mathfrak{E}_0 \cdot \frac{l^2}{v_0^2}.$$

Fliegt der Träger nach dem Verlassen des Feldes noch weiter, ehe er dann z. B. auf einem Schirm aufgefangen wird, und ist der Abstand des Schirmes vom Feldende L, so kann man aus der Geradlinigkeit der Bahn außerhalb des Feldes die Ablenkung S auf dem Schirm leicht ausrechnen; am einfachsten aus der Überlegung, daß die Neigung dieser Geraden bestimmt ist durch das Verhältnis $v_z : v_x$ der Komponenten der Geschwindigkeit an der Stelle $z = s$, $x = l$. Man findet

(42 b)
$$S = s + \frac{e}{M} \mathfrak{E}_0 \frac{l \cdot L}{v_0^2}.$$

In einem magnetischen Feld wirkt auf einen bewegten Träger eine Kraft F_m, die stets senkrecht steht auf der Bewegungsrichtung (S. 108). Es kann also durch ein solches Feld die Geschwindigkeit des Trägers der Größe nach überhaupt nicht geändert werden — die Kraft F_m ist stets „wattlos" —, sondern es findet nur eine Änderung der Bewegungsrichtung, d. h eine Ablenkung statt. Betrachten wir wieder den einfachsten Fall, daß ein Träger mit der Geschwindigkeit v_0 senkrecht zu den Kraftlinien in ein homogenes Magnetfeld hineingeschossen wird, so ist die ablenkende Kraft konstant und da die Fluggeschwindigkeit v_0 des Trägers erhalten bleibt, sehen wir ohne jede Rechnung, daß die Bahn des Trägers ein Kreis sein muß. Denn es muß überall die ablenkende Kraft gerade gleich der Zentrifugalkraft sein. Für den Radius R der Kreisbahn ergibt sich daraus die Relation

$$\frac{M v_0^2}{R} = e \cdot v_0 \cdot \mathfrak{H}_0 ,$$

oder aufgelöst

$$(43\,\mathrm{a}) \qquad R = \frac{M}{e}\,\frac{v_0}{\mathfrak{H}_0} = \sqrt{\frac{2\,M}{e}} \cdot \frac{\sqrt{V}}{\mathfrak{H}_0} ,$$

wobei an Stelle der Geschwindigkeit v_0 noch die Beschleunigungsspannung V eingeführt ist, durch die dem Träger diese Geschwindigkeit erteilt worden ist $\left(\frac{M}{2} v_0^2 = e\,V\right)$. Die Umlaufszeit T des Trägers auf der Kreisbahn hängt mit v_0 und R zusammen durch $v_0 T = 2\,\pi\,R$. Dies gibt in Gl. (43 a) eingesetzt

$$(43\,\mathrm{b}) \qquad T = 2\,\pi \cdot \frac{M}{e \cdot \mathfrak{H}_0} .$$

Es ist also bemerkenswerterweise T unabhängig von der Trägergeschwindigkeit v_0 und hängt nur ab von der Stärke des Magnetfeldes, wovon man z. B. in den Magnetfeldröhrensendern für Dezimeterwellen mit Vorteil Gebrauch macht. Die von dem umlaufenden Träger ausgesandte Welle hat eine Wellenlänge λ, die gegeben ist durch

$$(43\,\mathrm{c}) \qquad \lambda = c \cdot T = 2\,\pi\,c \cdot \frac{M}{e\,\mathfrak{H}_0} .$$

Zur Veranschaulichung diene die folgende für Elektronen gültige Zahlentatel (für die größeren V-Werte ist dabei auch noch die S. 111 erwähnte relativistische Abhängigkeit der Elektronenmasse von der Geschwindigkeit berücksichtigt) und die Angabe, daß — wiederum für Elektronen — in einem Feld von 1 Gauß die Umlaufszeit $3{,}6 \cdot 10^{-7}$ s und die Wellenlänge $1{,}1 \cdot 10^{-4}$ cm ist.

V (Volt)	1	10	100	1000	10 000	100 000
$R \cdot \mathfrak{H}_0$ (cm · Gauß) . .	3,37	10,65	33,7	106,6	340,0	1116

Unmittelbar zu übersehen ist auch noch die Trägerbewegung für den etwas allgemeineren Fall, daß die Träger nicht senkrecht zu den Kraftlinien in ein homogenes Magnetfeld hineinfliegen, sondern geneigt gegen sie. Denn dann ist offenbar nur die zu den Kraftlinien senkrechtstehende Komponente der Geschwindigkeit maßgebend für die Ablenkung; die Projektion der Bahn auf eine zu den Kraftlinien senkrechte Ebene ist wieder ein Kreis und über diese Kreisbewegung lagert sich lediglich noch eine Fortschreitung in Richtung der Kraftlinien entsprechend der in dieser Richtung liegenden Komponente der Geschwindigkeit. Es entsteht also insgesamt eine Schraubenbahn von konstanter Ganghöhe.

Wenn ein elektrisches und ein magnetisches Feld zugleich wirken, überlagern sich die Kraftwirkungen beider und ergeben schon in einfachen Fällen meist sehr komplizierte und nur noch rechnerisch zu erfassende Bahnformen. Nur in ganz speziellen Fällen kann man unmittelbar übersehen, was passiert. So z. B. kann man ein homogenes elektrisches und ein dazu senkrecht stehendes homogenes magnetisches Feld so abgleichen, daß die auf einen senkrecht zu beiden fliegenden Träger wirkenden Kräfte sich gerade aufheben und also der Träger ungestört geradlinig ein solches kombiniertes Feld durchfliegt. Die Bedingung dafür ist offenbar, daß $\mathfrak{F}_e = \mathfrak{F}_m$ ist, d. h.

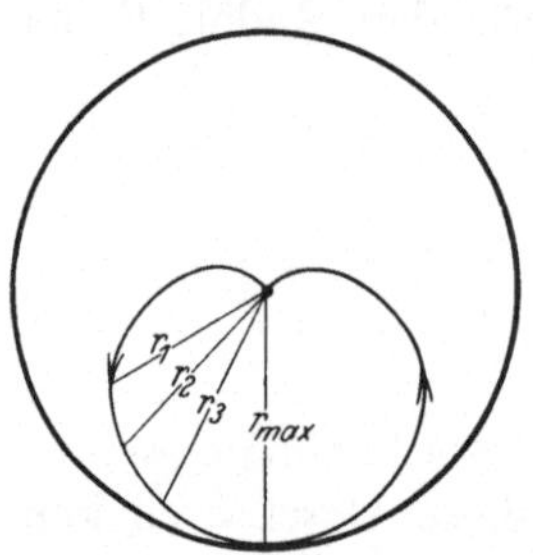

Abb. 32a. Elektronenbahn im Magnetron. (Nach KLEMPERER.)

$$\mathfrak{E} = v \cdot \mathfrak{H},$$

woraus sofort ersichtlich ist, daß diese Bedingung nur jeweils für eine bestimmte Geschwindigkeit zu erfüllen und deshalb für jede Geschwindigkeit eine andere Abgleichung erforderlich ist. Numerisch ist nach den Angaben auf S. 109 wieder nach Einführung der Beschleunigungsspannung V in Volt für Elektronen

$$(44) \qquad \mathfrak{E}\,(\text{V/cm}) = 0{,}593 \cdot \mathfrak{H}\,(\text{Gauß}) \cdot \sqrt{V}\,.$$

Magnetron. Nur eines der komplizierteren Beispiele wollen wir noch kurz besprechen, weil es im Magnetron praktische Bedeutung erlangt hat. Die Elektronen bewegen sich dabei in dem radialen elektrischen Feld zwischen konzentrischen Zylindern, dem ein zur Zylinderachse paralleles homogenes Magnetfeld überlagert ist. Voraussetzen wollen wir, daß sie mit zu vernachlässigender Geschwindigkeit vom inneren Zylinder (Glühdraht) ausgehen und daß ihre Zahl klein genug ist, um die Raumladungsverzerrungen des elektrischen Feldes vernachlässigen zu können (vgl. S. 145). Ohne das Magnetfeld würden die Elektronen radial nach außen fliegen, durch das Magnetfeld aber werden sie abgelenkt und durchlaufen (ebene) Bahnen von etwa herzförmiger Gestalt (Abb. 32a). Von Interesse ist der größte Abstand r_m von der Achse, den sie erreichen können. Wenn die Potentialdifferenz zwischen dem Glühdraht (Radius $r_0 \ll R_0$) und dem äußeren Zylinder (Radius R_0) V_0

und das Magnetfeld H ist, so wird bei konstantem V_0 und veränderlichem H bzw. bei veränderlichem V_0 und konstantem H dann ein Strom zwischen Glühdraht und Außenzylinder einsetzen, wenn r_m gerade R_0 geworden ist. Was wir ausrechnen wollen, ist also die Beziehung zwischen V_0 und H, für die $r_m = R_0$ ist. Es ist das sehr einfach, da sich die Bewegung jedes Elektrons in einer zu der Zylinderachse, d. h. zum Magnetfeld senkrechten Ebene abspielt und es sich deshalb um ein ebenes Problem handelt. Ferner brauchen wir offenbar nur die eine Komponente dieser Bewegung zu diskutieren, die jeweils senkrecht zum Radiusvektor r vor sich geht (Abb. 32 b). Denn wenn $r = r_m = R_0$ ist, so ist überhaupt nur diese Komponente vorhanden und die lebendige Kraft des Elektrons ist

$$E = \frac{m}{2}\left(r\,\frac{d\vartheta}{dt}\right)^2_{r=R_0}.$$

Diese aber muß dann offenbar gerade gleich sein der Arbeit $\varepsilon\,V_{r=R_0}$ des elektrischen Feldes, aus dem allein das Elektron seine Energie genommen haben kann. Die gesuchte Beziehung ist also

$$\frac{m}{2}\left(r\,\frac{d\vartheta}{dt}\right)^2_{r=R_0} = \varepsilon\,V_{r=R_0}$$

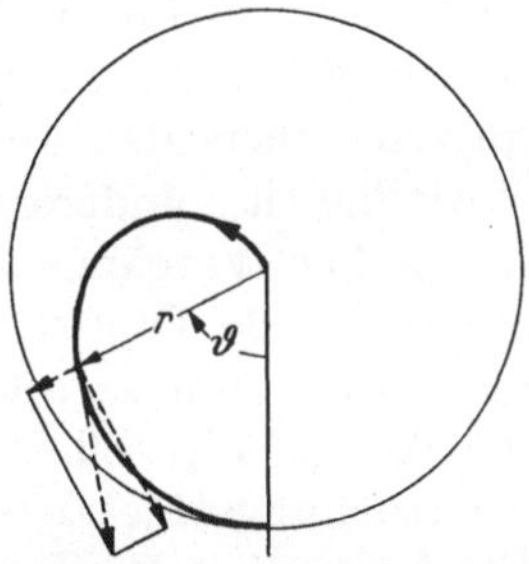

Abb. 32 b. Zur Theorie des Magnetrons. (Nach KLEMPERER.)

und wir müssen nur noch $\dfrac{d\vartheta}{dt}$ ausrechnen. Dazu brauchen wir lediglich eine der Bewegungsgleichungen, nämlich die Gleichung

$$\frac{1}{r}\frac{d}{dt}\left(r^2\frac{d\vartheta}{dt}\right) = H\cdot\frac{\varepsilon}{m}\frac{dr}{dt},$$

deren Ursprung unmittelbar ersichtlich ist. Es ist nämlich $\varepsilon\cdot H\cdot v_r = \varepsilon\cdot H\cdot\dfrac{dr}{dt}$ die in der Richtung senkrecht zu r wirkende Kraft und auf der linken Seite steht der bekannte Ausdruck für die Beschleunigung in dieser Richtung. Die Integration gibt mit der Bedingung $\dfrac{d\vartheta}{dt} = 0$ für $r = r_0$

$$\frac{d\vartheta}{dt} = \frac{H\varepsilon}{2m}\left(1 - \frac{r_0^2}{r^2}\right)$$

und wenn wir dies rückwärts einsetzen, erhalten wir das gesuchte Endergebnis

$$(45\,\mathrm{a})\qquad \frac{\varepsilon H^2 R^2}{8m}\left\{ 1 - \frac{r_0^2}{R_0^2}\right\}^2 = V_0.$$

Wenn R_0 groß ist gegen r_0, läßt es sich noch vereinfachen zu

$$(45\,\mathrm{b})\qquad H = \sqrt{\frac{8m}{\varepsilon}}\cdot\frac{\sqrt{V_0}}{R_0}.$$

Es ist das die HULLsche Gleichung für das Magnetron. Wird H in Gauß, V_0 in Volt und R_0 in cm gemessen, so hat $\sqrt{8m/\varepsilon}$ den Zahlenwert 6,72.

Verhältnismäßig einfach läßt sich eine von Null verschiedene Austrittsgeschwindigkeit der Elektronen aus dem Glühdraht berücksichtigen, schwierig ist aber eine Erweiterung der Theorie unter Berücksichtigung der Verzerrung des elektrischen Feldes durch die Elektronenraumladungen.

17. Braunsches Rohr. Massenspektrograph.

Massenspektrograph. Von den vielen Anwendungen der im vorhergehenden Abschnitt durchgeführten Überlegungen wollen wir zuerst eine zusammengehörende Gruppe besprechen, die in gleicher Weise für wissenschaftliche wie für praktische Belange von größter Bedeutung ist. Es handelt sich dabei um die elektrische und magnetische Ablenkung von Trägern, einerseits zwecks Bestimmung ihrer Ladung, Masse und Geschwindigkeit, andererseits zwecks Aufzeichnung rasch verlaufender elektrischer Vorgänge. Im ersteren Fall sind die Träger selbst das interessierende Objekt der Untersuchung und die ablenkenden Felder sind Mittel zum Zweck, im letzteren Fall sind gerade umgekehrt die Ablenkungsfelder oder genauer gesagt ihre zeitlichen Änderungen die Untersuchungsobjekte und die Träger — hier ausschließlich Elektronen — Mittel zum Zweck. Zusammenfassend bezeichnen wir alle Anordnungen zur Untersuchung von Trägern als „Massenspektrographen" und alle Anordnungen zur Untersuchung zeitlicher Feldänderungen als „Braunsches Rohr", ordnen also dieser letzteren Bezeichnung insbesondere auch die Weiterentwicklung zum Kathodenstrahloszillographen unter.

Wir wollen beginnen mit der Besprechung der massenspektrographischen Methoden, die in der Atomphysik eine außerordentlich große Rolle spielen. Die vielerlei hierher gehörenden Anwendungsmöglichkeiten lassen sich einteilen in zwei Gruppen, wenn sie auch methodisch alle auf dasselbe hinauslaufen, nämlich auf die Zerlegung eines nach Art und Geschwindigkeit der Träger inhomogenen Bündels von Trägerstrahlen in die homogenen Komponenten (woraus übrigens auch die obige anschauliche Bezeichnung unmittelbar verständlich wird). Man kann nämlich entweder anstreben, über die Natur der Träger, d. h. über ihre Ladung und ihre Masse, Aufschluß zu erhalten, oder man kann anstreben, Träger von gewünschter homogener Geschwindigkeit zu erzeugen, die dann zu weiteren Untersuchungen, z. B. über Ionisierungs- und Anregungsausbeuten u. dgl. verwendet werden können. Es sind dabei fast alle nur denkbaren Kombinationen von longitudinalen und transversalen elektrischen bzw. magnetischen Feldern, und zwar nicht nur von homogenen Feldern, benutzt worden, und es muß deshalb genügen, einige allgemeine Gesichtspunkte hervorzuheben und einige ausgewählte Beispiele zu geben. Wir wollen auch darauf verzichten, uns schon hier der neuen Einsichten zu bedienen, die inzwischen die Entwicklung der allgemeinen Elektronenoptik (S. 129) vermittelt hat z. B. für die die

Fokussierung der massenspektroskopisch zu untersuchenden Trägerstrahlen betreffenden Fragen.

Wie aus der allgemeinen Bewegungsgleichung von Trägern in elektrischen und magnetischen Feldern (S. 108)

$$F = M \cdot \mathfrak{B} = e\,\mathfrak{E} + e\,[\mathfrak{v}\,\mathfrak{H}]$$

hervorgeht, treten von den drei den Träger betreffenden Größen e
(Ladung), M (Masse) und $\mathfrak{v}$ (Geschwindigkeit) die beiden ersteren stets
nur in der Verbindung e/M auf und es ist deshalb auf keine Weise
möglich, aus dem Studium der Trägerbewegung in elektrischen und
magnetischen Feldern e und M für sich zu bestimmen. Worüber man
Aufschluß erhalten kann, ist stets nur die Größe von e/M (sog. spezifische Ladung). Die hierdurch bedingte Unbestimmtheit aller massen-
spektroskopischen Ergebnisse ist allerdings nicht so schlimm, wie es zunächst vielleicht scheinen könnte. Denn wir wissen von vornherein, daß
e der Größe nach stets nur ein ganzzahliges, und zwar fast stets nicht
großes Vielfaches der Elementarladung sein kann und wir haben in vielen
Fällen an dem Atom- bzw. Molekulargewicht der Substanzen, aus denen
die zu untersuchenden Träger stammen, einen Anhalt über die möglichen
Größen von M. Meist wird es deshalb möglich sein, zu einem gemessenen
e/M-Wert die Einzelwerte von e und M zu erraten. Nicht immer allerdings; so würden wir, um ein einfaches Beispiel zu geben, an sich nicht
unterscheiden können, ob ein gemessener e/M-Wert, der gerade $^1/_{16}$ des
Wertes für ein Wasserstoff-Atomion ist, dem Träger O^+ oder dem
Träger O_2^{++} zuzuschreiben ist, d. h. dem einfach geladenen Sauerstoff-
Atomion oder dem doppeltgeladenen Sauerstoff-Molekülion. Die Bewegungsgleichung enthält ferner zwei Unbekannte, e/M und $\mathfrak{v}$ und es sind
deshalb im allgemeinen zwei Messungen erforderlich, um beide zu bestimmen. Von Interesse ist allerdings hier nur e/M und man wird deshalb versuchen, Methoden zu ersinnen, die vor allem Aufschluß über die
Größe von e/M geben. Wir wollen nun die beiden üblichsten derartigen
Methoden, die Methode der parallelen Felder und die Methode der
gekreuzten Felder kurz besprechen.

Wenn man einen Trägerstrahl senkrecht in ein Feld hineinschießt, das
aus einem elektrischen und aus einem überlagerten gleichgerichteten
magnetischen Feld besteht, so wird jeder Träger in zwei zueinander
senkrechten Richtungen abgelenkt. Für kleine Ablenkungen superponieren sich die beiden Ablenkungen und wenn wir den Trägerstrahl
dann auf einer photographischen Platte auffangen, die senkrecht zur
ursprünglichen Strahlrichtung steht, so wird er auf sie in einem Punkt
x, y auftreffen, der gegeben ist durch

$$x = c_1 \cdot \frac{e}{M} \cdot \frac{1}{v}, \qquad y = c_2 \frac{e}{M} \cdot \frac{1}{v^2},$$

wo c_1 und c_2 Apparatkonstante sind, die nur von den geometrischen
Abmessungen und der Stärke der Felder abhängen. Nehmen wir nun an,

der Trägerstrahl enthalte Träger von allen möglichen Geschwindigkeiten, und zwar verschiedene Trägerarten, deren spezifische Ladungen e_1/M_1, $e_2/M_2 \ldots$ seien, so ergibt sich aus diesen Gleichungen durch Elimination der Geschwindigkeit v unmittelbar die folgende sehr einfache Gesetzmäßigkeit für die Lage x, y der Auftreffpunkte: Für jede Trägerart, der also ein bestimmter Wert von e/M zukommt, liegen Auftreffpunkte jeweils einer bestimmten Parabel, die gegeben ist, durch

$$(46) \qquad x^2 = \left(\frac{c_1^2}{c_2} \cdot \frac{e}{M} \right) \cdot y,$$

Wir erhalten also auf der photographischen Aufnahme eine Schar von Parabeln und können jeder dieser Parabeln eine bestimmte Trägerart zuordnen. Die Abb. 33 geben zwei besonders schöne Beispiele für derartige „Masseparabeln“ in direkter Reproduktion der photographischen Originalaufnahme, die mit Kanalstrahlen aus einer Entladungsröhre erhalten wurde; angeschrieben sind die den einzelnen Parabeln zukommenden Ionenarten.

Die eben geschilderte Methode der parallelen Felder hat den Nachteil, daß die Auftreffpunkte von Trägern derselben Art auf einer Kurve auseinandergebreitet werden und geben deshalb keine lichtstarken Bilder, wenn man nicht mit einem intensiven Trägerstrahl arbeiten kann.

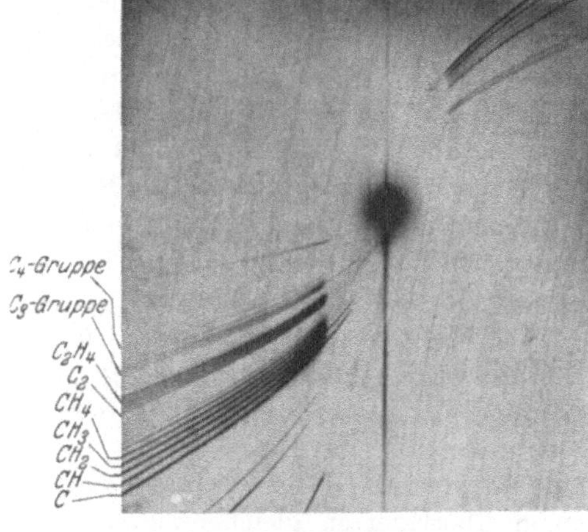

Abb. 33. Masseparabeln von Kanalstrahlen. (Nach CONRAD.)

Wenn es sich darum handelt, nach seltenen Trägerarten zu suchen, ist eine Methode vorzuziehen, die alle Träger mit demselben e/M in einem Auftreffpunkt vereinigt (fokussiert). Dies leistet nun gerade die zweite Methode der gekreuzten Felder, bei dem man den Trägerstrahl durch ein elektrisches und durch ein dazu senkrecht stehendes magnetisches Feld schickt. Die beiden Felder sind so gerichtet, daß sie die Strahlen in entgegengesetzter Richtung ablenken — und es läßt sich dann durch

geeignete Anordnung und Dimensionierung der Felder erreichen, daß
Träger mit jeweils demselben e/M in ungefähr demselben Punkt der
photographischen Platte wieder zusammentreffen (Fokussierung). Ein
Beispiel für die Massenspektrogramme, die mit einer derartigen Anordnung erhalten wurden, gibt die Abb. 34. Sie bezieht sich auf das
Massenspektrum einer Mischung von Kohlenmonoxyd und Neon und ist
folgendermaßen zu deuten. Angeschrieben sind die den einzelnen e/M-
Werten entsprechenden Massen, wobei die Masse des Sauerstoffatoms
wie üblich gleich 16 gesetzt ist. Man erkennt neben einer Reihe von
Linien, die Verunreinigungen (Kohlenwasserstoffen) zuzuschreiben sind,
z. B. die Linien des O (16), Ne (20), CO (28), O_2 (32) usw. Bemerkenswert ist aber vor allem die Linie bei $M = 22$, die eindeutig dem Neon-
isotop vom Atomgewicht 22 zugeordnet werden konnte; insbesondere
für die Isotopenforschung hat sich denn auch diese Methode als besonders fruchtbar erwiesen.

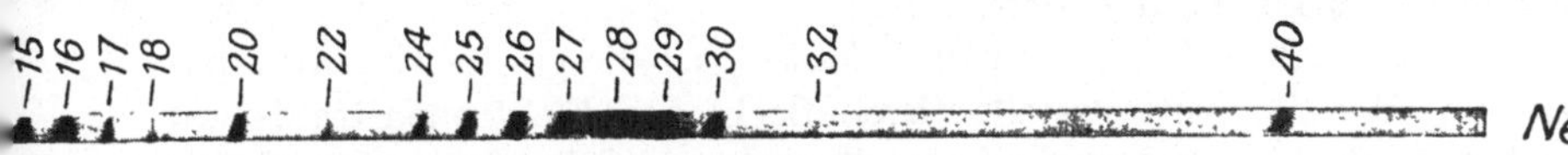

Abb. 34. Massenspektrum von CO + Ne-Kanalstrahlen. (Nach ASTON.)

BRAUNsches Rohr, Kathodenstrahloszillograph. Die Besprechung der
Theorie des BRAUNschen Rohres bzw. des Kathodenstrahloszillographen
— der prinzipiell nichts anderes ist als ein BRAUNsches Rohr —
können wir ganz kurz erledigen. Denn alles physikalisch Wesentliche
ist aus den Angaben im vorhergehenden Abschnitt zu entnehmen und
im übrigen würde es sich eigentlich nur um eine Schilderung von
konstruktiven Einzelheiten und der experimentellen Arbeitsmethodik
handeln können, die nicht mehr hierhergehört.

Die Güte eines BRAUNschen Rohres als Meßinstrument läßt sich
kennzeichnen durch die Spannungsempfindlichkeit e_s, die Stromempfindlichkeit e_i und die maximale Schreibgeschwindigkeit v_m. Als Spannungsempfindlichkeit bezeichnet man die Ablenkung auf dem Auffangeschirm
(photographische Platte, Leuchtschirm) in cm pro Volt ablenkender
Spannung. Sie läßt sich sofort angeben aus der früheren Formel (42b) zu

$$e_s = \frac{1}{2Vd}\left(\frac{l^2}{2} + lL\right).$$

Es ist darin l die Länge des Ablenkungsfeldes, L der Abstand des Schirms
vom Feldende, d der Abstand der Ablenkungsplatten und V die Beschleunigungsspannung in Volt zwischen Kathode und Anode. Da in
praxi stets L groß gegen l ist, können wir noch etwas einfacher schreiben

$$(47a) \qquad\qquad e_s = \frac{lL}{2Vd}$$

und sehen daraus, daß die Spannungsempfindlichkeit sich nicht ändert,
wenn man zugleich die Plattenlänge und den Plattenabstand proportional

verkleinert. Eine Vergrößerung der Spannungsempfindlichkeit läßt sich erreichen durch Verwendung geeignet gekrümmter oder nicht mehr parallel zueinander stehender Platten; man kann so noch etwa eine Verdoppelung von e_s erzielen. Die Stromempfindlichkeit e_i ist analog die Ablenkung in cm pro Ampere und hängt natürlich unmittelbar mit e_s zusammen, wenn man auch den Strom durch ein elektrisches Ablenkungsfeld mißt, das erzeugt wird durch den Ohmschen Spannungsabfall in einem Widerstand. Benutzt man magnetische Ablenkungsspulen, so ergibt sich leicht aus der Gl. (43a) S. 115 für die Stromempfindlichkeit die zu (47a) analoge Formel

$$(47\,\mathrm{b}) \qquad e_i = \sqrt{\frac{\varepsilon}{m}} \cdot H_1 \cdot \frac{a\,L}{\sqrt{2\,V}}$$

a ist dabei die Längserstreckung des (homogenen, streuungsfreien) Magnetfeldes, L wieder der Abstand des Schirmes vom Feldende und H_1 die Magnetfeldstärke für den Strom 1 A.

Die maximale Schreibgeschwindigkeit v_m ist die größte Geschwindigkeit, mit der die Auftreffstelle (Brennfleck) des Elektronenstrahls auf der Schreibfläche wandern darf, damit noch eine Schwärzung der photographischen Platte oder ein Fluoreszenzleuchten hervorgerufen wird. Sie hängt natürlich ab von der Ansprechempfindlichkeit der Schreibflächensubstanz. Ist d der Durchmesser des Brennflecks, so wird ein Flächenelement während der Zeit $t = d/v$ beschossen; ist ferner i die Stromstärke des Elektronenstrahls, so ist die Zahl der Elektronen, die auf ein Flächenelement der Schreibfläche auffallen

$$n = \frac{t\,i}{\varepsilon\,d^2\,\pi/4} = \frac{4\,i}{\pi\,\varepsilon\,d\,v_m}\,.$$

Wenn nun E die Schwellenenergie ist, die zur Erregung der Schreibfläche nötig ist, muß offenbar $\varepsilon V \cdot n \geq E$ sein, wobei V die Beschleunigungsspannung der Elektronen ist. Messen wir E ebenfalls in e-Volt und setzen demgemäß statt E nun εE, so ergibt sich für die maximale Schreibgeschwindigkeit

$$v_m = \frac{4}{\pi\,\varepsilon}\,\frac{1}{E} \cdot \frac{i\,V}{d}$$

oder mit $\varepsilon = 1{,}6 \cdot 10^{-19}$C und i gemessen in μA, v_m in km/s.

$$(48) \qquad v_m = \frac{8 \cdot 10^7}{E} \cdot \frac{i\,V}{d}\,.$$

Man muß also mit möglichst raschen Elektronen arbeiten und muß d möglichst klein machen, damit v_m groß wird. Die letztere Forderung führt zu dem Problem der „Fokussierung" des Elektronenstrahls, wofür eine ganze Reihe verschiedener Methoden vorgeschlagen worden sind. Wir werden darauf noch zurückkommen in dem Abschnitt über Elektronenoptik; erwähnt sei nur, daß in den neueren Kathodenstrahloszillographen bei direkter Beschießung einer photographischen Schicht

(Innenaufnahmen) Schreibgeschwindigkeiten bis zu einigen 1000 km/s erreicht werden konnten.

18. Ausbreitung elektromagnetischer Wellen in der Atmosphäre.

Grundlagen der Dispersionstheorie. Zur Vorbereitung auf die Theorie der Fortpflanzung von Radiowellen in der Atmosphäre ist eine Einschaltung über die Grundlagen der Dispersionstheorie nützlich, die übrigens zugleich ein besonders hübsches Beispiel für die Anwendung einiger vorhergehender Überlegungen gibt, insofern es sich dabei ebenfalls um das Studium der Bewegung von Ladungsträgern in elektrischen Feldern handelt und diese Felder nun die elektrischen Wechselfelder sehr großer Frequenz der elektromagnetischen Lichtwellen sind. Andererseits jedoch werden wir es nun zu tun haben nicht mehr mit freien Trägern, sondern im Gegenteil mit Trägern, die durch innere Kräfte an gewisse feste Gleichgewichtslagen gebunden sind und deren Bewegung abgebremst ist.

Die beiden Grundgleichungen der MAXWELLschen Theorie

$$\frac{D}{c} \cdot \frac{\partial \mathfrak{E}}{\partial t} = \operatorname{rot} \mathfrak{H}$$

$$\frac{1}{c} \frac{\partial \mathfrak{H}}{\partial t} = - \operatorname{rot} \mathfrak{E}$$

geben durch Elimination von $\mathfrak{H}$ für die elektrische Feldstärke $\mathfrak{E}$ die sog. Wellengleichung

$$\frac{D}{c^2} \cdot \frac{\partial^2 \mathfrak{E}}{\partial t^2} = \Delta \mathfrak{E}.$$

Sie zeigt, und dies ist ja die Grundlage der ganzen elektromagnetischen Lichttheorie, daß sich in einem Isolator mit der Dielektrizitätskonstante D elektromagnetische Wellen fortpflanzen können, deren Geschwindigkeit $v = c/\sqrt{D}$ ist. Da der optische Brechungsindex ν eines Mediums gegeben ist durch das Verhältnis der Fortpflanzungsgeschwindigkeit c der Wellen im leeren Raum zur Fortpflanzungsgeschwindigkeit v im Medium, ergibt sich für den Brechungsindex die berühmte Beziehung $\nu = \sqrt{D}$. Diese Beziehung hat sich bekanntlich zwar bestens bewährt für hinreichend lange Wellen, sie gilt aber nicht mehr für Lichtwellen und ist vor allem auch nicht imstande, die Erscheinung der Dispersion verständlich zu machen, d. h. die Anhängigkeit des Brechungsindexes von der Wellenlänge.

Dies hat dann zu einer Ergänzung der MAXWELLschen Gleichungen geführt durch die Annahme, daß in den körperlichen optischen Medien schwingungsfähig gebundene geladene Teilchen vorhanden sind, die durch das elektrische Feld der Lichtwellen in Bewegung gesetzt werden. Wenn auch neuerdings andere quantentheoretische Vorstellungen zur

Erklärung der Dispersionserscheinungen entwickelt worden sind, wollen wir hier an dieser älteren Vorstellung festhalten, weil wir im nächsten Abschnitt unmittelbar daran anknüpfen werden. Und zwar wollen wir annehmen, daß Elektronen vorhanden sind, die durch elastische Kräfte an Ruhelagen gebunden sind und auf die außerdem noch geschwindigkeitsproportionale Reibungskräfte wirken. Wenn die elektrische Feldkraft der über dies Elektronensystem hinwegstreichenden Lichtwelle $|\mathfrak{E}| = \mathfrak{E}_0 \sin nt$ ist, sollen sich also die Elektronen bewegen gemäß der üblichen Schwingungsgleichung ($\mathfrak{z} = $ Elongation)

$$(49\,\text{a}) \qquad m\,\frac{d^2\,\mathfrak{z}}{d\,t^2} + r\cdot\frac{d\,\mathfrak{z}}{d\,t} + f\cdot\mathfrak{z} = \varepsilon\cdot\mathfrak{E}_0 \sin n\,t.$$

Die Ladung ε und die Masse m der Elektronen sind universelle Größen, aber f und r haben für jede Substanz bestimmte Werte und sind offenbar anzusprechen als Materialkonstante, durch die jede Substanz dispersionstheoretisch gekennzeichnet ist. Im stationären Zustand, wenn der Einschwingvorgang abgeklungen ist, pendeln demnach die Elektronen in erzwungenen Schwingungen mit derselben Frequenz und in derselben Richtung wie $\mathfrak{E}$, jedoch mit einer Phasenverschiebung, um ihre Ruhelagen. Sie transportieren dabei ihre Ladungen hin und her, d. h. es fließt ein Konvektionsstrom von der Frequenz der erregenden Lichtwelle. Wenn in der Volumeinheit N Elektronen vorhanden sind, ist die Stromdichte dieses Konvektionsstromes

$$(49\,\text{b}) \qquad j = \frac{1}{c}\,N\cdot\varepsilon\cdot\frac{d\,\mathfrak{z}}{d\,t}.$$

Nun nimmt man in der Dispersionstheorie (und allgemeiner in der Elektronentheorie der materiellen Körper) an, daß die dielektrischen Eigenschaften (vgl. Abschn. 39) durch Verschiebungen von Elektronen aus ihren Ruhelagen zustande kommen. Man setzt deshalb die MAXWELLschen Gleichungen an in derselben Form wie für den leeren Raum, setzt also $D = 1$, und ergänzt sie durch spezifische Zusatzglieder. In unserem Fall besteht diese Ergänzung darin, daß wir konsequent im Sinn der MAXWELLschen Theorie den Verschiebungsstrom $\dfrac{1}{c}\,\dfrac{\partial\,\mathfrak{E}}{\partial\,t}$ ergänzen durch den Konvektionsstrom j und demgemäß die erste MAXWELLsche Gleichung anschreiben in der Form

$$(49\,\text{c}) \qquad \frac{1}{c}\left(\frac{\partial\,\mathfrak{E}}{\partial\,t} + N\,\varepsilon\,\frac{d\,\mathfrak{z}}{d\,t}\right) = \operatorname{rot} \mathfrak{H}.$$

Die zweite Gleichung bleibt ungeändert, weil im Gebiet der hochfrequenten optischen Wellen keinerlei spezifische magnetische Erscheinungen mehr auftreten.

Die Gl. (49c) formen wir am einfachsten um in Verbindung mit der Schwingungsgleichung (49a), wenn wir wie in der Theorie der Wechselströme mit komplexen Größen rechnen. Wir setzen also $|\mathfrak{E}|$ an in der

Form $|\mathfrak{E}| = E_0 e^{int}$ und erhalten dann aus der Schwingungsgleichung

$$\frac{d\mathfrak{s}}{dt} = \frac{\varepsilon}{-m \cdot n^2 + f - i \cdot n r} \cdot \frac{\partial \mathfrak{E}}{\partial t}$$

und demgemäß die Gl. (49c) in der Form

$$(50) \qquad \frac{1}{c} \frac{\partial \mathfrak{E}}{\partial t} \left(1 + \frac{N \varepsilon^2}{-m n^2 + f - i n r} \right) = \text{rot } \mathfrak{H}.$$

Wie ein Vergleich mit der ersten MAXWELLschen Gleichung zeigt, bleibt also formal alles ungeändert gegenüber den Verhältnissen im leeren Raum, nur müssen wir jetzt weiterhin rechnen mit einer „komplexen" Dielektrizitätskonstante D', nämlich mit

$$(51\,\text{a}) \qquad D' = 1 + \frac{N \varepsilon^2}{-m n^2 + f - i n r}.$$

Wir wollen nun hier nur einen besonders einfachen Fall betrachten auf Grund folgender Überlegung. Im allgemeinen wird unser Medium die Erscheinung der Absorption zeigen, weil der Welle durch die Elektronen Energie entnommen und durch die Reibung in Wärme umgewandelt wird; dies läßt sich auch durch die Diskussion der obigen allgemeinen Ansätze im einzelnen nachweisen und es läßt sich der Absorptionskoeffizient ausrechnen, d. h. er läßt sich ausdrücken durch die Wellenfrequenz n und durch die Materialkonstanten N, f und r. Wenn wir jedoch mit Wellen arbeiten, deren Frequenz stark verschieden ist von der Eigenfrequenz der schwingenden Elektronen (also weit außerhalb des Resonanzgebietes), werden die Elongationen und Geschwindigkeiten der Elektronen klein bleiben; es wird dann auch die Reibung klein bleiben und in erster Näherung zu vernachlässigen sein. Formal heißt dies, daß wir das Reibungsglied einfach weglassen, d. h. $r = 0$ setzen dürfen. Dann wird

$$D' = 1 + \frac{N \varepsilon^2}{f - m n^2}.$$

Erinnern wir uns noch daran, daß die Fortpflanzungsgeschwindigkeit v der Wellen in dem betrachteten Medium $v = c/\sqrt{D'}$ ist und ferner daran, daß der optische Brechungsindex $\nu = \sqrt{D'}$ ist, so erhalten wir als Endergebnis

$$(51\,\text{b}) \qquad \nu = \sqrt{1 + \frac{N \varepsilon^2}{f - m n^2}}.$$

Wir bekommen also jetzt eine Abhängigkeit des Brechungsindex von der Frequenz n der Welle, d. h. die Erscheinung der Dispersion, und zwar der sog. normalen Dispersion, bei der der Brechungsindex abnimmt mit abnehmender Frequenz bzw. zunehmender Wellenlänge. Zur Ergänzung einer früheren Bemerkung sei noch erwähnt, daß $D' = 1 + N \varepsilon^2/f$ wird für $n = 0$. Dies D' ist aber offenbar nichts anderes als die gewöhnliche Dielektrizitätskonstante der Substanz bei statischer Beanspruchung, die so ihre elektronentheoretische Deutung findet.

Absorption und Brechung in der Heavisideschicht. Die Fortpflanzung langer elektromagnetischer Wellen, wie sie bei der drahtlosen Nachrichtenübermittlung Verwendung finden, geht bekanntlich in der Hauptsache längs der Erdoberfläche vor sich (Oberflächenwelle). Die Empfangsstärke läßt sich in Abhängigkeit von der Entfernung zwischen Sender und Empfänger und von der Wellenlänge gut wiedergeben durch die AUSTINsche Formel, nach der sie im allgemeinen um so größer ist, je größer die Wellenlänge ist. Es war deshalb zunächst überraschend, daß man auch mit Kurzwellen ($\lambda \lesssim 100$ m) weite Entfernungen überbrücken kann. Dies deutete darauf hin, daß hier die Ausbreitung noch in anderer Weise als nur längs der Erdoberfläche erfolgt, eine Vermutung, die dann insbesondere durch die Entdeckung der zwischen ein Gebiet guten Empfangs und den Sender sich einschiebende tote Zone oder Schweigezone und durch die Erscheinung der Fadings nahegelegt wurde. Wie bekannt, konnte eine Erklärung dieser Befunde gegeben werden durch die Annahme einer räumlichen Ausbreitung der Wellen (Raumwelle) und einer in etwa 100 km Höhe über dem Erdboden liegenden ionisierten Gasschicht, die auf die Wellenfortpflanzung wie ein brechendes und reflektierendes Medium wirkt (Heaviside-Kenelly-Schicht). Die Theorie der Entstehung dieser Schicht und der in ihr sich abspielenden Vorgänge ist inzwischen soweit ausgebaut und durch experimentelle Ergebnisse soweit gestützt worden, daß sie über das Stadium einer bloßen Hypothese längst hinausgewachsen ist (S. 177 ff.).

Wir wollen hier noch nicht auf Einzelheiten eingehen, mit denen sich zu beschäftigen Sache der Physik der Atmosphäre ist, sondern wollen nur die Grundlagen der Theorie der Wellenfortpflanzung in einer solchen ionisierten Gasschicht besprechen, und zwar aufgefaßt als ein weiteres Anwendungsbeispiel der Theorie der Trägerbewegung in elektrischen Feldern. Es ist dies auch deshalb von Interesse, weil es sich dabei um Ansätze von grundsätzlich ganz derselben Art handelt, wie wir sie für das Gebiet optischer Wellen nach der älteren klassischen Dispersionstheorie eben kennengelernt hatten. Ganz allgemein gefaßt handelte es sich dabei um die Frage, wie sich eine elektromagnetische Welle in einem isolierenden Medium fortpflanzt, in das geladene Teilchen (Träger) eingebettet sind. Im vorliegenden Fall sind diese Teilchen nämlich frei zwischen den Gasmolekülen bewegliche Elektronen, im Fall der optischen Dispersionstheorie waren es Elektronen, die an Ruhelagen im Festkörperverband durch quasielastische Kräfte gebunden sind.

Es ist nicht schwer, zunächst qualitativ zu übersehen, was sich beim Hinwegstreichen einer elektromagnetischen Welle über eine Wolke von Trägern ereignet. Die Träger werden durch die elektrische Feldkraft $\mathfrak{E}$ der Welle in schwingende Bewegung versetzt, so daß außer dem Verschiebungsstrom $\dfrac{1}{c}\dfrac{\partial\mathfrak{E}}{\partial t}$ noch der von den Trägern transportierte pulsierende Konvektionsstrom fließt. Wenn die Träger vollkommen frei sind, also keine Zusammenstöße mit den Gasmolekülen erleiden, geht dabei praktisch keine Energie verloren, das Medium ist also vollkommen „durchsichtig", d. h. es findet keinerlei Absorption statt. Was sich gegenüber der Sachlage ohne Träger ändert, ist dann lediglich, daß die Fortpflanzungsgeschwindigkeit der Welle eine andere ist als im normalen neutralen Gas oder in optischer Ausdrucksweise, daß der Brechungsindex ein anderer ist. Sind die Träger nicht vollkommen frei, d. h. spielen ihre Zusammenstöße mit den Gasmolekülen eine Rolle, so wird durch sie der Welle Energie entzogen und umgewandelt in ungeordnete Wärmebewegung des Gases; es findet dann also eine Absorption statt. Nun liegen die Dinge in der Heavisideschicht so, daß (für kurze Wellen) die Träger als frei betrachtet werden können. In den größeren Höhen von rund 100 km ist nämlich die Gasdichte schon so klein und deshalb die mittlere freie Weglänge der Träger so groß, daß die Störungen der freien Trägerbewegung durch die Zusammenstöße praktisch vernachlässigt werden können, worauf wir unten noch zurückkommen werden.

Die rechnerische Durchführung können wir unmittelbar anschließen an die Ansätze des vorhergehenden Abschnittes, denn zu ändern ist lediglich die Bewegungsgleichung (49 a) S. 124 für die Elektronen. Wenn keine Bindungskraft und keine Reibungskraft wirkt, bewegen sich die Elektronen nach S. 107 gemäß der Gleichung

$$m \cdot \frac{d^2 x}{d t^2} = \varepsilon \, \mathfrak{E},$$

wobei als Richtung der Triebkraft = elektrische Kraft $\mathfrak{E}$ in der Welle die x-Richtung gewählt ist. Rechnen wir wieder mit komplexen Größen und setzen für $\mathfrak{E}$ an $\mathfrak{E}_0 \cdot e^{i n t}$, so wird

$$\frac{d x}{d t} = \frac{\varepsilon}{i\, n\, m} \cdot \mathfrak{E}_0 \cdot e^{i n t} = -\frac{\varepsilon}{n^2\, m} \cdot \frac{\partial \mathfrak{E}}{\partial t}$$

und die erste MAXWELLsche Gl. (50) S. 125 nimmt dann die Form an

$$\frac{1}{c} \frac{\partial \mathfrak{E}}{\partial t} \left(1 - \frac{N\, \varepsilon^2}{n^2\, m}\right) = \operatorname{rot} \mathfrak{H},$$

wenn N Elektronen in der Volumeinheit vorhanden sind. Alles übrige bleibt unverändert und es ergibt sich nun also für die Dielektrizitätskonstante der mit Elektronen durchsetzten hohen Atmosphärenschichten

$$(52\,\mathrm{a}) \qquad D' = 1 - \frac{N\, \varepsilon^2}{n^2\, m}$$

und daraus für ihren Brechungsindex

$$(52\,\mathrm{b}) \qquad \nu = \sqrt{1 - \frac{N\, \varepsilon^2}{n^2\, m}} \; .$$

Es verhält sich demnach die Heavisideschicht kurzen Wellen gegenüber wie ein Medium mit kleinerem Brechungsindex als die angrenzenden trägerfreien Teile der Atmosphäre, also wie ein „optisch dünneres"

Medium als diese. Daraus folgt nach dem elementaren Brechungsgesetz, daß eine in die Heavisideschicht eindringende Welle vom Einfallslot weg gebrochen wird, analog wie z. B. eine Lichtwelle beim Übergang von Glas in Luft.

Nachzutragen ist noch der Nachweis, daß für kurze Wellen die Träger als frei angesehen werden können; es genügt dazu die folgende Überschlagsbetrachtung, da es nur auf eine größenordnungsmäßige Abschätzung ankommt. Aus der Bewegungsgleichung

$$m \frac{d^2 x}{d t^2} = \varepsilon \, \mathfrak{E}_0 \cdot \sin n\, t$$

ergibt sich für die Geschwindigkeit

$$v = \frac{d x}{d t} = \frac{\varepsilon}{m\, n} \cdot \mathfrak{E}_0 \cdot \cos n\, t$$

und daraus für die mittlere Geschwindigkeit durch Mittelung über eine Periode

$$\bar{v} = \frac{2}{\pi} \cdot \frac{\varepsilon}{m\, n} \cdot \mathfrak{E}_0 \, .$$

Wenn nun ein Träger in der Zeiteinheit S Zusammenstöße mit Gasteilchen macht und bei jedem Stoß die im Feld erhaltene Geschwindigkeit verliert, so ist die mittlere Geschwindigkeitsänderung durch die Zusammenstöße pro Zeiteinheit

$$S \cdot \bar{v} = S \cdot \frac{2}{\pi} \cdot \frac{\varepsilon}{m\, n} \mathfrak{E}_0 \, .$$

Andererseits ist die mittlere Geschwindigkeitsänderung pro Zeiteinheit infolge der Feldwirkung allein die aus der Bewegungsgleichung sich ergebende mittlere Beschleunigung $\mathfrak{B}$. Sie ist also, wenn wir auch die Bewegungsgleichung über eine Periode mitteln

$$\bar{\mathfrak{B}} = \frac{2}{\pi} \frac{\varepsilon}{m} \mathfrak{E}_0$$

und die Träger werden im Sinn der vorhergehenden Ansätze als frei anzusehen sein, wenn $S\,\bar{v}/\bar{\mathfrak{B}}$ klein gegen 1 ist. Es müßte demnach sein

$$\frac{S}{n} \ll 1 \, ,$$

damit unsere Behauptung zu recht besteht, daß die Zusammenstöße hier keine Rolle spielen. Da aber die Feldstärken $\mathfrak{E}_0$ so klein sind, daß die Trägergeschwindigkeit im Feld praktisch sich nicht unterscheidet von der thermischen gaskinetischen Geschwindigkeit, können wir S aus der Gasdichte und der Gastemperatur ausrechnen (vgl. S. 41) und finden bei dem in der Heavisideschicht herrschenden Luftdruck von der Größenordnung 0,01 mm Hg und bei einer Gastemperatur von etwa -50° C für S die Größenordnung 10^5 bis 10^6 je nach Art der Träger. Für eine Wellenlänge ≤ 100 m ist die Frequenz $n = 2 \cdot 10^7$, so daß also für kurze Wellen unterhalb von etwa 100 m die obige Bedingung erfüllt ist.

Die weiteren Überlegungen gehören eigentlich nicht mehr hierher. Sie haben einerseits zum Ziel, Aufschluß über die Zahl, Verteilung und Art der Träger zu geben und lassen sich andererseits bezüglich der Diskussion des Strahlenganges losgelöst von den obigen atomistischen Betrachtungen nach den Methoden der geometrischen Optik durchführen. Das Wesentliche daran ist, daß die Trägerdichte aus einer genaueren Diskussion der trägererzeugenden und trägervernichtenden Vorgänge in den oberen Atmosphärenschichten — wobei allerdings noch mancherlei Einzelheiten zu klären sind — sich ergibt, daß sie an der unteren Grenze der Schicht von vernachlässigbar kleinen Werten

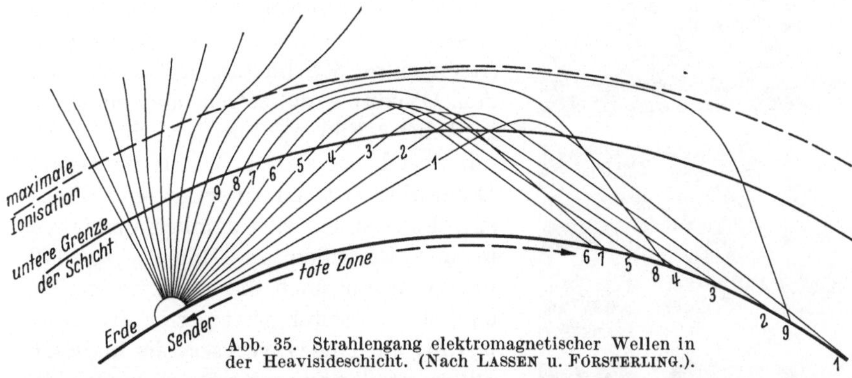

Abb. 35. Strahlengang elektromagnetischer Wellen in der Heavisideschicht. (Nach LASSEN u. FÖRSTERLING.).

aus zuerst zunimmt, dann aber nach Erreichung eines Maximums wieder abnimmt. Dementsprechend haben wir es zu tun mit einer Abnahme und dann wieder mit einer Zunahme des Brechungsindex mit zunehmender Höhe, also mit analogen Verhältnissen, wie im Gebiet der meteorologischen Optik bei gewissen Formen von Luftspiegelungen. Wenn man den Strahlengang in einem Medium von der skizzierten Struktur ausrechnet, kommt man so zu dem in Abb. 35 gezeichneten Bild für den Strahlengang, das in der Tat die eingangs geschilderten experimentellen Befunde recht gut wiedergibt.

19. Elektronenoptik.

Das Elektronenmikroskop. Als ein weiteres Beispiel für die Bewegung von Elektronen in elektrischen und magnetischen Feldern wollen wir eine Gruppe von Vorgängen betrachten, die in letzter Zeit sehr genau und systematisch untersucht worden sind und deren Studium zur Entwicklung der sog. Elektronenoptik geführt hat. Von praktischen Gesichtspunkten aus handelt es sich dabei darum, in Analogie zu der Abbildung selbstleuchtender Objekte durch Lichtstrahlen mit Hilfe optischer Instrumente eine Abbildung elektronenemittierender Objekte — z. B. der Oberflächen von Glühkathoden — durch Elektronenstrahlen mit Hilfe geeigneter elektrischer oder magnetischer Felder zu erzielen, wodurch ein wertvolles Hilfsmittel zum Studium der Vorgänge und Veränderungen an derartigen Oberflächen entwickelt werden konnte. Die Erfolge dieser Bemühungen sind auch schon recht schöne, wie dies Abb. 36 an einem Beispiel zeigen möge. Es sind das direkte photographische, mit einem solchen „Elektronenmikroskop" erhaltene Aufnahmen eines kleinen Teiles der Oberfläche einer überheizten Oxydkathode, die bei der hier benutzten 65fachen Vergrößerung die fortschreitenden Veränderungen deutlich erkennen lassen. Die Oberfläche wurde durch Einritzen eines Strichnetzes in diesem von dem Oxydüberzug befreit und emittiert zunächst (Bild a) nur an den noch mit Oxyd bedeckten Oberflächenteilen. Dann aber tritt ein unerwarteter Effekt ein: Es sammelt sich nämlich das Oxyd in den Ritzrillen an (Bild d), so daß praktisch nur noch diese emittieren, bis endlich bei weiter gesteigerter Strombelastung auch die Oxydreservoire in diesen Rillen erfaßt und zerstört werden (Bild f).

Die weitere Entwicklung wird zum Ziel haben müssen, die Schärfe der Abbildung und die Vergrößerung zu steigern, vielleicht auch die ganze Methode zu erweitern von der Abbildung „selbstleuchtender", auf die „durchleuchteter" Objekte und endlich als letztes, über die in optischen Mikroskopen naturgegebenen Grenzen der Vergrößerung hinauszukommen. Aber mit alledem ist nur die eine Seite der Angelegenheit skizziert. Man kann nämlich die Elektronenoptik auch von rein theoretischen Gesichtspunkten aus ansehen und kommt dann auf Probleme sehr tiefliegender Art von grundsätzlicher Bedeutung, die wieder

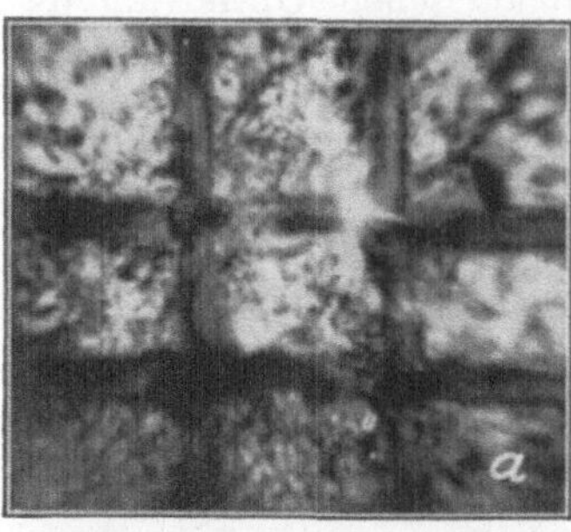
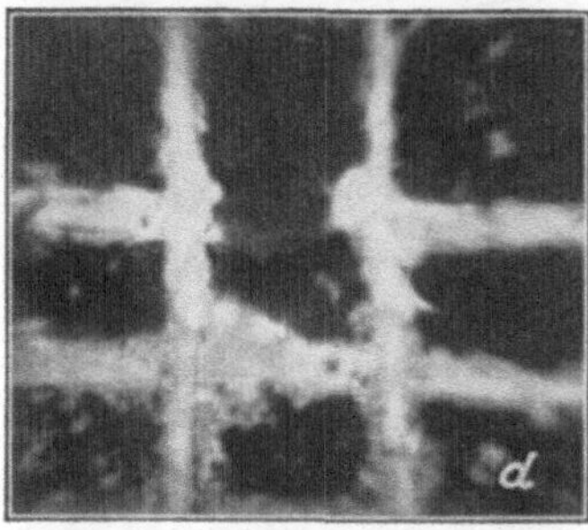
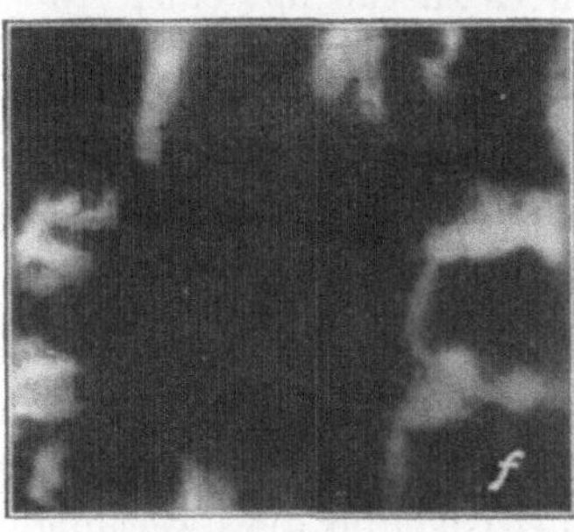

Abb. 36. Elektronenmikroskopische Bilder der Oberfläche einer Oxydkathode nach Brüche und Scherzer. (Aus Brüche u. Scherzer: Elektronenoptik. Berlin: Julius Springer 1934.)

auf den durch die Schlagworte Korpuskel und Welle gekennzeichneten Dualismus (vgl. S. 59) zurückführen. Wir hatten damals gesehen, daß das Licht als Wellenvorgang offenbar nicht erschöpfend zu erfassen ist, sondern, daß man ihm auch noch eine korpuskulare Struktur zuschreiben muß. Umgekehrt muß man auch Korpuskeln, z. B. Elektronen, in gewissem Sinn und Umfang Wellennatur zuschreiben, wenn man allen ihren Eigenschaften gerecht werden will. Hierauf im einzelnen einzugehen ist hier für uns aber nicht unbedingt notwendig. In dem für praktische Belange notwendigen Umfang kommen wir auch durch etwas leichter verständliche Überlegungen zum Ziel; allerdings müssen wir dabei auf einen umfassenden, allgemeinen und von rein theoretischem Standpunkt aus wirklich befriedigenden Aufbau der Elektronenoptik verzichten.

Beziehungen zwischen Mechanik und geometrischer Optik. In der geometrischen Optik braucht man sich bekanntlich um die Wellennatur des Lichtes nicht zu kümmern, man kann hier mit Licht„strahlen“ arbeiten und aus den für diese geltenden elementaren Gesetzen der Brechung und Reflektion die Gesetze der optischen Abbildung ableiten. Würde das Licht aus einzelnen Lichtteilchen bestehen, für deren Bewegung jene Brechungs- und Reflektionsgesetze gelten, so würde sich an der ganzen geometrischen Optik nur dort etwas ändern, wo Beugungserscheinungen eine Rolle spielen. Demgemäß können wir also die geometrische Optik weitgehend formal aufbauen so, als ob das Licht aus Korpuskeln bestände, deren Bahnen die Lichtstrahlen sind, welche die optische Abbildung vermitteln. Für optisch homogene Medien, mögen das nun der leere Raum oder gleichförmige durchsichtige Substanzen wie Gläser u. dgl. sein, ist das unmittelbar klar; die Lichtstrahlen = Korpuskelbahnen sind hier gerade Linien (man denke etwa an die Abbildung durch Schattenwurf oder an die Lochkamera). An der Grenzfläche zweier solcher Medien werden die Lichtstrahlen dem Brechungsgesetz entsprechend geknickt und es gilt, wenn ein Lichtstrahl aus einem Medium mit dem Brechungsindex n_1 in ein Medium mit dem Brechungsindex n_2 übertritt, das elementare Brechungsgesetz $\sin \alpha_1/\sin \alpha_2 = n_2/n_1$. Es gilt aber natürlich nicht nur, wenn der Brechungsindex sich unstetig ändert wie an der Grenzfläche zweier verschiedener Medien, sondern in sinngemäßer Verallgemeinerung auch im Inneren eines optisch inhomogenen Mediums, in dem der Brechungsindex von Ort zu Ort sich ändert. In einem solchen Medium sind die Lichtstrahlen nicht mehr gerade, sondern nach Maßgabe der räumlichen Änderung von n gekrümmte Kurven.

Ein einfaches Beispiel, das wir übrigens später noch zur Veranschaulichung eines allgemeinen Theorems verwenden werden, ist folgendes. Wenn ein Medium in horizontaler Schichtung aufgebaut ist derart, daß der Brechungsindex nur von der einen Koordinate z abhängt — wie dies in der Natur z. B. für die Atmosphäre der Fall ist — verläuft jeder Strahl in jeweils ein und derselben Ebene, d. h. er ist nicht eine räumlich gekrümmte, sondern eine ebene Kurve. Die Gestalt dieser Kurve läßt sich unschwer angeben, wenn wir uns das Medium in differentielle Schichten von der Dicke dz zerlegt denken (Abb. 37). Nach dem

Brechungsgesetz ist dann

$$n \sin \alpha = (n + dn) \sin (\alpha + d\alpha),$$

woraus sich bei Vernachlässigung quadratisch unendlich kleiner Glieder ergibt

$$n \cdot \sin \alpha = \text{const} = n_0 \sin \alpha_0.$$

Andererseits ist aber

$$\frac{dx}{dz} = \operatorname{tg} \alpha = \frac{\sin \alpha}{\sqrt{1 - \sin^2 \alpha}} = \frac{n \sin \alpha}{\sqrt{n^2 - n^2 \sin^2 \alpha}}$$

und die Kombination dieser beiden Gleichungen gibt die Differentialgleichung der Strahlkurve

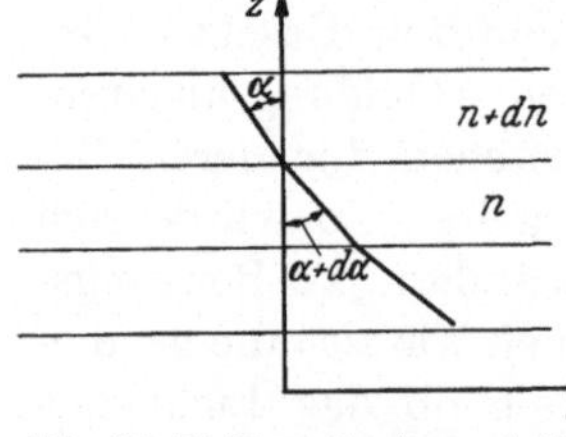

$$dx = n_0 \cdot \sin \alpha_0 \cdot \frac{dz}{\sqrt{n^2 - n_0^2 \sin^2 \alpha_0}}.$$

Da $n = n(z)$ nur von z abhängen soll, kann man diese Gleichung sofort integrieren und erhält

$$x = n_0 \sin \alpha_0 \int_0^z \frac{dz}{\sqrt{n^2(z) - n_0^2 \sin^2 \alpha_0}}.$$

Abb. 37. Lichtung in einem stetig geschichteten Medium.

Als spezielles Beispiel betrachten wir den Fall, daß $n^2(z)$ nach oben hin linear mit z zunimmt, das Medium also (ähnlich wie die Atmosphäre unter anomalen meteorologischen Bedingungen) mit zunehmender Höhe optisch dichter wird. Es ist dann $n^2(z) = n_0^2 + bz$ und wir erhalten für die Gleichung der Strahlkurve

$$x = \frac{2 n_0 \sin \alpha_0}{b} \left\{ \sqrt{n_0^2 \cos^2 \alpha_0 + b z} - \sqrt{n_0^2 \cos^2 \alpha_0} \right\}.$$

Es ist das eine nach oben konkave Parabel.

Nun wollen wir versuchen, ein elektrisches Modell für die Lichtstrahlen in einem optisch inhomogenen Medium zu konstruieren. Wir benutzen dazu Elektronen, die in ein elektrostatisches Feld von geeigneter Struktur hineingeschossen werden und fragen, wie dieses Feld aussehen muß, damit die Bahnen der Elektronen geometrisch dieselbe Form haben wie die Lichtstrahlen in einem Medium, in dem der Brechungsindex eine gegebene Funktion $n(x, y, z)$ der Koordinaten ist. Da das Feld ein Potential φ besitzt — es ist an jeder Stelle die Feldstärke $\mathfrak{E}$ gegeben durch $\mathfrak{E} = \operatorname{grad} \varphi$ — handelt es sich also darum, zu einem gegebenen $n(x, y, z)$ dieses Potential $\varphi(x, y, z)$ zu finden. Dies Problem läßt sich ganz allgemein lösen, wenn man zur Beschreibung der Elektronenbewegung das HAMILTONsche Prinzip der kleinsten Wirkung und zur Beschreibung der Gestalt der Strahlkurven das FERMATsche Prinzip des kürzesten Lichtweges benutzt. Das erstere sagt aus, daß die von einem Elektron im Feld durchlaufene Bahn dadurch gegeben ist, daß das Linienintegral der Bewegungsgröße mv, genommen zwischen dem Anfangspunkt P_1

und dem Endpunkt P_2 der Bahn, für die tatsächlich durchlaufene Bahn den kleinsten Wert hat. Wir schreiben das in der üblichen Form

$$\delta \int_{P_1}^{P_2} (m\,v)\,ds = 0.$$

Das FERMATsche Prinzip sagt aus, daß auf dem tatsächlich eingeschlagenen Weg das Licht in der kürzesten Zeit von P_1 nach P_2 gelangt. Ist die Lichtgeschwindigkeit u, so muß also sein

$$\delta \int_{P_1}^{P_2} \frac{d\,s}{u} = 0.$$

Nun ist einerseits (optisch) $u = c/n$, wenn wieder n der Brechungsindex ist. Ansererseits ist (mechanisch)

$$\frac{m}{2}\,v^2 = \frac{m}{2}\,v_0^2 + \varepsilon\,\varphi,$$

wenn wir die Geschwindigkeit des Elektrons beim Eintritt in das Feld mit v_0 bezeichnen und dort $\varphi = 0$ setzen, d. h. das Feldpotential von dieser Stelle aus gemessen denken. Es wird dann also

$$m\,v = \sqrt{2\,m\left(\frac{m}{2}\,v_0^2 + \varepsilon\,\varphi\right)}.$$

Setzen wir diese Ausdrücke für u und $m\,v$ in die beiden Integrale ein, so sehen wir sofort, daß sie genau dieselbe Form annehmen, wenn

$$(53) \qquad n(x, y, z) = C \cdot \sqrt{\frac{m}{2}\,v_0^2 + \varepsilon\,\varphi(x, y, z)}$$

ist, wo C ein Proportionalitätsfaktor ist. Damit aber ist die gesuchte Beziehung zwischen n und φ gefunden. In Worten nochmals formuliert, haben wir also das allgemeine Theorem: In einem elektrostatischen Feld, dessen Potential $\varphi(x, y, z)$ ist, hat die Flugbahn eines Elektrons geometrisch dieselbe Form wie die eines Lichtstrahls in einem optisch inhomogenen Medium vom Brechungsindex $n(x, y, z)$, wenn zwischen φ und n die Beziehung (53) besteht.

Als Beispiel betrachten wir den Fall, daß die Elektronen in das homogene Feld zwischen zwei ebenen parallelen Platten hineingeschossen werden, und zwar durch ein Loch in der einen geerdeten Platte gegen die zweite, unter der positiven Spannung V stehende hin, also in ein Beschleunigungsfeld hinein. Aus der Analogie zum freien Wurf nach unten im Schwerefeld der Erde ergibt sich bereits ohne jede Rechnung, daß die Elektronen Parabeln durchlaufen, die gegen die positive Platte hin konkav sind. Das Feldpotential ist hier $\varphi = \dfrac{V}{d}\,z$, wenn d der Plattenabstand ist, und die Beziehung (53) nimmt die Form an

$$n(z) = C \sqrt{\left(\frac{m}{2}\,v_0^2\right) + \left(\varepsilon\,\frac{V}{d}\right)z},$$

stimmt also der Form nach überein mit dem S. 132 benutzten Ansatz für n, aus dem wir optisch für die Gestalt der Strahlkurven ebenfalls Parabeln erhalten hatten. Durch geeignete Wahl der eingehenden Konstanten läßt sich dann natürlich auch quantitative Übereinstimmung erzielen.

Elektrische und magnetische Linsen. Um aus diesen allgemeinen Überlegungen zu praktisch verwertbaren Folgerungen zu gelangen, werden wir in der Elektronenoptik vor allem danach streben müssen, elektrische Modelle zu den optischen Linsen zu konstruieren; denn aus Linsen setzen sich die optischen Abbildungssysteme zusammen. Die Analogie zwischen den optischen Linsen und derartigen „elektrischen Elektronenlinsen" ist nun bereits sehr eingehend untersucht und bis in alle Einzelheiten verfolgt worden. Man spricht wie in der Licht-

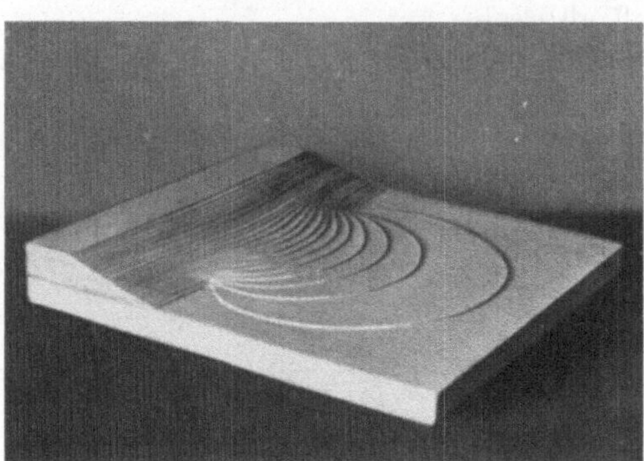

Abb. 38a. Potentialgebirge der Lochblende. (Nach Brüche u. Scherzer.)

optik von der Brennweite, von Abbildungsfehlern, von einer Imersionslinse u. dgl. und hat es in der Elektronenoptik mit einer wohlausgebildeten, mit der optischen Linsenoptik schon weitgehend vergleichbaren Theorie zu tun. Wieweit diese Theorie vorzutreiben auch praktisch von Bedeutung ist und wieweit man nicht durch systematisches experimentelles Probieren schneller zum Ziel kommt, läßt sich allerdings nur von Fall zu Fall abschätzen. Hier wird es genügen an einem speziellen Beispiel, nämlich an dem der Sammellinse, das Wesentliche aller derartiger Überlegungen klarzumachen.

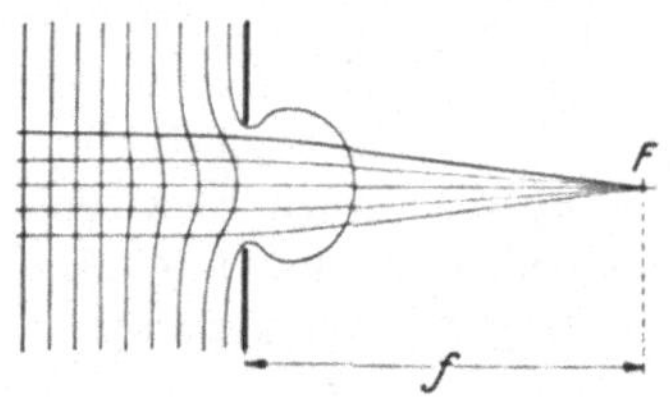

Abb. 38b. Lochblende als elektrische Sammellinse. (Nach Brüche u. Scherzer.)

Die optische Sammellinse hat bekanntlich die Eigenschaft, parallele Strahlen in einem Punkt, dem sog. Brennpunkt F zu vereinigen, dessen Abstand von der Linse die Brennweite f ist. Dem stellen wir gegenüber eine Lochblende in Gestalt eines Metallschirmes, in dem sich ein kreisförmiges Loch befindet. Die Blende sei auf dem Potential $\varphi = U$ und stehe parallel einer ebenen Platte gegenüber, deren Potential $\varphi = 0$ sei. [Der Verlauf der Flächen gleichen Potentials in dieser übrigens auch sonst viel benutzten Anordnung dürfte bekannt sein — erinnert sei nur an das Schlagwort Durchgriff — und ist in Abb. 38a gezeichnet. Schickt man ein Bündel paralleler Elektronenstrahlen durch eine solche

Lochblende, so werden die Elektronen alle in demselben Punkt F auf der Achse vereinigt (Abb. 38b); die Analogie zur Sammellinse ist hier ohne weiteres klar. Diese einfache Lochblenden-Linse ist nun zwar theoretisch wichtig, weil sich hier noch alles rechnerisch erfassen läßt, sie ist

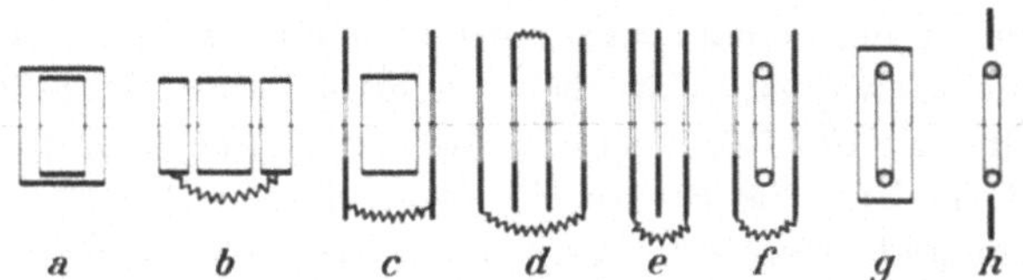

Abb. 39a. Aufbau elektrischer Einzellinsen. (Nach Bruche u. Scherzer).

aber praktisch nur von geringer Bedeutung. Wir gehen deshalb gleich einen Schritt weiter und kombinieren zwei Lochblenden miteinander. Der dadurch erzielte Vorteil ist der, daß wir so ein geschlossenes Gebilde erhalten, auf dessen beiden Seiten das Potential konstante Werte hat. Wenn wir endlich noch zwei solche Doppellochblenden kombinieren, erhalten wir die vollständige Analogie zur optischen Einzellinse. Denn es herrscht außerhalb auf beiden Seiten dasselbe Potential,

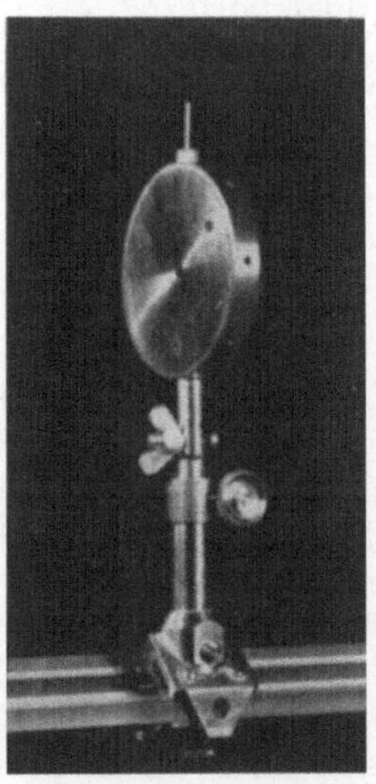

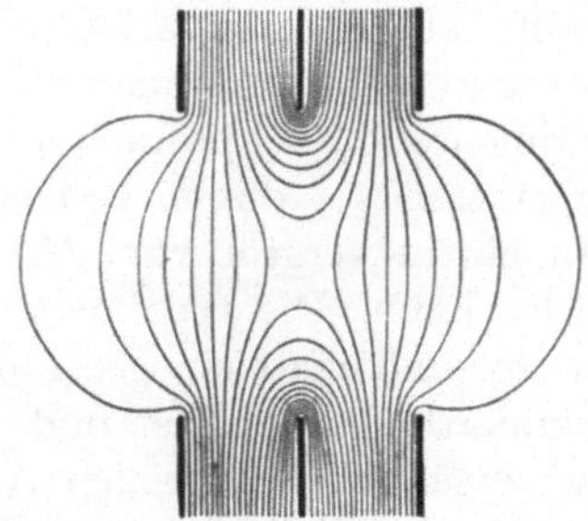

Abb. 39b. Potentialfeld einer elektrischen Einzellinse. (Nach Brüche u. Scherzer).

Abb. 39c. Elektrische Einzellinse. (Nach Brüche u. Scherzer).

nämlich das Potential der beiden leitend miteinander verbundenen äußeren Blendenschirme, und man kann deshalb das ganze Gebilde genau wie eine optische Linse im Strahlengang hin- und herschieben, ohne daß das Potential — optisch gesprochen, der Brechungsindex des Mediums — außerhalb der Linse gestört wird. Abb. 39a zeigt Aufbaumöglichkeiten derartiger elektrischer Einzellinsen, Abb. 39b das Potentialfeld und Abb. 39c das wirkliche Aussehen der Form e von Abb. 39a. Man erhält damit auf einer photographischen Platte, die in der Bildebene aufgestellt ist, genau wie bei einer optischen Linse ein Bild des Objekts; erwähnt sei noch, daß bisher etwa 1000fache Vergrößerungen erzielt worden sind.

Auf die Theorie im einzelnen einzugehen, würde zu weit führen und vor allem auch zu viele Vorkenntnisse aus der geometrischen Optik erfordern, deren mathematischer Formelapparat ein recht großer und wenig übersichtlicher ist. Um aber wenigstens eine Vorstellung davon zu vermitteln, wie die Rechenergebnisse der Elektronenoptik aussehen, sei die Endformel für die Brennweite einer elektrischen Elektronenlinse angeschrieben und etwas erläutert. Wenn die z-Richtung in Richtung der Linsenachse liegt, so sind auf dieser Achse $\varphi(z)$ und $d^2\varphi/dz^2 = \varphi''(z)$ Funktionen von z, die sich aus dem Bau des elektrischen Feldes ergeben; sie sind aus der Lage und Form der Elektroden und aus den angelegten Spannungen zu errechnen oder einfacher experimentell mit Hilfe von Feldsonden zu finden. Dann läßt sich in erster Näherung die Brennweite f der Linse darstellen durch

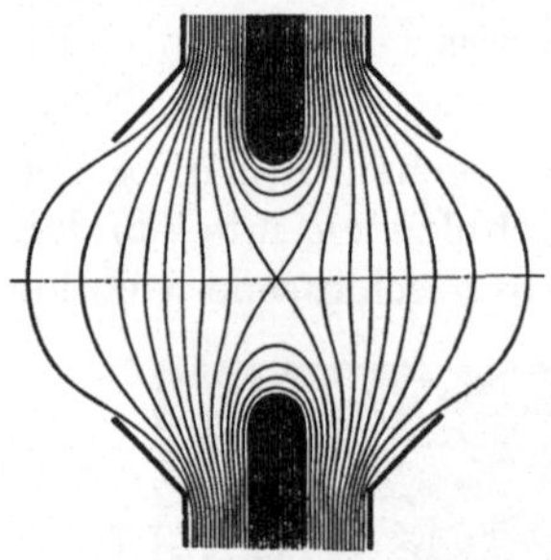

Abb. 40a. Zur Prüfung der Linsenformel; Potentialfeld der benutzten elektrischen Einzellinse. (Nach JOHANNSEN u. SCHERZER.)

$$(54) \qquad \frac{1}{f} = \frac{1}{4\sqrt{\varphi_0}} \int_{z_1}^{z_2} \frac{\varphi''(z)}{\sqrt{\varphi(z)}}\, dz,$$

wo $z_1 \to z_2$ die Dicke der Linse und φ_0 das konstante Potential außerhalb der Linse ist. Da außerhalb der Linse kein Feld vorhanden ist, kann übrigens noch $z_1 = +\infty$ und $z_2 = -\infty$ gesetzt werden, wenn man z vom Mittelpunkt der Linse aus mißt. Eine experimentelle Nachprüfung dieser Formel kann dadurch erfolgen, daß man einerseits f direkt bestimmt und andererseits das Feld mit Sonden an einem vergrößerten Modell ausmißt, so daß das Integral berechnet werden kann. Die experimentelle Ermittlung von f erfolgt dabei am besten so, daß man ein geeignetes Objekt, z. B. ein Strichraster auf einer Glühkathode, abbildet und aus dem den drei der Messung unmittelbar zugänglichen Größen Vergrößerung, Bildweite und Objektweite nach der üblichen optischen Linsenformel f ausrechnet. Die Abb. 40 zeigen zur Veranschaulichung noch a) die untersuchte Linse mit dem Verlauf der Flächen gleichen Potentials, b) das Ergebnis der Ausmessung des Potentials in der horizontalen Mittelachse, c) den daraus graphisch sich ergebenden Verlauf der Feldstärke $\partial\varphi/\partial z$ in dieser Mittelachse und endlich d) die ebenfalls graphisch sich hieraus ergebenden Werte des Integranden in Gl. (54).

Die elektronenoptischen Abbildungsmöglichkeiten sind aber keineswegs erschöpft mit den durch die elektrischen Linsen gegebenen. Die Konzentrierung von Elektronenstrahlen durch Stromspulen deutet bereits auf die Möglichkeit hin, auch „magnetische Linsen" zu konstruieren und ist von den allgemeineren Gesichtspunkten, die wir inzwischen kennengelernt haben, nun aufzufassen als ein Anwendungsbeispiel aus der magnetischen Elektronenoptik. Wir wollen hierauf jedoch nicht mehr im einzelnen eingehen, und nur noch das Wesentliche an der Wirkungsweise der magnetischen Linsen auszusondern und in aller Kürze zu erläutern versuchen. Wenn sich Elektronen in einem homogenen Magnetfeld bewegen, durchlaufen sie Schraubenlinien (S. 116). Ist α der Winkel zwischen $\mathfrak{v}$ und $\mathfrak{H}$, so sind die Projektionen ihrer Bahnen auf eine zu den Kraftlinien senkrechte Ebene Kreise, deren Radien entsprechend der Geschwindigkeitskomponente $v \cdot \sin \alpha$ gegeben sind durch

$$r = \frac{m\,v \cdot \sin \alpha}{\varepsilon\,\mathfrak{H}}$$

und gleichzeitig bewegen sie sich in Richtung der Kraftlinien mit der Geschwindigkeit $v \cos \alpha$. Die Zeit, die ein Elektron braucht, um auf seinem Kreis einmal herumzulaufen, ist $T = 2\pi r/v \sin \alpha = 2\pi m/\varepsilon\,\mathfrak{H}$; sie ist also unabhängig von α (und v) und deshalb für alle Elektronen gleich groß. Es treffen deshalb alle Elektronen, die gleichzeitig in verschiedenen Richtungen von einem Punkt P_1 im Feld ausgegangen sind, auch gleich-

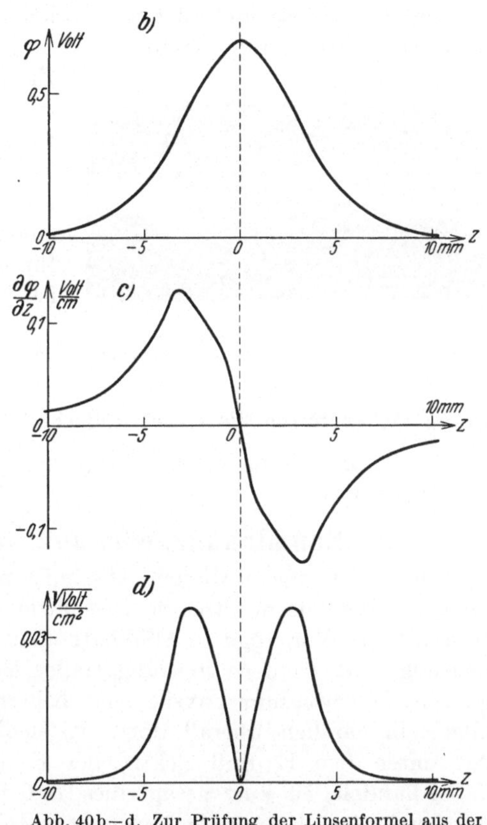

Abb. 40b—d. Zur Prüfung der Linsenformel aus der elektrischen Einzellinse Abb. 40a. (Nach JOHANNSEN u. SCHERZER.)

zeitig wieder auf derselben Kraftlinie ein, und zwar auf Punkten, die jeweils um die Strecke $d = T \cdot v \cdot \cos \alpha = 2\pi m v \cdot \cos \alpha/\varepsilon\,\mathfrak{H}$ gegen den Ausgangspunkt P_1 in Richtung des Feldes verschoben sind. Wenn die Elektronen alle dieselbe Geschwindigkeit v haben und wenn die Neigungen α der Ausgangsrichtungen gegen die Feldrichtung so klein sind, daß $\cos \alpha = 1$ gesetzt werden kann, finden sich also alle Elektronen zu derselben Zeit praktisch sogar in einem und demselben Punkt P_2 wieder zusammen. Abb. 41 zeigt dies an einer Modelldarstellung der Schraubenbahnen. Es findet dann mit anderen Worten eine Abbildung des Punktes P_1 in den Punkt P_2 statt, die der optischen Abbildung durch Strahlen mit geringer Neigung gegen die Achse des abbildenden Systems (sog. paraxiale Strahlen) vollkommen analog ist.

Durch eine lange Stromspule könnten wir ein homogenes Magnetfeld experimentell erzeugen und so in einfachster Weise die eben besprochene Abbildung verwirklichen. Die praktischen Nachteile einer derartigen magnetischen Linse sind aber recht erhebliche, und man benutzt deshalb in Wirklichkeit kurze Stromspulen, in denen sich geeignet geformte Eisenkörper befinden, um den magnetischen Kraftlinien die günstigste Gestalt zu geben. Deren Theorie ist natürlich wesentlich komplizierter; sie führt für die Brennweite zu einer Formel, die der Formel (54) für elektrische Linsen ganz analog ist, nämlich zu

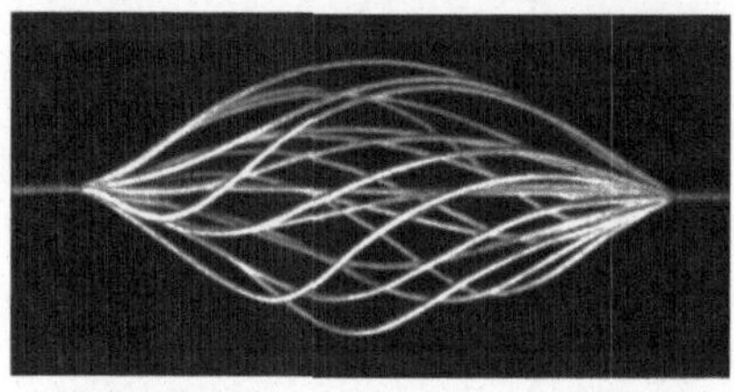

Abb. 41. Elektronenbahnen im homogenen magnetischen Längsfeld. (Nach BRUCHE u. SCHERZER.)

$$(55) \qquad \frac{1}{f} = \frac{\varepsilon}{8\,m\,\varphi_0} \int\limits_{z_1}^{z_2} \mathfrak{H}^2\, dz,$$

wo φ_0 wiederum das Potential außerhalb der Linse ist als Maß für die durch die Beziehung $\dfrac{m}{2}\,v^2 = \varepsilon\,\varphi_0$ gegebene Eintrittsgeschwindigkeit der Elektronen.

20. Raumladungswirkung von Trägerströmen.

Wir wollen uns in diesem Abschnitt mit einer Gruppe von Problemen aus der Potentialtheorie beschäftigen, die nicht nur für das Verständnis der Vorgänge in Glühkathodenröhren von grundlegender Bedeutung sind, sondern in sinngemäßer Verallgemeinerung auch in der ganzen Gasentladungsphysik eine beherrschende Rolle spielen; ganz allgemein nämlich überall dort, wo sich Ladungsträger irgendwelcher Art unter dem Einfluß elektrischer Felder bewegen. Worum es sich dabei handelt, ist kurz gesagt dies, daß jeder Trägerstrom eine in den durchströmten Raumteilen ausgebreitete elektrische Ladung (Raumladung) repräsentiert, die als Quelle eines elektrischen Eigenfeldes wieder auf den Trägerstrom zurückwirkt. Ein Trägerstrom verläuft also nicht einfach in dem „äußeren", durch die Lage und Form der Elektroden und die angelegte Spannung gegebenen, sondern in einem viel komplizierterem Feld, das aus der Überlagerung jenes äußeren mit einem „inneren" von den Ladungsträgern selbst herrührenden Feld entsteht. „Raumladungswirkung" und „Raumladungsbegrenzung" von Trägerströmen sind die beiden Schlagworte, in denen sich dies zusammenfassen läßt.

Feldverzerrung durch Raumladungen. Wir beginnen mit einer Erinnerung an die POISSONsche Grundgleichung der Potentialtheorie

$$(56) \qquad \varDelta\varphi = \frac{\partial^2\varphi}{\partial x^2} + \frac{\partial^2\varphi}{\partial y^2} + \frac{\partial^2\varphi}{\partial z^3} = -4\,\pi\,\varrho.$$

Der mathematische Inhalt dieser Gleichung ist ohne weiteres verständlich. Sie gibt eine Relation zwischen dem Potential $\varphi(x, y, z)$ und der Raumladungsdichte $\varrho(x, y, z)$, die beide allgemein als Funktionen der Koordinaten zu denken sind, in Gestalt einer Differentialgleichung zweiter Ordnung, und erlaubt also, bei gegebener Verteilung räumlich ausgebreiteter Ladungen das Potential an jeder Stelle und damit die Struktur des elektrischen, zu diesem Potential gehörenden Feldes zu berechnen. Diese Berechnung durchzuführen, ist eine rein mathematisch-formale Aufgabe.

Am einfachsten ist die Sachlage, wenn überhaupt keine Raumladungen vorhanden sind, wenn also überall im Feldraum $\varrho = 0$ ist. Dann nimmt unsere Grundgleichung die Form $\Delta\varphi = 0$ an und kann dazu dienen, das elektrostatische Feld zwischen unter Spannung dienenden Leitern (Elektroden) zu berechnen, wozu lediglich die Beachtung der an den Oberflächen der Leiter zu erfüllenden „Randbedingungen" notwendig ist. So z. B. ist für zwei konzentrische (praktisch unendlich lange) Zylinder mit den Radien r_0 und R_0, zwischen denen eine Potentialdifferenz V angelegt ist, wegen der axialen Symmetrie

$$\Delta\varphi = \frac{d^2\varphi}{dr^2} + \frac{1}{r}\frac{d\varphi}{dr} = 0.$$

Die vollständige Lösung dieser Gleichung ist

$$\varphi = c_1 \ln r + c_2.$$

Die beiden Integrationskonstanten c_1 und c_2 können hier einfach daraus bestimmt werden, daß $\varphi = 0$ für $r = r_0$ und $\varphi = V$ für $r = R_0$ sein muß. Dies gibt

$$\varphi = \frac{V}{\ln R_0/r_0} \cdot \ln \frac{r}{r_0}$$

und daraus den bekannten hyperbolischen Feldverlauf zwischen den Elektroden

$$\frac{\partial\varphi}{\partial r} = \mathfrak{E} = \frac{V}{\ln R_0/r_0} \cdot \frac{1}{r}.$$

Denken wir uns nun zwischen den Elektroden irgendwie elektrische Ladungen räumlich verteilt (etwa durch örtliche Fixierung von Ladungsträgern in so großer Zahl, daß wir sie wie eine den Raum kontinuierlich erfüllende geladene Flüssigkeit betrachten können), so ist überall dort, wo keine Ladungsträger vorhanden sind, nach wie vor $\Delta\varphi = 0$, überall dort aber, wo sich Ladungsträger befinden, $\Delta\varphi = -4\pi\varrho$; ϱ ist dabei die aus der Konzentration der Träger sich ergebende Raumladungsdichte. Wir müssen dann Lösungen dieser beiden Gleichungen suchen, die 1. an den Grenzen zwischen raumladungsfreien und raumladungserfüllten Raumteilen stetig aneinander schließen und die 2. so beschaffen sind, daß das Potential auf den Elektroden die diesen von außen aufgedrückten Werte annimmt. Mathematisch führt dies Programm im allgemeinen auf sehr schwierige und meist nur durch Näherungsverfahren lösbare

Probleme. Nur wenn alles lediglich von einer Koordinate abhängt, wie z. B. bei axialer oder zentrischer Symmetrie oder bei ebenen, von einer Koordinate abhängenden Anordnungen (parallele Platten) läßt sich die Lösung auf elementarem Weg geben. Wir wollen ein besonders einfaches Beispiel betrachten, aus dem sich aber immerhin schon alles für das folgende Wesentliche erkennen lassen wird: Zwischen zwei parallelen ebenen Plattenelektroden im Abstand $2d$ wird eine Potentialdifferenz V durch eine äußere EMK aufrechterhalten. Die eine Hälfte (1) des Feldraums sei erfüllt von einer homogenen Raumladung mit der Dichte ϱ_0, die andere (2) sei leer. Dann ist in dem Teil 2 anzusetzen

$$\varDelta \varphi_2 = \frac{d^2 \varphi_2}{d x^2} = 0\,,$$

woraus folgt

$$\frac{d \varphi_2}{d x} = \mathfrak{E}_2 = a_2; \qquad \varphi_2 = a_2 x + b_2\,.$$

Für den Teil 1 gilt

$$\varDelta \varphi_1 = -4 \pi \varrho_0,$$

woraus sich ergibt

$$\frac{d \varphi_1}{d x} = \mathfrak{E}_1 = -4 \pi \varrho_0 x + a_1; \qquad \varphi_1 = -2 \pi \varrho_0 x^2 + a_1 x + b_1\,.$$

Die vier Integrationskonstanten $a_1 \ldots b_2$ kann man sofort bestimmen aus den Randbedingungen, daß $\dfrac{d \varphi_1}{d x} = \dfrac{d \varphi_2}{d x}$ und $\varphi_1 = \varphi_2$ sein muß an der Grenze $x = d$ der beiden Teile, und daß $\varphi_1 = 0$ für $x = 0$ sowie $\varphi_2 = V$ für $x = 2 d$ sein muß. Das Ergebnis ist

$$\left\{\begin{aligned} \varphi_1 &= -2 \pi \varrho_0 \cdot x^2 + \left(3 \pi \varrho_0 d + \frac{V}{2 d}\right) x \\ \mathfrak{E}_1 &= -4 \pi \varrho_0 x + 3 \pi \varrho_0 d + \frac{V}{2 d}, \end{aligned}\right.$$

$$\left\{\begin{aligned} \varphi_2 &= \left(-\pi \varrho_0 d + \frac{V}{2 d}\right) x + 2 \pi \varrho_0 d^2 \\ \mathfrak{E}_2 &= -\pi \varrho_0 d + \frac{V}{2 d} \end{aligned}\right.$$

Es gibt uns den Verlauf des Feldes und des Potentials zwischen den Platten; bemerkt sei dazu noch, daß $V/2\,d$ die Feldstärke ohne Raumladungsverzerrung sein würde. Die Interpretation dieser Gleichungen ist sehr einfach und unmittelbar abzulesen. Wir wollen nur auf einige Punkte besonders hinweisen.

Wenn an der negativen Platte eine positive Raumladung liegt, wird das Feld vor dieser Elektrode durch die Raumladungswirkung verstärkt und umgekehrt wird es im Fall einer negativen Raumladung geschwächt. Dies ist auch physikalisch leicht einzusehen. Die von der positiven Platte ausgehenden Kraftlinien bleiben in der negativen Raumladung zum Teil stecken, die Kraftliniendichte = Feldstärke nimmt also gegen die negative Platte hin ab; umgekehrt entspringen in den einzelnen

Teilen der positiven Raumladung neue Kraftlinien und die Kraftliniendichte nimmt deshalb gegen die negative Platte hin zu. Andererseits
können wir die Wirkung einer positiven Raumladung vor der negativen
Platte auf das Feld in Teil 2 auch auffassen als eine teilweise „Abschirmung" des Feldes von diesem Raumteil, eine Auffassung, die sich bei manchen Überlegungen der Gas-
entladungstheorie als nützlich erweisen wird. Diese
Abschirmung kann soweit gehen, daß im Teil 2 überhaupt kein Feld mehr vorhanden ist und sich Kraftlinien nur noch ausspannen zwischen den einzelnen
Teilen der positiven Raumladung und der negativen
Platte. So kann ganz allgemein eine Elektrode sich
mit einer entgegengesetzt geladenen Raumladungsschicht umgeben, die das Elektrodenfeld vollkommen
vom Außenraum abschirmt. Im übrigen mag es genügen, den für das folgende wichtigen Fall, die
Schwächung des Feldes vor der negativen Platte
durch eine dort liegende negative Raumladung, etwas
eingehender zu betrachten. Sie kann nämlich so weit
gehen, daß das Feld an der Plattenoberfläche Null
wird oder daß es sogar noch vor der Platte seine Richtung umkehrt. Dann liegt vor der Platte ein Potentialminimum, von dem aus nach beiden Seiten hin das
Potential ansteigt, und dieser minimale Potentialwert

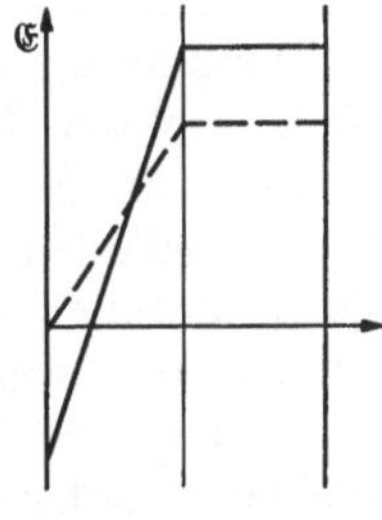
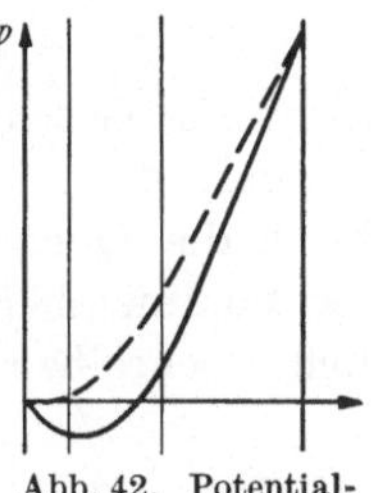

Abb. 42. Potential-
minimum in einer
Raumladungs-
schicht.

ist noch kleiner, d. h. negativer, als das Plattenpotential selbst. Setzen
wir $3\pi\varrho_0 d = -\dfrac{V}{2d}\,r$, wo r ein positiver Zahlenfaktor ist, so wird

$$\mathfrak{E}_2 = \frac{V}{2d}\left(1+\frac{r}{3}\right); \qquad \varphi_2 = V\left(\frac{3+r}{6}\,\frac{x}{d}-\frac{r}{3}\right)$$

$$\mathfrak{E}_1 = \frac{V}{2d}\left(1-r+\frac{4}{3}\,r\,\frac{x}{d}\right); \qquad \varphi_1 = V\left(\frac{r}{3}\cdot\frac{x^2}{d^2}+\frac{1-r}{2}\,\frac{x}{d}\right).$$

$\mathfrak{E}_2$ ist also stets positiv, $\mathfrak{E}_1$ hingegen geht an der Stelle $x = x_m = \dfrac{3}{4}\,\dfrac{r-1}{r}\,d$
durch Null und ist rechts von dieser Stelle (für $x > x_m$) positiv, links
davon (für $x < x_m$) negativ. Für $r = 1$ liegt die Stelle x_m des Potentialminimums gerade in der Oberfläche der negativen Platte und rückt mit
zunehmendem r (d. h. mit zunehmender Dichte der negativen Raumladung) immer weiter vor diese Platte bis zu der maximalen Entfernung
$\dfrac{3}{4}\,d$ von ihr. Zugleich wird das Potentialminimum immer tiefer. Wir
haben also für $r \geq 1$ das in Abb. 42 schematisch gezeichnete Bild für den
Verlauf des Feldes und des Potentials zwischen den Platten.

Es lohnt sich, sich diese Überlegungen und ihre physikalischen
Hintergründe ganz klar zu machen. Denn sie gelten offenbar in ganz
analoger Weise, wenn auch in formal entsprechend komplizierterer Form

auch für den allgemeineren Fall, daß vor der Platte eine nicht mehr homogene, sondern nach irgendeinem Aufbaugesetz $\varrho(x)$ angeordnete Raumladung liegt, sie lassen sich zudem leicht übertragen auf einen Zylinder- oder Kugelkondensator und lassen sich sogar auf irgendwelche andere Elektrodenformen grundsätzlich verallgemeinern.

Raumladung und Trägerstromdichte. Wir müssen nun aber noch eine zweite wichtige Überlegung anstellen, um die Grundlagen für die Anwendung auf Trägerströme beisammen zu haben. Bisher hatten wir in einem Gedankenexperiment uns die Raumladungen erzeugt gedacht durch räumlich fixierte Träger; diese unphysikalische Beschränkung soll nun fallen gelassen werden. Wenn wir einen Trägerstrom betrachten, in dem durch die Querschnittseinheit in der Zeiteinheit n Träger strömen, von denen jeder die Ladung e besitzt, ist die Stromdichte

$$j = n \cdot e.$$

Wenn die Geschwindigkeit der Träger v ist, schiebt sich dabei in jeder Sekunde die in einem Prisma vom Volumen $1 \cdot v$ befindliche Ladung durch die Querschnittseinheit hindurch. Ist N die Zahl der Träger in der Volumeinheit, so ist also $n = N v$ und wir können für die Stromdichte schreiben

$$j = e \cdot N \cdot v.$$

Andererseits ist die durch die Gegenwart der Träger bedingte Raumladungsdichte $\varrho = $ Ladung pro Volumeinheit $= N e$ und es ist deshalb

$$(57) \qquad\qquad j = \varrho \cdot v.$$

Damit haben wir die fundamentale Beziehung zwischen Stromdichte, Raumladungsdichte und Flußgeschwindigkeit der Träger gewonnen: Jeder Trägerstrom erzeugt eine Raumladung von der Dichte $\varrho = j/v$. Wenn nicht alle Träger dieselbe Geschwindigkeit haben, superponieren sich natürlich einfach die Raumladungswirkungen bzw. die Stromdichten additiv. Ist N_i die Zahl der Träger pro Volumeinheit, deren Geschwindigkeit v_i ist, so tragen diese Träger mit dem Anteil $j_i = e N_i v_i$ zum Gesamtstrom bei und dessen Dichte ist

$$j = e \sum N_i v_i.$$

Andererseits ist die totale Raumladungsdichte

$$\varrho = e \sum N_i.$$

Wenn man die „Geschwindigkeitsverteilung" der Träger, d. h. alle Zahlen N_i und v_i kennt, ist damit in Parameterdarstellung der Zusammenhang zwischen j und ϱ gegeben.

Raumladungsbegrenzung des Stromes. Jetzt haben wir nur noch nötig, die beiden bisherigen Gedankengänge zu kombinieren: Ein Trägerstrom bedingt eine Raumladung, diese Raumladung erzeugt ein Feld, dieses Feld wirkt zurück auf die Flußgeschwindigkeit des Trägerstromes und regelt dementsprechend auch wieder die Raumladungsverteilung. Die Durchführung dieser Kette von Überlegungen führt zum Verständnis der „Raumladungsbegrenzung" von Trägerströmen und soll hier an einem Beispiel einfachster Art vorgenommen werden, das die Grundlage für die ganze Theorie der sog. Raumladungsströme bildet. Zwei parallele ebene Platten dienen als Elektroden, zwischen denen die konstante Potentialdifferenz V angelegt ist. Der Plattenabstand sei d, die x-Richtung stehe senkrecht auf den Platten. Die negative Platte ($x = 0$) enthalte in ihrer Oberfläche gleichmäßig und kontinuierlich verteilt Elektronenquellen von beliebiger, sehr großer Ergiebigkeit. Wir wollen wissen, wie groß der pro Flächeneinheit übergehende Strom ist. Die Lösung läßt sich ohne erhebliche mathematische Schwierigkeiten allerdings nur geben, wenn wir zunächst die Voraussetzung machen, daß die Elektronen von der negativen Quellenplatte ($x = 0$, $\varphi = 0$) mit verschwindend kleiner Anfangsgeschwindigkeit ausgehen; es ist das aber eine auch in praxi in der Mehrzahl der Fälle hinreichend genau erfüllte Bedingung. Es sei also $v = 0$ für $x = 0$, und demgemäß die Geschwindigkeit der Elektronen an der Stelle x mit dem Potential φ gegeben durch

$$\frac{m}{2}\, v^2 = \varepsilon\, \varphi\,.$$

Ferner ist, da zwischen den Platten Elektronen weder verschwinden noch erzeugt werden

$$j = \mathrm{const} = \varrho \cdot v$$

und endlich gilt überall die POISSONsche Grundgleichung (56) S. 138

$$\frac{d^2\varphi}{d x^2} = -\,4\,\pi\,\varrho\,.$$

Aus diesen drei Beziehungen folgt durch Elimination von v und ϱ die Differentialgleichung für das Potential

$$\frac{d^2\varphi}{d x^2} = -\,\frac{4\,\pi j}{\sqrt{2\,\varepsilon/m}} \cdot \frac{1}{\sqrt{\varphi}}\,,$$

deren Lösung die Form hat

$$\left(\frac{d\varphi}{d x}\right)^2 = \mathfrak{E}^2 = -\,\frac{16\,\pi j}{\sqrt{2\,\varepsilon/m}} \cdot \sqrt{\varphi} + c_1\,.$$

Die Integrationskonstante c_1 bestimmt sich zunächst allgemein daraus, daß an der negativen Platte, wo $\varphi = 0$ ist, die Feldstärke den Wert $\mathfrak{E}_0$ haben möge. Dies gibt

$$\mathfrak{E}^2 = \mathfrak{E}_0^2 + \frac{16\,\pi\,|j|}{\sqrt{2\,\varepsilon/m}} \cdot \sqrt{\varphi}\,.$$

Wenn das Potential von der negativen zur positiven Platte hin ständig zunimmt vom Wert $\varphi = 0$ bis zum Wert $\varphi = V$, so nimmt also auch die Feldstärke $\mathfrak{E}$ mit wachsender Entfernung von der negativen Platte ständig zu und hat an dieser Platte ihren kleinsten Wert. Dies alles gilt natürlich nur unter der zugrunde gelegten Voraussetzung, daß die Anfangsgeschwindigkeit der Elektronen verschwindend klein ist und gerade diese Annahme ermöglicht nun auch die folgende weitere Schlußfolgerung. Da das Feld, wie wir früher sahen (S. 141), durch eine negative Raumladung vor der negativen Platte geschwächt wird, und zwar um so mehr, je größer diese Raumladung ist, wird $\mathfrak{E}_0$ abnehmen mit zunehmender Stromdichte j des übergehenden Elektronenstromes. Den größtmöglichen Strom j_m (bei gegebenem V und d) werden wir also erhalten für den kleinstmöglichen Wert von $\mathfrak{E}_0$, nämlich für $\mathfrak{E}_0 = 0$. Wir setzen demgemäß in unserer letzten Formel einfach $\mathfrak{E}_0 = 0, j = j_m$ und bekommen

$$\mathfrak{E}^2 = \left(\frac{d\varphi}{dx}\right)^2 = \frac{16\,\pi j_m}{\sqrt{2\,\varepsilon/m}}\cdot\sqrt{\varphi}\,.$$

Eine nochmalige Integration mit der Randbedingung $\varphi = V$ für $x = d$ gibt dann sofort die Endformel

$$(58) \qquad \begin{cases} j_m = \left(\dfrac{1}{9\,\pi}\,\sqrt{\dfrac{2\,\varepsilon}{m}}\right)\cdot\dfrac{V^{3/2}}{d^2} \\[3mm] j_{m\,(\mathrm{A})} = 2{,}33\cdot 10^{-6}\cdot\dfrac{V_{(\mathrm{V})}^{3\,2}}{d_{(\mathrm{cm})}^2}\,. \end{cases}$$

Es ist das die bekannte Formel für die Raumladungsbegrenzung des Stromes. Sie gibt den quantitativen Zusammenhang zwischen angelegter Potentialdifferenz und Stromdichte = Stromstärke pro Flächeneinheit der Elektroden und zeigt, daß man auch aus einer beliebig ergiebigen Elektronenquelle nicht — wie man wohl zunächst erwarten sollte — durch eine angelegte Spannung V beliebig starke Ströme herausziehen kann, sondern, daß die Stromstärke „begrenzt" wird durch die sich zwischen den Elektroden stauenden, auf Strom und Feld zurückwirkenden Raum

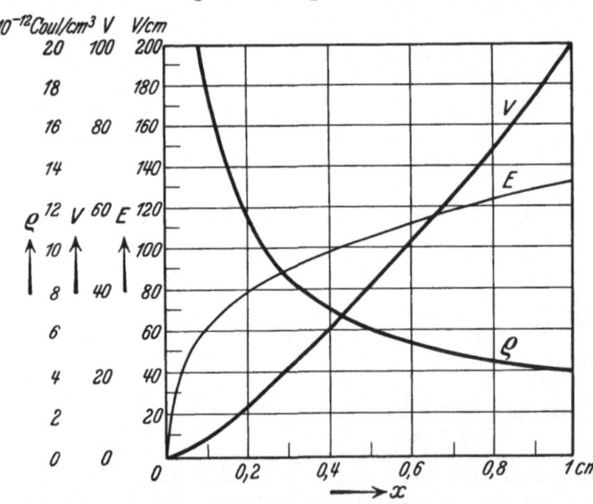

Abb. 43. Feldstärke, Potential und Raumladung in einer Glühkathoden-Hochvakuumentladung. (Nach v. Engel u. Steenbeck).

ladungen. Ein Zahlenbeispiel möge zum Schluß die Sachlage quantitativ erläutern. Bei einem Plattenabstand von 1 cm liefert eine Spannung von 100 V eine Stromdichte von nur $2{,}3\cdot 10^{-3}\ \mathrm{A/cm^2}$; wie für diesen Fall die Feldstärke (E), das Potential (V) und die Raumladung (ϱ) zwischen den Platten verteilt sind, zeigt Abb. 43.

Ehe wir noch einige Ergänzungen zu diesen Überlegungen geben, wollen wir uns noch beschäftigen mit der Frage, wie sich die praktisch natürlich stets vorliegende, endliche, d. h. nicht beliebig große Ergiebigkeit der Elektronenquellen auf die Form der Strom-Spannungskurven (Charakteristiken) auswirkt. Es ist dies im Rahmen der bisherigen Voraussetzungen sofort zu erledigen und ein Vergleich der theoretischen mit den tatsächlichen, experimentell gefundenen Charakteristiken wird dann zugleich die Verbindung zu einer wichtigen Erweiterung unserer Ansätze herstellen. Die Ergiebigkeit der üblichen Elektronenquellen (Glühkathoden, Photokathoden u. dgl.) hängt ab von einem Parameter, den man als die „Erregung‟ bezeichnen kann (Heizung der Glühkathoden, Bestrahlung der Photokathoden); zu jeder Erregung gehört eine bestimmte maximale Stromdichte j_s, die sog.

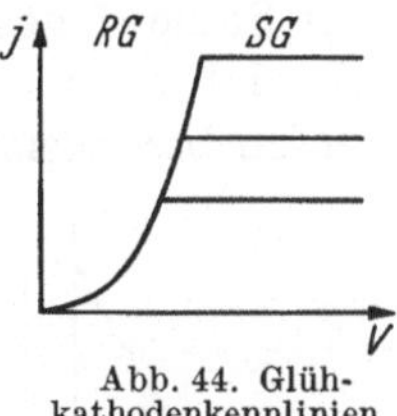

Abb. 44. Glühkathodenkennlinien.

Sättigungsstromdichte, die natürlich überhaupt nicht überschritten werden kann. Dies bedingt, daß der Strom mit zunehmendem V zwar zunächst unserem Gesetz entsprechend proportional mit $V^{3/2}$ ansteigt, daß dieser Anstieg aber nicht über den Sättigungswert j_s hinausgehen kann. Wenn $j = j_s$ geworden ist, bleibt er auch bei weiterer Steigerung von V auf diesem Wert. Es sehen also die wirklichen Charakteristiken so aus, wie dies für drei verschiedene Intensitäten der Erregung in Abb. 44 schematisch gezeichnet ist. Dementsprechend unterscheidet man in der j, V-Ebene zwei Gebiete, das „Raumladungsgebiet‟ und das „Sättigungsgebiet‟.

Berücksichtigung der Anfangsgeschwindigkeit der Elektronen. Vergleichen wir mit diesen theoretischen Kurven

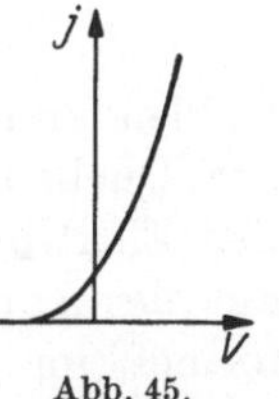

Abb. 45. Anlaufstrom.

die experimentell erhaltenen, so finden wir eine Reihe von Abweichungen. Sie sind zum Teil bedingt durch sekundäre Effekte, wie z. B. die Inkonstanz des Potentials längs einer stromgeheizten Glühkathode infolge Ohmschen Spannungsabfalls, und können zwar praktisch von erheblicher Bedeutung sein, sind aber theoretisch nicht als grundsätzliche, sondern nur als quantitative zu werten und hier ohne Interesse. Eine Abweichung hingegen bietet ein solches grundsätzliches Interesse, nämlich die, daß die Stromkurve (vgl. Abb. 45) nicht erst bei $V = 0$ aufzusteigen beginnt, sondern bereits bei negativen Potentialwerten (Anlaufstrom). Es gehen also auch schon zu einer Gegenelektrode, die negativ gegen die emittierende ist, Elektronen über. Die Erklärung dafür ist leicht zu geben: Die Elektronen verlassen die emittierende Elektrode in Wirklichkeit eben nicht, wie wir bisher voraussetzten, mit verschwindend kleiner Anfangsgeschwindigkeit und können deshalb auch gegen ein Gegenfeld anlaufen. Überlegen wir etwas genauer, was sich vor der emittierenden Elektrode abspielt, so

zeigt sich folgendes. Es ist nun nicht mehr erforderlich und auch nicht
mehr zulässig, anzunehmen, daß die Feldstärke an der negativen Elektrode
den Wert 0 annimmt, sondern es kann sich vor der Platte das früher erwähnte Potentialminimum ausbilden, und zwar in solcher Tiefe, daß gerade
soviele Elektronen bis zu ihm vordringen können, wie von ihm aus, der
Raumladungsgleichung entsprechend, nach der positiven Elektrode hin
abgesaugt werden. Die Sachlage ist also so, als ob die emittierende Platte
an der Stelle dieses Potentialminimums läge, allerdings kompliziert dadurch, daß noch eine Korrektur zweiter Ordnung an den früheren Ansätzen zu berücksichtigen ist wegen der schnellsten Elektronen, die auch
nach dem Durchgang durch das Potentialminimum
noch eine gewisse Geschwindigkeit übrig behalten.

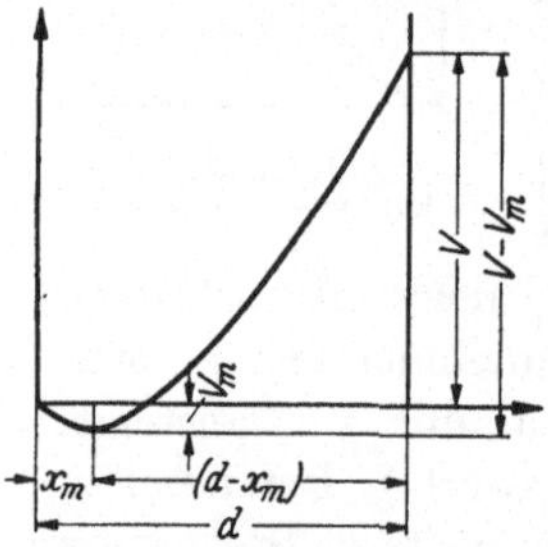

Die quantitative Fassung dieser orientierenden Überlegungen ist naturgemäß nicht einfach.
Wir wollen zuerst das Ergebnis anschreiben und
dann wenigstens die Grundgedanken des mathematischen Lösungsganges skizzieren. Voraussetzen
müssen wir natürlich, daß das Geschwindigkeitsverteilungsgesetz der Elektronen beim Austritt
aus der Quellenplatte bekannt ist; wir wollen
dafür in Hinblick auf die Anwendung auf Glühkathoden das MAXWELLsche Verteilungsgesetz

Abb. 46. Zur Theorie der
vollständigen Raumladungs-
formel.

wählen und zwar für eine Temperatur, die gleich der Temperatur T
der Quellenplatte ist; dementsprechend sei die mittlere Voltenergie V_0
der Elektronen beim Austritt gegeben durch $V_0 = 8{,}6 \cdot 10^{-5}\,T$. Mit den
aus der Abb. 46 zu entnehmenden Bezeichnungen lautet dann die Endformel (im praktischen Maßsystem) in zweiter Näherung

$$(59\,\mathrm{a}) \qquad j = 2{,}33 \cdot 10^{-6} \cdot \frac{(V - V_m)^{3/2}}{(d - x_m)^2} \cdot \left\{ 1 + \frac{2{,}66}{\sqrt{\dfrac{V - V_m}{V_0}}} \right\}.$$

Wie man sieht, geht sie für $V_0 \ll V$ über in die elementare Formel (58)
S. 144 nur mit dem Unterschied, daß die Rolle der negativen Platte
nun eine fiktive Platte an der Stelle und mit dem Potential des Potentialminimums spielt. Unbekannt ist aber zunächst noch der Abstand x_m
des Potentialminimums von der negativen Platte und die Tiefe V_m dieses
Minimums. Diese beiden Größen lassen sich mit gewisser Näherung
angeben durch die beiden folgenden Formeln, die zusammen mit (59a)
erst die vollständige Lösung darstellen

$$(59\,\mathrm{b}) \qquad\qquad V_m = V_0 \cdot \ln \frac{j}{j_s},$$

$$(59\,\mathrm{c}) \qquad\qquad x_m = 2{,}64 \cdot 10^{-6} \cdot \frac{T^{3/4}}{j^{1/2}}.$$

Die mathematische Ableitung setzt sich zusammen aus den folgenden vier Teilüberlegungen: An der Spitze steht, daß man für jedes

der beiden Gebiete links und rechts von der Ebene, in der $\varphi = V_m$ ist, je eine Lösung der Grundgleichung $\Delta\varphi = -4\pi\varrho$ suchen muß, die ganz ebenso wie in dem S. 143 behandelten Beispiel den Randbedingungen an den beiden Platten und an der V_m-Ebene genügen. Die Raumladungsdichten an irgendeiner Stelle x setzen sich folgendermaßen zusammen aus den Teildichten, die jeweils herrühren von Elektronen, deren Geschwindigkeit zwischen v und $v + dv$ liegt. Ist die Anzahl der die betreffende x-Ebene pro Zeit- und Flächeneinheit passierenden v-Elektronen $n_v dv$, so ist die davon herrührende Teildichte $\varrho_v = \varepsilon\, n_v dv/v$ und die totale Raumladungsdichte ist die Summe aller dieser Teildichten, wobei die Summation (Integration) zu erstrecken ist über alle vorkommenden Geschwindigkeiten. Die Zahl der v-Elektronen findet man daraus, daß ein jedes, mit der Energie $\dfrac{m}{2}\, v_0^2$ aus der negativen Platte startendes Elektron an einer Stelle x, wo das Potential φ herrscht, eine Energie $\dfrac{m}{2}\, v_0^2 + \varepsilon\varphi$ besitzt, wobei links von der V-Ebene φ zwischen 0 und $-V_m$, rechts von dieser Ebene zwischen $-V_m$ und V liegt. Dabei ist aber natürlich zu beachten, daß die Zahl der Elektronen, die mit einer Geschwindigkeit zwischen v_0 und $v_0 + dv_0$ starten, gegeben ist durch das MAXWELLsche Verteilungsgesetz, wie wir dies vorausgesetzt hatten. Zu beachten ist ferner, daß rechts von der V_m-Ebene nur eine Gruppe von Elektronen zu berücksichtigen ist, nämlich die der nach der positiven Platte hin durchfliegenden, während links von dieser Ebene sich Elektronen sowohl von links nach rechts, wie in umgekehrter Richtung bewegen. Die letzteren sind die durch das Gegenfeld zur Umkehr gezwungenen, die ersteren sind teils dieselben, die dann weiterfliegen zur positiven Platte und teils die später noch umkehrenden. Es ist klar, daß die wirkliche Durchführung dieses Programms formal recht verwickelt und langwierig ist, und es ist wenig instruktiv, hierauf im einzelnen einzugehen. Als Ergebnis erhält man zunächst das Potential überall zwischen den Platten nach Größe und Verlauf, insbesondere also auch den Wert von V_m in der Potentialsenke und deren Lage x_m. Die gesuchte Stromdichte j des zur positiven Platte übergehenden Stromes ergibt sich dann in Abhängigkeit von V und dem nun bekannten V_m aus der folgenden Überlegung. Die Kathode liefert bei der gegebenen Erregung N_s Elektronen pro Zeit- und Flächeneinheit, entsprechend einer Sättigungsstromdichte $j_s = \varepsilon\, N_s$. Von diesen können aber nur die über das Potentialminimum V_m hinüberkommen und die jeweilige Stromdichte j liefern, deren Austrittsgeschwindigkeit v größer als der durch die Energiebeziehung $\dfrac{m}{2}\, v^2 = \varepsilon \cdot V_m$ gegebene ist. Wenn $f(v)dv$ die Zahl der mit einer Geschwindigkeit v, $v + dv$ austretenden Elektronen ist, ist also

$$j = \varepsilon \cdot \int\limits_{\sqrt{2\varepsilon V_m/m}}^{\infty} f(v)\, dv.$$

Für Maxwellsche Geschwindigkeitsverteilung ist nun

$$f(v)\,dv = N_s \cdot \frac{m\,v}{k\,T} \cdot e^{-\frac{m\,v^2}{2\,k\,T}}\,dv$$

und dies gibt

$$j = \varepsilon\,N_s \int\limits_{\sqrt{2\,\varepsilon V_m/m}}^{\infty} \frac{m\,v}{k\,T} \cdot e^{-\frac{m\,v^2}{k\,T}}\,dv = j_s \cdot e^{-\frac{\varepsilon V_m}{k\,T}},$$

wie das in der Endformel (59b) zum Ausdruck kommt.

Raumladungsgesetz für beliebige Elektrodenform; Güte des Vakuums.
Zum Schluß wollen wir noch zwei Verallgemeinerungen der bisherigen
Überlegungen vornehmen, die deren Anwendungsbereich wesentlich
erweitern. Die eine betrifft eine Erweiterung des Grundgesetzes (58) S. 144
für die Raumladungsstromdichte, das wir für den einfachsten Fall
ebener paralleler Elektroden abgeleitet hatten. Man übersieht leicht, daß
sich die Rechnungen ganz analog und ohne wesentliche Schwierigkeiten
durchführen lassen für den Fall axialer oder zentrischer Symmetrie,
also für zwei konzentrische Zylinder oder Kugeln als Elektroden. Man
findet für Zylinder, deren Radien r_0 und R_0 sind

$$(60\,\text{a}) \qquad j_m = \frac{2}{9}\,\sqrt{\frac{2\,\varepsilon}{m}} \cdot \frac{V^{3/2}}{\beta^2\,R_0} = 1{,}47 \cdot 10^{-5}\,\frac{V_{\text{Volt}}^{3/2}}{\beta^2 \cdot R_{0\,\text{cm}}}\ \text{A/cm},$$

wo β^2 eine zwischen 0 und 1 liegende Größe ist, die nur noch von R_0/r_0
abhängt und aus einer Reihenentwicklung berechnet werden kann. Mit
zunehmendem R_0/r_0 nähert sich β^2 rasch dem Wert 1, wie die folgenden
Zahlen zeigen:

R_0/r_0 · ·	5	6	7	8	9	10	15	20
β^2 · · ·	0,755	0,818	0,867	0,902	0,925	0,941	0,981	0,99999

so daß man für dünne Innendrähte praktisch stets mit $\beta^2 = 1$ rechnen
kann. Für konzentrische Kugeln ergibt sich

$$(60\,\text{b}) \qquad j_m = \frac{4}{9} \cdot \sqrt{\frac{2\,\varepsilon}{m}} \cdot \frac{V^{3/2}}{\alpha^2} = 2{,}94 \cdot 10^{-5} \cdot \frac{V_{\text{Volt}}^{3/2}}{\alpha^2}\ \text{A/cm}^2,$$

wo analog α^2 eine Funktion von R_0/r_0 ist, für die sich brauchbare Reihenentwicklungen angeben lassen. Ein Vergleich dieser Formeln mit der
für ebene parallele Elektroden zeigt, daß alle drei Formeln sich zusammenfassen lassen durch einen Ansatz der Art

$$(61) \qquad j_m = k \cdot V^{3/2},$$

wo k ein Formfaktor ist, der nur von der Lage und Gestalt der Elektroden abhängt. Es läßt sich sogar zeigen, daß ganz allgemein für irgendwelche Elektrodenformen das Strom-Spannungsgesetz diese Gestalt
haben wird (wenn es auch in anderen als den eben betrachteten Fällen
nicht mehr oder nur mit sehr großem Aufwand gelingt, den Formfaktor k

explizite zu berechnen). Gehen wir nämlich auf die drei stets gültigen Grundgleichungen zurück

$$\Delta \varphi = -4\pi\varrho; \quad j = \varrho \cdot v; \quad \frac{m}{2} v^2 = \varepsilon \cdot \varphi$$

und eliminieren v, so ergibt sich als Zusammenhang zwischen der Stromdichte j und dem Potential φ in jedem Punkt des Feldraumes

$$\sqrt{\varphi} \cdot \Delta \varphi = -4\pi \sqrt{\frac{m}{2\varepsilon}} \cdot j.$$

Dies zeigt, daß mit einer n-fachen Erhöhung des Potentials eine $n^{3/2}$-fache Erhöhung der Stromdichte verbunden sein muß, damit die Grundgleichungen erfüllt sind und daß deshalb insbesondere auch eine mögliche Lösung durch den Ansatz j_m prop $V^{3/2}$ gegeben ist.

Die zweite Ergänzung soll die Art der die Raumladungen aufbauenden Träger betreffen. Es ist ohne weiteres klar, daß für andere Träger als Elektronen lediglich an Stelle der Ladung ε und der Masse m des Elektrons die Größen für die betreffende Trägerart einzusetzen ist. Dies führt allerdings hinsichtlich der Formeln (58), (60) für die Charakteristik nicht zu praktisch bedeutsamen Folgerungen, weil man es praktisch in Vakuumröhren natürlich stets nur mit Elektronenströmen zu tun hat. Gehen wir aber in unseren Überlegungen einen Schritt zurück, so kommen wir zu Konsequenzen, die für viele Probleme der Gasentladungsphysik von größter Wichtigkeit sind und auch für die Fabrikationsmethodik der Elektronen-Vakuumröhren beachtenswerte Hinweise liefern. Die allgemeine Beziehung $j = \varrho \cdot v$ [Gl. (57), S. 142] zwischen Stromdichte, Raumladung und Trägergeschwindigkeit zeigt, daß bei derselben Stromdichte die Raumladungswirkung um so größer ist, je kleiner die Trägergeschwindigkeit ist. Schwere Träger (Ionen, deren Massen mehr wie 10^4-mal größer sein können als die Elektronenmasse) erreichen nämlich in demselben Feld wesentlich kleinere Geschwindigkeiten als Elektronen und es werden also schon sehr wenige von ihnen die Raumladungswirkung sehr vieler Elektronen kompensieren können. So kommt es auch, daß schon geringste Gasreste, die z. B. in einem Glühkathodenrohr Veranlassung zur Bildung von positiven Ionen durch Elektronenstoß geben, die Sachlage einschneidend ändern gegenüber der im idealen Vakuum. Die Forderungen, die an die Güte des Vakuums hier zu stellen sind, sind besonders hohe und erst von etwa 10^{-6} mm Hg an abwärts wird man in der Regel das Vakuum als hinreichend gut bezeichnen können; es heißt dies, daß von je etwa 1 Milliarde Moleküle alle bis auf eines abgepumpt werden müssen! Es sei in diesem Zusammenhang hingewiesen auf die Möglichkeit, Abweichungen vom $V^{3/2}$-Gesetz zur Messung sehr kleiner Gasdrucke zu benutzen. Zur quantitativen Druckmessung eignet sich allerdings besser eine Methode anderer Art, bei der man drei Elektroden benutzt, von denen die eine als Glühkathode = Elektronenquelle, die zweite als Anode und die dritte als eine Sonde dient, mit

der man die entstehenden positiven Ionen auffängt und zu einem Galvanometer leitet. In der Röhrentechnik, in der man es stets mit Röhren
zu tun hat, die mehr wie zwei Elektroden (Kathode, Anode und Gitter)
enthalten, können diese Röhren selbst unmittelbar als derartige „Ionisationsmanometer" dienen, um das Vakuum zu kontrollieren. Man mißt
dazu den vom Gitter bei schwacher negativer Spannung des Gitters
gegen die Kathode aufgenommenen Ionenstrom, dessen Größe unmittelbar als Maß für den Druck p der im Rohr noch vorhandenen Restgase
dienen kann: Das Verhältnis $f = J_g/J_-$ (der sog. „Vakuumfaktor") des
zum Gitter fließenden Ionenstroms J_g zu dem zur Anode fließenden
Elektronenstroms J_- ist (für eine bestimmte Röhrentype und eine
bestimmte Anodenspannung V) kennzeichnend für die Güte des Vakuums.
Die physikalische Bedeutung des Vakuumfaktors ergibt sich aus der
Überlegung, daß f angenähert angibt, welcher Bruchteil aller Elektronen
auf dem Weg von der Kathode zur Anode abgefangen wird durch einen
Zusammenstoß mit einem Gasteilchen. Ist λ die mittlere freie Elektronenweglänge in der Restgasatmosphäre (die bei einem Restgasdruck von
760 mm Hg von der Größenordnung $\lambda_0 = 10^{-5}$ cm sein würde) und d
die Entfernung zwischen Kathode und Anode, so erleidet ein Elektron
im Mittel d/λ Stöße gegen Gasteilchen und es ist also $f \sim d/\lambda$. Setzen wir
darin $\lambda = \lambda_0 \dfrac{760}{p} = \dfrac{7{,}6 \cdot 10^{-3}}{p}$, so wird $f = \dfrac{d}{7{,}6 \cdot 10^{-3}} \cdot p$. Zum Beispiel für die
üblichen kleinen Typen der Verstärkerröhren ist $d \sim 1$ cm und demnach $f = 1{,}3 \cdot 10^2 \cdot p$; wie die Erfahrung gezeigt hat, soll p nicht größer
als etwa 10^{-6} mm Hg, d. h. also der Vakuumfaktor nicht größer als
$\sim 10^{-4}$ sein, um das Vakuum noch als „gut" bezeichnen zu können.

Gitterröhren. In der Röhrentechnik spielt bekanntlich eine durchaus
beherrschende Rolle eine Elektrodenkonfiguration besonderer Art, bei der
zwischen der Kathode und der Anode noch eine oder mehrere Elektroden
in Form von „Gittern" angeordnet sind. Über die Elektronenbewegung
in derartigen Gitterröhren (oder allgemeiner Mehrelektrodenröhren)
wenigstens noch einige grundsätzliche Bemerkungen anzuschließen, ist
deshalb unerläßlich. Allerdings ist es kaum möglich, auf dem zur Verfügung stehenden Raum auch nur eine Übersicht zu geben über die
Mannigfaltigkeit der physikalischen oder gar der technischen Probleme,
die sich hier auftun; insbesondere müssen wir darauf verzichten, auf die
technisch im Mittelpunkt des Interesses stehenden eigentlichen Steuerprobleme einzugehen und können die Vorgänge in Gitterröhren lediglich
betrachten im Rahmen des Themas dieses Kapitels, nämlich als ein
weiteres Beispiel für die Bewegung von Elektronen im Vakuum.

Betrachten wir die Vorgänge in einer Gitterröhre vom Standpunkt
einer konsequenten Erweiterung der vorhergehenden Überlegungen aus,
so werden wir sie aufzufassen haben als eine Beeinflussung des von der
Kathode ausgehenden Elektronenstromes durch Potentialänderungen

allgemein irgendwelcher weiterer Elektroden. Und zwar handelt es sich dabei nicht um einen Eingriff etwa nach Art einer hydrodynamischen Querschnittsänderung durch ein Regelventil, sondern um Verbiegungen der Elektronenbahnen und ihre teilweise Ableitung von der Anode, also letzten Endes um ein Stromverteilungsproblem. Von diesem Standpunkt aus erweist sich als maßgebend wiederum die Grundgleichung $\Delta \varphi = -4\pi\varrho$ der Potentialtheorie und ihre Lösung unter Erfüllung bestimmter Randbedingungen, zugleich aber wird ersichtlich, daß nur unter stark vereinfachenden Voraussetzungen an eine Lösung und an die Erzielung praktikabler Endergebnisse zu denken ist. Immerhin lassen sich einige einfache Fälle soweit durchrechnen — wobei man mit Nutzen elektronenoptische Überlegungen zu Hilfe nehmen kann —, daß sich auch praktisch auswertbare Folgerungen ergeben. Als ein Beispiel solcher Art betrachten wir die Verhältnisse in einem Rohr mit zwei positiven Elektroden, der Anode mit dem Potential u_a

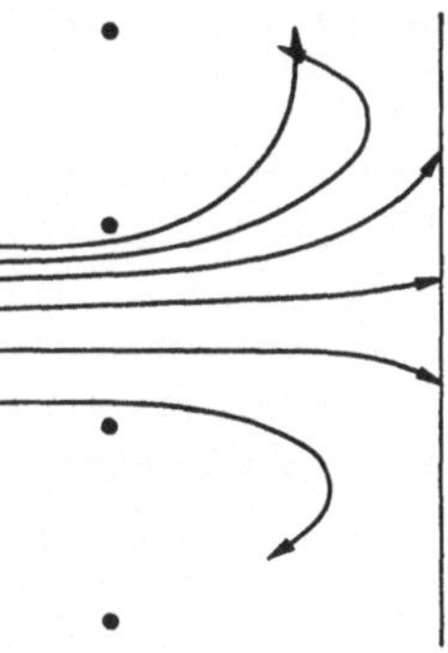

Abb. 47a. Elektronenbahnen bei positivem Gitter. (Nach ROTHE u. KLEEN.)

und dem Gitter mit dem ebenfalls positiven Potential u_g (wobei das Potential der Kathode wie üblich das Nullpotential ist). Ein Teil des Kathodenemissionsstromes wird dann unmittelbar vom Gitter abgefangen und tritt überhaupt nicht in den Raum zwischen Gitter und Anode ein. Der andere Teil wird in dem Feld zwischen Gitter und Anode abgelenkt und unter Umständen sogar zurückgebogen (Abb. 47a). Zwei Sonderfälle lassen sich hierbei schematisch unterscheiden. Wenn nämlich $u_a < u_g$ ist, kann der vom Gitter abgefangene Teil in erster Näherung als konstant angenommen werden und die wesentliche Rolle für die Stromverteilung auf Gitter und Anode spielt die Verbiegung der Elektronenbahnen beim Durchgang durch das Gitter; wenn andererseits $u_a > u_g$ ist, so daß alle Elektronen an die Anode gelangen, die überhaupt

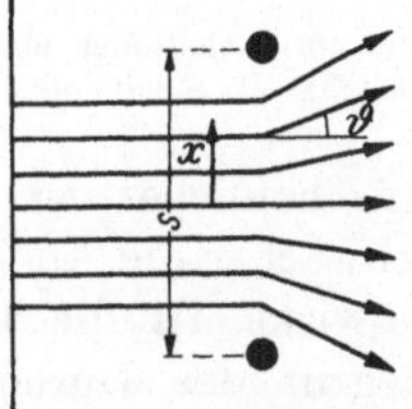

Abb. 47b. Zur Theorie der Gitterröhren bei positivem Gitter. (Nach ROTHE u. KLEEN.)

durch das Gitter hindurchgetreten sind, spielt die wesentliche Rolle für die Stromverteilung offenbar der eben genannte Auffangeffekt des Gitters. Wir wollen nur die Theorie des ersteren Falles ($u_a < u_g$) kurz skizzieren: Die Gitterlöcher wirken auf die Elektronen wie Zerstreuungslinsen; die Umkehrstellen liegen auf einer zu der Gitterebene parallelen Ebene, deren Potential den Wert $u = u_g \sin^2 \vartheta$ hat (elektronenoptisches Gesetz der Totalreflektion), so daß also alle Elektronen die Anode erreichen, für die $u_g \sin^2 \vartheta \geq u_a$ ist. Der Teil des gesamten Stromes i_0, der in einem Bereich von der Breite x um die Mitte zwischen zwei Gitterdrähten durch das Gitter geht (Abb. 47b), ist $i = i_0 \cdot 2\, xp/s$, wobei $(1-p)$ der nach unserer Voraussetzung konstante, vom Gitter aufgefangene Bruchteil ist. Setzen wir nun noch, weil die Winkel ϑ klein sind, $\sin\vartheta = \operatorname{tg}\vartheta = \vartheta$, so ergibt sich aus den Gleichungen

$$\operatorname{tg}\vartheta = \operatorname{tg}\vartheta_{\max}\cdot\frac{2\,x}{s}\,; \qquad u = u_g\cdot\sin^2\vartheta\,; \qquad i = i_0\cdot\frac{2\,x\,p}{s}$$

für den zur Anode gelangenden Strom

$$i_a = i_0\cdot C\cdot\sqrt{u_a/u_g}\,.$$

C ist dabei eine nur von den geometrischen Dimensionen des Systems abhängende Konstante, für die man übrigens noch den Wert $C = 4\,a\,b\,p/s(a+b)$ ableiten kann (a Abstand Gitter-Anode, b Abstand Gitter-Kathode; s Gitterabstand).

Für den praktischen Gebrauch lassen sich aus der Stromverteilungs-theorie noch mancherlei brauchbare Ergebnisse finden. Trotzdem aber wird man die üblichen, halb-phänomenologischen Ansätze nach wie vor benutzen; sie können hier als bekannt vorausgesetzt werden und sie sollen deshalb zur Erläuterung der vier wichtigsten Begriffe „Durchgriff", „Steuerspannung", „Steilheit" und „innerer Widerstand" nur eben nochmals in Erinnerung gebracht werden. Der Durchgriff D ist elektrostatisch definiert als

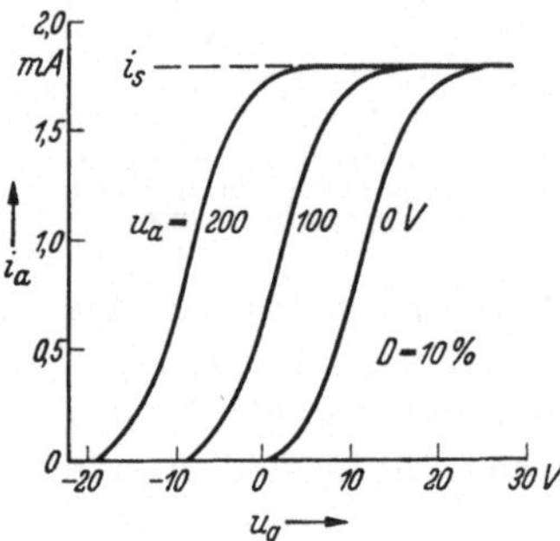

Abb. 48. Kennlinien einer Verstärkerröhre. (Nach BARKHAUSEN.)

$$(62\,\mathrm{a})\qquad\qquad D = C_a/C_g\,,$$

wo C_a und C_g die Teilkapazitäten der Anode bzw. des Gitters gegen die Kathode sind. Anschaulicher ist D zu kennzeichnen als ein Maß dafür, wievielmal schwächer die Anodenspannung auf den Emissionsstrom i_e der Kathode einwirkt als die Gitterspannung. Physikalisch kommt man auf den Begriff des Durchgriffes durch die Überlegung, daß der Verlauf der Röhrenkennlinie vornehmlich abhängt von dem Feld in unmittelbarer Nähe der Kathode (wo die negative Raumladung sitzt), daß dieses Feld abhängt von der Ladung Q auf der Kathode und daß Q wiederum abhängt von u_a und u_g durch $Q = C_a u_a + C_g u_g$. Die Steuerspannung u_{st} ist definiert durch

$$(62\,\mathrm{b})\qquad\qquad u_{\mathrm{st}} = u_g + D\cdot u_a\,.$$

Von der Steuerspannung hängt der Emissionsstrom in derselben Weise ab wie in einer Zweielektrodenröhre von der Anodenspannung. Wenn, wie dies normalerweise der Fall ist, das Gitter zwischen Kathode und Anode liegt, und wenn der Durchgriff klein ist, kann man die Gitter-röhre bezüglich des Emissionsstromes ersetzen durch eine Zweielektroden-röhre, deren Anode an der Stelle des Gitters liegt und deren Spannung gleich der Steuerspannung ist. Zugleich ergeben sich dann i_a, u_g-Kennlinien bei jeweils konstanter Anodenspannung u_a, die für verschiedene Werte von u_a lediglich um $D \cdot u_a$ (sog. Verschiebungsspannung) parallel zueinander verschoben sind, wie dies Abb. 48 an diesen Kennlinien einer Verstärkerröhre zeigt. Die Steilheit S ist definiert durch

$$(62\,\mathrm{c}) \qquad S = \left(\frac{\partial\, i_e}{\partial\, u_g}\right)_{u_a\,=\,\mathrm{const}}$$

und der innere Widerstand R_i durch

$$(62\,\mathrm{d}) \qquad \frac{1}{R_i} = \left(\frac{\partial\, i_e}{\partial\, u_a}\right)_{u_g\,=\,\mathrm{const}}$$

Es ist also S ein Maß für die reine Steuerwirkung der Gitterspannung und $1/R_i$ ebenso ein Maß für die reine Steuerwirkung der Anodenspannung. Nach der Definition des Durchgriffes als Maß für das Verhältnis der Einwirkung der Gitterspannung auf den Emissionsstrom zu der der Anodenspannung folgt sofort die Relation zwischen den Größen R_i, D und S

$$(62\,\mathrm{e}) \qquad R_i \cdot D \cdot S = 1,$$

die sich übrigens auch rein formal ergibt (und zwar unabhängig davon, ob der Durchgriff konstant ist oder nicht); denn der Durchgriff kann in Analogie zu den Gl. (62 c, d) auch definiert werden durch $D = \left(\dfrac{\partial\, u_g}{\partial\, u_a}\right)_{i_e\,-\,\mathrm{const}}$.

IV. Elektrizitätsleitung in Gasen.

Die Elektrizitätsleitung in Gasen spielt in so großem und stets noch zunehmendem Umfang eine Rolle in der heutigen Elektrotechnik, daß es eigentlich kaum notwendig ist, darauf noch besonders hinzuweisen. Unselbständige Entladungen werden benutzt z. B. in den Ionenmetern und gasgefüllten Photozellen, unter den selbständigen Entladungen gibt es kaum eine Sonderform, die nicht eine Anwendung gefunden hätte. Die elektrischen Vorgänge in der Atmosphäre sind von praktischer Bedeutung durch ihre Rückwirkungen z. B. auf Freileitungen.

Eine zusammenfassende und bisher die einzige Übersicht über die technischen Anwendungen findet man in Bd. II des Buches von v. ENGEL und STEENBECK, Elektrische Gasentladungen, das auch die Physik der Gasentladungen vorzüglich und recht vollständig behandelt; als einführendes Lehrbuch kommt in Betracht die Einführung in die Physik der Gasentladungen von SEELIGER, als vollständigste, wenn auch heute zum Teil schon wieder etwas veraltete Sammlung des gesamten Beobachtungsmaterials die Artikelreihe von MIERDEL und SEELIGER im Handbuch der Experimentalphysik, Bd. XIII, 3. Sehr brauchbar als Nachschlagewerk für Zahlenwerte, Tabellen und graphische Darstellungen sind die Gasentladungstabellen von KNOLL, OLLENDORFF und ROMPE. — Zu einer ersten Einführung in die luftelektrische Forschung geeignet ist die Luftelektrizität von KÄHLER in der Sammlung GÖSCHEN. Eine eingehendere Darstellung findet man bei BENNDORF und HESS in MÜLLER-POUILLETs Lehrbuch der Physik, Bd. V, 1. Das neueste Schrifttum über Gewitter ist angeführt in einem lesenswerten Aufsatz von v. HIPPEL über Erdfeld, Gewitter und Blitz, in Naturwiss., Bd. 22 (1934).

21. Bewegung der Träger in Gasen.

Für das Verständnis der Elektrizitätsleitung durch Gase sind zwei Gruppen von Teilerkenntnissen elementarer Art der Ausgangspunkt:

Die Kenntnis der Vorgänge, die zur Entstehung und Vernichtung der den Strom tragenden Ladungsträger führen und die Kenntnis der Gesetze, welche die Bewegung der Ladungsträger durch das Gas bestimmen. Die ersteren Vorgänge haben wir z. T. schon in Kap. II behandelt, mit den letzteren wollen wir uns in diesem Abschnitt beschäftigen, und zwar mit den Elementargesetzen selbst. Wir wollen also untersuchen, wie sich Ladungsträger in einem Gas bewegen unter dem Einfluß von Triebkräften, die als vorgegeben vorausgesetzt sein sollen. In Betracht kommen als solche Kräfte neben den hier keine wesentliche Rolle spielenden Triebkräften in magnetischen Feldern, die Triebkräfte in einem elektrischen Feld und die Triebkräfte im Konzentrationsgefälle (Diffusionskräfte).

Fortschreitungsgeschwindigkeit; Beweglichkeit. In einem elektrischen Feld von der Stärke E wirkt auf einen Träger, der die Ladung $\pm\varepsilon$ besitzt, eine Kraft $\pm\varepsilon E$ in Richtung des Feldes; ein wesentlicher Unterschied gegenüber der Sachlage im Vakuum ist in einem Gas aber dadurch bedingt, daß der Träger dieser Kraft nicht frei folgen kann, sondern daß die freie Bewegung dauernd gestört wird durch die Zusammenstöße mit Gasteilchen. Am Ende einer jeden Weglänge findet ein Zusammenstoß statt, der in die freie Bewegung störend eingreift. Es ist von vornherein klar, daß man nicht alle Einzelheiten der Bewegung eines jeden Trägers verfolgen und rechnerisch erfassen kann, sondern, daß es sich um eine typisch statistische Betrachtungsweise wird handeln müssen, zugleich aber auch, daß diese alles Wünschenswerte liefert. Die Problemstellung läßt sich allgemein so fassen: Wenn ein Träger in einem homogenen elektrischen Feld E an der Stelle $x = 0$ mit der Geschwindigkeit 0 startet, wie groß ist dann seine Bahngeschwindigkeit v und seine Fortschreitungsgeschwindigkeit u in Richtung des Feldes an der Stelle x? Unter der „Bahngeschwindigkeit v" ist dabei verstanden die (jeweilige) Geschwindigkeit des Trägers auf seiner vielfach durch die Zusammenstöße gebrochenen Zickzackbahn; sie hängt natürlich unmittelbar zusammen mit der kinetischen Energie des Trägers, die durch $mv^2/2$ gegeben und praktisch wiederum in e-Volt gemessen wird. Scharf davon zu unterscheiden ist die (mittlere) „Fortschreitungsgeschwindigkeit" u, d. h. die Geschwindigkeit, mit der sich die Träger während ihrer Bewegung durch das Gas in Richtung des Feldes an der betreffenden Stelle vorwärtsschieben; man bezeichnet sie gelegentlich auch als „Wanderungsgeschwindigkeit" oder besser als „gerichtete" Geschwindigkeit, im Gegensatz zu der ungerichteten Bahngeschwindigkeit. Maßgebend für den gerichteten Ladungstransport durch das Gas, d. h. für die Stromdichte j des Entladungsstrom, ist natürlich nur die Fortschreitungsgeschwindigkeit u; wandern durch eine Flächeneinheit senkrecht auf den Stromlinien in der Zeiteinheit n Träger, so ist $j = \varepsilon n$. Unmittelbar anschaulich dürfte der Unterschied zwischen v und u werden durch die

Abb. 49, die schematisch die Bewegung eines Trägers in einem Gas zeigt. Zwischen je zwei Zusammenstößen mit Gasteilchen „fällt" der Träger frei in der Feldrichtung wie ein Körper im Schwerefeld beim freien Wurf, wobei also auch gelegentlich rückläufige Bewegungen vorkommen können. Er hat dabei an jeder Stelle der aus Parabelbogen zusammengesetzten Bahn eine bestimmte Bahngeschwindigkeit und wandert mit einer davon verschiedenen Fortschreitungsgeschwindigkeit — gemittelt über sehr viele Träger — in Richtung der wirkenden Feldkraft vorwärts. Vorausgeschickt sei ferner, daß es praktisch und in den meisten Fällen erlaubt ist, mit dem Begriff der „Trägertemperatur" zu arbeiten. Wir kommen hierauf bei der Theorie des Plasmas nochmals zurück (S. 182 ff.). Hier genügt zu erwähnen, daß man ganz allgemein die Temperatur T eines Trägerensembles in Analogie zu dem entsprechenden Ansatz der kinetischen Gastheorie (S. 19) definieren könnte durch die Beziehung

$$\overline{\frac{m}{2}\,v^2} = \frac{3}{2}\,k\,T\,,$$

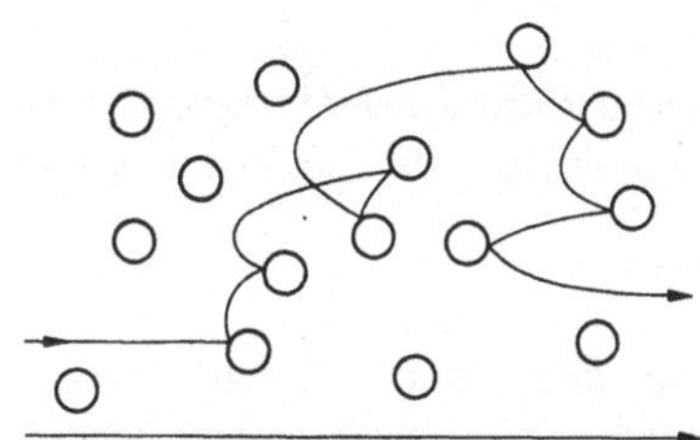

Abb. 49. Bewegung eines Trägers durch ein Gas in einem elektrischen Feld.

wo der Querstrich wie üblich die Mittelwertsbildung über alle Einzelindividuen des Ensembles kennzeichnen soll. Tiefere Bedeutung hat jedoch die Einführung dieser Trägertemperatur eigentlich nur, wenn man annehmen darf, daß die Geschwindigkeiten der Träger nach dem Maxwell-Gesetz verteilt sind. Anschaulich verständlich wird dies insbesondere für den Fall, daß die Trägertemperatur gleich der Temperatur des Gases ist, in dem die Träger suspendiert sind; denn dann kann das ganze, aus Trägern und Gasteilchen bestehende System aufgefaßt werden als ein im thermischen Gleichgewicht befindliches Gemisch zweier Gase, des normalen neutralen Gases und des „Trägergases".

Der Gedankengang zur Berechnung der Fortschreitungsgeschwindigkeit eines Trägers von der Masse m in einem gegebenen Feld von der Stärke E (V/cm) in einem bestimmten Gas von gegebener Dichte ist ein sehr einfacher. Wir nehmen an, daß die gerichtete Geschwindigkeitskomponente des Trägers bei jedem Stoß verlorengeht, also nach jedem Stoß der Träger mit der gerichteten Geschwindigkeit Null startet. Dann durchfällt er, wenn τ die Zeit zwischen zwei aufeinanderfolgenden Zusammenstößen ist nach den elementaren Gesetzen des freien Wurfs in dieser Zeit τ die Strecke $s = \left(\dfrac{\varepsilon E}{2\,m}\right)\tau^2$ in Richtung des Feldes und also in der Zeiteinheit die Strecke $\dfrac{s}{\tau} = \left(\dfrac{\varepsilon E}{2\,m}\right)\cdot\tau$. Wenn nun λ die mittlere freie Weglänge und v die Bahngeschwindigkeit des Trägers ist, so ist $\tau = \lambda/v$ und wir erhalten für s/τ, d. h. für die gesuchte Fortschreitungsgeschwindigkeit den Wert $u = \dfrac{1}{2}\dfrac{\varepsilon\,\lambda\,E}{m\,v}$. Berücksichtigt man in einer genaueren Rechnung, daß in Wirklichkeit nicht alle Weglängen die Größe λ haben, sondern um diesen Mittelwert λ verteilt sind, so ändert sich an unserer Betrachtung grundsätzlich nichts, sondern es ergibt sich lediglich ein anderer Zahlenfaktor a, der je nach der Art der Mittelwertsbildungen zwischen dem obigen Wert 0,5 und 1 liegt. Wir schreiben deshalb allgemeiner

$$(64) \qquad u = a \cdot \left(\frac{\varepsilon\,\lambda}{m\,v}\right) \cdot E$$

und haben damit die fundamentale Formel für die Fortschreitungsgeschwindigkeit u erhalten. Sie ist, um dies nochmals besonders zu betonen, so zu verstehen, daß sie u zu berechnen erlaubt für Träger, deren Bahngeschwindigkeit v ist. Führen wir an Stelle von v die Trägertemperatur ein, so können wir sie auch schreiben in der Form

$$(64\,\mathrm{a}) \qquad u = a \cdot \frac{\varepsilon\,\lambda}{\sqrt{3\,m\,k}\cdot\sqrt{T}} \cdot E \,.$$

Für Elektronen, deren Masse sehr klein ist gegen die Masse der Gasteilchen, hat sich diese Formel (Langevin-Formel) sehr gut auch quantitativ bewährt, für Ionen hingegen, die bei den Stößen nach komplizierteren Gesetzen reflektiert werden, bedarf sie augenscheinlich einer quantitativ genaueren Begründung, die dann zu einer recht komplizierten numerischen Korrektion führt.

Eine etwas andere Deutung können wir unserer Formel (64) noch geben durch die Einführung des Begriffes der Beweglichkeit. Bezeichnen wir allgemein als „Beweglichkeit" μ eines Trägers in einem Gas seine Fortschreitungsgeschwindigkeit im Feld $E = 1$ V/cm, so gibt unsere Formel für μ

$$\mu = a \cdot \frac{\varepsilon\,\lambda}{m\,v} \,,$$

also allgemein einen von der Bahngeschwindigkeit v abhängenden Wert. Nur wenn v seinerseits unabhängig von E wäre, würden wir also für die Fortschreitungsgeschwindigkeit Proportionalität mit der Feldstärke erhalten und könnten dann zugleich μ ansprechen als eine für jedes Gas charakteristische Größe, die proportional der mittleren freien Trägerweglänge, d. h. der Gasdichte ist. Es ist leicht einzusehen, wann dies der Fall sein wird: Offenbar dann, wenn das elektrische Feld so schwach ist und die Zahl der Zusammenstöße zwischen einem Träger und den Gasteilchen so groß, daß die von dem Träger aus dem Feld entnommene Energie durch die Übertragung auf das Gas sofort wieder zerstreut wird. Dies heißt natürlich nichts anderes, als daß die mittlere Bahngeschwindigkeiten der Träger sich praktisch nicht unterscheiden von den Bahngeschwindigkeiten, die sie ohne elektrisches Feld haben würden, oder daß die Trägertemperatur praktisch gleich ist der Gastemperatur. Da nun

die Zahl der energiezerstreuenden Zusammenstöße proportional mit dem
Gasdruck p zunimmt, ist der Anwendungsbereich dieser Vereinfachung
gegeben dadurch, daß E/p (V/cm mm Hg) genügend klein ist. Es ist
ferner unmittelbar ersichtlich, daß der noch zulässige obere Wert von
E/p um so größer sein wird, je größer die Trägermasse ist, weil nach den
Stoßgesetzen ein schwerer Träger bei jedem Stoß mehr Energie an das
gestoßene Gasteilchen abgibt als ein leichterer; deshalb ist auch für
Ionen unsere Vereinfachung noch bis zu viel größeren E/p-Werten
brauchbar als für Elektronen. Für die Ionen kann man mit einer konstanten, d. h. feldunabhängigen und dem Gasdruck proportionalen
Beweglichkeit in der Tat sehr weitgehend rechnen, und zwar noch hinauf
bis zu etwa 100 V/cm mm Hg. Die Zahlenwerte liegen bei Atmosphärendruck in der Größenordnung 1 cm/s : V/cm.

Bewegungsgesetze der Elektronen. Von besonderem Interesse ist das
Verhalten der Elektronen, für die nach den eben durchgeführten Überlegungen nur für sehr kleine E/p-Werte konstante Beweglichkeit, oder

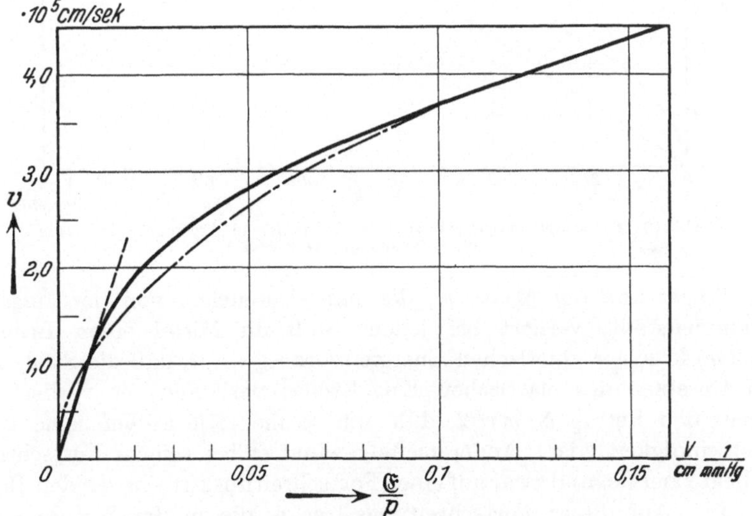

Abb. 50. Fortschreitungsgeschwindigkeit von Elektronen in Stickstoff.
(Nach V. ENGEL u. STEENBECK.)

was dasselbe ist, Proportionalität der Fortschreitungsgeschwindigkeit
mit E zu erwarten ist. Wie die Dinge hier liegen und zugleich auch
wie sich Ionen bei großen E/p-Werten verhalten, mögen zunächst die
Abb. 50 u. 51 zeigen. Sie beziehen sich auf Elektronen in Stickstoff
und auf positive Argonionen in Argon. Ausgezogen ist die Fortschreitungsgeschwindigkeit in Abhängigkeit von E/p und es ist zu ersehen 1.,
daß für Elektronen schon bei $E/p \sim 0{,}01$ die Fortschreitungsgeschwindigkeit nicht mehr proportional mit E ansteigt, während für die Ionen die

Abweichungen erst bei etwa $E/p = 80$ beginnen und 2., daß bei den
größeren E/p-Werten ein anderes, und zwar für beide Trägerarten gleichartiges Beweglichkeitsgesetz gilt. Nach diesem neuen Gesetz ist die
Fortschreitungsgeschwindigkeit u proportional mit $\sqrt{E}$, d. h. es ist die
Beweglichkeit $\mu = u/E$ nicht mehr konstant, sondern sie nimmt ab mit
zunehmendem E und zwar umgekehrt proportional mit $\sqrt{E}$. Dies neue
Beweglichkeitsgesetz — zwischen beiden liegt natürlich ein Übergangs-
bereich, mit dessen Theorie wir uns hier nicht zu befassen brauchen —
kann man nun durch die folgende Überlegung verständlich machen.

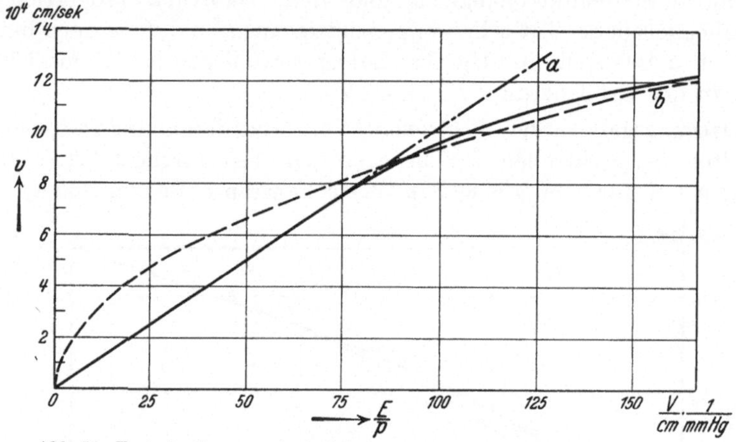

Abb. 51. Fortschreitungsgeschwindigkeit von positiven Argonionen in Argon.
(Nach V. Engel u. Steenbeck.)

Ein Träger von der Masse m, der mit Gasteilchen von der Masse M
zusammenstößt, verliert bei jedem Stoß im Mittel einen Bruchteil
$\delta = 2\, m/M$ seiner kinetischen Energie, vorausgesetzt, daß die Stöße nach
den Gesetzen des elastischen Kugelstoßes verlaufen; er verliert also
jeweils den Betrag $\delta \cdot mv^2/2$, d. h. um so mehr, je größer seine Bahngeschwindigkeit v ist. Andererseits gewinnt er bei seinem Fortschreiten
im Feld Energie, und zwar auf einer Fortschreitungsstrecke dx den Betrag
$\varepsilon E \cdot dx$. Auf dieser Fortschreitungsstrecke, die in der Zeit $dt = dx/u$
durchlaufen wird, macht das Elektron $(v/\lambda) \cdot dt = (v/\lambda\, u) \cdot dx$ Stöße,
so daß wir also für die zeitliche Änderung der Bahngeschwindigkeit v
eines Elektrons bei seiner Wanderung durch das Gas die Differentialgleichung erhalten

$$d\left(\frac{m}{2}\, v^2\right) = \varepsilon E \cdot dx - \frac{v}{\lambda} \cdot \delta \cdot \frac{m}{2}\, v^2 \cdot dt.$$

Wenn wir hierin noch setzen $u = dx/dt$, so ergibt die Auflösung dieser
Gleichung, daß v dem stationären Wert

$$(65\,\text{a}) \qquad\qquad\qquad v_\infty = \sqrt{\frac{2\,\varepsilon\,\lambda}{m\,\sqrt{2\,\delta}}} \cdot \sqrt{E}$$

und dementsprechend u nach (64) dem Wert

$$(65\,\mathrm{b}) \qquad u_\infty = \left(a \cdot \sqrt[4]{\delta}\ \sqrt{\frac{\varepsilon\lambda}{m}} \right) \sqrt{E}$$

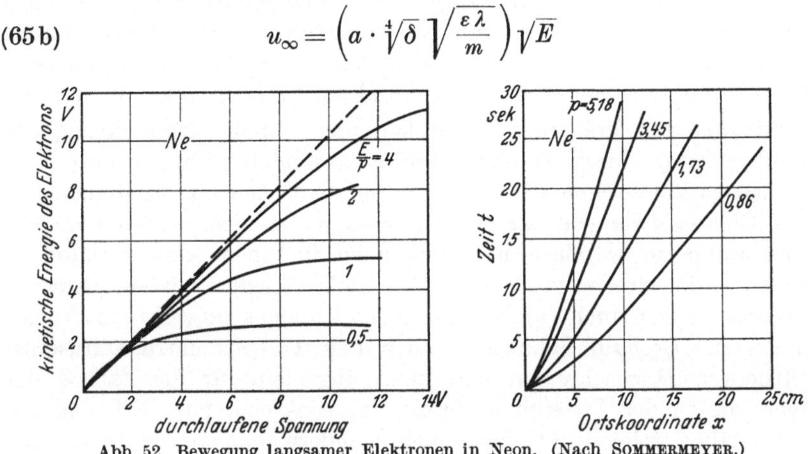

Abb. 52. Bewegung langsamer Elektronen in Neon. (Nach SOMMERMEYER.)

zustrebt. Die Abb. 52 veranschaulicht die Einstellung des stationären Endwertes von v (bzw. von $mv^2/2$) an dem Beispiel von Elektronen in

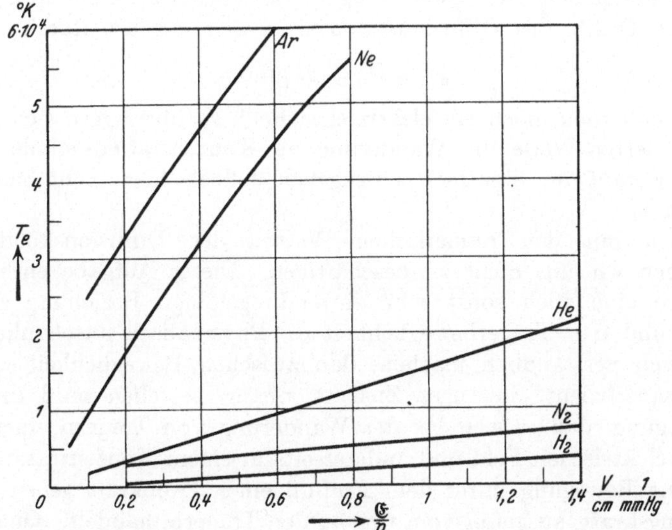

Abb. 53. Elektronentemperaturen in schwachen Feldern. (Nach V. ENGEL u. STEENBECK.)

Neon und die Abb. 53 gibt für einige Gase die Größe dieses Endwertes, und zwar ausgedrückt durch die sich einstellende Elektronentemperatur T_e, die mit v_∞ zusammenhängt durch die Relation von S. 155. Natürlich gilt dies alles nur solange, als die Elektronenstöße elastisch verlaufen, also nur für „langsame" Elektronen unterhalb der kleinsten

Anregungsspannung. Aber auch dann müßten bei genauerer Betrachtung noch eine Reihe von Verfeinerungen an den eben durchgeführten Überlegungen angebracht werden, um sie quantitativ ganz befriedigend zu gestalten. Das Grundsätzliche wird davon jedoch nicht berührt und kann auf dem angegebenen Weg richtig und anschaulich erkannt werden.

Diffusion von Trägern. Wir wollen uns nun der Betrachtung der Trägerbewegung durch Diffusionskräfte zuwenden. Ganz ebenso, wie nach den gaskinetischen Überlegungen auf S. 38 neutrale Gasteilchen in einem Dichtegefälle von den Stellen größerer zu den Stellen kleinerer Dichte wandern, wandern natürlich auch in einem Gas vorhandene Träger von den Stellen größerer zu den Stellen kleinerer Konzentration; sie verhalten sich nicht anders wie dem Grundgas zugemischte Fremdgasteilchen. Deshalb kann man auch den Trägern einen Diffusionskoeffizienten D zuschreiben und kann allgemein für die Zahl Z der Träger, die in der Zeiteinheit durch eine senkrecht zur Richtung des Dichtegefälles stehende Flächeneinheit wandern, den Ansatz verwenden

$$Z = D\,\mathrm{grad}\,n\,,$$

wo n die (nun natürlich von Ort zu Ort verschiedene) Zahl der Träger pro Volumeinheit ist. Diese Träger transportieren dabei ihre Ladung und die Dichte des Diffusionsstromes ist also gegeben durch

$$(66) \qquad\qquad j_d = \varepsilon\,Z = \varepsilon\,D\,\mathrm{grad}\,n\,.$$

Wirkt außerdem noch ein elektrisches Feld, so überlagern sich in recht komplizierter Weise die Wanderung im Konzentrationsgefälle und im Feld, worauf im einzelnen einzugehen jedoch hier nicht mehr notwendig ist.

Auch mit den numerischen Werten der Diffusionskoeffizienten brauchen wir uns nicht zu beschäftigen. Dieser Aufgabe enthebt uns nämlich eine auch sonst sehr anwendungsfähige Beziehung zwischen ihnen und den Trägerbeweglichkeiten. Physikalisch anschaulich kann man sich verständlich machen, daß zwischen Beweglichkeit und Diffusionskoeffizient ein enger Zusammenhang bestehen muß durch die Überlegung, daß es sich bei der Wanderung von Trägern einerseits in einem elektrischen Feld und andererseits in einem Konzentrationsgefälle um eine Bewegung unter dem Einfluß einer Triebkraft gegen dieselbe Reibungskraft, ausgeübt vom Gas an den Trägern, handelt. Quantitativ können wir die gesuchte Beziehung am einfachsten herleiten aus folgender Betrachtung. Ganz analog wie z. B. in der Erdatmosphäre oder bei einem Sedimentationsgleichgewicht sich im Schwerefeld eine Dichteverteilung so einstellt, daß ein statischer Gleichgewichtszustand ohne einen Trägerfluß in vertikaler Richtung vorhanden ist (obwohl die Dichte nach oben hin abnimmt, also ein Dichtegradient vorhanden ist), kann sich in einem homogenen elektrischen Feld eine statische

Dichteverteilung einstellen. Dann nämlich, wenn der Trägerstrom in der Feldrichtung

$$j_e = \varepsilon \mu E n$$

ebenso groß ist wie der in entgegengesetzter Richtung verlaufende Trägerstrom im Dichtegefälle

$$j_d = - \varepsilon D \frac{\partial n}{\partial x}.$$

Auf ein solches im Gleichgewicht befindliches System, bestehend also aus Trägern in einem homogenen elektrischen Feld, die suspendiert sind in einem Gas — das hier lediglich die Rolle eines reibenden Mediums spielt — können wir aber das Boltzmann-Prinzip (S. 16) anwenden. Die potentielle Energie eines Trägers an einer Stelle, wo das Potential des elektrischen Feldes $\varphi = E x$ ist, ist dann $V = \varepsilon E x$ und wenn T die Trägertemperatur ist, so ist die Gleichgewichtsverteilung der Träger also gegeben durch

$$n = n_0 e^{-\frac{\varepsilon V}{kT}} = n_0 e^{-\frac{\varepsilon E}{kT} x}.$$

Daraus finden wir für die Stromdichte infolge der Wanderung im elektrischen Feld

$$j_e = \varepsilon n \mu E = \varepsilon \mu E n_0 \cdot e^{-\frac{\varepsilon E}{kT} x}$$

und für die Stromdichte infolge der Wanderung im Dichtegefälle

$$j_d = - \varepsilon \cdot D \frac{\partial n}{\partial x} = \varepsilon \frac{\varepsilon E}{kT} D n_0 \cdot e^{-\frac{\varepsilon E}{kT} x}.$$

Wegen des Gleichgewichtes müssen beide der Größe nach gleich sein und dies gibt die gesuchte Beziehung zwischen der Beweglichkeit μ und dem Diffusionskoeffizienten D

$$(67) \qquad \mu = \frac{\varepsilon D}{kT}.$$

Setzt man die Werte für k und ε ein, so erhält man (μ gemessen in cm/s : V/cm) $\mu/D = 1{,}17 \cdot 10^4/T$.

Ambipolare Diffusion. Wir wollen zum Schluß einen Diffusionsvorgang besonderer Art betrachten, der später noch mehrfach (insbesondere S. 195 f.) eine große Rolle spielen wird. Es ist das die sog. „ambipolare" Diffusion. Es ist allerdings nicht ganz leicht, ohne seine Wichtigkeit für das Verständnis einer Reihe von Vorgängen in Gasentladungen bereits zu kennen, sich Sinn und Bedeutung dieser ambipolaren Diffusion klarzumachen, weil es sich dabei um zunächst vielleicht wenig einleuchtende Näherungsansätze handelt. Wir denken uns in einem Gas, und zwar der Einfachheit wegen wiederum zwischen ebenen parallelen Wänden, positive und negative (einwertige) Träger verteilt mit annähernd derselben Dichte $n_- = n_+ = n$, jedoch derart, daß die Dichte $n(x)$ von $x = 0$ nach $x = L$ hin abnimmt. Dann werden die Träger im Dichtegefälle diffundieren und es werden also Diffusionsströme fließen. Wenn nun z. B. die negativen Träger Elektronen, die positiven gewöhnliche positive Ionen sind, werden dabei zuerst die Elektronen den Ionen etwas vorauseilen und es sich wird im Gas ein Feld E ausbilden und zwar derart, daß dieses Feld bremsend auf die Elektronen und beschleunigend auf die Ionen wirkt. Über die Diffusionsströme lagern sich also Feldströme und insgesamt sind die Stromdichten

$$(68\,\text{a}) \qquad \begin{cases} j_- = -\,\varepsilon\,D_-\dfrac{\partial n_-}{\partial x} - \varepsilon\,n_-\mu_-\,E = -\,\varepsilon\,D_-\dfrac{\partial n}{\partial x} - \varepsilon\,n\,\mu_-\,E \\[2ex] j_+ = -\,\varepsilon\,D_+\dfrac{\partial n_+}{\partial x} - \varepsilon\,n_+\mu_+\,E = -\,\varepsilon\,D_+\dfrac{\partial n}{\partial x} + \varepsilon\,n\,\mu_+\,E, \end{cases}$$

da die Diffusionsströme gleichgerichtet, die Feldströme entgegengesetzt gerichtet sind. Eine Anhäufung von Ladungen auf den Wänden wird dann nicht stattfinden, wenn das Feld E sich so einstellt, daß $j_-=j_+$ ist; oder besser umgekehrt: bei ständiger Neuerzeugung von Trägern im Gas wird sich das Feld so einstellen, daß die Bedingung $j_+=j_-$ erfüllt ist, d. h. daß gleichviel positive und negative Ladungen auf die Wand strömen. Aus

$$(68\,\text{b}) \qquad -D_-\frac{\partial n}{\partial x} - n\,\mu_-\,E = -D_+\frac{\partial n}{\partial x} + n\,\mu_+\,E$$

ergibt sich für das Feld

$$-n\,E = \frac{D_- - D_+}{\mu_- + \mu_+}\cdot\frac{\partial n}{\partial x}.$$

Setzt man dies rückwärts in die Gl. (68 b) ein, so erhält man für den „ambipolaren" Strom

$$-j = \varepsilon\,\frac{D_-\mu_+ + D_+\mu_-}{\mu_- + \mu_+}\cdot\frac{\partial n}{\partial x},$$

also einen Strom gerade der Art, als ob die Träger entsprechend einem gemeinsamen Diffusionskoeffizienten

$$(68) \qquad D_a = \frac{D_-\mu_+ + D_+\mu_-}{\mu_- + \mu_+}$$

diffundieren würden. Eine nützliche Näherungsformel für D_a läßt sich noch angeben mit Hilfe der oben abgeleiteten Beziehung (67) zwischen D und μ. Für Elektronen und Ionen ist nämlich in den meisten Fällen $T_- \gg T_+$ und $\mu_- \gg \mu_+$; dies ergibt

$$(69) \qquad D_a = \frac{k}{\varepsilon}\,(T_- + T_+)\,\frac{\mu_-\mu_+}{\mu_- + \mu_+} \sim \frac{k}{\varepsilon}\,T_-\,\mu_+.$$

Zugleich sieht man, daß D_a zwischen D_+ und D_- liegt und zwar, daß es einige Male größer als D_+ und wesentlich kleiner als D_- ist, wie dies übrigens aus den vorhergehenden Überlegungen bereits zu entnehmen war.

22. Unselbständige Strömung.

Kennzeichen und Einteilung. Einen Ladungstransport durch ein Gas bezeichnen wir als „unselbständige" Strömung (zur Unterscheidung von den später zu besprechenden „selbständigen" Strömungen oder

„Gasentladungen" im eigentlichen Sinn), wenn die Ladungsträger erzeugt werden durch einen äußeren „Ionisator". Diese Bezeichnung ist unmittelbar verständlich daraus, daß das Fortbestehen der Strömung gebunden ist an die Tätigkeit des Ionisators und mit ihr erlischt. Solche unselbständigen Strömungen sind (bei nicht zu großen äußeren Spannungen) z. B. die unipolaren Strömungen in gasgefüllten Photozellen und die bipolaren Strömungen in den Ionometern, deren Träger erzeugt werden durch Röntgenstrahlen oder die Strahlungen radioaktiver Substanzen. Wenn das Gas selbst ionisiert wird, d. h. seine ursprünglich neutralen Moleküle gespalten werden in positive und negative „Ionen", ist die Strömung natürlich stets bipolar; unipolar kann eine Strömung nur sein, wenn von außen Träger nur eines Vorzeichens in das Gas hineingebracht werden (wie in dem erstgenannten Beispiel der Photozelle). Vorweggenommen sei noch, daß wir uns im folgenden nur beschäftigen werden mit Strömungen bei so großen Gasdichten (gegeben durch den Druck p) und in so schwachen Feldern E, daß wir den Trägern konstante Beweglichkeiten zuschreiben können (vgl. S. 156). Nach den Ausführungen im vorigen Kapitel soll also E/p genügend klein sein. Aber wenn wir Sonderfälle, wie z. B. reine Edelgase und freie Elektronen als negative Träger ausschließen, die praktisch bei den hier interessierenden Strömungen keine große Rolle spielen, ist diese Beschränkung tragbar; bei Atmosphärendruck z. B. sind dann in den unedlen Gasen noch Feldstärken bis hinauf zu etwa 2000 V/cm zulässig.

Unipolare Strömung. Für eine unipolare Strömung liegen die Dinge grundsätzlich nicht anders als in den S. 143 f. besprochenen Fällen der Trägerbewegung durch ein Hochvakuum. Wesentlich ist auch in einem Gas die Verzerrung des Feldes durch die Raumladungen, geändert muß werden gegenüber der Sachlage im Hochvakuum nur der Ansatz für die Trägergeschwindigkeit; dort war sie proportional der Wurzel aus der durchlaufenen Potentialdifferenz, hier ist sie proportional der Feldstärke. Wir können uns deshalb kurz fassen und wollen uns beschränken auf die Skizzierung eines speziellen Beispiels: Das Gas befinde sich zwischen zwei koaxialen Zylindern R_0 und r_0, der innere Zylinder emittiere Ionen eines (z. B. negativen) Vorzeichens, an die Zylinder sei eine Spannung V gelegt derart, daß die Polarität des inneren Zylinders mit der Polarität der Ionen übereinstimmt. Wir bezeichnen die Stromstärke pro 1 cm Zylinderlänge mit i, die Stromdichte mit j, die Zahl der Ionen pro cm^3 mit n, die Beweglichkeit der Ionen mit μ und die Feldstärke mit $\mathfrak{E}$. Dann ist $i = 2 \pi r j$ räumlich konstant und es ist

$$j = \frac{i}{2 \pi r} = \varepsilon n \mu \mathfrak{E}$$

und also die Raumladungsdichte $\varrho = \varepsilon n$

$$\varepsilon n = \frac{1}{r \mathfrak{E}} \cdot \frac{i}{2 \pi \mu}.$$

Die Raumladungsgleichung, die wir hier in der für zylindrische Symmetrie gültigen Form benutzen, ist deshalb

$$\frac{1}{r} \cdot \frac{d\,(r\,\mathfrak{E})}{d\,r} = 4\,\pi\,\varepsilon\,n = \frac{1}{r\,\mathfrak{E}} \cdot \frac{2\,i}{\mu}\,.$$

Die Integration gibt

$$(r\,\mathfrak{E})^2 = \frac{2\,i}{\mu} \cdot r^2 + c\,.$$

Die Integrationskonstante c bestimmt sich aus der Bedingung, daß die Spannung zwischen den Zylindern V sein soll

$$(70\,\mathrm{a}) \qquad V = \int\limits_{r_0}^{R_0} \mathfrak{E}\,d\,r = \int\limits_{r_0}^{R_0} \sqrt{\frac{2\,i}{\mu} + \frac{c}{r^2}}\,d\,r\,.$$

Führt man das Integral aus und denkt sich die Gleichung aufgelöst nach c, so erhält man c als Funktion von i und V und dann aus der vorhergehenden Gleichung die in jeder Achsenentfernung r herrschende Feldstärke bei gegebenem i und V. Es ist bemerkenswert und zunächst vielleicht überraschend, daß sich aus der Raumladungsgleichung und dem Stromansatz nicht mehr entnehmen läßt, also insbesondere sich nichts aussagen läßt über die Charakteristik der Strömung, d. h. über die Stromstärke, die zu jeweils einer vorgegebenen Spannung gehört. Ehe wir hierauf näher eingehen, wollen wir die obige Lösung aber erst noch etwas genauer ansehen. Die Feldstärke an der Oberfläche der Innenelektrode sei $\mathfrak{E}_0$; dann folgt aus der vorletzten Gleichung

$$(70) \qquad \left\{ \begin{aligned} (r\,\mathfrak{E}^2) &= (r_0\,\mathfrak{E}_0)^2 + \frac{2\,i}{\mu}\,(r^2 - r_0^2)\,, \\ c &= r_0^2\left(\mathfrak{E}_0^2 - \frac{2\,i}{\mu}\right). \end{aligned} \right.$$

Es kann also die Konstante c positiv oder negativ oder Null sein, je nachdem $\mathfrak{E}_0$ größer, kleiner oder gleich $\sqrt{2i/\mu}$ ist. Ferner ist aus der ersten dieser Gleichungen zu entnehmen, daß für $i = 0$ der Feldverlauf natürlich der bekannte hyperbolische Verlauf in einem Zylinderkondensator ist, bei dem die Feldstärke mit zunehmendem r umgekehrt proportional mit r absinkt. Wenn ein Strom fließt, wird dies Feld durch die Raumladungen verzerrt, und zwar in dem Sinn, daß der Feldabfall ausgeglichen wird. So kann es kommen, daß schon für verhältnismäßig kleine Stromstärken das Feld im größten Teil des Kondensatorraumes praktisch konstant ist. Als Beispiel diene etwa die Sachlage in einem Elektrofilter: Ein dünner Draht in der Achse eines großen Zylinders als Gegenelektrode wird gegen diese an eine so hohe Spannung gelegt, daß er sprüht. Dann werden an ihm, in der Sprühzone mit dem Radius r_0, Träger erzeugt, deren eine Art vom Feld nach außen getrieben wird und eine unipolare Strömung ermöglicht. Es sei nun in Anlehnung an praktisch auftretende Verhältnisse $r_0 = 1$ mm, $R_0 = 10$ cm, $\mathfrak{E}_0 = 30\,\mathrm{kV/cm}$; die Beweglichkeit der Ionen in Luft von Atmosphärendruck ist etwa

2 cm/s : V/cm. Für $i = 0$ haben wir zwischen den Zylindern das ungestörte hyperbolisch abfallende Feld, wie es in Abb. 54 punktiert eingezeichnet ist. Aber schon bei einem Strom von z. B. nur 1 mA/m = 10^{-2} mA/cm ergibt sich der in der Abbildung durchgezogen eingezeichnete Feldverlauf, also im größten Teil des Kondensatorraumes praktisch konstante Feldstärke. (Für die numerische Rechnung ist zu beachten, daß unsere Formeln sich beziehen auf stat. CGS-Einheiten! Also muß man umrechen: $\mathfrak{E}_0 = 30$ kV/cm = 10^2 st. E./cm; $\mu = 2$ cm/s : V/cm = $6 \cdot 10^2$ cm/s : st. E./cm; $i = 10$ mA/cm = $3 \cdot 10^4$ st. E./cm.)

Kehren wir zurück zur allgemeinen Lösung und wollen die Charakteristik der Strömung finden, d. h. den bei einer vorgegebenen Spannung fließenden Strom, so müssen wir der Lösung noch eine weitere Bedingung vorschreiben. Sie wird gegeben durch den Mechanismus der Vorgänge an der Trägerquelle. In dem eben benutzten Beispiel wurde diese Bedingung geliefert durch die Theorie der Sprühentladung, und es wurde so (in erster Näherung) der Wert von $\mathfrak{E}_0$ vorgegeben. Im Fall einer Glühkathode ist bei überschüssiger Elektronenlieferung, d. h. bei raumladungsbegrenztem Strom ganz ebenso wie für die Hochvakuumentladung $\mathfrak{E}_0 = 0$ zu setzen (vgl. S. 144). In diesem Fall

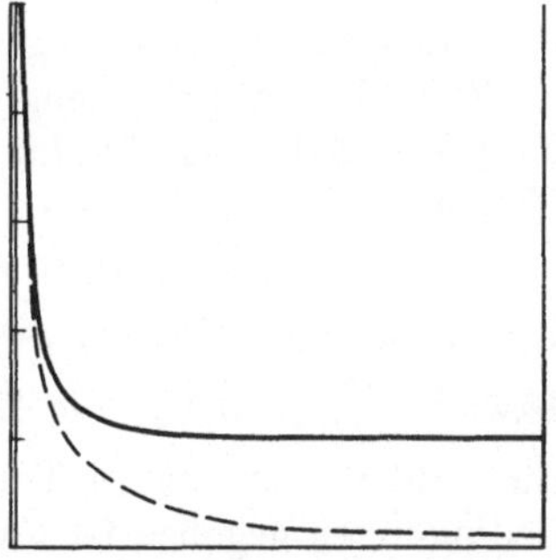

Abb. 54. Feldverlauf in einem Elektrofilter.

wird man jedoch die Konstante c am einfachsten aus Gl. (70) bestimmen; denn es ist daraus sofort zu entnehmen, daß $c = -2\,i\,r_0^2/\mu$ ist. Die Ausführung der Integration in Gl. (70a) — die sich übrigens in allen Fällen auf elementarem Weg vornehmen läßt — gibt dann für den Zusammenhang zwischen i und V die einfache Formel

$$(71) \quad \left\{ \begin{aligned} &i = \mathrm{const} \cdot V^2, \\ &\mathrm{const} = \frac{\mu}{2\,r_0^2}\left\{ \sqrt{\left(\frac{R_0}{r_0}\right)^2 - 1} - \mathrm{arc\,tg}\sqrt{\left(\frac{R_0}{r_0}\right)^2 - 1} \right\}. \end{aligned} \right.$$

Bipolare Strömung. Vor allem mathematisch viel schwieriger gestalten sich die Dinge für die bipolaren Strömungen. Dies liegt an folgendem: Wenn Ionen beiderlei Vorzeichens im Gas vorhanden sind, müssen wir neben der Wanderung und der Raumladungs-Feldverzerrung auch noch die Vernichtung der Ionen durch Wiedervereinigung berücksichtigen. Diese aber erfolgt nach dem einfachen Gesetz, daß die Zahl der verschwindenden Ionen proportional ist dem Produkt aus den beiden Ionenkonzentrationen; es ist, wenn wir (wie weiterhin stets) alle auf die negativen Ionen sich beziehenden Größen durch den Index 1, alle auf die positiven sich beziehenden durch den Index 2 kennzeichnen,

$$\frac{d\,n_1}{d\,t} = \frac{d\,n_2}{d\,t} = -\alpha\,n_1\,n_2.$$

Es tritt also in den mathematischen Ansätzen ein quadratisches Glied auf und dies bedingt die formalen Schwierigkeiten. Die Grundgleichungen selbst sind allerdings sofort anzuschreiben. Die beiden Ansätze für die Stromdichte j und die Raumladungsverzerrung sind den für die unipolare Strömung geltenden ganz analog und lauten für den einfachsten Fall paralleler ebener Elektroden:

$$(72\,\mathrm{a}) \qquad \begin{cases} j = \varepsilon\,\mathfrak{E}\,(n_1\,\mu_1 + n_2\,\mu_2) \\[2mm] \dfrac{d\,\mathfrak{E}}{d\,x} = 4\,\pi\,\varepsilon\,(n_1 - n_2). \end{cases}$$

Dazu kommt aber nun noch eine weitere Gleichung, die „Trägerbilanzgleichung", die zum Ausdruck bringt, daß im stationären Zustand für jedes Volumelement gelten muß:

Zahl der in 1 s erzeugten Träger + Zahl der in 1 s einströmenden Träger = Zahl der in 1 s durch Wiedervereinigung verschwindenden Träger + Zahl der in 1 s ausströmenden Träger.

Wenn wir die positive x-Richtung von der Anode zur Kathode hin legen, ist die Differenz zwischen Einstrom und Ausstrom $\dfrac{d}{d\,x}\,(n_2\mu_2\,\mathfrak{E})$ bzw. $-\dfrac{d}{d\,x}\,(n_1\mu_1\,\mathfrak{E})$; die Zahl der verschwindenden Träger ist $\alpha\,n_1 n_2$; die Zahl der erzeugten Träger sei q, wobei dies q durch die Versuchsbedingungen gegeben ist und z. B. die ionisierende Wirkung der äußeren Röntgen- oder Radiumstrahlung mißt. In Formeln gefaßt, lautet also die Trägerbilanzgleichung

$$(72\,\mathrm{b}) \qquad q - \alpha\,n_1 n_2 = \frac{d}{d\,x}\,(n_1\,\mu_1\,\mathfrak{E}) = -\frac{d}{d\,x}\,(n_2\mu_2\,\mathfrak{E}).$$

Im allgemeinen Fall lautet das System der Gleichungen (72)

$$(73) \qquad \begin{cases} j = \varepsilon\,\mathfrak{E}\,(n_1\mu_1 + n_2\mu_2) \\[2mm] \operatorname{div}\,\mathfrak{E} = 4\,\pi\,\varepsilon\,(n_1 - n_2) \\[2mm] q - \alpha\,n_1 n_2 = \operatorname{div}\,(n_1\mu_1\,\mathfrak{E}) = -\operatorname{div}\,(n_2\mu_2\,\mathfrak{E}). \end{cases}$$

Endlich sind noch die Grenzbedingungen zu beachten, denen die aus diesen Gleichungen zu errechnenden unbekannten Größen $n_1(x)$, $n_2(x)$ und $\mathfrak{E}(x)$ genügen müssen. Für die Feldstärke $\mathfrak{E}$ muß natürlich ganz ebenso wie für die unipolaren Strömungen das zwischen den Elektroden erstreckte Integral über $\mathfrak{E}\,d\,x$ die zwischen den Elektroden liegende Spannung V ergeben. Für die Trägerdichten n_1 und n_2 ist die Bedingung zu erfüllen, daß n_1 (negative Träger) an der Kathode und n_2 (positive Träger) an der Anode den Wert Null hat. Denn von den Elektroden werden die betreffenden Träger sogleich fortgetrieben, ohne daß für den Fall der hier angenommenen reinen Volumionisation aus den Elektroden heraus neue Träger nachströmen könnten.

Es lassen sich, wie eine einfache Rechnung zeigt, für den Fall des Kugel- und des Zylinderkondensators die allgemeinen Gl. (73) durch eine Transformation der Variablen formal auf dieselbe Form bringen, wie für den Fall der ebenen parallelen Elektroden, und es genügt deshalb, sich nur mit diesem zu beschäftigen. Im allgemeinen hat ferner die „Ionisation" q natürlich nicht überall dieselbe Größe, aber abgesehen von gewissen einfachen Sonderfällen werden dann die Gleichungen hoffnungslos kompliziert und schon deshalb ist es angebracht, sich auf den Fall homogener Ionisierung zu beschränken, d. h. auf ein räumlich konstantes q. Wenn man nun aus den Gl. (72) bzw. (73) die Größen n_1 und n_2 eliminiert, erhält man für das Feld $\mathfrak{E}(x)$ eine Differentialgleichung zweiter Ordnung, die aber nicht linear ist und sich nur durch langwierige Näherungsmethoden lösen läßt. Doch damit wollen wir uns hier nicht beschäftigen, sondern uns mit einer Näherungsbetrachtung begnügen, die übrigens wohl für alle praktischen Zwecke ausreicht und zugleich den Vorteil hat, die ganze Sachlage recht anschaulich übersehen zu lassen.

Wir betrachten zu diesem Zweck zuerst zwei Grenzfälle, nämlich die Strömung einerseits für sehr kleine und andererseits für große Spannung V. Wieweit allerdings der letztere reale Bedeutung hat und nicht der Gültigkeitsbereich unserer Ansätze überschritten wird (einfacher Beweglichkeitsansatz, keine Neubildung von Trägern durch Stoßionisation), müßte eigentlich von Fall zu Fall genauer untersucht werden; wie die Erfahrung zeigt, ist aber die Extrapolation auf starke Felder und auf das sogleich noch zu erläuternde Sättigungsgebiet des Stromes in „dichten" Gasen ($p \sim 1$ at) praktisch fast immer erlaubt. Für sehr kleine Spannungen und dementsprechend sehr kleine Stromdichten wird nun offenbar die aus der Neuerzeugung und der Vernichtung der Träger durch die Ionisation und die Wiedervereinigung resultierende Gleichgewichtskonzentration der Träger durch den Abtransport der Träger nur sehr wenig gestört sein. Es ist also in diesem Gebiet $n_1 = n_2 = n_0$ und $q = \alpha\, n_1\, n_2 = \alpha\, n_0^2$ zu setzen, d. h. die Ionendichte ist

$$(74\,\mathrm{a}) \qquad\qquad n_0 = \sqrt{q/\alpha}.$$

Die Stromdichte wird dann

$$(74\,\mathrm{b}) \qquad\qquad j = \varepsilon(\mu_1 + \mu_2) \cdot \sqrt{q/\alpha} \cdot \mathfrak{E}.$$

Sie ist also proportional der Feldstärke $\mathfrak{E}$ und da das Feld praktisch noch unverzerrt ist, ist $\mathfrak{E} = V/d$ ($d =$ Elektrodenabstand) und wir erhalten

$$(74\,\mathrm{c}) \qquad\qquad j = \frac{\varepsilon(\mu_1 + \mu_2)\,\sqrt{q/\alpha}}{d} \cdot V.$$

Die Charakteristik steigt demnach von $j = 0$, $V = 0$ aus zunächst geradlinig an wie für einem OHMschen Leiter (Abb. 55) und die „Leitfähigkeit" der Gaszelle ist

$$(75) \qquad\qquad \sigma_0 = \varepsilon(\mu_1 + \mu_2)\,\sqrt{q/\alpha}.$$

Andererseits ist für große Spannungen die Sachlage offenbar die, daß die Träger sofort an die Elektroden getrieben ·werden und keine Zeit haben, unterwegs durch Wiedervereinigung verloren zu gehen. Deshalb muß sich mit zunehmendem V die Stromdichte j einem „Sättigungs"wert nähern, der gegeben ist durch die Ladung aller überhaupt zwischen den Elektroden (pro cm² und s) erzeugten Träger. Es ist dort also $j = j_m = \varepsilon q d$ (Abb. 55). Um nun auch noch das Zwischengebiet zu erfassen, machen wir die zunächst kühne Annahme, daß auch hier in erster Näherung die Raumladungen und die Feldverzerrung zu vernachlässigen sind. Dann können wir wieder $n_1 = n_2 = n$ setzen und die Trägerbilanzgleichung nimmt die einfache Form an

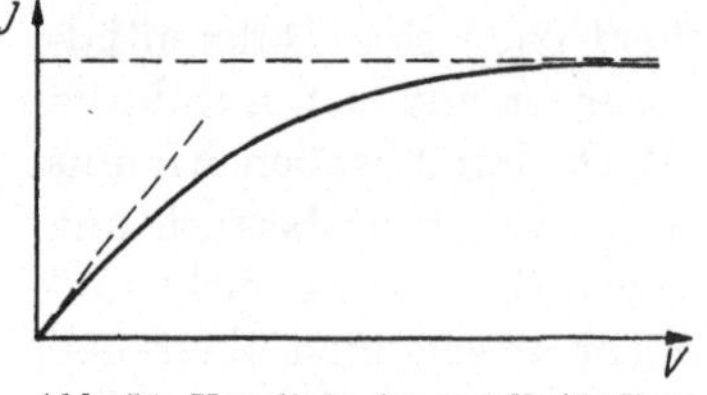

Abb. 55. Kennlinie der unselbständigen Entladung.

$$j = \varepsilon q d - \varepsilon \alpha n^2 d.$$

Die physikalische Deutung dieses Ansatzes ist natürlich einfach die, daß der tatsächlich von den Elektroden aufgenommene Strom um das durch die Wiedervereinigungsverluste bedingte Defizit $\varepsilon \alpha n^2 d$ kleiner ist als der Sättigungsstrom. Aus diesen Ansätzen folgt für die Ionendichte n, wenn wir wieder die Ionendichte $n_0 = \sqrt{q/\alpha}$ für sehr kleine Spannung bzw. Stromdichte einführen (j_m = Sättigungsstromdichte)

$$n = n_0 \sqrt{1 - j/j_m}.$$

Nun gilt aber allgemein für die Leitfähigkeit

$$\sigma = \varepsilon (\mu_1 + \mu_2) \cdot n$$

und wir erhalten das Endergebnis

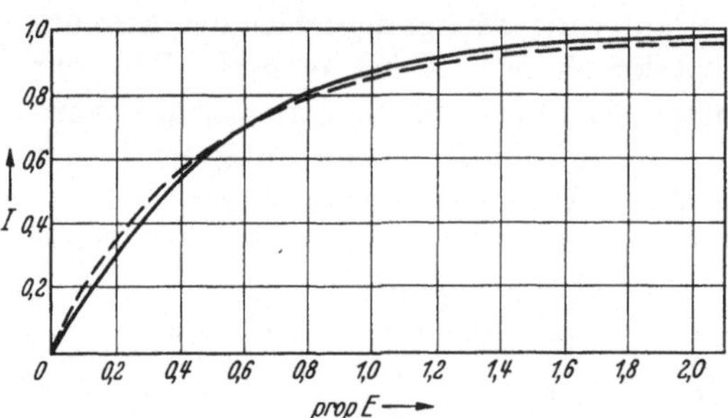

Abb. 56. Kennlinie der unselbständigen Entladung zwischen Platten. (Nach Seeliger.)

$$(76a) \qquad \sigma = \sigma_0 \sqrt{1 - j/j_m}.$$

Die Leitfähigkeit σ ist also dadurch in Abhängigkeit von der Stromdichte j gegeben (sog. Thomsonsche Parabel). Benutzen wir endlich noch die allgemeine Beziehung $j = \sigma V/d$ zwischen Stromdichte, Leitfähigkeit und Spannung, so erhalten wir für die Charakteristik

$$(76b) \qquad V = \frac{d}{\sigma_0} \cdot \frac{j}{\sqrt{1 - j/j_m}}.$$

Für kleine Werte von j geht diese Formel über in die früher erhaltene Gl. (74c) und für große V wird $j = j_m$; schwer abzuschätzen ist es aber, wieweit sie im Zwischengebiet quantitativ einigermaßen brauchbar ist und die benutzen vereinfachenden Annahmen nicht allzu rohe sind. Wie sich zeigt, erhält man eine immerhin erstaunlich gúte Wiedergabe der wirklichen Sachlage. In Abb. 56 ist (für Luft von Atmosphärendruck) punktiert die eben errechnete Näherungscharakteristik und zum Vergleich die nach der eingangs erwähnten strengen Integrationsmethode berechnete Charakteristik gezeichnet; Abszissen sind hier nicht interessierende, zu V proportionale Größen. Die Übereinstimmung ist also in der Tat eine recht gute und für die meisten praktischen Zwecke ausreichende. Über den Feldverlauf zwischen den Elektroden kann man im Rahmen dieser ersten Näherung überhaupt keine Aussagen machen. Hier hilft nur die Durchführung der Integration der Grundgleichungen, die wie schon erwähnt, in geschlossener Form nicht möglich ist und sich nur durch langwierige Reihenentwicklungen oder numerische Quadraturen leisten läßt. Das Ergebnis ist für Luft von Atmosphärendruck in Abb. 57 an einigen Kurven gezeigt. Sie beziehen sich in der Reihenfolge der Numerierung auf $j/j_m = 0{,}949$, $0{,}728$, $0{,}576$ und $0{,}406$ und geben in willkürlichen Einheiten die Verteilung der Feldstärke wieder. Das Wesentliche und Typische ist der Anstieg der Feldstärke von einem Minimum nach den beiden Elektroden hin entsprechend einer Anhäufung negativer Raumladung an der Anode und positiver Raumladung vor der Kathode.

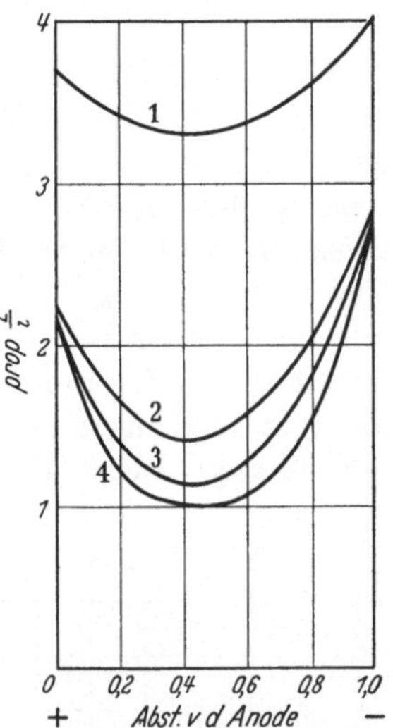

Abb. 57. Feldverlauf in der unselbständigen Strömung zwischen Platten. (Nach SEELIGER.)

Noch sehr viel verwickelter wird die Sachlage, wenn wir durch die Berücksichtigung der Trägerdiffusion die Theorie verfeinern wollen. Da n_1 und n_2 nicht überall räumlich konstant sind, wirkt auf die Träger nämlich außer der elektrischen, bisher allein berücksichtigten Triebkraft noch eine mechanisch-kinetische Kraft im Konzentrationsgefälle, und es kommen deshalb in den Grundgleichungen zu den bisher angeschriebenen Gliedern noch weitere Glieder hinzu, die sich aus den bekannten elementaren Ansätzen der Diffusionstheorie ergeben. Praktisch spielt diese Ionendiffusion nur in extremen Fällen eine Rolle und die diesbezüglichen mathematischen Entwicklungen sind zudem so langwierig, daß sie hier auch nicht auszugsweise wiedergegeben werden könnten. Immerhin ist es lehrreich, wenigstens die durch die Diffusionsglieder ergänzten Grundgleichungen zu betrachten. Die Potentialgleichung bleibt natürlich unverändert, die Stromgleichung und die Trägerbilanzgleichungen — die nun gesondert für die beiden Ionenarten angeschrieben seien — lauten für den Plattenkondensator

$$j = \varepsilon (n_1 \mu_1 + n_2 \mu_2)\, \mathfrak{E} + D_1 \frac{d\,n_1}{d\,x} - D_2 \frac{d\,n_2}{d\,x}$$

$$q - \alpha\, n_1\, n_2 = \frac{d}{d\,x}\,(n_1 \mu_1\, \mathfrak{E}) - D_1 \frac{d^2\,n_1}{d\,x^2}$$

$$q - \alpha\, n_1\, n_2 = -\frac{d}{d\,x}\,(n_2 \mu_2\, \mathfrak{E}) - D_2 \frac{d^2\,n_2}{d\,x^2}\,.$$

D_1 und D_2 sind die Diffusionskoeffizienten der Ionen, mit denen wir uns schon S. 160 beschäftigt hatten.

23. Luftelektrizität.

Unselbständige Strömungen grundsätzlich ganz derselben Art wie die eben behandelten finden wir in größtem Ausmaß in der Natur verwirklicht; sie liegen den sog. luftelektrischen Vorgängen in der irdischen Atmosphäre zugrunde, soweit es sich dabei um die normalen meteorologischen Verhältnisse handelt. Darüber hinaus haben wir es in den Gewitterscheinungen mit elektrischen Vorgängen zu tun, die — in ebenfalls außerordentlicher quantitativer Steigerung — in das Gebiet der selbständigen Strömungen (Entladungen) gehören. Es ist das Gegebene, hierüber hier zusammenfassend zu berichten, allerdings mit einer Einschränkung. Denn die luftelektrische Forschung gehört zu einem Teil der Physik, zum anderen Teil der Meteorologie an und was uns hier daran interessiert und schon des verfügbaren Raumes wegen allein besprochen werden kann, ist naturgemäß vor allem die physikalische Seite der Angelegenheit, und zwar auch diese nur soweit, wie sie in Zusammenhang mit vorhergehenden Betrachtungen stehen.

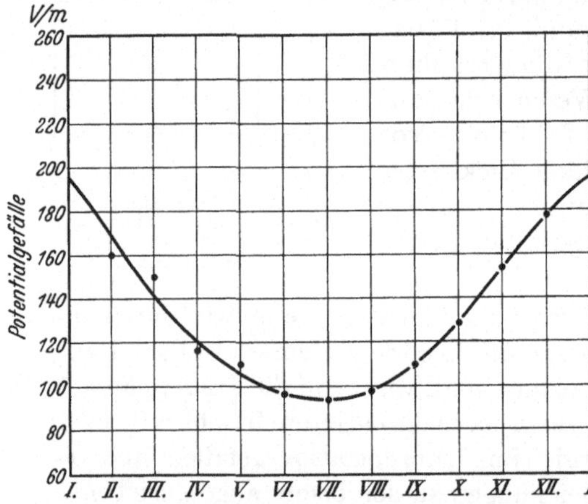

Abb. 58. Mittlerer jährlicher Gang des luftelektrischen Potentialgefälles in Europa. (Nach Mache u. Schweidler.)

Potentialgefälle; vertikaler Leitungsstrom. Es empfiehlt sich mit einer kurzen Übersicht über das Beobachtungsmaterial zu beginnen und aus ihm das für seine theoretische Deutung Wesentliche zusammenzustellen. Auch bei normaler Wetterlage ist in der Atmosphäre ein elektrisches vertikales Feld ausgebreitet von recht beträchtlicher Stärke, nämlich entsprechend einem Potentialgefälle von der Größenordnung 100 bis 200 V/m. Es ist nicht nur im Jahresmittel von Ort zu Ort verschieden, sondern zeigt auch an demselben Ort periodische jährliche und tägliche Schwankungen von recht beträchtlicher Amplitude und gesetzmäßiger Periode und Phase, wie dies die Abb. 58 und 59 für den mittleren jährlichen Gang in Europa und den mittleren täglichen Gang in den einzelnen Monaten veranschaulichen. Dies normale Feld ist stets so gerichtet, daß das Potential zunimmt nach oben hin, die Feldkraft also von oben nach unten gerichtet ist. Mit der Höhe über dem Erdboden nimmt das Potentialgefälle ab und ist z. B. in 5000 m Höhe nur noch rd. 10 V/m. Aus der Potentialgleichung (h = Höhenkoordinate)

$$\frac{d^2 V}{d h^2} = -4 \pi \varrho$$

ergibt sich dann unmittelbar, daß in der Atmosphäre eine positive Raumladung verteilt sein muß. Größenordnungsmäßig findet man dicht am Boden eine Raumladungsdichte von rd. 10^{-7} st. E./cm³, für die untersten 1000 m eine mittlere Raumladungsdichte von 10^{-8} bis 10^{-9} st. E./cm³, für die nächsten 4000 m nur noch etwa 10mal kleinere Werte und dann ein rasches weiteres Abnehmen mit zunehmender Höhe auf praktisch verschwindende Beträge (1 st. E. $= 3,33 \cdot 10^{-10}$ C). Dieser positiven Luft-Raumladung entspricht eine negative Oberflächenladung der Erde, die sich zu etwa $3 \cdot 10^{-4}$ st. E./cm³ ergibt. Abgesehen von den noch zu besprechenden meteorologisch bedingten Störungen bei Regen und insbesondere bei Gewitter, bringt selbstverständlich jede größere Unregelmäßigkeit der Bodenform eine Störung des normalen Feldes mit sich; so drängen sich insbesondere an Berggipfeln die Flächen gleichen Potentials zusammen und das Feld wird verstärkt.

Infolge des luftelektrischen Feldes fließt normalerweise dauernd ein Konvektionsstrom, getragen von den in der Atmosphäre vorhandenen

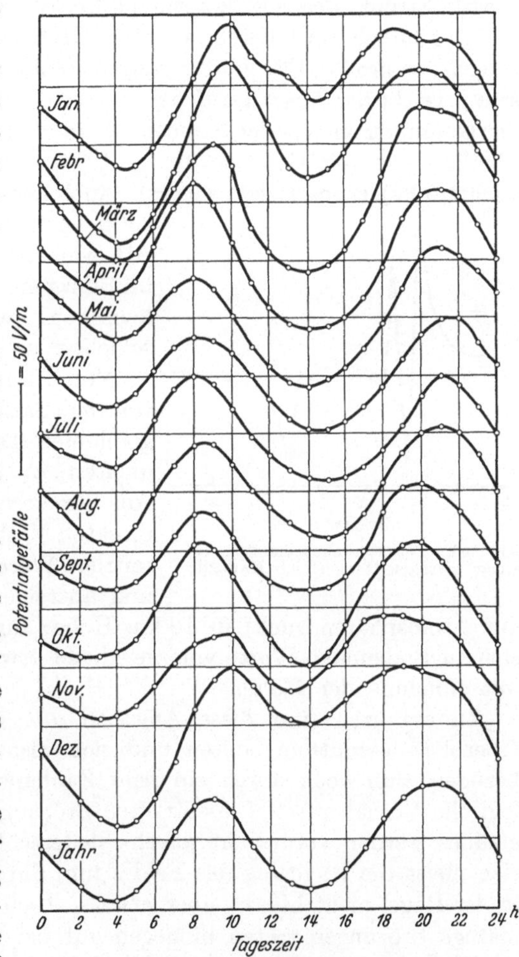

Abb. 59. Mittlerer täglicher Gang des luftelektrischen Potentialgefälles in Kew. (Nach MACHE u. SCHWEIDLER.)

Ionen, in vertikaler Richtung und zwar entsprechend der genannten Feldrichtung positiv von oben nach unten; es wird also dauernd positive Ladung aus der Atmosphäre in den Erdboden transportiert. Dieser Vertikalstrom, der sog. „normale Leitungsstrom", ist zwar nur sehr klein, nämlich im Mittel von der Größenordnung $10^{-16}\,\mathrm{A/cm^2}$. Aber wegen der großen Fläche der ganzen Erdkugel — der normale Leitungsstrom ist bisher überall auf der ganzen Erde festgestellt worden — ist der Gesamtstrom aus der Atmosphäre in die Erde doch recht beträchtlich, nämlich von der Größenordnung $10^3\,\mathrm{A}$, woraus wir später noch eine wichtige Folgerung ziehen werden. Auch der normale Leitungsstrom zeigt zeitliche Schwankungen ganz ähnlicher Art wie das Potentialgefälle, ist aber im übrigen von den lokalen meteorologischen Verhältnissen (Nebel, Dunstschichten usw.) in hohem Maß abhängig.

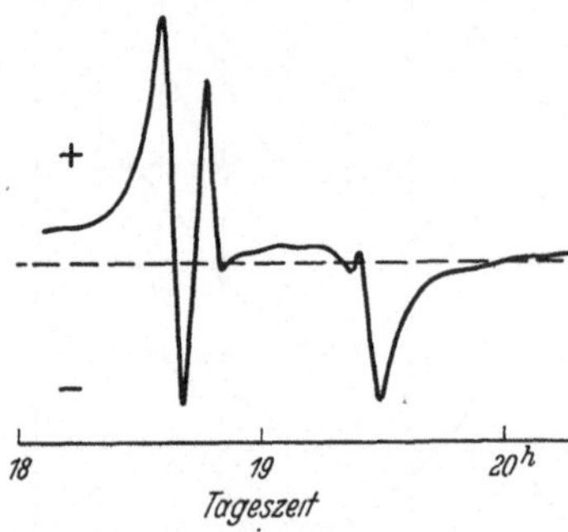

Abb. 60. Potentialschwankungen bei einem Ferngewitter. (Nach KÄHLER.)

Von Interesse sind noch die Ionisation $q=$ Zahl der in $1\,\mathrm{cm^3}$ in $1\,\mathrm{s}$ neugebildeten Trägerpaare und die Ionendichten $n=$ Zahl der Ionen in $1\,\mathrm{cm^3}$. Aus direkten Messungen wie nach indirekten Methoden kommt man für q auf mittlere Werte von etwa 10 in Bodennähe und ansteigend auf etwa 25 (reduziert auf Atmosphärendruck) in 10 km Höhe; für die Ionendichten ergaben sich in Bodennähe Werte von im Mittel etwa 700, ebenfalls ansteigend mit zunehmender Höhe.

Zu ergänzen sind diese Angaben, die natürlich nur einen ersten Überblick vermitteln sollten und sich bisher auf normale Wetterlage bezogen, nun noch durch ein paar Zahlenwerte für anomale meteorologische Verhältnisse. Die stärksten Störungen des normalen Potentialgefälles werden verursacht durch Niederschläge. Bei Landregen kehrt sich meist die Richtung des Feldes um, die Feldstärke geht aber dabei in der Regel nicht hinaus über etwa $-1000\,\mathrm{V/m}$. Starke und unregelmäßige Störungen treten hingegen auf bei Böen und insbesondere bei Gewitterregen, wo Werte beobachtet werden, die innerhalb kurzer Zeit Beträge von $+$ oder $-10000\,\mathrm{V/m}$ erheblich überschreiten können; als Beispiele typischer Art kann hier die in der Abb. 60 wiedergegebene Registrierkurve des Potentialgefälles dienen. Zu dem normalen Leitungsstrom kommt noch ein vertikaler Konvektionsstrom, herrührend von dem Transport der Raumladung durch Luftströme; man wird diesen Konvektionsstrom in den tieferen Luftschichten bei Schönwetter zu etwa $^1/_{10}$ des Leitungsstromes ansetzen können. Ferner kommt bei Niederschlägen noch dazu ein Ladungstransport zur Erde durch die Niederschlagsteilchen (Regentropfen, Schneeflocken usw.). Die Stromdichten

der Niederschlagsströme, getragen von den geladenen Niederschlagsteilchen, sind im Mittel etwa 10mal größer als die des normalen Leitungsstromes und gehen nur in extremen Fällen, z. B. bei Gewitterregen, auf
das 1000- bis 10000fache. Was uns für das folgende interessiert, ist aber
vor allem, daß aus langen Registrierreihen sich entgegen früheren Ergebnissen nun wohl mit Sicherheit gezeigt hat, daß insgesamt die positiven
Niederschlagsladungen überwiegen, also der totale Niederschlagsstrom
in derselben Richtung anzusetzen ist wie der normale Leitungsstrom.

Man hat in der luftelektrischen Forschung nun ganz ebenso wie für
die im Laboratorium untersuchten fremdionisierten Gase die Natur der
Träger, ihre Beweglichkeit und Wiedervereinigungskoeffizienten und die
durch sie bedingte Leitfähigkeit in allen Einzelheiten studiert und vor
allem in Verbindung gesetzt mit den meteorologischen Faktoren. Man
hat dabei die Abhängigkeit der Intensität der Ionisation, des Potentialgefälles, der Leitfähigkeit usw. von der Lage des Beobachtungsortes
(freies Land, Städte, Gebirge und Meer) und von der Wetterlage (Hoch-
und Tiefdruckgebiete, Jahreszeiten und Tageszeiten) registriert und so
ein umfassendes Beobachtungsmaterial gewonnen als Grundlage für
theoretische Überlegungen. Auf alle diese Einzelheiten hier einzugehen,
ist nicht möglich. Aber wenigstens die Grundlagen einer Theorie des
normalen Erdfeldes seien als Anwendung der Überlegungen des vorhergehenden Kapitels skizziert an Hand eines einfachen Modells, das
alles Wesentliche gibt und sich im übrigen den wirklichen Verhältnissen
leicht noch weiter angleichen läßt: Auf einer unendlichen Ebene (Erdoberfläche) wird eine negative Oberflächenladung künstlich aufrechterhalten; über dieser Ebene befindet sich ein Gas, das gleichmäßig
ionisiert wird. Man sieht dann unmittelbar, daß sich die Erdoberfläche
grundsätzlich verhält wie die negative Elektrode in dem S. 166f. behandelten Plattenkondensator. Es findet also vor ihr eine Anhäufung positiver Raumladung statt und eine Verstärkung des Feldes gegenüber
dem durch Raumladungen unverzerrten Feld; Raumladungsdichte und
Feldstärke nehmen also ab mit zunehmender Höhe über der Erdoberfläche. Verstärkt wird in Wirklichkeit die Abnahme der Feldstärke und
der Raumladungsdichte noch dadurch, daß die Leitfähigkeit mit zunehmender Höhe zunimmt. Diese Zunahme der Leitfähigkeit ist bedingt
außer durch die Zunahme der Trägerbeweglichkeiten mit abnehmender
Luftdichte und in größeren Höhen durch die Zunahme der Intensität
der ionisierenden Strahlungen auch dadurch, daß nur in den bodennahen
Schichten Kondensationskerne reichlich vorhanden sind, an die sich unter
Umbildung zu schwerbeweglichen Ionen die normalen Ionen anlagern.

Wir wollen nur noch die beiden Hauptprobleme in der Theorie der
luftelektrischen Erscheinungen etwas genauer besprechen, nämlich die
sog. „Ionisierungsbilanz der Atmosphäre" und die sog. „Aufrechterhaltung
der negativen Erdladung".

Ionisierungsbilanz der Atmosphäre. Wenn man alle ionenerzeugenden und ionenvernichtenden Prozesse kennt, die in der Atmosphäre in Betracht kommen können, wird man sich über alle sich hierbei ergebenden Teilfragen hieraus vor allem die Frage stellen, ob die uns bekannten Ionisatoren genügen, um quantitativ den beobachteten Ionisierungszustand der Atmosphäre zu erklären. Dabei hat sich, um das Endergebnis gleich vorwegzunehmen, nun in der Tat gezeigt, daß wir heute die Ionisierungsbilanz der Atmosphäre befriedigend zu verstehen imstande sind und daß als Ionisatoren die bekannten Strahlungen radioaktiven Ursprungs und die Höhenstrahlung hinreichend sind. Radioaktive Substanzen sind in der Luft sowohl wie im Erdboden überall vorhanden und ionisieren die Luft durch die von ihnen ausgehenden α-, β- und γ-Strahlen. Auf Grund eingehender Analysen und eines umfangreichen Beobachtungsmaterials ergeben sich im Mittel hierfür die folgenden normalen Ionisierungszahlen $q =$ Zahl der in 1 cm³ in 1 s erzeugten Ionen in den bodennahen Luftschichten über dem Festland:

Ionisation durch die α-, β- und γ-Strahlen radioaktiver Substanzen in der
     Luft (Radiumemanation, Thoriumprodukte usw.) . . . . $q_e = 4{,}9$
Ionisation durch die β- und γ-Strahlen radioaktiver Substanzen im Boden $q_b = 3{,}1$

Dazu kommt noch als weiterer Summand die Ionisation durch die durchdringende „Höhenstrahlung", über die später noch einiges zu sagen sein wird. Am Boden ist ihre ionisierende Wirkung zu $q_h = 1{,}5$ zu veranschlagen, so daß also insgesamt für die Neuerzeugung von Trägern sich ergibt

$$Q = q_e + q_b + q_h = 4{,}9 + 3{,}1 + 1{,}5 = 9{,}5.$$

Es gelten diese Zahlen für einen bodennahen Beobachtungspunkt über dem Festland. Über dem Meer in großer Entfernung von allen Landmassen spielt die Ionisation durch die radioaktiven Körper praktisch keine Rolle mehr und es bleibt hier also als Gesamtionisation nur der Betrag $Q = q_h = 1{,}5$, der von der Höhenstrahlung herrührt.

Mit dem angegebenen Wert $Q = 9{,}5$ müssen wir nun vergleichen den Wert der Gesamtionisation Q', der sich aus den luftelektrischen Beobachtungen ergibt. Unmittelbar der Messung zugänglich ist nach verschiedenen Methoden die Zahl n von Ionen in 1 cm³, wofür sich etwa $n = 700$ ergab. Da durch den normalen Leitungsstrom das Ionisationsgleichgewicht nicht gestört wird, wir uns also in der Charakteristik der unselbständigen, in der Atmosphäre fließenden Trägerströmung noch durchaus auf dem linearen OHMschen Anfangsteil befinden (S. 167), ergibt sich Q' aus n mit Hilfe der allgemeinen Relation, daß im Gleichgewichtszustand sein muß:

Zahl der erzeugten Ionen = Zahl der verschwindenden Ionen.
Dabei dürfen wir nun aber nicht mit dem aus Laboratoriumsversuchen bekannten und dort bewährten Wiedervereinigungsansatz rechnen und

demgemäß $Q' = \alpha\, n^2$ setzen, und zwar aus folgendem Grund: Es hat sich gezeigt, daß neben den normalen Ionen (deren Beweglichkeit bei etwa 2 cm/s:V/cm liegt) in der Atmosphäre stets noch eine große Zahl „schwerer" Ionen (deren Beweglichkeit etwa 10^4mal kleiner ist als die der normalen) vorhanden ist. Sie entstehen durch Anlagerung normaler Ionen an Staubkerne, Nebeltröpfchen u. dgl. Es verschwinden deshalb die normalen Ionen, auf die sich die Zahl $n = 700$ bezog, nicht nur durch Wiedervereinigung untereinander, sondern sogar in überwiegendem Maß durch die Anlagerungsprozesse, und es ist deshalb die Zahl der verschwindenden Ionen nicht zu $\alpha\, n^2$, sondern in erster — und zwar, wie sich zeigen läßt, hier ausreichender Näherung — zu $\beta \cdot n$ anzusetzen. Wir haben also $Q' = \beta n$. Der „Verschwindungskoeffizient" β in diesem linearen Wiedervereinigungsgesetz läßt sich experimentell bestimmen (die Werte schwanken naturgemäß sehr für die verschiedenen Beobachtungsstellen und Beobachtungsbedingungen). Alles in allem kommt man aber so auf Ionisationswerte, die etwa zwischen $Q' = 10$ und $Q' = 15$ liegen. Das aber ist eine Übereinstimmung mit dem oben auf ganz anderem Weg gefundenen Wert $Q = 9,5$, die so gut ist, wie man sie bei dem Umfang und der Schwierigkeit aller zugrunde liegenden Einzelmessungen und bei der großen zeitlichen und örtlichen Verschiedenheit aller beteiligten Faktoren nicht besser erwarten darf. Über dem offenen Meer liegen die Dinge insofern anders, als hier einerseits, wie schon erwähnt, nur noch die Ionisation $q_h = 1,5$ durch die Höhenstrahlung eine Rolle spielt und andererseits die Luft so kernarm ist, daß überwiegend normale Ionen vorhanden sind und deshalb mit dem üblichen quadratischen Wiedervereinigungsgesetz zu rechnen ist. Soweit Beobachtungsmaterial zur Verfügung steht, stimmt die aus $q = \alpha\, n^2$ mit $\alpha = 1,6 \cdot 10^{-6}$ und $q = 15$, sich ergebende Ionenzahl $n = 970$ ebenfalls befriedigend mit der direkt gemessenen überein. Jedenfalls können wir unbedenklich als Endergebnis buchen, daß die Ionisierungsbilanz in Ordnung ist.

Aufrechterhaltung der negativen Erdladung. Nicht so günstig liegen die Dinge hinsichtlich der Erklärung für die Aufrechterhaltung der negativen Erdladung; hier gibt es im Gegenteil immer noch trotz eifrigster Bemühungen sehr ernstliche und vielleicht sogar grundsätzliche Schwierigkeiten. Wir haben gesehen, daß dauernd ein positiver Einstrom von etwa 10^{-16} A/cm² in die Erde erfolgt, auf der eine negative Oberflächenladung von etwa $3 \cdot 10^{-4}$ st. E./cm² $\sim 10^{-13}$ As/cm² liegt. In etwa $1/4$ Stunde schon müßte also diese Erdladung praktisch neutralisiert und das ganze luftelektrische Feld mit ihr verschwunden sein, wenn nicht irgendeine die Tätigkeit des Leitungsstromes kompensierende Wirkung, der sog. „Gegenstrom", vorhanden wäre. Die Suche nach diesem Gegenstrom ist zwar bisher nicht erfolglos geblieben, aber sie hat doch zu keinem schon wirklich abschließenden Ergebnis geführt. So z. B. hat man zunächst gedacht, daß die Niederschläge einen Überschuß an negativer Ladung auf die Erdoberfläche herabbringen, aber neuere ausgedehnte Registrierungen der Niederschlagsladungen haben gezeigt, daß insgesamt die positiven Niederschlagsladungen überwiegen (S. 173). Eine andere Theorie nimmt an, daß die aus den Porositäten des Erdbodens bei fallendem Barometerstand herausquellende, ziemlich stark ionisierte Luft positive Ladung mitführt, weil die negativen Träger vorzugsweise durch Diffusion an die Wände der Erdkapillaren abgewandert sind; qualitativ ist das sicher richtig und sogar von Bedeutung für die Raumladungsverhältnisse in den untersten Luftschichten, quantitativ aber hat sich diese Adsorptionstheorie, ganz abgesehen von anderen Bedenken, als unzureichend erwiesen. Eine dritte Theorie und wahrscheinlich die beachtlichste, macht sich zunutze, daß die Mehrzahl der in den Erdboden einschlagenden Blitze negative Ladung transportieren. Soweit Gewitterstatistiken schon vorliegen, werden im Mittel auf der ganzen Erde durch die Blitze und überraschenderweise quantitativ vor allem durch Spitzenentladungen von Bäumen u. dgl. dem Erdboden negative Ladungsmengen zugeführt, die zu einer Kompensation des normalen Leitungsstromes und der positiven Niederschlagsladungen auszureichen scheinen. Damit rücken aber nun gerade die Störungen der normalen luftelektrischen Verhältnisse für unsere Frage in den Mittelpunkt des Interesses und ein Kreisprozeß größten Ausmaßes scheint die Ladungsbilanz der Erde und ihrer Lufthülle zu beherrschen: Aus dem normalen Schönwetterfeld (und nur weil es dieses gibt) entwickeln sich die gewitterigen Störungen und der in diesen vor sich gehende Ladungsausgleich gewährleistet wiederum das Schönwetterfeld. Endlich sei noch eine Theorie erwähnt, nach der sehr rasche Elektronen (β-Strahlen) — vielleicht Sekundärstrahlen der durchdringenden Höhenstrahlen — aus der Atmosphäre in die Erde einfliegen und dort absorbiert werden sollen; nachgewiesen werden konnte eine derartige negative Korpuskularstrahlung bisher nicht und müßte zudem ganz außerordentlich große Geschwindigkeiten nahe der Lichtgeschwindigkeit haben, um nicht in der Luft selbst eine mit den früher besprochenen Ionisierungsmessungen unverträglich hohe Ionisation zu bewirken. Es ist aber zumindest merkwürdig und interessant, daß man noch von ganz anderer Seite her auf ein ungelöstes Problem gestoßen ist, das eng mit dem hier interessierenden zusammenzuhängen scheint und es liegt deshalb die Vermutung nahe, daß es sich insgesamt um ein Problem übergeordneter Art handelt. Wie die erdmagnetischen Vermessungen ergeben haben, sind die Linienintegrale der magnetischen horizontalen Feldkraft längs der beiden Breitenkreise 45° Süd und 45° Nord von Null verschieden. Daraus folgt zwingend, daß in die von diesen Breitenkreisen berandeten drei Gebiete der Erdoberfläche vertikale Ströme einfließen müssen. Und zwar ergibt sich aus der bekannten Verknüpfungsformel

$$4\,\pi\,I = \int_O \mathfrak{H}\,d\mathfrak{s}$$

zwischen dem Linienintegral über die Horizontalkomponente der magnetischen Feldstärke und dem in die umschlossene Fläche einfließenden Strom I nach jenen Vermessungsergebnissen, daß in die beiden Polkappen der Erde negative Ströme, in den Äquatorstreifen ein positiver Strom, in die Erde einfließen müssen mit den Stromdichten von rd. $-2 \cdot 10^{-12}\,\mathrm{A/cm^2}$ bzw. $+1 \cdot 10^{-12}\,\mathrm{A/cm^2}$. Es sind das Stromdichtewerte, die etwa 10000mal so groß sind, wie die des in unserer luftelektrischen Fragestellung gesuchten Gegenstromes. Gegenüber der Bedeutung der als „BAUERsche Ströme" bezeichneten erdmagnetischen Stromsysteme tritt also die Bedeutung des luftelektrischen Gegenstromes ganz zurück und die Erklärung jener würde das Verständnis dieses Gegenstromes als einen kleinen Ausschnitt einer umfassenden Theorie der geophysikalischen Stromsysteme ganz von selbst ermöglichen.

Zum Schluß wollen wir noch eingehen auf zwei Gruppen von Problemen, die — hinausgehend über das vorwiegend wissenschaftliche Interesse der bisher besprochenen Fragen — auch eine erhebliche praktische Bedeutung beanspruchen können. Es sind das die mit den Vorgängen in den höchsten Teilen der Atomsphäre zusammenhängenden Spekulationen über die „Heavisideschicht" und die Theorie der gewaltigen Störungen des normalen luftelektrischen Zustandes der unteren Atmosphärenschichten, die man als Gewitter bezeichnet.

Ionisation der obersten Teile der Atmosphäre. Die Ionisation in der Atmosphäre nimmt mit zunehmender Höhe zuerst etwas ab, dann aber stark und stetig zu, wie dies Abb. 61 zeigt. Der Abfall erklärt sich unschwer aus dem Fortfallen der in den bodennahen Schichten wirksamsten Ionisatoren, nämlich der radioaktiven Strahlungen aus dem Erdboden und von den in der Luft enthaltenen radioaktiven Substanzen. Viel größere Schwierigkeiten machte die Deutung des Wiederanstiegs mit zunehmender Höhe; denn sie kann nur einer von oben kommenden ionisierenden Strahlung zugeschrieben werden.

Mit jener Höhenstrahlung (auch als kosmische Ultrastrahlung oder HESSsche Strahlung bezeichnet) hat sich in den letzten Jahren eine schon fast unübersehbare Zahl von Untersuchungen beschäftigt. Für uns genügt zu wissen, daß es sich um eine aus dem Weltraum kommende außerordentlich durchdringende Strahlung noch immer unbekannten Ursprungs handelt, die sich aus mehreren Komponenten verschiedener Härte zusammensetzt und mindestens zum Teil aus Korpuskeln besteht, und zwar aus Korpuskeln, deren Energie hinaufreicht bis zu $\sim 10^{10}$ eV.

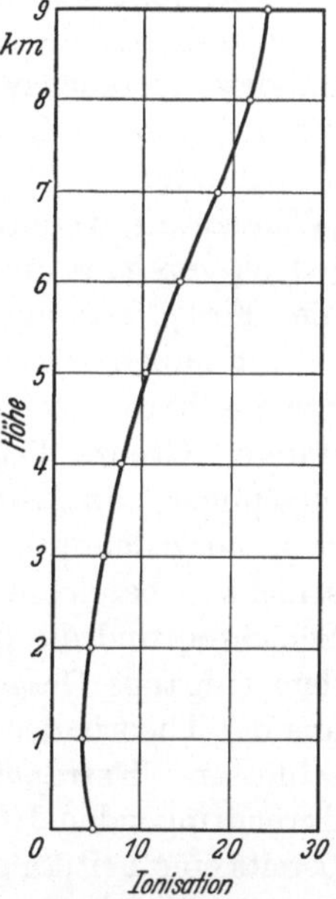

Abb. 61. Zunahme der Ionisation mit der Höhe. (Nach WIGAND u. HESS.)

Diese Strahlung ist nach dem oben Gesagten in den mittleren und oberen Teilen der Troposphäre praktisch allein verantwortlich zu machen für die Ionisation. In noch größeren Höhen, in der Stratosphäre, kommen dazu noch die ultravioletten Teile der Sonnenstrahlung und vielleicht von der Sonne stammende Elektronen (die auch das Nordlicht verursachen). Aber im einzelnen oder gar quantitativ ist über die Verhältnisse in diesen hohen Teilen der Atmosphäre in der Gegend und über 100 km Höhe fast nichts bekannt; es fehlen hier naturgemäß noch alle unmittelbaren Messungen und man ist deshalb angewiesen auf mehr oder minder vertrauenswürdige Spekulationen. Schon über die Zusammensetzung und die Temperatur der Atmosphäre gehen die Ansichten weit auseinander, wenn man auch vermuten kann, daß die leichten Gase (Wasserstoff, Helium) dort angereichert sind. Als sicherstehend kann jedoch von ganz anderer Seite her, nämlich aus den Beobachtungen über die Fortpflanzung elektromagnetischer Wellen, geschlossen werden — wir haben uns damit schon S. 126 beschäftigt —, daß in der oberen Stratosphäre hochionisierte Schichten mit verhältnismäßig scharfer unterer Grenze liegen und es ist auch durch systemetische „Echomessungen" an Radiosignalen gelungen, über diese Schichten ein schon recht ausgedehntes Material zu sammeln, die man als Kennelly-Heavisideschichten bezeichnet. Theoretisch läßt sich über die Entstehung dieser Schichten und die in ihnen herrschenden elektrischen Verhältnisse nach dem eingangs Gesagten nur wenig sagen, abgesehen natürlich von den aus der Theorie der Wellenfortpflanzung indirekt sich ergebenden Rückschlüssen. Extrapolatorisch ergibt sich, wenn man die Ionisation der durchdringenden Höhenstrahlung zuschreibt, in einer Höhe von 100 km bereits eine Leitfähigkeit der Atmosphäre von etwa dem 10^9-fachen Betrag der Leitfähigkeit am Erdboden (was ungefähr der Leitfähigkeit von trockenem Boden entspricht). Ferner wird man anzunehmen haben, daß in diesen Höhen bereits erhebliche Mengen freier Elektronen vorhanden sind. Primär werden bei der Ionisation natürlich auch dort stets positive Ionen und Elektronen gebildet. Während jedoch unter den am Erdboden herrschenden Bedingungen sich die Elektronen durch Anlagerung an die Gasmoleküle schon nach sehr kleiner Lebensdauer umbilden in negative Ionen, liegen in den großen hier interessierenden Höhen die Dinge nun insofern anders, als einerseits — wenn man der Annahme einer Anreicherung von Wasserstoff und Helium zustimmt — die Anlagerung an diese Gase von sehr kleiner Elektronenaffinität quantitativ überhaupt keine Rolle mehr spielen könnte und als andererseits und unabhängig von dieser Annahme die mittlere freie Elektronenweglänge schon recht groß ist. Wir befinden uns schon in 100 km Höhe unter Bedingungen, die denen in einem gut evakuierten Entladungsrohr entsprechen, nämlich bei Gasdichten, die etwa 10^5-mal kleiner sind als unter Atmosphärendruck und diesen Dichten entsprechen Elektronenweglängen von der Größenordnung 10^2 cm. Im übrigen ist noch bemerkenswert, daß man bei einer Ionisation durch eine von oben (aus dem Weltraum) kommende Strahlung ohne weiteres zu einer schichtartigen Verteilung der Ionisierungsstärke kommt, d. h. zu einem lokalisierten Maximum der Ionisation in einer bestimmten Höhe. Es liegt dies daran, daß die Intensität der ionisierenden Strahlung mit der Eindringtiefe in die Atmosphäre abnimmt, daß aber die Gasdichte mit abnehmender Höhe zunimmt und daß maßgebend für die Ionisation das Produkt beider ist. Rechnen wir z. B. mit der barometrischen Höhenformel $p = P\,e^{-bh}$ für die Abnahme des Druckes mit der Höhe h und setzen die Ionisation sowohl wie die Absorption der Strahlung proportional dem Druck, so erhalten wir: Die Intensität der Strahlung ergibt sich aus dem Absorptionsgesetz

$$dJ = a\,p \cdot J \cdot dh = a \cdot P\,e^{-bh}\,J \cdot dh$$

zu

$$J = J_0 \cdot e^{-\frac{a\,P}{b}\,e^{-bh}}.$$

Die Ionisation q wird dann

$$q \sim \frac{dJ}{dh} = \text{const} \cdot e^{-bh} \cdot e^{-\frac{a\,P}{b}\,e^{-bh}}$$

und diese Funktion hat bei einer Höhe $h = h_m$, die aus den Konstanten leicht zu berechnen ist, ein Maximum. Wenn wir als Ionisator z. B. ultraviolettes Licht annehmen, das selektiv von Wasserstoff, von Sauerstoff und von Stickstoff absorbiert werden möge und dabei ionisiert, und wenn wir dann weiter die Trägerdichte aus dem Wiedervereinigungsgesetz $q = \alpha\,n^2$ (S. 167) berechnen, erhalten wir die in Abb. 62 gezeichnete Trägerverteilung. Eine fruchtbare kritische Stellungnahme zu derartigen Ansätzen ist ebenso schwer wie der Versuch, sie durch andere bessere zu ersetzen. Es mögen deshalb diese Hinweise darauf genügen, daß die Theorie immerhin die Existenz der Kennelly-Heavisideschichten einigermaßen verständlich machen kann.

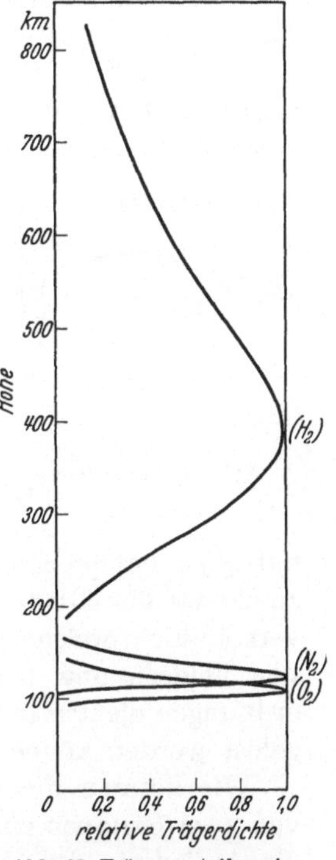

Abb. 62. Trägerverteilung in der Heavisideschicht. (Nach Försterling u. Lassen.)

Theorie der Gewitter. Nun wollen wir wieder herabsteigen in die Troposphäre, in der sich bekanntlich ausschließlich alles das abspielt, was wir kurz als Wetter oder Witterung bezeichnen, und wollen noch einiges sagen zur Theorie der Gewitter. Wir wollen dabei absehen von allen wesentlich meteorologischen Einzelheiten und uns beschränken auf den physikalisch-luftelektrischen Teil dieser Naturerscheinung; ebenso gehört der ganze Komplex von praktisch-elektrotechnischen Fragen, die mit der Beeinflussung von Freileitungen durch die Gewitterelektrizität zusammenhängen, nicht mehr hierher, sondern in das Gebiet der MAX-WELLschen Elektrostatik bzw. Elektrodynamik. Aus der Gewitter-statistik sei nur eine überraschende Zahl genannt: Auf der ganzen Erde gibt es täglich schätzungsweise rd. 40000 Gewitter und rd. 100 Blitze in jeder Sekunde! Meteorologisch ist für das folgende eigentlich nur von Be-deutung, daß Voraussetzung für die Entstehung eines Gewitters in vielen Fällen, wenn auch nicht immer, aufsteigende Luftströmungen von großer Geschwindigkeit und starke Wolkenbildung durch Wasserdampfkonden-sation sind, wie dies bei den Frontgewittern und den Wärmegewittern besonders eindrucksvoll zu beobachten ist. Zur elektrischen Seite der

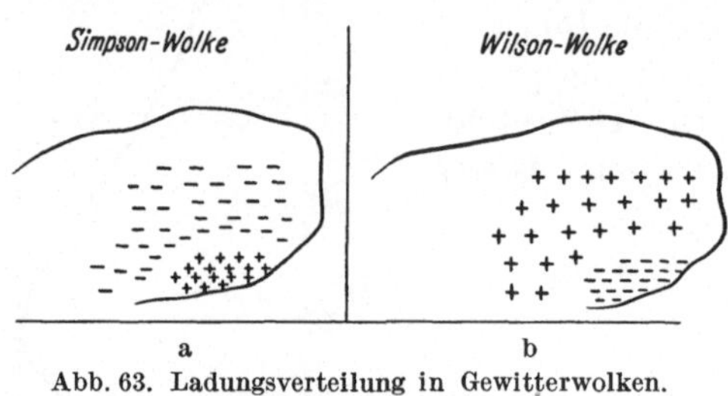

Abb. 63. Ladungsverteilung in Gewitterwolken.
(Nach v. HIPPEL.)

Angelegenheit genügt, daß eine Gewittertheorie die Er-klärung leisten muß für die Entstehung von Feldern der Größenordnung 10000 V/cm und von Gesamtspannungen, die auf etwa 1 Milliarde V zu veranschlagen sind und ferner die Bereitstellung von rd. 20 C pro Blitz. Die mittlere, natürlich entsprechend kurz dauernde Stromstärke im Blitz wird man zu 20000 bis 50000 A anzusetzen haben und es ist so ohne weiteres verständlich, welche großen Induktionswirkungen beim Zusammenbruch von Feldern und bei Stromstößen von den eben genannten Größen-ordnungen elektrostatisch und elektrodynamisch in Leitersystemen aus-gelöst werden können.

Wir können die Gewittertheorien im wesentlichen in ein Schema von zwei Gruppen einordnen, soweit es sich dabei um die Erklärung für die Aufladung der Gewitterwolken handelt. Die Entladung durch den Blitz, die sich dann anschließt, soll uns hier nicht mehr beschäftigen; sie zu untersuchen, gehört in das Gebiet der Gasentladungsphysik im engeren Sinn (vgl. S. 241). Diese beiden Gruppen unterscheiden sich dadurch, daß in der einen (Theorie von SIMPSON) die erforderlichen Ladungen neu erzeugt werden, während in der anderen (Theorie von WILSON) die bereits vorhandenen Schönwetterladungen ausgenutzt und verstärkt werden. Die Neuerzeugung geschieht in den aufsteigenden Luftströmen durch den „Wasserfalleffekt", d. h. durch die Zerreißung von Wassertropfen; die Ausnutzung bereits vorhandener Ladungen besteht in einer Influenzwirkung des normalen Feldes auf Wassertropfen mit nachfolgender selektiver Anlagerung von Ionen an diese polarisierten Wassertropfen. In beiden Fällen findet eine Anhäufung getrennter positiver und negativer Ladungen in der Wolke statt, und zwar — soweit sich quantitative Abschätzungen vornehmen lassen — in einem für die

Blitzbildung ausreichendem Maß. Aber ein grundsätzlicher Unterschied besteht insofern, als nach der ersteren Theorie die negative Ladung räumlich über der positiven, nach der letzteren hingegen unter der positiven sitzt, wie dies schematisch in Abb. 63 angedeutet ist. Aus Feldmessungen konnte man entscheiden, ob der eine oder andere Wolkentyp vorliegt und ist dabei, wie zu vermuten, je nach den meteorologischen Verhältnissen auf beide Typen, häufiger jedoch auf kompliziertere Ladungsanordnungen gestoßen. Die Grundgedanken der beiden Theorien behalten trotzdem natürlich ihren Wert und ihre Gültigkeit.

Betrachten wir zuerst die Simpson-Theorie etwas genauer, so liegen die Dinge folgendermaßen: Man weiß, daß an der Oberfläche eines Wassertropfens eine elektrische Doppelschicht mit der negativen Belegung nach außen liegt (S. 365) und daß beim abrupten Zerreißen („Zerblasen") des Tropfens diese Doppelschicht zerrissen werden kann. Allerdings sind dazu stoßweise Änderungen der Luftgeschwindigkeit erforderlich, die in der Größenordnung 10 bis 20 m/s innerhalb sehr kurzer Zeiten liegen müssen. Wenn die aufsteigenden Luftströme jedoch derart tumultuarisch verlaufen, wird der negative Ladungsanteil nach oben geblasen, während der positive mit den Resttropfen nach unten fällt und es kann so in der Tat zu der erforderlichen Ladungstrennung und zum Aufbau einer Gewitterwolke nach Abb. 63a kommen. Befriedigender sind die Vorstellungen, von denen die Wilson-Theorie ausgeht; denn sie benötigt nicht nur keine so extremen Luftbewegungen, sondern sie gibt auch eine ganz zwanglose Beziehung zwischen den Vorgängen beim Aufbau einer Gewitterwolke und den normalen luftelektrischen Verhältnissen: Wenn ein Tropfen im normalen Feld zur Erde herabfällt, wird er durch Influenz polarisiert, und zwar in der in Abb. 64 angegebenen Weise. Da er durch ionisierte Luft fällt, so werden von den schwereren Ionen die negativen vorzugsweise eingefangen und der Tropfen wird negativ aufgeladen. Diese negative Ladung, die

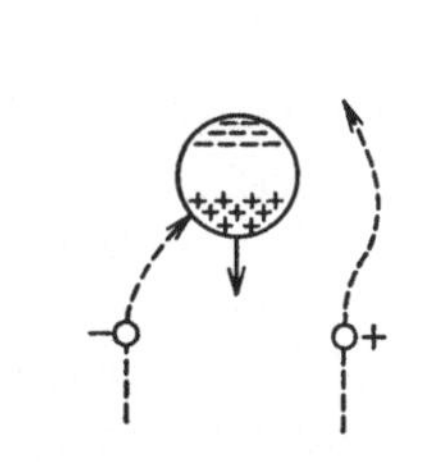

Abb. 64. Ionenfang an polarisierten Tropfen. (Nach v. Hippel.)

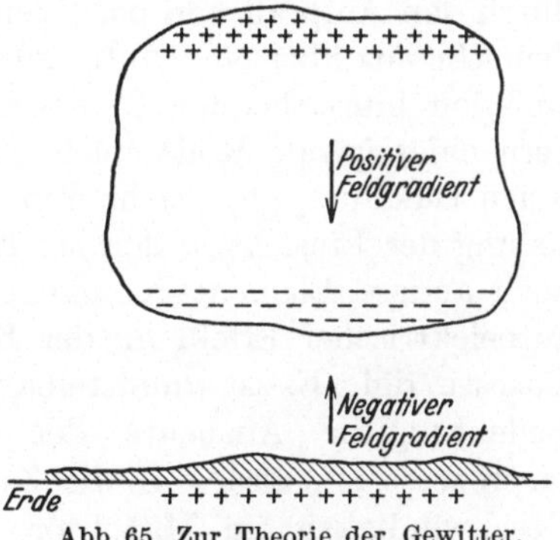

Abb. 65. Zur Theorie der Gewitter. (Nach v. Hippel.)

beim weiteren Herabfallen der Tropfen nach unten transportiert wird, dreht die Feldrichtung am Boden um, verstärkt aber die normale Feldrichtung über sich, so daß (Abb. 65) die nachfolgenden von oben kommenden Tropfen verstärkt polarisiert werden und so ein in stets derselben Richtung sich aufschaukelnder Prozeß analog etwa dem in einer Dynamomaschine in Gang kommt.

24. Das Plasma.

Wie wir in Abschn. 22 sahen, wird durch eine äußere EMK durch ein fremddionisiertes Gas ein Strom getrieben, der sich unter Berücksichtigung der Raumladungsverzerrung des Feldes berechnen läßt aus den elementaren Gesetzen der Trägerbewegung und der Trägervernichtung. Wir bezeichneten eine solche Strömung als eine unselbständige Strömung oder unselbständige Entladung, weil ihre Fortdauer gebunden ist an die Fortdauer der äußeren Ionisation, d. h. an die Tätigkeit einer äußeren, trägererzeugenden Ursache und mit deren Aufhören erlischt. Nun wollen wir uns beschäftigen mit den eigentlichen Gasentladungen oder „selbständigen" Entladungen, die — wie schon der Name sagt — unabhängig von einem äußeren Ionisator bestehen können. Dazu ist offenbar notwendig, daß sich solche Entladungen die benötigten Träger selbst erzeugen. Die Elementarvorgänge, die dies besorgen, sind vor allem die Ionisation durch Elektronenstoß, die im freien Gasraum positive und negative Träger liefert, und die Befreiung von Elektronen aus der Kathode durch den Aufprall von positiven Ionen, sei es nun unmittelbar oder auf dem Umweg über eine Aufheizung auf eine zur thermischen Elektronenemission hinreichenden Temperatur. Eine demgegenüber praktisch zu vernachlässigende Rolle spielt die Trägererzeugung durch Ionenstoß im freien Gasraum, aber mehr und mehr an Bedeutung haben mit der Vertiefung der Einsicht in den Mechanismus der selbständigen Entladungen noch andere Elementarvorgänge gewonnen wie Stöße zweiter Art, ein autoelektrischer Effekt an der Kathode, eine thermische Ionisation des Gases u. dgl. Es ist unmittelbar ersichtlich, daß von ausschlaggebender Bedeutung die „Ausbeute" der jeweils in Betracht kommenden Elementarprozesse ist, also z. B. die Zahl der von einem Elektron bestimmter Geschwindigkeit im Mittel pro Stoß erzeugten Trägerpaare oder die von einem Ion bestimmter Geschwindigkeit im Mittel aus der Kathode ausgelösten Elektronen usw. Gerade die Geschwindigkeitsabhängigkeiten der Ausbeuten und zum Teil die noch unvollständige Kenntnis der Ausbeuten überhaupt sind eines der Hindernisse für den Ausbau einer geschlossenen quantitativen Theorie. Dazu kommt als zweites, daß die Raumladungsverzerrungen des Feldes das Bild beherrschen; nicht die elektrostatischen Felder der auf den Elektroden sitzenden Oberflächenladungen, sondern die Raumladungsfelder, die sich die Entladung erst selbst aufbauen muß, sind fast immer das Maßgebende für die in der

Entladung sich abspielenden Vorgänge. In vielen Fällen, namentlich bei tieferen Gasdrucken, wird die Sachlage weiter kompliziert — wenn auch nicht grundsätzlich, so doch in oft recht unangenehmer Weise für die mathematisch formale Fassung — durch den Umstand, daß die Feldstärke in Bereichen von der Größenordnung schon einiger freier Trägerweglängen nicht mehr als konstant angesetzt werden kann oder daß sogar die Gefäßdimensionen vergleichbar werden mit den freien Weglängen. Letzteres engt naturgemäß die Anwendungsmöglichkeit gaskinetischer Mittelwertsmethoden in derartigen, allerdings extremen Fällen, ein; ersteres bedingt, daß die Vorgänge an einer Stelle der Entladung in Strenge nicht mehr abhängen von der Feldstärke an diesem Ort allein und führt deshalb zu sehr verwickelten Ansätzen. Wir sehen jedenfalls aus alledem, daß es der Gasentladungsphysiker nicht leicht hat und daß er nur durch ein vorsichtiges, auf Erfahrung und physikalisches Einfühlungsvermögen gestütztes Abwägen der vielerlei mitspielenden Faktoren zum Ziel gelangen kann.

Mechanismus der Vorgänge im Plasma. Die Betrachtungen über selbständige Entladungen beginnen wir mit der eines Gebildes, das man allgemein als Plasma und in seiner häufigsten und wichtigsten Erscheinungsform als „positive Säule" oder kurz als „Säule" bezeichnet. Morphologisch spielt das Plasma eine große Rolle als Teilgebiet der meisten Entladungen. So z. B. erfüllt es in der Form der Säule in den bekannten Leuchtröhren den überwiegenden Teil des Entladungsraumes zwischen den Elektroden und es ist wesentlich beteiligt am Aufbau jedes Lichtbogens gewöhnlicher Art von nicht zu geringer Länge. Entladungstheoretisch ist das Plasma ausgezeichnet durch das Fehlen merklicher Raumladungen und durch eine hierdurch bedingte weitgehende räumliche Gleichförmigkeit. „Quasineutralität" und „Homogenität" sind also, wenn natürlich auch in von Fall zu Fall verschiedenen Graden der Vollkommenheit, seine zwei hervorstechendsten Eigenschaften. Ein ideales Plasma würden wir z. B. realisieren können in einem Metalldampf, der in einem großen metallischen Gefäß eingeschlossen und auf so hohe Temperatur gleichförmig erhitzt ist, daß er thermisch ionisiert ist (vgl. S. 103). Wir haben es dann zu tun mit einem makroskopisch neutralen Gemisch von Elektronen, positiven Ionen, neutralen normalen und angeregten Atomen und Photonen im thermischen Gleichgewicht. Wo in Gasentladungen Plasmas auftreten, muß nun natürlich die Ionisation letzten Endes stets bewirkt werden durch eine Energiezufuhr aus der Stromarbeit des das Plasma durchfließenden Entladungsstromes. Das Fließen eines Stromes ist aber nur möglich, wenn im Gas elektrische Triebkräfte auf die Träger wirken, d. h. wenn in Richtung der Stromlinien ein elektrisches Feld wirkt und dadurch unterscheidet sich ein Gasentladungsplasma von dem eben erwähnten rein thermischen.

Die strenge und vollständige Theorie des Plasmas zu entwickeln, ist ebenso langwierig wie schwierig. Es genügt für unsere Zwecke, einen orientierenden Überblick zu geben, einige besonders wichtige Punkte herauszugreifen und die in der Plasmatheorie eine Rolle spielenden neuen Begriffe zu erläutern. Die Komponenten eines Plasmas sind neutrale normale Atome, neutrale angeregte Atome in allen möglichen Anregungszuständen, freie Elektronen, freie Ionen und die Photonen der Strahlung, die den ganzen vom Plasma eingenommenen Raum erfüllt. Zwischen diesen Komponenten findet eine dauernde Wechselwirkung statt. Ionisationen und Wiedervereinigungen, Anregungen, Stöße zweiter Art, Emission und Reabsorption der Lichtquanten wirken in einem sehr komplizierten Mechanismus zusammen und bedingen einen stationären Gleichgewichtszustand, den aus den Elementarprozessen zu verstehen, Aufgabe der Plasmatheorie ist. Zunächst muß, damit die „Bilanz der Konzentrationen" gewahrt bleibt, d. h. damit der Zustand stationär ist, hinsichtlich der Konzentration jeder der genannten einzelnen Komponenten, offenbar sog. „detailliertes Gleichgewicht" herrschen; es müssen die Prozesse, die eine der Komponenten erzeugen, ebenso häufig sein, wie die Prozesse, welche sie vernichten. Ein Beispiel möge dies erläutern, das sich auf die Erzeugung und Vernichtung eines der angeregten Zustände bezieht. Sind n_0, n_a und n_e die Zahl der normalen Atome, der angeregten Atome und der Elektronen pro Volumeinheit, a die Ausbeutefaktoren und kennzeichnet s die Strahlung, die von den normalen Atomen absorbiert werden kann, so muß

$$a_{0e} \cdot n_0 \, n_e + a_{0s} \cdot n_0 = a_{as} \cdot n_a + a_{ae} \cdot n_a \cdot n_e$$

sein. Das erste Glied gibt die Zahl der anregenden Elektronenstöße, die ein Atom aus dem normalen in den angeregten Zustand überführen, das zweite die Zahl der Absorptionsprozesse, die dies bewirken. Das dritte Glied gibt die Zahl der Ausstrahlungsprozesse, die das Atom vom angeregten Zustand wieder in den normalen Zustand zurückführen und das vierte die Zahl der Stöße zweiter Art zwischen Angeregten und Elektronen, die diese Zurückführung ohne Ausstrahlung besorgen. Wir haben dabei die Vielfältigkeit der Wechselwirkungsprozesse bereits vereinfacht, um anschaulich machen zu können, was unter detailliertem Gleichgewicht zu verstehen ist. Noch um einen Grad komplizierter wird aber die Sachlage und dann überhaupt nicht mehr einer strengen Durchrechnung zugänglich, wenn das Plasma nicht nach außen abgeschlossen ist. Dies ist aber in Wirklichkeit unter den praktisch herstellbaren Versuchsbedingungen stets der Fall. Das Plasma verliert hier Träger an die Gefäßwände und gibt, wenn es nicht in ein vollkommen reflektierendes Gefäß eingeschlossen ist, an dieses Strahlung ab. Das typische Beispiel für den Träger-Wandverlust werden wir in der Diffusionssäule kennenlernen (S. 194) und das typische Beispiel für ein ausstrahlendes

Plasma ist in den Leuchtröhren, Quecksilberlampen usw. gegeben. Die Außenverluste bedingen natürlich mehr oder minder schwere Eingriffe in den ungestörten Gleichgewichtszustand; man muß von Fall zu Fall untersuchen, wieweit man sie bei der Berechnung des Gleichgewichtes vernachlässigen darf. Wir werden darauf insbesondere bei der Betrachtung der thermischen Säulen noch zurückkommen.

Neben den eben erwähnten Elementarprozessen spielt aber noch eine bedeutsame Rolle das sog. Mikrofeld, worunter folgendes zu verstehen ist. Obwohl das Plasma quasineutral sein, also im Mittel in jedem Volumelement gleichviel Elektronen und Ionen enthalten soll, ist der Plasmaraum erfüllt von den elektrischen Feldern zwischen den Trägern entgegengesetzten Ladungsvorzeichens, die nach den Gesetzen der statistischen Schwankungstheorie (S. 52 f.) sich dauernd und rasch räumlich und zeitlich ändern. Diese Mikrofelder sind, wie die Rechnung ergibt, sogar überraschend stark und können bei den Trägerkonzentrationen, mit denen wir es in den Gasentladungsplasmen zu tun haben, mittlere Feldstärkewerte besitzen, die bis zu einigen Zehnerpotenzen größer sind als die gerichteten Felder, die von außen oder bedingt durch die makroskopische Raumladungsverteilung auf die Plasmen wirken. Sie bedingen einen sehr intensiven Energieaustausch zwischen den Trägern untereinander und steigern die Einstellgeschwindigkeit des energetischen Gleichgewichtes und damit seine Unempfindlichkeit gegen äußere Störungen.

Dies Gleichgewicht darf man sich allerdings im allgemeinen nicht so einfach vorstellen, wie etwa in einem Gemisch neutraler Gase — wo nach dem Gleichverteilungsprinzip alle Teilchen dieselbe mittlere kinetische Energie besitzen —, aber es führt doch dazu, daß wir nicht nur dem neutralen Gas als solchem, sondern auch den Gesamtheiten der Ionen und Elektronen mindestens in erster Näherung bestimmte „Temperaturen" zuschreiben, d. h. annehmen können, ihre Geschwindigkeiten seien verteilt nach dem MAXWELLschen Gesetz. Es führt ferner dazu, daß die Konzentrationen der angeregten Atomzustände mehr oder minder genau gegeben sind durch das Boltzmann-Prinzip. Mit zunehmender Gasdichte und abnehmendem (äußerem) gerichteten Makrofeld nähert sich das Gleichgewicht dem Idealzustand des vollkommenen thermischen Gleichgewichtes, in dem alle Komponente dieselbe Temperatur besitzen und der Zustand dann beschrieben werden kann durch einen einzigen Parameter, nämlich die Systemtemperatur T; mit einem Plasma solcher Art werden wir uns später (S. 199) bei der Betrachtung der sog. thermischen Säule noch beschäftigen. Bei tieferen Drucken und wenn das gerichtete Makrofeld nicht sehr schwach ist, liegen die Dinge komplizierter. Über die Ionen weiß man noch nicht viel, und es ist sogar zweifelhaft, wieweit die Annäherung ihrer Geschwindigkeitsverteilung an eine Maxwell-Verteilung geht. Es ist aber auch für weitere Schlüsse nicht sehr wichtig, da die Ionen weder am Ladungstransport noch an den Ionisierungs- und Anregungsprozessen quantitativ stark beteiligt sind; wenn man deshalb einfach mit einer Ionentemperatur rechnet, die praktisch gleich der Gastemperatur ist, begeht man keinen großen Fehler. Von fundamentaler Wichtigkeit hingegen ist es, die Temperatur der Elektronen zu kennen.

Temperatur der Elektronen. Die Berechnung der Elektronentemperatur ist schwierig und immer noch nicht ganz befriedigend geleistet. Übersehen läßt sich ohne weitläufige und weit ausgreifende Rechnungen immerhin folgendes: Je größer die Gasdichte ist, desto mehr muß sich die Elektronentemperatur T_e der Gastemperatur T_g angleichen. Der Grund dafür ist, daß der Energieaustausch der Elektronen mit dem Gas mit zunehmender Gasdichte stark zunimmt. Dies zeigt schon die folgende, sich auf die elastischen Stöße beziehende Überschlagsrechnung. Bei Maxwellscher Verteilung ist die Zahl dn_v der Elektronen pro cm³, deren Geschwindigkeit v ist, gegeben durch

$$dn_v = A \, v^2 \cdot e^{-\frac{m\,v^2}{2\,k\,T_e}} \, dv.$$

Da nun jedes Elektron in der Zeiteinheit v/λ Stöße gegen Gasatome macht (λ = mittlere freie Elektronenweglänge) und bei jedem Stoß im Mittel die Energie $k\frac{m}{2}v^2$ abgibt ($k = 2 \times$ Elektronenmasse m/Atommasse M), so ist der Energieverlust W pro Volum- und Zeiteinheit

$$(78\,\mathrm{a}) \qquad W = A\,\frac{k\,m}{2\,\lambda} \int\limits_0^\infty v^5\, e^{-\frac{m\,v^2}{2\,k\,T_e}}\, dv.$$

Andererseits ist, wenn im Plasma das gerichtete Feld E liegt und einen Elektronenstrom j pro cm² durch das Plasma treibt

$$(78\,\mathrm{b}) \qquad j = A \int\limits_0^\infty V \cdot v^2\, e^{-\frac{m\,v^2}{2\,k\,T_e}}\, dv,$$

wo V die Fortschreitungsgeschwindigkeit der Elektronen in der Feldrichtung ist. Benutzt man für V die bewährte Langevin-Formel (S. 156) $V = \frac{0{,}6\,\lambda\,e\,E}{m\,v}$ und rechnet die beiden Integrale aus, so findet man, daß W unter sonst denselben Bedingungen proportional mit jE/λ^2 ist. Der Bruchteil der Stromarbeit an den Elektronen, der durch elastische Stöße auf das Gas übertragen wird, ist also proportional dem Quadrat des Gasdruckes. Man kann ferner leicht einsehen, daß im allgemeinen die Elektronentemperatur über und zwar erheblich über der Gastemperatur liegt. In den Glimmentladungssäulen üblicher Art z. B. erreicht sie Werte von der Größenordnung einiger 10000°, während die Gastemperatur kaum über 100° steigt und also mehr als 100mal kleiner ist, wobei trotzdem sich im Elektronengas sehr angenähert eine Maxwell-Verteilung einstellen und erhalten kann. Es folgt dies alles zwanglos aus

einer genaueren Betrachtung der Wirksamkeit der Mikrofelder einerseits
und durch Beachtung des Umstandes andererseits, daß die Elektronenmasse so sehr viel kleiner ist als die Atommasse. Die Mikrofelder können
das Elektronengas sehr wirksam durcheinanderrühren und eine rasche
Einstellung des ungeordneten MAXWELLschen Zustandes bewerkstelligen
und die geringe Größe der Energieübertragung von den Elektronen auf
das Gas wird eben nur bei größeren Gasdichten durch die große Zahl der
Stöße kompensiert.

Ein Maß für die Temperatur T_e der Elektronen ist ihre mittlere
kinetische Energie. Es ist (S. 19)

$$\overline{\frac{m}{2}\, v^2} = \frac{3}{2}\, k\, T_e.$$

Wie früher schon (S. 77, 111) ist es praktisch, die Elektronenenergie in
„Volt" auszudrücken, also zu setzen

$$\overline{\frac{m}{2}\, v^2} = \varepsilon\, V_T.$$

Daraus folgt dann, daß man die Elektronentemperatur T_e ebenfalls in
„Volt" ausdrücken kann. Man erhält ($V_T =$ Elektronentemperatur in V)

$$V_T = \left(\frac{3}{2}\, \frac{k}{\varepsilon}\right) \cdot T_e.$$

Mit $k = 1{,}37 \cdot 10^{-16}$ und $\varepsilon = 4{,}77 \cdot 10^{-10}$ gibt dies die numerische Beziehung (1 V = 300 st. E.)

$$(79\,\text{a}) \qquad\qquad T_e(\text{Grad}) = 7740 \cdot V_T\ (\text{V}).$$

„1 V" entspricht also jeweils 7740°. Es sei auch gleich noch die numerische
Form des Exponenten im Verteilungsgesetz bzw. im Boltzmann-Prinzip
notiert, je nachdem man T_e in Volt (V_T) oder in Graden (T_e) mißt und
$\frac{m}{2}\, v^2$ in mechanischen Einheiten (erg) oder ebenfalls in Volt (V) ausdrückt.

$$(79\,\text{b}) \qquad\qquad \frac{m\, v^2}{2\, k\, T_e} = \frac{\varepsilon\, V}{k\, T_e} = \frac{11\,600\, V}{T_e} = \frac{3\, V}{2\, V_T}.$$

Es gibt nun aber eine Möglichkeit, sich über die Elektronentemperatur
auf experimentellem Weg Anschluß zu verschaffen. Da diese Methode,
die Methode der Sonden, ganz allgemein tiefere Einblicke in den Mechanismus von Entladungen eröffnet und zu einer ganzen Reihe wichtiger
Folgerungen führt, müssen wir sie noch kurz besprechen.

Theorie der Sonden. Wenn wir in ein Plasma einen kleinen isolierten Metallkörper, eine sog. Sonde hineinbringen, so lädt sich diese
Sonde nicht etwa auf das in ihrer nächsten Umgebung herrschende
Potential (das „Raumpotential") und erlaubt also nicht unmittelbar
die Potentialverteilung und damit das Feld im Plasma zu „sondieren".
Denn da die Temperatur der Elektronen höher ist als die der Ionen,
können Elektronen im Überschuß solange in die Sonde einwandern, bis
deren negatives Potential gerade die Differenz zwischen der Elektronen-
und der Ionentemperatur kompensiert, so daß gleich viel Elektronen

und Ionen einwandern und sich ein stationärer Zustand einstellt. Um zu quantitativen Ergebnissen zu kommen, sind deshalb feinere Methoden der Sondenmessung notwendig. Man benutzt dazu sog. „Stromsonden", d. h. Sonden, die von außen ein veränderliches meßbares Potential aufgedrückt erhalten und so geschaltet sind, daß man den in die Sonde einfließenden Strom messen kann. Abb. 66 zeigt schematisch eine derartige Anordnung an dem Beispiel einer Glimmentladungsröhre, deren Plasma (positive Säule) untersucht werden soll. Auf die Meßmethodik im einzelnen soll hier nicht eingegangen, sondern nur das Wesentliche über die Wirkungsweise der Strom-

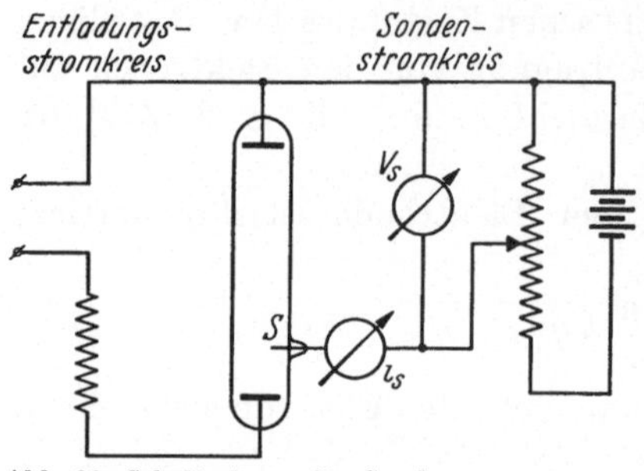

Abb. 66. Schaltschema für Sondenmessungen.

sonden besprochen werden. Es soll ferner nur der einfachste Fall der „ebenen Sonde", also einer ebenen, praktisch hinreichend großen ebenen Metallfläche betrachtet werden (keine Randstörungen); die sinngemäße Übertragung auf die meist benutzten anderen Sondenformen (Zylindersonden = dünne Drähte u. dgl.) führt zu recht verwickelten Rechnungen, ohne grundsätzlich über das aus der Theorie der ebenen Sonde zu Entnehmende hinauszugehen.

Die Kennlinie des Sondenstromes i in Abhängigkeit von der Sondenspannung V — diese gemessen gegen ein festes Bezugspotential, z. B. das der Anode — hat die typische in Abb. 67 gezeichnete Form und läßt sich qualitativ folgendermaßen erklären: Die Sonde umgibt sich im stationären Zustand mit einer Raumladungsschicht entgegengesetz-

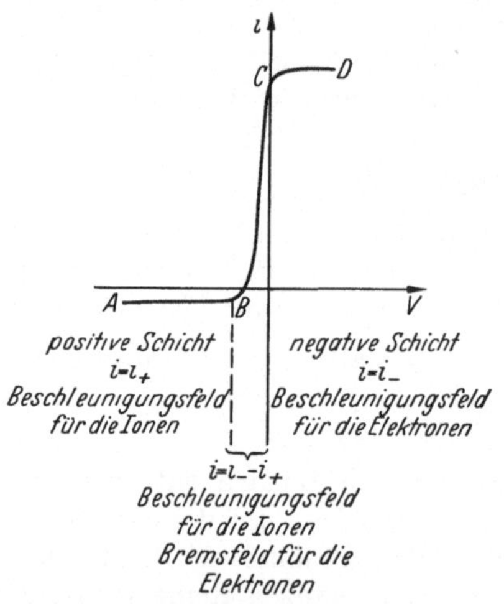

Abb. 67. Die Sondencharakteristik.

ten Vorzeichens wie das Vorzeichen ihrer Oberflächenladung und zwar baut sich diese Raumladungsschicht offenbar solange von selbst auf, bis an ihrer äußeren Begrenzung das Feld der Oberflächenladung gerade kompensiert wird von dem Fall der Raumladung. Es liegt dann die ganze Spannung der Sonde gegen ihre Umgebung in dieser Raumladungsschicht und außerhalb ist das Plasma praktisch ungestört. Die Plasmaträger gelangen an die äußere Begrenzung der Schicht durch ihre thermische Bewegung und durch Nachdiffusion aus dem Plasma. Ist nun die Sonde negativ gegen die Umgebung (Teil $A\,B$ der Kennlinie), so gelangen zur

Sonde alle ankommenden Ionen und bei hohem positiven V praktisch überhaupt keine Elektronen, die alle gewissermaßen elastisch an der äußeren Schichtgrenze reflektiert werden; wir haben einen rein positiven gesättigten Ionen-Sondenstrom (in der Abbildung nach unten gezeichnet). Ist andererseits die Sonde negativ gegen die Umgebung (Teil CD der Kennlinie), so gelangen umgekehrt nur Elektronen auf die Sonde, der Sondenstrom ist reiner Elektronenstrom. (Da die Sättigungswerte der Sondenströme gegeben sind durch den Nachschub der betreffenden Träger aus dem Plasma bzw. durch die auf die äußeren Schichtgrenze auftreffenden Trägerzahlen und da das Plasma quasineutral ist, verhalten sich die Sättigungsströme wie die Bahngeschwindigkeiten der Träger und es ist deshalb der Elektronenstrom CD viel größer als der Ionenstrom AB.) Im Zwischengebiet BC endlich geschieht folgende, wobei jetzt in der Abbildung das Potential $V = 0$ in richtiger Lage das Raumpotential in der Umgebung der Sonde sein soll: In B beginnen trotz des Gegenfeldes bereits Elektronen in die Sonde einzuströmen, weil sie dank ihrer erheblichen Geschwindigkeiten (hohe Elektronentemperatur) gegen das Feld anlaufen können. Nimmt V weiter ab, so nimmt der Elektroneneinstrom zu — bis bei C, wie bereits geschildert, alle ankommenden Elektronen die Sonde erreichen können — und andererseits der Ionenstrom ab und zwar sehr rasch wegen der kleinen Ionentemperatur. Auf dem Teil BC ist also der Sondenstrom ein Mischstrom aus Elektronen und Ionen, wobei sich das Mischungsverhältnis von links nach rechts rasch zugunsten der Elektronen verschiebt.

Diese unmittelbar anschaulichen qualitativen Überlegungen müssen jetzt noch quantitativ ausgebaut werden. Dazu ist allerdings notwendig, will man nicht zu recht verwickelten und langwierigen Ansätzen kommen, daß gewisse Bedingungen erfüllt sind. Neben der Bedingung, daß das Plasma durch den Trägerentzug nicht merklich gestört wird — eine Bedingung, die durch Benutzung kleiner Sonden (dünne Drähte) in praxi stets erfüllt werden kann — muß die Dicke der Raumladungsschicht kleiner sein als die mittleren freien Trägerweglängen. Dann nämlich und nur dann können wir annehmen, daß die Träger in der Schicht sich praktisch frei ohne Zusammenstöße mit den Gasteilchen bewegen. Da nun die Dicke der Raumladungsschicht gegeben ist durch das Raumladungsgesetz (S. 144), hat man die Erfüllung dieser Bedingung im allgemeinen nicht in der Hand; man muß eben einfach bei genügend kleinen Gasdrucken arbeiten. Dies vorausgesetzt, können wir aus einer gemessenen Kennlinie sofort drei wichtige Folgerungen ziehen.

Auf dem Teil BC der Kennlinie kann die Zusammensetzung $i = i_- + i_+$ des Sondenstromes aus seinem Elektronen- und Ionenstromanteil ermittelt werden durch das in Abb. 68 angegebene und wohl ohne weiteres verständliche graphische Näherungsverfahren. Wir erhalten so i_- in Abhängigkeit von der Sondenspannung V. i_- wird getragen von den

Elektronen, deren senkrechte Geschwindigkeitskomponente v_s gegen die Sondenoberfläche der Bedingung genügt (Anlaufen gegen das Bremsfeld in der Schicht) $m v_s^2/2 \geq \varepsilon V$. Wenn die Elektronengeschwindigkeiten nach dem MAXWELLschen Gesetz verteilt sind mit der (Elektronen-) Temperatur T_e, läßt sich nach den Ansätzen auf S. 18f. leicht ausrechnen, daß die Zahl der diese Bedingung erfüllenden Elektronen im Plasma und deshalb natürlich auch der Sondenstromteil i_- in Abhängigkeit von V

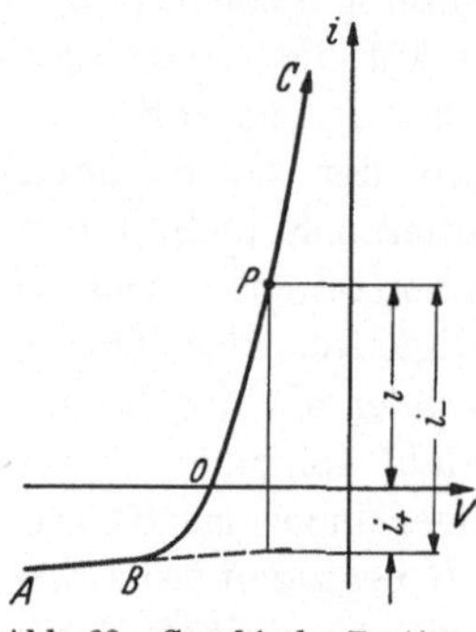

Abb. 68. Graphische Bestimmung des Elektronenstroms in eine Sonde.

$$(80\,\mathrm{a}) \qquad i_- = C \cdot \sqrt{\frac{k\,T_e}{2\,\pi\,m}} \cdot e^{-\frac{\varepsilon\,V}{k\,T_e}}$$

ist, wo C ein Proportionalitätsfaktor $(= \varepsilon\,n_-)$ ist. Es ist also

$$(80\,\mathrm{b}) \qquad \ln i_- = \mathrm{const} - \frac{\varepsilon\,V}{k\,T_e}\,.$$

Tragen wir also die Kennlinie halblogarithmisch auf, nämlich $\ln i_-$ über V, so erhalten wir eine Gerade mit der Neigung $-\varepsilon/k\,T_e$ gegen die V-Achse oder wenn T_e in e-Volt gemessen wird (S. 111), mit der Neigung $-1{,}17 \cdot 10^4/V_e$. Wir haben damit eine Möglichkeit, die Elektronentemperatur experimentell zu bestimmen. 2. Wie aus Abb. 68 hervorgeht,

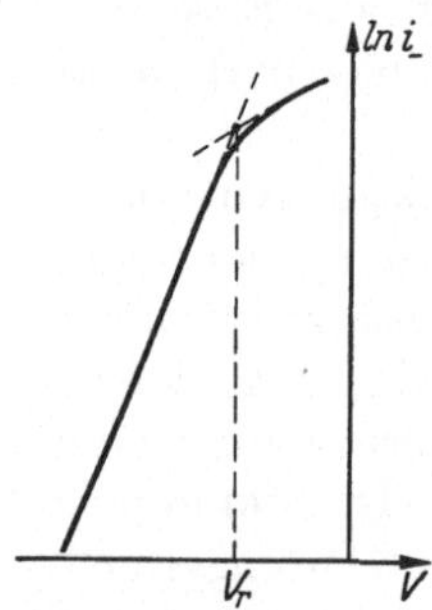

Abb. 69. Bestimmung des Raumpotentials aus der Sondencharakteristik.

ist bei einem bestimmten Sondenpotential, nämlich im Punkt 0, die Sonde zwar stromlos, aber das Sondenpotential ist dort nicht etwa gleich dem Raumpotential, sondern negativer als dieses; nämlich um so viel, daß der Einstrom der gegen das Bremsfeld noch anlaufenden Elektronen gerade den Einstrom der Ionen neutralisiert. Eine isolierte Sonde lädt sich also stets negativ auf. Das Raumpotential in der Umgebung der Sonde können wir aber ebenfalls aus der Kennlinie finden. Denn es gilt der Zusammenhang (80) nur solange, d. h. die $\ln i - V$-Kurven sind nur solange Gerade, als das Sondenpotential noch negativ ist gegen das Raumpotential. Deshalb wird die halblogarithmische Kennlinie dort, wo $V =$ Raumpotential ist, einen Knick haben. In Wirklichkeit ist dieser Knick allerdings meist etwas abgerundet und kann nur durch eine Extrapolation genauer festgelegt werden, wie dies Abb. 69 schematisch zeigt; V ist dabei das Sondenpotential gegen ein beliebiges festes Bezugspotential (z. B. gegen die Anode). 3. Endlich können wir auch die Elektronenkonzentration $n_- =$ Anzahl der Elektronen in $1\ \mathrm{cm}^3$ des Plasmas bestimmen. Nach Gl. (80a) ist nämlich für $V = 0$, d. h. wenn die Sonde sich auf Raumpotential befindet,

$$(81) \qquad (j_-)_{V=0} = \varepsilon\,n_- \sqrt{\frac{k\,T_e}{2\,\pi\,m}}\,.$$

Da T_e nun bereits bekannt ist, läßt sich also n_- finden und da wegen der Quasineutralität des Plasmas $n_- \approx n_+$ ist, ist damit zugleich auch die Ionenkonzentration n_+ bekannt.

Es sind dies selbstverständlich nur die einfachsten Folgerungen und auch diese nur für den einfachsten Fall der ebenen Sonde. Aber sie werden bereits einen Begriff von der Fruchtbarkeit der Stromsondenmethode gegeben haben. Für die praktisch meist benutzten Zylindersonden in Gestalt dünner Drähte liegen die Dinge nicht grundsätzlich, aber formal weniger einfach. Für höhere Drucke aber wird die Sondentheorie äußerst verwickelt und ist bisher noch nicht vollständig durchgeführt.

25. Die positive Säule.

Eigenschaften der Säule. Wir haben im vorhergehenden Abschnitt die Theorie des Plasmas von möglichst allgemeinen Gesichtspunkten

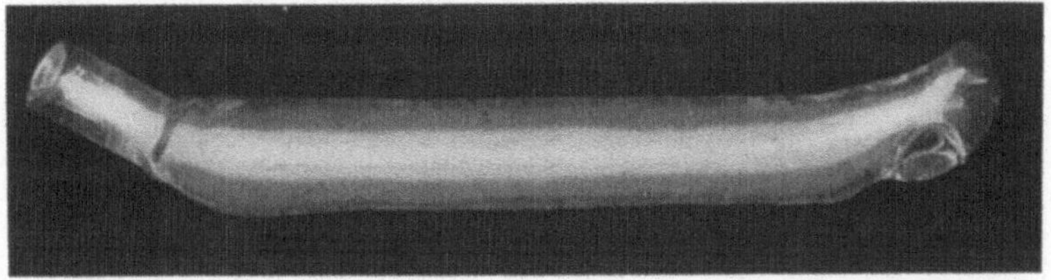

Abb. 70. Positive Säule in der Quarz-Quecksilberlampe. (Nach KÜCH u. RETSCHINSKY.)

aus betrachtet. In Wirklichkeit hat man es in allen Laboratoriumsversuchen und in der Praxis aber natürlich stets zu tun mit gewissen Sonderformen, weil man stets mit geschlossenen Gefäßen arbeiten muß. Plasmen ohne einhüllende Gefäßwände und zwar vermutlich vorwiegend thermische Plasmen finden wir in der Natur nur in den hochionisierten Gasmassen der Sterne; hierauf einzugehen, ist hier nicht der Ort und ist Aufgabe der astrophysikalischen Forschung. Hier wollen wir uns nur beschäftigen mit der Sonderform, die in Entladungsröhren und zwar in Entladungsröhren von kreiszylindrischer Gestalt auftritt. Wo und wie unsere Überlegungen noch abzuändern und zu ergänzen sind beim Übergang auf geometrisch weniger einfache Beispiele, wird sich dann von selbst ergeben und betrifft jedenfalls keine grundsätzlich wichtigen Dinge.

In Entladungsröhren bezeichnet man das Plasma als „positive Säule" oder kurz als „Säule". Als typische und allgemein bekannte Beispiele können etwa die Säulen dienen, die als gleichförmige Leuchterscheinungen die Reklameleuchtröhren erfüllen oder in den Natrium- und Quecksilberlampen (Abb. 70) als Lichtquellen dienen. In einem solchen Rohr, in dem zwischen der Kathode und der Anode eine stationäre (Gleichstrom-) Entladung brennt, ist die Säule — einsetzend auf der Kathodenseite in ziemlich scharfer Grenze (dem „Scheitel" der Säule) und bis dicht an die Anode reichend — eine in longitudinaler Richtung homogene, in radialer Richtung von der Achse nach außen hin an Intensität abnehmende Leuchterscheinung. Die Länge der Säule hängt lediglich ab von der Länge des Rohres bzw. von der verfügbaren Betriebsspannung, die Farbe ist charakteristisch für das Gas (z. B. rot in Neon, gelb in Natriumdampf, bläulichweiß in Quecksilberdampf, goldgelb in Helium usw.) und zeigt im Spektroskop das typische Bogenspektrum.

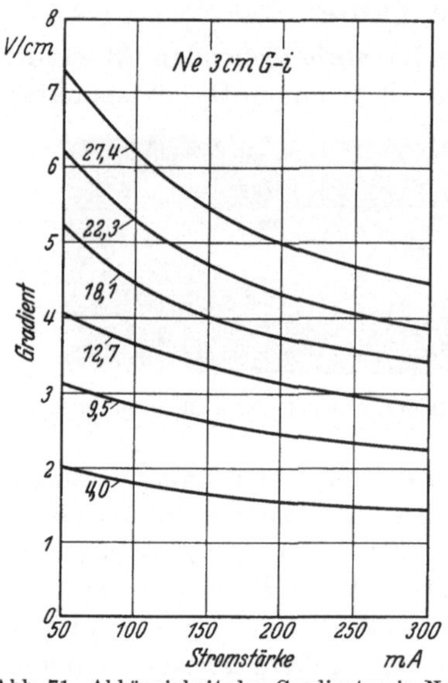

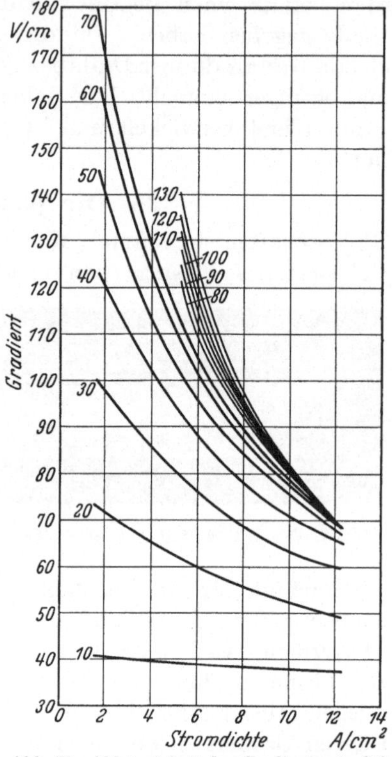

Abb. 71. Abhängigkeit des Gradienten in Neon in einem Rohr von 3 cm Durchmesser von Druck (Torr) und Stromstärke. (Nach LOMPE u. SEELIGER.)

Abb. 72. Abhängigkeit der Gradienten in Stickstoff in einem Rohr von 3 mm Durchmesser von Druck (Torr) und Stromdichte. (Nach MATTHIES u. STRUCK.)

Wie Sondenmessungen ergeben haben, besitzt das in der Säule liegende elektrische Feld eine längs der ganzen Säule konstante longitudinale Komponente von überall derselben Größe. Es ist üblich, diese longitudinale Feldstärke anzugeben durch den „Gradient" G = Potentialdifferenz in Volt zwischen zwei Achsenpunkten im Abstand 1 cm; G wird demnach gemessen in V/cm. Der Gradient hängt ab außer von der Gasart von der Rohrweite R, der Entladungsstärke i und dem Fülldruck p oder genauer der Gasdichte. Die Abhängigkeit $G(R, i, p)$ von diesen drei Größen ist bei genauerer Betrachtung eine recht verwickelte; vorläufig genügt es zu wissen, daß G mit zunehmendem R oder i und abnehmendem p abnimmt; zur quantitativen Veranschaulichung geben die Abb. 71 und 72 zwei Beispiele. Außer der longitudinalen Komponente (Längsfeldstärke), die durch den Gradienten erfaßt wird, hat die Feldstärke aber auch noch eine, allerdings meist erheblich kleinere radiale Komponente (Querfeldstärke), derart gerichtet, daß ein Wandpunkt negativ gegen den Achsenpunkt desselben Querschnittes ist; die Äquipotentialflächen sind also nicht einfach auf der Achse senkrecht stehende Ebenen, sondern konkav gegen die Anode hin gekrümmte Flächen, die aber wegen der (longitudinalen) Homogenität der Säule überall dieselbe Gestalt haben.

Die Besprechung des Säulenmechanismus wollen wir uns von vornherein durch zwei Beschränkungen vereinfachen. Wir wollen nämlich auf die Herkunft des Säulenfeldes nicht weiter eingehen, und wir wollen ferner annehmen, daß als Träger für den Entladungsstrom praktisch nur Elektronen und positive Ionen in Betracht kommen, negative Ionen also nicht in merklicher Zahl vorhanden sind. Hinsichtlich des Säulenfeldes genüge es darauf hinzuweisen, daß die Krümmung der Flächen gleichen Potentials bedingt ist durch einen kleinen Überschuß an positiver Raumladung und daß im übrigen die Lage der Dinge offenbar eine ganz analoge ist wie in jedem stromdurchflossenen Metalldraht (OHMsches Gesetz). Merkwürdigerweise scheint man sich über die Herkunft des Feldes in Drähten bisher ebensowenig gekümmert zu haben, wie wir dies hier bezüglich des Säulenfeldes tun wollen, um nicht auf recht komplizierte potentialtheoretische Nebenfragen geführt zu werden. Was die zweite Vereinfachung, nämlich die Beschränkung auf Elektronen als negative Träger anlangt, so handelt es sich dabei um eine Vereinfachung, die auch sonst in der Gasentladungsphysik fast immer und — abgesehen von einigen Sonderfällen extremer Art (vgl. z. B. S. 198) — mit Recht gemacht wird; denn insbesondere für Entladungen in Edelgasen und Metalldämpfen ist diese Vereinfachung ohne weiteres zulässig und nur in ausgeprägt elektronegativen Gasen wird man die Mitwirkung negativer Ionen nicht vernachlässigen dürfen.

Schneiden wir aus der Säule eine Schicht von der Dicke 1 cm aus, so strömen wegen der Gleichförmigkeit aller Vorgänge in axialer Richtung durch die beiden begrenzenden Querschnittsflächen gleichviel Träger ein bzw. aus. Alle Träger, die in der Schicht neu erzeugt werden, müssen also im stationären Zustand irgendwie wieder vernichtet werden und die „Trägerbilanz" ergibt sich also einfach aus dem Ansatz, daß die Zahl der erzeugten Träger der Zahl der verschwindenden Träger gleich sein muß. Außerdem muß aber natürlich auch hinsichtlich aller Energieumsätze die „Energiebilanz" in Ordnung sein, auf deren einen Seite die Stromarbeit $i \cdot G$, auf deren anderen Seite der Abstrom von Wärme durch radiale Wärmeleitung und die Abstrahlung von Energie in der ausgesandten Strahlung steht. Damit haben wir die beiden Grundgleichungen, die bedingend sind für das stationäre Bestehen der Säule, in allerdings noch ganz allgemeiner Formulierung erhalten; Aufgabe der

Theorie ist es nun, diese Gleichungen im einzelnen aufzustellen und daraus dann weitere Schlüsse zu ziehen. Wie sich zeigt, liegen die Dinge nun allerdings in Wirklichkeit sehr verwickelt und es ist bisher nicht gelungen, eine quantitative Theorie der Säule in vollem Umfang aufzustellen. Oder besser gesagt, es würde sich kaum lohnen, eine solche Theorie vollständig und geschlossen zu entwickeln, weil die zu erwartenden Endformeln unauswertbar kompliziert und unübersichtlich aussehen würden. Es genügt aber für alle Zwecke auch vollkommen, zwei Fälle extremer Art zu betrachten, die sich noch hinreichend weitgehend übersehen lassen und den Zwischenbereich zwischen ihnen durch qualitative Überlegungen zu überbrücken, nämlich den Fall der „Diffusionssäule“ und den Fall der „thermischen Säule“.

Diffusionstheorie der Säule. Der erste der erwähnten beiden Extremfälle ist gekennzeichnet durch zwei Annahmen, die sich (bei richtiger Begrenzung ihrer Gültigkeitsbereiche) als physikalisch vernünftige und sehr fruchtbare Grundlage für eine Theorie der Säule bewährt haben. Die eine ist zwar nicht grundsätzlich von Bedeutung und kann, ohne den Charakter dieser Theorie einschneidend zu ändern, fallen gelassen werden, ermöglicht aber gerade die einfache und elegante mathematische Gestaltung der benötigten mathematischen Ansätze. Es ist dies die Annahme, daß die Wärmeerzeugung im Gas nur gering ist, und zwar so gering, daß keine großen Temperaturunterschiede des Gases und damit keine großen Dichteunterschiede in radialer Richtung auftreten und deshalb alle eingehenden Größen überall in der Säule praktisch dieselbe Größe haben. In Wirklichkeit findet natürlich stets eine Wärmeproduktion statt und bedingt einen durch die Gesetze der Wärmeleitung regulierten Wärmeabfluß bzw. eine aus diesen Gesetzen zu errechnenden Abfall der Gastemperatur von der Achse nach der Rohrwand hin. Physikalisch bedeutungsvoller ist die zweite Annahme und sie eigentlich ist kennzeichnend für die ganze Theorie. Diese Annahme betrifft den Mechanismus des Verschwindens der Ladungsträger und läßt sich dahin fassen, daß Wiedervereinigungen im freien Gasraum quantitativ keine Rolle spielen sollen gegenüber der Abdiffusion an die Rohrwand. Wenn man auch von Fall zu Fall wird abschätzen müssen, wieweit diese beiden vereinfachenden Annahmen und insbesondere die letztere berechtigt sind, läßt sich doch im allgemeinen sagen, daß sie um so besser die wirkliche Sachlage beschreiben werden, je kleiner die Gasdichte ist; denn die Wärmeerzeugung im Gas und die Volumen-Wiedervereinigungen nehmen ab, die Wanddiffusion nimmt zu mit abnehmendem Druck. Das Gebiet der (schwachstromigen) „Niederdruckentladungen“ (im Gegensatz zu den später behandelten Hochdruckentladungen) ist also das gegebene Anwendungsgebiet dieser Diffusionstheorie der Säule. An der Wand bleiben die Träger zunächst haften, sie haben gewissermaßen Gelegenheit, aufeinander zu warten und sich dann in aller Ruhe gegenseitig zu neutralisieren, worauf die neutralen entstehenden Gasteilchen in den Gasraum zurückwandern und der Kreislauf von neuem beginnt. Wie man unmittelbar übersieht, müssen aber natürlich gleichviel positive Ionen und Elektronen an die Wand diffundieren, d. h. der gesamte Trägerdiffusionsstrom muß neutral (ambipolar) sein, damit der Zustand überhaupt stationär sein kann. Dies nun wird bewirkt durch das S. 193 erwähnte elektrische Querfeld, das sich eben so einstellt, daß die schnelleren Elektronen radial gebremst, die langsameren Ionen radial beschleunigt werden. Ferner muß sich das Dichtegefälle der Träger von der Achse nach der Rohrwand hin so einstellen, daß durch die geschilderte ambipolare Diffusion an die Wand gerade soviele Träger abgeführt werden, wie im Gas erzeugt werden. Damit wird der Kernpunkt der Theorie ein typisches Diffusionsproblem, die Trägerbilanz wird bedingt durch die Gleichheit von Trägererzeugung im Gas und von Trägerverlust durch den Wandstrom und die Formulierung der Theorie kommt hinaus auf die Formulierung der einschlägigen ambipolaren Diffusionsansätze.

Es ist nicht schwer, diese Überlegungen in mathematische Form zu kleiden. Man kommt so aber auf ein System von Differentialgleichungen, die zu lösen bisher noch nicht gelungen ist, und wir wollen sie deshalb gar nicht erst anschreiben. Um weiter zu kommen, muß man sich also begnügen mit einer physikalisch vernünftigen Näherung und eine solche wird ermöglicht durch die Annahme, daß die Säule nicht nur ambipolar, sondern auch „quasineutral" ist, d. h., daß in allen ihren Volumelementen praktisch gleich viele positive und negative Träger sich befinden. Dann genügt es offenbar, nur die Elektronenbilanz zu betrachten — die Ionenbilanz ist zugleich mit jener von selbst erfüllt — und sie anzusetzen in der Forderung, daß für jedes Volumelement die Differenz zwischen Ausstrom und Einstrom von Elektronen gerade gleich ist der Zahl der in diesem Volumelement erzeugten Elektronen (alles bezogen natürlich auf die Zeiteinheit). Ferner können wir die Ambipolarität der Säule am einfachsten dadurch in Rechnung setzen, daß wir von vornherein für den Diffusionskoeffizienten der Elektronen den ambipolaren Diffusionskoeffizienten D_a benutzen, mit dem wir uns schon S. 162 beschäftigt hatten. Betrachten wir nun als Volumelement einen Ausschnitt aus der Säule von der Länge 1 cm zwischen zwei Zylinderflächen, deren Radien r und $r + dr$ sind, und ist dort $n(r)$ die Zahl der Elektronen pro Volumeinheit und $q(r)$ die Ionisation = Zahl der in der Volum- und Zeiteinheit erzeugten Elektronen, so werden einerseits in dem genannten Raum pro Längeneinheit der Säule $2\pi r\, dr\, q(r)$ Elektronen erzeugt und andererseits strömen $-d\left(2\pi r D_a \dfrac{dn}{dr}\right)$ mehr Elektronen durch die äußere Fläche ab als durch die innere einströmen. Der Ansatz für die Elektronenbilanz ist also

$$-d\left(2\pi r D_a \frac{dn}{dr}\right) = 2\pi q\, r\, dr$$

oder ausgeführt

$$(82\,\text{a}) \qquad -D_a\left(r\,\frac{d^2n}{dr^2}+\frac{dn}{dr}\right)=r\,q\,.$$

Machen wir noch den naheliegenden Ansatz, daß q proportional n ist, setzen als $q=\beta\,n$, so erhalten wir für $n(r)$ die Differentialgleichung

$$(82\,\text{b}) \qquad \frac{d^2n}{dr^2}+\frac{1}{r}\,\frac{dn}{dr}+\left(\frac{\beta}{D_a}\right)n=0\,,$$

die dem Mathematiker als sog. BESSELsche Gleichung wohlbekannt ist. Ihre Lösung ist $n=n_0 J_0\!\left(r\,\sqrt{\beta/D_a}\right)$, wo J_0 die BESSELsche Funktion nullter Ordnung (Abb. 73) und n_0 die Elektronendichte in der Rohrachse ist. Wenn n_w die Elektronendichte an der inneren Rohrwand $r=R$ ist, so muß sein

$$(82\,\text{c}) \qquad J_0\!\left(R\,\sqrt{\beta/D_a}\right)=n_w/n_0\,.$$

Um das physikalisch wesentliche zu erkennen, wollen wir einfach $n_w=0$ setzen, eine Vereinfachung, die sicher schon recht gut die wirklichen Verhältnisse wiedergibt. Dann muß also, da $n(r)$ nach der Wand hin kontinuierlich abnehmen muß, $R\,\sqrt{\beta/D_a}$ die erste Wurzel $(=2{,}405)$ der Bessel-Funktion sein und wir erhalten

$$(83) \qquad \frac{\beta}{D_a}=\left(\frac{2{,}405}{R}\right)^2\,.$$

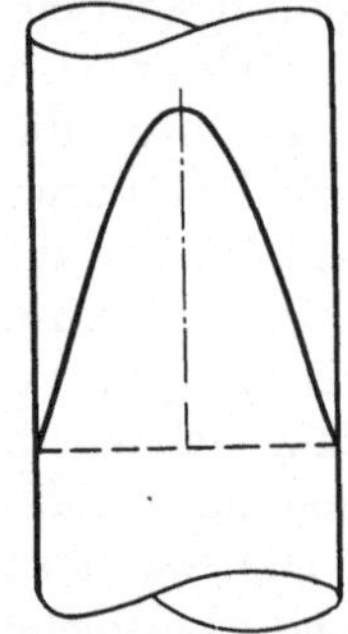

Abb. 73. Verteilung der Elektronendichte über den Rohrquerschnitt in einer homogenen Diffusionssäule.

Zur physikalischen Interpretation dieses Ergebnisses müssen wir noch die Bedeutung von D_a und β etwas genauer untersuchen. Wie wir S. 162 sahen, ist D_a für unsere Zwecke genau genug darzustellen durch

$$D_a=\left(\frac{k}{e}\right)\cdot T_-\cdot\mu_+$$

wenn T_- die Elektronentemperatur und μ_+ die Beweglichkeit der positiven Ionen ist. Die Größe β war ein Maß für die Ionisation in der Säule und läßt sich ebenfalls durch T_- ausdrücken, wenn wir die Hauptrolle bei der Ionisation den Elektronenstößen zuschreiben (vgl. S. 95f). Als die Größe, von der letzten Endes alles abhängt, tritt damit die Elektronentemperatur T_- in den Vordergrund und wir können die Gl. (83) nun auffassen als Bestimmungsgleichung für T_-. Gehen wir noch einen Schritt weiter und erinnern uns an die Überlegungen auf S. 156, wo wir den Zusammenhang zwischen der Elektronentemperatur und der Stärke des im Gas wirksamen elektrischen Feldes besprochen hatten — das hier durch den Gradienten G erfaßt wird —, so können wir Gl. (83) auch auffassen als Bestimmungsgleichung für den Gradienten. In den Formeln für D_a und β bzw. für T_- steckt implizite natürlich auch noch die Gasdichte, d. h. der Fülldruck und die Gl. (83)

enthält unmittelbar noch den Rohrradius R, so daß wir bei Durchführung aller einschlägigen Zwischenrechnungen also den Gradienten in Abhängigkeit von p und R erhalten würden. Diese Rechnungen durchzuführen, ist nicht einfach und ist auch nicht sehr interessant; es dürften die eben skizzierten allgemeinen Zusammenhänge den Mechanismus der Säule aber bereits sehr anschaulich erkennen lassen.

Abgesehen von den Verfeinerungen, die durch die eingangs erwähnte radiale thermische Inhomogenität der Säule bedingt sind (und mathematisch in einer Abhängigkeit der Größen D_a und β von r zum Ausdruck kommen würden), wird aber sogleich ein schwerwiegender Mangel unserer einfachen Theorie ersichtlich. Es spielt in ihr nämlich die Stromstärke überhaupt keine Rolle und sie ist deshalb nicht in der Lage, die Abhängigkeit des Gradienten von der Stromstärke irgendwie verständlich zu machen. Wenn wir den Gründen dafür nachgehen, so sehen wir, daß sie in erster Linie zu suchen sind in dem offenbar zu einfachen Ansatz $q = \beta\, n$ für die Ionisation. In Wirklichkeit werden eben neue Träger nicht nur gebildet durch einfachen direkten Elektronenstoß, sondern unter Mitwirkung der S. 83 besprochenen Stufenprozesse; dies wird vor allem der Fall sein, wenn metastabile Anregungszustände in merklichen Konzentrationen vorhanden sind (z. B. in Hg-Dampf) oder eine Photoanregung vom Grundzustand aus eine Rolle spielt. Dann ist es verständlich, daß die Stromdichte von Einfluß ist und zwar in dem Sinn einer Abnahme des Gradienten mit zunehmender Stromdichte, weil mit ihr die Konzentrationen der angeregten Zustände zunehmen. Aber es läßt sich an diese Überlegungen noch eine weitere und für die Beurteilung der ganzen Theorie lehrreiche Überlegung anschließen. Es muß nämlich einerseits die Beteiligung der eben genannten Stufenprozesse an der Trägerneubildung mit abnehmender Entladungsstromdichte mehr und mehr zurücktreten, und es ist andererseits gefunden worden, daß der Gradient auch noch bei sehr kleinen Stromdichten ($\sim 10^{-6}\,\text{A/cm}^2$) abnimmt mit zunehmender Stromdichte. Hier können Mehrfachstöße zu einer Erklärung wohl sicher nicht mehr herangezogen werden und das Interessante ist nun, daß es sich dabei offenbar um folgendes handelt: Man darf im Gebiet kleiner Stromdichten die Säule nicht mehr als quasineutral ansehen, sondern muß die Abweichungen von der Quasineutralität nun als wesentliches Moment berücksichtigen. Dabei findet man, daß das Gebiet merklicher positiver Überschußraumladung sich über einen um so größeren Teil des Säulenquerschnittes erstreckt, je kleiner die Stromdichte ist und daß sich deshalb die radiale Feldverteilung verschiebt im Sinn einer Abflachung der Äquipotentialflächen. Es wird also die radiale, auf die Elektronen wirkende Bremskraft mit abnehmender Stromdichte kleiner, es diffundieren mehr Elektronen an die Wand und es müssen also auch mehr Elektronen erzeugt werden, d. h. der Gradient muß zunehmen.

Unsere bisherigen Betrachtungen bezogen sich auf die Vorgänge in einem geraden Entladungsrohr von kreiszylindrischer Form. Sie lassen sich ohne grundsätzliche Änderungen übertragen auf Rohre von anderem als kreisförmigem Querschnitt und bleiben vor allem auch weitgehend unabhängig von allen Krümmungen der Rohrachse; denn die Säule ist ein sehr selbständiges Gebilde, das sich das benötigte Feld selbst aufbaut. Vorausgesetzt hatten wir ferner, daß als negative Ladungsträger nur Elektronen in Betracht kommen und dies beschränkte die Gültigkeit unserer Überlegungen auf Edelgase und Metalldämpfe, wo negative Ionen nur in sehr geringen Mengen sich bilden können. Die Übertragung auf unedle Molekülgase, insbesondere auf stark elektronegative wie Sauerstoff u. dgl., in denen mit erheblichen Mengen von negativen Ionen neben den Elektronen zu rechnen ist, führt naturgemäß auf sehr viel verwickeltere Ansätze, wenn auch alle Grundgedanken und insbesondere der ambipolare Diffusionsansatz nach wie vor Ausgangspunkt bleiben. Hierauf einzugehen, ist vorerst nicht notwendig mit Ausnahme eines Punktes, der für das Verständnis der nach außen hin auffallend scharfen Begrenzung der Säulen in derartigen Gasen wesentlich ist und den Übergang zur Theorie der Säule frei brennender Bogen vermittelt.

Es findet zwar auch in Metalldämpfen (und ebenso in Edelgasen) mit zunehmender Gasdichte eine Kontraktion der Säule statt, die sogar bis zu einer Ablösung von der Wand führen kann (vgl. Abb. 70, S. 191); sie ist bedingt durch die aus den Wärmeleitvorgängen folgende Abnahme der Temperatur = Zunahme der Gasdichte von der Achse nach der Rohrwand hin (thermische Inhomogenität der Säule). Dazu kommt aber in unedlen Gasen, in denen neben den Elektronen auch noch größere Mengen von negativen Ionen als negative Ladungsträger vorhanden sind, noch ein anderer Vorgang und ist sogar meist entscheidend an der Kontraktion des Säulenquerschnittes beteiligt: Die Elektronen, die im Inneren der Säule primär gebildet werden, wandern im ambipolaren Diffusionsstrom nach außen, lagern sich dabei an die elektronegativen Gasteilchen an und bilden negative Ionen. Diese Ionen wandern dann aber im radialen elektrischen Feld — die Wandteile sind negativ gegen die Achsenteile — sogleich wieder nach innen, bis sie durch Wiedervereinigung mit positiven Ionen oder durch erneute Abtrennung des angelagerten Elektrons wieder zu neutralen Gebilden werden, worauf dieser Kreislauf dann von neuem beginnt. Wir haben es also sozusagen zu tun mit einer Zirkulation der negativen Ladungen. Warum nun die Elektronen durch Diffusion im Konzentrationsgefälle gegen das Querfeld nach außen wandern, während die Ionen, dem Querfeld folgend, nach innen strömen, ergibt sich sofort, wenn man für die Diffusionskoeffizienten D_a die Beziehung von S. 167 Gl. (69) einsetzt. Der Diffusionsanteil eines radialen Trägerstromes ist dann gegeben durch

$$D_a \frac{dn}{dr} = \left(\frac{k}{\varepsilon} \mu T \right) \frac{dn}{dr},$$

während der elektrische Anteil gegeben ist durch
$$n\,\mu\,E_q.$$
Es sind dabei μ die Beweglichkeit, T die Temperatur der betreffenden Träger und E_q die Querfeldstärke. Da die Elektronentemperatur T_e groß, die Temperatur der negativen Ionen T_j aber klein ist $\left(\dfrac{k}{\varepsilon}\,T_j\ll E_q\cdot 1\text{ cm}\right)$, überwiegt für die Elektronen der Diffusionsanteil, für die Ionen umgekehrt der elektrische Anteil, wenn das Konzentrationsgefälle nicht ganz unwahrscheinlich groß ist. Zusammen mit der thermischen Kontraktion ist dadurch die Möglichkeit zum Verständnis gegeben für die Beschränkung der Entladung auf einen bestimmten Querschnitt und für die geometrische und elektrische Abgeschlossenheit der Säule nach außen hin.

Es ließe sich natürlich noch viel sagen über den Ausbau der Theorie der Diffusionssäule auf den hier gegebenen Grundlagen, worüber in den letzten Jahren auch schon recht Bemerkenswertes erarbeitet worden ist. Es ließe sich aber auch darüber hinaus von etwas anderem Standpunkt aus noch manches beitragen zu einer Verfeinerung der Säulentheorie, nämlich durch eine Analyse im einzelnen der sich in ihr abspielenden Elementarvorgänge. Derartige Betrachtungen werden insbesondere von Bedeutung, wenn man die Spektraloptik der Säule, d. h. die Intensitätsverteilung im Spektrum des von ihr ausgesandten Lichtes verstehen will. Wir werden hierauf an anderer Stelle (S. 218f.) noch eingehen und dadurch, ganz abgesehen von der Bedeutung derartiger Überlegungen für beleuchtungstechnische Fragen, die Theorie der Säule ganz wesentlich ergänzen.

Die thermische Säule. Wir wollen uns jetzt beschäftigen mit dem anderen der S. 194 genannten Extremfälle, der weitgehend verwirklicht ist in den (stromstarken) „Hochdruckentladungen“. Einige einfache Überlegungen erlauben bereits, ein anschauliches und recht überzeugendes Bild von der Sachlage in derartigen Säulen zu entwerfen; die weitere allerdings erheblich schwierigere Ausgestaltung zeigt, daß dies Bild geeignet ist, die Wirklichkeit quantitativ wiederzugeben und in der Tat eine erstaunlich tragfähige Grundlage für eine befriedigende und geschlossene Theorie liefert.

Mit zunehmender Gasdichte (Fülldruck) nimmt die Wärmeproduktion im Gas und damit die Gastemperatur T_g zu. Denn die Erzeugung von Wärme im Gas ist fast ausschließlich zurückzuführen auf die Energieübertragung von den Elektronen auf die Gasteilchen bei den elastischen Stößen (vgl. S. 186), wobei die an den Elektronen geleistete Stromarbeit umgewandelt wird in ungerichtete kinetische Teilchenenergie, d. h. in Wärme. Daß diese Vorstellung richtig ist, hat sich erweisen lassen durch einen Vergleich zwischen der experimentell gemessenen und der nach obiger Annahme errechneten Wärmeproduktion in positiven Edelgassäulen, wobei sich quantitative Übereinstimmung ergeben hat. Die

Erreichung hoher Gastemperaturen wird unterstützt dadurch, daß die erzeugte Wärme radial an die Rohrwand abfließen muß, daß sich deshalb nach den Gesetzen der Wärmeleitung ein radiales Temperaturgefälle einstellen muß und daß die S. 198 erwähnte thermisch bedingte radiale Inhomogenität der Säule nun sehr stark in Erscheinung tritt. Abb. 70 (S. 191) zeigte dies an der Photographie einer Quecksilbersäule in einem Quarzrohr (Höhensonne), Abb. 74 gibt — abgeleitet aus den später noch zu besprechenden feineren Überlegungen — die Temperaturverteilung und die dazu inverse Dampfdichteverteilung in einer Säule in

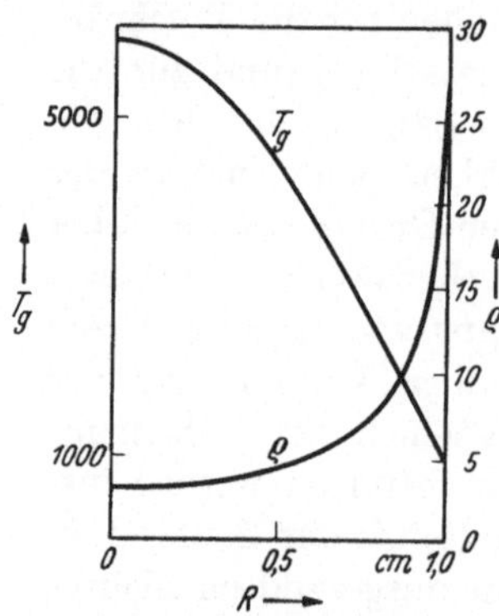

Abb. 74. Verteilung der Temperatur und der Dampfdichte über den Querschnitt einer Hg-Hochdrucksäule. (Nach ELENBAAS.)

Hg-Dampf bei einem Druck von etwa 1 at und einer Stromstärke von etwa 5 A in einem Rohr von 1 cm Radius. Der heiße axiale Kern der Entladung ist also umgeben von einem kühleren Gasmantel, der als vorzüglicher Wärmeisolator wirkt. Mit zunehmender Gasdichte nimmt andererseits die Elektronentemperatur T_e ab und gleicht sich mehr und mehr der Gastemperatur T_g an, bis wir es im Grenzfall zu tun haben mit einem praktisch im Temperaturgleichgewicht befindlichen Gemisch von Elektronen und Atomen. Als maßgebende Größe spielt dann nur noch die Systemtemperatur $T \sim T_g \sim T_e$ eine Rolle (die allerdings nicht räumlich konstant ist für die ganze Säule, sondern zu beziehen ist auf jeweils jede Schicht zwischen den Achsenabständen r und $r + dr$). Es liegt nun nahe, die Ionisation in der Säule aufzufassen als Temperaturionisation, also die Elektronenkonzentration $n_e =$ Anzahl der Elektronen pro Volumeinheit einfach zu berechnen aus der S. 105 angegebenen Formel in Abhängigkeit von der an der Bezugsstelle r herrschenden Temperatur $T(r)$ und dem aus den Versuchsbedingungen bekannten Druck p. Dies setzt voraus, daß das Ionisationsgleichgewicht nicht merklich gestört wird durch eine Abzapfung von Elektronen infolge der auch hier natürlich vorhandenen radialen Abdiffusion. Wie sich aber zeigen läßt, ist einerseits bei den hier in Betracht kommenden höheren Gasdichten die Diffusion an sich klein, andererseits die Elektronenerzeugung so groß, daß diese Diffusionsverluste praktisch überhaupt keine Rolle spielen. Da das thermische Ionisationsgleichgewicht demnach dadurch zustande kommt, daß ebensoviele Elektronen bzw. positive Ionen erzeugt werden, wie durch Wiedervereinigung wieder verschwinden, liegen die Dinge also in der thermischen Säule gerade umgekehrt wie in der Diffusionssäule. Es ist damit zugleich auch ersichtlich, daß die Trägerbilanz nun überhaupt keine Rolle spielt — sie ist automatisch erfüllt —, daß aber die Wärmebilanz oder allgemeiner die Energiebilanz die Vorgänge regelt. Zusammenfassend kommen wir so zu der folgenden Gegenüberstellung der beiden Extremfälle, die unmittelbar anschaulich die ganze Sachlage schildert:

<table>
<tr><td>Diffusionssäule</td><td>Thermische Säule</td></tr>
<tr><td>$T_e \gg T_g$</td><td>$T_e \sim T_g$</td></tr>
<tr><td>Trägerverlust nur durch
Wanddiffusion</td><td>Trägerverlust nur durch Volum-
Wiedervereinigung</td></tr>
<tr><td>Maßgebend der ambipolare
Wandstrom (Trägerbilanz)</td><td>Maßgebend die Wärmeleitung
an die Wand (Energiebilanz)</td></tr>
</table>

Die eigentliche Aufgabe der Theorie ist es, das eben entwickelte programmatische Bild in verwertbare Formeln zu fassen und daraus dann weitere Schlüsse zu ziehen. Nach Gl. (36), S. 105 (umgeschrieben von log auf ln!) ist der Ionisierungsgrad x, d. h. der ionisierte Bruchteil der ursprünglich vorhandenen Atome, bei der Temperatur T und dem Gasdruck p (at) gegeben durch die Gleichung

$$\ln \frac{x^2}{1-x^2}\, p = -11\,600\,\frac{V_i}{T} + 2{,}5\,T - 14{,}9\,,$$

deren Lösung wir im folgenden kurz mit $x = S(p, T)$ bezeichnen wollen. Daraus ist die Zahl n_e der Elektronen in der Volumeinheit unmittelbar zu errechnen; ist ϱ die Gasdichte, so ist

$$n_e = c_1\, S\,(p, T)\, \varrho = c_1\, x\, \varrho_e,$$

wo der Proportionalitätsfaktor c_1 bekannt ist. Nehmen wir nun zur Vereinfachung der Darstellung zunächst an, die Temperaturverteilung $T(r)$ über den Querschnitt sei bekannt, so können wir folgendermaßen vorgehen. Die Stromdichte j in der Entfernung r von der Achse ist

$$j = \varepsilon\, n_a\, u\, G$$

nach dem üblichen Ansatz (S. 154), in dem u die Fortschreitungsgeschwindigkeit der Elektronen und G der Gradient ist. u ist nach der Langevin-Gleichung (S. 156)

$$u = \frac{c_2}{\varrho}\, \sqrt{T}\,,$$

wo c_2 ein ebenfalls bekannter Proportionalitätsfaktor ist. Setzen wir dies und den Ausdruck für n_e ein, so erhalten wir

$$j = c_1\, c_2\, \varepsilon \cdot \frac{S\,(p, T)}{\sqrt{T}}\, G$$

und wenn wir nun über den ganzen Querschnitt integrieren, ergibt sich für die Stromstärke

$$(84) \qquad i = (c_1\, c_2\, \varepsilon) \cdot G \int_0^R 2\,\pi\, r\, \frac{S\,(p, T)}{\sqrt{T}}\, dr\,.$$

Also: Wenn $T(r)$ bekannt ist, läßt sich i in Abhängigkeit von G, d. h. die Charakteristik der Säule bzw. bei gemessenem i der Gradient G

vollständig berechnen. Es sei gleich dazu bemerkt, daß sich z. B. in Hg Hochdruckentladungen auf diesem Weg eine befriedigende Bestätigung der Theorie hat erbringen lassen.

Eine Schwierigkeit liegt natürlich noch in der Bestimmung der Temperaturverteilung $T(r)$. Es lassen sich darüber zwar auf empirischem Weg hinreichende Aussagen machen und es läßt sich die rechnerische Auswertung der Beziehung (84) erleichtern z. B. durch einen parabolischen Ansatz $T = T_0 - br^2$, wo T_0 die Temperatur in der Achse ist (vgl. Abb. 74, S. 200). Aber dahinter steht natürlich die für die Bewertung der Theorie wichtigere und grundsätzlichere Frage nach allgemeinen hier bestehenden Zusammenhängen. Diese müssen nun offenbar gegeben sein durch die Wärmebilanz der Säule, die zum Ausdruck bringt, daß der in Wärme umgewandelte Bruchteil a der Stromarbeit $i \cdot G$ durch Wärmeleitung radial abfließen muß, wenn der Zustand stationär sein soll. Schreiben wir für die in einem Ringraum zwischen r und $r + dr$ pro Längeneinheit erzeugte Wärme $a \cdot j \cdot G \cdot 2\pi r \cdot dr$ und bezeichnen mit $\sigma(T)$ das Wärmeleitvermögen des Gases, so ist die Wärmebilanzgleichung

$$-d\left(2\pi r \cdot \sigma(\tau) \cdot \frac{dT}{dr}\right) = 2\pi r \, d\, r \cdot a j\, G$$

oder

$$(85) \qquad \frac{d}{dr}\left(\sigma(T) \cdot \frac{dT}{dr}\right) + \sigma(T)\,\frac{dT}{dr} + r \cdot a j\, G = 0$$

und ihre Integration würde die gesuchte Temperaturgleichung $T(r)$ liefern, wenn a (das natürlich auch aufzufassen ist als abhängig von r) und die Temperatur der inneren Rohrwand bekannt wären. Die letztere läßt sich zwar errechnen aus den äußeren thermischen Bedingungen, die Größe a jedoch zu berechnen, ist sehr schwer und bis jetzt noch nicht befriedigend gelungen. Es liegt dies nebenbei bemerkt daran, daß man nicht einfach die Aufheizung des Gases durch die Elektronen als Maß für die Wärmeerzeugung ansetzen darf, sondern hier wegen der fast vollkommenen Angleichung der Elektronentemperatur an die Gastemperatur die Rückheizung der Elektronen durch das Gas eine nicht mehr zu vernachlässigende Rolle spielt und dieser Rückheizungsmechanismus (Stöße 2. Art usw.) atomtheoretisch nicht leicht zu erfassen ist. Aber die grundsätzliche Einsicht in den Mechanismus der thermischen Säule wird hierdurch natürlich nicht berührt. Wesentliche Ergänzungen der Theorie werden wir S. 218 in dem Abschnitt über die Lichtemission der Säule noch kennenlernen.

26. Der Kathodenfall.

Neben den Vorgängen im Plasma beanspruchen die Vorgänge an der Kathode einer selbständigen Entladung das größte Interesse. Sie sind praktisch von erheblicher Bedeutung und geben Veranlassung zu theoretischen Überlegungen, die ebenso schwierig wie reizvoll sind. Wenn auch die Theorie dieser Vorgänge im einzelnen noch nicht als abgeschlossen gelten kann, ist man sich heute doch in wohl allen wesentlichen Punkten im klaren und was noch zu tun übrig bleibt, ist der Ausbau und die Vervollkommnung des bisher Geleisteten, wobei grundsätzliche Überraschungen kaum mehr zu erwarten sind.

Grundbegriffe. Aus Sondenmessungen und aus Untersuchungen über die Brennspannung bei verschiedenem Elektrodenabstand weiß man schon lange, daß vor der Kathode einer selbständigen Entladung ein Gebiet liegt, indem sich das Raumpotential von Ort zu Ort besonders rasch ändert. Wenn man das Potential V gegen die Kathode in Abhängigkeit von der Entfernung x des Aufpunktes von der Kathodenoberfläche aufträgt, findet man einen Verlauf von der in Abb. 75 schematisch gezeichneten Art, also eine Kurve mit steilem Abfall zur Kathode hin. Den Gesamtabfall V_c (Volt) bezeichnet man als den „Kathodenfall", den Abfallbereich d_c (cm) als die „Fallraumdicke". Die Kathodenfallwerte können, je nach der Art der Entladung, der Natur des Gases und des Kathodenmaterials, der Entladungs-

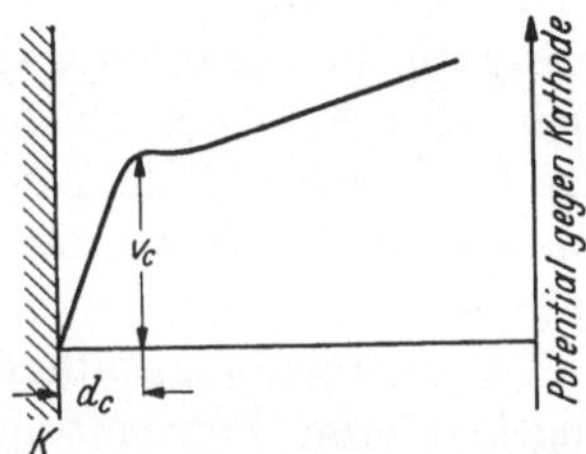

Abb. 75. Verlauf des Potentials vor der Kathode einer Glimmentladung (schematisch).

stromstärke und dem Gasdruck zwischen beliebig großen Werten (an der kalten Glimmentladungskathode bei sog. hochanomalem Kathodenfall) und sehr kleinen Werten (Größenordnung $< 1\ V$ an Glühkathoden) liegen, sie können also insbesondere einen sehr erheblichen oder überwiegenden Teil der ganzen Brennspannung der Entladung ausmachen und sie möglichst herabzudrücken, ist praktisch meist von großer Bedeutung.

Betrachten wir die Sachlage an der Kathode vom Standpunkt der Trägertheorie und denken uns den Gesamtstrom (Stromdichte j) aufgeteilt in einen Elektronenstrom (Stromdichte j_-) und in einen positiven Ionenstrom (Stromdichte j_+) — das Verhältnis $j_-/j = j_-/(j_+ + j_-)$ an der Kathodenoberfläche bezeichnet man häufig als die „Stromverteilung" an der Kathode —, so sehen wir unmittelbar folgendes ein und kommen damit zu der Vorstellung des treffend als doppelte Grenzionisierung bezeichneten Grundvorganges: Damit überhaupt dauernd ein Entladungsstrom im Gas fließen kann, müssen einerseits aus der Kathode j_-/ε Elektronen pro cm² und s freigemacht werden und andererseits im Gas vor der Kathode j_+/ε positive Ionen erzeugt werden. Diese beiden Teilvorgänge bedingen sich gegenseitig und können schematisiert aufgefaßt werden als das Bestehen einer Elektronenquelle auf der Kathode und einer Ionenquelle vor der Kathode. Die Elektronenbefreiung aus dem Kathodenmetall erfolgt vorwiegend durch den Aufprall der Ionen, die Ionenerzeugung im Gas durch Elektronenstoß, und beide Vorgänge erfolgen mit genügender Ausbeute erst, wenn die stoßenden Träger genügende Energie besitzen. Dazu ist die Zusammendrängung eines großen Potentialfalls vor der Kathode, d. h. eine hohe Feldstärke erforderlich. Damit der Zustand stationär ist, muß jedoch die Stromverteilung offenbar nach Maßgabe der wirkenden Trägererzeugungsprozesse richtig abgeglichen sein, nämlich so, daß jedes von der Kathode ausgehende Elektron nebst seinen Abkömmlingen im Gas gerade die Ionenmenge erzeugt, die aus der Kathode wieder ein Elektron zu befreien imstande ist. Nehmen wir nun noch hinzu, daß die durch den Fallraum fließenden Trägerströme dort durch ihre Raumladungswirkung ein Feld erzeugen und daß dieses Feld maßgebend ist für die Trägererzeugungsprozesse, so haben wir in erster Übersicht die Elemente zu einer Theorie des Kathodenfalls beisammen und übersehen auch schon ihre enge gegenseitige Koppelung und Bedingtheit und damit auch die ganze Kompliziertheit der zu ihrer Erfassung notwendigen theoretischen Ansätze.

Glimmentladungskathoden. Wir wollen beginnen mit einer etwas eingehenderen Betrachtung der Verhältnisse vor einer kalten metallischen Kathode, wie sie sich in jeder Glimmentladung verwirklicht findet. Neben einer Elektronenauslösung durch einen Photoeffekt seitens der aus der Entladung kommenden Strahlung oder durch metastabil angeregte Atome, die aus der Entladung an die Kathode diffundieren, kommt als Auslösungsvorgang der Aufprall von Ionen in Betracht. Wir wollen ihn allein im folgenden berücksichtigen, nicht nur, weil dann die Sachlage noch einigermaßen, zu übersehen ist, sondern weil er mit Ausnahme einiger Sonderfälle tatsächlich die Hauptrolle spielt. Es möge also jedes Ion aus der Kathode γ Elektronen befreien, wobei dieser Ausbeutefaktor γ im allgemeinen aufzufassen ist als abhängig von der Aufprallenergie der Ionen (S. 281). Jedes der ausgehenden Elektronen erzeugt im Gas durch Stoß neue Elektronen und Ionen, von denen die ersteren wieder neue Träger erzeugen; die letzteren sollen, wie wir ohne merklichen Fehler annehmen können, im Gas keine Träger erzeugen, sondern eben nur aus der Kathode Elektronen auslösen. Vernachlässigen wollen wir — und auch dies ist sicher in erster, und zwar recht guter Näherung erlaubt — Trägerverluste durch Wiedervereinigung im Gas und auch durch seitliche Diffusion. Dann haben wir es also zu tun mit einer von der Kathode ausgehenden Elektronenlawine und mit einem zur Kathode fließenden Ionenstrom, dessen Quellen kontinuierlich im Gasraum vor der Kathode verteilt sind. Auch wenn man die Ausbeute der ionisierenden Elektronenstöße im Gas in Abhängigkeit von der Elektronengeschwindigkeit kennt (und einfache Formeln dafür stehen in der Tat zur Verfügung) und wenn man absieht von der Trägerdiffusion in der Entladungsrichtung, erhebt sich bei der

Formulierung und Diskussion der mathematischen Ansätze, die den oben geschilderten Mechanismus beschreiben sollen, eine große und bisher nicht befriedigend überwundene Schwierigkeit. Es liegen nämlich im Fallraumgebiet schon ganz erhebliche Potentialdifferenzen auf Streckenbereichen, die nicht groß sind gegen die mittlere freie Elektronenweglänge. Das ganze Fallraumgebiet umfaßt nämlich, nur wenig abhängig vom Fülldruck, etwa 10 bis 20 Elektronenweglängen, und es entfällt deshalb auf eine Weglänge ein Potentialfall von der Größenordnung $V_c/10$, also z. B. bei einem Kathodenfall von der Größenordnung 100 bzw. 1000 V auf eine Weglänge ein Potentialabfall von 10 bzw. 100 V. Die Elektronengeschwindigkeit ist deshalb in einem Aufpunkt des Fallraumgebietes nicht bestimmt allein durch die dort herrschende Feldstärke. Mathematisch kommt dies dadurch zum Ausdruck, daß die Vorgänge vor der Kathode nicht mehr durch Differentialgleichungen, sondern durch Funktionalgleichungen nach Art der Integralgleichungen beschrieben werden müßten, wodurch sich unüberwindliche Komplikationen ergeben. Wenn wir im folgenden ein vereinfachtes Modell den theoretischen Überlegungen zugrunde legen, für das sich die Rechnung noch durchführen läßt, werden wir also die Ergebnisse dementsprechend zu bewerten haben. Aber es wäre doch andererseits verfehlt, Wert und Bedeutung dieser Theorie zu gering anzuschlagen. Sie gibt ein anschauliches Bild der grundsätzlichen Zusammenhänge, läßt das Wesentliche klar erkennen und ist in gewissem Umfang (Interpretation der eingehenden Größen als Mittelwertsgrößen) sogar geeignet, die Wirklichkeit einigermaßen quantitativ zu beschreiben.

Wir wollen beginnen mit der Besprechung einer ersten Näherung, um die physikalischen Zusammenhänge zuerst einmal möglichst deutlich hervortreten zu lassen. Diese Näherung besteht darin, daß wir nur die auf die Kathode zuströmenden positiven Ionen verantwortlich machen für den Aufbau des Raumladungsfeldes im Kathodenfallgebiet, eine Annahme, die wegen des großen Massenunterschiedes zwischen Ionen und Elektronen sicher nicht sehr abwegig ist. Ferner wollen wir annehmen, daß im Fallraumgebiet die positive Raumladung mit konstanter Dichte ϱ_0 verteilt ist, und zwar bis zu der Entfernung d_c. Auch diese Annahme gibt die wirkliche Sachlage schon ganz gut wieder, wie Messungen der Feldverteilung vor der Kathode zeigen. Denn aus der Poissonschen Grundgleichung

$$\frac{dE}{dx} = -4\pi\varrho_0$$

folgt dann ein linearer Abfall der Feldstärke, und zwar bis zu dem Wert Null im Abstand d_c von der Kathode (Abb. 75, S. 203), wenn wir $\varrho_0 = E_0/4\pi d_c$ setzen. Es heißt dies, daß in einer Schicht von der Dicke d_c vor der Kathode gerade soviel positive Raumladung sich befindet, als negative Oberflächenladung auf der Kathode selbst sitzt und daß an

der äußeren Fallraumgrenze die Feldkraftlinien abgesättigt sind, eine
Vorstellung, auf die wir schon einmal (S. 188) von anderem Standpunkt
aus gekommen waren. Wenn nun jedes auf die Kathode aufprallende
Ion aus dieser γ Elektronen freimacht, muß offenbar an der Kathode
für das Verhältnis der Elektronenstromdichte j_- zur Ionenstromdichte
j_+ gelten

$$\left(\frac{j_-}{j_+}\right)_k = \gamma$$

oder

$$j_{+k} = \frac{j}{(1+\gamma)}.$$

Ist die Fortschreitungsgeschwindigkeit der Ionen an jeder Stelle bestimmt nur durch die dort herschende Feldstärke E und gegeben durch
$u_+ = f(E)$, so muß also sein

$$j_{+k} = \frac{j}{(1+\gamma)} = \varrho_0\, u_{+k} = \varrho_0 \cdot f(E_0).$$

Da aber, wie wir oben gesehen hatten, $\varrho_0 = E_0/4\,\pi\,d_c$ zu setzen ist, erhalten wir

$$\frac{j}{(1+\gamma)} = \frac{E_0\, f(E_0)}{4\,\pi\,d_c}$$

als Gleichung für $\dot{E}_0$ ausgedrückt durch j und d_c. Der Kathodenfall ist
nun bei der angenommenen linearen Feldverteilung $V_c = E_0 d_c/2$. Denken
wir uns hierin den aus der letzten Gleichung sich ergebenden Wert
$E_0(j, d_c)$ eingesetzt, so erhalten wir V_c ausgedrückt durch die Gesamtstromdichte j und die Fallraumdicke d_c. Wenn, um ein spezielles konkretes Beispiel zur Veranschaulichung anzuführen, ein Beweglichkeitsansatz der üblichen Art, etwa $u_+ = k_+ E$, für die positiven Ionen angenommen werden darf, würde sich ergeben

$$(86) \qquad V_c = j^{1/2} \cdot d_c^{3/2} \cdot \sqrt{\frac{\pi}{k_+ \cdot (1+\gamma)}}.$$

Wir sehen also, daß Raumladungsbetrachtungen und die Benutzung
des Ansatzes, daß jedes Ion γ Elektronen aus der Kathode freimacht,
noch nicht genügen zu einer vollständigen Lösung der gestellten Aufgabe, den Kathodenfall zu finden bei gegebener Entladungsstromdichte
und gegebener Gasdichte, d. h. gegebenem Fülldruck (die implizite in
den Gaskonstanten des Beweglichkeitsansatzes stecken). Es fehlt dazu
noch eine weitere Bedingung und diese wird gerade geliefert dadurch,
daß die Entladung stationär sein muß. Wenn jedes Elektron auf 1 cm
Fortschreitungsweg α neue Elektronen und Ionen bildet, wo der Ausbeutefaktor natürlich abhängt von den Stoßgeschwindigkeiten an der
betreffenden Stelle, so muß die Zahl Z der insgesamt im Fallraumgebiet erzeugten Ionen

$$Z = \int_0^{d_c} \alpha\, d x$$

so groß sein, daß sie aus der Kathode gerade wieder ein Elektron befreien. Wenn wir annehmen, daß α an jeder Stelle nur abhängt von der dort herrschenden Feldstärke, ist obiges Integral gegeben durch die Größe und Verteilung von E im ganzen Fallraumgebiet. Dadurch ist die noch fehlende Bedingung gegeben und eindeutig also nun V_c in Abhängigkeit von j für jedes Gas und jedes Kathodenmaterial festgelegt. In kleinerem Abstand als die Fallraumdicke kann man die Anode nicht an die Kathode heranbringen, ohne den ganzen kathodischen Mechanismus empfindlich zu stören („behinderte" Entladungen) und sehr bald schon überhaupt eine stationäre Entladung unmöglich zu machen.

Theorie des Kathodenfalls. Die Leistungsfähigkeit selbst dieser einfachen und noch weitgehend schematisierten Theorie ist bereits erstaunlich groß. Man kommt bei Benutzung der anderweitig bekannten Werte für die Fortschreitungsgeschwindigkeit der Elektronen und für die Ionisierungsausbaute α bereits zu Kathodenfallwerten, die mit den experimentell gefundenen mehr als größenordnungsmäßig übereinstimmen. Eine Erweiterung und Verfeinerung der obigen Ansätze durch Berücksichtigung auch der Raumladungswirkung der Elektronen führt naturgemäß sogleich zu erheblichen mathematischen Komplikationen, ohne eigentlich physikalisch grundsätzlich Neues zu bringen. Immerhin ist es nützlich, hierauf noch kurz einzugehen, nicht nur, weil sich dabei einige neue Gesichtspunkte ergeben, sondern vor allem, weil die Theorie der Zündung (S. 232) dann leichter verständlich wird.

Ausgangspunkt ist wieder, daß jedes Ion aus der Kathode γ Elektronen befreit und daß jedes Elektron, gerechnet auf 1 cm Fortschreitungsweg, α neue Elektronen bzw. Ionen im Gas erzeugt. Auch die Ausbeute α wollen wir wieder an jeder Stelle der Entladung als bestimmt ansehen durch die dort herrschende Feldstärke E und dafür die S. 98 angegebene Interpolationsformel ansetzen

$$\alpha = c_1 \cdot e^{-c_2/E},$$

wo c_1 und c_2 zwei für jedes Gas charakteristische Konstante sind, die im übrigen nur noch von der Gasdichte abhängen. Ebenso sei γ aufgefaßt als eine, nun für jedes Gas und jedes Kathodenmaterial charakteristische Funktion der an der Kathode herrschenden Feldstärke (deren quantitative Kenntnis allerdings (S. 281) noch recht lückenhaft ist). Angenommen sei ferner, daß die Elektronengeschwindigkeit u_- und die Ionengeschwindigkeit u_+ an jeder Stelle zusammenhängt mit der dort herrschenden Feldstärke E durch die Beziehungen (S. 158)

$$u_- = k_- \sqrt{E}, \quad u_+ = k_+ \sqrt{E}.$$

Die Elektronenstromdichte sei j_-, die Ionenstromdichte j_+, die Dichte des Gesamtstroms $j\,(=j_+ + j_-)$. Ferner bezeichne der Index k stets die Kathodenoberfläche, der Index a stets die Anodenoberfläche, die der ebenen praktisch unendlich großen Kathode parallel im Abstand L gegenüberstehe. j hat natürlich überall dieselbe Größe, da alle zwischen den Elektroden überhaupt erzeugten Trägerladungen durch die Elektroden in den äußeren Stromkreis abströmen müssen. An der Kathode ist offenbar zu setzen $j_{-k} = \gamma\, j_{+k}$ oder $(j_-/j_+)_k = \gamma$ oder unter Benutzung von $j = j_+ + j_-$

$$j_{-k} = \frac{\gamma}{1+\gamma}\, j\, .$$

An der Anode ist der ganze Strom reiner Elektronenstrom, also $j_{-a} = j$ und $j_{+a} = 0$, d. h. $(j_-/j_+)_a = \infty$. Zwischen den Elektroden gibt es also sicher eine Stelle, an der gerade $j_-/j_+ = u_-/u_+$ ist, wovon wir später noch Gebrauch machen werden.

Wir wollen zuerst die Bedingung für die Stationarität der Entladung ableiten. Da auf der Strecke dx von jedem Elektron $\alpha \cdot dx$ neue Elektronen gebildet werden, ist die Zunahme der Elektronenstromdichte von der Kathode zur Anode hin gegeben durch

$$(87\,\mathrm{a}) \qquad\qquad \frac{dj_-}{dx} = \alpha\, j_-\, .$$

Die Integration dieser Gleichung zwischen der Kathode und der Anode gibt

$$\int_{j_{-k}}^{j} \frac{dj_-}{j_-} = \int_0^L \alpha\, dx \quad \text{oder} \quad j = j_{-k} \cdot e^{\int_0^L \alpha\, dx}\, .$$

Wenn wir darin $j_{-k} = \dfrac{\gamma}{1+\gamma}\, j$ setzen, erhalten wir in der üblichen Form geschrieben die Stationaritätsbedingung

$$(87) \qquad\qquad \gamma\left(e^{\int_0^L \alpha\, dx} - 1 \right) = 1\, .$$

Die Feldstärke E muß also nach Größe und Verlauf so beschaffen sein, daß diese Bedingung erfüllt ist; nur dann haben wir es zu tun mit einer stationären Entladungsform. Aus der Ableitung der Bedingung geht aber, und dies ist für das folgende von großer Bedeutung, auch hervor, daß jede Lösung der Ionisierungsgleichung (87 a) von selbst die Stationaritätsbedingung erfüllt, wenn sie der Grenzbedingung $j_{-k} = \dfrac{\gamma}{1+\gamma}\, j$ an der Kathode genügt.

Um nun zu einer Bestimmungsgleichung für E zu kommen, gehen wir wieder aus von der POISSONschen Grundgleichung der Potentialtheorie, die sich mit Hilfe der Beziehungen $\varrho_- = j_-/u_-$ bzw. $\varrho_+ = j_+/u_+$ für die Raumladungsdichten in der Form schreibt

$$\frac{dE}{dx} = 4\,\pi \left(\frac{j_-}{u_-} - \frac{j_+}{u_+} \right)\, .$$

Setzen wir für u_- und u_+ die oben angegebenen Ausdrücke ein und ersetzen j_+ durch $j - j_-$, so erhalten wir

$$(88\,\mathrm{a}) \qquad\qquad \sqrt{E} \cdot \frac{dE}{dx} + \frac{4\pi j}{k_+} = 4\,\pi j_- \left(\frac{1}{k_+} + \frac{1}{k_-} \right)\, .$$

Um auch j_- zu eliminieren, differenzieren wir diese Gleichung nochmals und ersetzen dj_-/dx nach Gl. (87a) durch αj_-. Dann ergibt sich nach einer einfachen Zwischenrechnung und unter Benutzung der letzten Gleichung die Differentialgleichung zweiter Ordnung

$$(88) \qquad \frac{d^2 E^{3/2}}{d x^2} - \alpha \frac{d E^{3/2}}{d x} - \frac{6 \pi \alpha}{k_+} j = 0.$$

Wir haben damit die fundamentale Gleichung für den Feldverlauf erhalten und alles weitere kommt nun hinaus auf die Integration dieser Gleichung und die Diskussion der Lösung. Zu deren vollständigen Festlegung sind aber noch zwei Randbedingungen notwendig, da es sich um eine Differentialgleichung zweiter Ordnung handelt. Die eine Bedingung wählen wir so, daß wir von vornherein dadurch nur stationäre Entladungszustände aus allen möglichen Lösungen aussieben. Nach dem früher Gesagten ist dazu nur nötig, außer der bereits verarbeiteten Ionisierungsgleichung die Bedingung $j_{-k} = \frac{\gamma}{1 + \gamma} j$ an der Kathode zu erfüllen. Dies gibt nach Gl. (88a) unmittelbar

$$\left(\sqrt{E} \cdot \frac{d E}{d x} \right)_k = 4 \pi j \left(\frac{1}{k_-} - \frac{1}{1 + \gamma} \cdot \frac{1}{k_+} \right),$$

und legt also die Neigung der E, x-Kurve an der Kathode fest. Die zweite Bedingung soll sein, daß E an der Kathode einen bestimmten Wert E_0 hat, wodurch die Absolutgröße der Feldstärken festgelegt wird. Wir haben also zunächst die folgende Sachlage: Vorgegeben ist durch die Versuchsbedingungen die Entladungsstromstärke j pro Flächeneinheit der Elektroden und der Elektrodenabstand L. Dann gibt es eine einfach unendliche Schar von stationären Lösungen $E(x)$, gehörend zu den verschiedenen Kathodenfeldstärken E_0. E_0 spielt dabei vorläufig die Rolle eines Parameters. Wenn wir aber endlich noch bedenken, daß physikalisch an der Anode der ganze Strom reiner Elektronenstrom sein muß, so sehen wir, daß noch eine weitere Bedingung zu erfüllen ist. Diese Bedingung genügt offenbar gerade, um noch eine Verbindung zwischen diesem Parameter E_0 und zwischen L herzustellen. Insgesamt erhalten wir also letzten Endes für die Feldstärke $E(x)$ einen nun vollständig (auch dem Absolutwert nach) bestimmten Ausdruck, der nur noch j und L enthält. Die Behandlung der Grundgleichung (88) läßt sich nun leider nicht auf elementarem Weg und in geschlossener Form durchführen, sondern erfordert gar nicht einfache mathematische Entwicklungen. Auf diese hier einzugehen, ist weder notwendig noch auch ohne sehr weitläufige formale Zwischenbetrachtungen möglich; es mag genügen, nur noch einige allgemeine Bemerkungen dazu zu machen.

Wie aus den eben skizzierten Überlegungen hervorgeht, wird die zwischen Kathode und Anode ausgebreitete Entladung als Ganzes erfaßt; es kommt nicht nur an auf die Vorgänge nahe an der Kathode, sondern auch auf die in den sich bis zur Anode erstreckenden Entladungsteilen. Darin liegt eine gewisse Stärke dieser Theorie und es lassen sich daraus auch allerlei interessante Schlüsse ziehen. Es liegt darin aber andererseits eine Schwäche dieser Theorie und es darf das Vertrauen in die Ausdehnung ihres Anwendungsbereiches nicht überspannt werden. Denn für die kathodenferneren Teile der Entladung — erinnert sei z. B. nur an die Ausführungen über das Plasma und die positive Säule — gelten die Voraussetzungen unserer Theorie im allgemeinen sicher nicht mehr und gerade die in ihr vernachlässigten Mechanismen (Wanddiffusion, Wiedervereinigung; Trägererzeugung nicht nur durch direkten Elektronenstoß) spielen die Hauptrolle. Beschränken wir aber unsere Ansätze auf die „kathodennahen" Teile, so werden wir zumindest eine anschauliche und übersichtliche Darstellung des Wesentlichen in ihnen sehen können. Wir hatten S. 208 gesehen, daß es im Entladungsraum eine Stelle gibt, wo $j_-/u_- = j_+/u_+$ ist; in Verbindung mit der Raumladungsgleichung folgt daraus, daß dort $dE/dx = 0$ ist. Und zwar fällt E von dem Wert E_0 auf der Kathode ab zu einem Minimum; die kathodennahen Teile reichen bis zu diesem Feldstärkeminimum und umfassen gerade das Gebiet, das man als Kathodenfallgebiet definieren wird.

Zum Schluß müssen wir noch ein Problem erwähnen, dessen Lösung viel Schwierigkeiten gemacht hat und noch immer nicht ganz erledigt ist. Es ist das die Deutung des sog. „normalen Kathodenfalls" und der „normalen Stromdichte". Wenn man in einer Glimmentladung bei konstantem Druck die Stromstärke kontinuierlich verkleinert, nimmt bekanntlich die Stromdichte an der Kathode und mit ihr der Kathodenfall nicht kontinuierlich ab bis zu beliebig kleinen Werten, sondern man beobachtet etwas sehr merkwürdiges. Von einer bestimmten Stromstärke ab beginnt nämlich die Fläche, mit der die Entladung auf der Kathode ansetzt, sich zusammenzuziehen, und zwar derart, daß die Stromdichte konstant bleibt; zugleich bleibt dann auch der Kathodenfall konstant, ist also unabhängig von der Stromstärke. Man bezeichnet diese konstante Stromdichte als die „normale Stromdichte" j_n und findet, daß sie eine für jedes Kathodenmaterial und für jedes Gas charakteristische Größe ist, die nur noch vom Fülldruck abhängt, und zwar ungefähr proportional seinem Quadrat ist. Den konstanten Kathodenfallwert, der ebenfalls charakteristisch ist für jedes Kathodenmaterial und jedes Gas, jedoch unabhängig ist vom Fülldruck, bezeichnet man als „normalen Kathodenfall" V_n. Ihn zu unterschreiten ist an kalten Glimmentladungskathoden also überhaupt nicht möglich und die Brennspannung einer Glimmentladung muß deshalb stets oberhalb des normalen Kathodenfallwertes liegen. Größenordnungsmäßig liegen die normalen Stromdichtewerte in der Gegend einiger Zehntel mA/cm^2 bei 1 mm Hg, die normalen Kathodenfallwerte zwischen etwa 60 V (Kaliumkathode in Argon) und einigen 100 V (Schwermetalle in unedlen Gasen).

Unsere bisherigen Ansätze sind offenbar nicht fähig, die Erscheinung des normalen Kathodenfalls und der normalen Stromdichte zu erklären. Es kommt hier noch etwas grundsätzlich Neues hinzu, nämlich eine Art Querstabilität der kathodischen Entladungsteile, die verantwortlich zu machen ist für die automatische Zusammenziehung des Entladungsquerschnittes unter Konstanthaltung der Stromdichte. Phänomenologisch kann man sich die Sachlage unschwer klarmachen durch Stabilitätsbetrachtungen, die darauf hinauskommen, daß die Charakteristik des Kathodenfallgebietes unterhalb einer bestimmten Stromdichte (nämlich der normalen) fallend ist. Eine konsequent und einheitlich aufgebaute trägerkinetische Theorie aber fehlt bisher noch.

Glühkathoden. Fassen wir die Ausführungen des vorhergehenden Abschnittes ganz kurz zusammen, so ergibt sich als das letzten Endes Wichtigste: Aus der Kathodenoberfläche werden, vorwiegend durch den Aufprall von positiven Ionen, Elektronen ausgelöst. Diese Elektronen erzeugen im Gas vor der Kathode, vorwiegend ebenfalls durch Stoß, positive Ionen und Elektronen, und zwar von den ersteren gerade soviele, daß die Entladung stationär ist, d. h., daß die von einem die Kathode verlassenden Elektron und seinen Abkömmlingen erzeugten Ionen gerade wieder ein Elektron aus der Kathode freimachen. Damit ist der eine, die Trägerbilanz umfassende Teil der Kathodenfalltheorie formuliert. Übergelagert und aufs engste mit ihm verbunden ist aber noch ein zweiter Teil zu berücksichtigen, nämlich der potentialtheoretische. Denn was an Trägererzeugungsvorgängen an und vor der Kathode sich abspielt, hängt ab von den Elektronen- und Ionengeschwindigkeiten und diese wieder sind bedingt durch die Struktur des vor der Kathode (im Kathodenfallgebiet) liegenden Feldes; dieses kommt zustande durch die Raumladungswirkungen der Trägerströme selbst. In den Entladungen, mit denen wir uns hier beschäftigen wollen, liegen nun die Dinge lediglich insofern anders als an den „kalten" „Glimmentladungskathoden", als nicht mehr oder nicht mehr unmittelbar die Ionenstöße auf die Kathode für die Elektronenemission verantwortlich zu machen sind, sondern Mechanismen anderer Art. Als solche kommen (S. 257) allgemein in Betracht eine thermische und eine autoelektrische Elektronenemission, von denen wir zunächst nur die erstere betrachten wollen. Es soll also die Kathode auf so hohe Temperatur erhitzt sein, daß sie thermisch merkliche Mengen von Elektronen auszusenden fähig ist. Dies wiederum kann geschehen entweder durch eine Fremdheizung der Kathode — am einfachsten und fast ausschließlich praktisch in Betracht kommend, durch einen JOULEschen Heizstrom — oder durch eine von der Entladung selbst bewirkte Wärmeerzeugung. Im ersteren Fall haben wir es zu tun mit einer „Glühkathode" in der engeren üblichen Bezeichnungsweise, im letzteren Fall mit einer eigentlichen „Bogenkathode". Von anderem Standpunkt aus, der manches für sich hat, pflegt man beide Arten von

Entladungen als Bogenentladungen zu bezeichnen und sie zu unterscheiden durch die Zusätze „unselbständig" bzw. „selbständig". Es ist nämlich bei beiden Entladungsformen möglich — und hierin liegt die große praktische Bedeutung dieser Formen — den Kathodenfall bis weit unter die an den Glimmentladungskathoden gesetzte untere Grenze des normalen Wertes herabzudrücken. Diese Unterschreitung hervorzuheben und geradezu als Kennzeichen derartiger Entladungsformen zu betonen, hat also seine guten Gründe.

Zuerst wollen wir die Theorie der unselbständigen Bogenentladungen oder Glühkathodenentladungen besprechen, weil hier die Dinge etwas einfacher liegen als bei den eigentlichen, selbständigen Bogenentladungen. Denn wir haben es bei einer von außen geheizten Kathode zu tun mit einer Elektronenquelle, deren Ergiebigkeit an sich unabhängig ist von der Entladung. Wenn auch in Wirklichkeit die Kathodentemperatur beeinflußt werden kann durch die Entladung (Austrittswärme der Elektronen, Aufprallwärme der Ionen), so handelt es sich dabei doch nur um zwar praktisch unter Umständen beachtliche, für den eigentlichen Entladungsmechanismus aber unwesentliche Komplikationen. Im einzelnen haben wir uns den Mechanismus der Entladung folgendermaßen vorzustellen: Die aus der Kathode nach Maßgabe des Raumladungsfeldes austretenden Elektronen erzeugen im Gas neue Träger, von denen die positiven Ionen zur Kathode wandern und zusammen mit den Elektronen das für die Trägererzeugung seinerseits maßgebende Raumladungsfeld aufbauen. Der Kathodenfall stellt sich dabei offenbar wieder so ein, daß ein stationärer Zustand besteht. Es sei dazu noch eine allgemeine Bemerkung erlaubt. In der Gasentladungsphysik macht man nämlich häufig Gebrauch von Überlegungen und Formulierungen derart, daß man annimmt, „die Entladung stellt sich so ein, daß ..." u. dgl. Man unterschiebt also den Entladungen gewissermaßen ein teleologisch (zweckgerichtet) orientiertes Handeln. Aber man muß natürlich stets sich bewußt bleiben, daß man damit — gezwungen durch Unvollkommenheiten der theoretischen Einsichten oder durch die Unmöglichkeit, die erforderlichen Rechnungen vollständig durchzuführen — eine Lücke in der Theorie verdeckt und letzten Endes eine eigentlich zu erklärende Eigenschaft der Entladung oder einen empirischen Befund als gegeben vorwegnimmt. Die Sachlage ist dabei eine ganz ähnliche wie in anderen Teilen der theoretischen Physik, wo es auch unter Umständen praktisch sein kann, mit teleologischen Prinzipien (z. B. Prinzip des kürzesten Lichtweges in der Optik, Minimalprinzipe der Mechanik und Elektrostatik usw.) zu arbeiten.

Den weiteren Überlegungen wollen wir ein möglichst einfaches Modell zugrunde legen, nämlich eine Anordnung aus zwei praktisch unendlich großen, parallelen Platten, deren eine die Glühkathode, deren andere die Anode sein soll. Ferner wollen wir die Ionenquelle uns lokalisiert denken

in einem Raumteil P, der auf der einen Seite von der Anode begrenzt
wird, auf der anderen Seite in einer scharfen Grenzfläche an das eigentliche Kathodenfallgebiet grenzt; in diesem Raumteil P soll das Potential
praktisch konstant sein. Keine dieser Vereinfachungen berührt wirklich
Wesentliches von den uns eigentlich interessierenden Fragen. Die erstere
Vereinfachung bringt, abgesehen von einer Vereinfachung der geometrischen Verhältnisse, vor allem mit sich, daß Trägerverluste durch seitliche Diffusion keine Rolle spielen und läßt sich auch praktisch sehr weitgehend verwirklichen durch Benutzung genügend weiter Entladungs-
gefäße, in denen die Wandverluste gering sind. Die letztere Vereinfachung bedeutet die Vernachlässigung des Spannungsfalles in einer
bei größeren Elektrodenabständen sich ausbildenden positiven Säule
und unter Umständen in einem Anodenfall. Anschließend an frühere
Betrachtungen können wir die Sachlage dann auch dahin fassen,
daß der Raumteil P erfüllt ist von einem Plasma und daß es sich um
Vorgänge ganz ähnlicher Art handelt, wie an einer in ein Plasma eingetauchten Sonde, nämlich der Kathode. Der Unterschied gegen die
früher entwickelte Sondentheorie (S. 187) liegt natürlich darin, daß nun
gerade ein Vorgang von grundsätzlicher Bedeutung ist, den wir damals
in Hinblick auf die meßtechnischen Zwecke ausgeschaltet hatten, nämlich
die Elektronenemission der Sonde. Dafür können wir uns hier die Verallgemeinerung einer früheren Überlegung (S. 143) zunutze machen, in
der wir uns mit den Raumladungsströmen zwischen zwei Platten be-
schäftigten, von denen die eine Elektronen aussendet. Die eine Platte
ist die Kathode, die Rolle der anderen spielt die Grenzfläche zwischen
dem Plasma und dem Kathodenfallgebiet, die nun positive Ionen aussendet. Wenn dieses so dünn ist, daß die Träger in ihm praktisch keine
Zusammenstöße mit Gasteilchen erleiden (also seine Dicke nicht mehr
als etwa eine freie Ionenweglänge umfaßt), können wir die frühere
Rechenmethode unmittelbar übernehmen.

Die erste Integration der POISSONschen Gleichung für den Fall, daß
ein freier Elektronenstrom von der Stromdichte j_- und ein freier Ionenstrom von der Stromdichte j_+ sich entgegenlaufen, führt zu der folgenden
Gleichung für das Potential V

$$\left(\frac{dV}{dx}\right)^2 = \frac{j_-}{a_-}\sqrt{V} + \frac{j_+}{a_+}\sqrt{U-V} + C.$$

Dabei ist U die gesamte Potentialdifferenz zwischen den beiden „Elektroden", d. h. in unserem Fall zwischen der Kathode und der Plasmagrenze, C ist eine noch zu bestimmende Integrationskonstante und a_-,
a_+ sind Abkürzungen für zwei Konstante, deren Verhältnis a_-/a_+ den
Wert $\sqrt{M/m}$ hat (m = Elektronenmasse, M = Ionenmasse). Wir
wissen nun bereits aus der Sondentheorie, daß in dem sich einstellenden stationären Zustand an der Plasmagrenze die Feldstärke dV/dx

verschwindet. Es muß also $dV/dx = 0$ sein für $V = U$ und dies gibt

$$\left(\frac{dV}{dx}\right)^2 = \left\{ \frac{j_-}{a_-}\sqrt{V} + \frac{j_+}{a_+}\sqrt{U-V} - \frac{j_-}{a_-}\sqrt{U} \right\}.$$

Daraus folgt für die Feldstärke $(dV/dx)_0$ an der Kathodenoberfläche, wo $V = 0$ ist

$$(89\,\mathrm{a}) \qquad \left(\frac{dV}{dx}\right)_0 = \sqrt{U} \cdot \left\{ \frac{j_+}{a_+} - \frac{j_-}{a_-} \right\}.$$

Es sei nun der Strom, der im äußeren Entladungskreis fließt, kleiner als der Stromwert, der dem durch die Kathodentemperatur festgelegten Sättigungs-Elektronenemissionsstrom j_{-m} entspricht. Dann ist auch die Elektronenemission der Kathode begrenzt durch die Raumladungswirkung und es ist $(dV/dx)_0 = 0$. Die Gl. (89a) zeigt, daß dann $j_+/a_+ = j_-/a_-$ sein muß. Für den Fall eines raumladungsbegrenzten Elektronen- und Ionenstromes wird also die Bestimmungsgleichung für das Potential

$$(89) \qquad \left(\frac{dV}{dx}\right)^2 = \frac{j_+}{a_+}\left(\sqrt{V} + \sqrt{U-V} - \sqrt{U}\right).$$

Denken wir uns die Gleichung bei gegebenem j_+ integriert und die Integrationskonstante so bestimmt, daß $V = V_c$ für $x = d_c$, so erhalten wir die Lösung in der Form $V_c = f(j_+, d_c)$. Analog wie in der Theorie des Glimmentladungs-Kathodenfalls (S. 207) muß noch eine weitere Beziehung bekannt sein, um den Kathodenfall bei gegebener Stromdichte vollständig zu bestimmen, d. h. auch d_c angeben zu können. Wir kommen darauf S. 215 noch zurück und werden dort auch sehen, warum es vorzuziehen ist, die Ionenstromdichte j_+ statt der Gesamtstromdichte j beizubehalten; es ist kaum nötig, zu bemerken, daß man aber natürlich sofort aus den Relationen $j = j_+ + j_-$ und $\dfrac{j_+}{a_+} = \dfrac{j_-}{a_-}$ auch $j_+ = \dfrac{a_+}{a_+ + a_-}\,j$ einführen könnte. Da $a_+/a_- = \sqrt{m/M}$ für alle Gase sehr klein ist (z. B. für $\mathrm{Hg} \sim 2 \cdot 10^{-3}$, für He $\sim 10^{-2}$) wird wegen $j_+/a_+ = j_-/a_-$ der Strom also stets überwiegend von Elektronen getragen und nur etwa ein Prozent bis einige Promille des Stromes ist Ionenstrom. Es müssen demnach an der Plasmagrenze durch die im Kathodenfallgebiet beschleunigten Elektronen nur wenige Ionen zur Verfügung gestellt werden, nämlich auf je 100 bis 1000 Elektronen nur 1 Ion.

Vorausgesetzt ist stillschweigend bei allen diesen Überlegungen, daß aus dem Plasma genügend viele positive Ionen zur Verfügung gestellt werden, nämlich mindestens soviele, daß bei gegebener gesamter Entladungsstromstärke j pro Flächeneinheit der Elektroden auch der Plasmastrom raumladungsbegrenzt ist. Aus den beiden Beziehungen $j = j_+ + j_-$ und $j_+/j_- = a_+/a_-$ ergibt sich, daß $j_+ \geq j/(1 + a_-/a_+)$ sein muß. Es muß also im Plasma eine hinreichende Neubildung von Trägern stattfinden, die einfach durch Elektronenstoß zu erklären im allgemeinen keine Schwierigkeiten macht, wenn der Kathodenfall nicht zu klein ist. Aber es gibt ein zunächst sehr merkwürdiges experimentelles Ergebnis, daß sich so nicht ohne weiteres verstehen läßt und dessen Erklärung sogar zuerst große Schwierigkeiten machte. Es hat sich nämlich gezeigt, daß man eine Glühkathodenentladung stationär betreiben kann sogar mit einer Gesamtbrennspannung, die kleiner als die Ionisierungsspannung und selbst kleiner als die kleinste Anregungsspannung des Füllgases ist; man sollte denken, daß der Kathodenfall mindestens gleich der Ionisierungsspannung des Gases sein muß, damit überhaupt Ionen gebildet werden können. Eine Ionisation in Stufen, insbesondere über metastabile Zustände, könnte über diese Schwierigkeit hinweghelfen, aber auch dieser Ausweg ist offenbar nicht mehr möglich, wenn die Brennspannung unter der kleinsten Anregungsspannung des Gases liegt; wobei es sich, um dies nochmals zu betonen, um wirkliche, leuchtende Entladungen und nicht nur um einen unselbständigen Glühkathoden-Elektronenstrom handelt. Es gibt nun aber eine Möglichkeit, den Mechanismus derartiger — häufig als „Niedervoltbogen" bezeichneter — Entladungsformen zu verstehen; wieweit sie auch quantitativ das Richtige trifft, muß allerdings noch dahingestellt bleiben. Diese Möglichkeit ist sofort ersichtlich, wenn wir uns daran erinnern, daß in einem Plasma die Elektronen MAXWELLsche Geschwindigkeitsverteilung haben. Denn das bedeutet — übrigens auch dann noch, wenn die Verteilung nicht die MAXWELLsche, sondern nur irgendeine um einen Mittelwert gestreute wäre —, daß es im Plasma Elektronen gibt, die wesentlich höhere Geschwindigkeiten als die mittlere besitzen, wobei die Plasmaelektronen von den aus dem Kathodenfallgebiet kommenden Elektronen „aufgeheizt" werden, bis zu einer Temperatur, die von der durch die Elektronen zugeführten Energie einerseits, von den energetischen Verhältnissen im Plasma andererseits abhängt. Die Elektronentemperatur im Plasma wirklich zu berechnen, ist eine sehr schwierige Aufgabe. Aber wie dem nun auch sein mag, jedenfalls gibt es dank der im Plasma sich abspielenden Ausgleichvorgänge und auch wenn die Energie der Kathodenfallelektronen unterhalb der Ionisierungs- bzw. Anregungsenergie liegt, einige Plasmaelektronen, deren Energie zu einer Ionisation ausreicht. Die Frage nach der Erzeugung der erforderlichen Ionen im Plasma wird damit zu einer nur noch quantitativen, nicht mehr grundsätzlichen und eben wegen der oben errechneten recht geringen erforderlichen Ionenneubildung dürfte es ganz plausibel sein, sie auf diesem Weg im bejahenden Sinn zu beantworten. Wir verstehen zugleich nun auch, wie man zu der S. 214 erwähnten noch fehlenden Bedingung zwischen V_c, d_c und j kommen kann und warum es vorzuziehen ist, die Ionenstromdichte j_+ als Parameter beizubehalten. Der Ionenstrom wird geliefert vom Plasma und zwar durch die an die Plasmagrenze diffundierenden Ionen, die Temperatur der Plasmaelektronen und damit auch die Ionisation im Plasma hängen aber ab vom Kathodenfall.

Bogenkathoden. Wir müssen uns nun noch beschäftigen mit den Vorgängen an den nicht fremdgezeizten eigentlichen Bogenkathoden. Grundsätzlich unterscheiden sie sich, wie früher schon erwähnt wurde, nicht von denen an Glühkathoden, soweit es sich dabei handelt um den Aufbau des Kathodenfallfeldes und um die Erzeugung der dazu benötigten positiven Ionen im Gas. Was neu hinzukommt ist lediglich der Umstand, daß die Kathode in den selbständigen Bogen nicht durch eine Energiezufuhr von außen, sondern durch eine Energiezufuhr aus der Entladung selbst auf die erforderliche hohe Temperatur aufgeheizt wird. Diese Aufheizung besorgen in erster Linie die positiven Ionen, und zwar teils durch ihre Aufprallenergie, teils durch ihre Neutralisationswärme. Außerdem können eine Rolle spielen die bei chemischen Reaktionen zwischen dem Kathodenmaterial und dem Gas frei werdenden Reaktionswärmen und vielleicht auch noch eine Wärmezufuhr durch Wärmeleitung aus dem hocherhitzten, vor der Kathode befindlichen Gas. Andererseits verliert die Kathode Wärme außer durch Wärmeleitung in den Kathodenkörper sowie durch Strahlung und Konvektion durch den mit dem Elektronenaustritt verbundenen Abkühlungseffekt und durch den Wärmeaufwand bei der Verdampfung von Kathodenmaterial. Im stationären Zustand muß natürlich der gesamte Wärmegewinn gleich sein dem gesamten Wärmeverlust, und wir übersehen daraus, daß nun die „Energiebilanz der Kathode" mit der wir uns bei den Glühkathoden nicht zu beschäftigen brauchten, im Mittelpunkt des Interesses steht und maßgebend ist für den Mechanismus des Bogenkathodenfalls. Die einzelnen Glieder der Energiebilanz experimentell oder rechnerisch zu bestimmen, ist im allgemeinen kaum möglich; man wird sich von Fall zu Fall abschätzend überlegen müssen, wie die Dinge liegen. So z. B. spielen bei einem in freier Luft brennenden Kohlebogen die chemischen Reaktionswärmen sicher eine nicht zu vernachlässigende Rolle, beim Quecksilberbogen ist die Verdampfungswärme in Rechnung zu setzen, während sie beim Wolframbogen vernachlässigt werden kann, und besonders einfach ist die Sachlage z. B. bei einem Wolframbogen in einem Edelgas, wo weder Verdampfung noch chemische Reaktionen quantitativ beteiligt sind. Andererseits ist auch die Form der Kathode wegen der von ihr abhängenden Wärmeleitung in den Kathodenkörper von Einfluß; so z. B. wurden an einem zylindrischen Stab und an einer an einem dünnen Stiel sitzenden kleinen Kugel als Kathode verschiedene Werte des Kathodenfalls gemessen und zwar in Übereinstimmung mit der Theorie die größeren Werte am Stab (dessen Wärmeleitverluste größer sind).

Einige allgemeine Überlegungen mögen noch zur Ergänzung dieser orientierenden Übersicht dienen; die Unterlagen dazu werden wir S. 275 ff. noch kennenlernen und können uns deshalb kurz fassen. Von den wärmeerzeugenden Vorgängen sind die wichtigsten die Wärmeerzeugung E_k durch den Aufprall und durch die Neutralisation der positiven Ionen.

Die erstere könnte maximal pro Ion den Betrag εV_c bringen ($V_c =$ Kathodenfall), wobei jedoch zu beachten ist, daß entsprechend einem von 1 verschiedenen Akkommodationskoeffizient a die neutralisierten Ionen mit einem erheblichen Bruchteil der Aufprallenergie von der Kathode wieder abfliegen können. Die Neutralisationswärme der Ionen ist pro Ion $\varepsilon V_j - \varepsilon \varphi$, wo V_j die Ionisierungsspannung und φ die Elektronenaustrittsarbeit der Kathodensubstanz ist. Nimmt man noch hinzu, daß die übrigen Glieder der Energiebilanz an sich nicht genau angegeben werden können und daß ferner bekannt sein muß, welcher Bruchteil des meßbaren Gesamtstromes von Elektronen bzw. Ionen getragen wird, so erkennt man die Schwierigkeiten für bündige weitere Schlußfolgerungen. Alles in allem läßt sich aber wohl sagen, daß bei kritischer und vorsichtiger Abwägung und unter Heranziehung aller zur Verfügung stehenden experimentellen Daten sich keine ernstlichen Schwierigkeiten für die Theorie der kathodischen Energiebilanz ergeben.

Auf eine grundsätzliche Schwierigkeit für die ganze thermische Theorie der Vorgänge an der Bogenkathode stößt man jedoch von anderer Seite her. Die gemessenen Werte der Bogenkathodenfälle sind von der Größenordnung 10 V und da aus Raumladungsgründen der Hauptteil des Gesamtstromes an der Kathode von Elektronen getragen sein muß, muß die Kathodentemperatur so hoch sein, daß nach der thermischen Emissionsformel (S. 259) genügend viele Elektronen überhaupt emittiert werden. Man braucht nun gar nicht die wirkliche Kathodentemperatur zu messen, um bereits einzusehen, daß bei gewissen Metallen wie z. B. Quecksilber oder Kupfer die Kathodentemperatur, wie auch der Mechanismus der Wärmeerzeugung sein mag, auch nicht annähernd diese von der thermischen Bogentheorie zu fordernden Temperaturen erreichen kann; und zwar einfach deshalb nicht, weil die Siedepunkte dieser Metalle viel zu tief liegen. Bei anderen Substanzen, wie insbesondere bei Wolfram oder Kohle, besteht eine derartige Schwierigkeit nicht und alles ist in bester Ordnung. Aber bei den erstgenannten hilft gar nichts anderes, als sich mit einem Versagen und zwar einem grundsätzlichen Versagen der thermischen Theorie abzufinden. Hier muß man sich nach anderen Möglichkeiten zu einer Erklärung der Elektronenemission der Kathodenoberfläche umsehen und hat eine solche denn auch gefunden in einer autoelektrischen Emission, d. h. in der Elektronenauslösung durch ein sehr starkes elektrisches Feld (vgl. S. 273). Bogen solcher Art bezeichnet man deshalb treffend als „Feldbogen" im Gegensatz zu den „thermischen Bogen".

Voraussetzung für einen Feldbogen ist also das Bestehen eines hinreichend starken Feldes an der Kathodenoberfläche; und wenn auch die Theorie und die experimentellen Daten über die autoelektrische Elektronenemission für quantitative Überlegungen noch nicht ganz in dem wünschenswerten Umfang die Unterlagen geben, kann man doch wohl sicher sagen, daß ernste Bedenken gegen die Feldbogentheorie nicht bestehen. Dies zeigt schon eine rohe Überschlagsbetrachtung. Die erforderlichen Feldstärken liegen in der Größenordnung von 10^6 V/cm, die Kathodenfälle sind von der Größenordnung 10 V, so daß also Fallraumdicken von der Größenordnung 10^{-5} cm anzunehmen wären. Dies aber sind ganz vernünftige Werte, gegen die jedenfalls keiner der experimentellen Befunde spricht. Zu beachten ist aber ferner, daß die Stromdichte an der Kathode, die wiederum nach den üblichen Ansätzen für Raumladungsfelder je nach den speziellen Annahmen über die Trägerbewegung im Fallraumgebiet anzusetzen ist, sich nicht unvernünftig hoch ergeben darf, wenn die ganze Theorie physikalisch brauchbar sein soll. Die Gesamtstromdichte kennt man nun aus der Entladungsstromstärke und aus der Fläche, auf der die Entladung auf der Kathode ansetzt und hat so unter Hinzuziehung raumladungstheoretischer Betrachtungen analoger Art wie die früher bei der Theorie der Glühkathoden benutzten eine Möglichkeit, die Sachlage einigermaßen zu übersehen. Insgesamt scheint sich mit zunehmender Sicherheit zu ergeben, daß auch in dieser Hinsicht alles in Ordnung ist, wenn auch noch mancherlei Feinheiten der weiteren Aufklärung bedürfen. So z. B. muß noch dahingestellt bleiben, ob man ohne die Annahme aktiver Stellen mit niedriger Austrittsarbeit auf der Kathode auskommt, ob Feldstärkenhöchstwerte von der Größenordnung 10^6 V/cm nicht zu hoch gegriffen sind und nicht eine Erniedrigung um eine bis zwei Zehnerpotenzen (Gasbeladung, Spitzenwirkung) in manchen Fällen angenommen werden kann u. dgl.

27. Die Lichtemission der Gasentladungen.

Anregung durch Elektronenstoß. Nach den in Kap. II entwickelten Vorstellungen kommt die Lichtemission dadurch zustande, daß die Atome von Zuständen größeren Energieinhalts in Zustände kleineren Energieinhalts übergehen. Jedem solchen Übergang, gekennzeichnet durch jeweils einen bestimmten Anfangs- und Endzustand, entspricht die Emission einer bestimmten Linie des Spektrums. Mit welcher relativen Häufigkeit die verschiedenen von einem Anregungszustand aus möglichen Übergänge (bzw. die in einem Kaskadenfall zum Grundzustand möglichen Übergänge) erfolgen, ist im wesentlichen eine innere Angelegenheit des Atoms und spiegelt sich wieder in „inneren" Intensitätsregeln. Die Verschiedenheiten der unter den verschiedenen Versuchsbedingungen von demselben Gas ausgesandten Spektren sind deshalb zurückzuführen auf die verschiedenen primären Anregungsbedingungen, d. h. auf die verschiedene relative Häufigkeit der Anregung der einzelnen Ausgangszustände. Wir werden also als maßgebend für das Aussehen des Spektrums einer Entladung anzusehen haben die relativen Konzentrationen der verschiedenen angeregten Zustände und demgemäß aus spektralphotometrischen Befunden Rückschlüsse ziehen können auf die

Häufigkeit der Elementarvorgänge in der Entladung, welche diese angeregten Zustände erzeugen. In erster Linie sind es nun die direkten Elektronenstöße auf die Atome, die für die Anregung verantwortlich zu machen sind und es spiegelt sich deshalb unter Berücksichtigung der S. 98 f. erklärten Anregungsfunktionen in der spektralen Intensitätsverteilung in gewissem Umfang die Geschwindigkeitsverteilung der Elektronen wieder.

Grundsätzlich nach diesem einfachen Schema können wir verstehen die zum Teil sehr auffallenden Farbunterschiede zwischen der positiven Säule und dem vor der Kathode einer Glimmentladung liegenden sog. negativen Glimmlicht; in Argon z. B. ist das letztere tiefblau, die erstere tiefrot, in Wasserstoff das letztere, hellblau, die erstere rosa usw. Diese Farbunterschiede kommen nämlich einfach daher, daß die anregenden Elektronen in der Säule im Mittel viel langsamer sind als im Glimmlicht, in dem sie zum Stoß kommen nach Durchlaufen des Kathodenfalles. Wir werden ferner zu erwarten haben, daß im Glimmlicht primär nur die Frequenzen angeregt werden, deren Anregungsspannung V_a kleiner ist als der Kathodenfall V_k und finden dies z. B. an den Funkenlinien des Neons vor einer Alkalikathode bestätigt. Hier kann man nämlich den Kathodenfall kleiner machen als die Anregungsspannung und findet in der Tat, daß sie erst auftreten, wenn $V_k > V_a$ gemacht wird. Wichtiger und interessanter ist eine Anwendung der obigen Überlegungen auf die positive Säule in Gasgemischen. In einem Gemisch aus einem Edelgas und Quecksilberdampf wird bei höheren Hg-Drucken das Leuchten des Edelgases vollkommen unterdrückt und es wird nur das Hg-Spektrum emittiert; aber auch schon bei überraschend kleinen Hg-Partialdrucken ist die Farbe der Säule von der für das Edelgas charakteristischen umgeschlagen in das für die Hg-Säule charakteristische Blau. So z. B. schlägt bei einer Neongrundfüllung von einigen Torr das für Neon charakteristische Rot um in das Quecksilberblau schon bei einer Hg-Zumischung, die einem Partialdruck von der Größenordnung 10^{-3} Torr entspricht. Die Erklärung dafür ist die folgende: Für alle Elektronen, deren Energie kleiner ist als die kleinste Anregungsspannung des Grundgases (Edelgas) spielt dieses lediglich die Rolle eines elastisch zerstreuenden Füllmediums (vgl. S. 155); die Elektronen durchlaufen deshalb in dem Grundgas vielfach gebrochene Zickzackbahnen von insgesamt großer Länge und haben auf diesen Bahnen Gelegenheit, mit den Atomen der Zumischung (Quecksilber) zusammenzustoßen; dabei werden die Elektronen, deren Energie die kritischen Spannungen der Zumischung überschreiten, „abgefangen", d. h. sie stoßen unter Anregung oder Ionisation unelastisch und es gibt deshalb praktisch keine genügend schnellen Elektronen für die Anregung des Grundgases. Die MAXWELLsche Verteilungskurve wird also durch die unelastischen Stöße gewissermaßen abgeschnitten. In Wirklichkeit liegen die Dinge natürlich nicht ganz so einfach, aber grundsätzlich entspricht das eben skizzierte Bild den tatsächlichen Verhältnissen.

Stufenprozesse. Für feinere Überlegungen müßten wir vor allem die Anregungsfunktionen mit in Rechnung setzen, aber wir erreichen dabei sehr bald schon eine fast unüberschreitbare Grenze; einfach deshalb, weil die Sachlage selbst bei Beschränkung auf qualitative Betrachtungen unleidlich kompliziert wird. Es gibt jedoch noch einige andere allgemeine Gesichtspunkte, die beachtet werden müssen und neue Einsichten eröffnen. Stillschweigend haben wir nämlich bisher angenommen, daß die Anregung vom Grundzustand aus erfolgt, während in den Entladungen

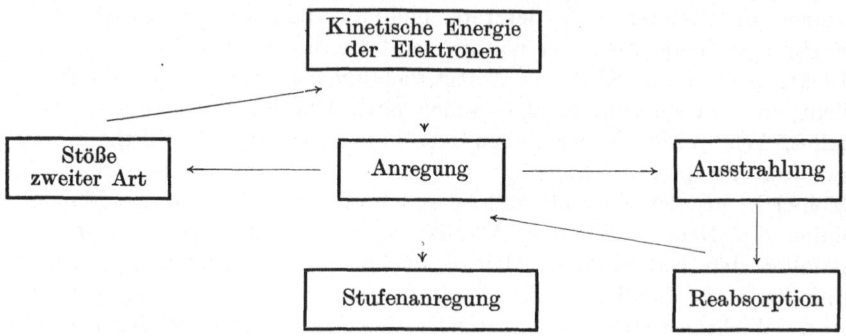

Abb. 76. Schema der Energiezirkulation in der Natriumsäule. (Nach KREFFT, REGER u. ROMPE.)

insbesondere bei höheren Stromdichten erhebliche Mengen bereits angeregter Zustände vorhanden sind. Wir müssen mit anderen Worten also zunächst überlegen, welche Rolle Stufenprozesse spielen. Unmittelbar ersichtlich ist, daß solche Stufenprozesse vor allem von Bedeutung sind, wenn sie sich aufbauen auf metastabilen Anregungszuständen (S. 81), weil die große Lebensdauer der Metastabilen die Wahrscheinlichkeit eines erneuten Elektronenstoßes auf sie außerordentlich steigert. Von besonderem Interesse sind dabei gewisse Sonderfälle, in denen an sich nicht metastabile Zustände eine ganz ähnliche Rolle spielen können wie wirkliche metastabile Zustände und zwar dank einer eigentümlichen Zirkulation der Anregungsenergie innerhalb der Entladung. Ein Beispiel wird dies sogleich verständlich machen: Das Natriumatom besitzt keine metastabilen Niveaus, aber die 2 p-Niveaus — vgl. die Abb. 17, S. 79, des Termschemas — verhalten sich in der Natriumsäule hinsichtlich der Konzentrationen der auf dieses Niveau angeregten Atome nicht viel anders als ob sie metastabil wären. Wir betrachten dazu das Schema Abb. 76. Aus der kinetischen Energie der Elektronen erfolgt durch Stoß die Anregung der 2 p-Zustände; bei der Rückkehr in den Grundzustand werden die D-Linien emittiert, die aber nun kräftig von dem Natriumdampf selbst wieder absorbiert werden, weil natürlich sehr viele Atome in dem zur Absorption fähigen Grundzustand vorhanden sind. Die Konzentration der in den 2 p-Zuständen angeregten Atome ist deshalb hoch; auf ihm können sich nun Stufenprozesse aufbauen durch weitere Elektronenstöße und es findet so eine Anregung der höheren Niveaus md und ms statt. Daß man in praxi mit Gemischen aus Na-Dampf und Edelgasen arbeitet, ändert an dieser Überlegung nichts, weil wiederum das Edelgas lediglich die Rolle eines elastischen Zwischenmediums spielt. Die Reabsorption der Resonanzlinie ist also hier das Wesentliche und man kann das Bild formal sogar weiter ausbauen durch die Vorstellung, daß die Photonen der D-Linien sich verhalten wie ein Gas, daß in der Entladung von Atom zu Atom hin und her diffundiert. Diejenigen D-Photonen, die bei dieser Diffusion an die Wand der Entladungsröhre gelangen, fließen dann nach außen als Lichtstrom ab.

Auf der linken Seite der Abb. 76 ist noch ein weiterer Energiekreislauf eingezeichnet. Ein Teil der Anregungsenergie der 2 p-Zustände wird nämlich durch Stöße zweiter Art (S. 100) übertragen auf die Elektronen und kehrt so zurück in das Energiereservoir des Elektronenensembles. Wir kommen damit zugleich auf einen ganz allgemein bedeutungsvollen weiteren Teilprozeß, der in der Energieübertragung durch Stöße zweiter Art besteht und insbesondere wieder bei metastabilen Zuständen eine Rolle spielt. So z. B. liegt es nun nahe, die oben betrachteten Erscheinungen in Gasgemischen ergänzend zu erklären durch die Mitwirkung solcher Stöße zweiter Art zwischen metastabil angeregten Grundgasatomen und den Zumischungsatomen. In einem Ne + Hg-Gemisch etwa wird man dem Prozeß

$$\mathrm{Ne}'_m + \mathrm{Hg} = \mathrm{Hg}^{+\,\prime} + \mathrm{Ne} + \text{Elektron} + \text{kinetische Energie,}$$

d. h. der Anregung und Ionisation des Hg durch die metastabilen Ne-Atome eine große Wahrscheinlichkeit zuschreiben, weil die metastabile Anregungsenergie des Ne mit 16,64 V nur um 0,02 V größer ist als die zur Bildung angeregter Hg-Ionen erforderliche Energie von 16,62 V und deshalb nur sehr wenig überschüssige kinetische Energie anfällt.

Lichtemission der Säule. Zum Teil geben Überlegungen der eben durchgeführten Art auch bereits Aufschluß über die Lichtausbeute der Säule und erlauben, beleuchtungstechnisch wichtige Schlüsse zu ziehen. Einen Überblick über alle Energieumsetzungen in einem Entladungsrohr gibt das Schema Abb. 77. Es dürfte ohne weiteres verständlich sein; dick umrandet sind die für die Lichterzeugung verlustbringenden Vorgänge, dünn umrandet die nutzbringenden.

Wir wollen uns zum Schluß noch etwas beschäftigen mit den Verhältnissen in den thermischen Säulen, deren Theorie S. 199 f. skizziert wurde. Dort hatten wir uns lediglich beschäftigt mit den Ladungsträgern und angenommen, daß die Säule besteht aus einem Gemisch von neutralen Atomen, Elektronen und Ionen. In Wirklichkeit liegen die Dinge aber natürlich komplizierter insofern, als die neutralen Atome ihrerseits wieder sich nicht nur im normalen Grundzustand, sondern auch in den verschiedensten Anregungszuständen befinden. Auf das Ionisationsgleichgewicht ist die Berücksichtung dieser angeregten Zustände praktisch ohne Einfluß, wie wir schon S. 104 sahen; aber für die Strahlung der Säule sind sie und nur sie unmittelbar von Bedeutung. Wenn wir annehmen dürfen — und diese Annahme trifft tatsächlich zu —, daß wir es mit einem praktisch ungestörten thermischen Gleichgewicht zu tun haben, müssen natürlich auch die Konzentrationen der angeregten Zustände bestimmt sein allein durch die Systemtemperatur T. Sie lassen

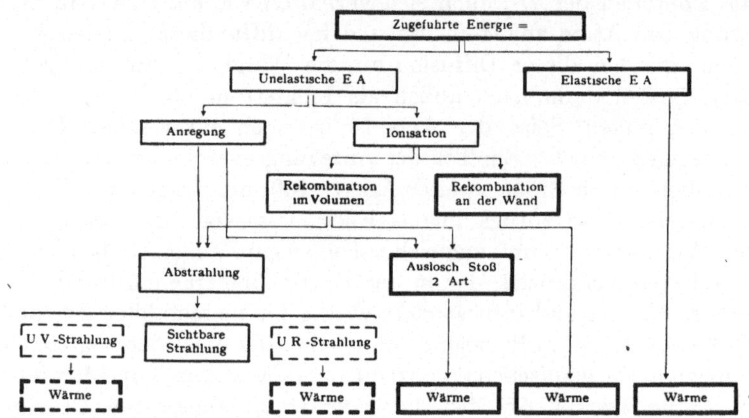

Abb. 77. Schema des Energieumsatzes in der positiven Säule. (Nach KREFFT, PIRANI u. ROMPE.).

sich dann unmittelbar angeben nach dem Boltzmann-Prinzip (S. 16), nach welchem die Zahlen n_k' der angeregten Atome mit den Anregungsspannungen V_k' proportional zu

$$e^{-\frac{11\,600 \cdot V_k'}{T}}$$

sind. So z. B. nimmt für die auf dem Niveau $3\,d_2$ mit der Anregungsspannung 8,8 V befindlichen Hg-Atome dem Temperaturabfall entsprechend die räumliche Dichte von der Achse nach der Wand hin (in einem Rohr von 0,5 cm Radius) ab nach folgenden (abgerundeten) Verhältniszahlen.

r	0	0,1	0,2	0,3	0,4	0,5
T . . .	6400	6300	6000	5525	4900	4200
n' . . .	100	79	35	8	0,7	0,02

Will man die Absolutzahlen der Angeregten haben, so hat man zu setzen

$$(90) \qquad n' = g \cdot N \cdot e^{-\frac{11\,600\,V'}{T}},$$

wo N die Zahl der vorhandenen Atome (cm^{-3}) überhaupt und g das sog. statistische Gewicht des betreffenden Anregungszustandes ist, das aus der Atomtheorie bekannt ist.

Die Intensität einer Linie, bei deren Emission das Atom ausgeht von einem angeregten Zustand, ist primär proportional der Zahl n' der Atome, die sich in diesem angeregten Zustand befinden und kann nach dem Vorhergehenden berechnet werden. Für die Berechung der wirklich aus dem Entladungsrohr abgestrahlten Intensität ist damit allerdings noch wenig gewonnen, da durch Selbstabsorption und durch Stöße zweiter Art ein sehr erheblicher Bruchteil der Anregungsenergie für die Abstrahlung verloren geht und sogar verloren gehen muß, wenn unsere früheren Überlegungen richtig sind. Denn eine merkliche Abstrahlung würde das thermische Gleichgewicht empfindlich stören und damit die Richtigkeit unserer bisherigen Vorausetzungen in Frage stellen. (Vollkommenes Gleichgewicht kann natürlich in Strenge nur bestehen, wenn das System überhaupt nicht strahlt, aber es kann umgekehrt doch merklich strahlen, wenn fast Gleichgewicht besteht und dies gerade macht es möglich, die Gleichgewichtstheorie anzuwenden auch auf die praktisch als Lichtquellen dienenden strahlenden Säulen.) Immerhin lassen sich einige Schlüsse qualitativer und sogar größenordnungsmäßig quantitativer Art ziehen unter Vernachlässigung jener Energierückgabeprozesse, wenn man nicht gerade Linien mit starker Selbstabsorption auswählt. So z. B. kann man voraussagen, daß das Intensitätsverhältnis der einzelnen Linien zueinander sich mit steigender Temperatur verschieben muß zugunsten der Linien mit höherer Anregungsspannung. Ein Beispiel dafür geben die folgenden Meßergebnisse, die sich auf die in den Linien 5461 (Anregungsspannung 7,7 V) und 5770/90 (Anregungsspannung 8,8 V) von einer Hochdruckquecksilberröhre ausgestrahlten Energie in W/cm Rohrlänge bei verschiedenen Temperaturen $\sim$ Leistungsaufnahmen der Röhre pro cm Rohrlänge beziehen.

Ein anderes Beispiel ist das folgende und dürfte gut geeignet sein, die Sachlage recht anschaulich zu erläutern.

W/cm	21,8	28,6	35,8	44,8
$\dfrac{\text{W (5770/90)}}{\text{W 5461}}$	0,98	1,12	1,18	1,23

Wenn z die Zahl der Übergänge (Quantensprünge) ist, die zur Emission einer Linie von der Frequenz ν führen, so ist die energetische Intensität dieser Linien $E = z \cdot (h\nu)$, da bei jedem Übergang die Energie $h\nu$ emittiert wird. Dieses E kann man unter der Annahme, daß keine Selbstabsorption vorhanden ist, aus einer direkten Messung finden. Andererseits ist z proportional der Zahl N' der Atome, die sich im Ausgangszustand der Linie befinden; es ist also $z = f^* \cdot N'$, wo f^* nach ganz anderen Methoden experimentell und neuerdings auch theoretisch angeben werden kann. Man hat also $E = f^* \cdot N' \cdot (h\nu)$ und kann nun, da N'

aus dem Temperaturgleichgewicht bekannt ist, das hieraus sich ergebende
$f^* (= f) \doteq E/N'\, hv$ vergleichen mit jenem anderweitig bekannten f^*. Eben
wegen der Vernachlässigung der Selbstabsorption muß man allerdings erwarten, daß f^* größer als f ist und kann daraus eine Abschätzung der stören-
den Selbstabsorption herleiten. Neben-
stehende Zahlen veranschaulichen
dies an Ergebnissen für eine Reihe von
Hg-Linien einer Hochdruckentladung.

Linie . .	4047	4358	5461
f^*/f . . .	3,8	4,5	2,4

Zum Teil lassen sich Überlegungen der eben besprochenen Art übertragen auf die Verhältnisse in der S. 194 behandelten Niederdruck-
Diffusionssäule. Zur Klärung des
wesentlichen Unterschiedes im
Mechanismus der Lichterzeugung
in den Niederdruck- und in Hoch-
drucksäulen wird aber die folgende
Überlegung noch nützlich sein.
Wir gehen aus den von dem Ergebnis der Strahlungsmessungen
an Hg-Säulen, und zwar der Lichtausbeute (Lichtstrom in HLm
pro Watt) nach Abb. 78. Das
sekundäre Maximum bei
kleinen Dampfdrucken in-
teressiert dabei nicht, son-

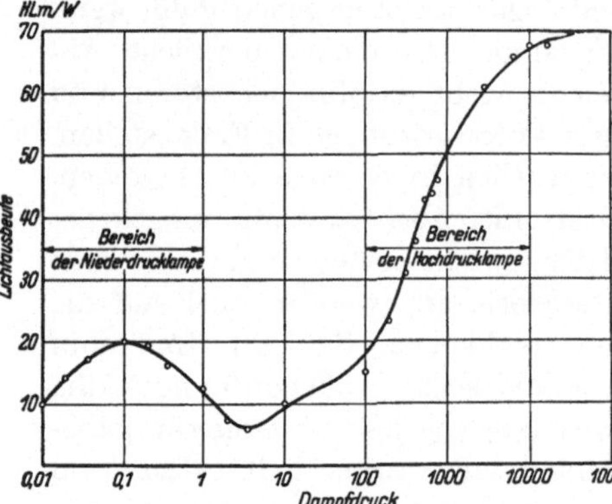

Abb. 78. Lichtausbaute der Hg-Säule. (Nach KREFFT.)

dern nur der starke Anstieg der Ausbeute mit zunehmendem Druck
im Anwendungsgebiet der eigentlichen Hochdrucklampen. Wie schon
S. 200 erwähnt, gleichen sich mit zunehmender Dampfdichte die Elektronentemperatur T_e und die Gastemperatur T_g immer mehr aneinander
an und es geht $T_e \gg T_g$ immer mehr über in $T_e \cong T_g$, wenn auch T_e
immer etwas größer bleibt als T_g. Die Aufheizung des Gases geschieht
primär stets über die Elektronen, die Energie aus dem Feld entnehmen.
Man braucht aber den Mechanismus dieser Aufheizung im einzelnen gar
nicht zu kennen und kann allgemein thermodynamisch schließen, daß
die Aufheizung abnimmt, wenn $T_e - T_g$ kleiner wird, d. h. also, wenn die
Dampfdichte zunimmt. (Nur muß man bei dem Versuch einer Berechnung der Aufheizung vorsichtig sein; denn während in der Niederdruckentladung die Aufheizung berechnet werden kann aus der Wärmeproduktion bei den elastischen Stößen (S. 186), ist das in der Hochdruckentladung
nicht mehr möglich, weil eben wegen $(T_e - T_g)_{\text{klein}}$ die Rückheizung der
Elektronen durch das Gas von derselben Größenordnung ist wie die Aufheizung des Gases durch die Elektronen und diese Rückheizung nicht
so ohne weiteres berechnet werden kann.) So es ist möglich, den folgenden Schluß zu ziehen: Die Leistung L setzt sich um in die Strahlung S und
in die Wärmeproduktion W, es ist allgemein $L = S + W$. Die Strahlung

aber ist $S \sim N e^{-\varepsilon V'/kT}$ nach den Überlegungen auf S. 222 und nimmt also zu mit zunehmendem N, d. h. mit zunehmender Dampfdichte; und zwar würde dies auch dann noch gelten, wenn nicht außerdem noch die Systemtemperatur $T \cong T_e \cong T_g$ zunehmen würde. W aber nimmt ab mit zunehmender Dampfdichte wegen der Angleichung $T_e \to T_g$, wie oben schon angegeben. Es ist also die Lichtausbeute A

$$A = \frac{S}{L} = \frac{S}{S + W}$$

zunehmend mit zunehmender Dampfdichte und würde sogar ohne die Absorptionsverluste gegen Eins konvergieren.

28. Ähnlichkeitsgesetze.

Die Ähnlichkeitsgesetze. Wie auch in anderen Teilen der Physik (erinnert sei nur an die hydrodynamische Strömungslehre) ist auch in der Gasentladungsphysik ein sehr fruchtbares Hilfsmittel gegeben durch die sog. Ähnlichkeitsgesetze, d. h. durch Beziehungen zwischen den Eigenschaften von Entladungsformen oder Entladungsteilen derselben Art und in demselben Gas, die sich durch ihre geometrische Dimensionen unterscheiden. Diese Ähnlichkeitsgesetze erlauben, mit der nötigen kritischen Vorsicht angewendet, die an einer Entladung gewonnenen Erkenntnisse quantitativ auszuwerten für eine andere Entladung; sie ermöglichen zudem, Aussagen allgemeiner Art von vornherein auf bestimmte funktionelle Formeln zu bringen und finden implizite und oft ohne daß man sich dessen im einzelnen bewußt ist, Anwendung bei vielen gelegentlichen Zwischenüberlegungen. Da sie ferner nicht ganz allgemein gelten, sondern nur, wenn gewisse Elementarprozesse in den Entladungen nicht vorkommen, kann man aus ihrer Gültigkeit umgekehrt schließen, daß in diesen Entladungen jene „verbotenen" Elementarprozesse keine Rolle spielen.

Wir wollen zwei Entladungen als ähnlich bezeichnen, wenn sie geometrisch ähnlich sind; dazu ist erforderlich, daß das Potentialfeld und das Strömungsfeld ähnlich ist und daß auch sozusagen die Feinstruktur des Gases ähnlich ist, d. h. daß die freien Weglängen der Träger und der neutralen Teilchen sich ebenso verhalten wie die geometrischen Dimensionen der Entladungsrohre.

I und II seien zwei derartige Entladungen und es seien in I alle geometrischen Dimensionen a-mal größer als in II. Dann muß zunächst in I offenbar die Gasdichte a-mal kleiner sein als in II, damit $\lambda_1 = a\lambda_2$, d. h. damit die Weglängen ähnlich sind. Damit die Potentialfelder ähnlich sind, müssen die Potentiale in entsprechenden (homologen) Punkten jeweils dieselben sein und deshalb die Feldstärken sich verhalten umgekehrt wie die Lineardimensionen. Denn es ist in Richtung der Feldkraftlinien $\mathfrak{E} = dV/ds$ und für zwei benachbarte entsprechende

Punkte ist $dV_1 = dV_2$ und $ds_1 = a\,ds_2$. Wir haben also

$$(91\,\text{a}) \qquad\qquad \mathfrak{E}_1/\mathfrak{E}_2 = 1/a,$$

woraus folgt, daß der sog. Weglängengradient $\mathfrak{E}\cdot\lambda$ in homologen Punkten derselbe ist in beiden Entladungen und daß deshalb auch alle von ihm abhängenden Größen dieselbe sind; dies gilt insbesondere für die gerichtete und die ungerichtete Trägergeschwindigkeit. Aus der Ähnlichkeit der Potentialfelder folgt weiter, daß die Raumladungsdichten ϱ sich verhalten umgekehrt wie die Quadrate der Lineardimensionen, daß also

$$(91\,\text{b}) \qquad\qquad \varrho_1/\varrho_2 = 1/a_2$$

ist. Dies folgt aus der Potentialgleichung $\varDelta V = 4\,\pi\,\varrho$ sofort wegen $V_1 = V_2$ und $dx_1 = a\,dx_2 \ldots dz_1 = a\,dz_2$ in benachbarten entsprechenden Punkten. Es gilt aber nicht nur für die gesamten Raumladungsdichten, sondern auch für den Anteil jeder Trägerart einzeln, d. h. für die Trägerdichten n_- (Elektronen), N_- (negative Ionen) und N_+ (positive Ionen)

$$(91\,\text{c}) \qquad\qquad \frac{n_{-1}}{n_{-2}} = \frac{N_{-1}}{N_{-2}} = \frac{N_{+1}}{N_{+2}} = \frac{1}{a^2}\,.$$

Daraus folgt dann weiter: Die Stromdichte eines jeden Teilträgerstromes ist $j = \varepsilon\,n\,v$, wenn n die betreffenden Trägerdichte und v die betreffende gerichtete Trägergeschwindigkeit ist. Da aber $v_1 = v_2$ und $\varrho_1 = \varrho_2/a^2$ ist, gilt also

$$(91\,\text{d}) \qquad\qquad j_1/j_2 = 1/a^2\,.$$

Da ferner homologe Flächenelemente df, einschließlich natürlich solcher auf den Elektrodenoberflächen liegenden Elemente, sich verhalten wie die Quadrate der Lineardimensionen, ist $df_1 = a^2 df_2$ und deshalb gilt für die Stromstärken

$$(91\,\text{e}) \qquad\qquad i_1 = \int j_1\,df_1 = \frac{a^2}{a^2}\int j_2\,df_2 = i_2\,.$$

Die Zeiten endlich, innerhalb welcher sich in ähnlichen Entladungen homologe Vorgänge abspielen, verhalten sich wie die Lineardimensionen; es ist

$$(91\,\text{f}) \qquad\qquad t_1/t_2 = a/1\,.$$

Denn die Trägergeschwindigkeiten sind gleich und die zu durchlaufenden Wege verhalten sich wie die Lineardimensionen.

Gültigkeit der Ähnlichkeitsgesetze. Ehe wir an einer Reihe von Beispielen der Gültigkeit der Ähnlichkeitsgesetze im einzelnen nachgehen, müssen wir erst noch allgemein untersuchen, unter welchen Bedingungen überhaupt ähnliche Entladungen physikalisch möglich sind. Man muß dazu der Reihe nach die einzelnen Elementarprozesse vornehmen und nachsehen, ob sie den Ähnlichkeitsgesetzen folgen. Zur Veranschaulichung der Methodik dieser Untersuchung mögen zwei

Beispiele genügen. Betrachten wir zuerst etwa die Ionisierung durch einfachen Elektronenstoß. Zunächst ist klar, daß in entsprechenden Punkten jeder einzelne Stoß mit derselben Ausbeute erfolgt, da die Elektronengeschwindigkeiten dieselben sind. Die Zahl der pro Volum- und Zeiteinheit stattfindenden Ionisationen q ist $c\,n_-\,s$, wenn s die Stoßzahl eines Elektrons in der Zeiteinheit und c der Ausbeutefaktor ist. Nun ist aber $c_1 = c_2$ wegen der Gleichheit der Geschwindigkeiten, ferner $n_{-1} = \dfrac{1}{a^2}\,n_{-2}$ und endlich $(s = v/\lambda)\ s_1 = \dfrac{1}{a}\,s_2$ wegen $n_{-1} = n_{-2}/a^2$ und wegen der Beziehung $\lambda_1 = a\,\lambda_2$. Demnach ist $q_1 = q_2/a^3$, d. h. q_1 verhält sich zu q_2 umgekehrt wie sich die Größen entsprechender Volumteile in beiden Entladungen verhalten: Einfache Elektronenstoßionisation ist in ähnlichen Entladungen zulässig. Betrachten wir hingegen Ionisationen in Stufen, so finden wir, daß sie die Ähnlichkeit stören, d. h. daß derartige Prozesse in ähnlichen Entladungen keine wesentliche Rolle spielen dürfen. Ist nämlich N' die Zahl der angeregten Atome in der Volumeinheit, so macht jedes Elektron $g \cdot c' \cdot N'$ ionisierende Stöße mit Angeregten, wo g ein jetzt vom Druck unabhängiger Proportionalitätsfaktor und c' wieder die Ausbeute ist. Die Gesamtzahl der Ionisationen q' über angeregte Zustände ist also pro Volum- und Zeiteinheit $q' = g \cdot c' \cdot N' \cdot n_-$. Setzen wir wieder $n_1 = \dfrac{1}{a_2}n_2$, so erhalten wir an Stelle der früheren Relation $q_1 = \dfrac{1}{a^3}\,q_2$ nun $q_1 = \dfrac{1}{a^2}\,q_2$, woraus ersichtlich ist, daß die Ähnlichkeit gestört ist. Geht man in analoger Weise die übrigen Elementarprozesse durch, so findet man, daß die Bewegung der Ladungsträger nicht nur durch das elektrische Feld, sondern auch durch Diffusion zu den im Sinn der Ähnlichkeitsgesetze erlaubten Vorgängen gehört, ebenso die Bildung negativer Ionen durch Anlagerung von Elektronen an neutrale Gasteilchen und in gewissem Umfang sogar die Wiedervereinigung zwischen positiven und negativen Ionen und ferner z. B. die Elektronenbefreiung aus der Kathode durch Ionenstoß. Nicht erlaubt sind hingegen außer der schon besprochenen Stufenionisation die Wiedervereinigung von positiven Ionen mit Elektronen im Gas und insbesondere Dichteänderungen durch eine von der Entladung bewirkte Temperatursteigerung des Gases. Es gelten also die Ähnlichkeitsbetrachtungen immerhin recht weitgehend und wenigstens angenähert gelten sie auch noch, wenn jene verbotenen Prozesse zwar stattfinden, aber quantitativ keine große Rolle spielen; abzuschätzen, wieweit diese bedingte Gültigkeit geht, ist allerdings schwierig und Vorsicht ist dann jedenfalls angezeigt.

Anwendungsbeispiel. Wir wollen uns noch speziellen Beispielen zuwenden. Schon wenn wir S. 97 für den Ionisationskoeffizienten α den allgemeinen Ansatz machten, daß $\alpha = p\,f\,(\mathfrak{E}/p)$ ist, war dies nichts anderes als eine Anwendung von Ähnlichkeitsbetrachtungen. Daß α, die auf der Wegeinheit stattfindende Zahl von Ionisationen, proportional mit der Gasdichte $\sim$ Gasdruck p ist, ist selbstverständlich, aber der Faktor $f(\mathfrak{E}/p)$ sagt darüber hinausgehend aus, daß unter „ähnlichen" Bedingungen, nämlich, wenn $\mathfrak{E}_1/\mathfrak{E}_2 = p_1/p_2$ ist, die Ausbeute bei jedem Stoß dieselbe ist. Im Gebiet der eigentlichen Gasentladungsphysik finden wir auf Schritt und Tritt fruchtbare Anwendungen. Ganz allgemein nämlich bei allen zusammenfassenden Darstellungen des in verschiedenen Entladungsröhren bei verschiedenen Fülldrucken erhaltenen Beobachtungsmaterials dadurch, daß als Variable $\mathfrak{E}/p$ und $l \cdot p$ dienen, wo l eine sinngemäß gewählte Lineardimension ist. So etwa läßt sich der Gradient G der positiven Säule in Rohren vom Radius r bei Drucken p darstellen dadurch, daß man G/p aufträgt über rp; oder die Abhängigkeit des Kathodenfalls V_c von der Stromdichte j an der Kathode dadurch, daß man j/p^2 aufträgt über V_c u. dgl. Auch auf nichtstationäre Vorgänge lassen sich natürlich die Ähnlichkeitsgesetze anwenden und es ist z. B. allgemein üblich, die Abhängigkeit der Zündspannung (S. 230) einer Entladung vom Elektrodenabstand d und vom Gasdruck p dadurch zusammenfassend zu beschreiben, daß man sie über $p \cdot d$ aufträgt. Als ein Beispiel für eine Vorhersage eines funktionellen Zusammenhanges möge noch folgendes dienen. Bei normalem Kathodenfall (S. 210), der unabhängig vom Druck ist, stellt sich auf der Kathodenoberfläche ein Entladungsquerschnitt derart ein, daß die Stromdichte unabhängig von der Stromstärke stets denselben normalen Wert j_n behält. Wenn man den Druck ändert, bleiben die Entladungen ähnlich — genügend weites Rohr mit genügend großer ebener Kathode vorausgesetzt — und es muß deshalb die normale Stromdichte proportional mit dem Quadrat des Druckes und die Dicke des Fallraumgebietes umgekehrt proportional mit dem Druck sich ändern. Abweichungen von diesen, übrigens weitgehend experimentell bestätigten Gesetzen, deuten zugleich darauf hin, daß verbotene Prozesse mitwirken, als welche man hier vor allem die Erwärmung des Gases vor der Kathode anzunehmen hat.

Einige Besonderheiten sind noch erwähnenswert bei der Anwendung von Ähnlichkeitsbetrachtungen auf die thermische Säule (S. 199). Da in unseren bisherigen Überlegungen die Gleichheit der Elektronengeschwindigkeiten in entsprechenden Punkten der Ausgangspunkt war, liegt es nahe, in der thermischen Säule nun die Gleichheit der Temperatur (ungeordnete Elektronenenergie) in entsprechenden Punkten zu fordern: Zwei Säulen sollen also ähnlich sein, wenn in entsprechenden Punkten die Temperaturen dieselben sind. Bei Metalldampfröhren, die mit ungesättigtem (durch vollständige Verdampfung der eingefüllten Metallmenge entstehendem) Dampf arbeiten, wird man ferner an Stelle des Druckes besser die Menge M g/cm des pro cm Rohrlänge eingefüllten Metalls als Vergleichsparameter wählen; als Lineardimension kommt natürlich wieder der Durchmesser D des Entladungsrohres in Betracht.

Und endlich ist es offenbar das Gegebene, nicht die Stromstärke i, sondern die Leistung $L = i \cdot G$ pro cm Rohrlänge als Vergleichsvariable zu benutzen, weil von ihr die Temperatur abhängt. Aus den Ansätzen auf S. 201 folgt dann unmittelbar: Nach der Saha-Gleichung ist $x \cdot p^2 = F(T)$, also bei derselben Temperatur $x \sim p^{-1/2}$; p ist aber nach der Gasgleichung $\sim M \cdot D^{-2}$ und i ist nach der Langevin-Gleichung $\sim x G D^2$, die Leistung L also $\sim x G^2 D^2$ oder wenn man $x \sim D M^{-1/2}$ einsetzt, $L \sim D^3 G^2 \cdot M^{-1/2}$. Löst man dies nach G auf, so erhält man das Ähnlichkeitsgesetz für den Gradienten

$$(92) \qquad G D^{3/2} = f(M, L).$$

Dabei wird natürlich nicht für jedes beliebige M und L Ähnlichkeit bestehen, d. h. es werden die Temperaturen in entsprechenden Punkten im allgemeinen nicht gleich sein, sondern es muß, damit dies der Fall ist, zwischen M und L noch eine Beziehungsbeziehung erfüllt sein. Diese Beziehung läßt sich allerdings nur näherungsweise angeben, weil es schwer ist, die Reabsorption der Strahlung in der Entladung zu berücksichtigen. Zu bedenken ist ferner, daß auch die Wandtemperatur eine Rolle spielt, die von den äußeren thermischen Bedingungen abhängt.

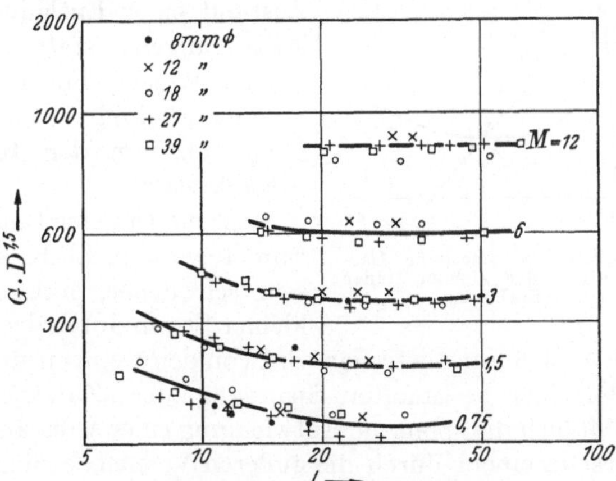

Abb. 79. Gültigkeit der Ähnlichkeitsgesetze für die (thermische) Hg-Hochdrucksäule. (Nach ELENBAAS.)

Wir haben es also unter sonst gleichen Verhältnissen zu tun mit einer mindestens dreifachen Mannigfaltigkeit von veränderbaren Versuchsgrößen, nämlich mit D, M und L, wobei implizite noch angenommen ist, daß G von L praktisch unabhängig ist; dies letztere ist aber experimentell innerhalb recht weiter Bereiche von L erwiesen. Es möge genügen, einen speziellen Fall zu betrachten. Wenn in Röhren von verschiedenem Durchmesser M und L dasselbe ist, ist in erster Näherung zu erwarten, daß die Entladungen ähnlich sind, weil dann aus entsprechenden Zylinderräumen gleichviel Wärme und Strahlung abströmt und gleichviel Energie in ihnen verbraucht wird; es ist deshalb in solchen Röhren $G \cdot D^{3/2}$ dasselbe. Abb. 79 zeigt dies an einer Serie von Versuchen an Röhren mit Durchmessern zwischen 8 und 39 mm, gefüllt mit Hg-Mengen zwischen $^3/_4$ und 12 mg/cm und dürfte eine anschauliche Bestätigung unserer Ähnlichkeitsbetrachtungen geben.

29. Zünden und Löschen von Entladungen.

Mechanismus der Zündung. Bisher haben wir uns nur mit stationären Entladungen beschäftigt und dabei stillschweigend stets angenommen, daß diese Entladungen auch stabil sind, d. h. auch wirklich dauernd in dem betreffenden Zustand verharren können. Phänomenologische, auf allgemeinen elektrodynamischen Ansätzen beruhenden Überlegungen zeigen, wie eine solche Stabilisierung zu erzielen ist; nämlich im allgemeinen einfach durch genügend großen Vorschaltwiderstand. Bei unzureichender Stabilisierung einer instabilen Entladungsform haben wir es zu tun nicht mehr mit stationären, sondern mit zeitlich veränderlichen Zuständen, deren Betrachtung wir uns nun zuwenden wollen. Und zwar wollen wir den Vorgang der sog. „Zündung" besprechen, d. h. den Übergang vom stromlosen Zustand einer Entladungsstrecke in den einer selbständigen, stationären und stabilisierten Form. Welche Form dies ist, ob z. B. eine Glimmentladung oder eine Bogenentladung, hängt ab von den Konstanten des äußeren Stromkreises.

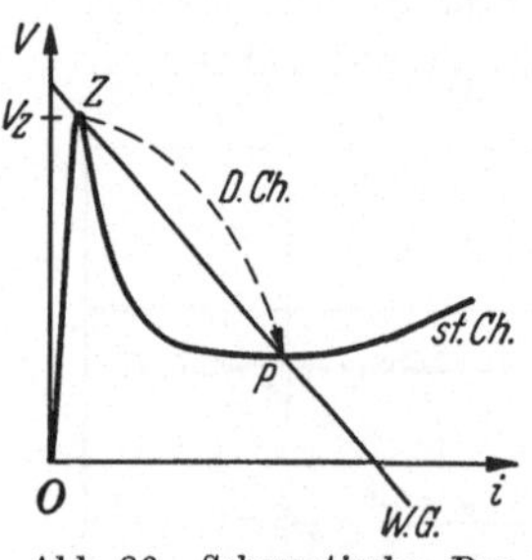

Abb. 80. Schematische Darstellung der Zündung einer Entladung.

Legt man an eine Entladungsstrecke eine langsam steigerbare EMK, so fließt zunächst nur ein sehr schwacher, praktisch meist verschwindend kleiner Strom durch das Gas, der als unselbständige Strömung getragen wird von den wenigen stets vorhandenen Trägern. Bei einer bestimmten Spannung, der „Zündspannung" V_z, setzt jedoch plötzlich die spontane Entwicklung einer selbständigen Entladung ein, die erst in einem durch die äußeren Versuchsbedingungen bestimmten Entwicklungsstadium mit der Ausbildung einer stabilen stationären Entladungsform wieder zur Ruhe kommt. Stets beobachtet man dabei ein Absinken der Klemmspannung an der Entladung auf einen beträchtlich unterhalb der Zündspannung V_z liegenden Brennspannungswert. Schematisch ist der Gang der Ereignisse also der in Abb. 80 gezeichnete (sog. „vollständige Charakteristik"), der folgendermaßen zu deuten ist: Steigert man, um den einfachsten Fall zu nehmen, bei festem Vorschaltwiderstand die äußere EMK, so wandert der Zustandpunkt in der V (Brennspannungs)-i (Entladungsstromstärke)-Ebene von $V = 0$, $i = 0$ beginnend zunächst mit den Widerstandsgraden auf dem Kurventeil OZ (Vorstrom) bis zur „Zündspitze" Z, dann aber beginnt die eigentliche Zündung und wir finden den Zustandspunkt wieder an der Stelle P, die auf dem Schnittpunkt der Widerstandsgeraden $W.G.$ mit der statischen Charakteristik der betreffenden, den erreichten Endzustand kennzeichnenden Entladungsform liegt. Die ganze Entwicklung von Z nach P geht mit außerordentlich großer Geschwindigkeit vor sich (sie kann sich z. B. beim Funkendurchbruch in Zeiten von der Größenordnung 10^{-8} s abspielen!).

Der Zustandspunkt durchläuft dabei eine von den Konstanten des ganzen Entladungsstromkreises (einschließlich der Elektrodenkapazität usw.) abhängende Kurve, die sog. „dynamische Charakteristik" (d. Ch.) etwa auf dem punktiert eingezeichneten Weg; diese Charakteristik kann man erhalten etwa durch Aufnahmen mit einem Kathodenstrahloszillographen. Man kann aber andererseits die Zwischenzustände auch durch hinreichend große Steilheit der Widerstandsgeraden weitgehend stabilisieren und erhält dann die sog. „vollständige statische Charakteristik" (st. Ch.) etwa in der durchgezogen eingezeichneten Gestalt.

Wir wollen auf die dynamische Charakteristik hier nicht eingehen und auch von der statischen Charakteristik vorerst nur die Punkte Z und P betrachten, also das Problem der Zündung konzentrieren auf zwei Fragen: Wodurch ist der Punkt Z ausgezeichnet, d. h. welche neuen Vorgänge beginnen hier wirksam zu werden und warum liegt der Punkt P tiefer als Z. Endziel müßte natürlich eine Berechnung der Lage von Z, d. h. eine Berechnung der Zündspannung V_z sein, und zwar aus den äußeren Versuchsbedingungen, d. h. aus der geometrischen Konfiguration der Entladungsstrecke, der Gasdichte und den elementaren Eigenschaften des Gases. Es sei vorweggenommen, daß wir heute imstande sind, den Vorgang der Zündung grundsätzlich befriedigend zu übersehen und sogar Zündspannungen quantitativ zu berechnen, wenn auch mancherlei Einzelheiten noch der Klärung bedürfen.

Das Wesentliche am Mechanismus der Zündung läßt sich zusammenfassen in folgender qualitativer Skizze: Im Entladungsraum sind stets einige Elektronen und Ionen vorhanden, herrührend von der Ionisation durch die überall auf der Erde tätigen natürlichen Ionisatoren. Diese Ladungsträger bewegen sich bei Anlegung einer Spannung im elektrostatischen Elektrodenfeld durch das Gas und wenn dies Feld stark genug ist, erzeugen sie neue Träger. Dabei kann man im allgemeinen annehmen, daß die Elektronen im Gas durch Stoß neue Träger bilden, die positiven Ionen hingegen nur aus der Kathode neue Elektronen auslösen. Mit dieser Neuerzeugung von Trägern allein ist aber offenbar das spontane Anschwellen der Trägerlawinen noch nicht verständlich gemacht. Würden selbst die von einem von der Kathode ausgehenden Elektron und seinen Abkömmlingen im Gas erzeugten Ionen so zahlreich sein, daß sie aus der Kathode gerade wieder ein Elektron auslösen, so würde damit (vgl. S. 208) zwar das Bestehen einer stationären selbständigen Entladung, nicht aber eine spontane Weiterentwicklung zu immer stromstärkeren Entladungszuständen verständlich sein. Dazu ist erforderlich, daß jeder Schub von Trägern günstigere Bedingungen zur Ionisation vorfindet als der vorhergehende und dementsprechend noch mehr Träger zu erzeugen imstande ist. Dies geschieht nun durch eine Raumladungsverzerrung des Feldes im Entladungsraum, und zwar vorwiegend durch die Raumladungswirkung der positiven Ionen. Diese wirken also nicht nur an der Kathodenoberfläche aktiv mit durch Elektronenbefreiung, sondern vor allem auch im Gas gewissermaßen passiv durch ihre Gegenwart. Die Raumladungsverzerrung bedingt zugleich, daß der Ionisationsherd, der anfangs entsprechend dem räumlichen Anschwellen der Elektronenlawine sich hauptsächlich an der Anode befindet, sich nach der Kathode hin verschiebt, und daß sich dort also ein Kathodenfallgebiet aufbaut. Sie allein kann ferner verständlich machen, daß der Durchschlag in so außerordentlich kurzen Zeiten erfolgt; denn es ist nun nicht mehr nötig anzunehmen, daß die im Gas gebildeten Ionen jeweils von ihrem Entstehungsort bis zur Kathode wandern und dort neue größere Elektronenmengen freimachen. Die gegenseitige Aufschaukelung von Elektronenstrom, Ionisierung und Raumladungsfeld, nicht aber einfach sich gegenseitig bedingende und zeitlich anschwellende positive und negative Trägerlawinen im ursprünglichen unverzerrten Feld spielen also bei der Zündung und beim Durchschlag eine Rolle. Der geschilderte Entwicklungsvorgang ist abgeschlossen, wenn entweder die Entladungsstromstärke durch die Verhältnisse im äußeren Stromkreis begrenzt wird oder wenn neue Elementarvorgänge — z. B. eine Erhitzung der Kathode bis zu thermischer Elektronenemission — dazukommen. In letzteren Fällen schreitet die Entwicklung unter Umständen weiter fort zu neuen höheren Entladungsformen.

Theorie der Zündung. So einfach und plausibel diese Vorstellungen an sich auch sind, so schwierig ist es doch, sie zu einer quantitativen Theorie auszuarbeiten. Es ist das auch unmittelbar verständlich, wenn wir uns an die früheren Überlegungen zur Theorie der stationären selbständigen Entladungen (S. 207 f.) erinnern. Denn wir müßten in der Theorie der Zündung nicht nur wie dort die Ansätze für die Trägerbewegung, die Trägerneubildung und die Raumladungswirkung der Trägerströme miteinander kombinieren, sondern müßten von vornherein ausgehen von nichtstationären, d. h. auch die zeitlichen Änderungen der eingehenden Größen umfassenden Differentialgleichungen. Diese Gleichungen anzuschreiben, ist an sich nicht schwer, aber sie zu lösen ist aus mathematisch formalen Gründen fast hoffnungslos. Es würde wahrscheinlich auch wenig interessant und ergiebig sein in Anbetracht der dabei erforderlichen Vereinfachungen. Man ist deshalb so vorgegangen — und wir werden uns dem anschließen —, daß man in Analogie zum Lösungsgang vieler klassisch elektrodynamischer Probleme gewissermaßen „quasistationär" rechnet. Ehe wir hierauf eingehen, wollen wir aber unsere Skizze noch durch etwas konkretere Ansätze vervollständigen. Wir beschränken uns dabei zunächst auf das Problem der Zündung zwischen parallelen ebenen Elektroden (im Abstand L) von praktisch unendlicher Ausdehnung, an dem schon recht viel Wesentliches zu erkennen ist. Ferner wollen wir nur einige Teilfragen hier herausgreifen, die von besonderer Bedeutung sind.

Wie S. 208 gezeigt wurde, ist die Bedingung für die Stationarität der Entladung gesichert durch die Bedingung

$$(93\,\text{a}) \qquad \gamma \left(e^{\int_0^L \alpha\, dx} - 1 \right) = 1 \,,$$

wo α die von einem Elektron pro 1 cm Fortschreitungsweg erzeugte Zahl von neuen Trägerpaaren und γ die von einem Ion aus der Kathode ausgelöste Zahl von neuen Elektronen ist; α war dabei gegeben durch die Formel (34 b), S. 98,

$$(93\,\text{b}) \qquad \alpha/p = c_1 \cdot e^{-c_2\, p/E}$$

in Abhängigkeit von der Feldstärke E und dem Gasdruck p. Solange die Stromdichte noch klein ist, können wir in erster Näherung mit dem unverzerrten homogenen Elektrodenfeld rechnen, das mit der Spannung V an der Entladungsstrecke zusammenhängt durch $E = V/L$. Dann hat α überall zwischen den Elektroden denselben Wert und die Gl. (93 a) nimmt die einfache Form an

$$(93\,\text{c}) \qquad \gamma (e^{\alpha L} - 1) = 1 \,.$$

Setzen wir darin für α den Wert aus Gl. (93 b) ein mit $E = V/L$ und für γ in erlaubter numerischer Näherung einen konstanten Wert, so erhalten wir

$$(93) \qquad V = c_2 \frac{p\,L}{\ln p\,L + \left[\ln c_1 - \ln\ln\left(1 + \dfrac{1}{\gamma}\right)\right]} = f\,(p \cdot L) \,.$$

Das zur Erzielung einer stationären Entladung erforderliche V ist also außer von den spezifischen Konstanten c_1, c_2 und γ des Gases und des Kathodenmaterials nur abhängig von dem Produkt pL, wie dies nach den Ähnlichkeitsgesetzen (S. 225) übrigens von vornherein zu erwarten war. Wenn unsere idealisierende Annahme des unverzerrten homogenen Feldes gilt bis hinauf zum Zündpunkt Z der Abb. 80 S. 230, so wäre durch die Gl. (93) die Zündspannung berechnet; nämlich als die Spannung, die erforderlich ist zur Erzielung einer stationären selbständigen Entladung. Daß dies tatsächlich recht gut zutrifft, zeigt die Abb. 81 in der für Luft mit den Werten $c_1 \sim 15$, $c_2 \sim 400$ und $\gamma \sim 0{,}02$ die Gl. (93) ausgewertet und mit den experimentell gefundenen Werten verglichen ist. Nicht anders liegen die Dinge für einige andere, der Rechnung zugängliche weniger einfache Elektrodenanordnungen (konzentrische Zylinder, Kugeln usw.), die sich mit Hilfe der allgemeineren Gl. (93 a), und der aus der Elektrostatik bekannten unverzerrten Felder grundsätzlich ganz ebenso behandeln lassen.

Durch diesen sicherlich schönen Erfolg dürfen wir uns aber natürlich nicht täuschen lassen. Er zeigt zwar, daß bis hinauf zum Zündpunkt das Feld praktisch unverzerrt sein kann, aber es ist damit über den weiteren Verlauf der Entwicklung und über die Möglichkeit, daß der

Zustandspunkt spontan zu der Stelle P der Abb. 80 abgleitet und sich eine raumladungsbeschwerte Entladungsform wirklich aufbaut, noch nichts gesagt. Erst mit der Analyse des Aufbaus der Raumladungen beginnen die eigentlichen theoretischen Schwierigkeiten für das Verständnis des vollständigen Zündmechanismus, unbeschadet des Erfolges bei der praktischen Berechnung der Zündspannung.

Wir kehren nun zurück zu den S. 231 skizzierten Vorstellungen über die Mitwirkung der Raumladungen: Begünstigung der Ionisation, die durch die Elektronen im Gas bewirkt wird, Verlagerung des Ionisationsherdes nach der Kathode hin und Beschleunigung der Zündung. Die zweite und dritte

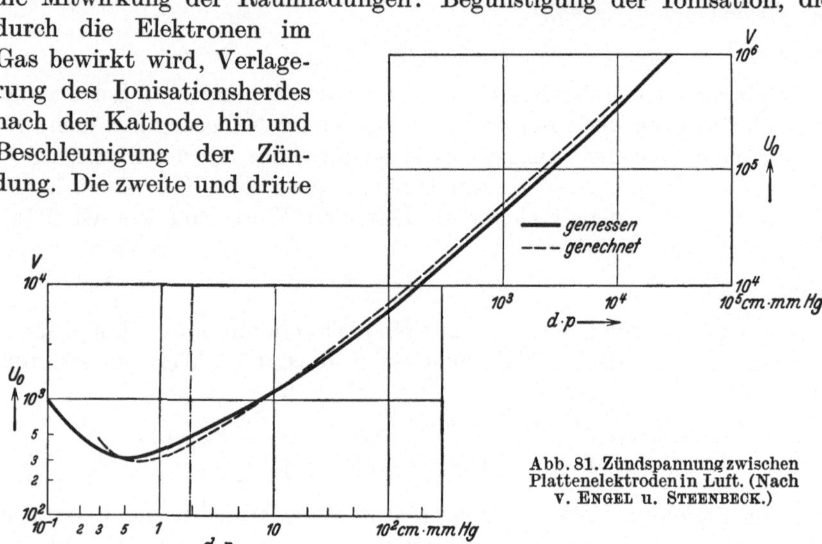

Abb. 81. Zündspannung zwischen Plattenelektroden in Luft. (Nach v. ENGEL u. STEENBECK.)

Teilwirkung lassen sich qualitativ leicht übersehen und zu bemerken ist dazu ohne Wiedergabe der vollständigen und sehr weitläufigen Rechnungen (auf die wir unten übrigens noch etwas näher eingehen werden) nur, daß man ohne Berücksichtigung der Raumladungswirkung, also lediglich mit Hilfe der Vorstellung von im unverzerrten Feld hin- und rücklaufenden Trägerlawinen, in Schwierigkeiten mit den beobachteten sehr kurzen Zündzeiten, namentlich bei größeren Werten von pd, kommt. Bei den kleineren Werten bis etwa zu $pd \sim 1$ cm mm Hg würden kaum Schwierigkeiten auftreten. Schwerer zu übersehen ist die Begünstigung der Elektronenionisation; sie ist auch gewissermaßen nur einem günstigen Zufall zu verdanken. Maßgebend für die durch Elektronenstoß gebildeten neuen Träger ist nämlich

$$\int_0^L \alpha\, dx$$

und nur wenn bei festgehaltener totaler Spannung V zwischen den Elektroden

$$V = \int_0^L E\, dx$$

eine Feldverzerrung den Wert des α-Integrals vergrößert, wird die Elektronenionisierung durch diese Feldverzerrung begünstigt in dem oben gemeinten Sinn. Wir denken uns nun einerseits ein unverzerrtes homogenes Feld E_0, in dem α den Wert α_0 hat, und andererseits ein verzerrtes Feld $E_0 + dE$, in dem dann α darzustellen ist bis auf Glieder zweiter Ordnung durch

$$\alpha = \alpha_0 + \left(\frac{\partial \alpha}{\partial E}\right)_0 dE + \frac{1}{2}\left(\frac{\partial^2 \alpha}{\partial E^2}\right)_0 \cdot dE^2 \, .$$

Setzen wir dies ein und bedenken, daß bei demselben V im verzerrten und unverzerrten Feld

$$\int\limits_0^L (E_0 + dE)\, dx = \int\limits_0^L E_0 \, dx, \quad \text{d. h.} \quad \int\limits_0^L dE \cdot dx = 0$$

sein muß, so erhalten wir

$$\int\limits_0^L \alpha \, dx = \int\limits_0^L \alpha_0 \, dx + \frac{1}{2}\left(\frac{\partial^2 \alpha}{\partial E^2}\right)_0 \int\limits_0^L dE^2 \cdot dx \, .$$

Ob im verzerrten Feld die Ionisierung durch Elektronen größer ist als im unverzerrten Feld, hängt also ab von dem Vorzeichen des zweiten Differentialquotienten $\partial^2 \alpha / \partial E^2$, d. h. nicht von der Neigung, sondern von der Krümmung der α, E-Kurve. Nur wenn diese Kurve nach oben konkav ist, haben demnach die Raumladungen die gewünschte Wirkung. In Abb. 82 ist der Verlauf von α/p in Abhängigkeit von E/p nochmals für Luft aufgezeichnet und man sieht daraus, daß nur bis hinauf zu etwa 300 V/cm mm Hg die geforderte Krümmung vorhanden ist; dort hat die Kurve einen Wendepunkt und wird dann konkav nach unten. Unsere Überlegungen weisen zugleich darauf hin, daß bei höheren E/p-Werten noch andere Effekte eine Rolle spielen müssen und daß

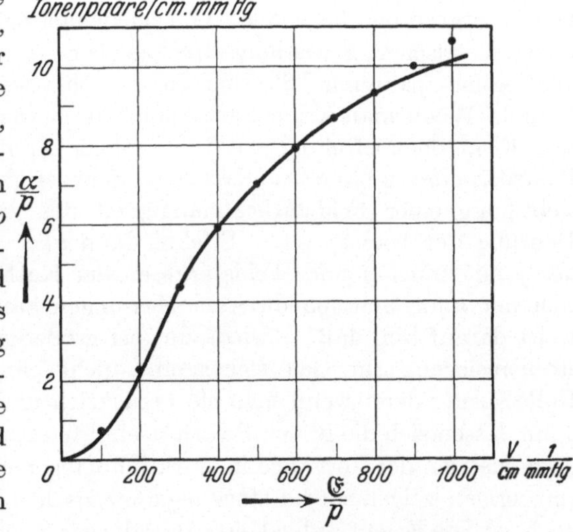

Abb. 82. Ionisierungskoeffizient α/p in Abhängigkeit von $\mathfrak{E}/p$ für Luft. (Nach V. ENGEL u. STEENBECK.)

man diese nur wird sehen können in der Begünstigung einer durch die positiven Ionen verursachten Gasionisierung durch die Raumladungsverzerrung; denn bei größeren Drucken und Elektrodenabständen spielt nämlich wohl sicher auch eine Ionisierung im Gas durch Ionenstoß eine Rolle, für die ganz analoge Überlegungen wie für die Elektronenionisierung gelten. Aber bei kleineren Drucken bzw. Elektrodenabständen ist für die Ionenstoßausbeute γ an der Kathode nur die Aufprallenergie der Ionen verantwortlich zu machen, und die Feldverstärkung vor der Kathode (Ausbildung eines Kathodenfalles) begünstigt deshalb in unmittelbar ersichtlicher Weise die zunehmende Neuerzeugung von Elektronen. Im Rahmen unseres Bildes lassen sich übrigens auch sofort einige sekundäre Effekte verstehen, von denen nur zwei erwähnt seien. Die Erniedrigung der Zündspannung durch eine „Vorerregung" der Entladungsstrecke, z. B. durch eine Bestrahlung der Kathode mit kurzwelligem Licht gehört hierher und ferner ein interessanter, in Edelgasgemischen auftretender Effekt. Es hat sich nämlich gezeigt, daß schon kleinste Mengen eines Gases A als Beimischung zu einem Grundgas B die Zündspannung stark herabsetzen, wenn die B-Atome metastabiler Zustände fähig sind und deren Anregungsspannung größer ist als die Ionisierungsspannung der A-Atome (z. B. Gas A Quecksilber mit der Ionisierungsspannung 10,4 V und Gas B Neon mit der metastabilen Anregungsspannung 16,6 V). Die Erklärung dafür ist die, daß die angeregten B-Atome durch Stöße zweiter Art sich dann an der Ionisation wirksam beteiligen können.

Endlich sei noch hingewiesen auf die Gruppe der sog. „Polaritätseffekte". Man versteht darunter die zwar kleinen, aber außerhalb der Meßfehlergrenzen liegenden Verschiedenheiten der Zündspannungen unsymmetrischer Entladungsstrecken bei $+-$ bzw. $-+$ Polung der angelegten Spannung. Sie sind theoretisch von Interesse aus folgendem Grund. Wenn man keine Ionisierung durch Ionenstoß im Gas, sondern nur Elektronenbefreiung an der Kathode annimmt, erhält man zwar Polaritätseffekte ohne grundsätzliche Schwierigkeiten durch die Berücksichtigung einer Feldstärkeabhängigkeit des γ. Quantitativ wäre zur Deutung der beobachteten Effekte dann aber eine so große Zunahme des γ mit zunehmender Feldstärke an der Kathode erforderlich, wie sie sich mit anderweitigen direkten Messungen kaum verträgt. Auch dies weist darauf hin, daß — wiederum bei größeren Drucken — die Ionenstoßionisierung im Gas sicher eine nicht ganz zu vernachlässigende Rolle spielt; denn wenn man sie berücksichtigt, und wie es scheint nur dann, lassen sich die in den Polaritätseffekten zum Ausdruck kommenden Asymmetrien der Vorgänge in stark inhomogenen Zündfeldern verstehen. Im übrigen zeigen solche stark asymmetrischen Entladungen auch sonst noch gewisse Eigentümlichkeiten, auf die wir S. 240 noch eingehen werden.

Zur Abrundung der bisherigen Betrachtungen ist es nun noch nötig, die strengere mathematische Theorie der Zündung zu besprechen. Wie schon erwähnt, kann es sich dabei leider vorerst noch nicht handeln um eine Diskussion der vollständigen zeitabhängigen Differentialgleichungen, sondern man ist bis jetzt angewiesen auf die Benutzung der Ansätze für die stationäre selbständige Entladung. Auch dann sind die diesbezüglichen Rechnungen noch immer sehr weitläufig, und lassen sich zudem bis zu Ende und quantitativ nur durchführen unter der Annahme, daß die Trägergeschwindigkeiten an jeder Stelle nur abhängen von der an dieser Stelle herrschenden Feldstärke. Sie gelten also nicht mehr, wenn sich die Feldstärke merklich ändert innerhalb von Bereichen, die vergleichbar mit den mittleren freien Trägerweglängen sind. Die Sachlage ist also eine ähnliche wie in der S. 207 ff. besprochenen Theorie des Kathodenfalls. Aber auch bezüglich des Mechanismus der Zündung läßt sich das Wesentliche erkennen an einem solchen speziellen Modell einer Entladung und wir wollen deshalb die folgenden Betrachtungen an die dort skizzierten Überlegungen anschließen. Dazu werden wir wieder auszugehen haben von der Differentialgleichung für das Feld (S. 209)

$$\frac{d^2 E^{3/2}}{d x^2} - \alpha \frac{d E^{3/2}}{d x} - \frac{6 \pi \alpha j}{k_+} = 0 \,.$$

Diese Gleichung muß integriert werden unter Erfüllung der Stationaritätsbedingung (93a) S. 233 und gibt dann die Feldstärke E als Funktion von x, wobei die Entladungsstromdichte j als eine vorgegebene Größe anzusehen ist. Zu jeder solchen Lösung gehört dann natürlich bei gegebenem Elektrodenabstand L eine bestimmte Entladungsspannung V, die berechnet werden kann aus

$$V = \int\limits_0^L E \, d x \,.$$

Letzten Endes erhält man also V in Abhängigkeit von L und j. Der Bau der Differentialgleichung bringt es nun mit sich, daß man bei der tatsächlichen Durchführung dieses Programms die Lösung nicht so unmittelbar wie eben geschildert erhalten kann: Es liegt dies daran, daß als Integrationskonstante der Wert E_k der Feldstärke an der Kathodenoberfläche auftritt und wird auch physikalisch ganz plausibel, wenn man daran denkt, daß wesentlich für den Mechanismus der selbständigen Entladung die Auslösung von Elektronen aus der Kathode durch Ionenstoß ist, und daß nach unseren Annahmen die Ionengeschwindigkeit an der Kathode bestimmt ist durch die dort herrschende Feldstärke. Wie dem auch sei, jedenfalls erhält man die Lösung in Form einer Parameterdarstellung

$$V = f_1(E_k, j), \qquad L = f_2(E_k, j),$$

woraus durch Elimination von E_k sich dann erst das eigentlich gewünschte Endergebnis $V = V(L, j)$ gewinnen läßt. Zur Veranschaulichung sind in den Abb. 83 die Ergebnisse einer quantitativen Durchrechnung für Luft von Atmosphärendruck dargestellt. Die Abb. 83a gibt V aufgetragen über der j, E_k-Ebene (das „Brennspannungsgebirge") und die Abb. 83b L aufgetragen ebenfalls über der j, E_k-Ebene (das „Schlagweitengebirge").

Damit sind wir also vorläufig so weit, daß wir zu jedem Elektrodenabstand L und zu jeder Entladungsstromdichte j die stationäre Brenn-

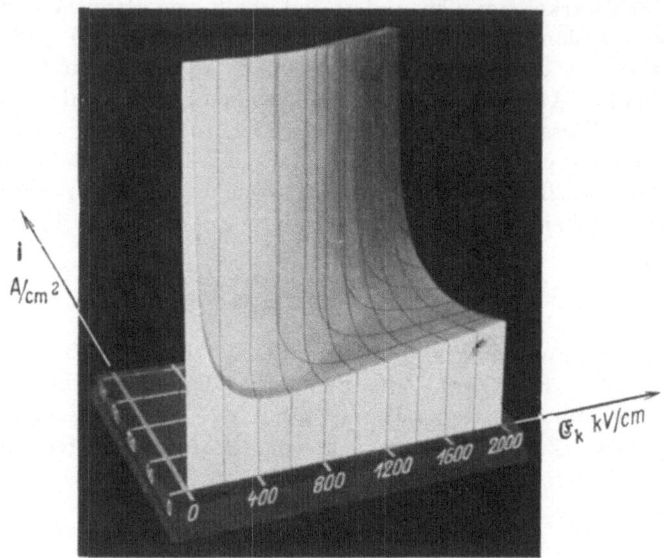

Abb. 83a. Brennspannungsgebirge. (Nach Rogowski u. Fucks.)

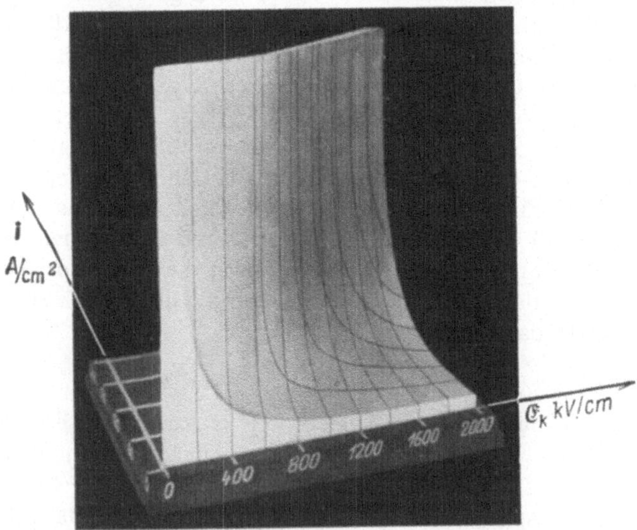

Abb. 83b. Schlagweitengebirge. (Nach Rogowski u. Fucks.)

spannung V angeben können. Um nun den Übergang zum Verständnis des Zündvorganges vornehmen können, ist noch ein weiterer wesentlicher

Schritt zu tun. Es ist klar, daß dazu noch eine in den bisherigen Überlegungen noch nicht benutzte Einsicht erforderlich ist; und da es sich
um den Übergang von Aussagen über stationäre Entladungszustände
zu Aussagen über den nichtstationären Zündvorgang handeln soll, ist
auch von vornherein ersichtlich, daß nur Stabilitäts- bzw. Labilitäts-
betrachtungen hier helfen können: Zeichnet man sich aus den Modellen
Abb. 83 für jeweils einen bestimmten Elektrodenabstand den Zusammenhang zwischen V und j heraus, so erhält man Kurven von der in Abb. 84
skizzierten Art; d. h. zu jeder oberhalb des Minimumwertes liegenden
Spannung gibt es zwei stationäre Entladungsformen mit je einer großen
und einer kleinen Entladungsstromdichte. Wie aus der Elektrodynamik
bekannt ist, brauchen aber nun nicht beide Formen auch stabil zu
sein, sondern stets stabil ist sicher nur die
eine auf den steigenden Zweig, während die
andere im allgemeinen labil ist (und nur durch
hinreichend großen Vorschaltwiderstand stabi-
lisiert werden könnte). Deshalb wird die Entladung z. B. vom Zustand M_1 bei praktisch
unendlich ergiebiger Spannungsquelle spontan in den Zustand M_2 umkippen bzw. je
nach den Bedingungen im äußeren Stromkreis in einen diesen Bedingungen ent-

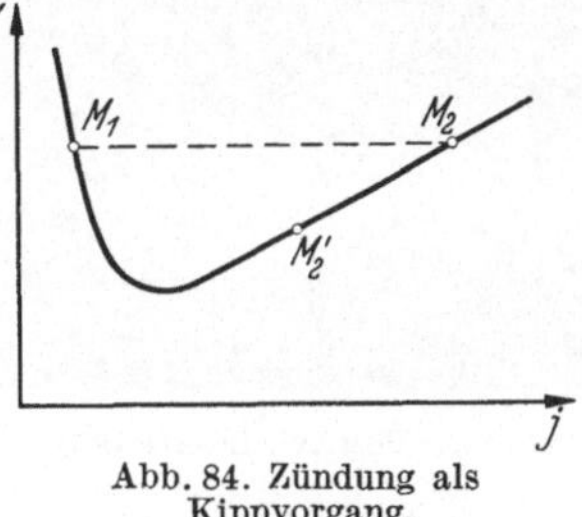

Abb. 84. Zündung als
Kippvorgang.

sprechenden Zustand (z. B. M_2'). Das aber ist nichts anderes als die
„Zündung" dieser Endzustände aus schwächerstromigen Entladungsformen. Die Zündung ist also ein Kippvorgang aus einer instabilen Form
kleiner Stromstärke in eine stabile Form größerer Stromstärke und der
zu Beginn dieses Kapitels S. 230 hervorgehobene Fall der Zündung aus
dem stromlosen Zustand ist augenscheinlich nur ein spezieller, wenn auch
praktisch besonders wichtiger. Auf welchem Wege (dynamische Charakteristik) der Zustandspunkt in der V, j-Ebene von dem einen in den
anderen Zustand sich begibt und mit welcher Geschwindigkeit, das
allerdings sind Fragen, die sich im Rahmen dieser ganzen Theorie natürlich
nicht mehr beantworten lassen. Es sind dazu noch sehr viel schwierigere
Überlegungen erforderlich, die von vornherein von den Ansätzen für nichtstationäre Vorgänge ausgehen müßten.

Unsere bisherigen Überlegungen bezogen sich auf gewisse spezielle
Elektrodenformen, die man als quasiebene bezeichnen könnte, weil sie
sich alle nach dem für ebene parallele Elektroden entwickelten Schema
erledigen lassen. Sie sind nun deshalb zu ergänzen durch zusätzliche
Überlegungen für an sich schon stark inhomogene Zündfelder, wie sie
an Spitzen und Kanten vorliegen und insbesondere durch einige Bemerkungen über die Entwicklung der eigentlichen „Funkenbahnen". Eine
quantitative oder rechnerische Erfassung dieser Vorgänge ist allerdings
nicht mehr möglich, aber es läßt sich doch wenigstens qualitativ die
Sachlage auch hier befriedigend übersehen.

Entwicklung höherer Entladungsformen. Bei der Zündung an „Spitzen" liegen die Dinge zwar insofern nicht grundsätzlich anders als an quasiebenen Elektroden, als auch hier die Raumladungsverzerrung des Feldes eine wesentliche Rolle spielt. Komplikationen entstehen aber dadurch, daß das Feld eben wegen seiner starken Inhomogenität nun ausgesprochene polare Eigenschaften aufweist. An einer positiven Spitze werden die Elektronen in ein steil ansteigendes Feld hinein beschleunigt, während sie an einer negativen Spitze in ein stark absinkendes Feld hinausfliegen. Dies hat zur

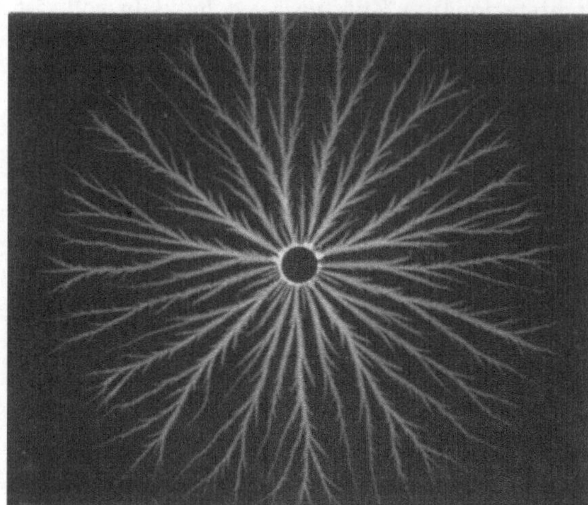

Abb. 85a. Positive LICHTENBERGsche Figur. (Nach V. HIPPEL.)

Folge, daß die entstehenden Elektronenlawinen im ersteren Fall (Spitze +) gewissermaßen gut geführt, im letzteren Fall (Spitze —) hingegen schlecht geführt werden und sich deshalb im ersteren Fall sich gut begrenzte Entladungskanäle, im letzteren diffusere Entladungssektoren entwickeln. Die Abb. 85 zeigen dies deutlich an der Struktur der positiven und negativen LICHTENBERG-schen Figuren, die eine zweidimensionale Fixierung der Erscheinungen auf der photographischen Platte ermöglichen. Derartige Oberflächenentladungen (Gleitentladungen) ganz allgemein auf der Oberfläche isolierender Substanzen sind in ihrem Mechanismus von räumlichen Entladungen wahrscheinlich

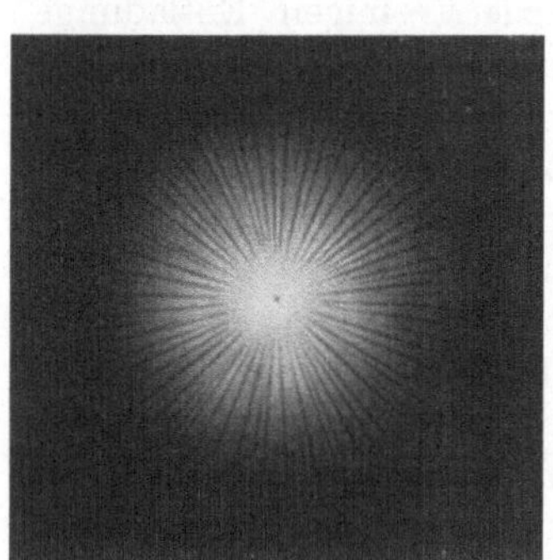

Abb. 85b. Negative LICHTENBERGsche Figur. (Nach V. HIPPEL.)

nicht grundsätzlich verschieden. Neu hinzukommt im wesentlichen nur, daß die Entladung durch die Polarisation des Dielektrikums durch eine elektrostatische Bildkraft an die Oberfläche gebunden wird.

Wir müssen nun aber noch eingehen auf ein Problem grundsätzlicher Art. Überraschend und nicht verständlich im Rahmen unserer bisherigen einfachen Zündtheorie ist nämlich vor allem, daß nicht, wie nach jener Theorie zu erwarten, ein strukturloses Glimmen (Korona), sondern überhaupt eine scharf begrenzte kanalartige Funkenbahn entsteht. Wie die in Abb. 86 wiedergegebenen Zeitlupenaufnahmen (mit Kerrzelle als praktisch trägheitsloser Zeitverschluß) sehr schön erkennen lassen, handelt es sich dabei offenbar um das Endglied einer Entwicklungsreihe, beginnend mit dem von der Theorie angenommenen Glimmen und fortschreitend über die sog. „Büschelentladungen" zum eigentlichen Durchbruch einer scharfen Funkenbahn. Wie und ob diese Entwicklung, unter Umständen unter Überspringung der einen oder anderen Zwischenform, im einzelnen verläuft und mit welchem Stadium sie endet, hängt

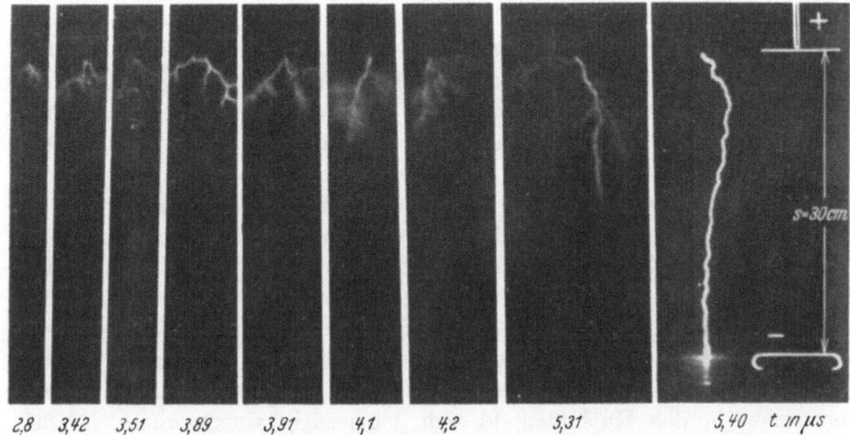

Abb. 86. Zeitlupenaufnahmen der Entwicklung eines Funkendurchbruchs. (Nach HOLZER.)

von den speziellen Versuchsbedingungen ab. Aber jedenfalls muß sich im Entladungsmechanismus im Verlauf dieser Entwicklung zu höheren Entladungsformen irgend etwas grundsätzlich ändern und dies neu Hinzukommende ist wohl sicher zu sehen in thermischen Zusatzeffekten: Das Gas wird durch die Bremsverluste der Träger aufgeheizt bis zur thermischen Anregung und Ionisation, es bilden sich von heißem hochionisiertem Gas erfüllte lokalisierte Strombahnen, die quasimetallisch sich aus der Elektrode vorschieben und diese gewissermaßen im Vorwachsen in den Gasraum hinein verlängern. Man kann deshalb den Funkendurchbruch auffassen als einen Wärmedurchschlag des Gases, der sich sekundär an den elektrischen Durchschlag anschließt.

Zündung an Glühkathodenröhren. Einige ergänzende Betrachtungen sind noch erforderlich zum Verständnis des Zündmechanismus von gasgefüllten Glühkathodenröhren. Es gehören diese Entladungen mit Glühkathode zu der Gruppe der „vorerregten" oder vorionisierten Entladungen und ließen sich deshalb auch von noch etwas allgemeineren Gesichtspunkten aus behandeln, es ist aber hier vorzuziehen, sogleich die aus der Verwendung von Glühkathoden folgenden Besonderheiten in den Vordergrund zu stellen. Vorweggenommen sei, daß eine vollständige Durchrechnung der einschlägigen Probleme bisher nur unter gewissen vereinfachenden Annahmen (z. B. kleine Gasdichte, keine Mehrfachstöße mit Stufenionisation u. dgl.) gelungen ist und auch dann noch zu recht wenig übersichtlichen mathematischen Formulierungen führt; also auch hier müssen wir uns mit einer qualitativen Beschreibung der Sachlage begnügen. Der wesentliche Unterschied gegen die Zündung an einer kalten Kathode liegt darin, daß die zur Kathode strömenden positiven Ionen — die im Entladungsraum durch Elektronenstoß erzeugt worden sind — nun stromverstärkend wirken in erster Linie durch eine Verdünnung der negativen (Elektronen-) Raumladungswolke vor der Kathode, wodurch die Raumladungsbegrenzung des thermischen Kathodenemissionsstromes aufgehoben wird. Bei kleinen Spannungen zwischen Anode und Kathode fließt zunächst dem $V^{3/2}$-Gesetz (S. 144) entsprechend ein „Vorstrom" durch die Entladungsstrecke ganz analog wie in einer Hochvakuumröhre. Wenn die Spannungsdifferenz die Ionisierungsspannung des Füllgases überschreitet, werden Ionen gebildet, das Elektronenraumladungsfeld vor der Kathode wird geschwächt und es können mehr Elektronen die Kathode verlassen; die Charakteristik beginnt dann sich über die raumladungsbegrenzte $V^{3/2}$-Charakteristik zu erheben. Aber das, was wir Zündung im eigentlichen Sinn nennen, nämlich ein spontanes fortschreitendes Ansteigen des Stromes, wird erst eintreten, wenn die Zunahme des Emissionsstromes und der Mehreinstrom von Ionen in das Kathodenfeld sich gegenseitig aufschaukeln. Dabei spielt wahrscheinlich noch ein zweiter Effekt der Ionen eine Rolle, der über die Verdünnung der negativen Raumladung hinausgeht, nämlich eine unmittelbare Vergrößerung der Emissivität der Kathode, sei es durch eine Zusatzheizung der Kathode durch Ionenstoß, eine Verkleinerung der Austrittsarbeit durch große Feldstärke an der Kathodenoberfläche oder eine Änderung der Mikrostruktur der aktiven Kathodenoberfläche.

Gesteuerte Zündung. Ihrer großen praktischen Bedeutung für das Verständnis der sog. Steuerentladungen wegen wollen wir abschließend noch ganz kurz eingehen auf die Zündung in Dreielektrodenröhren. Wir wollen dabei sogleich ein konkretes Beispiel betrachten, nämlich das der Gitterröhre, in der sich also zwischen der Kathode K und der Anode A eine dritte Elektrode G in Gestalt eines Gitters befindet. Zwischen Kathode und Anode liege die „Anodenspannung" V_A und es werde nun an das Gitter eine Spannung V_g gegen Kathode, die „Gitterspannung", gelegt. Was man zu wissen wünscht ist, wie groß V_g sein muß, damit die Entladung zwischen Kathode und Anode zündet, wobei natürlich dieser kritische Wert der Gitterspannung abhängt von V_A. Es gehört also zu jedem V_A ein bestimmter kritischer Wert V_{gz} der Gitterspannung und was interessiert, ist der Zusammenhang zwischen

V_{gz} und V_A, die sog. „Zündcharakteristik", die als eine für jedes Entladungsrohr charakteristische Kurve anzusprechen ist. In praxi liegen die Dinge allerdings meist so, daß es sich um Entladungen nicht mit kalter Kathode, sondern mit einer zusätzlichen Fremdionisation handelt, sei es, daß die Kathode eine fremdgeheizte Glühkathode oder eine Bogenkathode ist, und daß ferner (bei Wechselstrombetrieb) aus der vorhergehenden Brennphase noch Restladungen im Rohr zurückgeblieben sind. Wir wollen uns hier auf den einfachsten Fall der Erstzündung in Glühkathodenröhren beschränken, um das Wesentlichste möglichst klar hervortreten lassen zu können.

Da ganz ebenso wie in den Hochvakuum-Gitterröhren auch in den gasgefüllten Gitterröhren Kraftlinien aus dem Raum zwischen G und A (Anodenraum) in den Raum zwischen G und K (Kathodenraum) durch das Gitter durchgreifen, hängt das Feld im Kathodenraum nicht nur ab von V_g und den im Kathodenraum ausgebreiteten Raumladungen, sondern auch von V_a und den im Anodenraum befindlichen Raumladungen. Eine rechnerische Erfassung der Zündcharakteristik ist deshalb wohl von vornherein eine hoffnungslose Angelegenheit und man muß sich mit ziemlich rohen qualitativen Überschlagsbetrachtungen

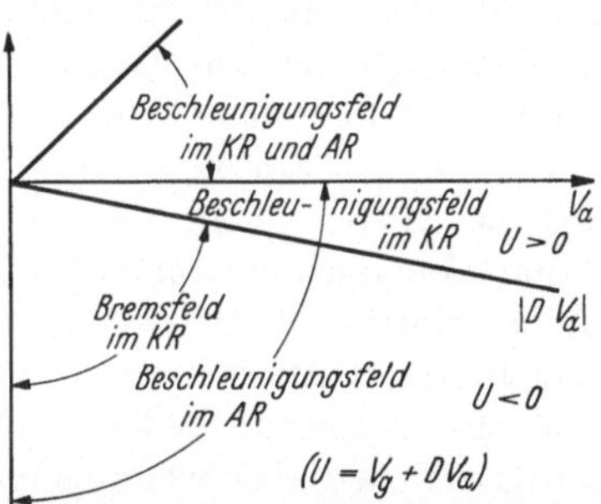

Abb. 87. Schema der Felder in einem Gitterrohr (KR Kathodenraum, AR Anodenraum, U effektives Gitterpotential).

begnügen. Da man aber in praxi im Gebiet negativer Gitterspannungen arbeitet, mag es genügen, derartige Betrachtungen für dieses Gebiet zu skizzieren. Wir haben es dann also zu tun mit einem auf die Elektronen beschleunigend wirkenden Feld im Anodenraum und je nach der Größe von V_a, V_g und des Durchgriffes mit einem beschleunigend oder verzögernd wirkenden Feld im Kathodenraum. Beschreiben wir die tatsächlichen Feldverhältnisse analog wie in der Theorie der Hochvakuumröhren durch Einführung des effektiven Gitterpotentials $U = V_g + D V_a$ (S. 152), so läßt sich die Sachlage unmittelbar aus dem in Abb. 87 gezeichneten Diagramm ablesen. Zunächst sehen wir, daß für genügend kleine (negative) Gitterspannungen — so kleine nämlich, daß U positiv ist — kein grundsätzlicher Unterschied besteht gegenüber der Sachlage in einem Zweielektrodenrohr (und dasselbe gilt natürlich von selbst für alle positiven Gitterspannungen $V_g < V_a$). Interessant und neuartig wird die Sachlage erst für so große negative Werte von V_g, daß $U < 0$ ist. Von den aus der Kathode austretenden Elektronen gelingt es dann nur den schnellsten, gegen das Verzögerungsfeld im Kathodenraum anzulaufen, durch das Gitter in den Anodenraum zu gelangen und hier durch Stoß positive Ionen zu bilden. Diese Ionen verstärken zwar infolge

des Felddurchgriffes das Bremsfeld etwas, voll wirksam werden sie aber
erst, wenn sie in den Kathodenraum gelangen. Das Bremsfeld wird
dadurch schwächer, es wird mehr Elektronen die Möglichkeit gegeben,
in den Anodenraum vorzustoßen und der Strom kann sich also spontan
aufschaukeln, d. h. es kann Zündung eintreten. Die Bedingung dafür
ist offenbar, daß ein Ion während seiner Wanderung zwischen Gitter
und Kathode gerade so vielen neuen Elektronen den Übertritt in den
Anodenraum ermöglicht, wie zur Erzeugung mindestens eines in der
geschilderten Weise wirksamen Ions erforderlich sind.

Löschen von Entladungen. Es bleibt noch die Frage zu erledigen,
ob und wie man eine einmal gezündete Entladung wieder löschen kann.
Es läßt sich das natürlich erreichen einfach dadurch, daß man V_A genügend klein macht; es läßt sich aber nicht ohne weiteres erreichen
etwa durch einen zur Gitterzündung inversen Vorgang, also nicht dadurch, daß man das Gitter genügend negativ gegen die Kathode macht.
Und zwar deshalb nicht, weil in einer bereits brennenden Entladung
sich das Gitter genau wie eine Sonde (S. 188) mit einer schützenden
Raumladungsschicht umgibt, die das Gitterfeld vollkommen nach außen
hin abschirmt. Hier also liegt ein wesentlicher Unterschied zwischen
gasgefüllten Gitterröhren und Hochvakuum-Gitterröhren: Man kann
zwar das Stromtor beliebig öffnen durch geeignete Spannungsgebung
auf das Gitter, aber wenn es einmal offen ist, kann man es nicht wieder
schließen, oder genauer gesagt, man kann es gerade im Bereich der
praktisch wichtigen großen Entladungsstromstärken nicht wieder
schließen. Denn die Dicke der Raumladungsschicht um die Gitter-
stäbe hängt nach dem Raumladungsgesetz (S. 148) ab von der Gitterspannung und der Gitterstromdichte und nimmt zu mit abnehmender
Stromdichte und zunehmender Gitterspannung. Abb. 88 zeigt dies sehr
schön an einer Serie von photographischen Aufnahmen der Entladung
an einem Gitter aus zwei Stäben, in denen sich die Raumladungsschichten
als Dunkelräume zeigen. Nur bei kleinen Trägerdichten, d. h. kleinen
Stromstärken der Hauptentladung läßt sich deshalb im allgemeinen
erreichen, daß die Raumladungsschichten zwischen den einzelnen Gitter-
stäben zusammenfließen und die Hauptentladung sperren. Will man
stromstarke Entladungen löschen, so sind schon recht gewaltsame Eingriffe notwendig, bei denen der Entladung durch das Gitter z. B. so
große Trägermengen entzogen werden, daß sie daran stirbt.

Wir kommen damit auf das allgemeine Problem des Löschens einer
Entladung, abgesehen von dem trivialen Fall, daß einfach die äußere
EMK abgeschaltet wird oder kleiner gemacht wird als die aus der
Charakteristik sich ergebende minimale Brennspannung. Für eine
stationäre Gleichstromentladung gibt es natürlich andere Möglichkeiten
überhaupt nicht, aber für Wechselstromentladungen lassen sich noch
einige grundsätzliche Überlegungen anstellen. Hier handelt es sich

nämlich in praxi nicht um ein Löschen im eigentlichen Sinn, sondern um
eine Verhinderung der Wiederzündung einer durch die Vorgänge in der
vorhergehenden Brennperiode vorerregten Entladungsstrecke und worauf
es ankommt ist demgemäß, die Wiederzündspannung rasch zu erhöhen,
d. h. die Entladungsstrecke möglichst weitgehend in ihren jungfräulichen
Zustand zurückzubringen (zu regenerieren).   In der Pause zwischen
Stromnulldurchgang und Wiederanstieg der Spannung auf den Zündwert
muß also eine kräftige Entionisierung stattfinden, wozu z. B. ein Weg-
blasen der Träger durch einen Gas- oder Dampfstrom, ein Abdiffundieren

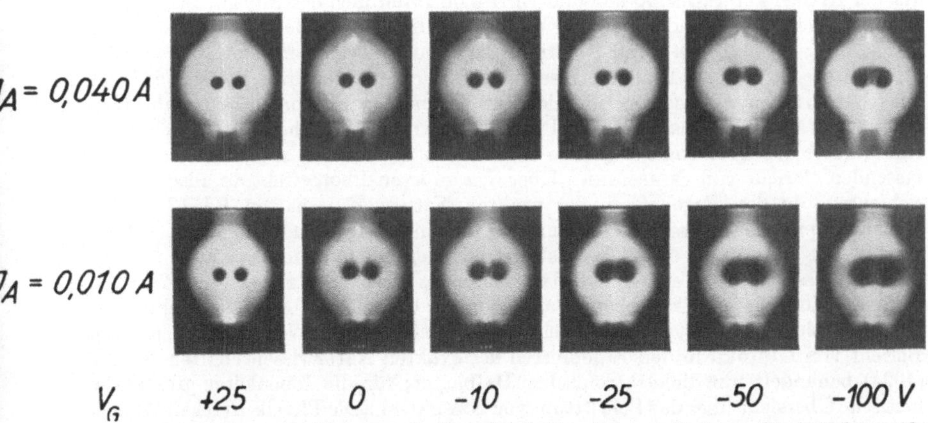

Abb. 88. Raumladungsschichten um ein Doppelstabgitter bei verschiedenen Stromstärken und
Gitterspannungen. (Nach GLASER.)

der Träger an Wände oder bei thermischen Säulen eine Abkühlung des
Gases dienen kann.   Praktische Anwendung finden diese Überlegungen
in den Hochleistungsschaltern (Ölschalter, Preßgasschalter, Expansions-
schalter); dabei wird das Abschalten zugleich noch unterstützt dadurch,
daß durch dieselben eben genannten Mittel zu einer Entionisierung der
Entladungsbahn auch eine Erhöhung der Brennspannung des Schalt-
bogens selbst bewirkt wird.

V. Elektrizitätsleitung in festen Körpern.

Unter den Werkstoffen der Elektrotechnik nehmen naturgemäß die Metalle
eine Sonderstellung ein. Den Mechanismus der metallischen Stromleitung zu kennen,
ist allerdings für praktische Belange nur von geringem unmittelbaren Interesse,
sich auch damit etwas zu beschäftigen ist aber notwendig zum Verständnis der
Arbeitsweise der Glühkathoden und Photokathoden. Neben den Metallen spielen
als Werkstoffe die wichtigste Rolle die Isolatoren; ihre Eignung für elektrotechnische
Zwecke hängt außer von gewissen mechanischen und thermischen Eigenschaften
ab von ihrer elektrischen Festigkeit und diese wiederum von den Vorgängen,
die sich beim Durchschlag oder Überschlag abspielen. In letzter Zeit hat auch
noch eine Zwischengruppe von festen Substanzen mehr und mehr an Bedeutung

gewonnen, nämlich die Gruppe der Halbleiter. Aber nicht nur deshalb ist es notwendig, sich mit der Stromleitung in Halbleitern zu beschäftigen; denn auch die Vollständigkeit des theoretischen Bildes verlangt das und nur so können wir zu einer in sich geschlossenen Einsicht in die derzeitigen Vorstellungen von der Elektrizitätsleitung in festen Körpern kommen.

Eine gute Übersicht über die ältere Elektronentheorie der Metalle gibt auch heute noch das Buch von BAEDEKER „Die elektrischen Erscheinungen in metallischen Leitern". Die zusammenfassenden Darstellungen der neueren und neuesten Entwicklung der Theorie sind alle nicht leicht zu lesen; am bequemsten vermittelt diese Dinge wohl noch der Bericht von NORDHEIM in MÜLLER-POUILLETs Lehrbuch der Physik, Bd. IV, S. 4, am vollständigsten und von hoher theoretischer Warte aus der Artikel von SOMMERFELD und BETHE im Handbuch der Physik, Bd. XXIV, S. 2. — Das grundlegende deutsche Werk über die Theorie der Glühkathoden ist der Artikel von SCHOTTKY und ROTHE im Handbuch der Experimentalphysik, Bd. XIII, S. 2. Zu dessen Ergänzung sei jedoch nachdrücklich hingewiesen auf das Buch von DE BOER „Electron Emission and Adsorption Phenomena" (Cambridge), in dem vor allem die sensibilisierten Photokathoden sehr eingehend behandelt sind; eine kürzere Verarbeitung des ganzen Schrifttums findet man in einem zusammenfassenden Bericht von SUHRMANN „Über den äußeren Photoeffekt an adsorbierten Schichten" in den Ergebnissen der exakten Naturwissenschaften Bd. 13 (1934). Die mehr praktische Seite des Themas ist behandelt in dem reichhaltigen Werk von KNOLL und ESPE über „Werkstoffkunde der Hochvakuumtechnik". — Die hier interessierenden Teile der Isolatorenkunde haben SEMENOFF und WALTER behandelt in „Die physikalischen Grundlagen der elektrischen Festigkeitslehre". — Über Halbleiter scheint es noch kein zusammenfassendes Werk zu geben. Ein Bericht von GUDDEN in den Ergebnissen der exakten Naturwissenschaften Bd. 13, (1934) behandelt nur die elektronischen Halbleiter; für die Ionenleiter gibt es die kritische Übersicht über das Schrifttum von SMEKAL in „Die Physik in regelmäßigen Berichten", Jahrgang 4, Heft 1, 1936.

30. Metallische Leitung; Elektronentheorie der Metalle.

Elementare Elektronentheorie der Metalle. Ordnen wir die festen Körper nach der Größe ihrer elektrischen Leitfähigkeit, so finden wir eine Reihe, die sich über den ungeheueren Bereich von rd. 25 Zehnerpotenzen erstreckt; am einen Ende stehen die Metalle (spez. Widerstand z. B. von Silber $10^{-6}\,\Omega$ für den Zentimeterwürfel), am anderen Ende die Isolatoren (spez. Widerstand z. B. von Paraffin $10^{19}\,\Omega$ für den Zentimeterwürfel). Vom Standpunkt der MAXWELLschen Theorie sind alle diese Leitfähigkeiten als grundsätzlich gleichwertig und lediglich als quantitativ verschieden zu bewerten: Die elektrische Leitfähigkeit ist hier ganz allgemein für jede Substanz eine Materialkonstante, deren Kenntnis man sich durch geeignete Messungen verschaffen muß. Kennt man sie, so ist man imstande, rechnerisch alle mit der Stromleitung zusammenhängenden Aufgaben zu lösen, und im Rahmen einer rein phänomenologischen Theorie, die lediglich eine quantitative Beschreibung durch ein System möglichst einfacher Formeln anstrebt, ist damit auch wirklich alles Wünschenswerte geleistet. Anders liegen die Dinge, wenn wir an das Problem der Elektrizitätsleitung in festen Körpern vom Standpunkt der modernen Physik und mit den Ansprüchen der modernen Theorien herangehen. Im Rahmen atomistischer Vorstellungen, die, wie wir sahen, auch die elektrische Ladung in elementare Ladungsquanten aufgelöst hat, werden wir eine Erklärung der elektrischen Leitung durch die Bewegung von Ladungsträgern auch in festen Körpern verlangen müssen. Darüber hinaus wird sich aber sogleich auch das Problem ergeben, die Materialkonstante „elektrische Leitfähigkeit" abzuleiten aus den Eigenschaften der den betreffenden Festkörper bildenden Atome. Und insbesondere werden wir zu wissen wünschen, woher die ausgezeichnete Leitfähigkeit der Körper kommt, die wir „Metalle" nennen. Es sind das zwar Fragen von zunächst nur rein theoretischem Interesse, deren Beantwortung zudem in ihren letzten Etappen auf ebenso tiefgehende wie schwierige Überlegungen führt. Wie wir jedoch später noch sehen werden, ist insbesondere für das Verständnis der Theorie der Glühkathoden und Photokathoden die Kenntnis wenigstens der grundsätzlichen Vorstellungen über den Mechanismus der Stromleitung in Metallen fast unerläßlich.

Die erste Aufgabe, eine kinetische Theorie der Stromleitung in Metallen zu entwickeln, kann heute wohl im wesentlichen als gelöst gelten. In erster und für unsere Zwecke genügender Vollendung läßt sich die Lösung sogar geben auf Grund recht einfacher Modellvorstellungen. Die zweite Aufgabe hingegen, die Zurückführung der Berechnung der Leitfähigkeit auf Atomkonstante und auch schon die weniger weitgehende Aufgabe, die Sonderstellung der Metalle wenigstens qualitativ zu verstehen, führt auf Probleme viel tiefergehender Art; sie erfordert nicht nur sehr viel feiner ausgearbeitete Modellvorstellungen, sondern die Heranziehung grundsätzlich neuer Vorstellungen. Auch diese Aufgabe kann heute als befriedigend gelöst gelten. Allerdings nur wenn wir uns begnügen, lediglich zu übersehen, worauf es ankommt, können wir auch mit den hierhergehörenden Überlegungen noch einigermaßen anschauliche Modellbilder verbinden.

Nach der kinetischen Theorie wird der Strom in einem Metall getragen von Ladungsträgern letzten Endes ganz ebenso wie in einem ionisierten Gas. Diese Ladungsträger können hier aber offenbar nur Elektronen sein; denn niemals hat man, auch nicht bei großen Stromstärken und bei beliebig langem Stromdurchgang, feststellen können, daß mit dem Stromdurchgang durch ein Metall irgendein Transport von Materie verbunden ist. Der Strom fließt also nach dieser „Elektronentheorie" der Metalle stets und allein als negativer Strom entgegen der äußeren EMK, d. h. vom negativen zum positiven Pol; phänomenologisch ist dies natürlich gleichwertig dem Fließen eines positiven Stromes in der umgekehrten Richtung, wie dies üblicherweise in der elementaren Elektrizitätslehre stets angenommen wird. Da ferner auch schon die kleinste EMK imstande ist, einen Strom durch ein Metall zu treiben, müssen wir offenbar annehmen, daß die Elektronen nicht erst durch das Feld erzeugt werden, sondern in genügender Menge spontan zur Verfügung stehen. Damit haben wir die beiden Grundannahmen aller folgenden Überlegungen; die einzelnen bisher entwickelten Theorien unterschieden sich weiterhin lediglich durch verschiedene spezielle Annahmen und Modellvorstellungen über den feineren Mechanismus der Elektronenwanderung durch das feste Gitterwerk der Metallatome hindurch.

Es ist erstaunlich, wie weit man schon mit sehr einfachen Annahmen hier kommt. Wir wollen annehmen, daß in der Volumeinheit des Metalls freie Elektronen vorhanden sind und daß sich diese Elektronen verhalten wie die Teilchen eines idealen Gases, das sich im Temperaturgleichgewicht mit dem ganzen Metall befindet. Unter dem Einfluß eines im Metall durch die äußere EMK erzeugten elektrischen Feldes wird sich dann über die ungeordnete Wärmebewegung der Elektronen eine gerichtete, in der Feldrichtung liegende Zusatzbewegung lagern. Die so entstehende zusätzliche gerichtete Geschwindigkeit der Elektronen wird aber bei jedem Zusammenstoß mit einem Metallteilchen, also im Mittel jeweils nach dem Durchlaufen einer freien Weglänge, vernichtet. Die Dinge liegen demnach ganz ebenso wie bei der Bewegung von Elektronen durch ein Gas und wir können genau dieselben Überlegungen wie in der Theorie der Gasleitung (S. 156) auch hier benutzen. Wir erhalten so für die mittlere gerichtete in der Feldrichtung liegende Fortschreitungsgeschwindigkeit der Elektronen

$$\bar{v} = \frac{\varepsilon \, \lambda}{2 \, m \, v_0} \, \mathfrak{E} \, .$$

ε und m sind die Ladung und Masse des Elektrons, d. h. universelle Konstante, v_0 ist die mittlere ungeordnete Geschwindigkeit der thermischen Elektronenbewegung, $\mathfrak{E}$ ist die Feldstärke und λ ist die mittlere freie Elektronenweglänge im Metall. Nach dem Gleichverteilungsprinzip (S. 19) können wir v_0 noch ausdrücken durch die Temperatur T des „Elektronengases" (die mit der Temperatur des ganzen Metalls übereinstimmt)

$$\frac{m}{2} \, v_0^2 = \frac{3}{2} \, k \, T$$

und erhalten dann

$$\bar{v} = \frac{\varepsilon \, \lambda}{2 \, \sqrt{3 \, k \, m} \, \sqrt{T}} \cdot \mathfrak{E} \, .$$

Wenn n Elektronen in der Volumeinheit vorhanden sind, deren jedes die Ladung ε trägt und sich in der Zeiteinheit um die Strecke $\bar{v}$ in der Feldrichtung vorwärtsschiebt, erhalten wir daraus sofort die Stromdichte $j = n \, \varepsilon \, \bar{v}$

$$(94\,\mathrm{a}) \qquad\qquad j = \frac{n \, \varepsilon^2 \, \lambda}{2 \, \sqrt{3 \, k \, m} \, \sqrt{T}} \, \mathfrak{E} \, .$$

Vergleichen wir dies mit dem üblichen Ansatz $j = \sigma \mathfrak{E}$ für das OHMsche Gesetz, so haben wir damit also nicht nur eine kinetische Erklärung dieses Gesetzes, sondern auch einen quantitativen und sogar recht einfachen Ausdruck für die elektrische Leitfähigkeit

$$(94\,\mathrm{b}) \qquad\qquad \sigma = \frac{\varepsilon^2\, n\; \lambda}{2\,\sqrt{3\,k\,m}\,\sqrt{T}}\,.$$

Er enthält neben universellen Konstanten und der Temperatur des Metalls zwei individuelle Konstante des Metalls, nämlich n und λ. Anschließend sei noch der sog. Hall-Effekt erwähnt, weil wir später (S. 303) in anderem Zusammenhang nochmals auf ihn zurückkommen werden. Er besteht bekanntlich darin, daß in einer stromdurchflossenen dünnen Metallplatte durch ein auf der Stromrichtung und der Plattenebene senkrecht stehendes Magnetfeld eine Querspannung erzeugt wird und wird uns später im besonderen deshalb interessieren, weil er die Beweglichkeit der Elektronen unmittelbar zu bestimmen erlaubt. Es genügt hier, eine erste grobe Näherung zu betrachten und anzunehmen, daß die Stromlinien durch das Magnetfeld nicht verkrümmt werden. Dann ist einerseits die ablenkende Kraft des Magnetfeldes auf die Elektronen $K_m = \varepsilon\, u\, |\mathfrak{E}|\, H$, wenn u die Beweglichkeit der Elektronen und $\mathfrak{E}$ wieder die den Strom treibende Feldkraft ist; setzen wir $j = \sigma \mathfrak{E}$ ein, so erhalten wir $K = \varepsilon\, j\, H\, u/\sigma$. Andererseits wird durch die Ablenkung eine Querspannung erzeugt, deren Feld in entgegengesetzter Richtung wie die magnetische Ablenkungskraft auf die Elektronen wirkt. Ist diese Querspannung Q, so ist bis auf einen nur von den geometrischen Plattendimensionen abhängenden Proportionalitätsfaktor die von der Querspannung herrührende Kraft $K_e = \varepsilon\, Q$. Wenn die Plattenränder isoliert sind und die Querspannung mit einem elektrostatischen Elektrometer gemessen wird, muß im stationären Zustand $K_m = K_e$ sein, da kein Querstrom fließen kann. Dies gibt $Q = j\, H\, u/\sigma$; als Hall-Konstante R bezeichnen wir wie üblich die Querspannung für $j = 1$ und $H = 1$, und finden also (bis auf einen geometrischen Proportionalitätsfaktor) $R = u/\sigma$.

Wir wollen unsere Überlegungen gleich noch etwas erweitern und werden dabei zu zwei bemerkenswerten Folgerungen kommen. Die Energieverluste der Elektronen bei den Zusammenstößen mit den Metallteilchen bewirken eine Energieübertragung vom Elektronengas auf das Metall, die natürlich zu einer Erwärmung des Metalls führen muß. Das Elektronengas erhält einerseits dauernd Energie aus der geleisteten Stromarbeit und gibt diese Energie dauernd ab an das Metall, d. h. die erzeugte Wärme ist offenbar nichts anderes als die JOULEsche Wärme. Man findet dafür durch eine einfache Rechnung auch in der Tat den richtigen Wert $q = j^2/\sigma$, so daß also auch die JOULEsche Wärme damit eine anschauliche kinetische Deutung gefunden hat. Ferner können

wir unsere früheren Überlegungen über die Wärmeleitung in einem Gas
(S. 37) unmittelbar auf unser Elektronengas übertragen und erhalten
dann für die Wärmeleitfähigkeit

$$(95) \qquad \varkappa = \frac{\sqrt{3} \cdot k^{3/2}}{2\sqrt{m}} \, \sqrt{T} \cdot \lambda\, n\,.$$

Nach dieser Vorstellung ist also die Wärmeleitung den freien Elektronen zuzuschreiben und es wird so verständlich, warum sie gerade
in Metallen so groß ist. Wenn wir nun endlich noch die beiden Formeln
(94 b) und (95) kombinieren, ergibt sich für das Verhältnis der Wärmeleitfähigkeit zur elektrischen Leitfähigkeit

$$(96) \qquad \frac{\varkappa}{\sigma} = 3 \cdot \left(\frac{k}{\varepsilon}\right)^{2} \cdot T$$

und dies ist gerade das WIEDEMANN-FRANZsche Gesetz, das aussagt,
daß dieses Verhältnis für alle Metalle denselben universellen Wert hat.

Die Formeln (94) und (95) für σ und k lassen sich leider zu einer
quantitativen Berechnung der Elektronendichte n und der Elektronenweglänge λ nicht auswerten, da in beiden nur das Produkt $n\lambda$ vorkommt. Immerhin ergeben sich für dies Produkt aus den gemessenen
Leitfähigkeitswerten ganz plausible Größenordnungen; nämlich dieselben,
die man erhält, wenn man für n die Größenordnung der Atomzahlen pro
cm³, und für λ die Größenordnung des mittleren Atomabstandes einsetzt.
Die Übereinstimmung des theoretischen Wertes $3\,(k/\varepsilon)^2$ der Konstante
des WIEDEMANN-FRANZschen Gesetzes mit dem experimentell gefundenen ist sogar eine ganz vorzügliche und auch die theoretische Proportionalität mit T ist experimentell in einem weiten Temperatur-
bereich bestätigt. Im übrigen hat man es natürlich zunächst noch weitgehend in der Hand, durch eine geeignete Temperaturabhängigkeit der
beiden Konstanten n und λ die Temperaturabhängigkeit der elektrischen
und thermischen Leitfähigkeit mit der experimentell gefundenen in
Einklang zu bringen.

Es ist also tatsächlich sehr überraschend, wieviel diese doch sehr
primitive Theorie zu leisten schon imstande ist und es fällt schwer,
das lediglich einem glücklichen Zufall zuzuschreiben. Man hat, ermutigt
durch diese Erfolge, denn auch versucht, eine ganze Reihe weiterer
experimenteller Befunde mit Hilfe desselben Modells zu deuten, wie
z. B. die thermoelektrischen Erscheinungen, die Kontaktpotentialdifferenz u. dgl. Es genüge der Hinweis, daß man dabei einfacher als
durch rein kinetische Überlegungen zum Ziel kommt durch Hinzuziehung thermodynamischer Überlegungen; aber man arbeitet durchaus
im Rahmen der hier interessierenden klassischen Elektronentheorie mit
der Vorstellung eines den idealen Gasgesetzen gehorchenden Elektronengases, dessen Partialdruck kennzeichnend ist für jedes Metall. So z. B.
wird die isotherme Ausdehnungs- bzw. Kompressionsarbeit dieses Gases

beim Übergang von einem in ein anderes Metall gleichgesetzt der elektrischen Überführungsarbeit von dem Potentialniveau des einen Metalls auf das des anderen. Ferner hat man, ähnlich wie in der kinetischen Gastheorie, die Ansätze und die Durchrechnung verfeinert vor allem dadurch, daß man nicht von vornherein mit Mittelwerten, sondern mit den statistischen Verteilungen für die Geschwindigkeiten und Weglängen operierte. Im Interesse der begrifflichen Klarheit und der rechnerischen Sauberkeit war dies natürlich wünschenswert und notwendig, wenn auch zu erwarten war und sich bestätigt hat, daß hierdurch wesentlich neue Einsichten nicht zutage treten und sich lediglich einige Zahlenfaktoren etwas ändern würden. So z. B. haben sich an Stelle der Formeln (94 b) und (96) nun die nur numerisch und auch hier nur wenig davon verschiedenen Formeln

$$\frac{\varkappa}{\sigma} = 2 \cdot \left(\frac{k}{e} \right)^2 \cdot T$$

$$\sigma = \frac{L}{3\sqrt{2\pi}} \cdot \frac{e^2 \cdot n\,\lambda}{\sqrt{m\,k} \cdot \sqrt{T}}$$

ergeben.

Die neue Statistik der Metallelektronen. Der großen Reihe von Erfolgen dieser „klassischen" Elektronentheorie der Metalle stehen nun aber leider Mängel zum Teil so schwerwiegender Art gegenüber, daß man sich zu einschneidenden Änderungen an dem ganzen Gebäude gezwungen gesehen hat. Über viele dieser Mängel könnte man zwar durch geeignete Zusatzannahmen hinwegkommen, bestehen bleibt aber auf jeden Fall — und damit kommen wir zum eigentlichen Kern der Kritik an der klassischen Theorie — der folgende Einwand: Da die Elektronen im Metall sich wie ein ideales Gas verhalten sollen, müssen sie einen Beitrag zur spezifischen Wärme des ganzen Metallkörpers liefern und zwar einen Beitrag von rd. 3 cal/Grad pro Mol (S. 51). Davon aber ist nichts zu merken, sondern die Metalle verhalten sich in dieser Beziehung ganz so, als ob die freien Elektronen überhaupt nicht vorhanden wären. Ein Ausweg aus dieser Schwierigkeit wäre nun allerdings der, die Elektronendichte n als sehr klein anzunehmen, so klein, daß auf mindestens 100 bis 1000 Atome nur ein Elektron kommt. Diese Annahme führt jedoch wie die Formel (94 b) für die Leitfähigkeit zeigt, zwangläufig zu der anderen Annahme, daß die Elektronenweglänge λ entsprechend groß ist; und zwar, wenn man die experimentell gefundenen Leitfähigkeiten erhalten will, zu Weglängen von mehr wie dem 100 fachen des mittleren Atomabstandes. Dies aber ist ernstlich wohl nicht zu diskutieren.

Wir stehen also vor einem ebenso schwierigen wie wichtigen Problem. Sicher ist, daß es ohne gewisse grundsätzliche Änderungen und schwere Eingriffe nicht abgehen wird. Aber sollen wir in Erinnerung an die unzweifelhaften Leistungen der klassischen Theorie von den ihr zugrunde

liegenden Vorstellungen soviel wie möglich beizubehalten suchen oder
sollen wir radikal mit diesen Vorstellungen brechen, und jene Leistungen
nur für einen glücklichen Zufall halten? Beide Wege sind beschritten
worden und es gibt sogar eine ganze Skala von Theorien, die von dem
einen zum anderen Extrem reicht. Hierauf im einzelnen einzugehen,
ist aber nicht mehr notwendig; denn die neueste Entwicklung hat alle
diese Theorien gewissermaßen in einer Synthese höherer Ordnung zu-
sammengeschlossen. Für unsere Zwecke genügt es, zunächst einmal für
sich einen der Teile des ganzen großen theoretischen Gebäudes zu betrachten, wobei wir noch durchaus im Bereich anschaulicher und einfacher Modellvorstellungen bleiben. Auch diese Teiltheorie wird man
wohl immer noch zu den konservativen Theorien rechnen müssen, insofern, als sie nach wie vor von einem Elektronengas im Metall ausgeht
und nur diesem Gas andere Eigenschaften als die eines idealen Gases im
Sinn der klassischen kinetischen Gastheorie beilegt.

Wir übersehen sofort, was wir in erster Linie von diesem Gas verlangen müssen; nämlich offenbar dies, daß es keine merkliche spezifische
Wärme besitzt. Damit aber haben wir unmittelbar den Anschluß an
frühere Betrachtungen über die sog. entarteten Gase (S. 51) und
können von dort zunächst eine wesentliche Folgerung übernehmen. Wie
wir sahen, ist die Entartungstemperatur um so höher, je größer die
Teilchendichte n und je kleiner die Teilchenmasse m ist. Nun ist nicht
nur die Elektronenmasse sehr klein, sondern es ist wohl sicher auch die
Elektronendichte in Metallen sehr groß und es ist demgemäß zu erwarten, daß das Elektronengas in Metallen nicht nur bei gewöhnlichen
Temperaturen, sondern hinauf bis zu sehr großen Temperaturen entartet,
und sogar stark entartet ist. Aus der Formel (20 c) S. 50 für die Entartungstemperatur

$$T_e = \frac{n^{2/3}}{m} \cdot \left(\frac{h^3}{2^{7/2}\,\pi \cdot k^{3/2}} \right)^{2/3}$$

ergibt sich mit $m \sim 10^{-27}\,g$ und mit n von der Größenordnung der Atom-
dichten ($\sim 10^{23}$) für die Entartungstemperatur fast 100000°. Wir werden
also auch noch bei den höchsten praktisch überhaupt interessierenden
Temperaturen von einigen 1000° unbedenklich mit vollkommener Entartung rechnen können. Im übrigen verläuft alles weiter ganz ebenso
wie in der klassischen Theorie, nur formal entsprechend komplizierter.
Auf die Rechnungen im einzelnen einzugehen, ist ohne grundsätzliches
Interesse. Es genügt, die Endformeln für die Leitfähigkeiten anzugeben

$$(97) \qquad \begin{cases} \sigma = \dfrac{8\,\pi}{3} \cdot \dfrac{\varepsilon^2 \cdot \lambda}{h} \left(\dfrac{3\,n}{8\,\pi} \right)^{2/3}, \\[2ex] \varkappa = \dfrac{8}{3} \cdot \dfrac{\lambda \cdot n \cdot k^{2/3} \cdot T^{1/2}}{(2\,\pi\,m)^{1/2}}, \\[2ex] \dfrac{\varkappa}{\sigma} = \dfrac{\pi^2}{3} \left(\dfrac{k}{\varepsilon} \right)^2 \cdot T. \end{cases}$$

Wie diese Formeln zeigen, kommt das Leitfähigkeitsverhältnis $\varkappa/\sigma$ auch quantitativ wieder richtig heraus, man wird aber nicht sagen können, daß die Darstellung der beiden Leitfähigkeiten selbst schon befriedigend gelöst ist. Denn es ergibt sich σ unabhängig von der Temperatur und $\varkappa$ proportional mit $T^{1/2}$, während experimentell sich σ ungefähr umgekehrt proportional mit der Temperatur und $\varkappa$ praktisch unabhängig von der Temperatur ergeben hat. In dieser Hinsicht ist also die neue Theorie der klassischen nicht überlegen und hier wie dort sind Zusatzannahmen — z. B. über die Temperaturabhängigkeit von n und λ — erforderlich. Im Rahmen der einfachen, bisher benutzten kinetischen Modellvorstellungen läßt sich hierüber natürlich nichts aussagen und wir sind somit offenbar bereits an die Leistungsgrenze dieser Vorstellungen gelangt. Erst die eingangs erwähnten weitergehenden quantenmechanischen Überlegungen haben hier weiter geholfen. Dies zu notieren, muß hier genügen, es auch nur andeutungsweise auszuführen, würde an dieser Stelle eine ganz unnötige Belastung mit sich bringen. Wir wollen nur noch eine für

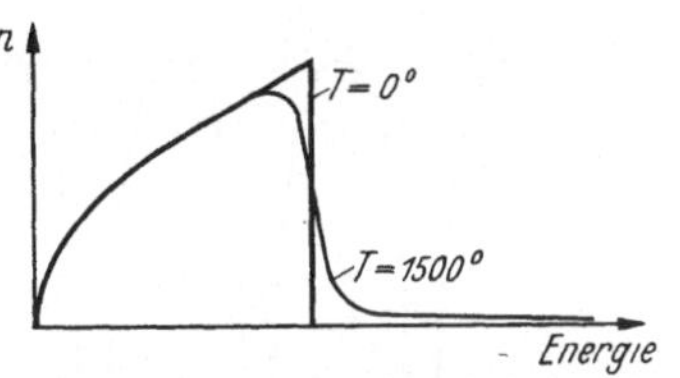

Abb. 89 Energieverteilung der Elektronen in einem Metall.

spätere Zwecke nützliche ergänzende Überschlagsrechnung anschließen. Wir hatten (S. 50) für die Nullpunktsenergie δ gefunden

$$\delta = \frac{1}{m}\left(\frac{n}{C_0}\right)^{3/2},$$

wo C_0 eine Konstante von der Größenordnung 10^{80} war. Nun ist für Elektronen m von der Größenordnung $10^{-27}\,g$ und n von der Größenordnung $10^{23} =$ Zahl der Metallatome in 1 cm³. Dies gibt für δ überraschend große Werte, nämlich umgerechnet in Elektronenvolt Werte von der Größenordnung 10 eV (die genaueren Werte liegen für die einzelnen Metalle zwischen etwa 2 eV für Kalium und etwa 10 eV für Nickel). Mit Energien bzw. entsprechenden Geschwindigkeiten bis hinauf zu diesen großen Werten fliegen also die Elektronen auch noch bei der Temperatur des absoluten Nullpunktes im Metall umher. Bei höheren Temperaturen als $T = 0$ schließt sich an die schnellsten δ_0-Elektronen ein „Schwanz" noch rascherer Elektronen von praktisch allerdings nur geringer Ausdehnung, wie dies zur Veranschaulichung die Abb. 89 zeigen möge. Sie gibt quantitativ die Energieverteilung der Elektronen für die Temperatur $T = 0$ und $T = 1500°$. In Verbindung mit einfachen Modellverstellungen (Napfmodell) werden wir im nächsten Kapitel hieraus noch weitere Schlüsse ziehen. Dabei werden wir auch die eigentlich schon hierher gehörende Besprechung der Theorie der sog. Voltpotentialdifferenz erledigen, die von allgemeineren grenzflächenphysikalischen Gesichtspunkten aus von besonderem Interesse ist.

Allgemeine Theorie des metallischen Zustandes. Zum Schluß wollen wir noch versuchen, wenigstens die Grundgedanken der neuesten Entwicklung der Theorie verständlich zu machen. Wir müssen dabei, wie schon erwähnt, absehen von einer — nur durch weitausholende wellenmechanische Überlegung zu gebenden — Begründung, aber wir werden ein Modell erhalten, mit dem sich ähnlich wie mit dem BOHRschen Atommodell und dem Termschema in sogar recht anschaulicher Weise arbeiten läßt. Zugleich werden wir sehen, daß nicht nur das Problem der Elektronentheorie der Metalle hier eine befriedigende Lösung gefunden hat, sondern, daß wir vor allem auch eine Antwort geben können auf die Frage, was denn nun eigentlich ein „Metall" und ein

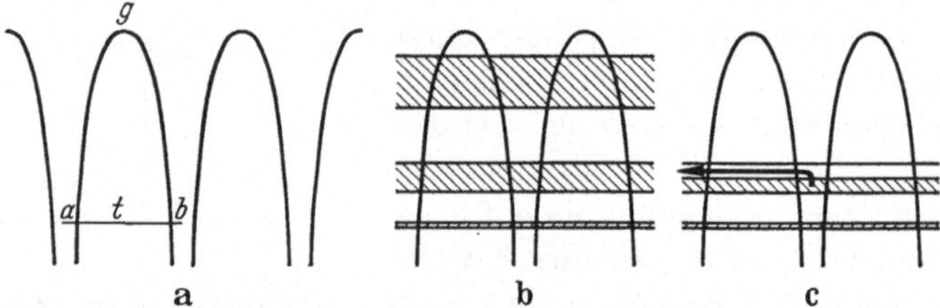

Abb. 90a—c. Potentialfeld (a), Energiebändermodell eines Festkörpers (b) und Elektronenwanderung in einem Metall (c).

„Isolator" ist; und später (S. 310) wird sich noch zeigen, daß sich auch die Theorie der elektronischen Halbleiter zwanglos in dies Bild einfügen läßt.

Ausgehend vom Gitterfeinbau der Festkörper (vgl. dazu S. 444 f.) müssen wir annehmen, daß im Inneren eines Festkörpers ein dreifach periodisches räumliches Kraftfeld ausgebreitet ist entsprechend der räumlich periodischen Anordnung der Bausteine. In einem ebenen Schnitt sieht das Kraftfeld etwa so aus, wie in Abb. 90a gezeichnet: Hohe Potentialberge trennen die um jeden Gitterbaustein liegenden Täler. Die Elektronen liegen in den Tälern, die sie bis zu einer gewissen Höhe anfüllen. Wenn ein solches Elektron wandern will, sich also wie ein freies Elektron im Sinn der primitiven Elektronengas-Vorstellung benehmen wollte, müßte es über die Potentialberge hinüberklettern. Dazu reicht aber seine thermische Energie im Mittel längst nicht aus, und hier setzt nun bereits eine erste, grundsätzlich neue Erkenntnis der Quantenmechanik ein. Es ist nämlich möglich, daß das Elektron an Stelle des Weges agb über den Gipfel den Potentialberg einfach durchdringt wie mit Hilfe eines Tunnels, also auf dem Weg atb wandert; man bezeichnet deshalb diesen neuen Effekt anschaulich als „Tunneleffekt". Eine zweite grundsätzlich neue Erkenntnis können wir uns ungefähr verständlich machen, wenn wir an die Vorstellungen uns erinnern, die in der BOHRschen Atomtheorie zur Erklärung der Röntgenlinien entwickelt wurden (S. 86) und dort zu dem Bild der vollbesetzten,

K-, L- und M-Schalen führten. Ähnlich wie in einem Einzelatom können nämlich auch in einem Festkörper die Elektronen nicht auf beliebigen Energieniveaus liegen, sondern sie sind angeordnet in gewissen „Energiebändern", wie dies in Abb. 90b schematisch angedeutet ist; und zwar sind diese Energiebänder getrennt durch unüberschreitbare Zwischenräume (und nehmen nach oben hin an Breite zu). Aber nicht nur das,

sondern diese Bänder sind je nach der Zahl der verfügbaren Elektronen von unten her entweder alle oder alle bis auf ein oberstes vollständig besetzt mit Elektronen und in einem bereits besetzten Band hat kein weiteres Elektron mehr Platz. Ohne äußeres gerichtetes Feld können also die Elektronen in einem vollbesetzten Band überhaupt nur horizontal

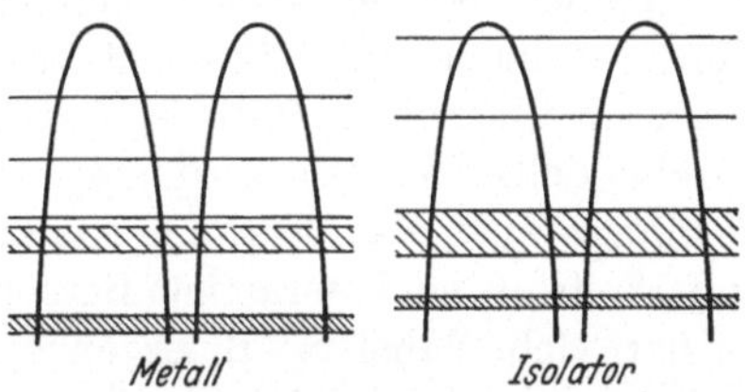

Abb. 91. Energiebändermodell eines Metalls und eines Isolators.

sich verschieben, und zwar wandern dann ebenso viele von ihnen von links nach rechts wie in umgekehrter Richtung, d. h. es fließt insgesamt überhaupt kein Strom. Legen wir nun eine äußere EMK an, etwa in der Richtung von links nach rechts auf die Elektronen wirkend, so wird

die Energie der Elektronen etwas vermehrt und es kann folgendes passieren: Entweder sind alle Bänder vollbesetzt, dann ändert sich offenbar gegenüber den Vorgängen ohne Feld überhaupt nichts, d. h. es fließt kein Strom und der Körper ist anzusprechen als Isolator. Denn eben weil die Bänder vollbesetzt sind, und weil deshalb nirgends Platz ist für ein neues weiteres Elektron, müssen ebenso viele Elektronen von rechts nach links laufen (um Platz zu machen), wie vom Feld getrieben von links nach rechts laufen. Oder aber, das oberste Band ist nicht voll-

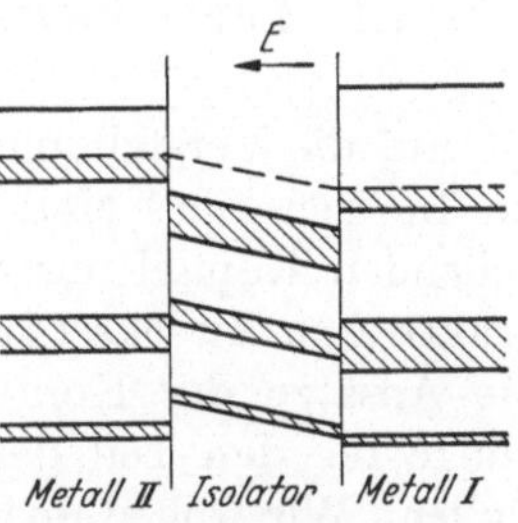

Abb. 92. Energiebändermodell zweier aufgeladener Metalle mit einer Isolierzwischenschicht.

besetzt, wie dies in Abb. 90c angedeutet ist, dann können Elektronen in den noch unbesetzten Bandteil gehoben werden, können dem Feld folgen und können als Träger eines gerichteten Stromes sich verschieben; Festkörper solcher Art haben wir also anzusprechen als Leiter, d. h. als Metalle. Eine andere Möglichkeit gibt es zunächst nicht. Wenn also, um das Wesentliche nochmals zu wiederholen, das oberste Elektronen enthaltende Band vollbesetzt ist, gibt es keinen gerichteten Strom und Körper solcher Art sind Isolatoren; wenn das oberste Elektronen enthaltende Band nicht vollbesetzt ist, gibt es einen gerichteten Strom und Körper solcher Art sind Metalle (Abb. 91). Zur weiteren Veranschaulichung diene etwa noch das in Abb. 92 gezeichnete Bild. Es soll die Sachlage wiedergeben für den Fall zweier auf verschiedenem

Potential befindlichen Metalle, die durch einen Isolator getrennt sind, und dürfte nun ohne weiteres verständlich sein.

Es drängt sich aber natürlich sogleich auch die weitere Frage auf, wo in unserem Bandmodell Platz ist für die individuellen Eigenschaften der verschiedenen Metalle. Solche Eigenschaften spiegeln sich wieder zunächst einmal in der Anordnung, Breite und Besetzung der Bänder. Bleiben wir bei der rohen, eingangs herangezogenen Analogie zu den Röntgenschalen des BOHRschen Einzelatommodells, so können wir ungefähr übersehen, daß es sich bei der wirklichen Berechnung eines Bandmodells handeln wird sozusagen um eine Quantelung des ganzen Festkörpersystems. Für die Alkalien und neuerdings auch für Kupfer und Wolfram sind derartige Berechnungen schon durchgeführt worden; es hat sich dabei z. B. ergeben, daß für die Alkalien das oberste Elektronen enthaltende Band genau bis zur Hälfte mit Elektronen angefüllt ist. Wollte man aber weiter Materialkonstanten quantitativ ausrechnen aus Atomkonstanten, so käme man auf so ungeheuer langwierige Rechnungen, daß sich die Durchführung wahrscheinlich nicht mehr lohnen würde; man verschafft sich ihre Kenntnis besser und bequemer auf empirischem Weg.

31. Thermischer Elektronenaustritt aus Metallen; Photoeffekt.

Auf die Vorstellungen, die man sich über die elektrischen Vorgänge im Inneren eines Metalles gebildet hat, brauchten wir in dem vorhergehenden Kapitel nur verhältnismäßig kurz einzugehen. Denn für alle praktischen Zwecke (Probleme der Stromverteilung in Leitern) genügen die Ansätze der Kontinuitätstheorie vollständig. Nicht so liegen die Dinge für den Teil der Metallelektronik, dem wir uns nun zuwenden wollen. Wir wollen uns nämlich in diesem Kapitel beschäftigen mit dem Austritt von Elektronen aus metallischen Oberflächen, und es ist von vornherein klar, daß wir dabei mit den Vorstellungen nicht mehr auskommen können, die im Rahmen der MAXWELLschen Theorie die Stromleitung im Metallinneren rein formal beschreiben; denn ein Strom, der im Metall als kontinuierlicher Leitungsstrom fließend gedacht werden kann, kann sich im Außenraum nur als ein von diskreten freien Elektronen getragener Konvektionsstrom fortsetzen. Die Kontinuität des Innen- und des Außenstromes wird jedoch nach den Vorstellungen der Metallelektronen unmittelbar verständlich, weil nach diesen dieselben Elektronen es sind, die hier wie dort den Strom tragen. Nur wie und nach welchen Gesetzen diese Elektronen durch die Grenzfläche aus dem Metallinneren in den Außenraum übertreten, bedarf noch der genaueren Untersuchung. Auf die sich hier eröffnenden neuen und tiefgehenden Problemstellungen wollen wir also nun — schon im Hinblick auf die vielfachen Anwendungen — etwas ausführlicher eingehen.

Es gibt eine Reihe von Möglichkeiten, um Elektronen zum Austritt aus einer Metallfläche zu veranlassen. Vor allem sind hier zu nennen die „glühelektrische" oder „thermische" Elektronenemission infolge einer Erhitzung des Metalls auf hohe Temperaturen, auch „thermoionischer" Effekt genannt, und die „lichtelektrische" oder „photoelektrische" Elektronenemission, kurz „Photoeffekt" genannt, die bei Bestrahlung mit Licht von hinreichend kurzer Wellenlänge eintritt. Die erstere spielt eine Rolle bei den Glühkathoden, die letztere bei den Photokathoden, und mit diesen beiden Effekten werden wir uns zunächst beschäftigen. Ferner ist zu erwähnen die „kalte" Elektronenemission, auch „autoelektrischer" Effekt genannt, der durch die Einwirkung starker elektrischer Felder bedingt ist. Vorwiegend noch von theoretischem Interesse, spielt diese Möglichkeit vermutlich eine Rolle an der Kathode des Lichtbogens (S. 217); wir werden deshalb nur anhangsweise darauf eingehen. Eine vierte Möglichkeit ist gegeben in der Elektronenbefreiung durch Trägerstoß, insbesondere durch den Aufprall von positiven Ionen. Sie ist von grundsätzlicher Bedeutung für das Verständnis des kathodischen Mechanismus der Gasentladungen, und soll, weil theoretisch zu neuartigen Betrachtungen führend, in einem besonderen Abschnitt besprochen werden.

Es liegen die Dinge praktisch fast immer so, daß sich als maßgebend für die Intensität des tatsächlich auftretenden Elektronenstromes über den eigentlichen Elementarvorgang der Elektronenemission die Raumladungswirkung dieses Stromes lagert. Die Metalloberfläche spielt dabei die Rolle einer Elektronenquelle von gewisser Ergiebigkeit, aber was weiterhin im Außenraum passiert, hängt ab nicht nur von dieser Ergiebigkeit selbst, sondern auch von den jeweils vorliegenden elektrischen Versuchsbedingungen. Mit der Raumladungswirkung des Emissionsstromes haben wir uns schon früher (S. 142 f.) eingehend beschäftigt und brauchen nicht von neuem darauf einzugehen; was uns hier interessiert, ist also lediglich der Mechanismus der Elektronenquelle selbst. Es sei aber sogleich und nachdrücklichst noch auf eine andere Gruppe von Nebeneffekten hingewiesen, die von maßgebender Bedeutung für die Ergiebigkeit selbst sind und sich bei der experimentellen und theoretischen Erforschung sowohl, wie bei allen Anwendungen einschneidend bemerkbar machen. Wir haben nämlich bisher von Metallflächen schlechthin gesprochen und damit stillschweigend in der vollkommen reinen Oberfläche eine Idealisierung der Wirklichkeit vorausgesetzt, die es tatsächlich wohl überhaupt nicht oder nur als ein in mühsamer experimenteller Vorarbeit mit hinreichender Annäherung herstellbares Gebilde gibt, das für praktische Zwecke meist nicht einmal erstrebenswert ist. Wir werden dies Idealbild jedoch unseren grundsätzlichen theoretischen Betrachtungen zunächst stets zugrunde legen und erst später die realen, natürlich oder künstlich verunreinigten Oberflächen betrachten.

Glühkathoden. Wir beschäftigen uns zuerst mit der bisher theoretisch am eingehendsten untersuchten thermischen Elektronenemission und gehen aus von dem Bild des Elektronengases in einem Metall, wie wir es im vorhergehenden Abschnitt kennengelernt haben. Da die Elektronen in thermischer Bewegung sind, würden sie alle — ganz ebenso wie die Atome eines Gases in einem unverschlossenen Gefäß — in den Außenraum entweichen, wenn sie nicht durch irgendwelche Kräfte zurückgehalten würden. Diese müssen offenbar dem größten Teil der Elektronen den ungehinderten Austritt versperren und bewirken, daß es nur den schnellsten von ihnen gelingt, in den Außenraum überzutreten; nämlich nur denen, deren senkrecht zur Oberfläche gerichtete Geschwindigkeitskomponente groß genug ist, um gegen jene Kräfte anzulaufen. Man kann sich dies so veranschaulichen, daß zwischen dem Inneren und dem Äußeren ein elektrischer Potentialunterschied besteht, der beim Austritt von den Elektronen überwunden werden muß. Die Sachlage ist also ganz analog, wie z. B. im Fall von Schrotkügelchen in einem Napf, die aus dem Napf nur herauskönnen, wenn sie dank einer Eigenbewegung den erhöhten Rand des Napfes erklimmen, und so den Unterschied des Schwerepotentials zwischen Innen und Außen überwinden können, ein einfaches Modellbild, das sich später noch oft als nützlich erweisen wird. Auf die Deutung jener Kräfte bzw. Potentialunterschiede brauchen wir hier noch nicht im einzelnen einzugehen. Es genügt, summarisch den Begriff der „Austrittsarbeit" W einzuführen, die als eine für jedes Metall charakteristische Größe anzusehen ist und zu definieren ist als die Arbeit, die ein Elektron leisten muß, um aus dem Metallinneren durch die Oberfläche hindurch in den Außenraum überzutreten. Ist v_n die zur Oberfläche senkrecht stehende Geschwindigkeitskomponente eines Elektrons, so ist also die Bedingung für den Austritt nun in der einfachen Form

$$\frac{m}{2} v_n^2 \geq W$$

zu fassen. Nun hängt, wie wir früher sahen, die Geschwindigkeitsverteilung der Elektronen im Metall ab von der Temperatur T des Elektronengases (die im thermischen Gleichgewicht übereinstimmt mit der meßbaren Temperatur des Metalls), und zwar so, daß mit zunehmender Temperatur der Bruchteil der nach obiger Bedingung genügend schnellen Elektronen zunimmt. Mit zunehmender Temperatur wird also die Zahl Z der pro Flächeneinheit und Zeiteinheit austretenden Elektronen zunehmen in gesetzmäßiger, durch das Geschwindigkeitsverteilungsgesetz gegebener Weise. Da jedes austretende Elektron die Ladung ε trägt, ist dann auch der beobachtbare „Sättigungsstrom" $j = \varepsilon \cdot Z$ in Abhängigkeit von der Temperatur gegeben.

Die Durchführung der diesbezüglichen Rechnungen, auf die wir hier nicht einzugehen brauchen, führt natürlich zu verschiedenen Ergebnissen je nach der Wahl des Verteilungsgesetzes. Die klassische Metallelektronik (MAXWELL-BOLTZMANNsches Elektronengas) und die neue Metallelektronik (entartetes Elektronengas) liefern deshalb verschiedene Emissionsgesetze, die zwar bei der derzeitigen Meßgenauigkeit die experimentellen Ergebnisse gleich gut wiedergeben, von denen aber das letztere schon aus unseren früheren grundsätzlichen Überlegungen heraus den Vorzug verdient. Dies Emissionsgesetz — das wir später übrigens auch noch auf einem ganz anderen Weg ableiten werden — lautet

$$(98) \qquad j = A \cdot T^2 \cdot e^{-W/kT}$$

und soll allem folgenden zugrunde gelegt werden. Es ist hierin k die BOLTZMANNsche Konstante und A eine universelle, d. h. für alle Metalle gleiche Konstante, deren heute meist angenommener Wert $A = 60{,}2\ \text{A/cm}^2\ \text{grad}^2$ ist. Wie üblich werden wir die Austrittsarbeit W in e-Volt messen und dann mit $\varepsilon \psi$ bezeichnen, wo also ψ die für jedes Metall charakteristische Voltzahl ist. Führen wir noch für ε und k die Zahlenwerte ein, so erhalten wir das Emissionsgesetz in der für alle praktischen Zwecke unmittelbar verwendbaren numerischen Form

$$(98\,\mathrm{a}) \qquad j = 60{,}2 \cdot T^2 \cdot e^{-1{,}16\cdot 10^4 \cdot \frac{\psi}{T}}.$$

Man findet es mitunter noch in etwas anderer Schreibweise benutzt, die dadurch entsteht, daß man als charakteristische Größe $b = W/k = \varepsilon\,\psi/k$ einführt. Dies b hat offenbar, da der Exponent natürlich dimensionslos sein muß, die Dimension einer Temperatur, ist also in Temperaturgraden zu messen. Der numerische Zusammenhang zwischen b (Grad) und ψ (V) ergibt sich daraus (S. 111), daß $1\ \text{eV} = 1{,}59 \cdot 10^{-12}$ erg und $k = 1{,}37 \cdot 10^{-16}$ erg/grad ist, zu $b = 1{,}16 \cdot 10^4 \cdot \psi$. Mittlere Zahlenwerte für einige der wichtigsten reinen Metalle sind in der folgenden Zahlentafel zusammengestellt, bei deren Bewertung allerdings die noch recht erheblichen Abweichungen der von den einzelnen Autoren angegebenen Einzelwerte voneinander zu berücksichtigen sind (so z. B. liegen die ψ-Werte für Wolfram zwischen 4,31 und 4,71, und die von Platin zwischen 6,27 und 5,29).

	Tantal	Molybdän	Wolfram	Nickel	Platin
b (Grad). .	48 600	50 000	52 200	59 000	66 000
ψ (V) . . .	4,2	4,3	4,5	5,1	5,7

An Hand des obenerwähnten Napfmodells können wir uns die Sachlage noch folgendermaßen veranschaulichen. Nach den Vorstellungen der neuen Metallelektronik (S. 253) ist der Napf angefüllt — und zwar bei allen Temperaturen bis herab zum absoluten Nullpunkt $T = 0$ — mit Elektronen, die praktisch stets bis zu der der Nullpunktsenergie δ entsprechenden (Energie-) Höhe reichen, über die sich dann gewissermaßen

17*

eine obere (allerdings sehr rasch an Dichte abnehmende) Atmosphäre der schnellsten Elektronen lagert (Abb. 93). Dies führt dazu, die Austrittsarbeit W zu zerlegen in zwei Teile; nämlich in die „äußere" Austrittsarbeit W_a, die gegeben ist durch die ganze Höhe des Napfrandes über dem Napfboden, und in die „innere" Austrittsarbeit W_i, die gegeben ist durch die Tiefenerstreckung der genannten Bodenschicht des Elektronengases. Wir können dies anschaulich auch so ausdrücken,

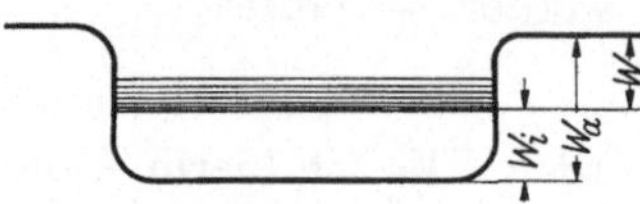

Abb. 93. Napfmodell zur Theorie der Austrittsarbeit der Elektronen aus Metallen.

daß der dem W_i entsprechende Teil der rücktreibenden Kräfte von vornherein überwunden wird durch den „Nullpunktsdruck" des Elektronengases, so daß die uns praktisch allein interessierende und in Erscheinung tretende Austrittsarbeit W aufzufassen ist als $W = W_a - W_i$.

Bei dieser Gelegenheit sei an Hand des Napfmodells eine Bemerkung zur Theorie der Voltapotentialdifferenz zwischen zwei Metallen eingeschaltet. Jedes Metall ist charakterisiert durch die Tiefe W_a seines Napfes, und die Höhe W_i der Napffüllung, die relative Lage der beiden Näpfe jedoch ist zunächst noch unbestimmt, und hängt ab von einer

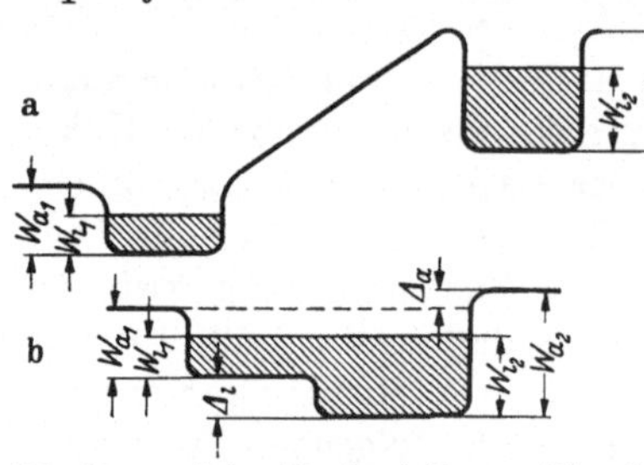

Abb. 94a und b. Napfmodelle zur Theorie des Voltaeffekts. (Nach NORDHEIM.)

etwaigen gegenseitigen Aufladung der beiden Metalle gegeneinander (Abb. 94a). Wenn sich die beiden Metalle berühren, verschwindet der Potentialberg zwischen ihnen und da auf die Grenzfläche von beiden Seiten her im stationären Gleichgewichtszustand gleichviel Elektronen auftreffen müssen, liegt die Annahme nahe, daß dann die Sachlage die in Abb. 94b gezeichnete sein wird. Es sollen also nicht die Napfböden, sondern die Oberflächen der Napffüllungen auf gleicher Höhe liegen, und es läßt sich auch rechnerisch zeigen, daß dann wirklich die genannte Gleichgewichtsbedingung erfüllt ist. Wir können dann aus der Abbildung unmittelbar ablesen, daß zwischen den beiden sich berührenden Metallen nicht nur eine „innere" (experimentell nicht in Erscheinung tretende) Potentialdifferenz Δi besteht, sondern auch eine „äußere" Potentialdifferenz Δa und daß dies Δa die Größe

$$\Delta a = W_{a_2} - (W_{a_1} + \Delta i) = W_{a_2} - (W_{a_1} + W_{i_2} - W_{i_1}) = (W_{a_2} - W_{i_2}) - (W_{a_1} - W_{i_1})$$

hat. Diese äußere Potentialdifferenz ist also nach dem früher Gesagten gleich der Differenz der Austrittsarbeiten im üblichen Sinn; ihre physikalische Bedeutung ist offenbar die der Kontaktpotentialdifferenz (Voltapotentialdifferenz) zwischen den beiden Metallen. Wir erkennen dies vielleicht noch besser, wenn wir uns die beiden Metalle zu einem Kreis gebogen denken, in dem sie irgendwo zusammenstoßen, und der an einer Stelle offen ist, so daß die beiden Grenzflächen des Schlitzes aus je einem der Metalle gebildet werden. Dann ist Δa die im Schlitz liegende Potentialdifferenz. Bemerkt sei noch, daß mit der Kontaktpotentialdifferenz in dem hier gemeinten Sinn (die in sauberen Messungen in Übereinstimmung mit unserer Theorie stets als von der Größe der Differenz der Austrittsarbeiten gefunden wurde) nicht verwechselt werden darf die meist beträchtlich größere Voltapotentialdifferenz, wie sie sich in älteren unsauberen Versuchen ergeben hat und praktisch meist Δa verdeckt. Denn diese ist verursacht durch Oberflächenschichten und elektrolytische Grenzflächenpotentiale (vgl. S. 340f.) und verschwindet mit zunehmender Säuberung der Oberflächen.

Den Mechanismus der thermischen Elektronenemission können wir aber auch noch von einem ganz anderen Gesichtspunkt aus betrachten und so die Einsicht in die physikalische Sachlage wesentlich vertiefen. Diese zweite Betrachtungsweise ist eine rein thermodynamische und als solche, wie alle thermodynamischen Überlegungen, abstrakt und wenig anschaulich, dafür aber auf sehr allgemeinen Grundlagen aufgebaut und geeignet, ohne spezielle Modellvorstellungen verwertbare Endergebnisse zu liefern. Der Grundgedanke an sich ist einfach und auch noch anschaulich zu fassen, die Durchführung allerdings benötigt weitgehend der Hilfsmittel der höheren Thermodynamik und kann hier nur angedeutet werden.

Unter Verdampfung eines Stoffes versteht man bekanntlich die Überführung seiner Atome bzw. Moleküle aus dem flüssigen bzw. festen Aggregatzustand in den Zustand des Dampfes oder Gases oder allgemeiner in der Terminologie der Thermodynamik, seine Überführung aus der der „kondensierten Phase" in die „Gasphase". Es liegt nun nahe, auch die thermische Elektronenemission aufzufassen als eine derartige Verdampfung der Elektronen, nämlich als ihre Überführung aus dem für das Metallinnere charakteristischen Zustand (Metallphase) in den vollkommen freien Zustand (Gasphase) und auch hierauf die üblichen Ansätze der Thermodynamik anzuwenden. Verfolgen wir diese Analogie noch etwas weiter, so sehen wir vor allem, daß wir auch den Elektronen einen „Dampfdruck" zuschreiben können, und daß die Austrittsarbeit offenbar eng zusammenhängt mit der „Verdampfungswärme", d. h. daß also auch diese beiden thermodynamischen Begriffe sinngemäß übernommen werden können. Wir erkennen aber andererseits, daß die üblichen thermodynamischen Betrachtungen nicht ohne weiteres auf die Berechnung der uns letzten Endes allein interessierenden Größe des Sättigungsstromes als Funktion von der Temperatur angewendet werden können, und zwar aus zwei Gründen. Zunächst beziehen sie sich nämlich stets — dies liegt in der Natur aller thermodynamischen Methoden — auf statische Gleichgewichtszustände, während wir es hier mit einer ständigen Elektronenentnahme zu tun haben. Was die thermodynamische Betrachtung liefert und allein liefern kann, ist der Gleichgewichtsdampfdruck über dem Metall und es sind also noch weitere Überlegungen notwendig, um den Zusammenhang mit dem der Messung zugänglichen Sättigungsstrom herzustellen. Dies gelingt dadurch, daß man den Elektronendampf im Außenraum als ein ideales Gas betrachtet, aus dessen Druck mit Hilfe der Zustandsgleichung die Elektronenkonzentration findet, und dann wie in der gewöhnlichen kinetischen Gastheorie ausrechnet, wieviele Elektronen in einseitiger Strömung zur Gegenelektrode abfließen. Aber auch die Berechnung des Elektronendampfdruckes auf rein thermodynamischer Grundlage macht an sich Schwierigkeiten, und zwar solche grundsätzlicher Art. Denn sie erfordert eine Erweiterung der klassischen Ansätze auf elektrische Systeme und die Formulierung der hier benötigten allgemeinen elektrisch-chemischen Gleichgewichtsbedingungen. Hierauf und auf die noch bestehenden Abweichungen zwischen den Auffassungen der einzelnen Forscher einzugehen, ist nicht möglich, ohne sehr weit auszuholen. Das Endergebnis ist eine Emissionsformel von genau derselben Form, wie wir sie in der Formel (98) S. 259 bereits kennengelernt haben. Die kinetische und die thermodynamische Theorie führen also zu demselben Resultat, das — wie schon erwähnt — in bester Übereinstimmung mit den experimentellen Befunden ist.

Die weitere formale Diskussion der Emissionsformel im einzelnen zu besprechen, ist hier nicht nötig; wir wollen uns beschränken auf die Erwähnung zweier Punkte. Durch Logarithmieren erhält man ($W/k = b$ gesetzt)

$$(99) \qquad \log j - 2 \log T = - \frac{b}{2{,}303\,T} + \log A \,.$$

Wenn man also jeweils zusammengehörende Werte von j und T durch Messung gefunden hat, und $\log j - 2 \log T$ über $1/T$ als Kurve aufträgt, muß man eine Gerade erhalten, deren Neigung unmittelbar die Größe b zu bestimmen erlaubt. Dies gilt natürlich nur, wenn b, d. h. die Austrittsarbeit, selbst unabhängig von der Temperatur ist; aber es ist theoretisch Abschließendes dazu kaum zu sagen, und es ist auch experimentell nicht einfach, bündig darüber zu entscheiden. Für die Interpretation des empirischen Emissionsgesetzes ist jedoch die Möglichkeit einer Temperaturabhängigkeit von b insofern von grundsätzlicher Bedeutung, als dadurch wahrscheinlich Abweichungen der beobachteten Werte der Konstante A von dem theoretischen universellen Wert zwanglos erklärt werden können. Setzt man nämlich in erster Näherung $b = b_0 + \alpha T$, so kann man das Emissionsgesetz in der Form schreiben

$$j = A \cdot e^{-\alpha} \cdot T^2 \cdot e^{-b_0/T}$$

und nun $A \cdot e^{-\alpha} = A'$ als eine neue, nicht mehr universelle Konstante auffassen.

Photoeffekt. Neben der thermischen Elektronenemission spielt die lichtelektrische praktisch und theoretisch die größte Rolle. Sie erfolgt ohne nachweisbare Trägheit, d. h. ohne nachweisbare Verzögerung gegen das Einsetzen oder Aufhören der Bestrahlung, und es ist die Zahl der in der Zeiteinheit emittierten Elektronen genau proportional mit der Intensität der Bestrahlung. Auf diese beiden Eigenschaften des Photoeffektes gründet sich seine besondere Eignung für viele Anwendungen. Es ist ferner die Austrittsgeschwindigkeit der Elektronen unabhängig von der Intensität der Bestrahlung und nur abhängig von der Frequenz der benutzten Lichtwellen. Hierin liegt die grundsätzliche theoretische Bedeutung des Photoeffektes.

Wie wir S. 60 schon sahen, findet die lichtelektrische Elektronenemission ihre Erklärung und quantitative Beschreibung in der EINSTEINschen Gleichung

$$h\nu = \frac{m}{2}\,v^2 + W,$$

die physikalisch interpretiert, folgendes aussagt: Der Elementarvorgang besteht in der Absorption eines Lichtquantes, das für Licht von der Frequenz ν eine Energie vom Betrag $h\nu$ repräsentiert. Diese Energie wird verwendet, um die Austrittsarbeit W zu leisten, und um dem entweichenden Elektron die kinetische Energie $\frac{m}{2}\,v^2$ mitzugeben. Im übrigen liegen die Dinge ganz ebenso wie bei der thermischen Elektronenemission, es handelt sich hier wie dort um die Entfernung von Elektronen aus dem Metall durch die Oberfläche hindurch in den Außenraum, und es hat insbesondere die Austrittsarbeit in beiden Fällen genau dieselbe Bedeutung und Größe. Verschieden ist nur die Herkunft der Energie, welche zur Elektronenauslösung verwendet wird.

Wir wollen die obige Grundgleichung noch in etwas anderer, handlicherer Form schreiben, nämlich durch Einführung der Wellenlänge an Stelle der Frequenz und durch Umrechung der kinetischen Energie des Elektrons und der Austrittsarbeit auf e-Volt. Dies geschieht durch die Relationen $\nu = c/\lambda$ (c = Lichtgeschwindigkeit = $3 \cdot 10^{10}$ cm/s) und 1 eV $= 1,6 \cdot 10^{-12}$ erg und gibt mit $h = 6,55 \cdot 10^{-27}$ erg/s

$$(100) \qquad V = \frac{1236}{\lambda} - \psi.$$

V ist hierin also die Energie der austretenden Elektronen in Volt und ψ wie bisher das Voltäquivalent der Austrittsarbeit; die Wellenlänge des benutzten Lichtes ist dabei wie üblich in $\mu\mu$ ($1\ \mu\mu = 10^{-7}$ cm) gemessen. Wie man nun unmittelbar sieht, wird für eine bestimmte Wellenlänge

$$(101) \qquad \lambda_m = \frac{1236}{\psi}$$

(die sog. „langwellige Grenze" des Photoeffektes) $V = 0$, und es kann also für alle $\lambda > \lambda_m$ überhaupt keine Elektronenemission mehr stattfinden.

Die in einem Lichtquant verfügbare Energie reicht dann eben nicht mehr aus, um die Austrittsarbeit zu leisten. Es ist hiernach λ_m um so größer, je kleiner die Austrittsarbeit für das Metall ist. So z. B. ist für Wolfram $\psi = 4,5$ V und $\lambda_m = 272$ μμ, während für Natrium $\psi = 2,5$ V und $\lambda_m = 500$ μμ ist. Die experimentelle Bestimmung der langwelligen Grenze kann, nebenbei bemerkt, unmittelbar zu einer Bestimmung der Austrittsarbeit benutzt werden. Die auf diesem Weg gefundenen Werte haben sich in durchaus befriedigender Übereinstimmung mit den aus dem thermischen Emissionsgesetz gefundenen ergeben.

Die EINSTEINsche Gleichung ist letzten Endes natürlich nichts anderes, als die Formulierung der Energiebilanz des lichtelektrischen Elementareffektes. Sie kann deshalb auch nicht mehr vermitteln als Aussagen über gewisse Höchstwerte: εV [Gl. (100), S. 263] ist der bei gegebenem λ und ψ größtmögliche Wert der Elektronenenergie, λ_m [Gl. (101)] ist der bei gegebenem ψ größtmögliche Wert der noch wirksamen Wellenlänge; es können ferner höchstens soviele Elektronen emittiert werden, als Lichtquanten auffallen, nämlich für jedes Lichtquant ein Elektron (wenigstens, solange $\varepsilon\psi < h\nu < 2\,\varepsilon\psi$ ist). Darüber aber, ob bei Bestrahlung mit monochromatischem Licht z. B. auch Elektronen mit kleinerer als jener Höchstgeschwindigkeit emittiert werden, und insbesondere, wie groß die tatsächliche „Ausbeute" an Elektronen ist, können unsere bisherigen Überlegungen keinerlei Aufschluß geben. Hier müssen entweder experimentelle Untersuchungen oder detailliertere theoretische Betrachtungen über den Mechanismus der Elektronenemission einsetzen.

Von besonderer Bedeutung für alle praktischen Belange ist naturgemäß die Kenntnis der Ausbeute, über die einige summarische Angaben orientieren mögen. Es ist üblich und anschaulich, die Ausbeute anzugeben in Coulomb pro Kalorie; in Coulomb wird die Gesamtladung der ausgetretenen Elektronen, in Kalorien die eingestrahlte Lichtenergie gemessen. Die Zeit, innerhalb welcher der ganze Versuch vor sich gegangen ist, spielt dabei keine Rolle; sie kommt erst herein, wenn man den lichtelektrischen Sättigungsstrom und die Bestrahlungsintensität als Bezugsgrößen wählt, also alles auf eine Versuchsdauer von 1 s bezieht. Scharf unterscheiden muß man bei der Bewertung der Ausbeute zwischen der auf die bestrahlte Fläche einfallenden und der von ihr absorbierten Lichtenergie. Physikalisch von Interesse und maßgebend für die eigentliche Ausbeute des Elementareffektes ist natürlich nur die letztere, praktisch bedeutungsvoll und maßgebend für die „Ökonomie" einer lichtelektrischen Zelle ist aber nur die erstere. Der Zusammenhang zwischen beiden ist bedingt durch die Reflektionseigenschaften der bestrahlten Oberfläche und muß durch besondere optische Messungen festgestellt werden; hier brauchen wir uns nur mit der eigentlichen Ausbeute, bezogen auf die absorbierte Lichtenergie zu beschäftigen. Der maximal mögliche Wert dieser Ausbeute ist leicht anzugeben. Denn es ist einerseits die Energie eines Lichtquants $h\nu$ gleich $4{,}7 \cdot 10^{-17}/\lambda$ cal und andererseits die Ladung des von diesem Lichtquant ausgelösten Elektrons $1{,}6 \cdot 10^{-19}$ C, und dies gibt für die maximale Ausbeute, das sog. „Quantenäquivalent", den Wert $3{,}4 \cdot 10^{-3} \cdot \lambda$ C/cal. Demgegenüber haben nun die Messungen ergeben, daß in Wirklichkeit die Ausbeute nicht nur wesentlich kleiner ist, sondern daß sie auch einen ganz anderen Gang mit der Wellenlänge zeigt. Selbst die empfindlichsten Zellen geben eine Ausbeute von nicht mehr wie einigen Prozent des Quantenäquivalents und die Ausbeute nimmt meist mit abnehmender Wellenlänge zu oder besitzt ein selektives Maximum. Die Abb. 95 gibt dafür einige Beispiele. Kaum weniger verwickelt liegen die Dinge hinsichtlich der Geschwindigkeit bzw. der Energie der austretenden Elektronen.

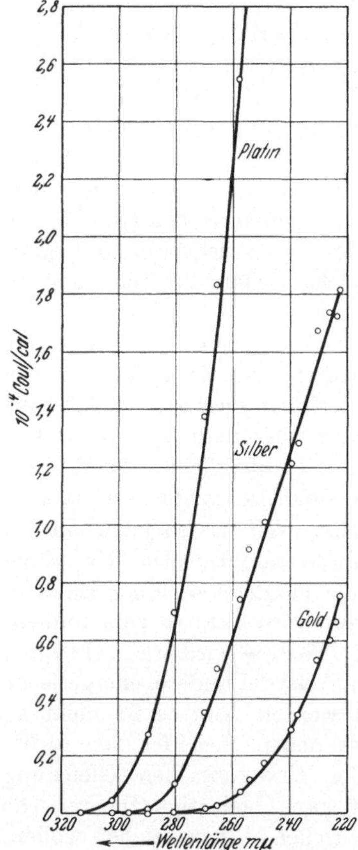

Abb. 95. Spektrale lichtelektrische Ausbeute von Pt, Ag und Au. (Nach FUHRMANN u. SIMON.)

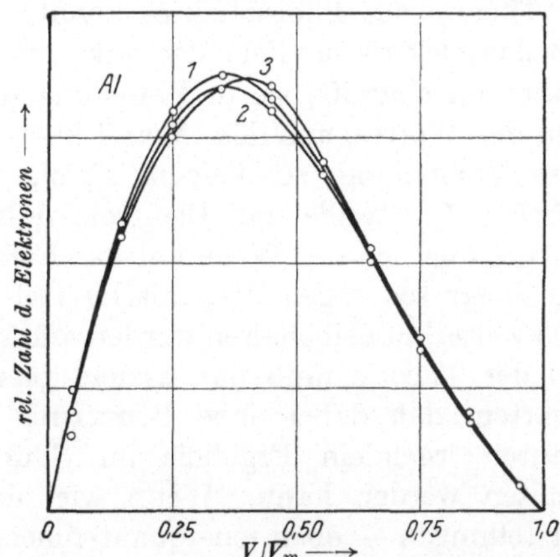

Abb. 96. Relative Energieverteilung (maximale Energie $V_m = 1$) der Photoelektronen von Aluminium; 1 bei 230 mμ, 2 bei 254 mμ, 3 bei 313 mμ. (Nach LUKIRSKY u. PRILEZAEV.)

Auch bei Bestrahlung mit monochromatischem Licht besitzen nämlich durchaus nicht alle Elektronen die aus der EINSTEINschen Gleichung folgende Höchstenergie, sondern sie erfüllen kontinuierlich ein von dieser bis herab zu $V = 0$ reichendes Energiegebiet. Die Abb. 96 gibt dafür ein typisches Beispiel.

Schon bei der Erklärung dieser an sich noch einigermaßen übersichtlichen Befunde steht die Theorie vor einer recht schweren Aufgabe. Darüber hinaus führt aber noch mehr wie bei der thermischen Elektronenemission die außerordentliche Abhängigkeit der lichtelektrischen Vorgänge von der Oberflächenbeschaffenheit zu großen Komplikationen, läßt den Umfang und die Unübersichtlichkeit des Beobachtungsmaterials fast ins Ungemessene anwachsen und erschwert die Bewertung und kritische Beurteilung der Einzelergebnisse so sehr, daß eigentlich erst in allerletzter Zeit hier einige Übersicht gewonnen werden konnte. Auf der anderen Seite hat dies für uns allerdings auch Vorteile. Der Idealbegriff der „reinen" Oberfläche ist praktisch kaum von Bedeutung; von Interesse ist es gerade umgekehrt, Vorschriften für die Herstellung „sensibilisierter", d. h. künstlich in bestimmter Richtung verunreinigter Oberflächen zu geben. In diesem Sinn werden wir auch die späteren theoretischen Überlegungen abzustellen haben (S. 284) und werden uns deshalb nur ganz kurz mit der Theorie der Vorgänge an reinen Oberflächen beschäftigen. Ein tieferes Eindringen würde zudem wiederum die Kenntnis der neuesten wellen- und quantenmechanischen Vorstellungen in weitem Umfang erfordern.

Die klassische elektromagnetische Lichttheorie MAXWELLs lehrte die Lichtwellen bekanntlich aufzufassen als elektromagnetische Wellen. Im Rahmen dieser Theorie und demgemäß im Rahmen aller älteren Arbeiten zur Theorie des Photoeffektes konnte und mußte man sich vorstellen, daß das elektrische Feld der ankommenden Lichtwelle an den Metallelektronen angreift, sie in Bewegung setzt und sie so, fast im wahren Sinn des Wortes, aus dem Metall herausreißt. Wir wissen jetzt, warum diese Vorstellung zu keinem Erfolg führen konnte: Die Kopplung zwischen Lichtwelle und Elektron, d. h. die Möglichkeit einer Energieübertragung von der Welle auf das Elektron, wird zwar so verständlich, und dieser sozusagen dynamische Teil der Theorie wird wahrscheinlich auch weiterhin beibehalten werden müssen. Aber der andere, energetische Teil der Theorie muß nun anders gefaßt werden, und es ist nicht zu erwarten, daß dabei ohne Benutzung des neuen Begriffes der Lichtquanten irgendein Ergebnis im Sinn der EINSTEINschen Gleichung erhalten werden kann. Wenn wir nicht ganz neuartige theoretische Vorstellungen — eben jene quantenmechanischen — heranziehen wollen, durch die der Gegensatz und Dualismus Lichtquelle—Lichtquant (S. 59) überbrückt wird, wird die ganze Problemstellung also vorläufig überhaupt nur zu fassen sein im Sinn einer Kombination der EINSTEINschen Gleichung mit den energetischen Aussagen der Metallelektronik. Auch in diesem hierdurch umschriebenen beschränkten Rahmen läßt sich aber doch auch schon recht viel Interessantes folgern, insofern vor allem, als sich nun besonders deutlich die Überlegenheit der neuen über die alte klassische Metallelektronik zeigt. Wir benutzen am besten wieder das anschauliche Napfmodell (S. 260). Wenn Lichtquanten von der Frequenz ν ihre Energien $h\nu$ auf die Metallelektronen übertragen, können diese nur dann das Metall verlassen, wenn (vgl. die Abb. 89, S. 253, Abb. 93, S. 260, und ihre photoelektrische Ausdeutung in Abb. 97) ihre

Energie ε im Metall die Bedingung $\varepsilon + h\nu \geq W_a$ erfüllt. Da nun bei gewöhnlicher Temperatur nur sehr wenige Elektronen eine Energie $\varepsilon > \delta_0$ besitzen, wird also eine merkliche Elektronenemission, und zwar in einem recht scharfen Übergang, erst bei einer Frequenz ν_m einsetzen, die gegeben ist durch $h\nu_m + \delta_0 = W_a$, d. h. wenn $h\nu_m = W_a - \delta_0 = $ Austrittsarbeit ist. Damit ist zwanglos die Existenz einer gut definierten langwelligen Grenze des Photoeffektes erklärt und es ist zugleich in Übereinstimmung mit den experimentellen Befunden erklärt, daß diese Grenze mit zunehmender Temperatur verwaschener werden muß. Denn je höher die Temperatur ist, desto mächtiger ist die Atmosphäre von schnellen Elektronen, die über der bis δ_0 reichenden Bodenschicht liegt. Wenn man mit Licht von einer über ν_m liegenden Frequenz bestrahlt, können

natürlich Elektronen aus allen Tiefen des Napfes herausgeholt werden, für die $\varepsilon + h\nu \geq W_a$ ist. Ist $\varepsilon + h\nu > W_a$, so verlassen sie das Metall mit einer dem Energieüberschuß $(\varepsilon + h\nu) - W_a$ entsprechenden Geschwindigkeit; dadurch ist auch die Existenz einer Geschwindigkeitsverteilung der austretenden Elektronen verständlich ge-

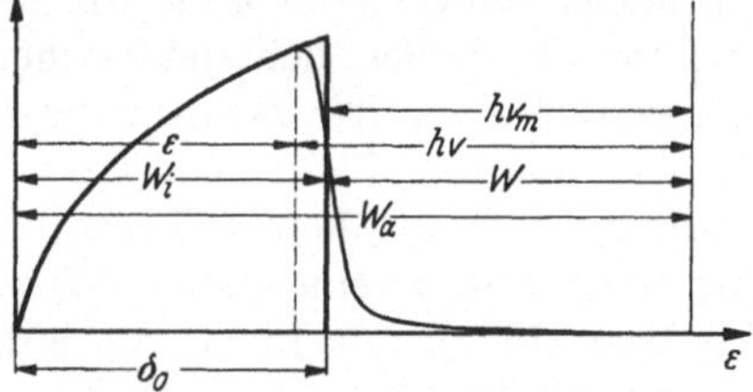

Abb. 97. Zur Theorie des Photoeffekts.

macht. Wenn man über diese Geschwindigkeitsverteilung näheres aussagen will, muß man allerdings die Wahrscheinlichkeit der Übertragung der Energie eines Lichtquantes auf ein Metallelektron kennen. Würde sie unabhängig sein von der Lage des Elektrons im Napf, so würde sich offenbar die Form der Energieverteilungskurve links von δ_0 unmittelbar widerspiegeln in der Geschwindigkeitsverteilung der Photoelektronen. Erst wenn man so kurzwelliges Licht benutzt, daß $h\nu \geq W_a$ ist, kann die Zahl der verfügbaren Elektronen nicht weiter anwachsen; es muß also die Ausbeute mit zunehmender Frequenz einem Sättigungswert zustreben, und zwar zunehmend mit zunehmender Frequenz, weil vor Erreichung dieses Sättigungswertes die Zahl der verfügbaren Elektronen mit zunehmender Frequenz ständig zunimmt. Man kann sogar noch einen Schritt weitergehen. Wie man aus anderweitigen Überlegungen weiß, nimmt die Wahrscheinlichkeit der Energieübertragung von einem Lichtquant auf die Metallelektronen ab mit zunehmender Frequenz, und es muß deshalb die Gesamtausbeute irgendwie auch wieder abnehmen, wenn die Frequenz weiter zunimmt. Dadurch ist die Möglichkeit gegeben, das Zustandekommen selektiver Maximas des lichtelektrischen Effektes zu verstehen. Wenn wir jedoch analoge Überlegungen anstellen würden unter der Annahme nicht eines entarteten, sondern eines klassischen Elektronengases mit MAXWELLscher Geschwindigkeitsverteilung, würden wir sofort auf große Schwierigkeiten stoßen. Wir würden nämlich nicht nur keine scharfe langwellige Grenze des Photoeffektes erhalten, sondern schon daran scheitern, daß die Energiewerte der Metallelektronen in ganz anderer Größenordnung liegen als die Energiewerte $h\nu$, mit denen man es beim Photoeffekt zu tun hat.

Wir wollen anschließend noch auf einen einfachen und theoretisch interessanten Zusammenhang zwischen der lichtelektrischen und der thermischen Elektronenemission eingehen, der neuerdings auch von praktischer Bedeutung zu werden verspricht. Bestrahlt man ein Metall nicht mit monochromatischem Licht, sondern mit unzerlegtem „weißen" Licht, so überlagern sich die den einzelnen Frequenzen zuzuschreibenden Effekte additiv zu einem Integraleffekt. Für diesen gibt es aber eine sehr einfache und zunächst überraschende Gesetzmäßigkeit. Wenn man nämlich Licht von derselben Zusammensetzung benutzt, wie es ein heißer schwarzer Körper von der Temperatur T aussendet, so hängt die Intensität des lichtelektrischen Elektronenstromes in genau derselben Weise von der Temperatur T des Strahlers ab, wie die Intensität des thermischen Elektronenstromes von der Temperatur einer Glühkathode; nur die Mengenkonstante, die wir früher mit A bezeichnet hatten (S. 259), ist eine andere. Es ist deshalb die lichtelektrische Emission bei Bestrahlung mit Licht von einem auf die Temperatur T geheizten schwarzen Strahler

$$j = M \cdot T^2 \cdot e^{-W/kT}.$$

Man kann sich das verständlich machen durch die Überlegung, daß die Elektronen im Inneren des Metalls, wenn sie sich dort mit den eindringenden Lichtquanten ins Energiegleichgewicht setzen, eine Geschwindigkeitsverteilung besitzen, die der Temperatur der Strahlung entspricht. Eine meßmethodische Anwendung ist die zur einer Bestimmung der Austrittsarbeit. Als Lichtquelle dient ein schwarzer Strahler, gemessen wird der lichtelektrische Strom für verschiedene Temperaturen T des Strahlers; dann wird formal ganz ebenso wie bei der Untersuchung der thermischen Elektronenemission $\log j - 2 \log T$ aufgetragen gegen $1/T$ und aus der Neigung der sich so ergebenden Geraden W bestimmt.

Schroteffekt, Funkeleffekt, Wärmerauschen. Wie wir sahen, besteht der von einer Glühkathode ausgehende Strom aus einzelnen Ladungsquanten, nämlich aus Elektronen; er ist also nicht zu vergleichen mit dem stetigen Fluß eines kontinuierlichen elektrischen Fluidums, sondern vielmehr mit einem Hagel diskreter Teilchen. Allerdings sind es außerordentlich viele solche Teilchen, die ständig zur Gegenelektrode übergehen — so z. B. selbst bei einer eben noch meßbaren Stromstärke von nur 10^{-12} A immer noch rd. tausend Teilchen in einer millionstel Sekunde — aber dies ändert grundsätzlich nichts an dem diskreten Charakter des Ladungstransports. Auch bei konstanter mittlerer Stromstärke werden deshalb in aufeinanderfolgenden gleich langen Zeitintervallen τ nicht stets genau gleichviel, sondern bald mehr und bald weniger Elektronen übergehen, und was wir mit unseren üblichen Meßinstrumenten erfassen und als einen Gleichstrom beurteilen, wird in Wirklichkeit kein Gleichstrom im strengen Sinn des Wortes sein, sondern ein Wellenstrom, der dauernde und unregelmäßige Schwankungen um einen Mittelwert vollführt. Wir haben es dabei offenbar mit einem Effekt zu tun, in dem besonders anschaulich und eindrucksvoll der statistische Charakter der thermischen Elektronenemission zum Ausdruck kommt. Seine exakte Erfassung ist nicht schwer, wenn wir eine Voraussetzung machen; nämlich die, daß die Emission eines Elektrons aus einer Glühkathode ein Elementarvorgang ist, dessen Eintreten in keinem zeitlichen Zusammenhang steht mit der Emission irgendeines anderen Elektrons. Denn dann haben wir es zu tun mit einem typischen und einfachen Beispiel aus der Theorie der Schwankungen und können die Wahrscheinlichkeitsgesetze für die ungeordnete zeitliche Verteilung gleichartiger, voneinander unabhängiger Elementarereignisse unmittelbar anwenden, die wir früher (S. 52 f.) kennengelernt haben. Bemerkt sei dazu jedoch, daß unsere Voraussetzung in Wirklichkeit nur zutrifft im Sättigungsstromgebiet, nicht mehr hingegen, wenn sich vor der Kathode eine Elektronenraumladungswolke befindet. Im letzteren Fall liegen die Dinge sehr viel komplizierter, weil dann jedes die Kathode verlassende Elektron die Raumladung und damit deren Rückwirkung auf die Emission ändert. Die einzelnen Emissionsakte sind deshalb nicht mehr unabhängig voneinander, sondern gewissermaßen durch die Raumladungsänderungen miteinander verkoppelt, woraus sich erhebliche gedankliche und rechnerische, erst kürzlich überwundene Schwierigkeiten ergeben. Bei den hochgespannten Forderungen der modernen Verstärkertechnik spielen diese Dinge eine erhebliche Rolle; aber auch nur auf die Grundlagen dieser erweiterten Theorie einzugehen, würde hier viel zu weit führen.

Es sei N die mittlere Zahl der in 1 s emittierten Elektronen und $N\tau$ demgemäß die mittlere Zahl der im Zeitinervall τ emittierten; die Zahl der in diesem Zeitintervall tatsächlich emittierten sei n (die also verschieden ist von $N\tau$). Dann ist die „Schwankung" s die Differenz

$$s = n - N\tau,$$

und die allgemeine Schwankungstheorie ergibt für das mittlere Schwankungsquadrat [Gl. (22 b), S. 56]

$$\overline{s^2} = N\tau.$$

Vorausgesetzt ist dabei außer der bereits postulierten Unabhängigkeit der Elementarereignisse voneinander lediglich, daß auch noch in jedem der Zeitintervalle τ sehr viele Elementarereignisse stattfinden, eine Voraussetzung, die praktisch stets erfüllt werden kann. Der Übergang von den Elektronenzahlen zu den Stromstärken kann unmittelbar vorgenommen werden wieder durch die Relation Stromstärke = Elektronenzahl pro Zeiteinheit × Elektronenladung ε. Bezeichnen wir den Mittelwert der Stromstärke mit i_0, die Stromstärke in jeweils einem Zeitintervall τ mit i, so ist also

$$i_0 = N \cdot \varepsilon, \quad i = \frac{n\,\varepsilon}{\tau}.$$

Die Schwankung S der Stromstärke wird dann

$$(102\,\text{a}) \qquad S = i - i_0 = \frac{n\,\varepsilon}{\tau} - N\varepsilon = \frac{\varepsilon}{\tau}(n - N) = \frac{\varepsilon}{\tau} \cdot s$$

und ihr mittleres Schwankungsquadrat

$$(102\,\text{b}) \qquad \bar{S}^2 = \frac{\varepsilon^2}{\tau} \cdot \bar{s}^2 = \frac{\varepsilon^2 N}{\tau} = \frac{i_0}{\tau} \cdot \varepsilon.$$

Die vielleicht anschaulichste Interpretation ergibt sich, wenn wir den Stromverlauf auffassen als die Überlagerung eines Wechselstroms über den mittleren Gleichstrom und demgemäß die mittlere Amplitude a dieses Wechselstroms einführen durch

$$(102\,\text{c}) \qquad a = \sqrt{\bar{S}^2} = \sqrt{\varepsilon} \cdot \sqrt{\frac{i_0}{\tau}}.$$

Darin, daß τ willkürlich festgesetzt werden konnte, liegt noch eine erhebliche begriffliche Schwierigkeit, und es ist im allgemeinen auch nicht möglich, die Endformel (102 c), so durchsichtig sie im übrigen auch ist, einer direkten experimentellen Nachprüfung zu unterziehen. Sie läßt sich, wie nur erwähnt sei, jedoch weiter verarbeiten (es handelt sich dabei im wesentlichen um eine Fourier-Analyse der Einwirkung des Schwankungsvorgangs auf ein schwingungsfähiges elektrisches System) zu einer für den praktischen Gebrauch unmittelbar tauglichen Formel, die meist in der Form geschrieben wird

$$\bar{i} = \sqrt{2\,\varepsilon\,i_0 \cdot \Delta f},$$

wo i die mittlere Schwankung (der sog. Rauschstromanteil) des Emissionsstromes i und Δf die Frequenzbandbreite ist.

Diese etwas abstrakten Überlegungen werden anschaulicher werden durch die Anwendung der Endformel (102 c) auf ein einfaches Beispiel. In einer Röhre fließe der Strom i_0 zwecks Übertragung eines Signals (Signalstrom), die Dauer des Signals sei τ. Dann wird die Signalgebung gestört durch die Überlagerung des eben betrachteten, statistisch bedingten Wechselstroms (Störstrom) und die Störung wird offenbar nun praktisch zu erfassen sein durch das Verhältnis der Störstromamplitude a zu der Signalstromstärke i_0, d. h. durch die Größe k

$$(102\,\text{d}) \qquad k = \frac{a}{i_0} = \sqrt{\frac{\varepsilon}{\tau \cdot i_0}},$$

die einen gewissen noch zulässigen Höchstwert nicht überschreiten darf. Oder umgekehrt: Damit die Störung nicht unzulässig groß wird, darf die Signalstromstärke i_0 einen bestimmten Mindestwert i_m nicht unterschreiten. Handelt es sich z. B. um die Signalisierung eines

Wechselvorganges von der Frequenz f, so ist einfach $\tau = 1/f$ zu setzen und man erhält

$$k = \sqrt{\frac{\varepsilon f}{i_m}}; \qquad i_m = \frac{\varepsilon f}{k^2}$$

oder numerisch mit dem Wert $\varepsilon = 1{,}6 \cdot 10^{-19}$ C (i_m in A)

$$(102\,\mathrm{e}) \qquad i_m = 1{,}6 \cdot 10^{-19} \cdot \frac{f}{k^2}\,.$$

Den eben behandelten Effekt bezeichnet man als „Schroteffekt". Positive Ionen, die bei ungenügendem Vakuum in die Raumladungszone einwandern, können ihn noch wesentlich verstärken und sind verantwortlich zu machen für eine bei Verstärkerröhren als „Rauschen wegen mangelhaften Vakuums" bekannte Störerscheinung; eine Verkleinerung des Schroteffekts läßt sich erzielen durch die S. 269 erwähnte Raumladungswirkung. Noch sehr viel stärkere Schwankungen als durch den Schroteffekt können vor allem im Gebiet kleiner Frequenzen hervorgerufen werden durch den sog. „Funkeleffekt", der an unreinen Oberflächen, insbesondere an Oxydkathoden u. dgl. auftritt. Dieser Effekt ist wahrscheinlich bedingt durch spontane Änderungen der emittierenden Oberfläche, die deren Emissionsvermögen in unregelmäßiger Weise ändern. Es kann sich dabei handeln um das Auftreten eines einzelnen Fremdatoms, um Platzwechselverschiebungen der Atome auf der Oberfläche oder um fluktuierende Besetzungsinstabilitäten u. dgl. Wenn sich diese Vorgänge auffassen lassen als herrührend von voneinander unabhängigen Elementarereignissen, muß sich die Theorie des Funkeleffekts natürlich grundsätzlich nach demselben Schema wie die des Schroteffekts aufbauen lassen. Hieraus ergibt sich eine interessante Folgerung. Sind nämlich Fremdatome auf der Oberfläche einer Glühkathode verantwortlich zu machen für spontane Änderungen der Emissionsfähigkeit (vgl. dazu S. 284 f.), so wird deren Verweilzeit auf der Oberfläche von maßgebendem Einfluß auf den Funkeleffekt sein und man wird umgekehrt aus Messungen des Funkeleffekts die mittlere Verweilzeit berechnen können. Endlich sei, zurückkehrend zu den grundlegenden Vorstellungen über die Stromleitung in Metallen (S. 247) hier auch noch ein Effekt ganz allgemeiner Art erwähnt, der vielleicht am unmittelbarsten die Richtigkeit jener Vorstellungen und den statistischen Charakter der metallischen Stromleitung zu erweisen geeignet ist. Man wird nämlich erwarten müssen, daß schon die ungeordnete Wärmebewegung der freien Elektronen im Innern eines jeden Metalls als Folge von Dichteschwankungen eine schwankende Störspannung hervorbringt. Dieser „Wärmespannungseffekt" (auch „Johnsoneffekt" genannt, muß natürlich in jedem stromdurchflossenen Leiter auftreten (Wärmerauschen), und begrenzt in der Tat die Anwendung von allen Verstärkern bzw. die Empfindlichkeit aller Meßmethoden zur Erfassung kleinster Ströme an sich. Die theoretische Durchführung im

Rahmen der klassischen Metallelektronik würde sehr schwierig sein, weil es dabei gerade auf die Kopplung zwischen Dichteschwankungen und Potentialschwankungen ankommt und die letzteren Abweichungen von dem idealen und gestörten Gleichgewichtszustand bedingen. Man muß deshalb die Theorie von vorneherein phänomenologisch anlegen, womit man sich allerdings weit von allen atomistischen Vorstellungen entfernt. Der Grundgedanke ist der, daß ein Leiter (mit verteilter Selbstinduktion und Kapazität) eines Spektrums elektrischer Eigenschwingungen fähig ist, deren jeder ein gewisser Teil des Energieinhalts des Leiters zugehört, und zwar nach dem klassischen Gleichverteilungssatz (S. 24) vom Betrage kT. Gewissermaßen angestoßen werden die Schwingungen durch die Spannungsschwankungen, die man sich nach FOURIER zerlegt denken muß, und gedämpft werden die Schwingungen durch den Wirkwiderstand; insgesamt muß das ganze System natürlich im Gleichgewicht sein. Es ist das zwar eine nur ganz rohe Skizze, die Durchführung ist mathematisch und begrifflich nicht einfach, aber das Endergebnis dürfte damit physikalisch verständlich geworden sein. Man erhält nämlich für das mittlere Spannungsschwankungsquadrat in irgendeinem Leiter, dessen Wirkwiderstand R_ν ist, den Ausdruck

$$\overline{E^2} = 4\,k\,T \int\limits_{\nu_1}^{\nu_2} R_\nu \, d\nu,$$

wo k die BOLTZMANNsche Konstante und ν_1, ν_2 die bei der betreffenden Messung beteiligten Grenzfrequenzen sind. Bei Zimmertemperatur und frequenzunabhängigem Widerstand R gibt diese Formel für $\overline{E^2}$ die Größenordnung $1{,}6 \cdot 10^{-20}\, R\,(\nu_2 - \nu_1)$, also z. B. mit $R = 10^5\, \Omega$ und $(\nu_2 - \nu_1) = 10^4$ für die Störspannung $\sqrt{\overline{E^2}}$ die Größenordnung $4 \cdot 10^{-6}$ V. Durch intensive Kühlung des ganzen Leiters könnte natürlich die Störspannung vermindert werden.

Es gehört eigentlich nicht mehr hierher, aber es wird vielleicht erwünscht sein in aller Kürze noch etwas zu sagen über die praktischen Auswirkungen der besprochenen Schwankungseffekte in der Verstärkertechnik. Grundsätzlich, weil naturgegeben und nicht wie einige andere Störeffekte an sich vermeidbar, bestimmen der Schroteffekt und der Johnson-Effekt die Grenze der Verstärkungsmöglichkeit. Wenn man den Schroteffekt durch Verlegung des Arbeitsgebiets in das Raumladungsgebiet verkleinert, ist praktisch maßgebend vor allem der Johnson-Effekt; Verkleinerung des Eingangswiderstandes zwischen Gitter und Kathode der ersten Röhre oder unter Umständen Erniedrigung der Temperatur· sind dann unmittelbar verständliche Maßnahmen. Warum aber z. B. eine Photokathode mit Sekundär-Emissionsvervielfachung (S. 276) Vorteile gegenüber einer Glühkathode mit Gitterverstärkung bietet und eine derartige Anordnung einen wesentlich niedriger liegenden „Störpegel" besitzt als die bisherigen Glühkathoden-

Gitterröhren, ist nicht so ohne weiteres einzusehen. Denn — und sich die klarzumachen, ist wichtig — Voraussetzungen spezieller Art über die Herkunft des Signalstroms stecken in der Ableitung der Grundformeln (102) S. 270 nicht, die Gültigkeit dieser Formeln ist sozusagen eine abstrakt mathematisch-statistische Angelegenheit, und sie müssen deshalb ganz ebenso wie für Glühkathoden auch für Photokathoden gelten; auch die Temperatur kommt in diesen Formeln nicht vor und spielt beim Schroteffekt im Gegensatz zu dem thermodynamisch bedingten Johnson-Effekt keine Rolle. Die Dinge liegen vielmehr wohl so, daß es praktisch auf das Verhältnis der Schwankungsamplitude (Rauschamplitude) zur Modulationsamplitude ankommt und daß es deshalb nicht nur die relative (d. h. relativ zum Emissionsstrom), sondern auch auf die absolute Rauschamplitude ankommt und diese bei Photokathoden kleiner gehalten werden kann als bei Glühkathoden.

32. Elektronenbefreiung durch starke Felder; Stoßeffekte an Metallflächen.

Eingangs wurden als Möglichkeiten zur Befreiung von Elektronen aus Metallen außer der durch Erhitzung und durch Lichteinstrahlung noch erwähnt die durch starke elektrische Felder (sog. autoelektrischer Effekt) und die durch Trägerstoß oder allgemeiner durch Teilchenstoß. Mit diesen beiden letzteren Möglichkeiten wollen wir uns nun noch beschäftigen. Der autoelektrische Effekt ist zur Zeit zwar von Interesse nur für eine Sonderfrage aus der Theorie der Gasentladungen — nämlich zur Erklärung einer Gruppe von Bogenentladungen, die man als Feldbogen bezeichnet (vgl. S. 217) — aber seine Theorie wird uns zu einer erwünschten Vertiefung der vorhergehenden Überlegungen führen. Wichtiger ist die Elektronenbefreiung durch Teilchenstoß, worauf wir anschließend noch im einzelnen eingehen werden.

Autoelektrischer Effekt. Die primitive Vorstellung, daß es möglich sein müßte, durch ein sehr starkes an der Oberfläche eines Metalls erzeugtes elektrisches Feld aus dieser Elektronen herauszuziehen, hatte in einer Reihe experimenteller Untersuchungen eine Bestätigung gefunden. Wenn es auch schwer und vielleicht unmöglich ist, bündige quantitative Messungen über eine derartige Elektronenemission durch elektrische Felder anzustellen — es ist vor allem stets fraglich, wieweit man es mit einer wirklich glatten Oberfläche zu tun hat und nicht stets kleinste Rauhigkeiten (Spitzen) sich störend bemerkbar machen — ist daran nicht zu zweifeln, daß es den gesuchten Effekt also tatsächlich gibt und daran, daß er erst bei Feldstärken von der Größenordnung $10^6 - 10^7$ V/cm in merklicher Intensität einsetzt. Die grundsätzliche Möglichkeit für die Existenz einer Feldemission können wir uns in sehr einfacher und anschaulicher Weise klarmachen mit Hilfe wiederum des Napfmodells (S. 258). Denn ein äußeres Feld wirkt sich so aus (vgl.

Abb. 98), daß es den Rand des Napfes umbiegt und damit zugleich die Napftiefe verkleinert. Wenn wir diese Vorstellung weiter ausbauen wollen, müssen wir uns natürlich etwas eingehender beschäftigen mit der Form des Napfrandes, d. h. mit den an einer Metalloberfläche auf ein Elektron wirkenden Kräften. In größeren Entfernungen, nämlich in Abständen oberhalb von etwa 10^{-7} cm von der Oberfläche, ist es praktisch nur die elektrostatische Bildkraft, die eine Rolle spielt und die Form des Napfrandes bestimmt, d. h. die Kraft zwischen dem dort vor der Oberfläche befindlichen Elektron und den von ihm auf der Oberfläche influenzierten Ladungen; erst in kleineren Abständen, also innerhalb von etwa 10^{-7} cm, machen sich spezifische Atomkräfte

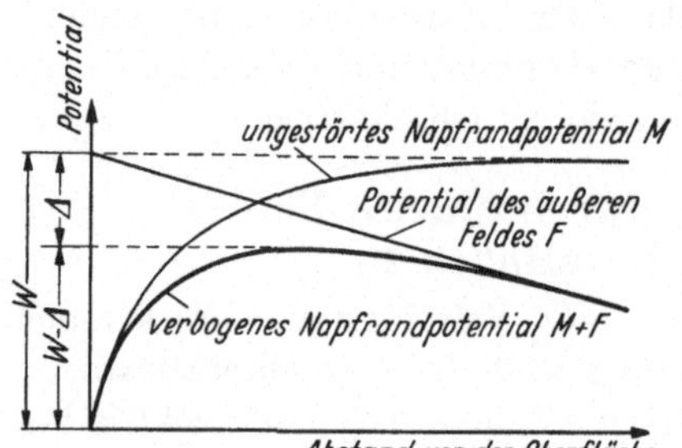

Abb. 98. Napfmodell zur Theorie des autoelektrischen Effektes. Verbiegung des Napfrandes durch ein äußeres Feld.

überwiegend bemerkbar. Die Bildkraft in der Entfernung x von der Oberfläche ist bekanntlich $\varepsilon^2/4\,x^2$, ihre Potential ist also $\varepsilon^2/4\,x$. Im Bereich der Atomkräfte ist der Potentialverlauf unbekannt, aber man kann ihn versuchsweise in erster Näherung durch eine lineare Extrapolation der Bildkraftkurve ersetzen, die man so einrichten wird, daß insgesamt für die Napftiefe die für das betreffende Metall geltende

Austrittsarbeit herauskommt. Dies möge die in Abb. 98 gezeichnete Gestalt M des Napfrandes geben. Wenn nun ein konstantes äußeres Feld an der Oberfläche liegt, so lagert sich über M das lineare Potential F dieses (räumlich konstanten) Feldes und es resultiert der eingezeichnete Potentialverlauf $M + F$, d. h. eine Herabbiegung des Napfrandes und eine Verminderung der ursprünglichen Austrittsarbeit W um den Betrag $\varDelta$. Demgemäß werden wir das Emissionsgesetz (98) S. 259 jetzt zu schreiben haben in der Form

$$(103\,\mathrm{a}) \qquad\qquad j = A \cdot T^2 \cdot e^{-\frac{W-\varDelta}{kT}},$$

wo $\varDelta$ eine Funktion der äußeren Feldstärke E ist. Für $E = 0$ wird auch $\varDelta = 0$ und wir erhalten natürlich wieder die frühere Form (98). Für nicht zu tiefe Temperaturen und nicht zu hohe Feldstärken lassen sich die vorliegenden Messungen auch recht gut durch die Formel (103a) darstellen, aber für Temperaturen etwa von 1000° an abwärts, und für Feldstärken etwa von 10^6 V/cm an aufwärts versagt unsere einfache Theorie. Man muß dann eine empirische Formel benutzen, die sich z. B. in der Gestalt

$$(103\,\mathrm{b}) \qquad\qquad j = A\,(T + c \cdot E)^2 \cdot e^{-\frac{W}{k\,(T + c\,E)}}$$

recht gut bewährt zu haben scheint, aber neben W als eine zweite spezifische Konstante noch die Konstante c enthält. Für tiefe Temperaturen, bei denen die thermische Emission keine Rolle mehr spielt, geht diese Formel über in

$$(103\,\mathrm{c}) \qquad\qquad j = A' \cdot E^2 \cdot e^{-\dfrac{W'}{k \cdot E}}$$

als Ausdruck für die praktisch rein autoelektrische Emission (kalte Entladung). Es ist bemerkenswert, daß es neuerdings gelungen ist, auch diese Formel theoretisch abzuleiten. Allerdings nur der Form nach, nicht mit den experimentell gefundenen Werten der Konstanten A' und W', was wegen der Rauhigkeit jeder realen Oberfläche ja auch verständlich ist. Man benötigt dazu allerdings ganz neue, über den Rahmen der klassischen Ansätze grundsätzlich hinausgehende wellenmechanische Vorstellungen. Im wesentlichen handelt es sich zwar zunächst wiederum darum, daß der Napfrand, d. h. der das Metallinnere nach außen hin abschließende Potentialwall, durch das äußere Feld verbogen wird und zwar, wie man sich an Hand der Abb. 98 leicht überlegen kann, in dem Sinn, daß seine Dicke in der Höhenlage der oberen Grenze der Elektronenfüllung des Napfes dabei abnimmt. Neu hinzukommt aber nun noch die Mitwirkung des Tunneleffektes (S. 254), d. h. eine mit abnehmender Dicke des Potentialwalls zunehmende Wahrscheinlichkeit dafür, daß die Elektronen den Wall wie in einem Tunnel durchdringen können und also nicht über den Wall hinüberklettern müssen. Eine interessante Folgerung aus dieser Vorstellung, die inzwischen auch experimentell bestätigt werden konnte, sei noch erwähnt: Bei thermischer Elektronenemission muß eine Abkühlung des emittierenden Metalls eintreten entsprechend dem Wärmeäquivalent der Austrittsarbeit und ist auch experimentell ohne weiteres nachweisbar; bei der autoelektrischen Elektronenemission hingegen — wo nach den eben skizzierten Vorstellungen keine Austrittsarbeit zu leisten ist — dürfte keine derartige Abkühlung stattfinden. Daß sie, wie sich gezeigt hat, tatsächlich fehlt, wird man also als eine besonders schöne und eindringliche Bestätigung der Tunneleffekttheorie zu bewerten haben.

Stoßeffekte an Metallflächen. Die Vorgänge beim Auftreffen von Ionen oder Elektronen auf Metallflächen bieten soviele theoretisch interessante Ausblicke, daß eine eingehendere Beschäftigung mit ihnen schon lohnend ist. Über den Elektronenstoß ist nur folgendes zu sagen: Substantielle mechanische und thermische Wirkungen, die auf die kinetische Energie der aufprallenden Elektronen zurückzuführen sind, sind nur bei sehr großen Einfallsgeschwindigkeiten (Größenordnung $> 10^4$ eV) zu erwarten; letzten Endes einfach deshalb, weil die Stoßelektronen ihrer kleinen Masse wegen praktisch nur auf die Metallelektronen Energie übertragen. Auch praktisch bedeutungsvoll sind hingegen zwei andere Effekte, die Ausschleuderung von Sekundärelektronen aus dem Metall, und die Aufheizung des Metalls durch die Eintrittswärme der Elektronen. Die letztere ist ohne weiteres zu verstehen und spielt eine Rolle an der

Anode einer jeden Gasentladung, insbesondere in stromstarken Bogenentladungen. Es muß nämlich als Wärme beim Eintritt eines Elektrons frei werden mindestens ein Betrag von der Größe der Austrittsarbeit (S. 259) $\varepsilon\psi$; dies gibt aber mit der Größenordnung $\psi\sim5\,\mathrm{V}$ pro 1 A Elektronenstrom eine sekundliche Wärmeproduktion von 1 cal und also bei großen Stromdichten sehr erhebliche lokale Erhitzungen. Nicht so einfach liegen die Dinge hinsichtlich der Emission von Sekundärelektronen (die bekanntlich bei etwa 10 eV Einfallsenergie einsetzt). Denn es wird zwar, wie oben schon erwähnt, von den Stoßelektronen auf die Metallelektronen unmittelbar kinetische Energie übertragen, aber eine einfache Anwendung des Energie- und des Impulssatzes auf den Stoßprozeß zeigt, daß dadurch nicht ohne weiteres eine nach außen gerichtete Geschwindigkeitskomponente der Metallelektronen entstehen kann. Diese kommt erst zustande, wenn man die Kopplung zwischen den Metallelektronen und dem Festkörpergitter berücksichtigt, also sozusagen nur deshalb, weil die Metallelektronen nicht wirklich „frei" sind im eigentlichen Sinn des Wortes.

Die Durchrechnung — die sich allerdings nur auf quantenmechanischem Weg leisten läßt, und darauf hinauskommt, die Wahrscheinlichkeit einer Energieübertragung von gewünschtem Betrag von dem einfallenden Elektron auf ein im Metallinneren sich in dem dortigen periodischen Feld bewegendes Leitungselektron zu berechnen — konnte bisher durchgeführt werden nur für reine Oberflächen von Metallkristallen und hat z. B. ergeben, daß die Ausbeute an Sekundärelektronen besonders groß ist für Metalle mit großem Gitterabstand und kleiner Austrittsarbeit. Mehr ist theoretisch leider nicht bekannt und man ist deshalb auf der Suche nach wirksamen Sekundärstrahlern noch angewiesen auf eine empirische systematische Untersuchung. Allerdings wird man vermuten, daß kleine Austrittsarbeit allgemein günstig ist, und deshalb das Suchen nach guten Sekundärstrahlern von vornherein beschränken auf zusammengesetzte Oberflächen nach Art der aktivierten Glüh- und Photokathoden (S. 284). So ist man in der Tat dazu gekommen, Sekundärstrahler aufzubauen, z. B. aus Schichtenfolgen von Cs—Cs_2O—Ag und hat damit bei einer optimalen Einfallsenergie von etwa 400 eV eine maximale Ausbeute (Sekundäremissionskoeffizient) von der Größenordnung 10 (d. h. 10 Sekundärelektronen pro 1 einfallendes) erzielt. Die Besprechung der praktischen Verwertung solcher Sekundärstrahler in den Sekundäremissionsverstärkern und Vervielfachern gehört nicht mehr hierher. Sie arbeiten bekanntlich nach dem Prinzip der mehrfachen Reflexion eines bei jeder dieser Reflexion multiplikativ an Intensität zunehmenden Elektronenstrahlbündels. Deshalb kommt es nicht allein darauf an, möglichst große Sekundäremission, d. h. einen möglichst großen Multiplikationsfaktor zu erzielen durch Verwendung einer geeigneten Reflektionsoberfläche, sondern ebensosehr darauf, das Bündel geometrisch zusammenzuhalten, woraus die engen Beziehungen zu dem elektronenoptischen Problem der Strahlkonzentration ersichtlich werden. Bezüglich der Leistungsgrenze der Vervielfacher hat die Erfahrung ergeben, daß der Störpegel um etwa zwei Zehnerpotenzen tiefer liegt als bei den Glühkathodenverstärkern (S. 150, 272), woraus das zunehmende Interesse an diesen Sekundäremissionsverstärkern verständlich wird.

Über die Stoßeffekte bei Ionenstoß auf Metallflächen — die vor allem in der Gasentladungsphysik eine große Rolle spielen — ist theoretisch schon wesentlich mehr bekannt als über die Elektronenstoßeffekte, mit denen wir uns eben beschäftigt haben. Die Mannigfaltigkeit der Vorgänge beim Auftreffen eines (positiven) Ions auf eine Metallfläche und die vielerlei Querverbindungen zu tiefliegenden grenzflächenphysikalischen Problemen sind unmittelbar ersichtlich: Das Ion kann mehr oder minder elastisch reflektiert werden, d. h. es kann einen Bruchteil seiner kinetischen Energie an das Metall abgeben, dabei selbst aber unverändert bleiben. Diese Energie kann dazu verwendet werden, um das Metall zu erwärmen und zwar vielleicht sogar bis zu einer lokalen, zur Verdampfung von Metallatomen ausreichenden Erhitzung oder bis zu einer lokalen thermischen Elektronenemission. Es kann das Ion aber auch eines der austretenden Elektronen an sich ziehen und sich mit ihm zu einem neutralen Gebilde vereinigen; dann haben wir den Vorgang vor uns, den man als Neutralisation des Ions an der Metallfläche bezeichnet, und der sich z. B. immer abspielen muß, wenn ein Ionenstrom in die Kathode einer Entladungsstrecke hineinfließt. Da nun aber erfahrungsgemäß auch beliebig langsame Ionen von einer negativen Elektrode aufgenommen werden und fähig sind, einen Strom durch ein Gas und durch den schließenden äußeren Leitungskreis — dort natürlich in Gestalt des in umgekehrter Richtung fließenden Elektronenstromes — zu transportieren, wird man sogleich auf die Frage geführt, wie hier der Mechanismus der Neutralisation zu verstehen ist. Dies legt die weitere Frage nahe, ob auch neutrale Teilchen, insbesondere angeregte Atome, irgendeines Gases, fähig sind, Elektronen aus einem Metall zu befreien. Auf diese Frage kommt man z. B. auch durch den Umstand, daß sich in Gasentladungen metastabil angeregte Atome in großer Menge vor der Kathode befinden, an deren Oberfläche diffundieren und sich so an der Elektronenbefreiung beteiligen können.

Zur Erfassung aller derartigen Vorgänge genügt es nicht, nur die nackte Energiebilanz der beteiligten Elementarprozesse aufzustellen — was an sich leicht zu machen ist —, sondern es spielen dabei nun Ausbeutefragen eine ausschlaggebende Rolle, und diese wiederum können nur diskutiert werden auf Grund einer recht eingehenden Kenntnis des ganzen feineren Mechanismus jener Elementarprozesse. Betrachten wir etwa als Beispiel das Auftreffen eines Ions, das mit der kinetischen Energie E_1 ankommt, sich durch Aufnahme eines Elektrons aus dem

Metall neutralisiert, und dann mit der kinetischen Energie E_2 weiterfliegt, d. h. also, als neutrales Gebilde reflektiert wird. Wenn V_j die Ionisierungsspannung des betreffenden Gasteilchen und $\varepsilon\varphi$ die Austrittsarbeit des Metalls ist, lautet die Energiebilanz des ganzen Vorganges

$$(104\,\mathrm{a}) \qquad \varepsilon\,\varphi = \varepsilon\,V_j + (E_2 - E_1),$$

und die Bedingung für die Möglichkeit seines Eintretens ist

$$(104\,\mathrm{b}) \qquad \varepsilon\,\varphi < \varepsilon\,V_j + (E_2 - E_1).$$

Diese Bedingung ist aber natürlich nur eine notwendige, nicht auch eine hinreichende Bedingung, d. h. sie sagt nichts darüber aus, ob bei ihrer Erfüllung der Vorgang auch wirklich eintritt bzw. wie oft, d. h. mit welcher Wahrscheinlichkeit oder Ausbeute er eintritt. Die Energiebilanz allein kann auch keinen Aufschluß darüber geben, wie nun der verfügbare Energieüberschuß $\varepsilon\,V_j + (E_2 - E_1) - \varepsilon\,\varphi$ verwendet wird, ob er also bei gegebener Enfallsenergie E_1 als kinetische Energie des abfliegenden neutralen Teilchens erscheint oder z. B. zu einer Erwärmung bzw. Zerstäubung des Metalls oder zu einer weiteren Elektronenemission od. dgl. dient. In der obigen Formulierung der Energiebilanz steckt ferner noch eine Annahme, deren Berechtigung durchaus nicht ohne weiteres feststeht. Es ist nämlich die Gesamtenergie des Ions aufgelöst in zwei wesentlich verschiedene Bestandteile, in die kinetische Energie E und in die potentielle Energie $\varepsilon\,V_j$, und beide sind hinsichtlich des gesamten Energieumsatzes als vollkommen gleichwertig betrachtet. Ob man dies allgemein annehmen darf, ist aber zunächst zumindest fraglich, und wird z. B. aktuell, wenn wir die Neutralisation sehr langsamer Ionen nach demselben Schema ansetzen. Dann reduziert sich die zu erfüllende Bedingung auf $\varepsilon\,V_j > \varepsilon\,\varphi$, und da sie nun nur noch die potentielle Energie des Ions enthält, legt dies sogleich die weitere Folgerung nahe, daß auch ein angeregtes Atom allein kraft seiner potentiellen Anregungsenergie $\varepsilon\,V_a$ ein Elektron aus dem Metall befreien kann, wenn $\varepsilon\,V_a > \varepsilon\,\varphi$ ist.

Wir wollen die Diskussion der Vorgänge beim Auftreffen eines Ions bzw. allgemeiner eines angeregten Atoms auf eine metallische Oberfläche durchführen an Hand eines Schemas der überhaupt möglichen Energieübertragungen. An dem stoßenden Teilchen unterscheiden wir demgemäß die der Teilchenmasse als Ganzes anhaftende kinetische Energie K und die seinem Anregungszustand entsprechende potentielle Energie P, die also die Ionisierungsenergie $\varepsilon\,V_j$ bei Ionen bzw. die Anregungsenergie $\varepsilon\,V_a$ bei angeregten (insbesondere metastabilen) neutralen Atomzuständen ist. Andererseits haben wir es im Metall zu tun mit der Energie E der Metallelektronen im Sinn der Elektronentheorie der Metalle und mit der Energie G des Atom- oder Ionengerüstes, in das das Elektronengas eingebaut ist; dieses Gerüst ist aber bekanntlich (vgl. S. 445) in regelmäßiger Anordnung seiner Bausteine als ein räumliches Gitter aufgebaut, und wir bezeichnen deshalb G kurz als die Gitterenergie oder genauer die Gitterschwingungsenergie des Metalls. Dann sind offenbar die in der Abb. 99 eingezeichneten Energieübertragungen PG, PE, KG und KE zwischen dem stoßenden Teilchen und dem gestoßenen Metall und ferner innerhalb des Metalls die Übertragungen GE bzw. EG denkbar und umfassen alle überhaupt bestehenden Möglichkeiten. Wir müssen nun zusehen, was Experiment und Theorie über die Wahrscheinlichkeit dieser einzelnen Elementarvorgänge auszusagen erlauben. Im Endeffekt zeigt sich, um dies nochmals hervorzuheben, eine hinreichende Vermehrung von E in einer Elektronenemission und von G in einer Emission von Metallteilchen, d. h. in einer Zerstäubung.

Elektronenbefreiung durch Stöße. Beginnen wir mit der praktisch wichtigeren Elektronenemission, so ersehen wir aus unserem Schema, daß sie erfolgen kann entweder durch die direkten Übertragungen PE und KE, oder auf dem Umweg über das Gitter, also durch PGE und KGE. Ganz klar liegen die Dinge zunächst hinsichtlich der Übertragung PE, d. h. also hinsichtlich der Auslösung von Elektronen durch die potentielle Energie der stoßenden Teilchen. Wenn man nämlich ein Metall z. B. mit Heliumionen oder metastabil angeregten Heliumatomen beschießt und die Geschwindigkeitsverteilung der ausgelösten Elektronen bestimmt, so findet man in der Verteilungskurve Maxima, deren

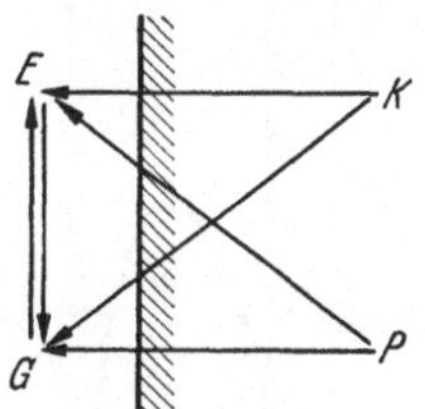

Abb. 99. Schema der Energieübertragungen beim Stoß eines Ions gegen eine Wand.

Lage genau den Differenzen der Anregungs- bzw. Ionisierungsenergie des Heliums gegen die Austrittsarbeit der Elektronen entspricht. Dies zeigt eindeutig, daß die potentielle Energie mit großer Ausbeute und unmittelbar verwandelt wird in Elektronenenergie. Nachdem dies festgestellt war, konnte man sogleich einige weitere Folgerungen ziehen und experimentell bestätigen. Es ist nämlich nun zu erwarten, daß auch sehr langsame Ionen — ohne Mitwirkung kinetischer Energie und eben nur dank ihrer potentiellen Energie — imstande sind, Elektronen zu befreien, wenn $\varepsilon \varphi < \varepsilon V_j$ ist; ist insbesondere $\varepsilon \varphi < \varepsilon V_j < 2 \varepsilon \varphi$, so wird das Ion neutralisiert; ist $2 \varepsilon \varphi < \varepsilon V_j$, so bleibt noch ein zweites der emittierten Elektronen verfügbar, und es findet eine Emission freier Sekundärelektronen statt. Vergleichen wir die früher angegebenen Werte der Austrittsarbeiten (S. 259) und Ionisierungsspannungen (S. 93) miteinander, so sehen wir, daß z. B. Helium und Neonionen bis herab zu kleinsten Geschwindigkeiten fähig sind, Elektronen zu befreien, während z. B. die meisten Alkaliionen nicht mehr dazu fähig sind. Für den Fall eines angeregten Stoßteilchens haben wir es dabei zu tun mit einem typischen Stoß zweiter Art (S. 100) zwischen dem angeregten Teilchen und einem Metallelektron. Für den Fall eines Ions als Stoßteilchen können wir den Vorgang der Elektronenemission sogar im einzelnen verständlich machen durch eine modellmäßige Betrachtung.

Das ankommende Ion zieht nämlich durch sein elektrisches Eigenfeld — das sehr stark ist, wenn das Ion bereits unmittelbar vor die Oberfläche gelangt ist — die Elektronen aus dem Metall heraus, so daß wir es also einfach mit einem autoelektrischen Effekt im kleinen zu tun haben. Diese Vorstellung wird sich später noch als nützlich erweisen. Denn sie gilt offenbar ganz allgemein, nicht nur für sehr langsame Ionen, und zeigt bei genauerer Durchrechnung, daß die Elektronenbefreiung sogar schon vor sich gehen kann, ehe das Ion die Metalloberfläche selbst erreicht hat. Nun ist aber unmittelbar zu sehen, daß diese einfache theoretische Vorstellung zwar im Prinzip richtig sein wird, daß sie aber noch ein ganz wesentliches Moment außer acht gelassen haben muß.

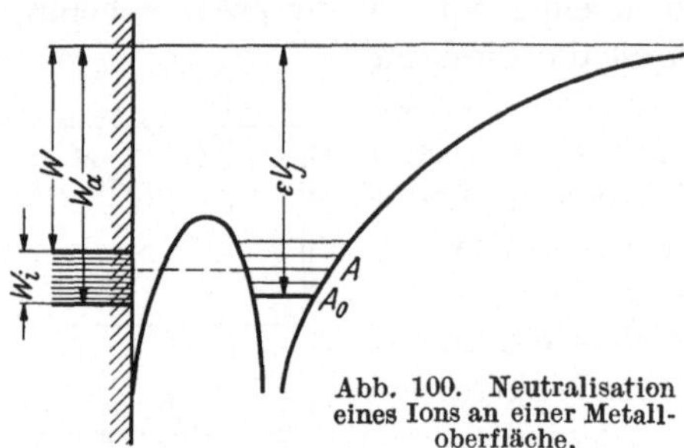

Abb. 100. Neutralisation eines Ions an einer Metalloberfläche.

Denn das Ion spielt dabei lediglich die Rolle einer Punktladung, die durch ihr Feld wirkt, und von irgendwelchen individuellen Verschiedenheiten der Ionen, wie insbesondere von der Ionisierungsspannung ist hier überhaupt nicht die Rede; alle Ionen müßten sich also gleich wirksam erweisen, im Gegensatz zu unseren früheren, an die Bedingung $\varepsilon\,\varphi < \varepsilon\,V_j$ anknüpfenden Feststellungen. Es scheint zwar noch nicht möglich zu sein, die Theorie befriedigend zu vervollständigen, aber man kann sich doch wenigstens zum Teil ein modellmäßiges Bild der wirklichen Sachlage machen. Benutzen wir nämlich das schon oft so nützliche Bild der Potentialberge, so sieht das Potentialbild einer Metalloberfläche mit einem vor ihr liegenden Ion so aus, wie dies in Abb. 100 gezeichnet ist: Im Metall liegen die Elektronen verteilt auf die zwischen W_a und W_i liegende Niveauschicht (vgl. Abb. 93, S. 260); in das Ion kann ein Elektron sich neutralisierend nur einbauen in einem der möglichen Quantenniveaus A, deren tiefstes das Niveau A_0 sei, von dem aus die Arbeit $\varepsilon\,V_j =$ Ionisierungsarbeit ins Unendliche führt. (Bei diesem Einbau, d. h. bei dem Übergang vom Metallinneren in das Ioneninnere, muß das Elektron nach den Ausführungen S. 254 über den Tunneleffekt nicht über den Potentialberg hinüberklettern, sondern kann den Berg durchdringen.) Wir können nun aus der Abbildung unmittelbar ablesen, daß eine spontane Neutralisation nicht möglich ist, wenn $W = \varepsilon\varphi$ größer als $\varepsilon\,V_j$ ist, weil dann alle Elektronen im Metall tiefer liegen als alle möglichen Niveaus A und deshalb sozusagen aufwärtsrollen müßten.

Aber wir wollen diese noch unfertigen oder doch nur mit Hilfe sehr viel tiefer gehenderer quantenmechanischer Hilfsmittel ausbaubaren Überlegungen nicht weiter verfolgen, sondern wieder zu unserem engeren Thema zurückkehren. Wir wissen jetzt, daß die Übertragung PE nicht nur möglich ist, sondern, daß sie in Wirklichkeit sogar mit großer Wahrscheinlichkeit stattfindet, und wir konnten damit zunächst einmal die elektronenbefreiende Wirkung beliebig langsamer Ionen verstehen. Mit

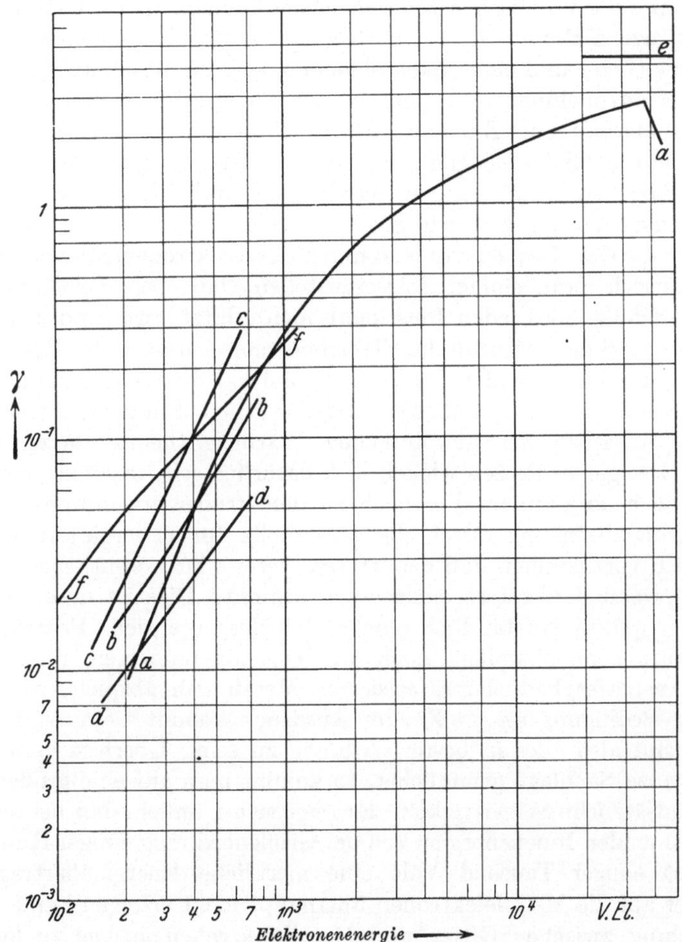

Abb. 101. Zahl der Elektronen, die durch ein auftreffendes positives Ion (Energie in eV) an Metallflächen befreit wurden. *a* H$_+$ und Na$_+$ an Cu; *b* R$_+$ an Al; *c* Li$_+$ an Al; *d* Rb$_+$ an Al; *e* H$_+$ an Cu, Al, Au; *f* H$_+$ an Ni. (Nach v. ENGEL u. STEENBECK.)

zunehmender Ionengeschwindigkeit wird, wie die experimentellen Befunde ergeben, die Ausbeute an Sekundärelektronen rasch größer. Dies zeigt, daß für schnelle Ionen noch ein anderer Effekt hinzukommen muß, und ergibt sich auch daraus, daß alle Ionenarten — also z. B. auch die obenerwähnten, bei kleinen Geschwindigkeiten unwirksamen Alkaliionen — bei größeren Energien eine erhebliche Ausbeute an Sekundärelektronen liefern. Man erkennt dies aus der Abb. 101, in der die

Ausbeuten $\gamma =$ Anzahl der Sekundärelektronen pro auftreffendes Ion, soweit zur Zeit bekannt, eingetragen sind in Abhängigkeit von der Voltenergie der Ionen. Diesen zusätzlichen Effekt wird man natürlich nur auf Rechnung der kinetischen Energie setzen können, also auf Rechnung der Übergänge KE oder KGE. Es liegt nahe, eine Energieübertragung KG auf das Gitter und einen nachfolgenden, sich im Metall abspielenden Prozeß GE anzunehmen und Aufgabe der Theorie ist es nun, hierüber Genaueres auszusagen. Zunächst dürfte ohne weiteres plausibel sein, daß das Ion erhebliche Mengen seiner kinetischen Energie an die Gitterbausteine abgeben kann; denn es handelt sich dabei letzten Endes um eine Energieübertragung durch Stoß zwischen Masseteilchen von vergleichbarer Größe. Das Zustandekommen der Elektronenemission selbst pflegt man sich dann einfach so vorzustellen, daß eben das Metall an der Auftreffstelle eines jeden Ions lokal hoch erhitzt wird, und zwar bis zu einer für merkliche thermische Elektronenemission nach der RICHARDSONschen Formel genügenden Temperatur und hat dies auch im einzelnen durch Berechnung des räumlichen und zeitlichen Temperaturverlaufes nach den Ansätzen der gewöhnlichen Wärmeleittheorie darzustellen versucht. Der ganze Prozeß wickelt sich natürlich sehr rasch ab, immerhin aber noch langsam im Vergleich zu dem früher erwähnten Prozeß der Elektronenbefreiung durch die potentielle Ionenenergie; man hat sich deshalb vorzustellen, daß der letztere bereits im wesentlichen abgelaufen ist, wenn der erstere einzusetzen beginnt. Dies ist deshalb von Bedeutung, weil es verständlich macht, daß der potentielle Prozeß, wie wir ihn kurz nennen wollen, noch an dem unveränderten, durch die normale Austrittsarbeit charakterisierten Metall sich abspielt, wie dies in unserer Bedingung $\varepsilon\varphi < \varepsilon V_j$ zum Ausdruck kommt.

So scheint also alles in bester Ordnung zu sein. Überlegt man sich aber die ganze Sachlage gründlicher, so kommt man auf eine große und sogar grundsätzliche Schwierigkeit. Es zeigt sich nämlich, daß bei den in Frage kommenden Ionenenergien von der Größenordnung einiger Hundert oder selbst einiger Tausend Volt eine merkliche Energieübertragung vom Gitter auf die Metallelektronen überhaupt nicht erfolgen kann, weil die Kopplung zwischen Gitter und Metallelektronengas viel zu locker ist: An der Auftreffstelle eines Ions entsteht eine lokale Temperaturerhöhung, die sich nach den Gesetzen der Wärmeleitung im Lauf der Zeit ausbreitet und abflacht, weil die an der Auftreffstelle erzeugte Wärme nach allen Seiten in das Metall abfließt. Eine merkliche Energieübertragung vom Gitter auf die Elektronen kann also nur erfolgen, wenn die Zeit, die zum Abklingen der lokal sehr hohen Temperatur erforderlich ist, nicht wesentlich kleiner ist als die Zeit, die zu einer Angleichung der Elektronentemperatur an die Gittertemperatur erforderlich ist. Beide Zeiten kann man aber rechnerisch abschätzen und kommt dann zu dem angegebenen Resultat. Wesentlich ist dabei, um dies noch besonders hervorzuheben, daß jenes Abklingen so rasch erfolgt, weil die Wärmeleitung der Metalle eine bekanntlich sehr gute ist. In Übereinstimmung mit dieser theoretischen Kritik der geschilderten primitiven Vorstellung von der thermischen Emission der durch Ionenstoß ausgelösten Sekundärelektronen steht aber auch noch ein Ergebnis experimenteller Untersuchungen. Wenn man nämlich die Geschwindigkeiten der ausgelösten Sekundärelektronen quantitativ untersucht, so findet man, daß sie eine Maxwell-Verteilung haben, und zwar eine Maxwell-Verteilung, die sehr hohen Temperaturen von 10^4 bis 10^5 Grad entspricht. Ersteres würde allerdings der thermischen Emissionstheorie durchaus nicht widersprechen, die hohen Temperaturwerte aber sind damit offenbar ganz unvereinbar.

Kathodenzerstäubung. Wir wollen hier nun gleich eine ganz analoge Betrachtung über den Mechanismus der Zerstäubung anschließen. Alle experimentellen Befunde zeigen, daß durch den Übergang PG, d. h. durch die Übertragung von potentieller Energie auf das Gitter, diesem offenbar nicht genügend Energie für eine merkliche Zerstäubung mitgeteilt werden kann. Denn eine merkliche Zerstäubung setzt jedenfalls erst ein bei Ionenenergien von der Größenordnung 10 eV, wo also der kinetische Energieanteil schon eine Rolle spielt. Es liegt nahe, sich den Mechanismus der Zerstäubung deshalb ganz analog dem eben geschilderten der Elektronenemission vorzustellen, nämlich als eine „Verdampfung" der lokal hocherhitzten Auftreffstellen der Ionen. Daß diese Vorstellung im Prinzip zutrifft, zeigen am anschaulichsten vielleicht Versuche über die Richtungsverteilung der abstäubenden Metallatome; diese haben ergeben, daß sie dieselbe ist wie bei einer regulären Verdampfung, weil sie ebenfalls dem Kosinusgesetz gehorcht. Die erwähnte Schwierigkeit für die thermische Theorie der Elektronenemission fällt hier natürlich weg, weil bei der Zerstäubung die Energieübertragung vom Gitter auf die Metallelektronen überhaupt keine Rolle spielt: Die Gitterbausteine erhalten Energie von den auftreffenden Ionen direkt durch Stoß und wenn die Gitterschwingungen dadurch stark genug angeregt werden zu einer Zerreißung der gegenseitigen Bindungen, so fliegen sie eben ab, d. h. sie zerstäuben. Aber auch hier ergeben sich bei eingehender Diskussion Schwierigkeiten, und zwar bemerkenswerterweise Schwierigkeiten, die offenbar auf dieselbe gemeinsame Wurzel zurückzuführen sind wie bei der Theorie der Elektronenemission. Es hat sich nämlich experimentell gezeigt, daß die Zerstäubung fast unabhängig ist von dem Wärmeleitvermögen der zerstäubenden Substanz. So z. B. werden von Silber und von Silberchlorid bei derselben Zahl auffallender Edelgasionen praktisch gleichviel Teilchen abgeschleudert, obwohl das Wärmeleitvermögen von Ag 500mal größer ist als das von AgCl. Mit anderen Worten: Auch bei der Zerstäubung kann, ebenso wie bei der Elektronenemission, der metallische Charakter der von den Ionen getroffenen Substanzen keine wesentliche Rolle spielen.

Und nun wollen wir diese Betrachtungen durch eine Hypothese abschließen, die geeignet ist, alle Schwierigkeiten zu überwinden. Sie ist eigentlich sehr einfach. Wir brauchen nämlich nur anzunehmen, daß die Substanz in der Umgebung der Aufprallstelle auf eine Temperatur aufgeheizt ist, die oberhalb der kritischen Temperatur liegt, so daß sie sich in einem gasartigen Zustand dichter Packung befindet. Im einzelnen nachzuweisen, daß man damit alle experimentellen Befunde erklären kann, würde hier zu weit führen. Alles in allem wird man wohl behaupten können, daß der Mechanismus der Wandstöße von Ionen und angeregten Atomen zumindest in den Hauptzügen als geklärt gelten kann und daß die zunächst verwirrende Fülle von Einzelheiten — von denen wir im vorstehenden natürlich nur eine Auswahl der wichtigsten erwähnen konnten — nun in ein recht befriedigendes und geschlossenes theoretisches Bild eingeordnet ist.

33. Aktivierte und sensibilisierte Kathoden.

Wir hatten bei der Behandlung des Elektronenaustritts aus reinen Metallen verschiedentlich schon darauf hingewiesen, wie außerordentlich groß der Einfluß ‚der Oberflächenbeschaffenheit auf die Ausbeute ist; so groß, daß er für die Bewertung des experimentellen Materials und insbesondere für alle praktischen Zwecke von geradezu ausschlaggebender Bedeutung ist. Die Eigenschaften „unreiner“ Oberflächen eingehender und systematisch zu untersuchen und theoretisch zu erfassen, ist deshalb eine Aufgabe von größter Wichtigkeit und wenn es hier auch noch allerlei zu tun gibt, kann die Sachlage heute doch als schon recht weitgehend und befriedigend geklärt gelten. Denn es stehen allgemeine theoretische Gesichtspunkte bereit in einem Umfang, der es ermöglicht, empirische Rezepte zur Herstellung von Thermo- und Photokathoden mit hoher Ausbeute zu ersetzen durch physikalisch begründete Arbeitsmethoden. Bei diesen „aktivierten“ und „sensibilisierten“ Kathoden handelt es sich hinsichtlich der thermischen Emission um die Erzielung hoher Sättigungsstromdichten schon bei niedrigen Temperaturen, hinsichtlich der lichtelektrischen Emission außer um eine Erhöhung der Ausbeute an sich um eine Verlagerung der langwelligen Grenze nach größeren Wellenlängen, also um ein ganz analoges Problem wie bei der Sensibilisierung von photographischen Platten. Nach den Ausführungen des vorhergehenden Kapitels werden wir vermuten, daß allen diesen Effekten an Kathoden derselbe Grundvorgang gemeinsam ist, nämlich eine Beeinflussung der Austrittsarbeit; soweit dies zutrifft — und es ist, wie sich zeigen wird, tatsächlich recht weitgehend der Fall — lassen sich Thermo- und Photokathoden also von denselben Gesichtspunkten aus behandeln.

Eine Oberfläche wird man immer dann als „unrein“ bezeichnen, wenn sich auf ihr Fremdatome irgendwelcher Art in merklichen Mengen befinden, die wir im folgenden kurz als „Adatome" bezeichnen wollen, ohne damit zunächst über ihre Natur (Atome, Moleküle, Ionen usw.) etwas auszusagen; die homogene Unterlage wollen wir als das „Trägermetall" bezeichnen. In den meisten Fällen handelt es sich bei diesen Adatomen um Teilchen, die von außen her auf das Trägermetall aufgebracht und auf ihm durch Adsorption festgehalten werden. Sie können aber auch aus dem Inneren des Trägermetalls selbst stammen und durch Diffusion an dessen Oberfläche gelangen, wo sie sich in einer, wenn auch nicht mehr beiderseits scharf begrenzten, Oberflächenschicht ansammeln. Ob das eine oder andere der Fall ist, bedingt keine wirklich wesentlichen Unterschiede in den uns hier interessierenden Erscheinungen. Aus praktischen Gründen nicht nur, sondern immerhin auch aus tieferliegenden theoretischer Art ist es hingegen angebracht zu unterscheiden zwischen „einfachen" und „zusammengesetzten" Oberflächenschichten, und wir wollen demgemäß die Behandlung beider getrennt vornehmen.

Einfache Oberflächenschichten. Unter einfachen Oberflächenschichten wollen wir auf der Oberfläche des Trägermetalls liegende Schichten von Adatomen bezeichnen, die sich in einer Mächtigkeit von molekularer Größenordnung ausbreiten, die also im wesentlichen zweidimensionale Gebilde aus nebeneinanderliegenden Adatomen sind. Zu einer sozusagen geometrischen Beschreibung derartiger Schichten genügt der Begriff der „Bedeckungszahl" (Bedeckungsgrad, Bedeckungsdichte), der in üblicher Weise mit Θ bezeichnet sei. Wenn die Oberfläche gerade vollständig mit einer einfachen Schicht bedeckt ist, möge sie N Adatome pro Flächeneinheit enthalten. Dann ist die in einem bestimmten Fall wirklich vorhandene Zahl von Adatomen pro Flächeneinheit ΘN, d. h. Θ ist die prozentuale Bedeckung, bezogen auf maximale einfache Bedeckung. Zu bemerken ist dazu aber noch zweierlei. Die Bedeckung muß und wird in Wirklichkeit natürlich nicht gleichmäßig ganz sein, so daß im allgemeinen Θ nur ein Mittelwert über den Bedeckungszustand auf der ganzen Oberfläche ist. Wichtiger ist, daß bei genauerer Betrachtung der Bedeckungszustand nicht etwa als ein statischer Zustand aufgefaßt werden darf in dem Sinn, daß stets dieselben Adatome fest auf der Oberfläche liegen. Ganz abgesehen von der Möglichkeit einer Beweglichkeit der Adatome auf der Oberfläche handelt es sich vielmehr um einen dynamischen Gleichgewichtszustand, bei dem stets neue Fremdatome auf die Oberfläche gelangen, dort während einer gewissen Verweilzeit verbleiben, und dann die Oberfläche durch eine Art Verdampfungsvorgang wieder verlassen. Die kinetische Theorie der Adsorption beschäftigt sich im einzelnen mit diesem Spiel und Gegenspiel von Kondensation und Wiederverdampfung und zeigt, wie Θ als zeitlicher Mittelwert aufzufassen und zu berechnen ist. Hierauf näher einzugehen, ist für das folgende nicht notwendig. Erforderlich ist es aber, noch einiges zu sagen über die Kräfte, welche die Adatome am Trägermetall festhalten. Wenn es sich um eine Adsorption von Ionen handelt, ist die elektrostatische Herkunft der Haftkräfte leicht zu verstehen. Hat man es hingegen mit neutralen Teilchen zu tun, so liegen die Dinge nicht so einfach. Wie wir später noch sehen werden (S. 390) sind die Moleküle gewisser Gase und Dämpfe (z. B. von Wasserdampf, Ammoniak, Schwefeldioxyd, Alkoholen usw.) aufzufassen als elektrische Dipole. Andererseits hat die Gittertheorie der festen Körper gezeigt, daß viele Kristalle aufgebaut sind aus ineinandergeschachtelten regelmäßigen Anordnungen (Gittern) von Ionen. Aus diesen beiden Erkenntnissen ist wenigstens grundsätzlich zu verstehen, daß es Dipol-Gitterkräfte sein können, welche die Adsorption jener Moleküle an der Oberfläche kristalliner Festkörper bedingen. Was uns im folgenden interessieren wird, sind nun aber vornehmlich Adsorptionsschichten auf Metallen und zwar in erster Linie Adsorptionsschichten aus recht einfachen Teilchen, wie Alkaliatomen, Sauerstoff- oder Wasserstoffatomen u. dgl. Soweit diese Adatome ebenfalls die oben erwähnte Dipoleigenschaft haben, ist auch hier die Natur der Absorptionskräfte verständlich. Einerseits können wir nämlich ein Metall auffassen als ein System von positiven Ionen in festen Lagen, zwischen denen freie Elektronen sich befinden, andererseits können wir summarisch die Polarisation eines derartigen Gebildes zunächst durch eine vor seiner Oberfläche befindliche Punktladung einfach beschreiben durch die Bildkraft und können deshalb die Anziehungskraft der Oberfläche auf die Punktladung so berechnen, als ob eine gleichgroße, entgegengesetzt geladene Punktladung sich ebensoweit hinter der Oberfläche befände, wie das Original vor der Oberfläche. Und endlich können wir uns leicht überlegen, daß auch die Bildkraft auf ein Dipolteilchen — das aus zwei Punktladungen in festem Abstand voneinander besteht — nach grundsätzlich demselben Schema angesetzt werden kann. Wenn wir es zu tun haben mit Adatomen, die keine Dipole sind (wie z. B. ein Alkaliatom), so haben wir nur noch hinzuzunehmen, daß auch ein solches Atom polarisiert, d. h., daß in ihm durch eine elektrische äußere Kraft (in unserem Fall herrührend vom Metallgitter und den eingestreuten Metallelektronen) künstlich ein Dipol erzeugt werden kann. Dies alles sind natürlich nur ganz rohe Überlegungen, die lediglich dazu dienen sollten, die weiteren Betrachtungen etwas vorzubereiten.

Wir verstehen nun einigermaßen, daß die Oberflächenschichten aufzufassen sind als elektrische Doppelschichten, d. h., daß sie aus senkrecht zur Oberfläche orientierten Dipolen bestehen. Diese Dipole können mit ihrer positiven Seite nach innen oder außen liegen, und dementsprechend kann die von ihnen gebildete Doppelschicht ihre positive Belegung innen oder außen haben. Als „elektronegativ" bezeichnet man Substanzen (wie z. B. Sauerstoff), die eine mit der positiven Seite nach innen liegende als „elektropositive" Substanzen (wie z. B. die Alkalien), die eine mit der positiven Seite nach außen liegende Doppelschicht auf Metallen bilden. Weitergehende Aufschlüsse können wir erhalten durch eine energetische Betrachtung, bei der es sich um folgendes handelt. Da zwischen dem Trägermetall und dem Adatom anziehende Kräfte wirken, müssen wir eine bestimmte Arbeit leisten, um das Adatom aus einer bestimmten Entfernung vor der Oberfläche in eine größere Entfernung von ihr zu rücken. Nehmen wir als Bezugspunkt, der die Lage des Adatoms kennzeichnet, dessen Mittelpunkt und betrachten das Adatom in hier genügender Vereinfachung als eine Kugel vom Radius R_0, so kann es andererseits nicht näher als bis auf den Abstand R_0 an die Oberfläche herangebracht werden bzw. um es noch näher heranzurücken, müßte ebenfalls eine (und zwar mit abnehmender Entfernung sehr stark zunehmende) Arbeit geleistet werden. Das Adatom befindet sich also im adsorbierten Zu-

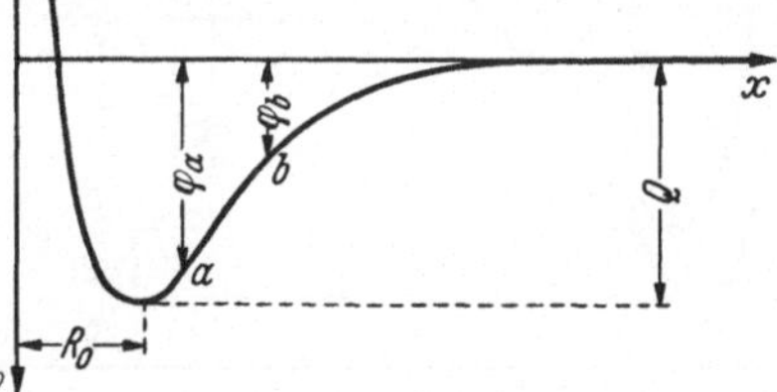

Abb. 102. Potential der Adsorptionskraft.

stand gerade in der Entfernung R_0 von der Oberfläche in einem Gleichgewichtszustand und um es von hier aus zu verrücken, muß nach beiden Seiten hin Arbeit geleistet werden. Es ist nun praktisch, die Arbeit, die bei der Verrückung aus einem Abstand x in einen Abstand x' zu leisten ist, zu beziehen auf einen so großen Abstand x', daß das Adatom dort als frei zu betrachten ist, d. h., daß keine merklichen Kräfte auf dasselbe wirken. Wenn wir dann diese Arbeit in Abhängigkeit von x auftragen, erhalten wir eine Kurve von der in Abb. 102 gezeichneten Form, deren tiefste Einsenkung der Gleichgewichtslage entspricht. Sie gibt nichts anderes als eine Darstellung des Verlaufs der potentiellen Energie oder in üblicher Ausdrucksweise des Potentials φ der Adsorptionskraft vor der Oberfläche und kann in mechanischer Analogie sehr anschaulich gedeutet werden als ein Tal, aus dem heraus das Adatom gehoben werden muß. Um es ganz allgemein von irgendeiner Lage a in irgendeine andere Lage b zu heben, muß die Arbeit $A = \varphi_a - \varphi_b$ geleistet werden, und die Arbeit Q insbesondere ist offenbar totale Adsorptionsarbeit oder, in Kalorien gemessen, die sog. Adsorptionswärme.

Eine Verallgemeinerung dieser Methode der Darstellung erlaubt sogleich einige wichtige Folgerungen zu ziehen. Wir wollen nämlich die Metalloberfläche und das vor ihr im Abstand x befindliche Adatom auffassen als ein physikalisches System, das einen — natürlich von x abhängigen — Energieinhalt $E(x)$ besitzt. Wenn das Adatom ein neutrales normales Atom ist, sei $E(x)$ durch die in Abb. 103 gezeichnete Kurve $a\,b\,c$ dargestellt. Nun denken wir uns aus dem Atom ein Elektron entfernt, d. h. das Atom ionisiert, und dieses Elektron in das Metall gebracht. Wenn die Ionisation in genügend großer Entfernung von der

Oberfläche vorgenommen wird, wo das Atom vollkommen frei ist, müssen wir bei der Ionisation die Ionisierungsarbeit $\varepsilon \cdot V_j$ leisten, und andererseits gewinnen wir bei der Überführung des abgetrennten Elektrons in das Metall eine Arbeit vom Betrag der Austrittsarbeit $\varepsilon \psi$; insgesamt müssen wir also die Arbeit $\varepsilon V_j - \varepsilon \psi$ leisten, um an Stelle des neutralen Atoms das Ion zu erhalten. In unserer Abbildung geht dabei der Zustandspunkt von a nach j über. Zeichnen wir jetzt den Energieinhalt des Systems für verschiedene Entfernungen x des Ions in analoger Weise ein wie die Atomkurve abc, so muß diese Ionenkurve also durch den Punkt j gehen. Im übrigen möge sie etwa den Verlauf jkl haben. Der Adsorptionswärme Q_a des Atoms entspricht dann die Adsorptions-

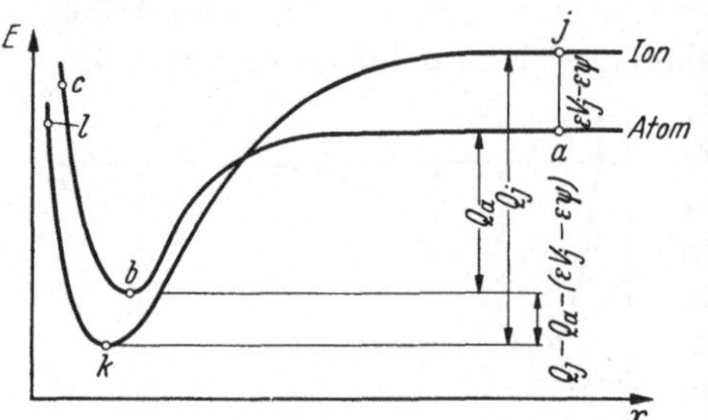

Abb. 103. Zur Theorie der Ionisierung eines Atoms an einer Wand.

wärme Q_j des Ions, dem Gleichgewichtszustand des Atoms in b der Gleichgewichtszustand des Ions in k. Da ganz allgemein gilt, daß von zwei Systemzuständen der mit dem kleineren Energieinhalt sich in Wirklichkeit einstellt, können wir aus der Abbildung unmittelbar folgendes ablesen: Wenn ein Atom an eine Metalloberfläche gerät und dort adsorbiert wird, so wird ihm durch das Metall ein Elektron entrissen, d. h. es befindet sich im adsorbierten Zustand als Ion, falls die beiden Kurven so liegen, daß k tiefer als b liegt. Die Bedingung dafür ist offenbar gegeben durch

$$(105\,\mathrm{a}) \qquad Q_j - Q_a - (\varepsilon V_j - \varepsilon \psi) > 0 \qquad \text{oder} \qquad Q_j + \varepsilon \psi > Q_a + \varepsilon V_j.$$

Wenn das Adatom wieder abdampft, so verläßt es die Oberfläche als Ion, wenn j tiefer als a liegt. Die Bedingung dafür ist gegeben durch

$$(105\,\mathrm{b}) \qquad \qquad \varepsilon V_j - \varepsilon \psi < 0 \qquad \text{oder} \qquad V_j < \psi.$$

Die ganze Schlußweise ist natürlich nichts anderes als eine Anwendung des Energiesatzes auf unser System und kann auch so gefaßt werden, daß das System von selbst von einem in einen anderen Zustand übergeht, wenn dazu keine Arbeitsleistung von außen erforderlich ist, sondern im Gegenteil das System Arbeit leistet. Wir wollen insbesondere das zweite der beiden Ergebnisse noch etwas genauer betrachten. Wir bringen einen Metalldraht in den Dampf eines anderen Metalls und heizen ihn auf so hohe Temperatur, daß die seine Oberfläche treffenden Dampfatome nicht adsorbiert bleiben, sondern sofort wieder abdampfen. Dann verlassen sie den Draht als positive Ionen, wenn die Ionisierungsspannung der Dampfatome kleiner ist als die (in Volt gemessene) Austrittsarbeit des Drahtmetalls. Als Beispiel, an dem diese Regel experimentell auch zuerst bestätigt worden ist, mögen etwa reines Wolfram und die Dämpfe der Alkalimetalle dienen. Die Zahlenwerte sind hier (in Volt)

$$\psi = 4{,}52 \quad \begin{array}{lll} \text{Cs} & V_j = 3{,}88 \\ \text{Rb} & = 4{,}16 \\ \text{K} & = 4{,}32 \\ \text{Na} & = 5{,}12 \end{array}$$

Während also Cs, Rb und K Atome an dem Draht ionisiert werden, geschieht den Na-Atomen noch nichts. An einem thorierten Wolframdraht hingegen, dessen Austrittsarbeit nur etwa 2,9 eV beträgt, wird auch schon Cs nicht mehr ionisiert, und umgekehrt verlassen einen mit Sauerstoff beladenen Wolframdraht, dessen Austrittsarbeit bis über 9 eV steigen kann, noch alle Atome sogar bis hinauf zu Cu ($V_j = 7{,}7$) als Ionen wieder, aber nicht mehr z. B. Hg-Atome ($V_j = 10{,}4$).

Nach diesen Vorbereitungen können wir zum eigentlichen Thema zurückkehren, nämlich zur Beeinflussung der Elektronenemission durch adsorbierte Oberflächenschichten. Es bedarf nun nur noch einer einfachen elektrostatischen Überlegung, um das Wesentliche erkennen und sogleich eine Menge experimenteller Befunde verstehen zu können. Ausgangspunkt soll, dabei wie eingangs schon angedeutet wurde, die Annahme sein, daß durch die Oberflächenschicht lediglich die Austrittsarbeit $\varepsilon\psi$ geändert wird. Schon eine Überschlagsrechnung zeigt, daß in der Tat die Elektronenemission außerordentlich empfindlich ist gegen Änderungen von ψ, d. h., daß kleine Änderungen von ψ große Änderungen des Emissionsstroms bedingen. So ist z. B. für die thermische Emission nach dem RICHARDSONschen Gesetz (S. 259)

$$j = A\,T^2 \cdot e^{-\frac{\varepsilon\psi}{kT}}$$

mit einer Verkleinerung des Wertes der Austrittsarbeit von ψ_1 auf ψ_2 unter sonst gleichen Umständen eine Vergrößerung der Emissionsstromdichte von j_1 auf j_2 verbunden, die gegeben ist durch

$$\ln \frac{j_2}{j_1} = \frac{\varepsilon}{kT}(\psi_1 - \psi_2).$$

Wird ψ wie üblich in Volt gemessen und setzen wir $j_2 = 10^x j_1$, so gibt dies

$$x = \frac{5000}{T}(\psi_1 - \psi_2),$$

d. h. eine Verkleinerung von ψ um wenige Volt bedingt ein Anwachsen von j um viele Größenordnungen. Als ein Beispiel, das zunächst ganz grotesk anmutet, sei erwähnt, daß sich die Emission von Wolfram durch eine Cäsiumbedeckung bei 650° um den Faktor 10^{20} vergrößert wird und daß dieser Vergrößerung der Emission eine Verkleinerung der Austrittsarbeit um nur 2,7 eV entsprechen würde.

Die Verbindung zwischen der Veränderung der Austrittsarbeit und den Oberflächenschichten (von der wir bereits wissen, daß sie elektrische Doppelschichten sind) wird hergestellt durch den bekannten Satz der

Elektrostatik, daß das Potential in einer Doppelschicht vom Moment μ einen Sprung von der Größe $4\,\pi\,\mu$ erleidet. Wenn also eine solche Doppelschicht auf einem Metall liegt, wird die Austrittsarbeit um $4\,\pi\,\mu\,\varepsilon$ vergrößert bzw. verkleinert, je nachdem die positive Seite der Doppelschicht innen oder außen liegt. Wir können jetzt verstehen, daß Oberflächenschichten aus elektropositiven Substanzen (positive Seite der Doppelschicht außen) die Austrittsarbeit verkleinern und umgekehrt Oberflächenschichten aus elektronegativen Substanzen (negative Seite der Doppelschicht außen) die Austrittsarbeit vergrößern. Wir wissen auch schon, daß damit eine sehr große Änderung der Elektronenemission verbunden ist und haben damit die grundsätzliche Erklärung für eine ganze Reihe experimenteller Ergebnisse: Durch eine Cäsiumschicht wird die thermische Elektronenemission außerordentlich verstärkt, durch eine Sauerstoffschicht wird sie vermindert; eine Photokathode wird empfindlicher und die langwellige Grenze verschiebt sich nach Rot durch einen Alkalibelag oder durch eine Beladung mit Wasserstoff; Photokathoden „ermüden" durch die allmähliche Bildung einer elektronegativen Oberflächenhaut aus den umgebenden Gasen. So ließen sich noch beliebig viele Beispiele geben. Aufgabe der theoretischen und experimentellen Forschung ist es nun, die hierhergehörenden Erscheinungen im einzelnen zu untersuchen und das eben gezeichnete, natürlich noch ganz rohe und in mancher Hinsicht unbefriedigende Bild zu verfeinern und zu ergänzen.

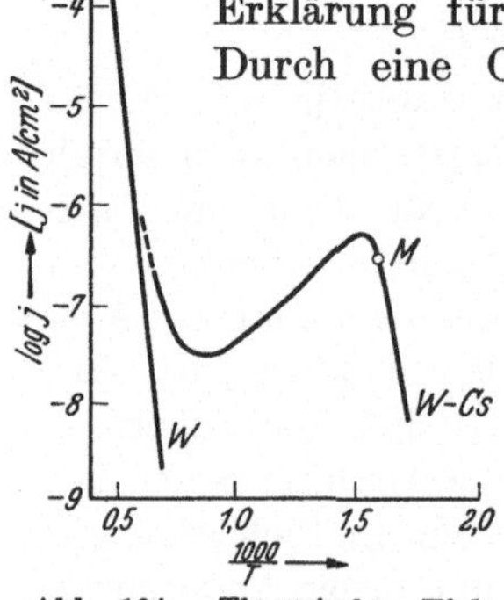

Abb. 104. Thermische Elektronenemission von W- und W-Cs-Kathoden. (Nach SCHOTTKY.)

Wolfram-Cäsium- und Wolfram-Thorium-Glühkathoden. Aus dem umfangreichen Material wollen wir einige Beispiele herausgreifen und etwas eingehender besprechen. Die Auswahl soll dabei erfolgen teils nach der praktischen Bedeutung dieser Sonderfälle, teils aber und nicht zuletzt von theoretischen Gesichtspunkten aus; denn wir wollen dabei die Möglichkeiten zu quantitativen theoretischen Ansätzen und zu gewissen grundsätzlich bedeutungsvollen neuen Überlegungen kennenlernen.

Wir beginnen mit dem theoretisch und experimentell am besten durchgearbeiteten Problem, nämlich mit der Theorie der Vorgänge an Wolfram-Glühkathoden, die sich in Cäsiumdampf befinden. Für reines Wolfram erhält man für die Sättigungsstromdichte den in Abb. 104 als Kurve W gezeichneten Verlauf in Abhängigkeit von der Temperatur, nämlich einen linearen Zusammenhang zwischen $\log j$ und der reziproken Temperatur. Nimmt man die Messungen vor in Cäsiumdampf — es genügt bereits, in ungesättigtem Dampf von einem Druck von nur etwa 10^{-6} Torr zu arbeiten, entsprechend dem Sättigungsdampfdruck bei

Zimmertemperatur! —, so erhält man eine Kurve von qualitativ und quantitativ ganz anderem Aussehen, nämlich die mit W—Cs bezeichnete. Schon bei Temperaturen von nur einigen hundert Grad, bei denen die Emission des reinen W noch weit unterhalb der Nachweisbarkeit liegt, zeigt sich eine beträchtliche Emission und die Abhängigkeit von der Temperatur läßt ein ausgeprägtes Maximum und Minimum erkennen. Zum Teil sind diese Befunde, zunächst wenigstens qualitativ, nun leicht zu verstehen daraus, daß sich auf dem W eine Cs-Schicht aus dem umgebenden Dampf bildet; es erklärt sich so die Emission bei tiefen Temperaturen, und der Übergang der W—Cs-Kurve in die reine W-Kurve bei höheren Temperaturen, wo die Cs-Schicht mit steigender Temperatur mehr und mehr wieder abdampft. Schwieriger ist die Deutung des eigentümlichen Verlaufes der W—Cs-Kurve mit der Temperatur. Wir werden vermuten, daß sie zusammenhängt damit, daß die Mächtigkeit der Cs-Schicht von der Temperatur abhängt und werden geneigt sein von vornherein anzunehmen, daß sie mit steigender Temperatur abnimmt. Dann würden die Dinge also folgendermaßen liegen. Wenn wir die Temperatur steigern, also in der Abbildung von rechts nach links gehen, nimmt der Bedeckungsgrad Θ kontinuierlich ab, bis er allmählich in den Wert $\Theta = 0$ übergeht und wir es mit einer reinen W-Oberfläche zu tun haben. Andererseits nimmt die Emission an sich mit zunehmender Temperatur zu und wenn wir nun noch die Annahme machen, daß es einen „optimalen" Bedeckungsgrad Θ_m gibt, bei dem die Erniedrigung der Austrittsarbeit am größten ist, so haben wir damit in der Tat eine recht plausible Erklärung für das Maximum der W—Cs-Kurve. Denn wenn etwa bei M der optimale Bedeckungsgrad vorhanden ist, steigt die Emission zuerst an, weil die beiden Effekte — Zunahme der Temperatur und Annäherung an Θ_m — in demselben Sinn wirken und nimmt dann wieder ab, weil sie in entgegengesetztem Sinn wirken und der Θ-Effekt den T-Effekt überwiegt.

Um die Skizze ausgestalten zu können zu einem befriedigenden Bild, ist zweierlei nötig: Wir müssen den Zusammenhang zwischen Bedeckungsgrad Θ und Temperatur T einerseits, den zwischen Bedeckungsgrad Θ und Erniedrigung $\varepsilon\,\Delta\psi$ der Austrittsarbeit andererseits kennen. Beides zu ergründen, ist durch eine geschickte Kombination von Messungen und theoretischen Überlegungen auch gelungen und hat den oben entwickelten Versuch einer Deutung als richtig erwiesen. Um sogleich eine anschauliche konkrete Vorstellung von dem Sachverhalt zu geben, sind in den Abb. 105 die Ergebnisse jener Messungen und Überlegungen aufgezeichnet. Wir ersehen, daß in der Tat der Bedeckungsgrad mit zunehmender Temperatur abnimmt und daß es einen optimalen Bedeckungsgrad gibt. Aus den durch diese beiden Abbildungen dargestellten Funktionen $\Theta(T)$ und $\Delta\psi(\Theta)$ können wir dann auch wieder das Emissionsgesetz selbst finden, das in der W—Cs-Kurve der Abb. 104

zum Ausdruck kommt. Denn aus den beiden Funktionen $\Theta(T)$ und $\Delta\psi(\Theta)$ ist jetzt $\Delta\psi(T)$ als Funktion der Temperatur T vollständig bekannt und wenn $\varepsilon\psi_0$ die Austrittsarbeit für reines Wolfram ist, so ist die Austrittsarbeit für bedecktes Wolfram $\varepsilon\psi = \varepsilon\psi_0 + \varepsilon\Delta\psi$. Das gesuchte Emissionsgesetz ist also

$$ j = A \cdot T^2 \cdot e^{-\frac{\varepsilon\psi}{kT}} = A\,T^2 \cdot e^{-\frac{\varepsilon\psi_0}{kT}} \cdot e^{-\frac{\varepsilon\Delta\psi(T)}{kT}} . $$

Dabei ist angenommen, daß die Konstante A unabhängig von T bzw. von Θ ist, eine Annahme, die in Wirklichkeit allerdings nur in gröbster Näherung zuzutreffen scheint. Dies macht natürlich die ganze Sachlage wesentlich komplizierter, und eine eindeutige Diskussion wird dadurch unmöglich oder nur unter gewissen vereinfachenden Hilfsannahmen durchführbar.

Nachzutragen ist so noch, wie man die in Abb. 105 angegebenen Kurven erhalten, d. h. wie man sich Aufschluß verschaffen kann über die Abhängigkeit des Bedeckungsgrades von der Temperatur

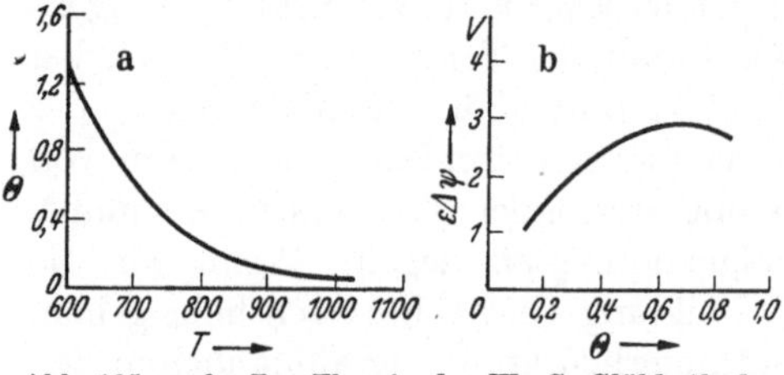

Abb. 105a u. b. Zur Theorie der W—Cs-Glühkathoden. (Nach SCHOTTKY.)

und der Änderung der Austrittsarbeit vom Bedeckungsgrad. Hierauf einzugehen ist nicht notwendig, obwohl es sich dabei nicht nur um eine meßmethodische Angelegenheit handelt. Wichtiger ist zur Vervollständigung des ganzen Bildes, noch einzugehen auf den Zusammenhang zwischen dem Bedeckungsgrad und der Änderung der Austrittsarbeit, weil diese Frage von grundsätzlicher Bedeutung ist. Wenn man $\Theta(T)$ kennt und das obige Emissionsgesetz zugrunde legt, kann man das gesuchte $\Delta\psi(\Theta)$ rückwärts errechnen. Aber das ist natürlich nur eine formale Methode, um zur Konstruktion der in Abb. 105b gezeichneten Kurve zu kommen, und berührt nicht den physikalischen Kern der ganzen Angelegenheit. Denn was wir wissen wollen, ist jetzt vor allem, warum es denn überhaupt einen optimalen Bedeckungsgrad gibt, also die Austrittsarbeit mit zunehmendem Θ nicht immer weiter abnimmt, und warum dies Optimum schon bei $\Theta < 1$, d. h. bei geringerer Bedeckung als durch eine vollständige einatomige Schicht erreicht ist. Die Doppelschichttheorie an sich macht nämlich zunächst nur verständlich, daß die Austrittsarbeit durch eine Belegung der Oberfläche mit Dipolen elektropositiver Substanzen verkleinert wird. Von den theoretischen Vorstellungen, die zur Erklärung dieser Tatsachen entwickelt worden sind, dürfte die befriedigendste die folgende sein. Wir haben gesehen (S. 286), daß ein Adatom an Oberflächen als neutrales, polarisiertes Gebilde oder als Ion angelagert werden kann und daß maßgebend dafür, was eintritt, die Größenverhältnisse der Ionisierungsspannung, der Austrittsarbeit und der Adsorptionswärmen des Atoms und des Ions sind. Die drei letzteren Größen hängen aber ihrerseits ab von den bereits auf der Oberfläche vorhandenen Adatomen, die in ihrer Umgebung elektrische Felder erzeugen. So kommt es, daß sich die Adatome bis zu einem bestimmten Bedeckungsgrad hinauf zunächst alle als Ionen auf die Oberfläche setzen und deshalb die Austrittsarbeit abnimmt, daß dann auch neutrale polarisierte Atome und gegen Ende dieser zweiten Etappe nur noch solche hinzukommen, wobei die Austrittsarbeit weiter verkleinert wird, und daß endlich oberhalb eines bestimmten Bedeckungsgrades die noch hinzukommenden Adatome zwar weiterhin als neutrale Atome abgelagert werden, nun aber mit umgekehrter Polarisationsrichtung. Von da ab muß also die Austrittsarbeit wieder zunehmen, d. h. der „optimale" Bedeckungsgrad ist überschritten. Im einzelnen und quantitativ läßt sich dies verfolgen natürlich nur unter Benutzung detaillierterer Ansätze für die Lagerungsstruktur der Adatome in der Oberflächenschicht, für die entstehenden Kraftfelder und für die Ionisation bzw. Polarisation der Adatome. Für Cs auf W hat sich z. B. ergeben, daß bis hinauf zu $\Theta = 0{,}134$ Ionen abgelagert werden, dann bis 0,67 auch und zuletzt nur Atome und daß oberhalb 0,67 die Polarisationsrichtung dieser Atome sich umkehrt und demnach die optimale Bedeckung bei $\Theta_m = 0{,}67$ erreicht ist.

In ganz analoger Weise könnte man die Wirkung anderer Substanzen auf die Austrittsarbeit und damit auf die Elektronenemission behandeln und hat dies für elektropositive und auch für einige elektronegative Substanzen im einzelnen durchgeführt. Wir wollen seiner großen technischen Bedeutung wegen noch ein zweites Beispiel wenigstens ganz kurz betrachten, das zugleich eine interessante Besonderheit bietet. Es ist dies die Thorierung von Wolframkathoden und das hier neu Hinzukommende liegt darin, daß die Adatome nun nicht aus einer die Glühkathode umgebenden Dampfatmosphäre sich auf dem Trägermetall niederschlagen, sondern aus dessen Innerem durch Diffusion an die Oberfläche gelangen. Es ist also hier im wesentlichen nur der Mechanismus der Schichtbildung ein anderer als im Falle W—Cs, im übrigen aber die Sachlage dieselbe. In praxi liegen die Dinge so, daß zur Herstellung einer thorierten Kathode dem Trägermetall eine kleine Menge Thoroxyd zugesetzt und dann bei hoher Temperatur ($> 2600°$) eine Reduktion des Oxyds zu metallischem Thor vorgenommen wird. Dieses diffundiert dann an die Oberfläche, reichert sich wie ein kapillaraktiver Stoff dort an und bildet eine Doppelschicht mit der positiven Seite nach außen. Die Austrittsarbeit ist bei optimaler Bedeckung etwa 3,3 eV, also um etwa 1,4 eV kleiner als die des reinen Wolframs. Wir haben es also zu tun mit drei Teilprozessen, die alle von der Temperatur abhängen, nämlich mit der Reduktion des Oxyds, mit der Diffusion des Thors an die Oberfläche und mit dem Abdampfen in den Außenraum;

ihr Zusammenwirken ist maßgebend für den bei einer bestimmten Temperatur sich stationär einstellenden Bedeckungsgrad und damit wie früher für die Erniedrigung der Austrittsarbeit. Quantitativ sind bei Temperaturen unterhalb von etwa 1900° alle drei Prozesse so geringfügig, daß sich der Zustand einer bereits ionisierten Kathode praktisch nicht ändert und also bei diesen Temperaturen die Kathode technisch brauchbar ist. Bei höheren, zwischen 1900° und 2100° liegenden Temperaturen sind die Reduktion und die Abdampfung immer noch sehr klein, es findet also in der Hauptsache eine Diffusion des Thoriums an die Oberfläche statt, und man wird deshalb in diesem Temperaturgebiet arbeiten, um die Kathode zu „aktivieren". Oberhalb 2100° beginnt die Abdampfung einzusetzen und bei etwa 2400° die Nachlieferung durch Diffusion sogar zu überflügeln („Entaktivierung"). Zugleich beginnt hier nun auch die Reduktion merkbar zu werden, doch liegt das eigentliche Reduktionsgebiet, das bei der Herstellung der Kathoden aufgesucht werden muß, erst oberhalb von 2600°.

Die Methodik der experimentellen Untersuchung und der Diskussion ist im wesentlichen dieselbe wie beim Cs—W-Problem und kommt hier wie dort hinaus auf das Studium zeitlicher Ausgleichsvorgänge (Aktivierung und Deaktivierung). Auf die naturgemäß ziemlich verwickelten Einzelheiten wollen wir hier nicht eingehen; manches davon kann auch, wie neuere Untersuchungen gezeigt haben, durchaus noch nicht als abschließend geklärt gelten. Nur eine Teilfrage wollen wir herausgreifen, bei der es sich um die Diffusion der Th-Atome durch das Trägermetall und um den Aufbau der Oberflächenschicht handelt. Denn es wird dabei in besonders reizvoller Weise ersichtlich, wie hier Problemstellungen kristallographischer und grenzflächenphysikalischer Art hereinspielen bzw. umgekehrt von hier aus befruchtet werden. Die Diskussion der Aktivierungskurven hat zu der Folgerung geführt, daß in dem eingangs angegebenen Temperaturgebiet von 1900° bis 2100° — wo praktisch nur ein Diffusionsnachschub von Th-Atomen an die Oberfläche ohne ein Abdampfen erfolgt — der Bedeckungsgrad zunimmt nach dem Gesetz

$$d\Theta/dt = k\,(1-\Theta).$$

Dies bedeutet aber, daß die Zunahme des Bedeckungsgrades proportional ist mit dem noch unbedeckten Teil der Oberfläche und wurde so gedeutet, daß die Atome in homogenem Fluß an die Oberfläche diffundieren, daß dort diejenigen, die auf eine Lücke in der Bedeckung treffen, liegen bleiben, diejenigen jedoch, die auf einen bereits bedeckten Teil der Oberfläche treffen, einfach bereits vorhandene Adatome zwingen, abzudampfen, und sich dann an ihre Stelle setzen. Wir wissen heute, daß diese an sich sehr geistreiche Hypothese der sog. „induzierten Verdampfung" nicht zutrifft, und auch nicht notwendig ist, weil ihre Grundlage — das obige Gesetz für die Bedeckungszunahme — aus unrichtigen Voraussetzungen abgeleitet ist. Was uns hier daran interessiert sind nur die

beiden dabei verarbeiteten Voraussetzungen, nämlich die homogene
Diffusion der Atome durch das Trägermetall und die Unverschieblich-
keit der Adatome auf der Oberfläche. Es kann nämlich als sicher gelten,
daß die Diffusion, d. h. die Verschiebung der Th-Atome durch das Trägermetall, entlang gewisser ausgezeichneter Gleitflächen, und zwar entlang
der interkristallinen Korngrenzen erfolgt und daß auch die Adatome
auf der Oberfläche verschiebbar sind und sich demgemäß zu einer

gleichmäßigen Schicht-
ausbreiten können.

**Sensibilisierende Photo-
kathoden.** Zum Schluß
wollen wir noch eine
Gruppe von Beispielen
aus dem Gebiet der licht-
elektrischen Erscheinun-
gen betrachten und wäh-
len dazu die Wirkung
von adsorbierten Alkali-
schichten. Wenn man
die thermische und die
lichtelektrische Elektro-
nenemission in Analogie
zueinander setzen will, so
würde der Temperatur
nun die Frequenz des
auffallenden Lichtes ent-
sprechen insofern, als der
Emissionsstrom dort mit
der Temperatur, hier
— wenigstens normaler-
weise — mit der Fre-

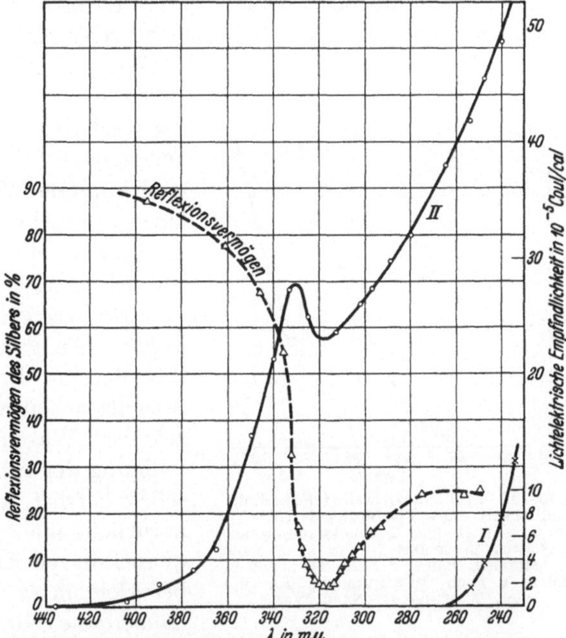

Abb. 106. Spektrale Empfindlichkeitskurve einer Silberober-
fläche vor (*I*) und nach (*II*) dem Aufbringen einer Kalium-
schicht; Bedeckung < optimal. (Nach SUHRMANN.)

quenz zunimmt. Ein Unterschied aber bleibt bestehen insofern, als es
für den thermischen Effekt keine untere Grenze der wirksamen Temperatur, für den lichtelektrischen aber eine untere Grenze für die wirksame
Frequenz gibt (S. 60). Dementsprechend müssen wir nun zwei Folgen
einer Verkleinerung der Austrittsarbeit durch die Dipolschichten elektropositiver Substanzen betrachten, nämlich neben der Steigerung der
Ausbeute an sich auch noch die Verschiebung der langwelligen Grenze
nach Rot hin. Außerdem sind natürlich eine Reihe optischer Momente
von Bedeutung, die bei der Diskussion der thermischen Elektronenemission keine Rolle spielten.

Bei kleinen Bedeckungsgraden äußert sich die Gegenwart der Adatome
nur in einer Verkleinerung der Austrittsarbeit, d. h. in der nur hierdurch
bedingten Steigerung der Ausbeute und Verschiebung der langwelligen

Grenze. Die Adatome beteiligen sich nicht selbst an der Emission, sondern nur Trägermetall. Als ein instruktives Beispiel kann die Abb. 106 dienen, die sich auf eine dünne Schicht ($\Theta < \Theta_m$) von Kalium auf Silber bezieht; wesentlich ist, daß auch die bedeckte Fläche nach dem Aufbringen der Schicht denselben normalen Gang der Ausbeute mit der Wellenlänge zeigt wie das reine Trägermetall, weil sich eine scheinbare Anomalie (bei etwa 320 $\mu\mu$) vollkommen durch das optische Reflektionsvermögen erklärt. Ganz ebenso wie bei der thermischen Emission gibt es auch bei der lichtelektrischen eine optimale Bedeckung Θ_m mit größter Wirkung. Dies zeigt sich darin, daß mit zunehmender Bedeckung die langwellige Grenze zuerst nach längeren, dann aber wieder nach kürzeren Wellenlängen hin sich verlagert; die Abb. 107 gibt dafür ein Beispiel an Natrium auf Platin. Alles dies ist nach unseren früheren Ausführungen unmittelbar verständlich. Die Dinge liegen eben ganz ebenso wie bei der thermischen Emission: Lediglich die Austrittsarbeit wird durch die Adatome geändert. Was insbesondere die Nichtbeteiligung der Adatome an der Emission selbst betrifft, so handelt es sich dabei natürlich nicht etwa um einen nur quantitativen Effekt in dem Sinn, daß bei kleinem Θ die unbedeckten Oberflächenteile sehr viel umfangreicher sind

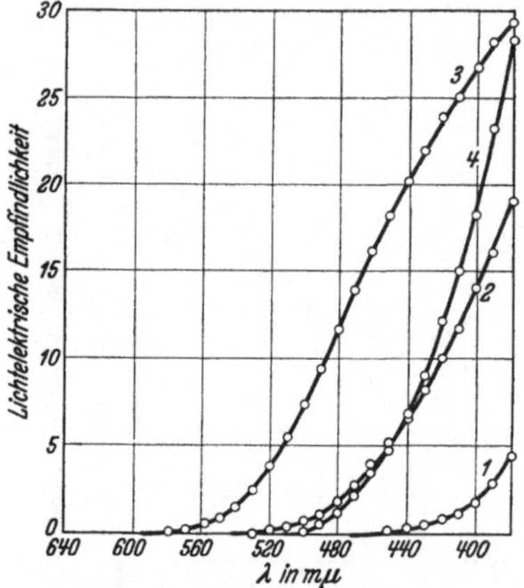

Abb. 107. Spektrale lichtelektrische Empfindlichkeit eines Platinspiegels (für $E\,\|$) bei fortschreitender Kondensation atomar verteilten Natriums. Kurve *1* nach 1,5 Stunden, Kurve *2* nach 3,0 Stunden, Kurve *3* nach 19,4 Stunden, Kurve *4* nach 75 Stunden. (Nach IVES.)

als die bedeckten, sondern es liegt dem ein Umstand grundsätzlicher Art zugrunde. Wie wir früher sahen (S. 293), werden nämlich bei kleinem Θ die Atome als Ionen und nicht als neutrale Atome angelagert; sie erniedrigen deshalb zwar die Austrittsarbeit, aber sie sind überhaupt nicht fähig, bei den hier in Betracht kommenden Frequenzen noch ein Elektron abzuspalten

Ganz neue und besonders interessante Effekte treten jedoch auf bei höheren Bedeckungsgraden $\Theta \geq \Theta_m$. Es erscheinen dann in zunehmender Deutlichkeit mit zunehmender Schichtdicke selektive Maxima in der lichtelektrischen Empfindlichkeitskurve; Abb. 108 gibt dafür ein besonders schönes Beispiel für Kalium auf Platin. Messungen der Schichtdicken haben für den Zustand optimaler Ausbildung derartiger Maxima zu Werten von etwa 5 bis 10 Atomdurchmessern geführt; dies zeigt, daß nun die Adatome selbst an der Elektronenemission irgendwie beteiligt sind. Wenn wir die Theorie dieser optisch bereits dicken Schichten entwickeln wollen, müssen wir natürlich auf die optischen Eigenschaften solcher Schichten und zwar insbesondere auf ihr, für den Umsatz Lichtquantenenergie $\rightarrow$ Elektronenenergie maßgebendes optisches Absorptionsvermögen eingehen. Die Einzelheiten sind hier noch nicht von Interesse, wohl aber ein allgemeinerer Gesichtspunkt, dessen Diskussion zugleich ein weiteres Beispiel für die Nützlichkeit der S. 287 geschilderten Methode der Potentialkurven liefert. Es ist nämlich zu beachten, daß die optischen Eigenschaften von Atomen im freien und im adsorbierten

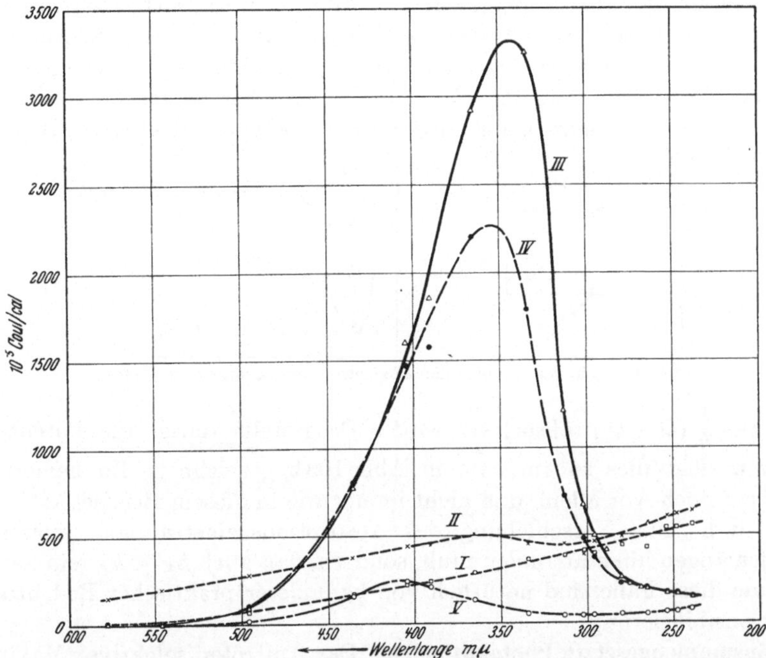

Abb. 108. Spektrale Empfindlichkeit unsichtbarer Kaliumfilme auf einer blanken Platinoberfläche. Kurve *I*: Besetzung < optimal; Kurve *II*: Besetzung $\simeq$ optimal; Kurve *III* und *IV*: Besetzung > optimal; Kurve *V*: Kaliumfilm soeben als schwacher Hauch zu erkennen. (Nach SUHRMANN.)

Zustand verschieden sind, daß also insbesondere die optischen Absorptionsgebiete durch die Adsorption verschoben werden können. Nach den älteren Anschauungen, die noch mit schwingungsfähigen Gebilden (Resonatoren) im Inneren der absorbierenden Atome arbeiteten, ist dies ohne weiteres verständlich durch die Annahme einer Verstimmung der Resonatoren durch die Adsorptionskräfte. Wir wissen aber heute, daß auch die Absorption von Licht eine energetisch-quantenhafte Angelegenheit ist (vgl. S. 76). Ein Atom kann Licht von der Frequenz v absorbieren nur durch Aufnahme eines Lichtquants hv, mit der ein Übergang vom normalen in einen angeregten Zustand verbunden ist, und eine Verschiebung des Absorptionsgebietes durch die Adsorption ist demgemäß so zu deuten, daß das aufnehmbare hv im freien Zustand einen anderen Wert hat als im adsorbierten. Im Sinn unserer früheren Betrachtungen können wir die Sachlage quantitativ fassen durch das folgende Gedankenexperiment: Wir entfernen das Adatom von der Oberfläche, wozu die Arbeit Q erforderlich ist, dann lassen wir es im freien Zustand absorbieren, wobei es die Energie $h\nu$ verschluckt und in den angeregten Zustand übergeht. Bringen wir das angeregte Atom dann wieder auf die Oberfläche, so wird dabei die von Q verschiedene Energie Q' frei. Wenn wir aber andererseits das Adatom im adsorbierten Zustand absorbieren lassen, so ist dazu ein Energieaufwand $h\nu'$ erforderlich, der — wie aus dem ganzen Kreisprozeß (vgl. Abb. 109a) hervorgeht — gerade gleich sein muß $(Q + h\nu - Q')$. Dies aber heißt, daß im freien Zustand die Frequenz ν, im adsorbierten Zustand jedoch die Frequenz

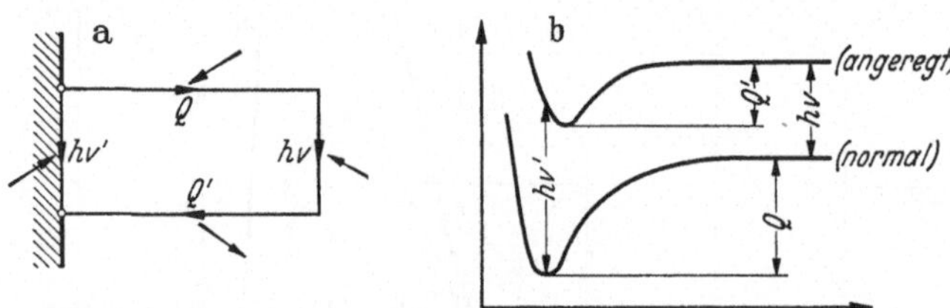

Abb. 109a u. b. Zur Theorie der Absorption von adsorbierten Atomen.

$$\nu' = \nu + \frac{1}{h}\,(Q - Q')$$ absorbiert wird. Dargestellt durch die Potentialkurven sieht dies so aus, wie in Abb. 109b gezeichnet. Zu bemerken ist dazu noch vor allem, daß nicht immer wie in diesem Beispiel $h\nu' > h\nu$ sein, d. h. eine Verschiebung des Absorptionsgebietes nach kürzeren Wellenlängen hin stattfinden muß, sondern, daß auch $h\nu' < h\nu$ sein kann. Gerade diese Fälle sind natürlich von besonderer praktischer Bedeutung (Rotsensibilisierung).

Zusammengesetzte Photokathoden. Das Auftreten selektiver Maxima in der spektralen Empfindlichkeitskurve bei größeren Schichtdicken legt es nahe, ausgeprägte Sensibilisierungen zu erzielen durch einen geeigneten Aufbau solcher Schichten. Man ist so zu der Konstruktion der sog. zusammengesetzten Photokathoden gekommen, bei denen auf dem Trägermetall zunächst eine Zwischenschicht und auf dieser erst der eigentliche Alkalifilm ausgebreitet ist. Die Cäsium-Cäsiumoxydzelle, die Cäsium-Silberoxydzelle, die Alkali-Alkalihalogenidzellen, die Alkali-Naphthalinzellen usw., aber auch komplizierter in mehreren Schichten von wiederum den verschiedensten, zum Teil nichtstöchiometrischen Zusammensetzungen aufgebaute Kathoden gehören hierher. Die Bedingung, die an die Zwischenschicht zu stellen ist, scheint jedenfalls die zu sein, daß sie genügend dünn ist und eine genügende Leitfähigkeit besitzt, vielleicht auch, daß sie aus elektronegativer Substanz besteht. Ferner muß sie fähig sein, den Alkalifilm festzuhalten, und zwar vermutlich in einem genügend feinverteilten Zustand der adsorbierten

Alkaliatome. Als ein Beispiel von vielen für die schon recht befriedigende Rotsensibilisierung, die sich mit derartigen Kathoden erzielen läßt, diene die Abb. 110, die sich auf eine komplizierter aufgebaute Ag—Cs_2O, Ag—Cs-Kathode mit verschiedenen Mengen adsorbierten Cäsiums (zunehmend in der Reihenfolge der Kurvennummern) bezieht.

Die sich zuerst aufdrängende Frage ist natürlich, wodurch denn nun eigentlich die spektralen Maxima in den Empfindlichkeitskurven zusammengesetzter Kathoden zustande kommen. Am nächstliegendsten ist es wohl, dafür Vorgänge grundsätzlich derselben Art wie an den dickeren einfachen Schichten verantwortlich zu machen, d. h. anzunehmen, daß sich in der Empfindlichkeitskurve im wesentlichen die selektive Lichtabsorption im Alkalifilm widerspiegelt. Die absorbierten Lichtquanten müßten dann an die Elektronen in der Zwischenschicht weitergegeben werden und die Leitfähigkeit der Zwischenschicht würde eine Rolle spielen bei der Nachlieferung neuer Elek-

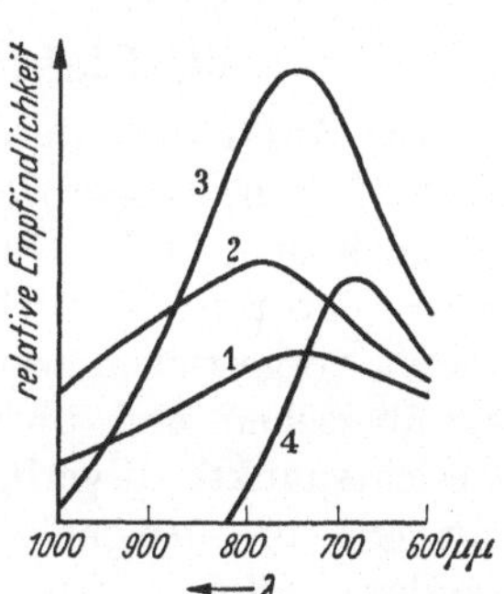

Abb. 110. Spektrale Empfindlichkeit der Ag—Cs_2O, Ag—Cs-Kathoden; Cs-Gehalt zunehmend von 1 nach 4. (Nach PRESCOTT u. KELLY.)

tronen und würde, wenn sie hinreichend groß ist, eine Aufladung und damit ein Abstoppen der Emission verhindern. Ob und wieweit der Film auch unmittelbar an der Emission beteiligt ist, kann wohl nur von Fall zu Fall entschieden werden. Eine andere Theorie nimmt an, daß die optische Selektivität zurückzuführen ist auf eine Selektivität des sog. Transmissionskoeffizienten und würde verständlich machen, warum die Zwischenschicht elektronegativ sein muß. Zur Erläuterung dieser Theorie kann das schematische Bild (Abb. 111) des Potentialverlaufs quer durch eine zusammengesetzte Kathode dienen; W_0 ist die Austrittsarbeit des

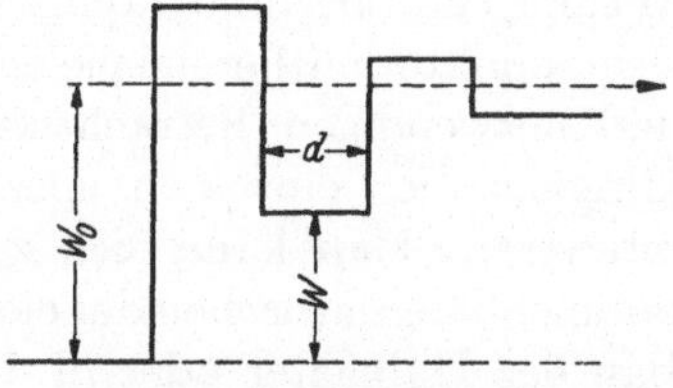

Abb. 111. Tunneltheorie der sensibilisierten Photokathoden.

Trägermetalls, W die der Zwischenschichtsubstanz; angenommen ist dabei, daß die Leitungselektronen des Trägermetalls emittiert werden und die Potentialberge dank des S. 254 erwähnten Tunneleffektes durchdringen können. Angenommen ist dann noch vor allem, daß diese Durchdringung mit besonders großer Wahrscheinlichkeit erfolgen kann, wenn zwischen $W_0 - W$ und der Zwischenschichtdicke d die einfache (nur wellenmechanisch zu begründende) Relation $W_0 - W = c/d^2$ besteht, so daß also vorzugsweise Elektronen von ganz bestimmter Geschwindigkeit austreten. Eine Modifikation dieser Theorie besteht in der Annahme, daß der primäre Prozeß eine Ionisation der Filmatome ist, und daß die Selektivität bedingt ist durch die nach dem eben geschilderten Schema selektiv erfolgende Nachlieferung von Elektronen aus der Unterlage. Bei der Mannigfaltigkeit der zusammenwirkenden Einzelvorgänge ist jedenfalls noch viel Platz für theoretische Spekulationen und die obigen kurzen Hinweise mögen genügen zu zeigen, in welchen Richtungen solche überhaupt angesetzt werden können.

34. Elektrizitätsleitung in Halbleitern.

Die Aufklärung des Mechanismus der Stromleitung in nichtmetallischen festen Körpern, die man meist kurz als Halbleiter bezeichnet, ist nach mancherlei Umwegen und nach Anhäufung eines fast unübersehbar großen Beobachtungsmaterials eigentlich erst in letzter Zeit soweit vorgetrieben worden, daß man die Sachlage jetzt einigermaßen zu übersehen und über befriedigende zusammenfassende theoretische Gesichtspunkte zu verfügen beginnt. Es liegt dies wohl daran, daß nicht nur erst die geeignete Experimentiertechnik entwickelt und erkannt werden mußte, worauf es wesentlich ankommt bzw. wie an sich nebensächliche Störeffekte vermieden und abgetrennt werden können, sondern daß einem äußerlich ähnlichen Verhalten der einzelnen Substanzen eine große Mannigfaltigkeit verschiedener Vorgänge zugrunde liegen kann. Dazu kommt — und hierin liegt zugleich die wissenschaftliche Bedeutung der Halbleiterforschung —, daß es sich hier nicht nur um ein enges Sondergebiet handelt, sondern um Problemstellungen, die eng zusammenhängen mit fast allen den Bau der festen Körper betreffenden Fragen, und daß demgemäß atomphysikalische, chemische, thermodynamische, kristallographische und neuerdings wellenmechanische Gesichtspunkte mithereinspielen. Dieser Mannigfaltigkeit der möglichen und notwendigen Betrachtungsweisen entspricht eine analoge Mannigfaltigkeit der einzelnen speziellen Forschungsrichtungen und Sonderinteressen: Man kann sich z. B. vornehmlich interessieren für die Zusammenhänge zwischen der elektrischen Leitfähigkeit und dem chemischen Bau der Halbleiter oder in den Vordergrund allgemeinere thermodynamische Überlegungen (Theorie der geordneten Mischphasen) stellen, man kann versuchen, die Theorie der Elektrizitätsleitung in den Halbleitern aufzubauen auf anschaulichen modellmäßigen Vorstellungen über die Bewegung von Ladungsträgern im Festkörpergefüge oder erweiternd an die Elektronentheorie der Metalle anschließen, und man wird endlich von selbst geführt auf Betrachtungen mehr kristallographischer Art u. dgl.

Auf der anderen Seite stehen die praktischen Belange. Die technischen Anwendungsmöglichkeiten von Halbleitern sind heute schon recht zahlreich: Widerstände mit negativem Temperaturkoeffizienten und nicht mehr linearen oder sogar fallenden Charakteristiken (Heißleiter), mit sehr großen Temperaturkoeffizienten (Widerstandthermometer) oder mit sehr kleinem Temperaturkoeffizienten (Hochohmwiderstände) sind Beispiele für die Verwendung als Schaltelemente zu einer Reihe von

Spezialzwecken. Widerstände mit kleiner Leitfähigkeit (Glühisolatoren) und die engen Beziehungen zu den dielektrischen Anomalien (Rückstandbildung u. dgl.) führen in das Gebiet der Isoliertechnik bzw. Hochfrequenztechnik. Aber auch die Verwendung in den Sperrschichtzellen und Trockengleichrichtern oder in den hochisolierenden Oberflächenschichten der Elektrolytkondensatoren (Potenzleiter) gehören hierher; wohl sicher lassen sich auch mancherlei Aufschlüsse über die Vorgänge in den sensibilisierten Glüh- und Photokathoden aus der Halbleiterforschung entnehmen. Und endlich wird vielleicht aus dem Studium der elektromotorischen Kräfte in festen Elektrolyten sich später einmal die Möglichkeit zu einer neuen Methode der Erzeugung elektrischer Energie aus chemischer ergeben.

Elektronen- und Ionenleitung. Unter dem Namen „Halbleiter" faßt man am besten wohl einfach alle nichtmetallischen Festkörper zusammen. Denn weder die Absolutgröße der Leitfähigkeit oder ihre Abhängigkeit von der Temperatur noch auch Aussagen über den Mechanismus der Leitung etwa durch die Gegenüberstellung von Elektronen- und Ionenleitern u. dgl. sind jeder für sich charakteristisch. Die Leitfähigkeit σ (reziproker Widerstand eines cm-Würfels in $10^4 \cdot \Omega^{-1}$) variiert bei den einzelnen Substanzen nicht nur mit der Temperatur über etliche Zehnerpotenzen, sondern ist auch für die verschiedenen Substanzen außerordentlich verschieden; so kann sie einerseits z. B. beim Kupfersulfid mit dem Wert $\sigma \sim 3$ hineinreichen in das Gebiet der Leitfähigkeit von Metallen — für Ni ist $\sigma \sim 10$, für Bi $\sim 8 \cdot 10^{-1}$ — und andererseits z. B. beim Chlornatrium mit einem Leitfähigkeitswert von $\sigma \sim 10^{-17}$ in das Gebiet der Körper, die man gewöhnlich als Isolatoren bezeichnet. Insbesondere eine Abgrenzung der Halbleiter gegen die Isolatoren ist physikalisch nicht nur unmöglich, sondern es sind im Gegenteil wichtige Eigenschaften der „isolierenden" Dielektrika wie gewisse Anomalien im dielektrischen Verhalten und die Durchschlagsfestigkeit nur zu verstehen, wenn man die sog. Isolatoren auffaßt als Halbleiter.

Ehe wir auf die Vorstellungen über den Mechanismus der Stromleitung genauer eingehen, wollen wir versuchen, aus dem Gewirr der Beobachtungsergebnisse die für das folgende unmittelbar wichtigsten Dinge herauszusuchen, wobei natürlich bereits gewisse theoretische Gesichtspunkte leitend sein müssen. Wir gehen aus von der Vorstellung, daß auch in den hier interessierenden Festkörpern die Stromleitung = Ladungstransport besorgt werden muß durch Ladungsträger, die sich irgendwie durch das Festkörpergefüge hindurch unter der Wirkung eines zwischen den Elektroden erzeugten elektrischen Feldes verschieben. Die erste und wichtigste Frage ist dann, ob diese Ladungsträger wie in den Metallen nur Elektronen sind oder ob auch Ionen als solche in Betracht kommen, ob es sich also um eine „Elektronenleitung" oder um eine „Ionenleitung" handelt oder allgemeiner, wie in einem bestimmten Halbleiter bei bestimmter Temperatur beide Leitungsarten prozentual am Stromtransport beteiligt sind; wobei wiederum die Ionenleitung anionisch oder kationisch oder gemischt erfolgen kann, und zwar nicht nur zu verschiedenen Anteilen bei den verschiedenen Substanzen, sondern auch bei derselben Substanz in verschiedenem Maß je nach der Temperatur. Im ganzen wird man heute wohl sagen können, daß in der Regel gemischte Leitung vorliegt und daß sich lediglich das Verhältnis der beiden Leitungsarten zueinander quantitativ in den weitesten Grenzen verschieben kann, so daß man es unter Umständen praktisch mit reinen Elektronen- bzw. Ionenleitern zu tun hat. Aber die Entscheidung darüber ist oft außerordentlich schwierig und wie die Erfahrung gezeigt hat, meist überhaupt nicht durch ein Kriterium allein, sondern nur durch eine kritische Beurteilung der ganzen Sachlage zu erbringen. Ein berühmtes Beispiel dafür ist das Schwefelsilber Ag_2S, dessen regulär kristallisierende (oberhalb von etwa 180° beständige) α-Form zuerst und mit scheinbar zwingender Sicherheit als reiner Ionenleiter angesprochen wurde, heute aber

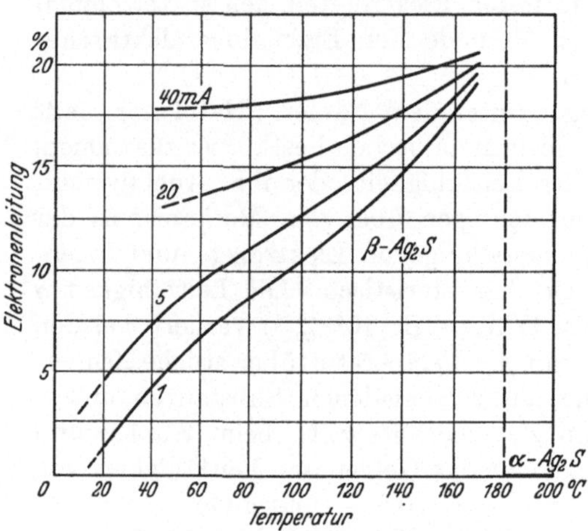

Abb. 112. Prozentualer Anteil der Elektronenleitung an der Leitfähigkeit von β-Schwefelsilber. (Nach TUBANDT u. REINHOLD.)

zu rd. 99% als Elektronenleiter mit einer Beteiligung der Ag-Ionen von nur etwa 1% erkannt worden ist.

Als ein gutes Kriterium für Ionenleitung kann die Gültigkeit des FARADAYschen Gesetzes gelten und andererseits wird man aus Abweichungen davon auf die Beteiligung einer Elektronenleitung schließen können. Man muß dabei aber mit großer Vorsicht vorgehen, wie am besten das bereits erwähnte Beispiel des Schwefelsilbers zeigte; denn hier hatte sich das FARADAYsche Gesetz als so genau erfüllt gezeigt, wie man nur wünschen konnte, und trotzdem zeigten dann andere Kriterien wie Größe und Vorzeichen des Hall-Effekts und die mit der für Metalle geltenden übereinstimmende Temperaturabhängigkeit der Leitfähigkeit usw., daß man es hier mit einer ganz vorwiegend elektronisch leitenden Substanz zu tun hat. Eng mit der Gültigkeitsprüfung des FARADAYschen Gesetz hängt die Bestimmung der Überführungszahlen (S. 326) zusammen. Ist die Summe $n_A + n_K$ der Überführungszahlen des Anions und Kations kleiner als 1, so deutet dies auf eine Beteiligung von Elektronenleitung und erlaubt diese prozentual zu errechnen. Als ein Beispiel möge die Abb. 112

dienen, die für die unterhalb 180° C beständige β-Modifikation des Schwefelsilbers den prozentualen Anteil der Elektronenleitung bei verschiedenen Temperaturen und Stromstärken zeigt. Aus der Leitfähigkeit und den Überführungszahlen ergibt sich dann auch nach den S. 326 für Elektrolyte angegebenen Beziehungen die Beweglichkeit der einzelnen Ionen, allerdings vorläufig nur unter der Annahme, daß alle Ionen einer Art jeweils zugleich am Stromtransport teilnehmen. Die Beweglichkeitswerte die man so erhält, liegen zwischen außerordentlich kleinen Werten (z. B. in NaCl bei 18° C für das Kation $3 \cdot 10^{-21}$ cm/s : V/cm) und Werten (z. B. in AgJ bei 300° C ebenfalls für das Kation $1 \cdot 10^{-3}$ cm/s : V/cm), die sehr viel größer sind als die der Ionen in flüssigen Elektrolyten. Als Kennzeichen für Elektronenleitung kann neben streng linearen Strom-Spannungscharakteristiken bis herab zu kleinsten Spannungen in erster Linie die Existenz eines Hall-Effektes gelten und auch aus diesem kann man dann die Beweglichkeit erschließen. Man benutzt dabei meist die einfache Relation $u \sim R\sigma$ (vgl. S. 249) zwischen der Hall-Konstante R, der Beweglichkeit u und der Leitfähigkeit σ. Aber auch hier muß man sehr vorsichtig sein, wie dies etwa das Beispiel des Kupferoxyduls Cu_2O zeigen kann. Bei einer sauerstoffarmen Probe ergaben sich die folgenden Relativwerte, also insbesondere eine Vorzeichenumkehr der Hall-Konstante und demgemäß bei etwa 500° C ein Hall-Effekt von verschwindender Größe.

Temperatur °C	18	160	262	305	420
R	$+100$	$+1,1 \cdot 10^{-1}$	$+0,5 \cdot 10^{-2}$	$+1,1 \cdot 10^{-3}$	$+2,4 \cdot 10^{-6}$
$R \cdot \sigma$ . . .	$+100$	$+25,8$	$+7,73$	$+4,25$	$+3,94$

Temperatur °C	570	586	718	855
R	$-1,6 \cdot 10^{-5}$	$-1,3 \cdot 10^{-5}$	$-2,7 \cdot 10^{-6}$	$-2,6 \cdot 10^{-6}$
$R \cdot \sigma$ . . .	$-1,36$	$-1,51$	$-2,12$	$-4,85$

Die Dinge liegen kurz zusammengefaßt wohl so, daß zwar das Vorhandensein eines Hall-Effektes eine Beteiligung von Elektronen an der Stromleitung beweist, daß aber ein unmittelbarer Zusammenhang zwischen Hall-Effekt und prozentualer Beteiligung einer Elektronenleitung nicht besteht und insbesondere aus seinem Fehlen nicht geschlossen werden kann auf ein Nichtvorhandensein von Elektronenleitung.

Eine wesentliche Vertiefung des Materials füt theoretische Spekulationen ergibt sich noch aus der Untersuchung der Temperaturabhängigkeit der Leitfähigkeit. Während bei den Metallen σ proportional mit $1/T$ sich ändert, gelten für die Halbleiter im allgemeinen kompliziertere Zusammenhänge, und zwar läßt sich hier σ meist in ziemlich großen Temperaturbereichen durch eine Formel der Art

(106)
$$\sigma = A \cdot e^{-B/T}$$

(manchmal auch durch eine Formel aus mehreren solchen Gliedern)
darstellen. Es ist wie die Abb. 113 u. 114 an einigen Beispielen zeigen,
der Logarithmus der Leitfähigkeit (in der Abb. 113 mit $\varkappa$ bezeichnet)
dann mehr oder minder genau eine lineare Funktion der reziproken
absoluten Temperatur. Wo in den $\log \sigma - 1/T$-Geraden sprunghafte
Stufen auftreten, liegen Umwandlungspunkte verschiedener Modifi-
kationen vor, wo Abweichungen von dem linearen Zusammenhang oder
Knicke zwischen zwei geradlinigen Kurven-
stücken liegen, hat man es vermutlich zu tun
mit Änderungen in der Zusammensetzung der
Stoffe. Quantitativ aber stimmen die von verschiedenen Beobachtern und an verschiedenen
Proben an derselben Substanz erhaltenen Ergebnisse noch sehr schlecht überein. Man erkennt dies
z. B. an der Abb. 114, in der die Ergebnisse
für das bisher wohl am genauesten untersuchte
Kupferoxydul zusammengestellt sind; wobei
zu beachten ist, daß die Ordinaten die Logarithmen (!) von σ geben. Die

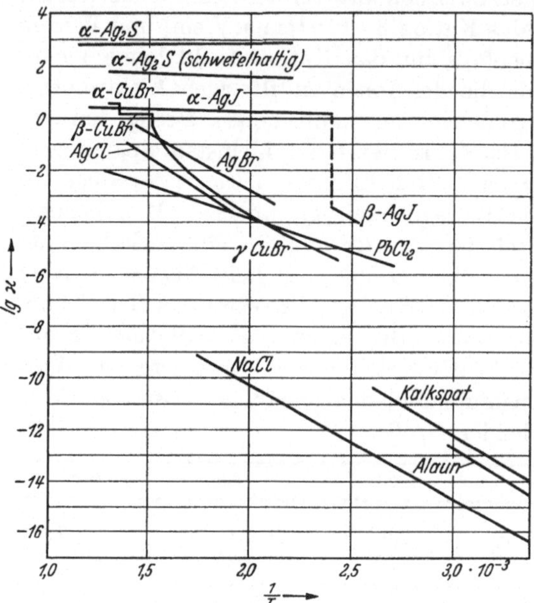

Abb. 113. Temperaturabhängigkeit der elektrischen Leitfähigkeit von Halbleitern. (Nach Jost.)

Deutung im einzelnen ist hier nicht von Interesse, aber sie führt von selbst
sogleich auf einen neuen Komplex von Befunden, die den Einfluß der
chemischen Zusammensetzung betreffen. Abgesehen von Fehlerquellen,
die durch Sperrschichten an der Oberfläche u. dgl. bedingt und oft nur
schwer zu erkennen bzw. zu eliminieren sind, hängt die Leitfähigkeit von
der Vorbehandlung der untersuchten Substanzen (Einkristall, erstarrte
Schmelze, gepreßte Pulver u. dgl.) und insbesondere von „Verunreinigungen" außerordentlich ab; dabei ist unter einer Verunreinigung
allgemein zu verstehen eine Abweichung von der streng stöchiometrischen Zusammensetzung. So ändert sich, um nur ein Beispiel zu nennen,
die Leitfähigkeit des Cu_2O um viele Zehnerpotenzen durch einen kleinen
O-Überschuß, wobei auch die Art des Einbaus dieses Überschusses in das
Gitter ausschlaggebend zu sein scheint. Befunde solcher Art haben dann
zu der für die Theorie weiterhin grundsätzlich bedeutungsvolle Vermutung

geführt, daß — zunächst für die elektronischen Halbleiter — die Leitfähigkeit keine Stoffkonstante im eigentlichen Sinn ist, sondern überhaupt nur bedingt ist durch kleine Zusätze oder allgemeiner durch Abweichungen von der genau stöchiometrischen Zusammensetzung und daß ohne solche die Substanz ein wirklicher Isolator sein würde. Im einzelnen liegen die Dinge allerdings bei den verschiedenen Substanzen ganz verschieden; so z. B. nimmt mit zunehmendem Sauerstoffüberschuß die Leitfähigkeit zu bei Kupferoxydul und Nickeloxyd, ist unabhängig davon bei Kupferoxyd und nimmt ab bei Zinkoxyd und Kadmiumoxyd.

Nach dieser die für das folgende wichtigsten, wenn auch nur einen Teil der bisher gesammelten experimentellen Ergebnisse enthaltenden Übersicht können wir nun dazu übergehen, die Grundlagen der Theorie der Stromleitung in den Halbleitern zu besprechen.

Einfache Modellvorrichtungen. Von einer befriedigenden und einigermaßen geschlossenen Theorie der Elektrizitätsleitung in Halbleitern müßte man verlangen, daß sie nicht nur physikalisch plausible und vor allem eindeutige Vorstellungen über den Ladungstransport durch das Festkörpergefüge ermöglicht, sondern daß sie darüber hinaus quantitative Ergebnisse zeitigt und Voraussagen erlaubt z. B. in dem Sinn einer Berechnung der beiden Konstanten A und B in dem Leitfähigkeitsgesetz (106) S. 303 aus Elementarkonstanten oder in dem einer prognostischen Angabe des Zusammenhanges zwischen den elektrischen Eigenschaften eines Halbleiters und den chemischen der ihn zusammensetzenden Verbindungen. Davon ist man heute immer noch weit entfernt; aber wenn auch die Arbeit

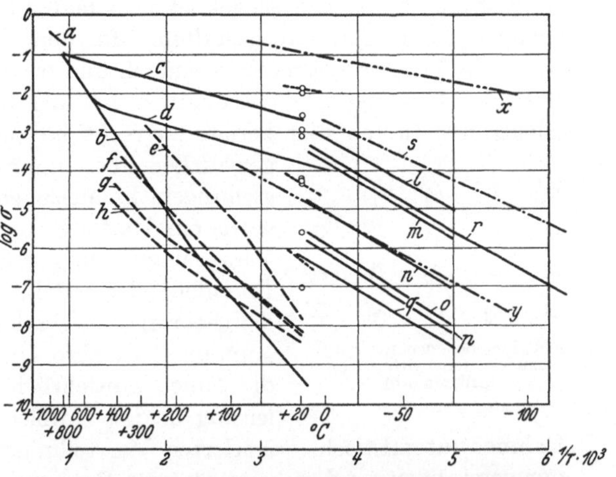

Abb. 114. Temperaturabhängigkeit der elektrischen Leitfähigkeit des Kupferoxyduls. a WAGNER (für konstanten Sauerstoffgehalt berechnet); Kristallit. Sauerstoffdruck 1 mm Hg. (Berichtigung: a ist um 4 mm nach oben zu verschieben.) b JUSÉ urd KURTSCHATOW, ohne analytisch festzustellenden O-Überschuß; Kristallit. c, d Dieselben, mit analytisch ermitteltem O-Überschuß von 0,1 und 0,06 Gewichts-%; Kristallit. e LEBLANC und SACHSE, Pulver der Zusammensetzung $Cu_2O_{1,0035}$. f Dieselben, Pulver der Zusammensetzung $Cu_2O_{1,000}$. g, h Dieselben, Kristallite. $l-q$ ENGELHARD (übereinstimmend mit VOGT), Kristallite verschiedener Vorbehandlung. (Auswahl aus rd. 100 Proben). r ENGELHARD; Messung zeigt schwachen Knick bei etwa —70° C (Beispiel für mehreren Proben). s NASLEDOW und NEMENOW; Kristallit; Neigung bleibt bis —183 C° $\left(\frac{1}{T}\,10_3 = 11\right)$ erhalten. O WAIBEL, nebst Andeutung der Temperaturabhängigkeit - - -; Kristallite verschiedener Vorbehandlung. x KAPP und TREU; dünne CuO- (Oxyd!) Schicht auf Glas, höchster erreichter Leitfähigkeitswert. y Dieselben, Cu_2O aus CuO unter O_2 erschmolzen. (Nach GUDDEN.)

der Experimentatoren und Theoretiker in den letzten Jahren nach Ansicht eines der besten Kenner des Gebietes mehr eine Zielsetzung als ein Ergebnis herausgeschält hat, verfügt man nun doch schon über fruchtbare und zum Teil sogar schon recht weitgehend durchgearbeitete Ansätze zu einer Theorie.

In den Gasen und Flüssigkeiten macht die Erklärung der Stromleitung durch wandernde Ladungsträger keine grundsätzlichen Schwierigkeiten; sie läßt sich bis in alle Einzelheiten in bester Übereinstimmung mit den Erfahrungstatsachen ausgestalten. In den metallischen Festkörpern liegen die Dinge nicht mehr so einfach und primitive Modellvorstellungen über die Deutung der metallischen Leitung durch die Bewegung von Elektronen führen hier bereits zu recht bedenklichen Härten; man ist gezwungen über unmittelbar anschauliche Vorstellungen hinauszugehen, aber man kann in gewissem Umfang immer noch mit einem der Veranschaulichung zugänglichen Modell, dem Energiebändermodell, arbeiten und an diesem die theoretische Überlegungen vornehmen, ohne ganz ins Abstrakte abzugleiten. Wie liegen nun die Dinge hinsichtlich der Theorie der Stromleitung in den Halbleitern? Daß auch hier im Rahmen atomistisch orientierter Vorstellungen der Ladungstransport nur verstanden werden kann als eine Bewegung von Ladungsträgern im Festkörpergefüge des Halbleiters, wurde bereits im vorhergehenden betont, aber zugleich auch, daß es sich nun nicht nur um eine Bewegung von Elektronen wie in den Metallen, sondern auch von Ionen handelt. Man wird nun von vornherein vermuten, daß zum Verständnis der elektronischen Leitung keine grundsätzlich anderen Vorstellungen notwendig sein werden als die in der Elektronentheorie der Metalle entwickelten und wir werden in der Tat sehen, daß man damit im wesentlichen auskommt; wir werden uns damit am Schluß dieses Abschnittes beschäftigen. Mit etwas Neuem hingegen haben wir es offenbar zu tun bei der Erklärung der Ionenleitung, bei der sich die großen und schweren Ionen im Inneren der Halbleiter-Festkörper in der notwendigen Menge und mit der notwendigen Geschwindigkeit bewegen müssen, ohne deren Zusammenhalt zu zerstören. Dies zu verstehen, hat denn auch lange große Schwierigkeiten gemacht.

Die Halbleiter, aufgefaßt als kristallisierte polare Verbindungen, bestehen aus einer regelmäßigen Anordnung von Ionen in einem Ionengitter (vgl. S. 445), wie dies grob schematisch und in nicht räumlicher Darstellung für das Beispiel des Silberchlorids AgCl in Abb. 115 skizziert ist. Die einzelnen Gitterbausteine sind dabei natürlich nicht vollkommen fixiert in ihren Gleichgewichtslagen zu denken, sondern sie machen je nach der Temperatur des Festkörpers mehr oder minder große Schwingungen

$$Ag^+ \quad Cl^- \quad Ag^+ \quad Cl^- \quad Ag^+$$
$$Cl^- \quad Ag^+ \quad Cl^- \quad Ag^+ \quad Cl^-$$
$$Ag^+ \quad Cl^- \quad Ag^+ \quad Cl^- \quad Ag^+$$
$$Cl^- \quad Ag^+ \quad Cl^- \quad Ag^+ \quad Cl^-$$

Abb. 115. Schematischer Aufbau des Ionengitters von Silberchlorid.

um diese Gleichgewichtslagen. Wenn sie sich aber am Ladungstransport durch den Halbleiter hindurch beteiligen sollen, so müssen sie ihre dynamischen Ruhelagen definitiv verlassen und sich durch das Gitter hindurch verschieben, d. h. es muß ein „Platzwechsel" stattfinden. Wenn man nun nicht zu so wenig plausiblen und fast grotesken Vorstellungen greifen will, wie etwa der einer ruckweisen Bewegung jeweils einer ganzen Kolonne von Ionen, kommt man dazu, für die Leitfähigkeit lokale Störungen des idealen Gitterbaus verantwortlich zu machen, die man als „Fehlordnungen", „Ordnungsstörungen", „Störstellen" oder im speziellen — warum, werden wir sogleich sehen —, als „Löcher" oder „Leerstellen" usw. bezeichnet; zusammenfassend und ganz allgemein können wir den heutigen Stand dieser Theorie kurz

Abb. 116a u. b. Modelle für den Leitungsmechanismus in Silberchlorid.

dahin fassen, daß die Erscheinung der elektrischen Ionenleitung durch Ordnungsstörungen bedingt ist. Solche Ordnungsstörungen können entweder molekulare Fehlordnungen oder wirkliche Poren und Klüfte sein; sie sind dann auch schon bei tiefsten Temperaturen vorhanden, von Probe zu Probe eines und desselben Materials verschieden und verantwortlich zu machen für die sog. strukturempfindliche oder Tieftemperaturleitung. Oder sie können thermodynamisch bedingt sein, d. h. reversibel in einem an sich (bei tiefen Temperaturen idealen) ungestörten Gitter auftreten und führen dann zu der sog. strukturunempfindlichen oder Hochtemperaturleitung. Wir werden uns hier nur mit der letzteren etwas eingehender beschäftigen, weil daraus das Wesentliche zu erkennen sein dürfte und kein so weiter Spielraum für allzuviele Spekulationen bleibt.

Die beiden einfachsten Modelltypen und die dazugehörenden Leitungsmechanismen sind in der Abb. 116 wieder für das Silberchlorid als Beispiel schematisch skizziert. Nach Abb. 116a hat eine der Komponenten zum Teil ihre regulären Plätze verlassen und sich auf Zwischengitterplätzen eingebaut. Es kann dann entweder eine Verschiebung in dem Gitterzwischenraum stattfinden oder eine Verschiebung durch Nachrücken benachbarter Ionen auf die Leerstellen. In beiden Fällen sind also nur die Ionen des einen Vorzeichens an der Leitung beteiligt. In Abb. 116b hingegen findet ein Nachrücken beider Ionenarten auf Leerstellen statt, und zwar auf Leerstellen, die dadurch entstanden zu denken sind, daß Ionen ihre regulären Plätze verlassen, und sich an der äußeren

20*

Oberfläche des Körpers angesiedelt haben. Wo aus geometrischen oder energetischen Gründen das erstere Modell zu Schwierigkeiten führen würde oder es sich um eine Beteiligung der beiden Ionenarten an der Leitung handelt, wird man sich mit dem letzteren Modell helfen können. Bemerkt sei noch, daß man formal natürlich ebensogut wie eine Wanderung der Ionen über Leerstellen in der einen Richtung eine Wanderung der Leerstellen in der entgegengesetzten Richtung annehmen kann und ferner, daß sich ähnliche Modelle nun auch in unmittelbar ersichtlicher Weise konstruieren lassen für die Fälle, in denen die Zusammensetzung der Substanz nicht mehr streng stöchiometrisch ist. Man hat dann anzunehmen, daß entweder die Ionen des überschüssigen Anteils auf Zwischengitterplätzen eingelagert sind (Zwischengittertypus) oder daß die Ionen des unterschüssig vorhandenen Anteils zum Teil durch Leerstellen ersetzt sind. Wie die Dinge von Fall zu Fall liegen, ist allerdings meist nur auf indirektem Weg zu erschließen. Als ein Beispiel diene das Kupferjodür CuJ. Diese Substanz kann einen Überschuß von Jod enthalten, aber da wegen der Größe der Jodionen ein Einbau auf Zwischengitterplätze wenig wahrscheinlich ist, wird man umgekehrt Leerstellen im Kupfergitter annehmen. Dementsprechend ist zu erwarten (und zwar in Übereinstimmung mit dem experimentellen Befund), daß wegen der Nachrückmöglichkeit auf die Leerstellen für die Kupferionen eine Zunahme der Kupfer-Teilleitfähigkeit mit zunehmendem Jodüberschuß (d. h. scheinbarem Jodüberschuß, in Wirklichkeit Kupferdefekt) eintritt.

Eine Ergänzung dieser zunächst noch recht qualitativen Modellüberlegungen wollen wir zum Schluß noch kurz besprechen, anschließend an die empirische Formel $\sigma = A \cdot e^{-B/T}$ S. 303 für die Temperaturabhängigkeit der Leitfähigkeit. Man deutet diese Formel meist so, daß der Faktor A den Bruchteil der Ionen angibt, die sich an der Leitung beteiligen, also von ihren regulären Gitterplätzen entfernt sind, und daß die Konstante B im Exponenten zusammenhängt mit dem Arbeitsaufwand, der zur Erzeugung einer Fehlordnung, d. h. zur Entfernung der Ionen aus der regulären Lage, und zu ihrer Verschiebung in der Feldrichtung erforderlich ist. Dies wird nahegelegt durch die Analogie zum Boltzmann-Prinzip (S. 16) bzw. kann als eine Anwendung dieses Prinzips angesehen werden. Substanzen, deren Leitfähigkeit durch eine eingliedrige Formel dieser Art dargestellt werden, sollten demgemäß unipolare Leiter sein, in denen nur eine Ionenart den Ladungstransport besorgt; Substanzen, deren Leitfähigkeit einer zweigliedrigen Formel $\sigma = A_1 e^{-B_1/T} + A_2 e^{-B_2/T}$ zur Darstellung bedarf, sollten bipolare Leiter sein und die Überführungszahlen wären gegeben durch

$$n_1 = \frac{A_1 \cdot e^{-B_1/T}}{A_1 e^{-B_1/T} + A_2 \cdot e^{-B_2/T}}; \qquad n_2 = \frac{A_2 \cdot e^{-B_2/T}}{A_1 e^{-B_1/T} + A_2 \cdot e^{-B_2/T}}.$$

Dies findet sich auch bei einer Reihe von Substanzen gut bestätigt. Es gibt aber auch Fälle, wo man bei unipolaren Leitern nicht mehr mit einer einkonstantigen bzw. bei bipolaren mit einer zweikonstantigen Formel auskommt, sondern für jede Ionenart zwei Glieder benötigt. Ein Beispiel solcher Art ist NaCl, dessen Leitfähigkeit sich beschreiben läßt durch die Formel

$$\sigma = 0.8 \cdot e^{-\frac{10\,300}{T}} + 1.4 \cdot 10^6 e^{-\frac{23\,000}{T}} + 1.0 \cdot e^{-\frac{14\,000}{T}} + 5 \cdot 10^6 \cdot e^{-\frac{25\,000}{T}}.$$

Die beiden ersten Glieder gehören hier zu den Na-Ionen, die beiden letzten zu den Cl-Ionen und die Deutung würde die sein, daß jede Ionenart in zwei verschiedenen Zuständen vorkommt, die sich durch ihre Ablösungsenergien unterscheiden. Im Rahmen der oben geschilderten Modellvorstellung könnte man dann z. B. annehmen, daß ein (kleiner) Teil der Leitung von „Gitterionen“, der Hauptanteil von „Lockerionen“ besorgt wird. Man kommt damit aber bereits in das Gebiet von Spekulationen, die schon nicht mehr recht befriedigend sind. Noch um eine Stufe verwickelter liegen die Dinge bei den Mischkristallen (z. B. AgCl · NaCl, $K_2SO_4 \cdot Na_2SO_4$ usw.), wo die log σ, $1/T$-Kurven meist nicht mehr gerade sind.

Wenden wir uns nun der elektronischen Leitfähigkeit zu, so werden wir zunächst im Anschluß an die für die Ionenleitung durchgeführten Überlegungen von möglichst einfachen Vorstellungen auszugehen versuchen und dann wie in der Elektronentheorie der Metalle zu dem Energiebändermodell fortschreiten bzw. zu einer der Sachlage in den Halbleitern angepaßten Erweiterung dieses Modells. Es gibt Fälle — Zinkoxyd bei hohen Temperaturen gehört z. B. hierher —, wo man annehmen kann, daß (quasi-) freie Elektronen wie in den Metallen den Stromtransport übernehmen, aber interessanter ist die Sachlage in den Fällen, wo man zu Vorstellungen vom Typus der Störstellentheorie greifen muß. An die Stelle der Löcher = freien Stellen im Ionengitter, wie wir sie früher angenommen haben, treten nun Elektronendefektstellen (Elektronenlöcher), d. h. Stellen im Gitter, die zwar mit Ionen besetzt sind, jedoch mit höherwertigen positiven Ionen, die also zu wenig Elektronen enthalten und zwischen denen demgemäß wie früher die Ionen so nun die Elektronen sukzessive nachrücken. Es mag genügen, dies an dem Beispiel des Kupferoxyduls Cu_2O zu erläutern, das nicht nur praktisch von besonderer Bedeutung ist, sondern zugleich einige Feinheiten der Theorie klarzumachen erlaubt. Wir gehen aus von dem experimentellen Befund, daß die Leitfähigkeit zunimmt mit Erhöhung des äußeren Sauerstoffdruckes, daß also ein Überschuß von Sauerstoff über den stöchiometrischen Anteil eine Erhöhung der Leitfähigkeit mit sich bringt. Da O elektronegativ ist, und deshalb freie Elektronen unter Bildung von (negativen) O-Ionen schluckt, kann eine Deutung dieser Tatsache offenbar nicht mehr gegeben werden im Rahmen der Annahme, daß freie Elektronen die Stromleitung besorgen. Man wird vielmehr anzunehmen haben, daß durch die Wirkung der hinzukommenden O-Atome den regulären Gitterbausteinen (Cu_+-Ionen) Elektronen entrissen werden, und daß so an einzelnen Gitterstellen Cu_{++}-Ionen entstehen. Diese wirken hinsichtlich der regulären Elektronenverteilung im Gitter wie Löcher (Defektstellen), so daß ein Nachschubmechanismus nach dem Schema vorliegt.

$$Cu_+ \quad Cu_{++} \; \rightarrow \; Cu_{++} \quad Cu_+$$

Elektron

Bei Sauerstoffüberschuß könnten nun entweder die überschüssigen $O_=$-Ionen auf Zwischengitterplätzen eingebaut werden; wahrscheinlicher aber ist wegen der Größe dieser Ionen, daß in Wirklichkeit der Sauerstoffüberschuß ein Kupferdefekt ist, daß also im Cu_+-Gitter Löcher vorhanden sind. Damit dann das ganze Cu_2O-Gitter nach wie vor neutral bleibt, muß jeder solche Cu_+-Defekt neutralisiert werden durch einen Elektronendefekt an einem Cu_+-Ion, d. h. es muß zu jedem Cu_+-Loch ein Cu_{++}-Ion gehören. Dabei ist es naheliegend anzunehmen, daß jedes Cu_{++}-Ion jeweils dicht neben einem Cu_+-Loch liegt, daß also das stöchiometrisch nach dem Schema Abb. 117a aufgebaute Cu_2O-Gitter etwa so aussieht, wie dies in Abb. 117b skizziert ist ($\square = Cu_+$-Loch); das Gitter besteht nach dieser Vorstellung aus $Cu_+O_=$-Gruppen, zwischen die an manchen Stellen $Cu_{++}O_=$-Gruppen eingebaut sind.

<table>
<tr><td>Cu_+</td><td>Cu_+</td><td>Cu_+</td><td></td><td>Cu_+</td><td>$\square$</td><td>Cu_+</td></tr>
<tr><td>$O_=$</td><td>$O_=$</td><td>$O_=$</td><td></td><td>$O_=$</td><td>$O_=$</td><td></td></tr>
<tr><td>Cu_+</td><td>Cu_+</td><td>Cu_+</td><td></td><td>Cu_+</td><td>Cu_{++}</td><td>Cu_+</td></tr>
<tr><td align="center">a</td><td></td><td></td><td></td><td></td><td align="center">b</td><td></td></tr>
</table>

Abb. 117a u. b. Modelle für den Leitungsmechanismus in Kupferoxydul.

Die Energiebändermodelle. Wie in der Elektronentheorie der Metalle das einfache Modell des Elektronengases sehr viel und zwar recht anschaulich zu verstehen erlaubte, aber letzten Endes doch in vieler Hinsicht unbefiedigend blieb und durch ein Modell viel komplizierterer Art ersetzt werden mußte, nämlich durch das „Energiebändermodell", ist man auch in der Theorie der Halbleiter bald an die Grenzen der Verwertbarkeit so einfacher und anschaulicher Vorstellungen gekommen, wie sie in den vorhergehenden Ausführungen skizziert worden sind. Es wurde bereits darauf hingewiesen, daß man auch in der Halbleitertheorie für die Erklärung der elektronischen Leitung (neben wellenmechanischen Überlegungen, deren Besprechung zu weit führen würde) mit Erfolg ein Energiebändermodell ausgearbeitet hat, auf das wir zum Schluß noch ganz kurz eingehen wollen. Wir können dabei an den Versuch S. 254f. unmittelbar anschließen, die auf die ·metallische Leitung bezüglichen Vorstellungen verständlich zu machen. Denn es wird sich nun um Ergänzungen und Verfeinerungen des dort besprochenen und in den Abb. 90b und c veranschaulichten Energiebändermodells handeln, wobei wir uns allerdings auf eine beschreibende Schilderung der neuen Modelle beschränken und mehr noch wie früher darauf verzichten müssen, ihre Notwendigkeit und Berechtigung zu erweisen. Die neuen Modelle werden deshalb vielfach den Eindruck ad hoc erfundener Willkürlichkeiten machen, während sie natürlich in Wirklichkeit doch mehr sind (wenn auch die ganze Theorie heute keineswegs schon als abgeschlossen gelten kann).

In Abb. 118 sind zusammen mit den schon bekannten Modellen eines Metalls (breites, nicht vollbesetztes Band) und eines Isolators (breite Lücke zwischen vollbesetztem und leerem Band) zwei Sonderfälle der Bandanordnung und Bandbesetzung veranschaulicht, die in gewissem

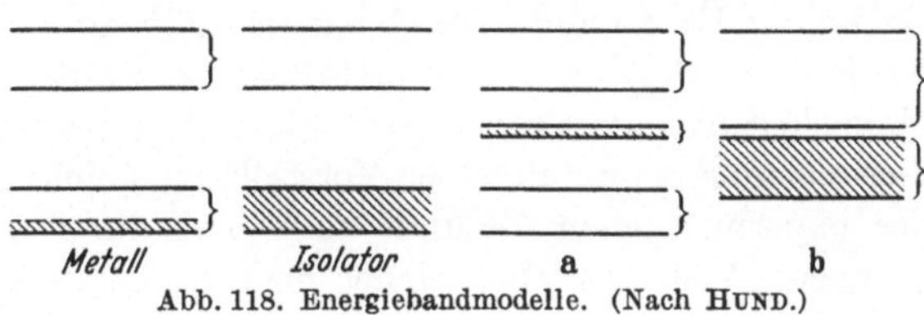

Abb. 118. Energiebandmodelle. (Nach HUND.)

Sinn Zwischenstufen zwischen Metall und Isolator repräsentieren. Modell a ist ausgezeichnet durch ein sehr schmales, nicht vollbesetztes Band und könnte für eine Substanz mit zwar normaler Elektronenzahl, jedoch nur kleiner Elektronenbeweglichkeit gelten. Modell b ist ausgezeichnet durch eine sehr schmale Lücke zwischen einem (unteren) vollbesetzten und einem (oberen) leeren Band und würde einer Substanz entsprechen, die bei tiefen Temperaturen ein Isolator ist, bei hohen Temperaturen aber sich verhält wie eine Substanz mit wenigen

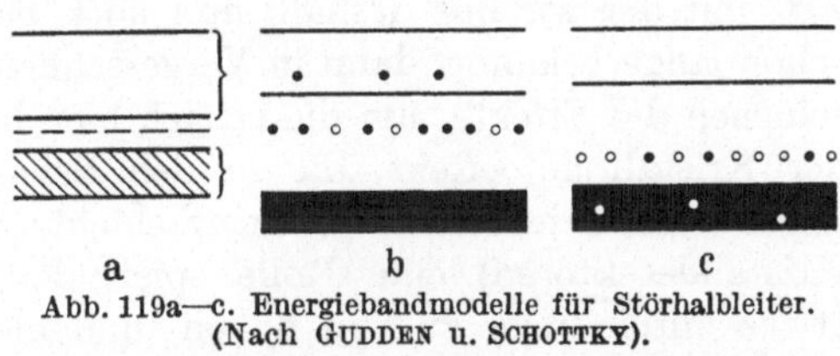

Abb. 119a—c. Energiebandmodelle für Störhalbleiter.
(Nach GUDDEN u. SCHOTTKY).

Elektronen von normaler Beweglichkeit. Bei den wirklichen elektronischen Halbleitern spielen jedoch gegenüber der Sachlage bei Substanzen der eben betrachteten Art mit einem ungestörten Gitter nach den Ausführungen des vorhergehenden Abschnittes sicherlich gerade Störstellen eine wesentliche Rolle und solche Störstellen müssen wir also jetzt in unseren Modellen zum Ausdruck zu bringen suchen. Drei einfache Modelle solcher Art sind in Abb. 119a, b und c schematisch gezeichnet. Es kann nämlich die Beimengung von Fremdatomen oder von Stellen, an denen Bausteine des idealen Gitters fehlen (sog. „Löcher") das Auftreten zusätzlicher diskreter Energieniveaus bedingen, die in den Lücken des Idealmodells liegen (Abb. 119a). Ein solches Niveau kann schon bei tiefen Temperaturen mit Elektronen besetzt sein und dann als „Spender" (Donator) sich bestätigen, d. h. bei höheren Temperaturen Elektronen an das obere unbesetzte Band abgeben; es kann aber auch unbesetzt sein und dann als „Empfänger" (Akzeptor) Elektronen aus dem unteren besetzten Band zu sich heraufziehen. In beiden Fällen gibt dies eine Leitfähigkeit, und wir sprechen dann von Störhalbleitern. Im einzelnen können wir noch unterscheiden zwischen einer sog. „Überschußleitung" bzw. einer „Mangelleitung", wie dies in etwas anderer Darstellung in den Abb. 119b und c veranschaulicht ist. Wir erkennen wieder das obere leere Band, das untere vollbesetzte Band und zwischen beiden das zusätzliche Niveau. Ergänzt ist das Bild a nun durch die Vorstellung, daß sich ein Gleichgewicht zwischen freien Elektronen und Löchern einstellt. Im Fall b (Halbleiter mit Metallüberschuß, daher die Bezeichnung Überschußleitung) hat das Niveau als Spender sich betätigt, im Fall c (Halbleiter mit Metalloidüberschuß, daher die Bezeichnung Mangelleitung) als Empfänger. Wie sich gezeigt hat, genügen aber auch diese schon recht detaillierten Vorstellungen nicht immer zur Beschreibung der experimentellen Befunde und sind durch noch kompliziertere zu ersetzen. Vieles ist auch sicher noch durchaus hypothetisch und wenig befriedigend, aber in den großen Zügen scheint doch durch derartige Modelle das Verständnis der so sehr verwickelten Vorgänge in den Halbleitern erfolgversprechend angebahnt zu sein.

Halbleiterphotoeffekt; Sperrschichten. Die Besprechung der elektrophysikalischen Erscheinungen in Halbleitern würde unvollständig sein ohne die Berücksichtigung einer Gruppe von Erscheinungen besonderer Art, mit der wir uns deshalb nun noch beschäftigen müssen. Zum Teil schon lange bekannt, dann in Vergessenheit geraten und wiederentdeckt, schienen die Effekte, um die es sich hier handelt — der Bequereleffekt, der Kristallphotoeffekt, die in den Selenzellen, Halbleiterphotozellen, Trockengleichrichtern und Sperrschichtzellen (und wohl auch in den Kristalldetektoren) eine Rolle spielenden Effekte — zunächst kaum etwas miteinander zu tun haben, und als merkwürdige Einzelbefunde nebeneinander zu stehen. Heute weiß man, daß sie eng zusammengehören; und wenn auch durchaus noch nicht alles restlos geklärt und sogar noch gerade grundsätzliche Fragen offen stehen, ist man doch schon im Besitz einer allgemeinen Arbeitshypothese, und darüber hinaus gesicherter theoretischer Vorstellungen zur Erklärung der hier zur Diskussion stehenden Vorgänge. Wir werden uns bei ihrer Besprechung beschränken auf ein Beispiel, das am genauesten untersucht worden ist, weil wir daran schon alles Wesentliche kennenlernen können, ohne uns in Einzelheiten verlieren zu müssen. Es ist das spezielle System Kupfer-Kupferoxydul und besteht, wie grundsätzlich alle anderen hierhergehörenden Systeme, aus dem Muttermetall oder Trägermetall (Cu) und einer auf dieses nach bestimmtem vorgeschriebenem Verfahren aufgebrachten Schicht einer elektrischen Halbleitersubstanz (Cu_2O); auf dieser liegt dann noch eine Abnehmerelektrode, die im Falle der Verwendung als Photoelement natürlich lichtdurchlässig ausgebildet sein muß.

An einer derartigen Anordnung lassen sich zwei Feststellungen machen, nämlich: Erstens, daß sie über eine äußere EMK in einen Stromkreis eingeschaltet als Gleichrichter wirkt und zwar in dem Sinn, daß der Elektronenstrom leichter vom besseren (Cu) zum schlechteren (Cu_2O) Leiter übergeht als umgekehrt. Zweitens, daß sie bei Bestrahlung in einem äußeren Stromkreis ohne EMK wie ein Element wirkt und einen Strom zu liefern imstande ist. Es sind dies die beiden Grundtatsachen sozusagen in Reinkultur, die in Wirklichkeit allerdings oft durch Nebeneffekte und Störeffekte der verschiedensten Art überdeckt oder verwischt sind, wodurch eine anfangs verwirrende Fülle von Einzelbefunden verursacht wurde. Was zunächst die Gleichrichterwirkung anlangt, so werden wir zunächst makroskopisch beschreibend die Sachlage so auffassen können, daß an der Grenze zwischen dem Metall und dem Halbleiter ein Übergangswiderstand besonderer Art liegt, der für die beiden Stromrichtungen verschieden groß ist. Die Schicht, in der dieser merkwürdige Übergangswiderstand liegt, wollen wir kurz als „Sperrschicht" bezeichnen.

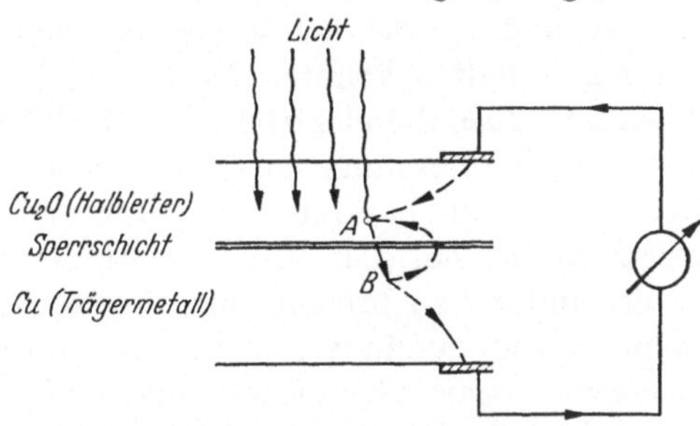

Abb. 120. Sperrschicht-Photozelle.

Wesentlich ist nun, daß wir dann mit dieser Annahme auch die zweite der eingangs erwähnten Grundtatsachen verstehen können, wenn wir nur noch die Existenz eines weiteren Vorganges voraussetzen, nämlich die eines „inneren Photoeffektes" im Halbleiter. Dieser innere Photoeffekt, der übrigens auch durch Versuche ganz anderer Art erwiesen und dessen Existenz an sich sichergestellt werden konnte, besteht einfach darin, daß bei einer Bestrahlung Photoelektronen nicht nur an der Oberfläche eines Halbleiters (äußerer Photoeffekt), sondern auch — natürlich nur nach Maßgabe der Durchsichtigkeit der betreffenden Substanz — im Inneren erzeugt werden können. Was im Rahmen unserer phänomenologischen Theorie noch zu zeigen bleibt, ist also, wie in Kombination mit der Sperrschichthypothese die Entstehung des selbsttätigen Stromes durch den äußeren Kurzschlußkreis zu verstehen ist. Daß es sich dabei lediglich um ein Stromverzweigungsproblem gewöhnlicher Art handelt, sei qualitativ an der Abb. 120 erläutert. Das eindringende Licht erzeugt auf seinem Weg durch das Cu_2O Elektronen und wirft einige von ihnen durch die Sperrschicht hindurch in das Trägermetall z. B. längs $A\,B$. Dann gibt es zwei Möglichkeiten, den offenen Strom $A\,B$ zu schließen, nämlich entweder über die Abnehmerelektroden und den äußeren Stromkreis, oder durch die in dieser Richtung elektronendurchlässige Sperrschicht innerhalb des Metall-Halbleitersystems. Welcher Stromanteil außen fließt, und der Messung zugänglich wird, hängt offenbar ab von der ganzen geometrischen Sachlage und läßt sich an Hand eines Ersatzschaltschemas von Fall zu Fall im einzelnen angeben. Daß aber überhaupt ein Strom fließt und daß die Stromarbeit letzten Endes aus den Energiequanten des absorbierten Lichtes stammt, wird schon durch die qualitative Betrachtung verständlich und darauf kam es grundsätzlich an.

Über diese phänomenologischen und als solche auch recht befriedigenden Vorstellungen hinaus gibt es natürlich ein weites Feld für theoretische Spekulationen über den atomistischen Mechanismus des inneren Photoeffektes und der Sperrschicht. Aber die Dinge scheinen hier so kompliziert zu liegen, daß man nur in kleinen Schritten vordringen und gerade auch in wesentlichen Punkten überhaupt noch keine Klarheit schaffen konnte. Nach den Ausführungen im vorhergehenden Abschnitt über die elektronischen Halbleiter liegt die Vermutung nahe. nach einem Zusammenhang zwischen der lichtelektrisch wirksamen Absorption und der Konstanten B in dem S. 303 erwähnten Exponentialgesetz zu suchen, d. h. also, das $h\nu$ des wirksamen Absorptionsgebietes in Verbindung zu bringen mit diesem B; leider scheint ein solcher Zusammenhang zumindest nicht in unmittelbar ersichtlicher Form und vielleicht sogar überhaupt kein einfacher Zusammenhang zwischen lichtelektrischer und thermischer Ablösearbeit zu existieren. Einigermaßen Bescheid weiß man hingegen über den Bildungsmechanismus der Sperrschicht. Sie läßt sich experimentell nach den verschiedensten Methoden aus dem Kupferoxydul erzeugen, aber stets kommt es dabei darauf an, innerhalb einer gewissen Schichtdicke dem Kupferoxydul den für die Kaltleitfähigkeit wesentlichen überschüssigen Sauerstoff zu entziehen. Die Thermodynamik dieses Vorganges ist heute wohl in der Hauptsache verständlich. Man weiß auch, daß die Leitfähigkeit von dem ungestörten Wert im Inneren der Cu_2O-Schicht stetig absinkt zu einem sehr kleinen Wert dicht vor dem Cu und dann praktisch unstetig in die Höhe schnellt auf den sehr großen Cu-Wert, und man wird die eigentliche Sperrstelle mit allen ihren merkwürdigen Eigenschaften in jene Sprungstelle zu legen geneigt sein. Aber man hat sich von dem Mechanismus der dort sich abspielenden Vorgänge noch kein irgendwie befriedigendes Bild machen können. Dabei darf man auch nicht vergessen, daß die eingangs formulierte Beschreibung der Sperrwirkung nur ein Bild im Sinn altgewohnter Vorstellungen gibt. Die Stromleitung im Kupferoxydul ist nämlich eine Defektstörstellenleitung (S. 310) und wir müßten deshalb richtig formuliert sagen, daß die Defektstellen leichter vom Kupferoxydul in das Kupfer als in umgekehrter Richtung wandern.

35. Durchschlag von festen Isolatoren.

Beschreibende Übersicht. Wie in den isolierenden Flüssigkeiten und den Gasen, findet bei elektrischer Beanspruchung auch in festen Isolatoren bei Überschreitung eines kritischen Spannungswertes plötzlich ein fast widerstandsloser Stromdurchgang statt, ein Vorgang, den man auch hier als elektrischen Durchbruch oder Durchschlag bezeichnet. Man spricht deshalb in anschaulicher Übertragung mechanischer Analogien auch von der „elektrischen Festigkeit" eines Isolators und hat als eine wichtige Sonderdisziplin der Elektrotechnik eine elektrische Festigkeitslehre entwickelt, allerdings unter Bezugnahme auf weiter gefaßte Problemstellungen, als uns in diesem Abschnitt beschäftigen werden. Denn in der elektrischen Festigkeitslehre handelt es sich ganz allgemein um das Studium der Spannungsbeanspruchungen, die man einem Isolator als Konstruktionselement zumuten kann, wobei sowohl Überschläge (Oberflächenentladungen), wie eigentliche Durchbrüche durch das Isolatormaterial selbst und vor allem auch die günstigste Ausgestaltung des beanspruchenden Feldes durch geeignete Formgebung des Isolators interessieren. Hier dagegen werden wir uns beschränken auf die Betrachtung des eigentlichen Durchbruches und der ihm zugrunde liegenden physikalischen Vorgänge. Das Endziel würde dabei praktisch sein, Beziehungen zwischen der elektrischen Festigkeit im Sinn einer Materialkonstante und dem physikalisch-chemischen Aufbau des Isolatormaterials zu finden und so Möglichkeiten zu einer synthetischen Verbesserung von Isolierstoffen angeben zu können. Es sind also letzten Endes Probleme der Werkstoffphysik, die uns interessieren; und wenn wir zur Zeit auch von einer Lösung noch weit entfernt sind, ist doch die Einsicht in den Mechanismus des Durchbruches nicht nur Vorbedingung für eine vernünftig orientierte Isolierstofftechnik, sondern es sind immerhin schon durchaus erfolgversprechende Ansätze zu einer solchen erarbeitet worden.

Vollkommene ideale Isolatoren gibt es leider nicht; die hier zu behandelnden Fragen hängen deshalb unmittelbar zusammen mit dem ganzen Problemkreis, den wir bei den Ausführungen über die Stromleitung in Halbleitern (Nr. 34) kennengelernt haben. Die Theorie des Durchbruches muß daher aufgefaßt werden als eine Erweiterung dieser Theorie der Stromleitung in Halbleitern durch Stabilitätsbetrachtungen: Der elektrisch-energetische Gleichgewichtszustand im Inneren eines beanspruchten Isolators wird beim Durchbruch instabil (labil) und geht spontan über in einen neuen Gleichgewichtszustand. Dies zeigt sich auch anschaulich und unmittelbar in den „vollständigen Charakteristiken", die man unter geeigneten Vorsichtsmaßregeln auch für feste Isolierstoffe, und zwar in vollkommener Analogie zu den vollständigen Charakteristiken von Gasentladungsstrecken, erhalten konnte und die es ermöglichen, die für Gasentladungen entwickelten Stabilitätsbetrachtungen (S. 230) auf Isolatoren zu übertragen; Abb. 121 gibt ein typisches Beispiel für solche Charakteristiken mit dem (jenseits der Durchbruchsspannung) fallenden Ast. Durch den Zusammenhang mit der Theorie der Stromleitung in Halbleitern ist natürlich zugleich auch eine enge Verbindung mit dem ganzen Gebiet der Untersuchungen gegeben, die sich mit der Erforschung des atomistischen Aufbaues der Festkörper (Feinbauforschung) beschäftigen, während sich andererseits von einem mehr phänomenologisch-energetischen Standpunkt aus auch Beziehungen zur Theorie der Wärmeleitung ergeben haben. Es handelt sich also um eine Synthese von an sich recht verschiedenartigen Komponenten.

Die bisher entwickelten Theorien des Durchbruches fester Isolatoren könnte man einteilen in zwei Gruppen, in phänomenologische und in atomistische, von denen die ersteren eine Errechnung der Durchbruchsspannung aus geeigneten makroskopischen, empirisch bekannten Materialkonstanten, die letzteren eine Verknüpfung mit elementaren Eigenschaften des Festkörpergitters zum Ziel haben. Vorzuziehen ist jedoch eine Einteilung, die sich enger an eigentlich physikalische Gesichtspunkte anlehnt und eine solche Einteilung wird hier dadurch ermöglicht, daß es zwei Typen von Durchschlägen, den „Wärmedurchbruch" und den „elektrischen Durchbruch" gibt, und man dementsprechend von selbst auf zwei Gruppen von Theorien, die „Wärmetheorien" und die „elektrischen Theorien" geführt wird. Daß sich diese beiden Gruppen zudem weitgehend mit den erstgenannten decken, vereinfacht die Sachlage nicht unwesentlich und läßt von vornherein die Disposition für das Folgende klar hervortreten.

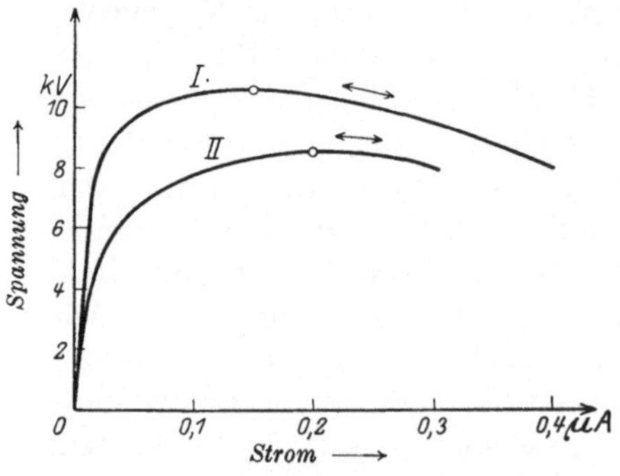

Abb. 121. Vollständige Isolator-Kennlinien; *I* schwer schmelzbares Glas, *II* Bleiglas. (Nach WAGNER).

Wir beginnen mit einer systematisierenden Übersicht über das Beobachtungsmaterial, um die Berechtigung für die genannte Einteilung zu erkennen. Vorausgeschickt sei, daß als Maß für die elektrische Festigkeit entweder die „Durchbruchsspannung" oder die „Durchbruchsfeldstärke" dienen kann, und jeweils die eine oder andere Größe benutzt werden soll, um das Wesentliche hervortreten zu lassen. Die Durchbruchsspannung V_m ist wie in Gasen die kritische Spannungsdifferenz zwischen den Elektroden, bei deren Überschreitung der Durchbruch eintritt; die Durchbruchsfeldstärke E_m ist die formal auf 1 cm Elektrodenabstand reduzierte Durchbruchsspannung, also eine lediglich zu gewissen Veranschaulichungen mitunter praktische Rechengröße, der jedoch im allgemeinen (wegen der räumlichen Inhomogenität des elektrischen Feldes) eine reale physikalische Bedeutung nicht zukommt. Vorausgeschickt sei ferner, daß V_m nicht zu betrachten ist als eine einfache Materialkonstante, sondern, daß die Dinge hier ganz ähnlich liegen wie etwa in der mechanischen Festigkeitslehre. Denn V_m hängt ab von vielerlei Versuchsparatemern, wie Lage und Form der Elektroden, Oberflächenbeschaffenheit des Isolators, Temperatur, Art der benutzten Spannung (z. B. Gleichspannung, Stoßspannung usw.). Dies gibt ein zunächst sehr unübersichtliches und vielfältiges Aussehen des Beobachtungsmaterials, aus dem sich aber durch eine systematische Diskussion eine Reihe allgemeiner Folgerungen haben ableiten lassen, die wir zunächst besprechen müssen.

Betrachten wir zuerst die Abhängigkeit der Durchbruchsspannung von der Temperatur T, auf der sich der Isolator befindet, so finden wir stets einen Gang der Art wie er in Abb. 122 an einem typischen Beispiel hervortritt, nämlich ein Gebiet, in dem V_m unabhängig oder nur sehr wenig abhängig von T ist und ein anderes Gebiet in dem V_m mit steigendem T stark abnimmt. Wir wollen weiterhin diese beiden Gebiete kurz mit e-Gebiet (für die tiefen Temperaturen) und w-Gebiet (für die hohen Temperaturen) bezeichnen; die Temperatur, bei der die Grenze zwischen beiden Gebieten liegt, ist natürlich für jeden Isolierstoff eine andere. Wesentlich ist nun, daß auch im übrigen der ganze Charakter des Durchbruches in den beiden Gebieten ein offenbar grundsätzlich verschiedener ist, wie

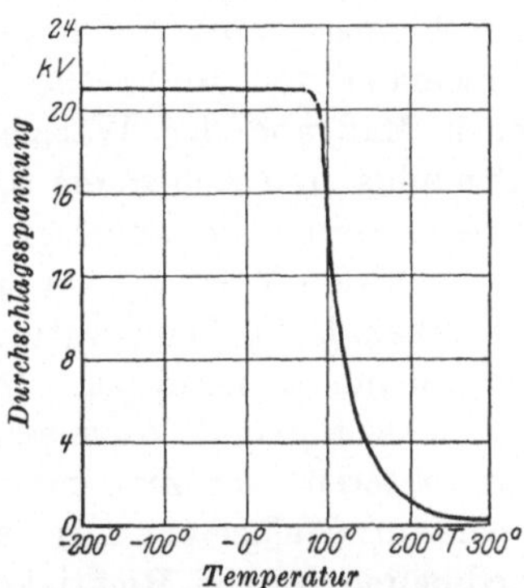

Abb. 122. Abhängigkeit der Durchschlagsspannung (1 mm Glas) von der Temperatur. (Nach INGE u. WALTHER.)

dies aus der folgenden Übersicht hervorgeht. Im e-Gebiet hängen die Durchbruchsspannungen nur wenig vom Widerstand des Isolators und von der Dauer der Beanspruchung ab, werden aber stark beeinflußt durch Inhomogenitäten des elektrischen Feldes und der Durchbruch erfolgt immer dort, wo die Feldstärke am größten ist. Im w-Gebiet hingegen ist gerade umgekehrt eine große Abhängigkeit vom Widerstand des Isolators und insbesondere von der Dauer der Beanspruchung festzustellen und maßgebend sind die Inhomogenitäten der Temperaturverteilung im Isolator. Dazu kommt, daß auch schon äußerlich die Durchbruchsstelle in beiden Gebieten ein ganz verschiedenes Aussehen hat. Während im e-Gebiet der Durchbruch deutliche Spuren einer hohen thermischen Beanspruchung etwa in Gestalt eines Schmelzkanals hinterläßt, ist davon im e-Gebiet nichts zu bemerken, sondern der Durchbruch macht den Eindruck einer mechanischen Zertrümmerung. Aus allen diesen Feststellungen ist zu schließen, daß es sich in den beiden Gebieten in der Tat um grundsätzlich verschiedene Mechanismen des Durchbruches handeln muß.

Der Wärmedurchschlag. Wir wollen nun etwas genauer auf die Einzelheiten eingehen und zuerst die Vorgänge im w-Gebiet betrachten.

Wir wissen bereits, daß hier V_m mit zunehmender Temperatur stark abnimmt, und daß nicht sosehr die elektrische als vielmehr die thermische Situation maßgebend ist. Nehmen wir, das oben Gesagte ergänzend, noch hinzu, daß V_m um so kleiner ist, je größer der Widerstand des Isolators ist, daß der Durchbruch zu seiner Entwicklung eine meßbare (unter Umständen nach Minuten zählende) Zeit braucht und mit abnehmender Beanspruchungsdauer V_m stark zunimmt und ferner, daß der Durchbruch immer dort erfolgt, wo die maximale Erwärmung zu erwarten ist, so liegt es nahe, die Theorie auf dem folgenden Grundgedanken aufzubauen: Durch die angelegte Spannung wird ein zunächst nur kleiner Strom durch den Isolator getrieben. Die dadurch bedingte Erzeugung von JOULEscher Stromwärme ist zunächst ungefährlich, weil nach Maßgabe der Wärmeabgabe durch Wärmeleitung auch Wärme abgeführt und sich so ein thermisch stationärer Zustand einstellen kann. Überschreitet die angelegte Spannung jedoch einen kritischen Wert, nämlich den Wert V_m, so nehmen, sich gegenseitig bedingend und aufschaukelnd, die Temperatur, die Leitfähigkeit des Isolatormaterials und der Strom dauernd zu. Der Wettlauf zwischen Wärmezufuhr durch Stromleitung und Wärmeabfuhr durch Wärmeleitung endet zugunsten der ersteren, der Zustand wird instabil und der ganze Vorgang führt spontan zu einer thermischen Zerstörung, d. h. zum Durchbruch. Vorbedingung für die Richtigkeit dieses Bildes ist natürlich, daß die Leitfähigkeit mit zunehmender Temperatur zunimmt, womit ja auch der Abfall von V_m mit zunehmender Temperatur unmittelbar zusammenhängt.

Die quantitative Durchführung der Theorie läßt sich ohne näheres Eingehen auf den eigentlichen Mechanismus der Stromleitung leisten, wenn man für die Leitfähigkeit σ in Abhängigkeit von der Temperatur geeignete Annahmen in Gestalt formelmäßiger Ansätze macht, wie z. B. $\sigma = \sigma_0 \cdot e^{\gamma/T}$ oder $\sigma = \sigma_0 \left(1 + \dfrac{T}{T_0} \right)^n$ u. dgl. Im übrigen kommt sie hinaus auf die Berechnung der Temperatur im Inneren eines durch die Stromwärme geheizten und andererseits durch die Wärmeleitung abgekühlten Körpers, wozu gewisse Annahmen über die ganze thermische Situation notwendig sind. So z. B. kann man annehmen, daß in jedem Isolierstoff Inhomogenitäten etwa in Gestalt zylindrischer Kanäle oder Fäden vorhanden sind, in denen vorzugsweise die Stromleitung und demgemäß die Erwärmung und endlich der Durchbruch erfolgen oder man kann im anderen Extremfall annehmen, daß ein Isolator ein homogenes Gebilde ist, das überall als Platte gleichmäßig vom Strom durchflossen wird und sich nur durch die beiden Plattenoberflächen hindurch abkühlen kann. Man muß weiterhin zur Durchführung der einschlägigen Rechnungen gewisse Randbedingungen ansetzen wie bei jedem Wärmeleitproblem und hat also eine Reihe von Möglichkeiten, um die Theorie der Wirklichkeit anzuschmiegen. Eine Erweiterung, die sog. „wärmeelektrische" Theorie, sei noch erwähnt, die ebenfalls noch im Rahmen aller dieser phänomenologischen Ansätze bleibt und neue Möglichkeiten zu einer Vergrößerung ihrer Anwendungsfähigkeit eröffnet. Man kann nämlich annehmen, daß die Leitfähigkeit nicht nur von der Temperatur T, sondern auch von dem beanspruchenden elektrischen Feld $\mathfrak{E}$, abhängt, kann also z. B. den oben erwähnten Ansatz $\sigma = \sigma_0 \cdot e^{-\gamma/T}$ erweitern etwa auf die Form $\sigma = \sigma_0 \cdot e^{-\gamma_1/T} \cdot e^{\gamma_2 \cdot \mathfrak{E}}$. Auf die mathematisch zum Teil sehr eleganten und interessanten Rechnungen im einzelnen einzugehen, gehört nicht mehr hierher. Im Sinn einer Hervorhebung atomistischer Vorstellungen müßte man aber nun natürlich die benutzten Ansätze für die Leitfähigkeit kinetisch begründen, womit man auf die Theorie der Stromleitung in Halbleitern zurückkommt und praktisch kaum etwas gewinnt.

Der elektrische Durchschlag. Im e-Gebiet, also im Gebiet tiefer Temperaturen, haben wir es wie erwähnt mit einem Mechanismus grundsätzlich anderer Art wie dem eben besprochenen zu tun. Die Gründe dafür haben wir schon erwähnt, und wollen nur nochmals hervorheben, daß der Durchbruch nicht an der Stelle stärkster Erwärmung, sondern stärkster elektrischer Beanspruchung erfolgt — also z. B. in Platten zwischen ebenen Elektroden nicht etwa in der Mitte, sondern am Rand (Randeffekt) — und daß er insbesondere in so kurzen Zeiten — nämlich innerhalb 10^{-7} bis 10^{-8} s! — zur vollständigen Entwicklung kommt, innerhalb welcher der oben geschilderte thermische Mechanismus sich auch nicht annähernd entfalten könnte. Es legt dies die Vermutung nahe, daß es sich hier im wesentlichen um einen Vorgang analoger Art wie in Gasentladungsstrecken, also um die Ausbildung von Trägerlawinen bzw. um Trägerstoßeffekte handelt, und es ist auch in der Tat gelungen, von dieser, allerdings zunächst noch recht allgemeinen und unbestimmten Vorstellung aus in schrittweiser Verfeinerung zu einer befriedigenden Theorie zu kommen.

Daneben könnte man aber auch daran denken, den Durchbruch einfach als eine mechanische „Zerreißung" des Isolators durch die in den starken beanspruchenden Feldern an seinen atomaren Bausteinen angreifenden erheblichen elektrischen Kräfte aufzufassen. Es ist das ein Gedanke, der gar nicht so abwegig ist, wie dies zunächst vielleicht scheinen könnte. Er hat sich sogar, richtig und sinngemäß verwendet, nicht nur als recht fruchtbar erwiesen, sondern die erstgenannte Trägerstoßtheorie in bester Weise ergänzt. Man muß sich nur klar darüber sein, wo und wodurch bedingt die Grenzen für die Gültigkeit dieser Zerreißtheorie liegen; kritisch dem nachzugehen, ist unmittelbar auch von Nutzen für eine Vertiefung und Klärung der Einsicht in das Wesen des Trägerstoßdurchbruches. Wir wissen heute, daß die Festkörper, mit denen wir es hier zu tun haben, aufgebaut sind aus Ionen, sei es nun, daß es sich dabei handelt um ein wabenartiges räumlich ungeordnetes

Netzwerk wie etwa in den Gläsern oder um eine regelmäßige periodische Anordnung wie in den Kristallen. Wenn nun auf einen solchen Körper ein elektrisches Feld wirkt, greifen an den Ionen Kräfte an und suchen sie aus ihren Gleichgewichtslagen herauszuziehen. Wenn die Kräfte nur schwach sind, kommt es lediglich zu einer nach Abschalten des Feldes wieder zurückgehenden (elastischen) Deformation, aber wenn sie ein bestimmtes Maß überschreiten, kommt das ganze Ionengebäude zum Umklappen und bricht zusammen; wir nennen das dann den elektrischen Durchbruch (der natürlich nur an der Stelle erfolgen wird, wo das Feld am stärksten ist). Betrachten wir zunächst nur ein einzelnes Ionenpaar im Festkörper, so können wir die zu seiner Zerreißung notwendige Feldstärke folgendermaßen berechnen. Zwischen den beiden Ionen — z. B. dem positiven Natriumion und dem negativen Chlorion eines Steinsalzkristalls — wirkt eine anziehende Kraft K_1, die in erster Näherung nach dem COULOMBschen Gesetz die Größe ε^2/r^2 hat, wenn r allgemein der Abstand der beiden Ionenmittelpunkte voneinander ist. Außerdem muß aber zwischen ihnen noch eine abstoßende Kraft wirken, um eben die Ionen in einem bestimmten Abstand r_0 voneinander zu halten. Diese abstoßende Kraft K_2 rührt her vor allem von den äußeren Elektronenhüllen der Ionen und hängt, wie anderweitige Überlegungen ergeben haben (S. 451), von der Entfernung ungefähr proportional mit $1/r^{10}$ ab; wir setzen sie an in der Form $K_2 = a \cdot \dfrac{\varepsilon^2}{r^{10}}$. Die gesamte Bindungskraft zwischen den Ionen ist also $K = \dfrac{\varepsilon^2}{r^2} - a \cdot \dfrac{\varepsilon^2}{r^{10}}$ und hat ein Maximum K_m. Wirkt nun ein äußeres Feld E in der Richtung r auf das Ionenpaar, so wirkt außerdem auf jedes Ion noch die Kraft εE, und wir sehen unmittelbar, daß das Paar zerrissen wird, wenn die Kraft größer ist als der Höchstwert K_m der gesamten Bindungskraft. Wie eine leichte Rechnung ergibt, ist dies der Fall, wenn

$$E_m > \varepsilon \left\{ \frac{1}{\sqrt[4]{5\,a}} - \frac{a}{\sqrt[4]{(5\,a)^5}} \right\}$$

ist. Für das NaCl-Ionenpaar z. B. findet man so mit dem aus der Gittertheorie bekannten Zahlenwert von $a = 3 \cdot 10^{-8}$ cm die Größenordnung $100 \cdot 10^6$ V/cm. In Wirklichkeit hat man es natürlich nicht zu tun mit einem einzelnen Ionenpaar, sondern mit einer regelmäßigen Anordnung solcher Paare in einem sog. Gitter (vgl. S. 445) und wir müßten deshalb unsere Überlegung noch etwas ergänzen; aber wir können von vornherein sagen, daß durch alle diese Verfeinerungen der Theorie die Größenordnung der sich ergebenden Zerreißfestigkeit nicht geändert werden wird. Die kritischen Feldstärken E_m haben sich so, je nach der Richtung des beanspruchenden Feldes relativ zum Gitter (in der Richtung der Würfelkanten, der Flächendiagonalen und in der Würfeldiagonalen, zwischen rd. $100 \cdot 10^6$ und $200 \cdot 10^6$ V/cm ergeben. Vergleichen wir aber nun damit die experimentell gefundenen Werte, so ergibt sich, daß diese etwa 100mal kleiner, nämlich nur von der Größenordnung $1 \cdot 10^6 \, \mathrm{V/cm}$ sind. Auf diesen großen Unterschied zwischen realer und idealer („molekularer") Festigkeit werden wir sogleich noch zurückkommen. Ein hierher gehörendes experimentelles Ergebnis konnte übrigens, wie bei dieser Gelegenheit erwähnt sei, durch neuere Versuche nicht bestätigt werden und ist wahrscheinlich auf Meßfehler zurückzuführen. Es schien sich nämlich gezeigt zu haben, daß die Durchbruchsfeldstärke E_m nicht, wie dies einer Proportionalität der Durchbruchsspannung V_m mit der Dicke d des Isolators entsprechen würde, unabhängig von d ist, sondern für sehr dünne Schichten mit abnehmendem d ansteigt und zwar soweit ansteigt, daß für Schichtdicken von der Größenordnung $10^{-5} \, \mathrm{cm}$ praktisch die theoretische molekulare Festigkeit erreicht wird.

Das Ergebnis des Vergleiches zwischen Theorie und Experiment, daß die realen Festkörper eine soviel kleinere elektrische Festigkeit besitzen als die molekulare Festigkeit, zwingt zu einer Ergänzung der einfachen, eben skizzierten Zerreißtheorie. In Wirklichkeit ist offenbar das in dieser Theorie angenommene ideale Verhalten durch noch unberücksichtigt gebliebene Effekte gestört. Solche Störungen können aber offenbar in zwei Richtungen gesucht werden: Entweder kann es sich handeln um Störungen des regelmäßigen atomistischen Aufbaues der Festkörpers, also um mehr oder minder zufällige Inhomogenitäten, oder um Störungen des Durchbruchsmechanismus selbst, wobei man nach dem Vorbild der Theorie des Durchbruches von Gasentladungsstrecken sogleich an die Entwicklung von Trägerlawinen denken wird.

Eine Gruppe von Theorien geht von der ersteren Vorstellung aus, mögen die Inhomogenitäten nun mikroskopische und ultramikroskopische Spalten, Risse, Poren u. dgl. sein oder Fehlordnungs- und Lockerstellen (vgl. S. 307 und 452). Auf diese „Inhomogenitätstheorien" im einzelnen einzugehen, würde zu weit führen, da sie vorerst in phänomenologischen Ansätzen stecken bleiben, und da es allzuviele mehr oder minder willkürliche Möglichkeiten zu ihrem Ausbau gibt. Immerhin ist man so in vielen Fällen zu ganz befriedigenden und plausiblen Deutungen experimenteller Befunde gekommen, vor allem naturgemäß bei der Anwendung auf sozusagen extrem inhomogene Isolierstoffe wie z. B. Papier. Eine zweite Gruppe von Theorien nimmt in weitgehender Analogie zu der Theorie der Vorgänge in Gasen auch im Festkörper die Entwicklung von Trägerlawinen an, derart, daß im beanspruchten Festkörper Träger wandern und durch Stoß neue Träger aus ihren Gleichgewichtslagen im Festkörpergefüge herausschleudern, so daß ein zeitlich und räumlich anschwellender Strom entsteht. In dieser einfachen Form ist mit diesen „Ionisationstheorien" allerdings wenig anzufangen, und es drängen sich auch sofort große Schwierigkeiten bei der Durchführung auf; vor allem, weil es nicht verständlich ist, wie in der dichten Festkörpersubstanz

— die einem Gas von etlichen Tausend Atmosphären Druck entsprechen
würde — die Träger überhaupt die zu einer Stoßionisation im üblichen
Sinn erforderlichen Geschwindigkeiten erlangen können. Die neuere Entwicklung der Theorie hat nun aber diese Schwierigkeiten nicht nur im
wesentlichen beseitigt, sondern sie scheint wohl überhaupt zum erstenmal
einen Ausblick zu eröffnen auf das eigentliche Endziel der Isolierstofftechnik, nämlich Möglichkeiten zu einer synthetischen Verbesserung der
elektrischen Festigkeit von chemischen Gesichtspunkten aus. Schon
deshalb ist es notwendig, auf die Grundgedanken wenigstens ganz kurz
einzugehen, obwohl manches
zur Zeit noch nicht befriedigend klargestellt ist.

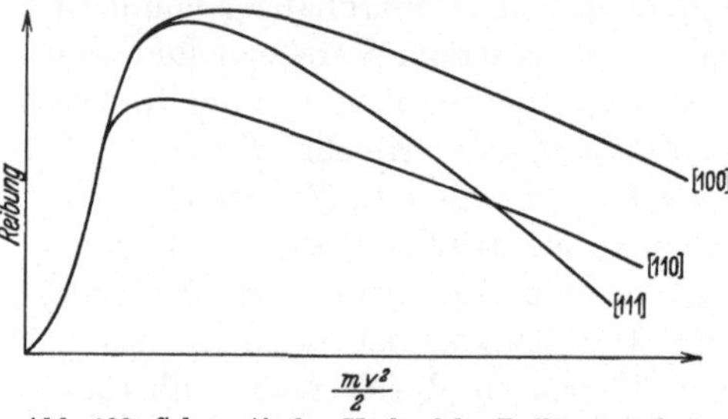

Abb. 123. Schematischer Verlauf der Reibungsverluste
(integrale Anregungsfunktionen) in Abhängigkeit von
der Elektronenenergie in den verschiedenen Haupt-
richtungen eines Steinsalzgitters. (Nach v. HIPPEL.)

Wenn wir an der Vorstel-
lung festhalten, daß auch in
Festkörpern in Analogie zu
den Vorgängen beim Gas-
durchschlag Elektronen-Stoß-
ionisationslawinen für den
Durchbruch verantwortlich zu
machen sind, so müssen wir
vor allem verständlich machen,
wie die Elektronen die erforderlichen großen Geschwindigkeiten erlangen
können, obwohl sie in dauernder Koppelung mit den Gitterbausteinen
Bremskräften unterworfen sind und Energie an das Gitter abgeben. Denn
daran, daß diese Koppelung besteht, ist nicht zu zweifeln; ihre Existenz
zeigt sich schon unmittelbar darin, daß in schwächeren Feldern die Elektronen mit einer der Feldstärke proportionalen Geschwindigkeit wandern.
Maßgebend für die Bremsverluste ist die Anregungswahrscheinlichkeit
von Gitterschwingungen in Abhängigkeit von der Elektronenenergie;
denn die Elektronen verlieren, ehe sie auf Ionisierungsgeschwindigkeit
beschleunigt sind, Energie dadurch, daß sie Schwingungen im Gitter
anregen. In Analogie zu der Anregungsfunktion (S. 99) eines einzelnen
Moleküls kann man nun auch dem Gitter eine „integrale Anregungsfunktion" zuschreiben, die schematisch die in Abb.123 gezeichnete Gestalt
hat. Wesentlich daran ist, daß auch diese Anregungsfunktion ein Maximum besitzt, jenseits dessen sie wieder abfällt; denn wenn die Elektronen
erst einmal über dies Maximum hinweggekommen sind, können sie in
beschleunigter Bewegung Energie aus dem äußeren Feld aufnehmen,
weil die Wahrscheinlichkeit der Bremsverluste wieder abnimmt bzw. die
für elastische Reflektionen wieder ansteigt, und können so bis auf
Stoßionisierungsgeschwindigkeit gebracht werden. Was hier an dieser
Überlegung im Hinblick auf praktische Belange interessiert, ist die
Folgerung, daß das Maximum der Anregungsfunktion bei um so größeren
Energien liegt, je kleiner die Radien r_+ und r_- der das Gitter aufbauenden

positiven und negativen Ionen sind; denn desto mehr werden die Bremsverluste steigen und desto größer werden deshalb die Durchbruchsfeldstärken E_m sein. Man kann dies gittertheoretisch begründen oder doch plausibel machen; hier möge genügen, es als eine Regel zu betrachten, die sich — zunächst an der systematisch untersuchten Reihe der Alkalihalogenide — bewährt hat, wie dies die Zahlentafel von Relativzahlen zeigt. Eine unmittelbare Folgerung daraus ist dann, daß — wiederum gültig zunächst für Ionengitter vom Steinsalztyp — die Durchbruchsfeldstärke zunimmt, wenn man die betreffenden positiven oder negativen Gitterionen ersetzt durch andere Ionenarten von kleinerem Radius. Auch dies ist durch Versuche bestätigt und man kann verallgemeinernd aus diesen schließen, daß Fremdzusätze, die ohne Entmischung in das Gitter aufgenommen werden können, die elektrische Festigkeit erhöhen. So z. B. lieferte ein Zusatz von 15% AgCl zu Steinsalz eine Verdoppelung der Durchbruchsfeldstärke. Damit

Kristall	E_m	r_+	r_-
LiF	12,5	0,78	1,33
NaF	11,1	0,98	1,33
NaCl	8,5	0,98	1,81
NaBr	4,9	0,98	1,96
NaJ	4,5	0,98	2,20
KF	9,6	1,33	1,33
KCl	6,5	1,33	1,81
KBr	4,6	1,33	1,96
KJ	4,1	1,33	2,20
RbCl	5,4	1,49	1,81
RbBr	4,0	1,49	1,96
RbJ	3,7	1,49	2,20

ist, und hierin liegt vielleicht eine Möglichkeit zu praktisch auswertbaren Ergebnissen, ein erster Schritt in Richtung einer synthetischen Verbesserung der elektrischen Festigkeit von Isolierstoffen, und zwar aus theoretischen Überlegungen heraus, gelungen.

VI. Elektrizitätsleitung in Flüssigkeiten.

Die Lehre von der Elektrizitätsleitung in Flüssigkeiten umfaßt zunächst einmal alles das, was in das Gebiet der klassischen Elektrochemie gehört, einschließlich der einschlägigen Teile der Grenzflächenphysik. Es ist also ein außerordentlich ausgedehntes Gebiet, um das es sich dabei handelt, und zahlreiche Anwendungen leiten sich von den hierhergehörenden Vorgängen ab, angefangen von den galvanischen Elementen, der chemischen Verwertung der Elektrolyse von Lösungen und der Elektrometallurgie bis zu den Anwendungen der Grenzflächenvorgänge zum Teil recht komplizierter Art. Erst in neuerer Zeit hat man sich auch mit den Vorgängen in isolierenden Flüssigkeiten beschäftigt, die für die Elektrotechnik von großer Bedeutung sind und einen wichtigen Teil der Isolierstoffkunde ausmachen.

Zu einer ersten Einführung in die theoretischen Grundlagen ist die Elektrochemie von Danneel in zwei Göschen-Bändchen gut geeignet. Weitergehend und für die meisten Zwecke ausreichend ist der vorzügliche Artikel von Jung u. Coehn in Müller-Pouillets Lehrbch. d. Physik, Bd. IV, 4; im übrigen sei auf die vollständigen Materialsammlungen im Handbuch der Physik Bd. XIII verwiesen und speziell bezüglich der Theorie der starken Elektrolyte auf das Buch „Elektrolyte" von Falkenhagen. — Die isolierenden Flüssigkeiten hat Nikuradse in seinem Buch „Das flüssige Dielektrikum" zusammenfassend behandelt; man findet hier

ein ausführliches Literaturverzeichnis und eine — wenn auch leider nicht sehr
übersichtliche und vor allem bewußt unkritische — Darstellung aller Einzelheiten;
einen ausgezeichneten zusammenfassenden Bericht über den Durchschlag flüssiger
Isolierstoffe, der in gleicher Weise physikalische und technische Belange berücksichtigt, hat Koppelmann in der Zeitschrift für technische Physik 1935
gegeben.

36. Elektrolytische Leitung.

Ganz ebenso wie die elektrische Stromleitung in Gasen und in den
metallischen oder nichtmetallischen Festkörpern, mit der wir uns in den
beiden vorhergehenden Kapiteln beschäftigt haben, ist auch die in den
sog. elektrolytischen Flüssigkeiten (elektrolytischen Lösungen oder kurz
Elektrolyten) vom Standpunkt der atomistischen Physik natürlich nur
zu verstehen als ein Ladungstransport durch diskrete, in der Flüssigkeit
wandernde Ladungsträger. Wir würden deshalb viele und zwar gerade
grundsätzliche Ansätze und Vorstellungen aus jenen Kapiteln einfach
übernehmen und sinngemäß auf die Vorgänge in den Elektrolyten übertragen können. Wenn wir trotzdem hier in unseren Überlegungen wieder
fast von vorne beginnen, ist dies gerechtfertigt durch die neuartigen,
in der Elektrochemie nun einmal üblichen Bezeichnungsweisen, denen
uns anzuschließen empfehlenswert ist. Es dürfte auch der historischen
Entwicklung der Ionenphysik gerecht werden, die sich gerade in ihrem
grundlegenden Begriffsbildungen und Vorstellungen aus der Theorie der
elektrischen Stromleitung entwickelt hat. Wer von der Gasentladungsphysik her kommt, wird sich am leichtesten in die Theorie der Elektrolyte
hineinfinden, wenn er ausgeht von der Analogie eines Elektrolyten mit
einem dichten, spontan sehr hochionisierten Gas.

Die Leitfähigkeitsgleichung. Löst man eine elektrolytische Substanz
(z. B. NaCl) in einem Lösungsmittel (z. B. in Wasser), so zerfallen die
eingebrachten Moleküle zum Teil von selbst in Ionen (z. B. in Na_+
und Cl_--Ionen), die dann als Ladungsträger unter der Wirkung des
elektrischen Feldes durch das Lösungsmittel wandern und den Stromtransport übernehmen. Über den Vorgang dieser „Dissoziation" weiß
man noch recht wenig; kaum mehr, als daß die Affinitäten zwischen den
Komponenten der in Lösung gehenden Moleküle und den Molekülen des
Lösungsmittels einerseits, die Dielektrizitätskonstante des Lösungsmittels
andererseits dabei eine Rolle spielen. Wir begnügen uns deshalb mit
einer quantitativen Erfassung der Sachlage durch die Angabe einer für
jeden gelösten Stoff, jedes Lösungsmittel und die Versuchsbedingungen
wie Druck, Temperatur und Konzentration der Lösung charakteristischen
Größe α, des „Dissoziationsgrads", der den Bruchteil der eingebrachten
Moleküle angibt, die in Ionen zerfallen. Der Einfachheit wegen wollen
wir ferner annehmen, daß ein Zerfall in jeweils nur ein positives Ion
(Kation) und ein negatives Ion (Anion) stattfinde, weil wir an diesem
einfachsten Fall der sog. binären Elektrolyte alles für das folgende wesentliche bereits werden erkennen können. Die Ladungen der beiden Ionen

müssen dann der Größe nach gleich und entgegengesetzten Vorzeichens sein und sie können ferner nach den in Kap. II entwickelten Vorstellungen über den Bau der Atome nur ganze Vielfache der Elementarladung $\varepsilon = 1{,}59 \cdot 10^{-19}$ C sein; sie seien also $+w\varepsilon$ und $-w\varepsilon$ ($w =$ Wertigkeit der Ionen). Wenn die Molekulargewichte des unzerfallenen Moleküls und des Anions bzw. Kations A, A_- bzw. A_+ sind und wir mit m_H die Masse des Wasserstoffatoms $m_H = 1{,}65 \cdot 10^{-24}$ g bezeichnen, sind die Massen der drei genannten Moleküle $m_H A$, $m_H A_-$ und $m_H A_+$ und es muß natürlich $A = A_- + A_+$ sein. Und endlich müssen wir noch bedenken, daß stets gleichviel Anionen und Kationen durch Zerfall entstehen. Da aber abgesehen von ganz extremen, hier nicht interessierenden Fällen, die Zahl der durch den Strom abtransportierten Ionen stets sehr klein ist gegen die Zahl der vorhandenen, können wir auch unbedenklich annehmen, daß in jedem makroskopischen Volumelement eines Elektrolyten stets gleichviel Anionen und Kationen vorhanden sind. Raumladungen und Raumladungsverzerrungen des Feldes spielen also keine Rolle, und die Sachlage ist deshalb ganz analog der S. 167 beschriebenen in einem ionisierten Gas für kleine Stromstärken, d. h. es gilt das OHMsche Gesetz und die Stromdichte ist gegeben durch

$$(107\,\mathrm{a}) \qquad j = n\,\varepsilon\,w\,(l_+ + l_-),$$

wo $n = n_+ = n_-$ die Zahl der Ionen in 1 cm³ und l_+ bzw. l_- die Wanderungsgeschwindigkeiten der Ionen unter den vorliegenden Versuchsbedingungen sind. Die Ionendichte n ist dabei nach dem Gesagten als unabhängig von j anzusehen und hängt nur ab von den durch die Konzentration der Lösung und durch den Dissoziationsgrad gegebenen Versuchsbedingungen. Unsere erste Aufgabe ist es, diese Abhängigkeit zu klären und den Anschluß an experimentell feststellbare Größen zu finden.

Ehe wir uns dieser Aufgabe zuwenden, sei noch eine Bemerkung über die sog. „Überführungszahlen" eingeschoben. Denn diese Überführungszahlen spielen nicht nur eine große Rolle in der experimentellen Elektrochemie, sondern sie sind auch von grundsätzlicher Bedeutung für Verständnis der Ladungsbilanz in einer elektrolytischen Zelle, mit der anschauliche Vorstellungen zu verbinden zunächst gewisse Schwierigkeiten macht; diese Schwierigkeiten liegen letzten Endes wohl darin, daß die Lösung als Ganzes elektrisch neutral bleibt, obwohl die Wanderungsgeschwindigkeiten der positiven und negativen Ionen verschieden groß sind. Wir denken uns aus der Lösung eine Säule ausgeschnitten, die den Querschnitt 1 cm² hat und von einer Elektrode zur anderen reicht und betrachten, um das Wesentliche hervortreten zu lassen, den einfachsten Fall eines einheitlichen binären einwertigen Elektrolyten. Wenn durch diese Säule in 1 s eine bestimmte Ladungsmenge E hindurchgegangen ist, sind durch jeden ihrer Querschnitte N_+ positive Ionen in Richtung zur Kathode und N_- negative Ionen in Richtung zu Anode gewandert, wobei offenbar $(N_+ + N_-)\varepsilon = E$ sein muß. Das ist zunächst alles, was sich sagen läßt; unbekannt ist noch das Verhältnis $N_+ : N_-$ und unbekannt ist auch, wie sich dabei die Zusammensetzung des Elektrolyten ändert. Nun verschieben sich aber alle positiven Ionen mit der Geschwindigkeit l_+ zur Kathode hin, alle negativen Ionen mit der Geschwindigkeit l_- zur Anode hin, und es ist deshalb, da in jeder Volumeinheit n positive bzw. negative Ionen vorhanden sind

$$N_+ = n\, l_+; \quad N_- = n\, l_-,$$

und es ist ferner nach Gl. (107a) (mit $w = 1$)

$$E = n \cdot \varepsilon\,(l_+ + l_-).$$

Aus diesen beiden Relationen folgt dann sofort durch Elimination von n

$$N_+ = \frac{E}{\varepsilon} \cdot \frac{l_+}{l_+ + l_-}; \quad N_- = \frac{E}{\varepsilon}\,\frac{l_-}{l_+ + l_-},$$

d. h. die Ionenzahlen N_+ und N_- verhalten sich wie die Ionenbeweglichkeiten. Die Verhältniszahlen $\dfrac{l_+}{l_+ + l_-}$ und $\dfrac{l_-}{l_+ + l_-}$ bezeichnet man nun als die Überführungszahlen des Kations und des Anions; sie sind ein Maß sozusagen dafür, wie sich die beiden Ionenarten relativ an dem Ladungstransport beteiligen und verhalten sich also zueinander wie die Beweglichkeiten. Dies alles ist unmittelbar verständlich und anschaulich. Etwas schwieriger ist es, sich klar zu machen, wie man die Überführungszahlen experimentell bestimmen kann, wie sich die Zusammensetzung des Elektrolyten beim Stromdurchgang ändert und wie es dabei um die totale Ladungsbilanz der Zelle steht. Zunächst ist unmittelbar einzusehen, daß im Inneren der Zelle sich makroskopisch nichts ändert, weil dort in jedes Volumelement jeweils von der einen Seite ebenso viele Ionen einwandern, als an der anderen auswandern und das Volumelement lediglich als Durchgangsstation homogener stetiger Ionenströmungen dient. Wir haben also unsere Aufmerksamkeit zu richten nur auf die nächste Umgebung der Elektroden. Was zunächst die totale Ladungsbilanz anlangt, so dürfen wir nicht etwa schließen, daß durch die Ionenwanderung N_+ positive Ionen an die Kathode und N_- negative Ionen an die Anode transportiert werden und also wegen $N_+ \neq N_-$ dem Elektrolyten insgesamt eine von der positiven verschiedene negative Ladungsmenge entzogen und deshalb eine unipolare Ladungsanhäufung bewirkt wird. Der Vorgang ist vielmehr der, daß an der Kathode ein Defizit an negativen Ionen und an der Anode ein Defizit an positiven Ionen infolge der elektrischen Ionenwanderung eintreten würde, daß aber — da an der Kathode dadurch eine gewisse Zahl positiver Ionen ihrer negativen Partner und umgekehrt an der Anode eine gewisse Zahl negativer Ionen ihrer positiven Partner beraubt wäre — sich diese „freien" überschüssigen Ionen als solche nicht in der Lösung halten können, sondern sich sogleich an der betreffenden Elektrode neutralisieren. Wie dies im einzelnen geschieht, ob also z. B. unmittelbar durch Niederschlag auf der Elektrodenoberfläche oder durch Entweichen als Gas nach vorheriger elektrischer Neutralisation oder unter Zwischenschaltung chemischer Sekundärvorgänge usw., ist von Fall zu Fall natürlich verschieden, in dem hier interessierenden Zusammenhang aber unwesentlich. Betrachten wir jetzt noch die Sachlage an den Elektroden hinsichtlich der Änderungen in der Zusammensetzung des Elektrolyten, so ergibt sich unmittelbar aus den vorhergehenden Überlegungen folgendes z. B. für die Kathode und ganz Analoges natürlich für die Anode. Abgeschieden wird insgesamt die Ladung E in Gestalt positiver Ionen, durch Ionenwanderung wird antransportiert die Ladung $E\,\dfrac{l_+}{l_+ + l_-}$, es muß also eine Verarmung der Lösung an dem die positive Ladung tragenden Bestandteil im Äquivalentbetrag von $E - E\,\dfrac{l_+}{l_+ + l_-} = E \cdot \dfrac{l_-}{l_+ + l_-}$ eintreten. Eine chemische Analyse des Elektrolyten dicht an den Elektroden ermöglicht diese Konzentrationsänderungen und damit die Überführungszahlen experimentell zu bestimmen.

Wir kehren jetzt zurück zu der Aufgabe, Beziehungen zu finden zwischen der Ionenkonzentration, der Konzentration der Lösung und dem Dissoziationsgrad und beginnen mit folgender einfachen Überlegung: Die Ladung eines Ions ist $|w\varepsilon|$, die Masse eines Ions $A_+ m_H$ bzw. $A_- m_H$. Daraus findet man mit den angegebenen Zahlenwerten für ε und m_H, daß die Gesamtmasse der Ionen je eines Ladungsvorzeichens, die die Ladungsmenge 1 C tragen, $1{,}036 \cdot 10^{-5}\, A_+/w$ bzw. $1{,}036 \cdot 10^{-5}\, A_-/w$ g ist oder, daß A_+/w bzw. A_-/w g Ionen die Ladungsmenge 96500 C tragen. Diese Menge bezeichnet man als ein elektrochemisches „Grammäquivalent", und es liegt nahe, sie als Masseneinheit weiterhin zu benutzen. Nun können wir die Grundgleichung in handlicherer Form schreiben. Beziehen wir sie auf einen Zentimeterwürfel der Lösung und auf den Fall, daß zwischen dessen Stirnseiten gerade eine Spannungsdifferenz von 1 V liegt, so daß also die Stärke des auf die Ionen wirkenden Feldes 1 V/cm ist, so sind l_+ und l_- die Wanderungsgeschwindigkeiten der Ionen in diesem Einheitsfeld, die mit u_+ und u_- bezeichnet seien. Die der Messung zugängliche Leitfähigkeit $\varkappa$ (in reziproken Ohm) ist dann

$$(107\,\mathrm{b}) \qquad\qquad \varkappa = n\,\varepsilon\,w\,(u_+ + u_-).$$

Es ist in der physikalischen Chemie üblich, die Konzentration η einer Lösung anzugeben durch die Zahl von Molen oder von Grammäquivalenten, die an gelöstem Stoff in 1 cm³ der Lösung enthalten sind. Wenn das Molekulargewicht des gelösten Stoffes A, das der Ionen A_+ und A_- ist, so enthält eine Lösung von der Konzentration η Mol/cm³ pro 1 cm³ ηA g gelösten Stoff; ist der Dissoziationsgrad α, so enthält sie also $a\,\eta\,A_-$ g positive und $\alpha\,\eta\,A_-$ g negative Ionen. Ist n die Zahl der Ionen pro cm³, so ist andererseits das Gewicht der Ionen pro cm³ $n\,A_+\,m_H$ bzw. $n\,A_-\,m_H$ g und es ist deshalb

$$n\,A_{+,-}\,m_H = \alpha\,\eta\,A_{+,-},$$

d. h. es ist $n = \alpha\eta/m_H$. Setzen wir dies in den Ausdruck für die Leitfähigkeit ein, so erhalten wir für die sog. „Äquivalentleitfähigkeit" Λ_η bei der Konzentration η

$$(107\,\mathrm{c}) \qquad \Lambda_\eta = \frac{\varkappa}{\eta} = \alpha\,\frac{\varepsilon\,w}{m_H}\,(u_+ + u_-).$$

Man pflegt diese Formel noch etwas anders zu schreiben durch die Abkürzungen $96\,500\,w\,u_+ = U_+$ und $96\,500\,w\,u_- = U_-$ (und nennt U_+ bzw. U_- die „Ionenbeweglichkeiten")

$$(107\,\mathrm{d}) \qquad \Lambda_\eta = \alpha\,(U_+ + U_-).$$

Messen wir die Konzentration der Lösung nicht in Mol/cm³, sondern in Grammäquivalenten/cm³, wobei ein Grammäquivalent die Menge von $A/w = (A_+ + A_-)/w$ g ist, so unterscheidet sich die der Endformel (107 d) entsprechende von jener nur dadurch, daß nun $U_{+,-} = 96\,500\,u_{+,-}$ zu setzen ist, wie man durch eine Wiederholung der obigen Überlegung sofort einsieht. Mißt man die Konzentration nicht in Grammäquivalenten pro cm³, sondern in Grammäquivalenten pro Liter und führt demgemäß an Stelle von η ein $c = \eta \cdot 10^3$, so wird $\Lambda_c = \varkappa/c = 10^{-3} \cdot \Lambda_\eta$ und die Formel lautet

$$(107\,\mathrm{e}) \qquad \Lambda_c = 10^{-3} \cdot \alpha\,(U_+ + U_-).$$

Auf der rechten Seite sind allgemein α und die Beweglichkeiten U als Funktionen von c zu betrachten, und die Gleichung gibt also zunächst lediglich an, wie sich aus diesen beiden, vorläufig noch unbekannten Funktionen $\alpha(c)$ und $U(c)$ die Äquivalentleitfähigkeit zusammensetzt. Für die weitere Diskussion wollen wir vereinfachend noch einführen $10^{-3} \cdot \alpha\,U_+ = L_+$ und $10^{-3} \cdot \alpha\,U_- = L_-$ — man bezeichnet diese Größen $L(c)$ wohl auch als die „Leitfähigkeiten der Ionen" — und erhalten dann

$$(107\,\mathrm{f}) \qquad \Lambda_c = L_+ + L_-.$$

Es sei noch daran erinnert, daß zur experimentellen Bestimmung von L_+ und L_- die Messung der Leitfähigkeit Λ_c und der Überführungszahlen (S. 326) erforderlich und hinreichend ist. Die kinetisch unmittelbar anschaulichen und bedeutungsvollen Größen u_+ und u_-, die wir oben als die Ionenbeweglichkeiten im eigentlichen Sinn = Wanderungsgeschwindigkeit der Ionen im Feld 1 V/cm eingeführt hatten bzw. die zu diesen Größen proportionalen Größen U ergeben sich daraus aber natürlich noch nicht ohne weiteres, da in die Leitfähigkeitsformel nur das Produkt aus den Beweglichkeiten und dem zunächst noch unbekannten Dissoziationsgrad eingeht. Um hier weiterzukommen, sind Überlegungen tiefergehenderer Art erforderlich (vgl. S. 331), als die bisher geschilderten.

Worum es sich dabei im Hinblick auf die hier interessierende Frage der Berechnung der Beweglichkeitswerte handelt, ist kurz gesagt dies, daß man die Leitfähigkeit unter Bedingungen mißt, unter denen die Dissoziation eine praktisch vollkommene, α also gleich 1 zu setzen ist (Grenzleitfähigkeit Λ_∞). Man kommt dann auf Beweglichkeitswerte von der Größenordnung $10^{-3} - 10^{-4}$ cm/s : V/cm.

Theorie der Ionenbeweglichkeit. Starke und schwache Elektrolyte. Wir können uns nach diesen einleitenden Betrachtungen nun der feineren Theorie des Stromleitungsmechanismus zuwenden und wollen beginnen mit folgender Überlegung: Auf die in die Lösungsmittel eingebetteten Ionen wirkt die elektrische Triebkraft eE, wo e die Ladungen des Ions und E die elektrische Feldstärke ist. Das Ion wird dadurch beschleunigt, und seine Geschwindigkeit würde also dauernd zunehmen, wenn nicht eine Bremskraft wirken würde; und zwar eine mit der Geschwindigkeit des Ions relativ zur umgebenden Flüssigkeit zunehmende Bremskraft, die dann eben solange wächst, bis sie gleich der Triebkraft geworden und die Bewegung stationär geworden ist. Die Wanderungsgeschwindigkeit des Ions ist dann also die Geschwindigkeit, bei der die Bremskraft gerade gleich eE ist. Es liegt nahe, diese Bremskraft einfach zu deuten als die Reibungskraft, die seitens der Flüssigkeit auf das Ion ausgeübt wird ganz ebenso, wie auf ein kleines durch die Flüssigkeit bewegtes Körperchen. Eine Stütze findet diese einfache Annahme auch bereits in dem empirischen Befund, daß die Grenzleitfähigkeit Λ_∞ bei Temperaturerhöhung prozentual ungefähr in demselben Verhältnis zunimmt, wie der Koeffizient η der inneren Reibung der Lösungsmittelflüssigkeit abnimmt. Nun ist bekanntlich die Reibungskraft auf eine kleine Kugel vom Radius r, die sich durch eine Flüssigkeit, deren Reibungskoeffizienten η ist, mit der Geschwindigkeit v bewegt, $K = 6\,\pi\,\eta\,r \cdot v$, und die Wanderungsgeschwindigkeit des Ions im stationären Zustand sollte deshalb bestimmt sein durch

$$6\,\pi\,\eta\,r\,v = e\,E\,.$$

Setzt man hierin $E = 1$ V/cm und dementsprechend für v die experimentell gefundenen Werte für die wahren Ionenbeweglichkeiten ein, ferner für η die anderweitig bekannten Werte und für e die ebenfalls bekannten Ionenladungen, so kann man die Ionenradien r berechnen. Man findet so in der Tat in vielen Fällen größenordnungsmäßige Übereinstimmung mit den nach ganz anderen Methoden gefundenen Ionenradien (z. B. aus Kristallgitteruntersuchungen), aber meist etwas, nämlich bis zu drei- oder viermal, größere Werte. Wenn auch strenge Gültigkeit des Ansatzes natürlich nicht zu erwarten ist, weil die Ionen weder Kugelgestalt haben noch auch die quantitative Gültigkeit des benutzten Reibungsgesetzes für so kleine Körperchen wie die Ionen zumindest recht zweifelhaft ist, spricht das gefundene Ergebnis doch stark zugunsten unserer einfachen Theorie. Zudem gibt es Möglichkeiten, den Mangel an quantitativer Übereinstimmung der beiden Radienwerte zwanglos zu erklären. Nur eine sei hier erwähnt, nämlich die Zusatzannahme, daß es sich in den Elektrolyten nicht um nackte Ionen handelt, sondern um „solvatisierte", d. h. mit einer Hülle von Lösungsmittel umgebene. Soweit man überhaupt den einfachen, auf S. 329 benutzten Ansatz für den Reibungswiderstand kleiner Kugeln auf Ionen übertragen darf,

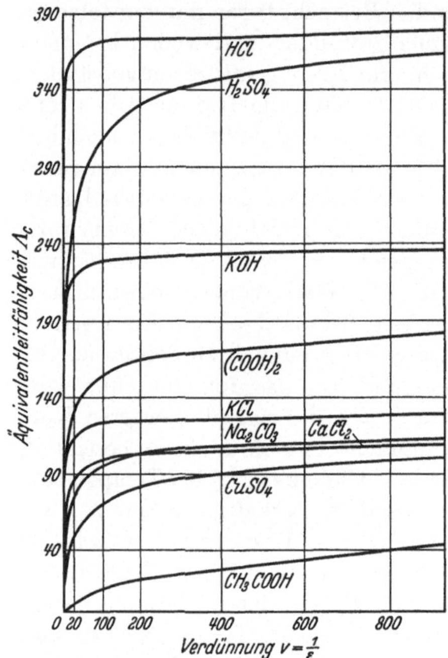

Abb. 124. Äquivalentleitfähigkeit einiger Elektrolyte in Abhängigkeit von der Verdünnung (Nach Jung.)

enthält er übrigens, wie noch bemerkt sei, bereits die Annahme einer Solvatation implizite; denn er wird in der Hydrodynamik der reibenden Flüssigkeiten abgeleitet unter der Annahme, daß die Flüssigkeit an der Oberfläche der Kugeln haftet, diese also von einer Flüssigkeitshaut bedeckt ist. Allerdings gibt es andererseits auch gewisse Schwierigkeiten für diese Solvatationshypothese. So z. B. die, daß in Wasser die H-Ionen besonders stark solvatisiert (hydratisiert) sein müßten, während sie in Wirklichkeit besonders große Beweglichkeit besitzen.

Um einzusehen, daß die eben skizzierte hydrodynamische Reibungstheorie der Ionenbeweglichkeit aber sicher nicht in allen Fällen zutreffen kann, müssen wir nochmals zurückkehren zu der S. 328 bereits kurz erwähnten Schwierigkeit, daß in den in der Leitfähigkeitsformel auftretenden Produkten von Beweglichkeiten und Dissoziationsgrad die beiden Faktoren nicht ohne weiteres voneinander zu trennen sind. Wir kommen damit zu einer wesentlichen Ergänzung unserer ganzen bisherigen Überlegungen, die sich in der Theorie der sog. „starken" Elektrolyte als überaus fruchtbar erwiesen hat, und zwar von viel umfassenderen Gesichtspunkten aus, als nur im Rahmen der hier uns zunächst interessierenden Theorie der Beweglichkeit. Wie die in Abb. 124 an einigen Beispielen veranschaulichten Meßergebnisse zeigen, nimmt Λ_c mit abnehmender Konzentration c (d. h. mit Zunahme der „Verdünnung" $v = 1/c$) zu, und zwar für viele Elektrolyte bis zu einem Grenzwert, den man mit Λ_∞ bezeichnet. Für die Darstellung dieser Abhängigkeit Λ_c der Leitfähigkeit von der Konzentration c gibt es eine

Reihe empirischer Formeln, von denen wir nur die folgende notieren wollen

$$(108) \qquad \Lambda_c = \Lambda_\infty - \gamma \cdot \sqrt{c}.$$

Nach dieser Formel müßte also Λ_c über $\sqrt{c}$ aufgetragen geradlinig verlaufen, wie dies nach Abb. 125 auch oft recht gut sich bestätigt findet. Zur Deutung könnte man a priori natürlich entweder für α oder für die Beweglichkeit L oder für beide eine geeignete Abhängigkeit von c an-nehmen. Es hat sich jedoch gezeigt — wir kommen darauf von allgemeineren Gesichtspunkten aus S. 336 nochmals zurück —, daß man mit der folgenden Annahme die Sachlage zunächst qualitativ befriedigend erfassen kann: Bei einer Gruppe von Elektrolyten, den sog. „schwachen" Elektrolyten ist bei höheren Konzentrationen die Dissoziation nur klein und steigt mit zunehmender Verdünnung an; bei einer zweiten Gruppe, den sog. „starken" Elektrolyten hingegen ist schon bei höheren Konzentrationen der Dissoziationsgrad groß und unter Umständen fast gleich 1 und kann deshalb mit zunehmender Verdünnung nicht mehr wesentlich ansteigen. Bemerkt sei dazu noch, daß es natürlich auch noch Zwischengruppen gibt und die genannten lediglich die beiden Enden einer kontinuierlichen Reihe umfassen und ferner, daß die Zugehörigkeit einer elektrolytischen Lösung zu den schwachen bzw. starken Elektrolyten im allgemeinen

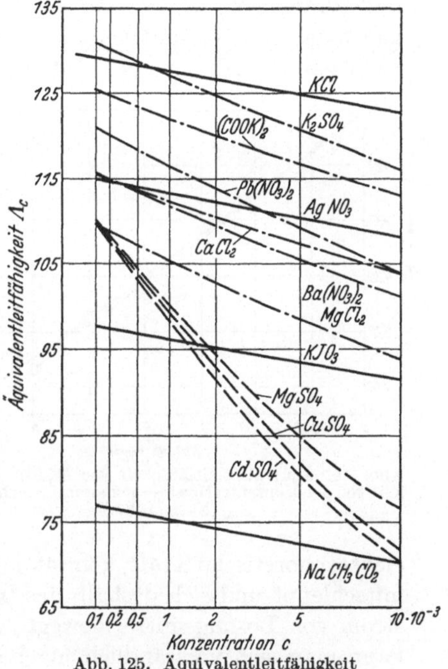

Abb. 125. Äquivalentleitfähigkeit starker Elektrolyte in Abhängigkeit von der Konzentration. (Nach Jung.)

nicht nur vom gelösten Stoff, sondern auch vom Lösungsmittel abhängt. Zu den starken Elektrolyten gehören die meisten wässerigen Lösungen der Neutralsalze, zu den schwachen die meisten organischen Säuren, und z. B. Salzlösungen in Azeton oder in Benzol. Und nun ergibt sich fast zwangläufig das folgende Bild für den Mechanismus der Beweglichkeiten. In schwachen Elektrolyten mit ihren geringen Ionenkonzentrationen ist die Bremskraft wesentlich bedingt durch die innere Reibung des Lösungsmittels, die Beweglichkeiten sind deshalb praktisch unabhängig von der Konzentration und der Anstieg von Λ_c ist auf eine Zunahme des Dissoziationsgrades α mit zunehmender Verdünnung zu schieben. In den starken Elektrolyten hingegen hängen die Beweglichkeiten ab von der Konzentration und nehmen mit zunehmender Verdünnung zu;

die Bremskraft ist hier eben nicht mehr eine rein hydrodynamische Kraft seitens des Lösungsmittels, sondern sie ist zum Teil bedingt durch elektrische Wechselwirkungen zwischen dem bewegten Ion und den vielen in der Lösung enthaltenen Ionen. Die nächste Aufgabe der Theorie ist es also, diese elektrischen Bremskräfte zu berechnen.

Diese Theorie läßt sich anschaulich verständlich machen auf Grund eigentlich eines einzigen wesentlich neuen Gedankens, nämlich daraus, daß zwar nach wie vor in makroskopischen Volumteilen der Lösung gleichviel positive und negative Ionen vorhanden sind, daß aber in der nächsten Umgebung eines jeden Ions wegen der gegenseitigen elektrostatischen Anziehungskräfte ein Überschuß von Ionen entgegengesetzten Vorzeichens vorhanden sein muß. Es ist also jedes Ion umgeben von einer Art Ionenwolke und bewegt sich in entgegengesetzter Richtung wie diese Wolke. Daraus resultieren zwei Bremskräfte neben der in der einfachen hydrodynamischen Reibungstheorie angenommenen, die also noch additiv zu dieser hinzukommen. Die eine, die sog.

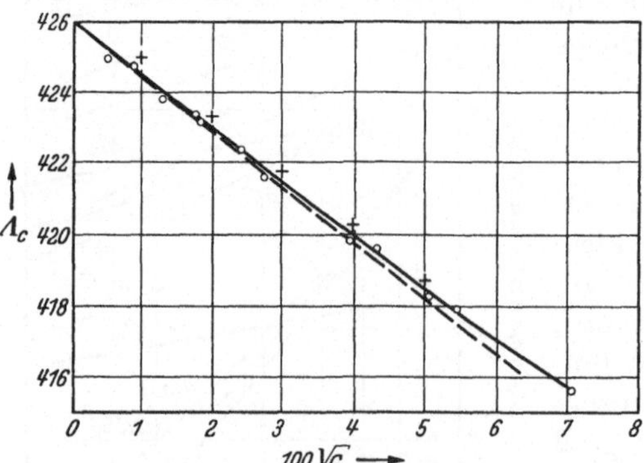

Abb. 126. Äquivalentleitfähigkeit von HCl in Abhängigkeit von der Konzentration; — gemessen, - - - theoretisch. (Nach Jung.)

elektrophoretische Kraft, kommt daher, daß die Ionenwolke Lösungsmittel mitschleppt und sich deshalb das betrachtete Zentralion in einem Gegenstrom von Lösungsmittel bewegt. Die andere, die sog. Relaxationskraft kann man sich verständlich machen daraus, daß die Ionenwolke wegen der Bewegung des betrachteten Zentralions dieses nicht vollkommen symmetrisch umgibt, sondern etwas asymmetrisch aufgebaut ist, und zwar derart, daß vor dem Ion ein Defizit, hinter dem Ion ein Überschuß an mit der Ionenladung gleichnamiger Ladung liegt. Die rechnerische Ausgestaltung dieser rohen qualitativen Skizze ist natürlich eine recht schwierige und nur nach statistischen Methoden zu leistende Aufgabe. Aber das Ergebnis ist sehr befriedigend, denn es läßt sich formelmäßig fassen in einer Darstellung der Leitfähigkeit als Funktion der Konzentration, die gerade mit der S. 331 angegebenen empirisch gefundenen Darstellung übereinstimmt. In vielen Fällen ist die Übereinstimmung sogar eine quantitativ ganz vorzügliche, wie dies Abb. 126 an einem Beispiel zeigt; die Meßpunkte sind durch die durchgezogene Kurve verbunden, die theoretische Kurve ist zum Vergleich punktiert eingezeichnet.

Wenn wir nun auch darauf verzichten müssen, diese Theorie der Beweglichkeiten in starken Elektrolyten vollständig durchzuführen, wollen wir doch wenigstens noch eine qualitative Überlegung über den Aufbau der um jedes Ion gelagerten Ionenwolke anstellen und daran dann einige ergänzende Betrachtungen knüpfen. Zuerst müssen wir uns klarmachen, daß diese Ionenwolke kein unveränderliches, gewissermaßen starres Gebilde ist, sondern, daß bei der Wanderung des Zentralions durch den Elektrolyten dauernd neue Ionen in die Wolke eintreten und dauernd bisher in ihr befindliche sie verlassen; und ferner, daß es sich beim Aufbau der Wolke handelt, um das Spiel und Gegenspiel zweier Wirkungen, nämlich der anziehenden Wirkung des Zentralions und einer zerstreuenden Wirkung der Stöße der Flüssigkeitsmoleküle gegen die Ionen. Der Aufbau der Wolke ist also eine typisch statistische Angelegenheit, unsere Aussagen werden sich nur auf Mittelwerte beziehen können, und das regulierende Prinzip wird das Boltzmann-Prinzip sein (S. 16): Die Verteilung der Ionen in der Wolke wird die thermisch bewegter Teilchen in einem Kraftfeld sein. Wir werden bei anderer Gelegenheit (S. 352) eine ganz analoge Sachlage kennenlernen und brauchen die dortigen Überlegungen eigentlich nur zu übertragen auf das hier vorliegende radiale COULOMBsche Kraftfeld des Zentralions, um alles Wünschenswerte zu wissen. Wir wollen deshalb die Rechnungen im einzelnen nicht durchführen und lediglich das Endergebnis anschreiben und interpretieren.

Die Lösung enthalte pro Volumeinheit n Ionen jedes Vorzeichens, die wir wieder als einwertige und gleichartig annehmen wollen; jedes Ion trägt dann die Ladung ε. Die Temperatur der Lösung sei T, die Dielektrizitätskonstante des Lösungsmittels sei D. Dann ergibt sich für die Potentialverteilung in der Umgebung eines jeden Zentralions die POISSONsche Grundgleichung in der Form

$$\Delta \varphi = -\frac{4\pi}{D} n\varepsilon \left(e^{-\frac{\varepsilon\varphi}{kT}} - e^{+\frac{\varepsilon\varphi}{kT}} \right)$$

und ihre Lösung läßt sich näherungsweise darstellen durch

$$(109\,\text{a}) \qquad \varphi \, (= \varphi_1 - \varphi_2) = \frac{\varepsilon}{D} \frac{1}{r} - \frac{\varepsilon}{D} \left(\frac{1-e^{-\Re r}}{r} \right); \quad \Re = \sqrt{\frac{8\pi n\varepsilon^2}{DkT}} \cdot$$

Der erste Teil ist einfach das Potential, das vom Zentralion selbst herrührt. Der zweite Teil rührt her von der Ionenwolke und die Raumladungsdichte ϱ in der Wolke ist deshalb wieder aus der POISSONschen Gleichung zu errechnen zu

$$(109\,\text{b}) \qquad \varrho = -\frac{D}{4\pi} \Delta \varphi_2 = \frac{\Re^2 \varepsilon}{4\pi} \frac{e^{-\Re r}}{r} \cdot$$

Die zur Abkürzung eingeführte Größe $\Re$ hat die Dimension einer reziproken Länge und hat, wie aus der letzten Gleichung nun hervorgeht, die Bedeutung, daß $1/\Re$ die Strecke ist, längs welcher die Dichte in der Ionenwolke radial jeweils auf etwa $1/e$ absinkt. Es ist dies $1/\Re$ eine für jede Lösung charakteristische Länge, die auch kurz als Dicke der

Ionenwolke bezeichnet wird. Führen wir statt n die Konzentration c der Lösung in Grammäquivalenten pro Liter ein (es handelt sich hier um starke, vollständig dissoziierte Elektrolyte), setzen also $n = \dfrac{c \cdot N}{1000}$ ($N = 6{,}1 \cdot 10^{23}$), so ergibt sich für wässerige Lösungen von Zimmertemperatur ($D = 81$) für die Größenordnung der charakterisitischen Länge

$$(109\,\mathrm{c}) \qquad \frac{1}{\Re} \sim \frac{10^{-8}}{\sqrt{c}} \,\mathrm{cm}\,.$$

Sie ist z. B. in einer Lösung mit $c = 0{,}001$ mit den genauen Zahlenwerten $97 \cdot 10^{-8}\,\mathrm{cm}$.

Die beiden obenerwähnten Bremskräfte, die elektrophoretische Kraft und die Relaxationskraft, werden nach folgendem Gedankengang berechnet. Nennen wir die Wanderungsgeschwindigkeit, die das Ion ohne Ionenwolke haben würde, l_0, so ist die wirkliche Wanderungsgeschwindigkeit l mit Ionenwolke kleiner; wir können setzen $l = l_0 - l'$ und dies zusätzliche l' nun berechnen wiederum nach dem Reibungsansatz von S. 329. Dabei denken wir uns die Ionenwolke in erster Näherung als eine Kugel vom Radius $1/\Re$, welche eine der Ladung des Zentralions entgegengesetzt gleiche Ladung trägt. Dann wird also in einem Feld von der Stärke E

$$l = l_0 - \frac{\varepsilon\,\Re}{6\,\pi\,\eta} \cdot E$$

oder wenn wir alles auf ein Feld von der Stärke 1 beziehen

$$u = u_0 - \frac{\varepsilon\,\Re}{6\,\pi\,\eta}\,.$$

Damit ist aber bereits der Anschluß an die Überlegungen auf S. 332 gefunden. Das Wesentliche ist, daß nun die Beweglichkeiten und deshalb auch die Leitfähigkeit abhängt von der Konzentration der Lösung, die ja in $\Re$ steckt.

Etwas schwieriger ist es, sich die Relaxationskraft anschaulich verständlich zu machen. Wie wir schon überlegten, besteht die Ionenwolke nicht aus stets denselben Ionen, sondern sie wird ständig durch das Hinzukommen neuer Ionen regeneriert und durch das Abdiffundieren bereits vorhandener Ionen abgebaut und unsere Ansätze beziehen sich lediglich auf zeitlich konstante Mittelwerte für die in der Wolke vorhandenen Ionenzahlen. Dieser Aufbau und Abbau erfordert eine gewisse endliche Zeit (die Relaxationszeit), so daß infolge der Bewegung des Zentralions durch die Lösung eine Asymmetrie entsteht. Auf der Frontseite der Wolke wird infolge der endlichen Einstellzeit die Ladungsdichte etwas kleiner, auf der Hinterseite etwas größer sein, als dem Gleichgewichtswert bei ruhendem Zentralion entsprechen würde; denn auf der Frontseite ist wegen der endlichen Relaxationszeit der Aufbau. auf der Hinterseite der Abbau gewissermaßen stets im Rückstand gegen den des Gleichgewichtszustandes bei ruhendem Zentralion. Es ist also die Dichte in der Ionenwolke vor dem Zentralion etwas zu klein, hinter dem Ion etwas zu groß, d. h. die Sachlage ist die in Abb. 127 schematisch (für ein positives Zentralion) gezeichnete. Unabhängig von dem Ladungsvorzeichen des Zentralions wird durch diesen Effekt, wie man nun unmittelbar übersieht, stets eine der Bewegungsrichtung entgegengesetzt gerichtete Zusatzkraft auf das Zentralion seitens der Ionenwolke ausgeübt. Auch diese Kraft hängt natürlich ab von der Mächtigkeit der Ionenwolken an sich, d. h. letzten Endes von der Konzentration der Lösung und gibt ein weiteres konzentrationsabhängiges Zusatzglied in unserem Beweglichkeitsansatz.

Anschließend sei noch hingewiesen auf eine Erscheinung, die in besonders eindringlicher Weise die endliche Einstellzeit des stationären Ionenwolkenzustandes zu zeigen geeignet ist. Die erwähnte Relaxationszeit, die mit Q bezeichnet sei, ergibt sich aus der Theorie für wässerige Lösungen einwertiger binärer Elektrolyte bei Zimmertemperatur von der Größenordnung

$$Q \sim \frac{0{,}5}{c} \cdot 10^{-10}\,\text{s}.$$

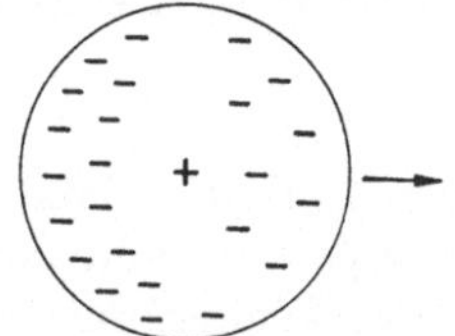

Abb. 127. Asymmetrische Ladungsverteilung um ein bewegtes Ion.

Sie ist z. B. für $c = 10^{-3}$ Mol/Liter von der Größenordnung 10^{-7} s; so lange also dauert es, bis z. B. nach Ausschalten des Stromes die Ionenwolken praktisch wieder symmetrisch geworden sind. Dies legt den Gedanken nahe, daß sich in raschen Wechselfeldern eine Frequenzabhängigkeit der Leitfähigkeit zeigen müßte, also eine „Dispersion der elektrischen Leitfähigkeit", und zwar offenbar bei Frequenzen des Feldes, die größer sind als $1/Q$. Die zu erwartenden Effekte sind zwar nur sehr klein, konnten aber experimentell bereits sicher nachgewiesen werden. Und endlich ist noch ein anderer Effekt zu erwarten und auch nachgewiesen worden, nämlich eine Abweichung vom OHMschen Gesetz bei sehr großen Feldstärken. Bedenkt man, daß z. B. in einem Feld von 100000 V/cm in der Relaxationszeit von 10^{-7} s ein Ion immerhin schon eine Strecke von fast dem zehnfachen Durchmesser der Ionenwolke durchwandert, so übersieht man, daß sich die Ionenwolke hier überhaupt nicht mehr ausbilden kann und daß also die elektrophoretische und die Relaxationskraft in so starken Feldern in Wegfall kommen. Mit zunehmender Feldstärke spielt mehr und mehr nur noch die Reibungskraft eine Rolle, d. h. die auf 1 V/cm bezogenen Beweglichkeiten nehmen zu zu einem Grenzwert, der durch die Reibungskraft allein bedingt ist.

Dissoziation und Massenwirkungsgesetz. Zur Abrundung dieser Übersicht über die Theorie der starken Elektrolyte ist es nützlich, die ganze Sachlage noch von einem anderen Standpunkt aus zu betrachten. Wir wollen nämlich nun nicht wie bisher die Ionenbeweglichkeiten.

sondern den Dissoziationsgrad in den Mittelpunkt stellen und werden so zugleich eine erwünschte Ergänzung zu allen gelegentlichen früheren Bemerkungen über die Abhängigkeit des Dissoziationsgrades von der Konzentration geben können. Die Möglichkeit dazu gibt das aus der Thermodynamik und chemischen Kinetik bekannte Massenwirkungsgesetz. Auf den Vorgang der Dissoziation, und zwar der Einfachheit halber wieder auf die eines binären Elektrolyten angewendet, sagt es folgendes aus: Wenn die Moleküle des in ein Lösungsmittel eingebrachten Stoffes in je ein positives und ein negatives Ion zerfallen, so besteht in dem sich einstellenden Gleichgewichtszustand zwischen den in der Lösung befindlichen Ionen und den nicht zerfallenen Molekülen eine ganz bestimmte, nur von der Temperatur und dem Druck abhängende Relation zwischen den Konzentrationen C_0 der nicht zerfallenen Moleküle und den Konzentrationen C_+ und C_- der beiden Ionenarten. Und zwar lautet diese Relation

$$\frac{C_+ \cdot C_-}{C_0} = K\,(T, p),$$

wo $K(T, p)$ — die sog. Gleichgewichtskonstante — eben nur von der Temperatur und dem Druck abhängt und also bei jedem Druck und jeder Temperatur als eine Zahlenkonstante anzusprechen ist, die unabhängig von den Konzentrationen selbst ist und nur von der chemischen Natur der die Lösung zusammensetzenden Stoffe abhängt. In unserem Fall ist $C_+ = C_-$ und wenn wir den Dissoziationsgrad α seiner Definition gemäß einführen durch

$$C_0 = (1 - \alpha)\,c, \qquad C_+ = C_- = \alpha\,c,$$

wo wie bisher c die Konzentration der Lösung = eingebrachte Stoffmenge in Grammäquivalenten pro Liter ist, erhalten wir

$$(110) \qquad\qquad \frac{\alpha^2}{1 - \alpha}\,c = K.$$

Wir haben damit eine Gleichung gewonnen, die uns α in Abhängigkeit von c gibt [und bei Kenntnis von $K(T, p)$ natürlich zugleich in Abhängigkeit von den jeweiligen äußeren Versuchsbedindungen T und p]. Aus dieser Gleichung läßt sich unmittelbar ablesen, daß α zunimmt, wenn c abnimmt und $\alpha \to 1$ werden muß mit $c \to 0$. Eine der experimentellen Nachprüfung zugängliche Form können wir der Gleichung geben, wenn wir annehmen, daß die Ionenbeweglichkeiten unabhängig von c sind. Dann nämlich können wir aus der Leitfähigkeitsformel (S. 328)

$$\varLambda_c = \alpha\,(U_+ + U_-)$$

und ihrer Sonderform für den Fall $\alpha = 1\ (c = 0)$

$$\varLambda_\infty = (U_+ + U_-)$$

den Dissoziationsgrad α bei der Konzentration c ausdrücken durch

$$(111\,\mathrm{a}) \qquad\qquad \alpha = \varLambda_c / \varLambda_\infty,$$

und erhalten die Gl. (110) nach einfacher Zwischenrechnung in der Gestalt

$$(111) \qquad (K \Lambda_\infty^2) \cdot \frac{1}{\Lambda_c} = (K \Lambda_\infty) + c \cdot \Lambda_c.$$

Man nennt diese Beziehung das „Verdünnungsgesetz". Da K und Λ_∞ für jeden Elektrolyten von der Konzentration unabhängige Konstante sind, müßte also $1/\Lambda_c$ über $c\Lambda_c$ aufgetragen geradlinig verlaufen, wenn unsere Annahmen zutreffen. In Abb. 128 sind für drei Substanzen in

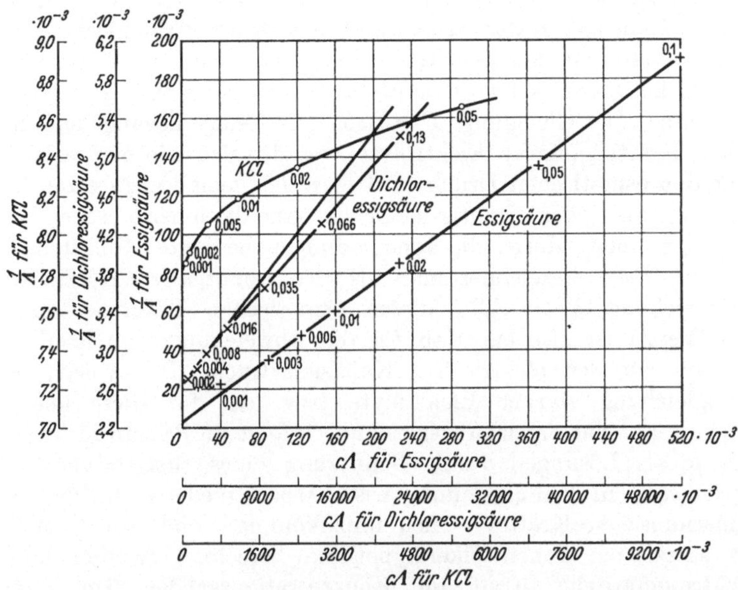

Abb. 128. Reziproke Leitfähigkeit in Abhängigkeit von $c \Lambda$ für drei Typenbeispiele von Elektrolyten. (Nach Jung.)

wässeriger Lösung die Ergebnisse der Leitfähigkeitsmessungen eingezeichnet; wir sehen, daß für Essigsäure das Verdünnungsgesetz vorzüglich, für Dichloressigsäure schon wesentlich schlechter und für Chlorkalium gar nicht gilt. Doch damit kommen wir wieder auf die S. 331 als notwendig erkannte Unterscheidung zwischen schwachen und starken Elektrolyten. Für die ersteren und nur für diese gilt das Verdünnungsgesetz, für die letzteren ist es auch nicht mehr annähernd erfüllt und zwischen beiden gibt es eine Übergangsgruppe (die mittelstarken Elektrolyte) für die es mit mehr oder minder großer Näherung gilt. Dies eröffnet aber auch sogleich neue Ausblicke auf die Theorie der starken Elektrolyte; denn wir werden nun als eine Besonderheit der starken Elektrolyte nicht nur eine Konzentrationsabhängigkeit der Ionenbeweglichkeiten anzusehen haben, sondern die noch fundamentalere Tatsache, daß für sie das Massenwirkungsgesetz nicht mehr in der einfachen, durch die Gleichungen S. 336 beschriebenen Form gilt.

Verantwortlich zu machen für die Unzulänglichkeit der einfachen Massenwirkungsgleichung sind natürlich letzten Endes dieselben Faktoren, die wir bereits S. 332 für die Vervollständigung der Theorie der Ionenbeweglichkeit herangezogen haben, nämlich die zwischen den Ionen wirkenden elektrostatischen Kräfte. Eine starke elektrolytische Lösung verhält sich, um ein Analogiebeispiel zu geben, eben nicht mehr wie ein ideales Gas, dessen Moleküle als elastische Kugeln betrachtet werden können, sondern wie ein reales (VAN DER WAALSsches) Gas, zwischen dessen Molekülen Kohäsionskräfte wirken und den Druck verkleinern. Bei den Lösungen entspricht dem Gasdruck der „osmotische Druck" P, für den in idealen Lösungen (schwachen Elektrolyten) ganz analog zur idealen Gasgleichung die Gleichung $P = cRT$ gilt; eine Lösung mit innerionischen Kräften (starke Elektrolyte) verhält sich wie ein reales Gas, und für den osmotischen Druck wird man demgemäß anzusetzen haben $P = P_0 - P_e$, wo P_0 der osmotische Druck ohne die innerionischen Kräfte und P_e der innere, durch die Ionenladungen bedingte Kohäsionsdruck ist. $f = 1 - P_e/P_0$ bezeichnet man als den osmotischen Koeffizienten, die Abweichung $\delta f = P_e/P_0$ dieses osmotischen Koeffizienten vom idealen Wert 1 ist also ein Maß für die Abweichung vom idealen Zustand bzw. für den elektrischen Kohäsionsdruck. Die Ableitung der Zustandgleichung starker Elektrolyte bzw. der für diese geltenden komplizierteren Massenwirkungsgleichung erfolgt im Prinzip nicht anders als für ideale Lösungen durch Benutzung eines thermodynamischen Kreisprozesses, in dem aber nun gewisse Arbeitsglieder — bedingt durch die innerionischen Kräfte — neu hinzukommen und auf Grund der S. 333 skizzierten Ionenwolkenhypothese berechnet werden müssen.

Elektromotorische Kraft im Konzentrationsgefälle. Im Rahmen der in diesem Kapitel entwickelten Vorstellungen können wir jetzt bereits das praktisch unmittelbar bedeutungsvolle Problem der Berechnung der elektromotorischen Kraft galvanischer Elemente wenigstens in Angriff nehmen. Um ein physikalisch wirklich befriedigendes Bild der Sachlage bezeichnen zu können, werden wir allerdings noch eine wesentliche Ergänzung unserer bisherigen Überlegungen brauchen, die im Zusammenhang mit der Theorie der Grenzflächeneffekte dann erst im nächsten Kapitel gegeben werden kann.

Wir betrachten eine Lösung, in der die Konzentration und deshalb auch die Konzentrationen $c_+ = c_- = c$ der Ionen nicht überall dieselben, sondern irgendwie räumlich veränderlich sind; der Einfachheit halber wollen wir annehmen, daß sie nur von x abhängen, wie sich das zwischen ebenen Elektroden realisieren läßt. Dann wandern die Ionen nicht nur im elektrischen Feld wie früher betrachtet, sondern auch im Konzentrationsgefälle, und wir wollen nun untersuchen, welche Feldverteilung sich in der Lösung einstellen muß, damit der Zustand stationär ist, und zwar dann, wenn insgesamt überhaupt kein Strom durch die Zelle fließt.

Dazu ist offenbar notwendig, daß die im Konzentrationsgefälle auf die Ionen ausgeübten Diffusionskräfte und die elektrischen Triebkräfte sich derart das Gleichgewicht halten, daß sich nirgends die Konzentration der Ionen ändert und daß durch keinen Querschnitt insgesamt eine Ladung transportiert wird. Schneiden wir an der Stelle x ein elementares Volumelement von der Dicke dx und der Querschnittsfläche 1 aus, so ist zunächst die Zahl der Ionen, die durch Diffusion mehr einwandern wie auswandern, nach dem Grundgesetz der Diffusion (S. 38)

$$D \cdot \frac{\partial^2 c}{\partial x^2},$$

wo D der Diffusionskoeffizient ist. Nach einer früher (S. 161) abgeleiteten Beziehung zwischen Diffusionskoeffizient und Beweglichkeit können wir $D = (kT/\varepsilon w)u$ setzen, wo u die S. 328 eingeführte Beweglichkeit und w wieder die Wertigkeit des betrachteten Ions ist. Beschränken wir unsere Ansätze wie bisher auf den Fall binärer Elektrolyte, so ist $w_+ = w_- = w$ und wir erhalten also für die Diffusionsanteile an dem Zuwachs der Ionenzahlen

$$\frac{kT}{\varepsilon w}\, u_+ \cdot \frac{\partial^2 c}{\partial x^2} \qquad \text{bzw.} \qquad \frac{kT}{\varepsilon w}\, u_- \frac{\partial^2 c}{\partial x^2}.$$

Die durch die elektrische Wanderung bedingten Zuwachsanteile sind

$$u_+ \cdot \frac{\partial}{\partial x}\left(c\,\frac{\partial \psi}{\partial x}\right) \qquad \text{bzw.} \qquad -u_- \frac{\partial}{\partial x}\left(c\,\frac{\partial \psi}{\partial x}\right),$$

wenn wir mit ψ das Potential des elektrischen Feldes bezeichnen. Nun muß erstens, damit die Lösung neutral bleibt, die gesamte Zunahme der positiven Ionenzahl gleich der der negativen sein, d. h. es muß sein, wie aus der Kombination der beiden obigen Relationen sich ergibt

$$\frac{\partial}{\partial x}\left\{\frac{kT}{\varepsilon w}\,(u_+ - u_-)\,\frac{\partial c}{\partial x} - (u_+ + u_-)\,c \cdot \frac{\partial \psi}{\partial x}\right\} = 0.$$

Damit aber überhaupt kein Strom fließt, muß offenbar ferner der mit der Ionenladung εw multiplizierte Wert der Klammer { }, d. h. dieser Klammerausdruck selbst Null sein. Lösen wir die dadurch entstehende Gleichung nach $\partial \psi / \partial x$ auf, so ergibt sich

$$\frac{\partial \psi}{\partial x} = \frac{kT}{\varepsilon w}\,\frac{u_+ - u_-}{u_+ + u_-}\,\frac{1}{c}\,\frac{\partial c}{\partial x}.$$

Wenn wir zwischen zwei Stellen in der Lösung integrieren, an denen die Potentiale die Werte ψ_1 und ψ_2 bzw. die Konzentrationen die Werte c_1 und c_2 haben, so erhalten wir

$$(112\,\mathrm{a}) \qquad E = \psi_1 - \psi_2 = \frac{kT}{\varepsilon w}\,\frac{u_+ - u_-}{u_+ + u_-}\,\ln \frac{c_1}{c_2}.$$

Benutzen wir wie üblich an Stelle des ln den BRIGGSchen Logarithmus log und messen E in Volt, so ergibt sich numerisch

$$(112\,\mathrm{b}) \qquad E = \frac{1{,}983 \cdot 10^{-4}}{w} \cdot T \cdot \frac{u_+ - u_-}{u_+ + u_-}\,\log \frac{c_1}{c_2}.$$

Es heißt dies, daß sich zwischen zwei Stellen eines Elektrolyten an denen die Konzentrationen der Ionen c_1 und c_2 sind, im stromlosen stationären Zustand eine Spannungsdifferenz E von der durch diese Gleichung angegebenen Größe ausbildet, und zwar ganz unabhängig davon, wie im einzelnen die Konzentrationen räumlich verteilt sind. Allerdings sind die in derartigen Konzentrationeselementen auftretenden Spannungswerte stets nur recht klein, nämlich bei Zimmertemperatur nur von der Größenordnung 0,01 V pro Zehnerpotenz des Konzentrationsverhältnisses c_1/c_2. Schon daraus geht hervor, daß es auf diesem Weg nicht möglich ist, die elektromotorischen Kräfte galvanischer Elemente quantitativ zu erklären. Sie haben ihren Sitz vielmehr an den Grenzflächen zwischen den Elektroden und der Lösung. Den sich hier abspielenden Vorgängen wollen wir uns jetzt zuwenden.

37. Grenzflächenvorgänge.

Osmotische Theorie der Grenzflächenpotentiale. Wie bisher stets in diesem Buch wollen wir auch weiterhin und insbesondere in diesem Abschnitt versuchen, möglichst anschaulich auf den Mechanismus der uns interessierenden Vorgänge einzugehen. Wir wollen also nicht abstrakte thermodynamische Überlegungen in den Vordergrund stellen — obwohl sie sich gerade hier als sehr fruchtbar erwiesen haben —, sondern dem Gedankengang der sog. osmotischen Theorie folgen.

Ein galvanisches Element besteht grundsätzlich aus zwei metallischen Oberflächen, die in miteinander in Verbindung stehende elektrolytische Lösungen eingetaucht sind. Die Klemmspannung des Elements setzt sich zusammen (und ist gleich ihrer algebraischen Summe) aus allen zwischen diesen beiden Oberflächen sich ausbildenden Potentialsprüngen. Von diesen haben wir eben (S. 339) die im Inneren der Lösung selbst entstehenden an einem einfachen Beispiel kennengelernt. Sie sind fast immer so klein, daß sie praktisch vernachlässigt werden können, so daß es sich im folgenden nur handeln soll um eine Deutung der Potentialsprünge, die sich an den Grenzflächen Elektrolyt-Metall ausbilden. Ganz ähnlich wie in der Theorie der Leitung in Elektrolyten, wo wir von der Hypothese der spontanen Dissoziation ausgingen, wollen und müssen wir nun auch hier eine Hypothese an die Spitze stellen, nämlich die Hypothese der „Lösungstension". Hier wie dort ist es bisher noch nicht gelungen, noch um eine Stufe tiefer zu gehen und diese Hypothese auszubauen zu einer wirklich befriedigenden Theorie im Sinn einer Zurückführung auf einfache, quantitativ faßbare Mechanismen. Aber auch diese neue Hypothese ist eigentlich so einfach und anschaulich und hat sich so vielfach bestens bewährt, daß man kaum Bedenken haben wird, an sie alle weiteren Überlegungen anzuschließen. Wenn eine Substanz (z. B. Zucker) sich in einer Flüssigkeit (z. B. Wasser) auflöst, gehen Moleküle dieser Substanz aus dem Festkörpergefüge in das

Lösungsmittel über, die Substanz hat das Bestreben, sich aufzulösen Ganz analog sollen auch die Metalle das Bestreben haben, sich in geeigneten Lösungsmitteln aufzulösen, mit dem Unterschied jedoch, nur in Form positiver Ionen ihre Atome an die Lösung abzugeben zu können. Die Annahme einer deratigen Lösungstendenz gibt natürlich, wie schon erwähnt, an sich keinerlei Erklärung dafür, warum der Vorgang der Entsendung von Ionen in die Lösung stattfindet, und keinerlei neue Einsichten in den Mechanismus dieses Vorgangs; sie enthält lediglich eine Beschreibung experimenteller Befunde unter Benutzung eines neuen Wortes. Aber sie ist, wie wir sogleich sehen werden, als Arbeitshypothese sehr brauchbar und hat sich als ungemein fruchtbar erwiesen. Allerdings auch dies nur, wenn wir zunächst eine weitere Annahme machen (vgl. dazu S. 342), nämlich die, daß sich die Ionen nicht nur im gelösten Zustand — wo die Dinge wenigstens in erster Näherung so liegen —, sondern auch innerhalb des festen Metalls verhalten wie die Teilchen eines idealen Gases, denen bestimmte Partialdrucke zuzuschreiben sind. Dann nämlich können wir folgendermaßen schließen: Wenn der Partialdruck der Ionen im Metall P (die sog. „Lösungstension“) und in der Lösung p ist, und wenn ein Grammäquivalent des Ionengases bei der Versuchstemperatur T aus dem Metallzustand reversibel in den Lösungszustand übergeht, so leistet es dabei Arbeit, und zwar nach dem bekannten elementaren Ansatz für die isotherme Ausdehnungsarbeit idealer Gase im Betrag von

$$(113) \qquad R\,T \ln \frac{P}{p}.$$

Mit dem Übergang eines Äquivalents von Ionen ist aber (S. 327) der Übergang von $w \cdot 96\,500$ C verbunden, wenn die Wertigkeit der Ionen w ist. Andererseits wird durch den Verlust an positiver Ionenladung das Metall negativ aufgeladen, und zwar so lange, bis sich eine Potentialdifferenz E zwischen Metall und Lösung ausgebildet hat, die gerade einen weiteren Ionenaustritt verhindert. Im Endzustand haben wir dann also $w \cdot 96\,500$ C durch den Potentialfall von E Volt transportiert und den dazu erforderlichen Arbeitsaufwand entnommen aus der Ausdehnungsarbeit des Ionengases. Es muß deshalb sein

$$(114\,\mathrm{a}) \qquad w \cdot 95\,600 \cdot E = R\,T \cdot \ln \frac{P}{p}.$$

Setzen wir für R den Zahlenwert (8,31 Ws/grad) ein und benutzen den $\log_{10}$, so erhalten wir

$$(114\,\mathrm{b}) \qquad E = \frac{1{,}983 \cdot 10^{-4}}{w}\, T \log \frac{P}{p}$$

oder wenn wir an Stelle der Partialdrucke die Ionenkonzentrationen C und c im Metall und in der Lösung einführen, die nach unseren

Annahmen proportional den Partialdrucken sind,

$$(114) \qquad E = \frac{1{,}983 \cdot 10^{-4}}{w}\, T \log \frac{C}{c}.$$

Wir haben damit eine Formel für die an der Grenzfläche Metall — Lösung sich ausbildende Potentialdifferenz gewonnen, mit der zu arbeiten sich erfahrungsgemäß vorzüglich bewährt hat. Ehe wir die Brauchbarkeit der in dieser Formel zusammengefaßten Arbeitshypothese — denn um mehr handelt es sich, um dies nochmals zu betonen, vorerst noch kaum — an einigen Folgerungen aufzeigen, sei noch eine etwas tiefergehende Ableitung erwähnt, die den Begriff der Lösungstension physikalisch befriedigender faßt und vor allem die in der Annahme der Gültigkeit der idealen Gasgesetze liegende Härte vermeidet. Es sei die Konzentration der Ionen im Metall c_m und in der angrenzenden Lösung c_l. Dann ist nach dem Boltzmann-Prinzip (S. 16) im thermodynamischen Gleichgewichtszustand

$$c_l = c_m \cdot e^{-V/RT},$$

wo V die potentielle Energie der Ionen in der Lösung gegen die Ionen im Metall ist. Diese Energie ist zu einem Teil V_e der elektrischen Potentialdifferenz zwischen Metall und Lösung zuzuschreiben (elektrostatische Kräfte, welche die Ionen aus der Lösung an das Metall ziehen), und zu einem anderen Teil V_a spezifischen Grenzflächenkräften. Setzen wir demgemäß in der Boltzmann-Formel $V = V_a - V_e$, so erhalten wir

$$c_l = (c_m \cdot e^{-V_a/RT}) \cdot e^{V_e/RT}$$

und wenn wir nun $V_e = w \cdot 95\,600 \cdot E$ setzen und als Maß für das, was die eigentliche Lösungstension bedeutet, die für das Metall und die Lösung charakteristiche Konstante C einführen durch

$$C = c_m \cdot e^{-V_a/RT}$$

erhalten wir

$$c_l = C \cdot e^{\frac{w \cdot 95\,600 \cdot E}{RT}}.$$

Es ist für das folgende wichtig, daß C die Bedeutung der Konzentration der Ionen in der Lösung hat, die sich einstellen würde für $E = 0$. Betrachten wir nämlich eine Lösung, in der die Ionen die Konzentration c haben und bringen aus der Lösung 1 Grammäquivalent Ionen in das Metall, so können wir die dabei die zu leistende Arbeit wieder zerlegen in einen elektrostatischen Anteil $A_e = -w\,96\,500\,E$ und in einen Anteil A_a, der den spezifischen Grenzflächenkräften zugehört. Beide müssen entgegengesetzt gleich sein. Der letztere Anteil A_a ist offenbar nun aufzufassen als die Arbeit, die bei einer Änderung Konzentration der Lösung von dem Wert c gerade auf den oben definierten Wert C zu leisten ist. Aber jetzt dürfen wir diese Arbeit, und das ist das Wesentliche, nach der Formel für die isotherme Ausdehnungsarbeit idealer Gase ansetzen

$$A_a = R\,T \cdot \ln \frac{C}{c},$$

weil wir nun unser Gedankenexperiment sich ganz in der Lösung allein abspielen lassen, und auf diese die Gasgesetze anzuwenden unbedenklich ist (wenigstens solange wir es mit schwachen Elektrolyten zu tun haben; für starke Elektrolyte würde man noch komplizierte Korrektionsglieder hinzunehmen müssen). Wir bekommen also, wenn wir die Gleichsetzung $A_e = A_a$ der beiden Arbeitsanteile ausschreiben

$$w \cdot 96\,500 \cdot E = R\,T \ln \frac{C}{c}$$

und das ist wiederum formal genau die Formel (114), wenn auch nun mit anderer und physikalisch schärfer gefaßter Bedeutung der Größe C als bei der früheren primitiven Ableitung.

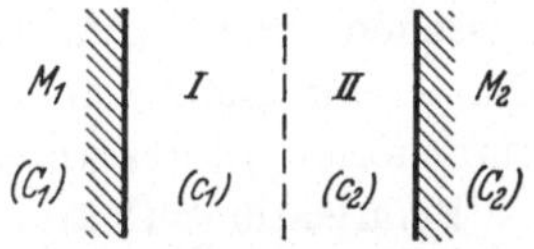

Mit Hilfe dieser Formel können wir nun sofort z. B. die elektromotorische Kraft eines Elements angeben, das nach dem Schema der Abb. 129 aus den beiden Metallen M_1 und M_2 in zwei Elektrolyten I und II (getrennt unter Umständen durch eine poröse Wand) besteht.

Abb. 129. Schema eines galvanischen Elements.

Unter Vernachlässigung der Potentialdifferenz an der Grenzfläche zwischen den beiden Elektrolyten (S. 339) ist nämlich (bei $T = 290$)

$$(114\,\mathrm{c}) \qquad E = E_1 - E_2 = \frac{0{,}0577}{w} \left(\log \frac{C_1}{c_1} - \log \frac{C_2}{c_2} \right).$$

Sind insbesondere die beiden Metalle gleich und tauchen in denselben Elektrolyten, aber bei den Ionenkonzentrationen c_1 und c_2 ein, so ist $C_1 = C_2$ und es wird

$$(114\,\mathrm{d}) \qquad E = \frac{0{,}0577}{w} \log \frac{c_2}{c_1}.$$

Ein Beispiel dafür ist etwa das nach dem Schema

$$\mathrm{Zn \,|\, ZnSO_4 \quad ZnSO_4 \,|\, Zn}$$

aufgebaute Zink-Schwefelsäure-Element.

Es sei noch eine ergänzende Betrachtung angefügt. Wie die Gl. (114) zeigen, liefern Messungen der elektromotorischen Kräfte von beliebigen Elementkombinationen, sie mögen aufgebaut sein in irgendwie komplizierter Weise, stets und grundsätzlich nur die Verhältnisse C_1/C_2 bzw. P_1/P_2 der Ionnenkonzentrationen bzw. der Lösungstensionen. Man ist deshalb übereingekommen, als Bezugsgröße die Lösungstension eines bestimmten Metalls gleich 1 zu setzen, und hat als dieses „Normalmetall" den Wasserstoff gewählt. Man setzt demgemäß für Wasserstoff (benutzt wird eine platinierte Platinelektrode, die von Wasserstoff umspült wird) $0{,}0577 \cdot \log P = 1$. Als „elektrolytisches Potential" einer Elektrode bezeichnet man das Potential dieser Elektrode gegen eine Lösung, welche die Konzentration $c = 1$ besitzt, in der sich also 1 Grammäquivalent der betreffenden Metallionen befinden und bezieht es auf das der normalen Wasserstoffelektrode, deren elektrolytisches Potential $0,0057 \cdot \log 1$ demgemäß gleich 0 zu setzen ist. Aus der sog. „Spannungsreihe" der Metalle, d. h. den in eine Reihe geordneten elektrolytischen Potentialen der Metalle in wässeriger Lösung seien nur einige Zahlen angeführt, um die Größenordnung erkennen zu lassen. Sie gehen von Li/Li_+ mit $-3,02$ V über z. B. Mg/Mg_{++} mit $-1,55$ V, Cd/Cd_+ mit $0,40$ V, Fe/Fe_{+++} mit $-0,04$ V, Hg/Hg_{++} mit $0,80$ V bis zu Au/Au_+ mit $1,5$ V. Ein Metall wird als um so „edler" bezeichnet, je weiter es nach der positiven Seite von $H_2/2\,H_+$ mit konventionsgemäß $0,00$ V entfernt ist und umgekehrt. In diesem Zusammenhang sei auch noch der sog. Bequerel-Effekt wenigstens erwähnt; wie jede chemische Verschiedenheit zweier Metalloberflächen in einem Elektrolyten das Entstehen einer elektromotorischen Kraft zwischen ihnen veranlassen kann, so auch die Bestrahlung der einen Platte mit Licht; allerdings nur unter gewissen Bedingungen und mit mancherlei interessanten Komplikationen.

Polarisationseffekte. Ehe wir uns im nächsten Abschnitt mit der Struktur der Übergangsschicht zwischen einer metallischen Wand und einer angrenzenden elektrolytischen Lösung eingehender beschäftigen, wollen wir unmittelbar anschließend an die eben durchgeführten Überlegungen noch einige elementare Betrachtungen anstellen und bei dieser Gelegenheit vor allem auch ein paar neue Begriffe und Bezeichnungen kennenlernen, die praktisch von Bedeutung sind. Die Erscheinungen, mit denen wir uns beschäftigen wollen, gruppieren sich um die der sog. „Polarisation" und sind gekennzeichnet durch die Schlagworte Zersetzungs- bzw. Abscheidungsspannung, Reststrom und Überspannung. Worum es sich dabei handelt, läßt sich mit wenigen Sätzen sagen: Die durch die Lösung an die Elektroden wandernden Ionen können dort entweder ohne sekundäre Reaktionen haften bleiben, als Gase aus der Zelle entweichen, sich in der Flüssigkeit lösen oder sekundäre Reaktionen mit der Lösung oder der Elektrodensubstanz eingehen und chemische Veränderungen verursachen. Jedenfalls aber können durch die Elektrolyse die Elektroden oder die Lösung an den Elektroden verändert werden und es können so elementartige Kombinationen durch den Stromdurchgang gebildet werden, die eine dem Hauptstrom entgegengesetzt gerichtete elektromotorische Kraft entwickeln und ihm entgegenarbeiten. Die ganze Gruppe derartiger Effekte bezeichnet man als „Polarisation". Zwei einfache Beispiele mögen das veranschaulichen, die zugleich typisch sind für die beiden wichtigsten Gruppen von Polarisationsvorgängen. Das eine ist die Elektrolyse von wässeriger HCl-Lösung zwischen „unangreifbaren" Pt-Elektroden, wobei sich an der Kathode H und an der Anode Cl abscheidet und die Elektrodenoberflächen mit einem Überzug jeweils dieser Gase bedeckt werden. Dadurch wird ein Chlor-Knallgaselement aufgebaut, dessen EMK der elektrolysierenden äußeren EMK entgegengesetzt gerichtet ist, und dieser Aufbau geht solange weiter, bis die Gase z. B. bei offenem Gefäß den äußeren Atmosphärendruck erreicht haben und zu entweichen beginnen. Das zweite Beispiel sei die Elektrolyse von $AgNO_3$ zwischen einer „angreifbaren" Silberanode und z. B. einer Pt-Kathode. In diesem Fall wird Silber an der Anode gelöst und an der Kathode abgeschieden und für die Ausbildung einer zu der des ersten Beispiels analogen PolarisatonsGegenkraft besteht als keine Möglichkeit. Dafür tritt aber eine andere Art der Polarisation auf, die man als Konzentrationspolarisation bezeichnet; es ändern sich nämlich die Konzentrationen der Metallionen in der nächsten Umgebung der Elektroden infolge des Stromdurchgangs im Sinn einer Verarmung vor der Kathode und einer Anreicherung vor der Anode, wodurch nun ein Konzentrationselement wiederum mit einer der äußeren entgegengesetzt gerichteten EMK entsteht. Praktisch ist allerdings diese Art der Polarisation bedeutungslos. Die hier entstehenden elektromotorischen Kräfte sind nämlich 10- bis 100mal kleiner als die in den Fällen der erstgenannten Art entstehenden und meist nur von der Größenordnung der hundertstel Volt.

Elektrolysiert man mit einer äußeren EMK von E Volt, und ist die gegenelektromotorische Kraft der inneren Polarisationselemente e Volt und w der Widerstand der Flüssigkeit, so fließt durch die Zelle ein Strom, der gegeben ist durch

$$E - e = i\,w.$$

Unmittelbar ersichtlich wird übrigens die Wirkung der durch Polarisation bedingten elektromotorischen Gegenkraft e außer in den sogleich noch zu erwähnenden Effekten z. B. bei der Elektrolyse durch Wechselstrom. Ist die äußere EMK $E = E_0 \sin \omega t$ und die Gegenkraft e, so ist der Strom $I = (E + e)/W$, wo W der OHMsche Widerstand der Zelle ist. Nun ist aber e proportional der Menge der auf den Elektroden abgeschiedenen polarisierenden Ionen und deshalb anzusetzen in der Form

$$e = -k \int I\,dt.$$

Dies gibt für I die Differentialgleichung

$$\frac{dI}{dt} = \frac{E_0\,\omega \cos \omega t}{W} - \frac{k}{W} \cdot I,$$

deren Lösung

$$I = \frac{E_0}{\sqrt{\omega^2 + (k/\omega)^2}} \sin(\omega t + \varphi); \quad \operatorname{tg}\varphi = \frac{k}{\omega W}$$

zeigt, daß eine Phasenverschiebung zwischen Strom und Spannung und eine effektive Vergrößerung des Widerstandes statthat. Die Zelle verhält sich also wie ein OHMscher Widerstand mit einer Kapazität $C = 1/k$ (sog. „Polarisationskapazität" oder „elektrolytische Kapazität) in Serie (vgl. dazu auch S. 350f.).

Wir kehren nach dieser Einschaltung zurück zur Betrachtung der Gleichstromeffekte. Solange e kleiner ist als der Maximalwert e_0 der gegenelektromotorischen Kraft (in obigem Beispiel der offenen HCl—Pt-Zelle also kleiner als der zu Atomsphärendruck gehörende), fließt bei Steigerung von E jeweils nur kurze Zeit überhaupt ein Strom, nämlich nur solange, bis die inneren Gegenelemente aufgebaut sind, und erst wenn E größer als dies e_0 gewählt wird, kann ein dann dem OHMschen Gesetz gehorchender Dauerstrom fließen. Man nennt deshalb e_0 die „Zersetzungsspannung". Diese Zersetzungsspannung läßt sich grundsätzlich wiederum aus der früheren Formel (114) S. 342 entnehmen und ist eine für jede Metall-Lösungskombination (und den äußeren Druck) charakteristische Größe. Sie setzt sich zusammen aus den an der Anode und Kathode entstehenden gegenelektromotorischen Kräften; jede von ihnen für sich bezeichnet man als die „Abscheidungsspannung" der betreffenden Ionenart. Nach diesem einfachen Schema sieht die Sachlage so aus, wie dies in Abb. 130 skizziert ist; unterhalb $E = e_0$ sollte überhaupt kein Dauerstrom erhältlich sein, und bei $E = e_0$ sollte ein linearer Anstieg des Dauerstromes entsprechend dem OHMschen Gesetz einsetzen. In Wirklichkeit beobachtet man nun aber Abweichungen von diesem Schema: Es fließt auch schon unterhalb e_0 ein kleiner Dauerstrom, der sog. „Reststrom", wie dies in Abb. 131 an einigen Beispielen gezeichnet ist; und es zeigt sich ferner, daß in manchen Fällen die Zersetzungs- bzw. Abscheidungsspannungen höher liegen als die theoretisch zu erwartenden, ein Effekt, den man als „Überspannung" bezeichnet.

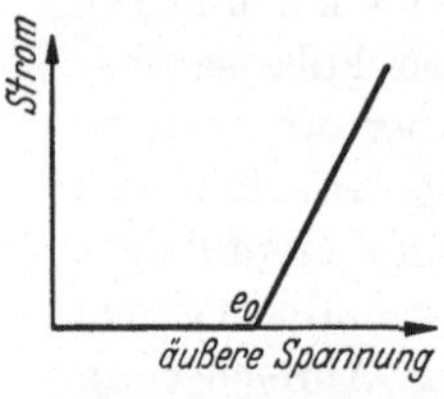

Abb. 130. Zersetzungsspannung (schematisch).

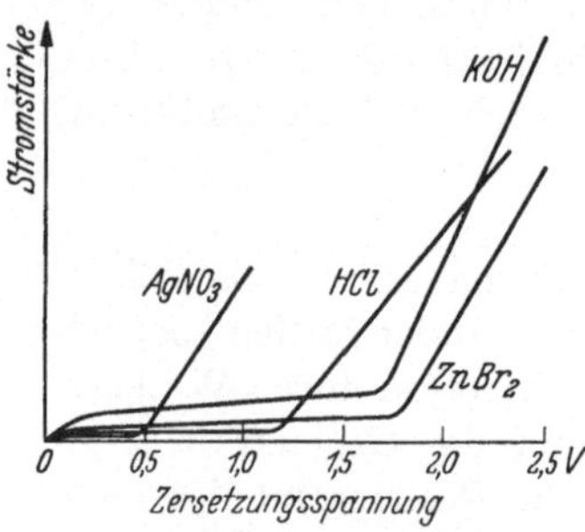

Abb. 131. Restströme und Zersetzungsspannungen. (Nach DANNEEL.)

Zur Erklärung der Erscheinung des Reststroms kommen wir am einfachsten durch den Begriff der „Depolarisation". Es ist bekannt, daß man die Polarisation vermeiden oder wenigstens vermindern kann durch Eingriffe in die ungestörte Abscheidung der polarisierenden Ionen, indem man sie irgendwie vernichtet oder an der Abscheidung verhindert u. dgl. Moderne Elemente sind nach diesen Prinzipien aufgebaut und es liegt nun nahe anzunehmen, daß für den Reststrom ebenfalls derartige depolarisierende Effekte verantwortlich zu machen sind. Als Beispiel einfachster Art kann etwa die Elektrolyse von Wasser zwischen Pt-Elektroden dienen. Die Kathode bedeckt sich hier mit H_2, die Anode mit O_2; da aber beide Gase in Wasser löslich sind und deshalb dauernd nicht nur abgeschieden, sondern auch wiederum weggelöst

werden, kann schon unterhalb der Zersetzungsspannung ein Dauerstrom
fließen, der eben gerade den Verlust durch das Weglösen kompensiert.
Wir sehen zugleich, daß eine feinere und vollständige Theorie der Polarisation die Theorie des Reststroms mit umfassen muß und umgekehrt
und wollen dies noch an einem Beispiel erläutern. An einer Elektrode
von kleiner Oberfläche sei die Ionenkonzentration c_k infolge der Elektrolyse kleiner als die Konzentration c_0 inmitten der Lösung. Dann liegt
also an der Elektrode eine Polarisationsspannung e, die sich nach der
Grundformel (114) S. 342 berechnet zu

$$e = \frac{1{,}983 \cdot 10^{-4}}{w} \cdot T \cdot \log \frac{c_k}{c_0}.$$

Als depolarisierender Effekt ist hier anzusehen die Nachlieferung von
Ionen aus der Lösung in die elektrodennahen Schichten, wodurch das
Konzentrationsverhältnis c_k/c_0 vergrößert und dem Wert 1 nähergebracht
wird. Diese Nachlieferung kann z. B. vorwiegend besorgt werden durch
die Ionendiffusion im Konzentrationsgefälle. Man wird aber in dieser
Schlußfolgerung zuerst vielleicht eine Schwierigkeit insofern sehen, als
der Zustand $c_k < c_0$, d. h. eine Ionenverarmung an der Elektrode, hervorgebracht wird durch die Abwanderung der Ionen im elektrischen
Feld, als aber andererseits der Reststrom ein Diffusionsstrom in dem
Konzentrationsgefälle $c_0 \to c_k$ sein soll und deshalb scheinbar in entgegengesetzter Richtung fließt wie jener Ionenstrom. Diese Schwierigkeit löst sich aber sofort, wenn wir daran denken, daß die Ionenkonzentrationen c_+, c_-, und das was man als die Konzentration c der Lösung
schlechtweg bezeichnet, natürlich nicht unabhängig voneinander sind,
sondern durch die Bedingung der Neutralität der Lösung als Ganzes
zwangläufig stets miteinander verknüpft sind. Am deutlichsten wird dies
im Fall der starken Elektrolyte mit vollständiger Dissoziation, wo
unmittelbar $c_+ = c_- = c$ zu setzen ist. Die Dichte J des Diffusionsstroms
läßt sich dann sofort angeben durch den bekannten Diffusionsansatz

$$J = D \left(\frac{\partial c}{\partial x} \right)_k \varepsilon\, w\, 95\,600$$

und läßt sich näherungsweise berechnen etwa unter der Annahme eines
linearen Konzentrationsverlaufes in einer an der Elektrode liegenden
Schicht von der Dicke d. Dann ist nämlich

$$\left(\frac{\partial c}{\partial x} \right)_k = \frac{c_0 - c_k}{d}$$

und der Reststrom wird

$$(115) \qquad\qquad J = D\, \varepsilon\, w\, 96\,500\, \frac{c_0 - c_k}{d}.$$

Wenn wir die Spannung an der Zelle allmählich steigern, so wird c_k abnehmen und J wird zunehmen. Wenn dann $c_k \ll c_0$ geworden ist, wird
J praktisch konstant bleiben auf dem Wert $J = D\, \varepsilon\, w\, 96\,500\, c_0/d$ (sog.
Grenzstrom) und erst wenn die äußere EMK der gegenelektromotorischen

Kraft der Polarisation gleich gemacht worden ist, also die früher (S. 346) genannte Abscheidungsspannung erreicht ist, wird der eigentliche elektrolysierende Strom einsetzen und nach dem OHMschen Gesetz ansteigen (Abb. 131). Wir sehen aus diesem einfachen Beispiel zugleich schon, daß die Struktur der Grenzflächenschicht, die wir hier schematisch vereinfachend angesetzt hatten, bei feineren Betrachtungen eine maßgebende Rolle spielt. Hierauf werden wir später noch eingehen (S. 350 f.).

Zum Schluß wollen wir noch kurz einige Effekte schildern, die sich um den durch das (bereits S. 346 erwähnte) Schlagwort „Überspannung" gekennzeichneten gruppieren, darüber hinausgehend aber eine ganze Reihe sehr interessanter und auch praktisch wichtiger Anomalitäten, wie insbesondere die Passivität und die anodische Ventilwirkung umfassen. Das bekannteste Beispiel für die sog. Überspannung ist, daß bei der Elektrolyse H-haltiger Lösungen die Abscheidung von Wasserstoff an der Kathode je nach dem Kathodenmetall bei verschiedenen, unter Umständen erst recht weit oberhalb der theoretischen Abscheidungsspannung liegenden Spannungen in Form von entweichenden Gasblasen erfolgt. Setzen wir nach der früher getroffenen Übereinkunft die Abscheidungsspannung des Wasserstoffs zu 0,00 V fest, so finden wir, daß die Abscheidung z. B. an Zn erst bei 0,70 V beginnt und sagen dann, daß an Zn der Wasserstoff mit einer Überspannung von 0,7 V entweicht. Die praktische Bedeutung dieser Erscheinung erhellt am besten aus einem Beispiel. Wenn wir, wie dies fast stets der Fall ist, eine Lösung mit mehreren Ionenarten haben, so gilt die Regel, daß derjenige Vorgang vorzugsweise eintritt, für den die kleinste Spannung erforderlich ist. Demgemäß sollte beim Laden eines Bleiakkumulators sich praktisch überhaupt kein Blei, sondern nur Wasserstoff abscheiden und nur der über der Abscheidungsspannung von Blei (0,12 V) liegenden Überspannung des Wasserstoffs an Blei (0,64 V) ist es also zu verdanken, daß der Akkumulator überhaupt in der gewünschten Weise funktioniert. Es gibt zahlreiche verschiedene Theorien für die Überspannung des Wasserstoffs; gemeinsam ist allen, daß verantwortlich zu machen sein soll eine Polarisation, die nicht unmittelbar von den Produkten der Elektrolyse herrührt, sondern, daß irgendein mit der Elektrolyse verbundener Zwischenvorgang verzögert wird. Rein mechanisch könnte es sich dabei handeln um eine Verzögerung des Vorganges der Bildung oder des Entweichens der Gasblasen auf der Kathodenoberfläche, chemisch um die Verzögerung einer Zwischenreaktion in dem Sinn, daß die an die Kathode gelangenden H-Ionen sich erst zu H_2-Molekülen über diese Zwischenreaktion vereinigen müssen, um gasförmigen Wasserstoff zu bilden. Die einfachste Annahme wäre hierbei etwa die, daß die Reaktion $H + H \rightarrow H_2$ durch die verschiedenen Metalle katalytisch verschieden stark beschleunigt wird, und zwar um so mehr, je kleiner die Überspannung an dem betreffenden Metall ist.

Gewisse, der kathodischen Überspannung analoge Effekte treten aber auch an der Anode auf; die „Passivierung" mancher Metalle und die „anodische Ventilwirkung" seien hier als wichtigste erwähnt. Am bekanntesten und genauesten untersucht ist die Passivierung des Eisens, d. h. die Erscheinung, daß Eisen in verdünnter Schwefelsäure oder Salzsäure kurze Zeit als Anode beansprucht, in diesen Säuren unlöslich d. h. anodisch unangreifbar oder „edler" wird. In engem Zusammenhang damit steht die Feststellung, daß viele Metalle als Anoden nicht mehr in äquivalenten Mengen in Lösung gehen, sondern nur in erheblich kleineren Mengen oder im Grenzfall überhaupt nicht mehr. Sie werden also ebenfalls passiv und eine Zelle mit einer derartig formierten Anode wirkt als elektrisches Ventil. Auch für die Passivität und die anodische Ventilwirkung gibt es eine ganze Reihe verschiedener Ursachen und demgemäß eine große Zahl verschiedener theoretischer Erklärungsversuche. Auch hier kann man, wie bei der Erklärung der Überspannung, zwei Hauptgruppen von Erklärungsmöglichkeiten unterscheiden, die mechanischen (physikalischen) und die chemischen. Im ersteren Fall handelt es sich um die Bildung von Häuten oder Deckschichten auf der Anode, durch die eine Verzögerung oder Unterbindung der Anodenreaktionen bedingt wird, in letzterem um Vorgänge chemischer Natur, durch die die Bildung von Ionen an der Anode verlangsamt wird. Die Deckschichttheorien kommen im einzelnen darauf hinaus, daß diese schlecht leitenden und schwer löslichen Schichten den Stromdurchgang hindern oder, wenn sie porös sind, auf die Poren zusammendrängen, wobei zudem noch eine erhebliche Konzentrationspolarisation auftreten kann. Zur Erklärung der Ventilwirkung, die insbesondere an Tantal und Aluminium ausgeprägt zu erhalten ist, hat man sich in manchen Fällen allerdings noch zu Zusatzannahmen genötigt gesehen und zum Teil recht komplizierte Mechanismen ausgedacht. So z. B. hat sich gezeigt, daß auf Tantal nicht eine poröse, sondern eine kompakte Schicht von Ta_2O_3 entsteht und hat angenommen, daß in der Sperrichtung (Lösung negativ) kein Stromdurchgang stattfinden kann, weil in der Lösung keine freien Elektronen zur Verfügung stehen, während in der Flußrichtung (Metall negativ) das Ventilmetall Elektronen für den Strom liefern kann. An Aluminiumanoden scheinen die Dinge noch wesentlich komplizierter zu liegen und es scheinen noch kataphoretische Vorgänge (vgl. S. 360) in einer derartigen Schicht von Aluminiumhydroxyd mitzuspielen. Die chemischen Theorien der Passivität gehen letzten Endes alle davon aus, daß eine Verzögerung der Ionenbildung zustande kommt, die mit Veränderungen der Metalloberfläche begleitet sind. Es mag genügen, von den zahlreichen Spielarten dieser Vorstellungsgruppe nur eine beliebige hier herauszugreifen und an ihr zu zeigen, wie dieser Grundgedanke der chemischen Theorien zu verstehen ist. Steigert man die Spannung E an einer passivierbaren Anode, so erreicht man bald eine Zustand in dem der Strom plötzlich abfällt und das Anodenpotential ansteigt. Die anodische Auflösung des Metalls hört auf und es findet nur noch Sauerstoffabscheidung statt. Mit abnehmender Spannung hingegen werden dann nicht wieder dieselben Zustände rückwärts durchlaufen, sondern das Anodenpotential bleibt zunächst relativ hoch, die Stromstärke klein, es entsteht eine mit typischen Nachwirkungserscheinungen behaftete hysteresisartige Charakteristik. Dies alles deutet darauf hin, daß hier der passive Zustand der Anode durch eine chemische, nur langsam wieder zurückgehende Veränderung, und zwar wegen ihres sprunghaften Eintretens nur eine Veränderung der eigentlichen Oberflächenschichten stattfindet. Diese Veränderung kann man im einfachsten Fall z. B. in der Bildung einer sehr dünnen Oxydhaut sehen oder in der Bildung einer Metallsalzhaut, die zunächst im Sinn der mechanischen Theorie lokale große Stromdichten durch Porenwirkung erzwingt, wobei dann bei Überschreitung einer kritischen Stromdichte das Gleichgewicht zwischen Metallionen und Elektronen in der Metalloberfläche zugunsten der Bildung höherwertiger Ionen verschoben wird. Die Mannigfaltigkeit der Einzelbefunde und die Vielfältigkeit der sich bietenden Erklärungsmöglichkeiten, auf die im einzelnen hier einzugehen nicht möglich ist, erfordert natürlich von Fall zu Fall die Ausarbeitung zum Teil recht verwickelter spezieller Vorstellungen und es ist wohl kaum möglich, sie alle in ein einfaches Schema zu pressen. Aber im großen und ganzen dürfte durch die vorhergehenden Ausführungen doch verständlich geworden sein, worum es sich letzten Endes handelt.

Die Grenzflächendoppelschicht. Die Feststellung, daß an der Grenzfläche eines Metalls gegen einen Elektrolyten eine Potentialdifferenz ihren Sitz hat — eine Feststellung übrigens, die sehr viel allgemeiner auf Phasengrenzflächen der verschiedensten Art sich ausdehnen läßt — können wir zunächst formal potentialtheoretisch beschreiben durch die Annahme, daß auf der Metalloberfläche eine elektrische „Doppelschicht" liegt, deren eine Belegung im Metall, deren andere in der Flüssigkeit sich befindet. Die Annahme derartiger Doppelschichten hat sich in der theoretischen Physik als sehr fruchtbar und praktische Arbeitshypothese bewährt überall dort, wo es sich um unstetige Änderungen des Potentials an einer Fläche handelt. Wie nämlich die allgemeine Potentialtheorie lehrt, macht das Potential φ an einer Doppelschicht vom Moment M einen Sprung $\varphi_1 - \varphi_2 = 4\pi M$, wobei als Moment das Produkt $\sigma \cdot d$ aus der (entgegengesetzt gleich großen) Dichte $|\sigma|$ und dem Abstand d der Flächenladungen bezeichnet wird. Es sieht also eine solche Doppelschicht so aus, wie dies in Abb. 132a gezeichnet ist, und kann auch aufgefaßt werden als ein Kondensator, dessen Kapazität

$$C = \frac{D}{4\pi d}$$

ist, wenn das Zwischenmedium zwischen den beiden Belegungen die Dielektrizitätskonstante D besitzt. Derartige einfache Doppelschichten gibt es nun in der Tat; so z. B. wenn an einer Phasengrenzfläche Dipolmoleküle mit ihren elektrischen Achsen senkrecht zur Grenzfläche orientiert adsorbiert sind. Aber gerade in den uns hier interessierenden Fällen wird man dies einfache Bild nur als erste grobe Näherung betrachten können. Die eine im Metall liegende Belegung ist zwar fixiert durch die geometrische Oberfläche des Metalls, die andere in der Flüssigkeit liegende aber wird sich nicht lokalisiert vorfinden auf einer zur Metalloberfläche parallelen Fläche, sondern wird sich diffus in den Flüssigkeitsraum hineinerstrecken, weil auf die Flüssigkeitsionen noch andere als die elektrostatische Anziehungskräfte wirken. Wir kommen so zu einer Verallgemeinerung unseres Bildes in Gestalt der sog. „diffusen Doppelschicht". Um noch möglichst allgemein zu bleiben und das neue Modell möglichst anschmiegungsfähig zu machen, wollen wir annehmen,

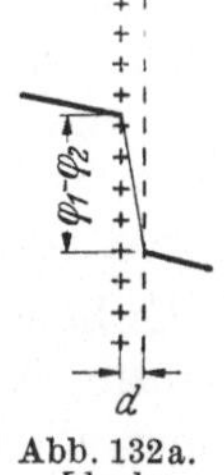

Abb. 132a.
Ideale
Doppelschicht.

daß die eine Belegung nach wie vor eine Flächenladung von der Dichte σ_0 ist, daß aber die andere in der Flüssigkeit liegende aus einer Flächenladung σ_1 und einer Raumladung mit allmählich abklingender Dichte ϱ besteht (Abb. 132b). Das ganze Gebilde soll neutral sein, es soll also $\sigma_0 = \sigma_1 + \Sigma\varrho$ sein. Den Potentialverlauf in dieser diffusen Doppelschicht können wir uns qualitativ leicht überlegen und finden den in die Abbildung eingezeichneten Verlauf.

Die erste Frage ist, welche Kräfte wirksam sind, um eine Ladungsverteilung der in der Abbildung gezeichneten Art aufrechtzuerhalten. Qualitativ ist diese Frage leicht zu beantworten: Es wirken erstens die elektrostatischen anziehenden Kräfte zwischen den entgegengesetzt

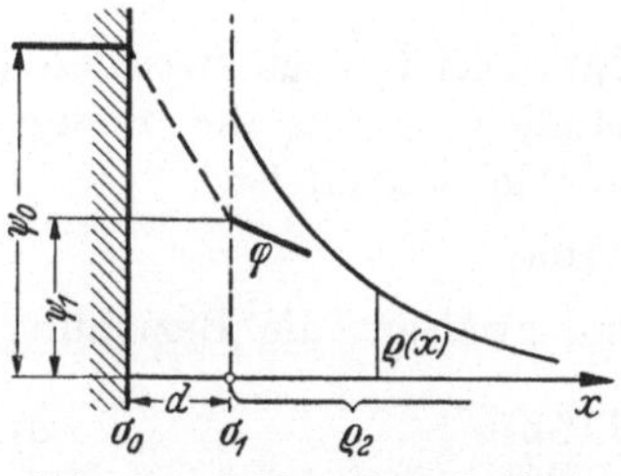

Abb. 132b. Diffuse Doppelschicht.

geladenen Komponenten und halten das ganze Gebilde zusammen. Zweitens müssen aber Sperrkräfte abstoßender Art wirken, die verhindern, daß insbesondere die äußere Flächenladung sich unmittelbar neben die Innenladung legt. Diese Sperrkräfte wird man einfach zu sehen haben in den Kräften, die verhindern, daß die Außenionen sich beliebig der Metalloberfläche nähern, d. h. in Kräfte derselben Art, die wir auch verantwortlich machen für das, was wir die Größe der Ionen nennen. Oder mit anderen Worten, wir werden den Abstand d der beiden Flächenladungen einfach gleich dem Ionenradius anzusetzen haben. Dadurch findet übrigens auch zugleich eine Erklärung, wie die äußere, in der Flüssigkeit liegende Flächenladung σ_1 entstehen kann; man hat sie sich offenbar vorzustellen als zustande kommend durch eine unmittelbare flächenhafte Adsorption von Ionen an der Wand, und wir werden sogar sehen, daß die dabei mitwirkenden spezifischen Adsorptionskräfte wesentlich sind für die Bestimmtheit der ganzen physikalischen Sachlage. Drittens muß aber noch eine Wirkung vorhanden sein, welche die diffuse Zerstreuung und den Aufbau der Raumladungswolke bestimmt. Diese zerstreuende Wirkung kommt von den thermisch bedingten Stößen der Flüssigkeitsmoleküle auf die Ionen. Wir haben es hier also zu tun mit einer Konkurrenz zwischen elektrostatischer Anziehung und thermischer Zerstreuung und die Verteilung der Ionen in der Raumladung ist demgemäß aufzufassen als eine statistische Verteilung von Ionen in einem Kraftfeld, für die offenbar wieder das Boltzmann-Prinzip maßgebend sein wird.

Es handelt sich nun darum, diese Überlegungen auszubauen zu einer quantitativen Theorie der diffusen Doppelschicht. Was dabei letzten Endes allein von Interesse ist, ist augenscheinlich die Berechnung des Potentials ψ_1 (Abb. 132 b), wenn ψ_0 der Wand (Elektrode) von außen aufgeprägt wird. Als zunächst unbekannte Größen werden in die Rechnung eingehen die beiden Flächendichten σ_0 und σ_1 sowie die Raumladungsdichte $\varrho(x)$ bzw. die insgesamt in der Wolke vorhandene Raumladung ϱ_2

$$\varrho_2 = \int\limits_0^\infty \varrho(x)\, dx.$$

Zwei Gleichungen zwischen diesen Größen können wir sofort anschreiben, nämlich erstens die Bedingung dafür, daß das ganze Doppelschichtgebilde neutral ist

$$(116\,\text{a}) \qquad\qquad \sigma_0 = \sigma_1 + \varrho_2,$$

und zweitens die Beziehung

$$(116\,\text{b}) \qquad\qquad \sigma_1 = \frac{D}{4\,\pi\,d}\,(\psi_0 - \psi_1)$$

(D = Dielektrizitätskonstante der Flüssigkeit) zwischen der Flächenladung und der Potentialdifferenz in dem aus den beiden Flächenbelegungen gebildeten elementaren Kondensator. Eine dritte Gleichung liefert die Betrachtung der Raumladungswolke. In der Flüssigkeit seien im ungestörten Zustand n Ionen jedes Vorzeichens enthalten, wobei wir der Einfachheit wegen uns wieder auf einen binären einwertigen Elektrolyten beschränken wollen. Dann sind die Raumladungsdichten, die von den beiden Ionenarten herrühren, nach dem Boltzmann-Prinzip

$$\varrho_+ = \varepsilon\, n \cdot e^{-\varepsilon\,\psi/k\,T},$$
$$\varrho_- = \varepsilon\, n\, e^{\varepsilon\,\psi/k\,T}$$

und es ist

$$\varrho = \varepsilon\, n\, (e^{-\varepsilon\,\psi/k\,T} - e^{\varepsilon\,\psi/k\,T}).$$

Die Potentialgleichung wird also

$$\frac{d^2\psi}{dx^2} = -\frac{4\pi\varrho}{D} = \frac{4\pi\varepsilon n}{D}\left(e^{\varepsilon\psi/kT} - e^{-\varepsilon\psi/kT}\right).$$

Sie ergibt durch eine Reihenentwicklung in zweiter Näherung und mit der Grenzbedingung $\psi = \psi_1$ für $x = 0$ die Lösung

$$\psi = \psi_1 \cdot e^{-\sqrt{\frac{8\pi n\varepsilon^2}{DkT}}\,x}.$$

Setzen wir diesen Wert für ψ wieder in die Potentialgleichung

$$\frac{d^2\psi}{dx^2} = -\frac{4\pi\varrho}{D}$$

ein, so erhalten wir für die Raumladungsdichte

$$\varrho = \frac{2n\varepsilon^2}{kT}\,\psi_1 \cdot e^{-\sqrt{}\cdot x}$$

und daraus für die gesamte Raumladung

$$(116\,\text{c}) \qquad \varrho_2 = \int\limits_0^\infty \varrho\,dx = \sqrt{\frac{n\varepsilon^2 D}{2\pi kT}}\cdot\psi_1.$$

Wir haben damit drei Gl. (116a, b, c) gewonnen, die aber bei gegebenem ψ_0 noch die vier Unbekannten σ_0, σ_1, ϱ_2 und ψ_1 enthalten und also nicht genügen, um alle vier und insbesondere das gesuchte ψ_1 auszurechnen. Es fehlt eben noch eine weitere Beziehung zwischen den Unbekannten und diese wird nur geliefert, wenn wir noch spezifische, auf die Ionen wirkende Adsorptionskräfte berücksichtigen; diese erweisen sich demnach als durchaus wesentlich für die Bestimmtheit der ganzen physikalischen Sachlage. Diese Adsorptionskräfte wirken zwischen der Wand und der adsorbierten Flächenbelegung. Quantitativ können wir sie fassen durch die von ihnen herrührende sog. Adsorptionspotentiale Φ_+ und Φ_-, die als für die Wandsubstanz und die Art der Ionen kennzeichnende Größen anzusehen sind und deren physikalische Bedeutung einfach die Arbeit ist, die geleistet werden muß, um ein positives bzw. negatives Ion aus der Adsorptionsschicht heraus in das Innere der Flüssigkeit zu bringen. In unserem Fall kommen zu diesen reinen Adsorptionskräften natürlich noch die elektrischen Kräfte, d. h. die Gesamtarbeiten sind $\Phi_+ - \varepsilon\psi_1$ bzw. $\Phi_- + \varepsilon\psi_1$. Die Kenntnis der Adsorptionspotentiale vorausgesetzt, kommen wir dann zu der noch fehlenden vierten Beziehung zwischen unseren vier Unbekannten nach dem Muster der Ableitung der sog. Adsorptionsisotherme; denn die Flächenladung σ_1 war ja nach unserer Auffassung bedingt durch eine Adsorptionsschicht von Ionen. Es resultiert eine Formel für σ_1, die nur noch die Ionendichte n, die obigen Ausdrücke $\Phi_+ \mp \varepsilon\psi_1$ und die maximale Zahl Z von Ionen enthält, die aus räumlichen Gründen überhaupt pro Flächeneinheit adsorbiert werden könnten. Hierauf im einzelnen einzugehen und diese

Formel anzuschreiben, ist für unsere Zwecke nicht mehr notwendig; es genügt, die Bestimmtheit der Problemlösung eben durch die Hinzuziehung der spezifischen Adsorptionskräfte verständlich gemacht zu haben.

Elektrokapillarität. Wir werden im nächsten Abschnitt in den elektrokinetischen Effekten eine Gruppe von Effekten kennenlernen, bei deren Deutung die eben geschilderten Überlegungen über elektrische Doppelschichten an der Grenzfläche zweier Substanzen eine maßgebende Rolle spielen. Vielleicht noch unmittelbarer jedoch tritt die Existenz solcher Doppelschichten in Erscheinung bei einer anderen Gruppe von Effekten, auf die wir vorher noch eingehen wollen, nämlich bei den sog. „elektrokapillaren" Effekten. Wie schon der Name sagt, handelt es sich dabei um eine Beeinflussung der Oberflächenspannung von flüssigen Substanzen durch elektrische Faktoren; es wird deshalb erwünscht sein, wenn wir eine Übersicht über die Grundlagen der gewöhnlichen klassischen Kapillaritätstheorie vorausschicken.

Die Moleküle einer Flüssigkeit üben aufeinander gewisse Kräfte aus, und zwar im Mittel offenbar Kräfte anziehender Art, wie dies schon aus der Existenz praktisch scharf begrenzter Flüssigkeitsoberflächen, dem Zusammenhalten z. B. von Flüssigkeitstropfen u. dgl. hervorgeht. An einer gekrümmten Oberfläche äußern sich diese Kräfte in einem auf jedes Oberflächenelement df wirkenden Zug $P\,df$ nach innen hin bzw. darin, daß bei einer Verschiebung δn eines Elementes nach außen in Richtung der Flächennormalen eine Arbeit geleistet werden muß. Ändern wir also die Gestalt der Oberfläche, so ist die zu leistende Arbeit pro Flächenelement $P\,df \cdot \delta n$, wenn P die nach innen wirkende Kraft ist. In etwas anderer Fassung läßt sich dies auch so formulieren, daß jedem Element df einer Flüssigkeitsoberfläche ein bestimmter Energieinhalt $\gamma\,df$ zukommt (ähnlich etwa wie einer in einem elastischen Spannungszustand befindlichen Membrane), woraus sich für die bei der Gestaltsänderung der Oberfläche zu leistende Arbeit, bei der df geändert wird um den Betrag $\delta\,df$, der Ansatz ergibt

$$P\,df\,\delta n = \gamma\,\delta\,df.$$

γ ist dabei anzusehen als eine für die Flüssigkeit kennzeichnende Materialkonstante oder genauer gesagt eine für die beiden in der betrachteten Oberfläche aneinandergrenzenden Substanzen kennzeichnende Konstante (von denen die eine eine Flüssigkeit ist, die andere eine zweite mit ersterer unmischbare Flüssigkeit oder auch ein Gas sein kann). Die obige Beziehung zwischen P und γ läßt sich noch in übersichtlicherer Form schreiben. Wenn die beiden Hauptkrümmungsradien der Oberfläche am Ort des betrachteten Flächenelementes R_1 und R_2 sind, ist nach einer elementaren geometrischen Überlegung die mit einer Verschiebung von df nach außen, d. h. mit einer Vergrößerung der beiden

Hauptkrümmungsradien um den Betrag δn, verbundene Vergrößerung $\delta\,df$ des Flächenelements (Abb. 133a).

$$\delta\,df = \left(\frac{1}{R_1} + \frac{1}{R_2}\right)\delta\,n\,df\,.$$

Dies gibt, in den obigen Energieansatz eingesetzt die Beziehung

$$(117) \qquad P = \gamma\left(\frac{1}{R_1} + \frac{1}{R_2}\right).$$

Da P eine Kraft war, hat also γ die Dimension Kraft/ Länge und ist demgemäß zu messen in Dyn/cm. Meist wird γ angegeben in mg/mm; gemessen in diesen Einheiten sind die γ-Werte z. B. für Wasser rd. 7,5, für Quecksilber; rd. 7 und liegen im übrigen zwischen etwa 1,7 für Äthyläther und 170 für schmelzflüssiges Platin. Die Werte beziehen sich auf die Grenzfläche der betreffenden flüssigen Substanzen gegen ihren Dampf und sind ganz allgemein außerordentlich stark abhängig von der Reinheit der Oberflächen. Die Gl. (117) kann man, wie für spätere Zwecke vorweggenommen sei, noch

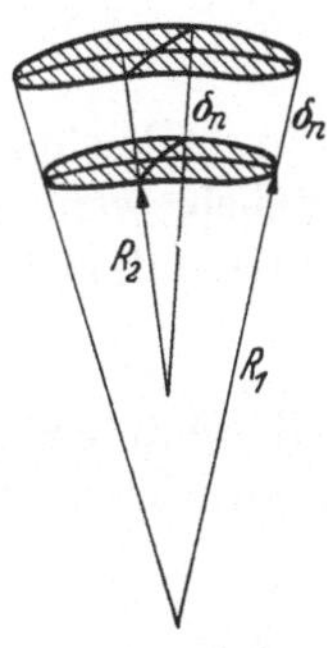

Abb. 133a.
Zur Theorie der
Kapillargleichung.

in anderer Form schreiben, wenn man die Oberfläche bezieht auf ein rechtwinkliges Koordinatensystem. Ist dann $z = z(x, y)$ die Gleichung der Oberfläche, so ist nämlich nach einem Satz der allgemeinen Flächentheorie

$$(117\,\text{a}) \quad \frac{1}{R_1} + \frac{1}{R_2} = \frac{\frac{\partial^2 z}{\partial x^2}\left(1 + \left(\frac{\partial z}{\partial y}\right)^2\right) - 2\frac{\partial^2 z}{\partial x\,\partial y}\left(\frac{\partial z}{\partial x}\frac{\partial z}{\partial y}\right) + \frac{\partial^2 z}{\partial y^2}\left(1 + \left(\frac{\partial z}{\partial x}\right)^2\right)}{\left(1 + \left(\frac{\partial z}{\partial x}\right)^2 + \left(\frac{\partial z}{\partial y}\right)^2\right)^{3/2}}\,.$$

Nach diesen Vorbereitungen können wir jetzt die Ableitung der sog. Kapillargleichung, d. h. der Differentialgleichung für die Gestalt der Oberfläche, unschwer verstehen. Der Grundgedanke ist einfach der, daß sich die Form der Oberfläche einstellt, für welche die Energie der Flüssigkeit einen extremalen Wert hat. Denken wir uns also die Oberfläche etwas deformiert dadurch, daß wir jedes Flächenelement um ein beliebiges Stückchen δn ver-

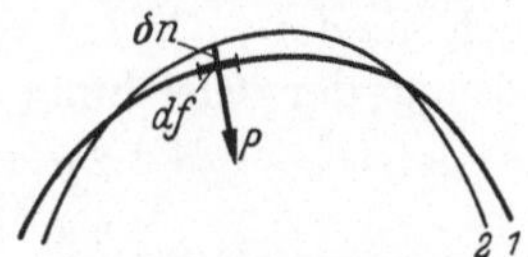

Abb. 133 b. Zur Theorie der
Kapillargleichung.

schieben (Abb. 133b), so muß für die wirkliche Oberflächenform die durch diese Verschiebungen bedingte Änderung δE der Energie der Flüssigkeit Null sein. Es soll nun auf die Flüssigkeit außer der kapillaren Oberflächenkraft P noch eine äußere Kraft wirken, deren Potential pro Flächenelement df mit $\varphi\,df$ bezeichnet ist. Ist diese äußere Kraft die Schwerkraft, wie bei fast allen Versuchsanordnungen, so ist (positive z-Richtung vertikal nach oben) $\varphi = \varrho g z$, wo ϱ das spezifische Gewicht der Flüssigkeit und g die Erdbeschleunigung ist. Die mit einem δn verbundene Änderung der Systemenergie ist dann $(P + \varrho g z)\delta n\,df$, und es muß also für die wirkliche Oberfläche sein

$$\int (P + \varrho\,g\,z)\,\delta n\,df = 0,$$

wo das Integral eine Summation über alle Oberflächenelemente ausdrückt. Da bei der Deformation aber natürlich die Gesamtmenge der Flüssigkeit unverändert bleiben muß, muß noch die Nebenbedingung erfüllt sein

$$\int \delta n\,df = 0.$$

Beide Gleichungen sind für alle beliebigen δn nur miteinander verträglich, wenn $(P + \varrho\,g\,z)$ für alle Flächenelemente denselben Wert hat und aus dem Integral herausgenommen werden kann. Es muß also sein

$$P + \varrho\,g\,z = \text{const},$$

und wenn wir für P noch den aus den Gl. (117) und (117a) folgenden Ausdruck einsetzen, haben wir damit die gesuchte Differentialgleichung für die kapillare Oberfläche erhalten. Die Konstante und ebenso die bei der Integration dieser Differentialgleichung auftretenden Integrationskonstanten bestimmen sich aus den jeweiligen Versuchsbedingungen.

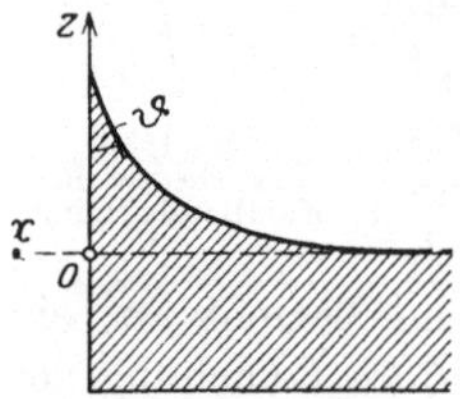
Abb. 134. Kapillarfläche einer Flüssigkeit an einer vertikalen Wand.

Als einfachstes Beispiel sei der Fall einer ebenen Wand betrachtet, die vertikal in die Flüssigkeit eintaucht. Dann ist (Abb. 134, gültig z. B. für Wasser) z nur von x abhängig und die Kapillargleichung reduziert sich deshalb auf die einfachere Form

$$\gamma \cdot \frac{d^2 z/d\,x^2}{(1 + (dz/d\,x)^2)^{3/2}} + \varrho\,g\,z = \text{const}.$$

Die Konstante bestimmen wir dadurch, daß wir wie in der Abbildung das Niveau $z = 0$ in die ungestörte Oberfläche legen; dann ist für $z = 0$ auch $dz/dx = d^2z/dx^2 = 0$ und die Konstante ist $= 0$ zu setzen. Die Lösung der Gleichung gibt nach leichter Zwischenrechnung zunächst

$$\frac{2\,\gamma}{\varrho\,g} \cdot \left(\frac{1}{\sqrt{1 + \left(\dfrac{d z}{d x}\right)^2}} - 1 \right) + z^2 = 0.$$

Da die für die Flüssigkeit kennzeichnenden Materialkonstanten γ und ϱ hierin — wie übrigens ganz allgemein auch bei allen anderen speziellen Kapillarproblemen — nur in der Verbindung $2\,\gamma/\varrho\,g$ auftreten, ist es praktisch, dafür eine neue Bezeichnung einzuführen. Wir bezeichnen demgemäß wie üblich

$$2\,\gamma/\varrho\,g = a^2,$$

wo dies a nun die Dimension einer Länge hat und meist in mm angegeben wird. Die Namengebung der beiden äquivalenten, die kapillaren Eigenschaften einer Substanz beschreibenden Materialkonstanten γ bzw. a ist noch nicht konsequent durchgeführt. Meist nennt man die eine oder andere kurz die „Oberflächenspannung", oft auch a zur Unterscheidung von der Oberflächenspannung die „spezifische Kohäsion". Wenn man die letzte Gleichung nochmals integriert, erhält man unmittelbar die Gleichung der Oberfläche; dabei tritt eine weitere Integrationkonstante auf, die aus den Randbedingungen bestimmt werden muß. In unserem Beispiel ist als Randbedingung anzusehen die Größe des sog. Randwinkels ϑ, der kennzeichnend für die Flüssigkeit und für die Wandsubstanz ist und experimentell bestimmt werden muß. Die Depressionstiefe h können wir hieraus unmittelbar angeben. Für $x = 0$ ist nämlich $z = h$ und $dz/dx = \operatorname{ctg}\vartheta$ und dies gibt

$$h = a\,\sqrt{1 - \sin\vartheta}.$$

In grundsätzlich genau derselben Weise verläuft die Durchrechnung aller anderen speziellen Beispiele; mathematische Schwierigkeiten bei der Integration der Kapillargleichung zwingen dann allerdings meist zu Näherungsmethoden oder zu einer graphischen oder numerischen Integration. Hierauf im einzelnen einzugehen, ist für das Folgende nicht mehr notwendig.

Wir können uns jetzt den kapillarelektrischen Erscheinungen zuwenden. Wenn ein flüssiges Metall — es möge sich dabei aus praktischen Gründen stets um Quecksilber handeln — an einen Elektrolyten grenzt, bedeckt sich die Oberfläche mit einer Doppelschicht, deren positive Belegung am Metall liegt. Die Mächtigkeit dieser Belegung hängt ab von dem Potential, das man dem Metall durch eine äußere, EMK aufdrückt, und läßt sich insbesondere zu Null machen, d. h. die Doppelschicht läßt sich zum Verschwinden bringen für ein bestimmtes, von Metall und Lösung abhängendes negatives Potential; macht man das Potential über diesen Punkt hinaus noch negativer, so bekommt das Metall negative Ladung. Im Neutralpunkt sitzt demgemäß auf dem Metall keine elektrische Flächenladung (es braucht aber dann die Potentialdifferenz des Metalls gegen das Innere des Elektrolyten nicht Null zu sein, weil wegen der Ionenadsorption noch eine Potentialdifferenz zwischen den an das Metall angrenzenden und den tiefer liegenden Schichten des Elektrolyten bestehen kann). Dies alles läßt sich im einzelnen aus den vorhergehenden Überlegungen über die Polarisation, und über die diffuse Doppelschicht verständlich machen. Das Wesentliche und neu Hinzukommende ist aber nun, daß eine Doppelschicht die Oberflächenspannung ändert und zwar in dem Sinn einer Erniedrigung; sie liefert stets einen negativen Beitrag zur Oberflächenspannung, und diese ist deshalb am größten im Neutralpunkt und nimmt nach beiden Seiten hin von diesem aus ab. Wir können das qualitativ verstehen durch die Überlegung, daß eine (positive oder negative) Flächenbelegung auf der Metalloberfläche wegen der elektrostatischen Abstoßung ihrer einzelnen Ladungselemente das Bestreben hat, sich möglichst eben

auszuglätten, d. h. die Oberfläche zu strecken, während die Oberflächenspannung gerade entgegengesetzt die Oberfläche zu krümmen sucht.
Quantitativ finden wir den Zusammenhang zwischen der Oberflächenspannung γ und dem Potential φ der Metalloberfläche gegen den Elektrolyten am einfachsten folgendermaßen. Wir hatten die Oberflächenspannung γ S. 354 eingeführt als die Energie die kapillaren Oberfläche
pro Flächeneinheit. In etwas anderer Deutung können wir sie auch auffassen als eine Kraft pro Längeneinheit, die auf eine in der Oberfläche

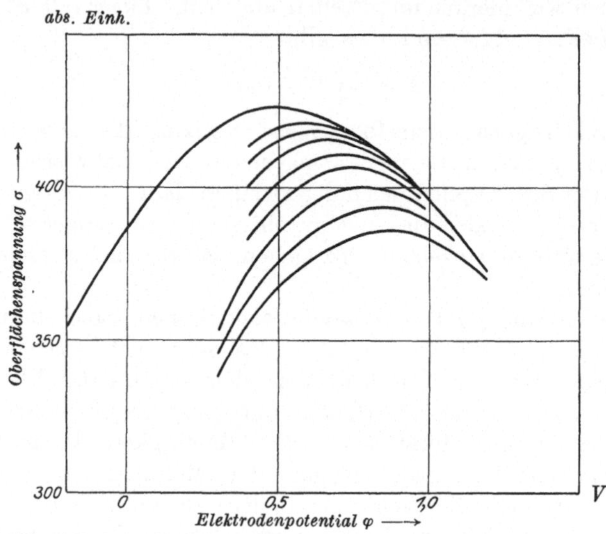

Abb. 135. Kapillarelektrische Kurven in H_2SO_4 und H_2SO_4 + Thioharnstoff. (Nach FRUMKIN.)

liegende geschlossene Kurve und zwar überall in tangentieller Richtung
zur Oberfläche wirkt und diese Kurve zusammenzuziehen strebt; sie
ist dann nichts anderes als die Komponente der Kraft P in der Tangential-
ebene der Kapillarfläche. Zu dieser Kraft kommt nun noch eine in entgegengesetzter Richtung wirkende Kraft elektrischen Ursprungs, wenn
auf der Oberfläche eine Doppelschicht sitzt. Diese Kraft ist aus der
Elektrostatik bekannt; sie wirkt ganz allgemein als Querspannung auf
jede in einem elektrischen Feld befindliche körperliche Substanz und ist
der Größe nach gleich der Energiedichte des Feldes. Machen wir die
einfachste Annahme, daß die Doppelschicht eine ideale Doppelschicht
ist, d. h. einen Kondensator von der Kapazität C repräsentiert, zwischen
dessen Belegungen die Potentialdifferenz φ liegt, so ist die Energiedichte
des Feldes $C\varphi^2/2$ und die gesamte Oberflächenspannung γ ist deshalb

$$(118) \qquad \gamma' = \gamma - \frac{1}{2} C \varphi^2.$$

Wenn C unabhängig von φ, d. h. von der dem Metall aufgedrückten
Potentialdifferenz gegen den Elektrolyten ist, muß also die Oberflächen-

spannung aufgetragen über φ eine Parabel sein, die symmetrisch zum Neutralpunkt liegt, d. h. zu dem Wert $\varphi = -\varphi_0$, der gerade entgegengesetzt gleich ist der natürlichen Potentialdifferenz zwischen Metall und Elektrolyt. Dies findet sich in manchen Fällen auch recht gut bestätigt, wie Messungen der Oberflächenspannung z. B. aus der kapillaren Steighöhe des flüssigen Metalls zeigen; Abb. 135 gibt dafür ein Beispiel in der obersten Kurve, die sich auf eine Quecksilberfläche in reiner Schwefelsäure bezieht. Aber wir werden natürlich nicht erwarten können, in allen oder auch nur in den meisten Fällen eine so gute Bestätigung zu erhalten; denn die Doppelschicht wird in der Regel mehr oder minder abweichen von der idealen und wird eine diffuse Doppelschicht sein, und es wird auch die einfache Annahme, daß die Kapazität der Doppelschicht unabhängig von φ ist, nur als eine erste grobe Näherung zu betrachten sein. Wir übersehen zugleich auch, wie die Theorie zu verfeinern ist; nämlich durch Benutzung der Ansätze für die diffuse Doppelschicht, wobei insbesondere das Vorhandensein spezifischer Adsorptionskräfte Abweichungen der Elektrokapillarkurve von der idealen symmetrischen Parabelgestalt verursachen wird. Es gibt solche Abweichungen in allen Graden und Formen. Als ein Beispiel diene die in Abb. 135 noch eingetragene Kurvenschar, die durch nach unten hin steigende Zusätze des „kapillaraktiven", d. h. durch spezifische Adsorption gekennzeichneten Thioharnstoffes erhalten wurden (in der Abbildung ist unser γ mit σ bezeichnet und gemessen in Dyn/cm).

Elektrokinetische Erscheinungen. Unter der Bezeichnung „elektrokinetische" Erscheinungen faßt man eine Gruppe von Erscheinungen zusammen, die ganz allgemein bedingt sind durch die relative Bewegung einer Flüssigkeit gegen einen festen, in die Flüssigkeit eingetauchten Körper, der im folgenden kurz Wand genannt sei. Die hierbei auftretenden Effekte im einzelnen werden allerdings immer noch vielfach und nicht immer konsequent verschieden benannt; so findet man insbesondere für die hier unter der Bezeichnung Elektrophorese zusammengefaßten die Namen Elektroosmose oder Elektroendosmose, obwohl die Analogien zu den osmotischen Effekten nur ganz äußerlicher Art sind. Wir wollen die folgende Einteilung und Nomenklatur benutzen, die sich unmittelbar aus dem physikalischen Sachverhalt ergibt:

1. Als „Elektrophorese" bezeichnen wir die Bewegung einer Flüssigkeit relativ zu einem eingetauchten Festkörper unter dem Einfluß einer von außen an die Flüssigkeit gelegten EMK. Zwei Untergruppen der Elektrophorese ergeben sich dann von selbst (sind aber in keiner Weise grundsätzlich verschieden). Es kann nämlich die resultierende Bewegung der Wand gegen die Flüssigkeit offenbar bestehen entweder in einer Strömung der Flüssigkeit längs einer feststehenden Wand oder in einer Bewegung (in umgekehrter Richtung) der Wand gegen die feststehende Flüssigkeit. Zwei Beispiele werden sogleich verständlich

machen, worum es sich dabei handelt. Legt man an die beiden Enden einer Wassersäule, die in einem engen Glasrohr eingeschlossen ist, eine EMK an, so beginnt das Wasser durch das Rohr zu strömen, und zwar in der Richtung vom positiven zum negativen Pol hin. Es wirkt auf das Wasser eine Triebkraft, und zwar eine Triebkraft von beträchtlicher Stärke, die z. B. in sehr engen Kapillaren eine Hebung um mehrere Meter entgegen der Schwerkraft ermöglicht. Suspendiert man in einer Wassersäule Glasstaub und legt wieder an das Wasser eine äußere EMK, so tritt der inverse Effekt ein und der Glasstaub wandert durch das Wasser, nun aber natürlich zum positiven Pol hin. Im einzelnen unterscheidet man gelegentlich noch zwischen „Kataphorese" bzw. „Anaphorese", je nachdem die Bewegung der Wand gegen die Kathode oder die Anode hin gerichtet ist; in obigem Beispiel Glas—Wasser würde man dann also von einer Anaphorese sprechen. Erwähnt sei noch, daß alle diese Effekte mit der Bewegung geladener

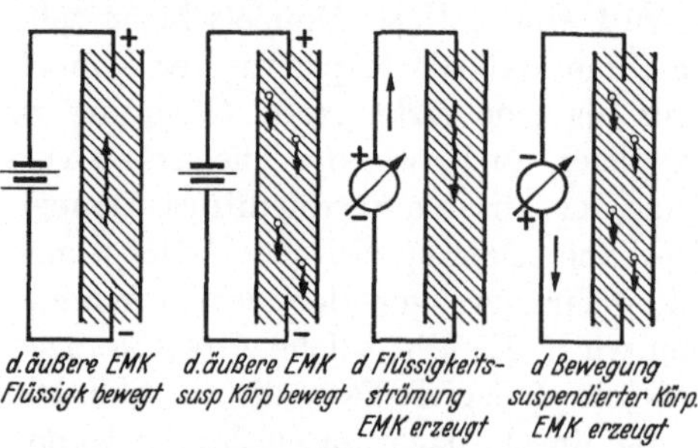

Abb. 136. Schematische Übersicht über die elektrokinetischen Effekte.

Körper in einem elektrischen Feld, also z. B. mit der Wanderung der Ionen durch die Flüssigkeit einer elektrolytischen Zelle nichts zu tun haben und es deshalb irreführend ist, derartige Trägerwanderungen — etwa von geladenen suspendierten Teilchen durch ein Gas oder eine Flüssigkeit — ebenfalls als Elektrophorese zu bezeichnen.

2. Als „Strömungsströme" bezeichnen wir die zu den elektrophoretischen Erscheinungen in gewissem Sinn inversen, bei denen nun durch eine mechanisch bewirkte Relativbewegung zwischen Wand und Flüssigkeit in der Flüssigkeit eine EMK erzeugt wird. Wiederum gibt es hier zwei Untergruppen, je nachdem die Wand oder die Flüssigkeit mechanisch bewegt wird. Anschließend an die eben erwähnten Beispiele mögen dies die folgenden anschaulich machen: Preßt man Wasser durch eine äußere Druckdifferenz durch eine enge Glasröhre, so entsteht zwischen den Enden der Wassersäule eine EMK bzw. es fließt durch das Wasser ein Strom, und zwar ein Strom derart, daß die Flußrichtung der positiven Ladung dieselbe ist wie die des Wassers. Läßt man umgekehrt Glaskörnchen durch eine ruhende Wassersäule fallen, so entsteht wiederum ein Strom etwa zwischen zwei Elektroden an den Enden der Wassersäule, nun aber in Richtung entgegengesetzt der Fallrichtung der Glaskörnchen.

'Schematisch können wir die vier Gruppen elektrokinetischer Erscheinungen also für jeweils dieselbe Wandsubstanz und Flüssigkeit zusammenfassen in den Abb. 136, die nun ohne weiteres verständlich sein werden.

Der Vollständigkeit wegen sei noch ein weiterer Effekt wenigstens erwähnt, der mit den elektrokinetischen Erscheinungen zusammenzuhängen scheint. Es ist das die sog. Elektrostenolyse, die darin besteht, daß unter gewissen Bedingungen sich Metalle in engen Kapillaren beim Stromdurchgang aus ihren Salzlösungen abscheiden und einen Wandbelag bilden.

Wir können die Gesamtheit der elektrokinetischen Erscheinungen nun nicht nur physikalisch verständlich machen, sondern — wie die Untersuchung der einer Durchrechnung zugänglichen Sonderfälle gezeigt hat — auch quantitativ in bester Übereinstimmung mit den experimentellen Befunden erfassen auf Grund einer einzigen Annahme oder Hypothese, nämlich der Hypothese der Grenzflächendoppelschichten, und wir werden daraus dann rückwärts wohl folgern dürfen, daß diese Hypothese mehr ist als nur ein formaler mathematischer Ansatz. Der Grundgedanke ist der folgende: Wir nehmen ganz allgemein an, daß sich an der Berührungsfläche zweier Substanzen und im speziellen in den hier interessierenden Fällen an der Berührungsfläche eines Festkörpers mit einer

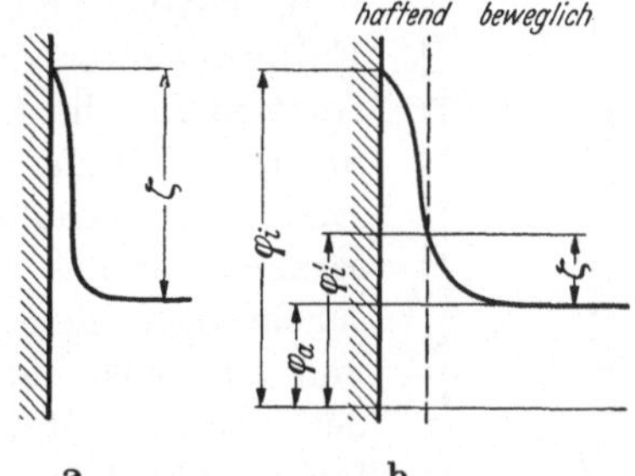

Abb. 137 a u. b. Zur Theorie des elektrokinetischen Potentials.

Flüssigkeit eine Doppelschicht ausbildet, deren eine Komponente an der Oberfläche des Körpers festhaftet, deren andere in der Flüssigkeit liegt. Wie und warum diese Doppelschicht entsteht, möge zunächst dahingestellt bleiben und ihre Existenz eben als Hypothese vorausgesetzt werden. Diese Doppelschicht wird auf der Seite der Flüssigkeit wohl sicher als diffus angenommen werden müssen im Sinn der S. 351 entwickelten allgemeinen Vorstellungen. Etwas formaler gefaßt, soll also zwischen Wand und Flüssigkeit eine Potentialdifferenz ζ bestehen (Abb. 137a), die natürlich jeweils abhängt von der Art der Wandsubstanz und der Flüssigkeit und als „elektrokinetisches Potential" bezeichnet sei. Vorweggenommen sei, daß sich für ζ Werte von der Größenordnung der hundertstel Volt ergeben; so z. B. für die Grenzfläche Glas—Wasser der Wert von etwa 0,05 V, der allerdings wegen der großen Dielektrizitätskonstante des Wassers ($D = 81$) als einer der größten anzusehen ist. Wenn nun der bewegliche in der Flüssigkeit liegende Teil der Doppelschicht mechanisch gegen den festen Teil verschoben und von ihm getrennt wird, so gibt dies Veranlassung zum Entstehen eines Stromes in der Flüssigkeit; und wenn andererseits auf den beweglichen Teil äußere elektrische Kräfte wirken, so gibt dies Veranlassung zu einer Relativbewegung der Flüssigkeit gegen die Wand. Damit haben wir aber bereits eine grundsätzliche Erklärung der elektrokinetischen Erscheinungen und

die Aufgabe der Theorie ist es, diese Vorstellung exakter zu fassen und einer
rechnerischen Verwertung zugänglich zu machen. Die einzelnen Theorien,
die in diesem Sinn entwickelt worden sind, unterscheiden sich lediglich
durch gewisse Feinheiten in den Ansätzen über die Struktur der Doppelschicht und über die hydrodynamische Bewegung der Flüssigkeit dicht
an der Wand. Man kann z. B. annehmen, daß unmittelbar an der Wand
eine Flüssigkeitsschicht liegt, die an der Bewegung der Flüssigkeit nicht
teilnimmt, sondern fest an der Wand haftet. Dann würde von der gesamten Potentialdifferenz $\varphi_i - \varphi_a$ zwischen dem Inneren des Festkörpers und dem Inneren der Flüssigkeit (Abb. 137b)
nur ein Teil $\varphi_i' - \varphi_a = \zeta$ wirksam sein. Man kann auch
z. B. darüber verschiedener Meinung sein, bis zu welcher
Entfernung von der Wand in der Flüssigkeit die üblichen
Ansätze für die Bewegungsgesetze von Flüssigkeiten mit
innerer Reibung (Zähigkeit) gelten u. dgl. Alle diese
Einheiten betreffen aber nur Dinge, die nicht grundsätzlich für das Verständnis der elektrokinetischen Erscheinungen sind, und wir wollen deshalb im folgenden
von möglichst einfachen Annahmen ausgehen. Wir werden vor allem für die Doppelschicht ein möglichst einfaches Modell benutzen, indem wir ihren beweglichen, in
der Flüssigkeit liegenden Teil ersetzen durch eine gleich-

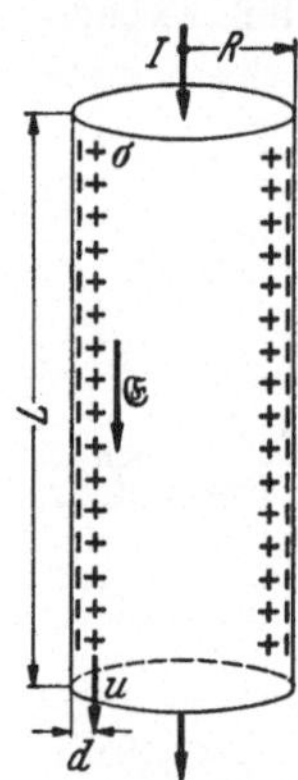

Abb. 138. Elek-
trophorese in
einer Kapillare.

förmige elektrische Flächenbelegung von der Dichte σ
auf einer Fläche, die wir uns im Abstand d von der
Wand parallel zu dieser ausgebreitet denken. Wenn D die
Dielektrizitätskonstante der Flüssigkeit ist, so ist (S. 350) der Potential-
sprung ζ in dieser Doppelschicht

$$(119\,\text{a}) \qquad\qquad \zeta = \frac{4\pi\sigma d}{D}.$$

Ferner werden wir annehmen, daß die Flüssigkeitsbewegung überall
laminar, d. h. ohne turbulente Störungen, Wirbelbildung u. dgl. verlaufe
und daß sich ein äußeres elektrisches Feld einfach additiv über das Feld
der Doppelschicht lagert. Ferner wollen wir nur geometrisch besonders
einfache Anordnungen betrachten, für die alle Rechnungen möglichst
einfach sich gestalten lassen.

Wir betrachten zuerst die Elektrophorese und die Strömungsströme
in einer zylindrischen Kapillare; Systeme von Kapillaren, mit denen man
es z. B. bei porösen Stoffen, Glasfiltern u. dgl. zu tun hat, lassen sich
natürlich auffassen als eine Parallelschaltung von Einzelkapillaren, und
es lassen sich demgemäß unsere Überlegungen hierauf unmittelbar
übertragen.

In einem Rohr (Abb. 138) vom Radius R liege an der Wand die
Doppelschicht, deren beide Teile den Abstand d haben und mit den
Flächendichten $+\,\sigma$ bzw. $-\,\sigma$ belegt sind. Das elektrische Feld in

Richtung der Rohrachse, das an der äußeren Belegung dieser Doppelschicht angreift, sei $\mathfrak{E}$; es ist dabei $\mathfrak{E} = E/L$, wo L die Länge des Rohres und E die äußere EMK ist, die an die im Rohr befindliche Flüssigkeit angelegt ist; an Stelle von E kann man natürlich auch einführen $E = J\, w_0 L/R^2 \pi$, wo w_0 der spezifische Widerstand der Flüssigkeit und J der durch die Flüssigkeit fließende Strom ist. Es ist $\sigma \mathfrak{E}$ die Kraft auf die Flächeneinheit der äußeren Doppelschichtbelegung und diese Kraft setzt die Flüssigkeit in Bewegung, bis im stationären Zustand die Reibungskraft gerade entgegengesetzt gleich der elektrischen Triebkraft geworden ist. Die Reibung spielt sich aber in unserem einfachen Modell nur ab zwischen den beiden parallelen Flüssigkeitsschichten, die sich dicht vor der Wand im Abstand d befinden; von diesen haftet die eine an der Wand, die andere bewegt sich mit der Geschwindigkeit u und trägt die äußere Belegung der Doppelschicht. Die Reibungskraft pro Flächeneinheit ist deshalb nach dem bekannten elementaren Ansatz für innere Reibung gleich $u\eta/d$ zu setzen, wo η der Koeffizient der inneren Reibung der Flüssigkeit ist, und wir erhalten

$$\sigma\,\mathfrak{E} = J \cdot \frac{\sigma\, w_0}{R^2\, \pi} = \frac{u\,\eta}{d}\,.$$

Benutzen wir noch den in Gl. (119) angegebenen Zusammenhang zwischen σ, ζ und d, so können wir σ und d ausdrücken durch ζ und bekommen für die Strömungsgeschwindigkeit u

$$(119\,\mathrm{b}) \qquad u = J \cdot \zeta \cdot \frac{w_0\, D}{R^2\, \pi \cdot \eta} \cdot \frac{1}{4\,\pi}\,.$$

Im stationären Zustand liegen die Dinge aber nun offenbar so, daß die ganze im Rohr befindliche Flüssigkeit von der mit der Geschwindigkeit u strömenden Randschicht mit eben dieser Geschwindigkeit mitgeschleppt wird. Wir können deshalb an Stelle von u noch die Flüssigkeitsmenge $Q = u R^2 \pi\, s$ einführen, wo s das spezifische Gewicht der Flüssigkeit ist. Dies gibt die Endformel für die in der Zeiteinheit übergeführte Flüssigkeitsmenge

$$(119\,\mathrm{c}) \qquad Q = J \cdot \zeta \cdot \frac{D\, w_0\, s}{4\,\pi\, \eta}\,.$$

Wie diese Formel, übrigens in bester Übereinstimmung mit den experimentellen Ergebnissen, zeigt, ist Q proportional der Stromstärke J und ist insbesondere unabhängig von der Länge und Weite des Rohres. Da D, s, w_0 und η bekannte Materialkonstante der benutzten Flüssigkeit sind, erlaubt sie experimentell das elektrokinetische Potential ζ zu bestimmen, worauf wir später noch zurückkommen werden.

Diese Überlegungen enthalten aber auch schon die Theorie der Strömungsströme. Wir haben sie nur von einem gewissermaßen inversen Standpunkt aus zu interpretieren und sinngemäß den Ansatz für die Strömungsverhältnisse in der Flüssigkeit abzuändern. Im Fall der

Elektrophorese war die Sachlage die, daß die eine Belegung der Doppelschicht durch eine äußere elektrische Kraft in Bewegung gesetzt wird und die übrige Flüssigkeit mitschleppt; die Strömungsgeschwindigkeit der Flüssigkeit war dann im ganzen Rohrquerschnitt dieselbe und gleich der Geschwindigkeit U der äußersten, die Doppelschichtbelegung tragenden Flüssigkeitsschicht. Jetzt hingegen soll die Flüssigkeit durch das Rohr gepreßt werden durch eine äußere Druckdifferenz zwischen den Rohrenden. Wenn die Strömung, wie vorausgesetzt wurde, laminar ist und dem POISEUILLEschen Gesetz folgt, ist die Geschwindigkeit der Flüssigkeit in der Entfernung d von der Wand

$$u = p \cdot \frac{R}{2\,\eta\,L}\, d\,.$$

Mit dieser Geschwindigkeit wird also die eine Belegung der Doppelschicht verschoben und sie transportiert deshalb einen Konvektionsstrom vom Betrag

$$i = 2\,R\,\pi\,\sigma\,u = \frac{R^2\,\pi\,\sigma\,p}{\eta\,L}\, d\,.$$

Formen wir diesen Ausdruck wieder um ganz analog wie oben und führen wieder an Stelle von i eine elektromotorische Kraft E zwischen den Rohrenden ein, die einen diesem Konvektionsstrom im stationären Zustand das Gleichgewicht haltenden Leitungsstrom durch die Flüssigkeitssäule treibt, so erhalten wir als Endformel

$$(120) \qquad E = p \cdot \zeta\,\frac{D}{4\,\pi\,\eta\,w_0}\,.$$

Es ist also auch die elektrokinetisch erzeugte EMK unabhängig von den Rohrdimensionen und sie ist proportional mit der Druckdifferenz p. Auch dies steht in Einklang mit den Ergebnissen des Experiments.

Es ist aus diesen einfachen Betrachtungen alles Wesentliche zu ersehen. Für andere Rohrformen werden die Rechnungen naturgemäß wesentlich komplizierter, geben jedoch nichts grundsätzlich Neues. Unsere Überlegungen lassen sich aber in allen Grundgedanken auch übertragen und erweitern auf die eingangs erwähnten Fälle, in denen suspendierte Körperchen sich in einer Flüssigkeit befinden. Die Rolle der Rohrwand übernimmt dann die Oberfläche dieser Körperchen und was sich ändert, ist lediglich die Formulierung der einschlägigen hydrodynamischen Strömungsprobleme. Auch die Ergebnisse sind den abgeleiteten insofern analog, als z. B. die elektrophoretische Wanderungsgeschwindigkeit von Suspensionskörperchen unabhängig von ihrer Größe und Gestalt ist. Sie ergibt sich nämlich in einem Potentialgefälle E allgemein zu

$$(121) \qquad v = E \cdot \zeta\,\frac{D}{4\,\pi\,\eta}\,.$$

Interessanter und tiefergehend als alle diese letzten Endes doch ziemlich formalen Überlegungen sind die Spekulationen, die man über

die Entstehung der Grenzflächendoppelschicht und die physikalische
Bedeutung des elektrokinetischen Potentials ζ angestellt hat. Es handelt
sich dabei naturgemäß um ein sehr allgemeines Problem der Grenzflächenphysik überhaupt und wir können deshalb hier nur das Wesentlichste erwähnen. Daß es sich bei der elektrischen Grenzflächendoppelschicht um ein an jeder Grenzfläche zweier verschiedener Substanzen
auftretendes Phänomen handelt, geht schon daraus hervor, daß man
elektrokinetische Erscheinungen der geschilderten Art an allen Kombinationen aller beliebigen leitenden und nichtleitenden Festkörper und
Flüssigkeiten beobachtet; auch die elektromotorischen Kräfte, die an
den Elektroden in elektrolytischen Lösungen ihren Sitz haben (S. 341),
gehören von etwas allgemeinerem Standpunkt betrachtet natürlich
nun hierher. Aber auch an der Grenzfläche zwischen zwei festen Substanzen und zwischen einer festen bzw. flüssigen Substanz und einem
Gas bilden sich solche Doppelschichten aus. Die Erscheinung der sog.
Wasserfallelektrizität (Sprudeleffekt) und insbesondere die große Gruppe
aller reibungselektrischen Phänomene zeigen dies und zeigen zugleich
in vielleicht besonders unmittelbarer und eindrucksvoller Weise die
reale Existenz dieser Doppelschichten. Bei der Wasserfallelektrizität
handelt es sich um eine Ladungserzeugung beim Zerspritzen von Wasser-
und allgemein von Flüssigkeitstropfen, bei der Reibungselektrizität
bekanntlich um eine Elektrizitätserregung durch mechanische Bewegung
zweier Festkörper gegeneinander. Und es liegt jetzt nahe und läßt sich
auch im einzelnen als richtig erweisen, daß diese Entstehung freier
Ladungen durch die Zerreißung einer Grenzflächendoppelschicht zustande
kommt, wobei die Ladung des einen Doppelschichtteils frei wird und
abgeführt werden kann.

Am einfachsten liegen die Dinge an Grenzflächen zwischen Substanzen, die allein durch ihre Dielektrizitätskonstanten (D) gekennzeichnet
sind. Experimentell hat sich hier (zunächst qualitativ) die Regel ergeben,
daß sich die Substanz mit der größeren Dielektrizitätskonstante positive
lädt gegen die Substanz mit der kleineren Dielektrizitätskonstante.
So z. B. wird Wasser ($D = 81$) positiv gegen alle festen Isolatoren (z. B.
gegen Glas mit $D = 5$), Terpentinöl ($D = 2{,}2$) hingegen negativ gegen
die meisten Isolatoren und dementsprechend liegt auch der Richtungs-
sinn der beobachtbaren elektrokinetischen Effekte. Diese Regel scheint
sogar einer quantitativen Fassung zugänglich zu sein. Abgestellt auf
das elektrokinetische Potential ζ ergibt sich aus der Verarbeitung der
quantitativen Messung elektrokinetischer Effekte, daß zwischen ζ und
den Dielektrizitätskonstanten D_1 und D_2 der beiden Substanzen der
Zusammenhang besteht

$$(122) \qquad \zeta = C\left(\frac{1}{D_1} - \frac{1}{D_2}\right),$$

wo C eine universelle Konstante sein soll.

Sozusagen mit dem anderen Extrem haben wir es zu tun, wenn die eine der an der Grenzfläche beteiligten Phasen eine Flüssigkeit ist, die Ionen enthält mit ausgeprägter spezifischer Adsorbierbarkeit (kapillaraktive Substanzen, vgl. S. 359). Wie sich experimentell gezeigt hat, wird durch die Anwesenheit der Ionen in der Flüssigkeit zwar qualitativ an den für die elektrokinetischen Erscheinungen geltenden Gesetzen nichts geändert, aber quantitativ ändern schon kleinste Ionenkonzentrationen die Sachlage außerordentlich, und zwar im Sinn einer Verkleinerung der meßbaren Effekte. Dies kann soweit gehen, daß überhaupt keine elektrokinetischen Effekte mehr auftreten (sog. „isoelektrischer" Punkt) und kann — da die Dielektrizitätskonstanten und die innere Reibung durch die Gegenwart der Ionen nur unwesentlich geändert werden — nur geschoben werden auf eine Beeinflussung des elektrokinetischen Potentials. Geändert wird nicht das Phasengrenzpotential selbst, d. h. die Potentialdifferenz zwischen der Wand und dem Inneren der Flüssigkeit in größerer Entfernung von der Wand, sondern der Verlauf des Potentialabfalls in der nächsten Umgebung der Wand und so kann es kommen, daß der in der noch an der Wand haftenden Flüssigkeitsschicht liegende Teil des ganzen Potentialfalls (vgl. Abb. 137b, S. 361) den ganzen Grenzflächenpotentialsprung umfaßt und deshalb für den wirksamen Anteil ζ nichts mehr übrig bleibt; es kann sogar die Verzerrung der Potentialkurve so weit gehen, daß sich durch die Gegenwart von Ionen das Vorzeichen von ζ umkehrt. Die Abb. 139 veranschaulicht dies an drei etwas schematisierten Beispielen. Das eigentliche Grenzflächenpotential ist hier ε; die obere Kurve zeigt den sozusagen normalen Verlauf des Potentials ohne Ionen, die mittlere den Fall des isoelektrischen Punktes und die untere den Fall der Vorzeichenumkehr von ζ. Die Abb. 140 gibt zu weiterer Erläuterung die aus elektrokinetischen Messungen ermittelten ζ-Werte in Abhängigkeit von der Lösungskonzentration für einige Elektrolyte an Glas. Verantwortlich zu machen für diese eigentümlichen Verkrümmungen der Potentialkurven ist — ohne daß damit natürlich schon eine Erklärung im einzelnen gegeben ist — die Adsorption der Ionen an der Wand, die durch Kräfte zum Teil spezifischer Art bedingt

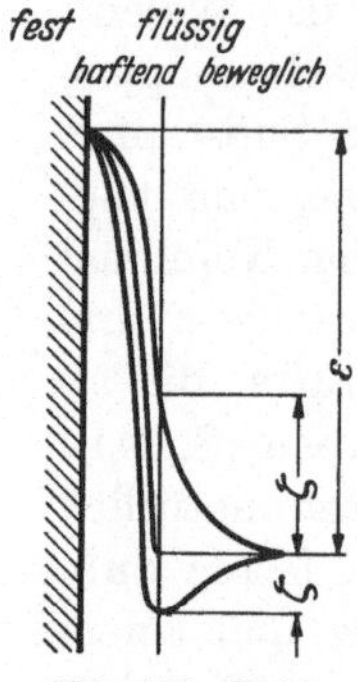

Abb. 139. Potentialabfall an der Phasengrenzfläche. (Nach Jung u. Coehn.)

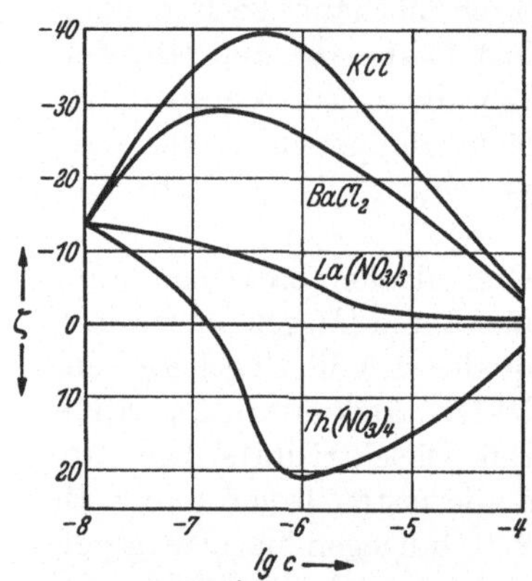

Abb. 140. Abhängigkeit des elektrokinetischen Potentials an Glas von der Lösungskonzentration in Elektrolyten. (Nach Ettich.)

zu denken ist (S. 353); zu übersehen dürfte nun auch sein, wie die Theorie der elektrokinetischen Erscheinungen in derartigen Fällen zu erweitern ist und daß man dabei letzten Endes natürlich wieder geführt wird auf einen weiteren Ausbau der S. 350f. skizzierten Theorie der diffusen Doppelschicht.

Fragen wir zum Schluß nach allgemeinen Gesichtspunkten, von denen aus man dem theoretischen Verständnis des elektrokinetischen Potentials an sich näher kommen könnte, so werden wir bei der Vielfältigkeit der hierher gehörenden Erscheinungen — bei denen es sich letzten Endes um „Grenzflächen-" oder „Kontaktpotentiale" überhaupt handelt — vorerst am besten von Fall zu Fall durch eine sinngemäße Anschmiegung an die jeweilige Sachlage zum Ziel kommen. Dann aber kommen wir eben wieder zu den Vorstellungen jeweils speziellerer Art, die sich in unseren früheren Überlegungen z. B. über Thermoionik, Lösungstension, Elektrokapillarität, Voltapotential usw. bewährt hatten. Eine Synthese aller dieser Vorstellungen ist noch nicht geleistet worden und ist vielleicht sogar überhaupt nicht möglich.

38. Isolierende Flüssigkeiten.

Zu den „isolierenden" (oder besser den „schlechtleitenden") Flüssigkeiten gehören Mineralöle (Transformatorenöl), organische Öle (z. B. Vaselinöl, Paraffinöl) und eine ganze Reihe reine organische Flüssigkeiten wie Hexan, Toluol, Benzol, Äthyläther, Tetrachlorkohlenstoff, Schwefelkohlenstoff usw. Alle diese Flüssigkeiten besitzen einen sehr hohen spezifischen Widerstand, der allerdings in außerordentlich weiten Grenzen schwankt. Es hängt nämlich der spezifische Widerstand in hohem Maß ab von dem Reinheitsgrad und nimmt mit zunehmender Reinheit dauernd zu; im handelsüblichen Zustand kann man den Widerstand eines Zentimeterwürfels von der Größenordnung 10^9 bis $10^{10}\,\Omega$ ansetzen, hat aber (z. B. in dem bisher am genauesten untersuchten Hexan) durch extreme Reinigung ihn hinauftreiben können auf über $10^{19}\,\Omega$. Dies erschwert naturgemäß die experimentelle Untersuchung und erfordert die Ausarbeitung einer recht mühsamen Reinigungsmethodik (durch fortgesetzte fraktionierte Destillation und insbesondere durch den Stromdurchgang selbst in extrem sauberen Zellen), wenn man reproduzierbare Ergebnisse erhalten will; deshalb vor allem hat es ziemlich lange gedauert, bis es gelungen ist, einen befriedigenden Einblick in den Mechanismus der Stromleitung zu erarbeiten. Dieser Mechanismus ist ferner — übrigens ganz analog wie in Gasen — grundsätzlich verschieden je nach der Höhe der an der Flüssigkeitszelle liegenden Spannung oder richtiger je nach der Stärke des wirksamen elektrischen Feldes; deshalb ist es für die folgenden Überlegungen nützlich, von vorneherein zwei Bereiche der Feldstärke zu unterscheiden, die kurz als die Bereiche „kleiner" und „großer" Feldstärke bezeichnet seien. Bei Feldstärken, die hinauf bis zu etwa der Größenordnung 10 kV/cm reichen, liegen nämlich die Dinge noch recht einfach und die Sachlage läßt sich heute vollkommen übersehen. Bei Feldstärken zwischen etwa 10 bis 100 kV/cm beginnen sich bereits grundsätzlich neue Effekte bemerkbar zu machen und bei weiterer Steigerung der angelegten Spannung erfolgt dann bei nochmals um etwa eine Zehnerpotenz höher liegenden Feldstärkewerten der Durchschlag. Es sind diese Zahlenangaben natürlich nur zu werten als ganz rohe Kennzeichnung der Größenordnung, da auch hier der Reinheitsgrad quantitativ von Einfluß ist.

Leitfähigkeit bei kleinen Feldstärken. Wir wollen uns zuerst beschäftigen mit dem Verhalten der isolierenden Flüssigkeiten im Gebiet der kleinen Feldstärken. Wenn wir das Ergebnis aller diesbezüglichen Untersuchungen gleich vorwegnehmen und auf eine kurze Formel zu bringen versuchen, so läßt es sich von dem folgenden Gesichtspunkt aus übersichtlich und einfach verstehen. Auch in den isolierenden Flüssigkeiten ist die elektrische Leitfähigkeit natürlich zurückzuführen auf das Vorhandensein von diskreten Ladungsträgern (Ionen), die im Feld durch die Flüssigkeit wandern. Die zunächst sich erhebende Frage nach der Herkunft und Zahl dieser Ionen läßt sich beantworten, wenn wir uns an die Grundvorstellungen der Theorie der Elektrolyte einerseits und an die der Theorie der Leitfähigkeit fremdionisierter dichter Gase andererseits erinnern. Wir wissen nämlich (S. 324), daß in den elektrolytischen Flüssigkeiten spontan durch den Vorgang der Dissoziation dauernd Ionen gebildet werden, und zwar in so großen Mengen, daß der Abtransport in dem die Flüssigkeit durchfließenden Strom den Gleichgewichtszustand zwischen den Ionen nicht merklich stört; die Folge davon ist ein erhebliches Leitvermögen und die Gültigkeit des Ohmschen Gesetzes bei praktisch allen Stromstärken. Wir wissen andererseits, (S. 168), daß in Gasen, in denen nur durch einen äußeren Ionisator, z. B. durch eine Bestrahlung mit Röntgenstrahlen, Ionen in begrenzter und nur verhältnismäßig geringer Zahl erzeugt werden, zwar bei kleinen Stromstärken ebenfalls das Ohmsche Gesetz gilt, daß aber mit Zunahme der Stromstärke sich zunehmend Abweichungen davon bemerkbar machen in dem Sinn, daß der Strom einem Sättigungswert zustrebt; nämlich dem Wert, der der Abführung aller gebildeten Ionen an die Elektroden entspricht und der deshalb nicht überschritten werden kann. Die Charakteristik eines fremdionisierten Gases besteht demgemäß (vgl. Abb. 55, S. 168) aus einem linearen Ohmschen Teil, aus einem Sättigungsanteil und aus einem Übergangsteil zwischen beiden, auf dem die Wiedervereinigungsverluste an Ionen eine maßgebende Rolle spielen. Je mehr Ionen pro Volum- und Zeiteinheit erzeugt werden, desto weiter reicht der Ohmsche Teil und desto größer ist der Sättigungsstrom. Hinsichtlich der Charakteristik unterscheiden sich also Elektrolyte und ionisierte Gase lediglich quantitativ, und zwar vor allem insofern, als in ersteren der OHMsche Bereich sehr viel weiter reicht und nur unter ganz extremen Bedingungen eine Abweichung von der Proportionalität des Stroms mit der Spannung zu erwarten und experimentell nachweisbar ist. Erwähnt sei in Hinblick auf das Folgende noch eine Erweiterung der S. 168 für fremdionisierte Gase durchgeführten Überlegungen. Wenn zwischen parallelen ebenen Elektroden die Ladungsträger durch eine homogene Volumionisation erzeugt werden, ist der Sättigungsstrom $I = q\varepsilon d$, wo q die Zahl der pro Zeit- und Volumeinheit entstehenden Ionen und d der Elektrodenabstand ist.

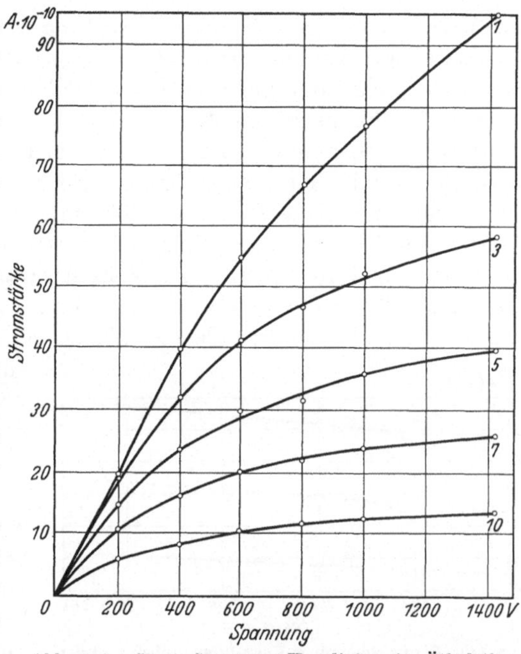

Abb. 141. Strom-Spannungs-Kennlinien in Äthyläther verschiedenen Reinheitsgrades. (Nach SCHRÖDER.)

Wenn hingegen nicht nur im Volumen Ionen erzeugt werden, sondern auch an einer der Elektroden selbst durch eine „Oberflächenionisation", wird der Sättigungsstrom in Abhängigkeit von d darzustellen sein in der Form

$$(123) \qquad I = C + q\varepsilon d,$$

wo das erste Glied den von der Elektrodenoberfläche stammenden Anteil an stromtragenden Ionen enthält.

Und nun brauchen wir nur z. B. die beiden Abb. 141 und 142 zu betrachten. Abb. 141 zeigt eine Reihe von Charakteristiken, die in Äthyläther in von oben nach unten aufeinanderfolgenden Stadien der

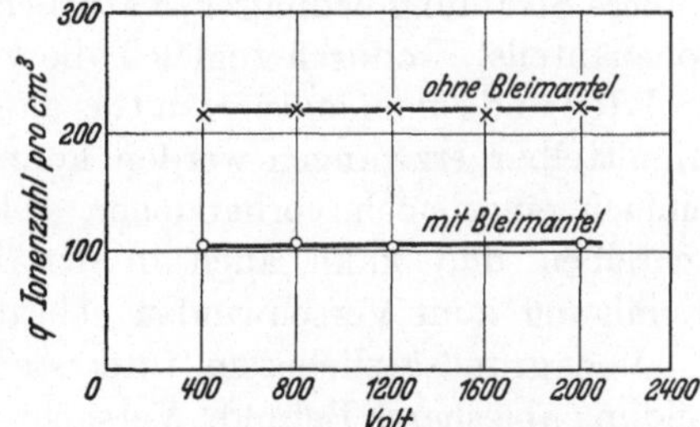

Abb. 142. Strom-Spannungs-Kennlinie (oberer Teil) in reinem Hexan mit und ohne Strahlungsschutz. (Nach JAFFÉ.)

Reinigung gewonnen wurden; Abb. 142 gibt den oberen Teil der Charakteristiken in sehr reinem Hexan wieder, und zwar einmal für ein ungeschütztes und einmal für ein durch einen dicken Bleimantel geschütztes Versuchsgefäß. Beide Abbildungen können als typisch gelten und führen fast von selbst zu der folgenden Deutung: In unreinen Flüssigkeiten hat man es vorwiegend mit einer elektrolytischen, eben durch

die Verunreinigungen bedingten Leitung zu tun. Mit zunehmendem
Reinheitsgrad werden diese dissoziationsfähigen elektrolytischen Be-
standteile mehr und mehr entfernt; es bleibt in reinsten Flüssigkeiten
zwar vielleicht noch ein Rest elektrolytischer Leitung übrig, in der
Hauptsache aber nur noch eine Ionenleitung von derselben Art wie
in Gasen und bedingt durch die natürlichen ionisierenden Strahlungen.
Zur Ergänzung diene noch die Abb. 143, in der die oberen Teile der
Charakteristiken in reinem Petroläther wiedergeben, dem eine Spur von
Bleioleat $(3{,}65 \cdot 10^{-5}\,\text{g/cm}^3)$ zugemischt war. Sie beziehen sich auf
Elektrodenabstände von 1 mm, 2 mm und 3 mm und sind in doppelter
Hinsicht bemerkenswert. Es lassen sich nämlich diese Charakteristiken

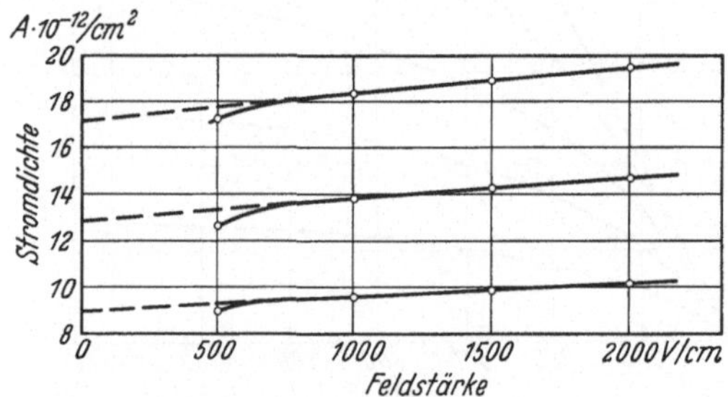

Abb. 143. Strom-Spannungs-Kennlinien (oberer Teil)
bei 1 bis 3 mm Elektrodenabstand in reinem Petroläther
+ Bleioleat. (Nach JAFFE.)

zunächst in Abhängigkeit
von der angelegten Span-
nung V darstellen durch

$$j = f(V) + c \cdot V,$$

wo das erste Glied eine mit zunehmender Spannung einem
konstanten Endwert zustre-
bende Funktion der Span-
nung ist, der — wie die
punktierten Kurventeile zeigen — zwischen 500 und

1000 V/cm erreicht wird; dieser Anteil des Stromes ist zu deuten als ein
wegen des äußerst geringen Dissoziationsgrades des Bleioleats in Petroläther sättigungsfähiger elektrolytischer Strom (zuzüglich eines durch die
äußere Strahlung bedingten, natürlich ebenfalls sättigungsfähigen Fremd-
ionenanteils), wodurch zugleich die volle Analogie zwischen einem Elektrolyten und einem ionisierten Gas dank der hier sehr geringen Dissoziation
unmittelbar erzwungen werden konnte. Der zweite Anteil cV ist wohl
einfach einer noch vorhandenen elektrolytischen Verunreinigung zuzuschreiben und kann auch in der Tat durch noch weiter getriebene
Reinigung zum Verschwinden gebracht werden.

Von grundsätzlicherem Interesse ist aber ein zweiter, aus der Abbildung ablesbarer Befund. Versucht man nämlich, den sättigungsfähigen
Anteil $f(V)$ darzustellen in Abhängigkeit vom Elektrodenabstand d,
so findet man, daß die Sättigungsströme nicht einfach proportional d
sind, sondern daß sich ein linearer Zusammenhang $j = ad + b$ ergibt,
der nach den Ausführungen zu Gl. (123), S. 369, auf die Mitwirkung eines
Oberflächeneffekts an der Ionenbildung hinweist. Ehe wir hierauf noch
näher eingehen, sei zur Ergänzung und Abrundung noch darauf hingewiesen, daß sich natürlich ganz ebenso wie in Gasen die Konstanten der Ionen auch in isolierenden Flüssigkeiten bestimmen lassen.
Entweder aus der Charakteristik durch Rechnung oder nach direkten

Meßmethoden kann man die Beweglichkeiten k_- und k_+, den Wiedervereinigungskoeffizienten α/ε und mit Berücksichtigung der nächsten Näherung die Diffusionskoeffizienten D_- und D_+ bestimmen. Man erhält Werte, die einerseits größenordnungsmäßig in Hexan, Schwefelkohlenstoff usw. mit den in den gewöhnlichen wässerigen Elektrolyten gefundenen übereinstimmen, in den zäheren Flüssigkeiten wie z. B. den Ölen aber naturgemäß erheblich, nämlich bis um etwa den Faktor 10^{-3} kleiner sind und die andererseits um etwa drei bzw. sechs Größenordnungen kleiner sind als die in Gasen von Atmosphärendruck gefundenen Werte. Die Kenntnis der Beweglichkeiten und der Diffusionskoeffizienten

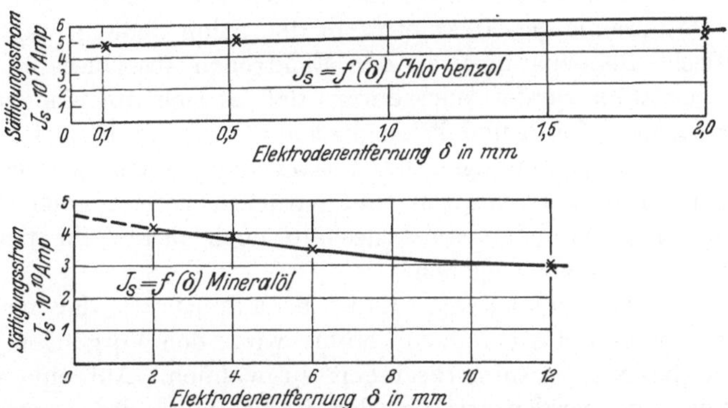

Abb. 144. Anomale Abhängigkeit des Sättigungsstroms vom Elektrodenabstand in Chlorbenzol und Mineralöl. (Nach NIKURADSE.)

erlaubt dann mit Hilfe der S. 161 erwähnten Beziehung zwischen diesen Konstanten auch die Ionenladungen zu ermitteln und es ergibt sich dabei, daß mindestens die Mehrzahl der Ionen je eine Elementarladung tragen, also einwertig sind.

Wir müssen uns nun noch mit der schon erwähnten Beteiligung von Oberflächeneffekten an der Ionenbildung beschäftigen. Sie ist nicht nur an sich ein interessanter Vorgang, sondern sie wird auch in den nachfolgenden Ansätzen zur Erklärung der sog. dielektrischen Anomalien und in der Theorie des Durchschlags noch eine wesentliche Rolle spielen. Seit langem war bekannt, daß die Beschaffenheit der Elektroden von wesentlichem Einfluß auf die Leitfähigkeit ist und daß eine geeignete Vorbehandlung der Elektrodenoberflächen geradezu maßgebend ist für die Möglichkeit, überhaupt definierte und reproduzierbare Verhältnisse zu erhalten. In dem Zusammenhang Gl. (123), S. 369, zwischen Sättigungsstrom und Elektrodenabstand wurde dann eine Möglichkeit gefunden, die Beteiligung der Oberflächenionisation sozusagen quantitativ zu fassen. Als zwei Beispiele extremer Art mögen die Abb. 144 dienen. Wie man sieht, ist in Chlorbenzol die Sättigungsstromstärke fast unabhängig vom Elektrodenabstand und nimmt in Mineralöl sogar ziemlich stark ab mit zunehmendem Elektrodenabstand. Es sind das Befunde, die sich wohl nur so deuten lassen, daß die Ionenproduktion in derartigen Fällen sogar vorwiegend an den Elektroden und nicht im Inneren der Flüssigkeit stattfindet. Wie diese Oberflächenionisation vor sich geht — von der formalen Diskussion der Charakteristik für die verschiedenen möglichen Fälle der unipolaren oder bipolaren Leitung, der sich hierbei ergebenden Polaritätseffekte u. dgl. wollen wir hier absehen — ist nun allerdings noch nicht befriedigend geklärt und ist wohl auch von Fall zu Fall verschieden. Jedenfalls aber handelt es sich nicht einfach um Strahlungswirkungen nach Art eines Photoeffektes oder dergleichen, sondern um typische elektrochemische Grenzflächeneffekte. Man könnte an einen Verunreinigungseffekt etwa in dem Sinn denken, daß gelöste elektrolytische Beimengungen an den Elektroden absorbiert und dabei in Ionen gespalten werden oder daran, daß es sich um eine Wechselwirkung zwischen Metall und Flüssigkeit ähnlicher Art handelt, wie wir sie bei den Kontaktspannungen, der Lösungstension usw. kennengelernt haben. Alle diese Vorstellungen sind natürlich vorerst noch reichlich unbestimmt und dehnbar; es ist deshalb noch nicht sehr fruchtbar, ihnen im einzelnen nachzugehen.

Anomalien der Stromleitung. Es ist bemerkenswert, daß man auch noch von anderer Seite her dazu geführt wird, den Vorgängen an den Elektroden besondere Aufmerksamkeit zu widmen. Auf eine Gruppe solcher Vorgänge werden wir bei der Besprechung des Durchschlags noch gelegentlich hinweisen; eine zweite Gruppe läßt sich am besten hier anschließend behandeln, nämlich die der Anomalien der Stromleitung. Unmittelbare Querverbindungen führen zu der allgemeinen Theorie der dielektrischen Anomalien (vgl. S. 407), wir werden uns jedoch in dem hier interessierenden Zusammenhang beschränken auf eine etwas speziellere Problemstellung. Wenn die stromtragenden Ionen zum Teil an den Elektroden entstehen, so ist eine zwar schematisierte, aber der Durchrechnung zugängliche Vorstellung die, daß sie sich unter dem Einfluß des angelegten Feldes als geladene Schichten ablösen, die dann durch die Flüssigkeit wandern. Die Bedeutung dieser einfachen Modellvorstellung liegt darin, daß sich aus ihr die Möglichkeit einer Deutung einer ganzen Reihe von Effekten ergibt, die man als „Anomalien des Stromes" seit langem kennt und die auch praktisch eine große Rolle spielen. Hier soll es nicht darauf ankommen, die mathematisch zwar ziemlich einfachen, aber doch recht langwierigen Rechnungen im einzelnen und in möglichster Allgemeinheit wiederzugeben, sondern nur darauf, an einem Beispiel die Grundgedanken klar zu machen: Das Wesentliche ist, daß jene Ionenschichten mit endlicher Geschwindigkeit sich durch die Flüssigkeit schieben, daß diese Geschwindigkeit ihrerseits abhängt von der jeweils wirkenden Feldstärke und diese wiederum wegen der eintretenden Feldverzerrung von der jeweiligen Lage der Schicht. Im einfachsten Fall haben wir es zu tun mit nur einer Schicht, deren Flächendichte σ sei. Mit den aus der Abb. 145 zu entnehmenden Bezeichnungen folgt dann aus der bekannten Grundgleichung der Elektrostatik $\mathfrak{D}_1 - \mathfrak{D}_2 = \sigma$ bzw. $\mathfrak{E}_1 - \mathfrak{E}_2 = \sigma/D$ ($D =$ Dielektrizitätskonstante der Flüssigkeit)

$$\mathfrak{E}_1 = \frac{U}{\delta} - \frac{\sigma}{D} \frac{\delta - \delta_1}{\delta},$$

$$\mathfrak{E}_2 = \frac{U}{\delta} + \frac{\sigma}{D} \cdot \frac{\delta_1}{\delta}.$$

Die an der Schicht angreifende Kraft ist $(\mathfrak{E}_1 + \mathfrak{E}_2)/2$ und wenn die Beweglichkeit der Schichtionen k ist, ist also die Wanderungsgeschwindigkeit der Schicht

$$u = k \cdot \frac{\mathfrak{E}_1 + \mathfrak{E}_2}{2} = k \left(\frac{U}{\delta} + \frac{2\delta_1 - \delta}{2\delta} \cdot \frac{\sigma}{D} \right)$$

und die Bewegungsgleichung für die Schicht wird

$$(124\,\mathrm{a}) \qquad \frac{du}{dt} - \frac{k\sigma}{\delta \cdot D} \cdot u = \frac{k}{\delta} \cdot \frac{dU}{dt}.$$

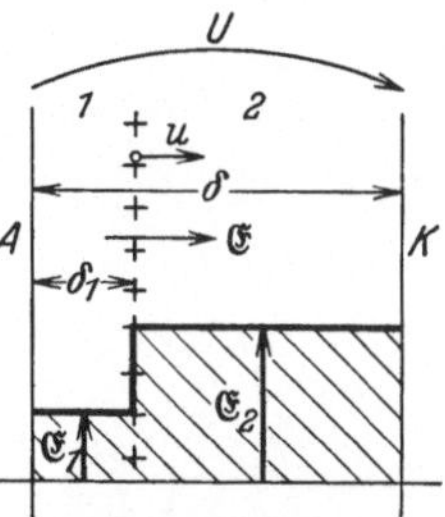

Abb. 145. Zur Theorie der Anomalien der Stromleitung. (Nach Schumann.)

Man kann aus dieser Gleichung z. B. ableiten, daß nach dem Anschalten einer Gleichspannung der Strom exponentiell mit der Zeit ansteigt, daß es bei Kurzschluß der Elektroden einen „Rückstrom" gibt, daß ein derartiges Modell „Restspannungen" zeigt usw. Durch die Annahme mehrerer Schichten, die auch teils positiv, teils negativ geladen sein können, läßt sich natürlich der Wirkungsbereich der Theorie noch wesentlich erweitern. Wir wollen hier nur die Sachlage bei einer Beanspruchung durch eine Wechselspannung etwas ausführlicher betrachten und werden sehen, daß sich eine Phasenverschiebung zwischen Strom und Spannung ergibt. Ausgangspunkt ist die Bewegungsgleichung, in der nun $U = U_0 \sin(\omega t + \Theta)$ zu setzen ist. Die Lösung ist

$$(124\,\mathrm{b}) \qquad \begin{cases} u = \dfrac{k}{\delta} \dfrac{\omega U_0}{\sqrt{\omega^2 + \left(\dfrac{k\sigma}{\delta D}\right)^2}} \sin(\omega t + \Theta - a) + A \cdot e^{\frac{k\sigma}{\delta D} \cdot t}, \\[2em] \operatorname{tg} a = \dfrac{k\sigma}{\omega \delta D}. \end{cases}$$

Es eilt also die Geschwindigkeit der Schicht der aufgeprägten Spannung in der Phase nach und es gibt einen Einschaltvorgang, der nicht wie üblich abklingt, sondern im Gegenteil exponentiell mit der Zeit anwächst. Damit die Schicht sich überhaupt in Bewegung setzt und nicht an der Ursprungselektrode haften bleibt, muß die aufgeprägte Spannung einen Mindestwert überschreiten, der sich (für $\delta_1 = 0$) zu $U_m = \delta\sigma/2D$ ergibt. Im übrigen hängt natürlich der Verlauf der Wanderung ab von dem Momentanwert der Spannung im Zeitpunkt des Einschaltens und kann zu recht verwickelten Bewegungsarten führen. Hierauf brauchen wir nicht einzugehen, aber wir müssen noch zusehen, was sich für den Strom j ergibt, der den Elektroden von außen pro Flächeneinheit zufließt. Dieser Strom setzt sich zusammen aus dem Kapazitätsstrom j_c üblicher Art

$$(124\,\mathrm{c}) \qquad j_c = \frac{D}{\delta} \cdot \frac{d\,U}{d\,t} = \frac{D}{\delta}\,\omega\,U_0\cos\,(\omega\,t + \Theta)$$

und aus dem Konvektionsstrom j_σ

$$(124\,\mathrm{d}) \qquad j_\sigma = \frac{D}{\delta} \cdot \sigma\,u.$$

Der Gesamtstrom hat also nach Gl. (124 b) eine Phasenverschiebung von $(90 - \alpha)$ gegen die Spannung, d. h. das Flüssigkeitsmodell verhält sich wie ein unvollkommenes Dielektrikum mit einem Verlustwinkel α. Wie der Ausdruck für u zeigt, enthält der Gesamtstrom auch noch ein exponentiell mit der Zeit anwachsendes Glied, das sich nebenbei bemerkt in der Anzeige eines Leistungsmessers äußern würde, wenn der Flüssigkeitszelle wie in Wirklichkeit ein OHMscher Widerstand vorgeschaltet ist.

Leitung in starken Feldern. Wie einleitend schon erwähnt wurde, treten bei höheren Feldstärken neuartige Vorgänge in den isolierenden Flüssigkeiten auf: Die Stromstärke beginnt mit zunehmender Feldstärke in zunehmender Steilheit anzuwachsen, bis dann endlich der Zustand überhaupt instabil wird und der Durchschlag (Durchbruch) erfolgt, wobei sich ein gut leitender Strompfad ausbildet und das Feld zusammenbricht. Schematisch sieht also die vollständige statische Charakteristik

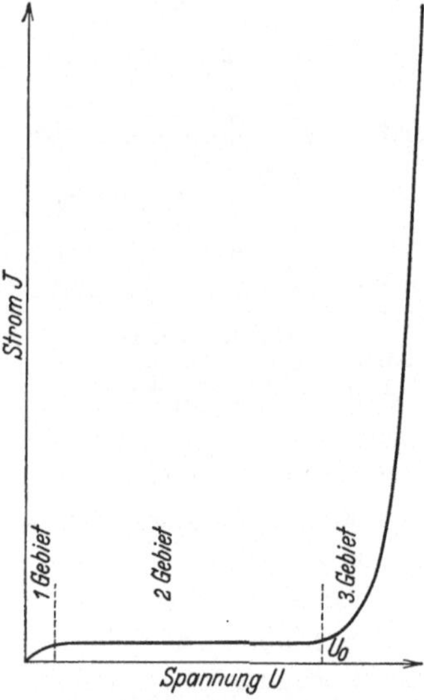

Abb 146. Vollständige Charakteristik einer isolierenden Flüssigkeit. (Nach NIKURADSE.)

etwa so aus, wie dies in Abb. 146 gezeichnet ist. Mit den Vorgängen, die sich jenseits des Sättigungsgebietes 2 im Gebiet 3 (Vorstromgebiet) abspielen, wollen wir uns hier nun zuerst beschäftigen und dann anschließend die Vorstellungen besprechen, die man sich über den Vorgang des Durchschlags gebildet hat. Vorausgeschickt sei zu einer ersten quantitativen Orientierung, daß der Wiederanstieg des Stromes in reinen Flüssigkeiten (die Sättigung zeigen) bei einer „Grenzfeldstärke" E_0 beginnt, die in der Gegend von 100 kV/cm liegt, und mit zunehmender Feldstärke sehr steil, nämlich ungefähr exponentiell erfolgt, bis bei der „Durchbruchsfeldstärke" E_k der Durchschlag einsetzt. In Toluol z. B. stieg der Strom auf etwa das 20000fache des Sättigungswertes an, wenn die Feldstärke von $E_0 = 120$ kV/cm auf $E = 400$ kV/cm gesteigert wurde, und der Durchschlag erfolgte bei dieser Probe bei

$E_k = 1300$ kV/cm, also bei rund dem 10fachen der Grenzfeldstärke. Es sei jedoch betont, daß E_0 und insbesondere E_k stark vom Reinheitsgrad und der Elektrodenbeschaffenheit abhängen und deshalb nicht ohne weiteres als wohldefinierte Materialkonstanten anzusehen sind. E_k kann auch in derselben Flüssigkeit je nach der Vorbereitung der Zelle bis um zwei Größenordnungen schwanken. Die höchsten bisher erreichten Durchbruchsfeldstärken in reinsten Flüssigkeiten und mit sorgfältigst vorbereiteten Elektroden liegen bei etwa 2000 kV/cm, die bei immerhin sorgfältiger, wenn auch nicht so extremer Säuberung stattfindenden und deshalb fast ausschließlich genauer untersuchten Durchschläge hingegen dürften wohl alle noch unterhalb 1000 kV/cm liegen.

Auf das ganze umfangreiche und wenig übersichtliche Beobachtungsmaterial, das sich auf das Vorstromgebiet bezieht, brauchen wir hier nicht einzugehen. Es genügt, wenn wir uns darauf beschränken, an gewissen typischen Beispielen zu zeigen, wie die Dinge grundsätzlich liegen bzw. wie man von Fall zu Fall versucht hat, eine Deutung der experimentellen Befunde zu geben. Ausgangsmaterial für die theoretische Diskussion sind die der experimentellen Untersuchung unmittelbar zugänglichen Vorstromcharakteristiken, und zwar in weiterem Sinn in Abhängigkeit von der Feldstärke E und dem Elektrodenabstand d, wodurch eine doppelte Mannigfaltigkeit von Bezugsgrößen und damit schon recht weitgehende Anhaltspunkte gegeben sind. Von Bedeutung ist ferner, daß sich bisher aus den Messungen der Feldstärkeverteilung zwischen den Elektroden mit Hilfe des Kerreffekts (S. 419) kein Anhalt für eine merkliche Feldverzerrung durch Raumladungen ergeben hat. Dies vereinfacht nämlich die Sachlage von vornerein insofern, als man ohne größeren Fehler mit einem homogenen mittleren Feld rechnen, d. h. an Stelle der meßbaren Elektrodenspannung V die Feldstärke $E = V/d$ in alle empirischen Formeln einführen kann.

Die Abhängigkeit des Vorstroms i von der Feldstärke E und dem Elektrodenabstand d folgt allerdings nur in vereinzelten Fällen einfachen formalen Gesetzen, wie man sie etwa von den entsprechenden Vorgängen in Gasen her kennt. Die Sachlage läßt sich aber einigermaßen übersichtlich und geeignet als Grundlage für theoretische Überlegungen darstellen im Anschluß an diese Sonderfälle, und man kommt so zu empirischen Formeln von der Form

$$(125\,\mathrm{a}) \qquad\qquad i = i_s \cdot e^{c\,d\,(E-E_0)}$$

oder in logarithmischer Darstellung

$$(125\,\mathrm{b}) \qquad\qquad \ln i = \ln i_s + c\,d\,(E-E_0).$$

Würde c eine Materialkonstante sein, so müßten sowohl die $\ln j - E$-Kennlinien wie die $\ln j - d$-Kennlinien Gerade sein, wie dies in einigen Sonderfällen tatsächlich der Fall ist. In der Mehrzahl der Flüssigkeiten jedoch hat sich gezeigt, daß man eine befriedigende Darstellung der gemessenen Werte nur erhält, wenn man c seinerseits als geeignete Funktion $f(d)$ des Elektrodenabstandes ansetzt, und zwar als eine Funktion, die ungefähr hyperbolisch mit zunehmendem d abnimmt. Andererseits

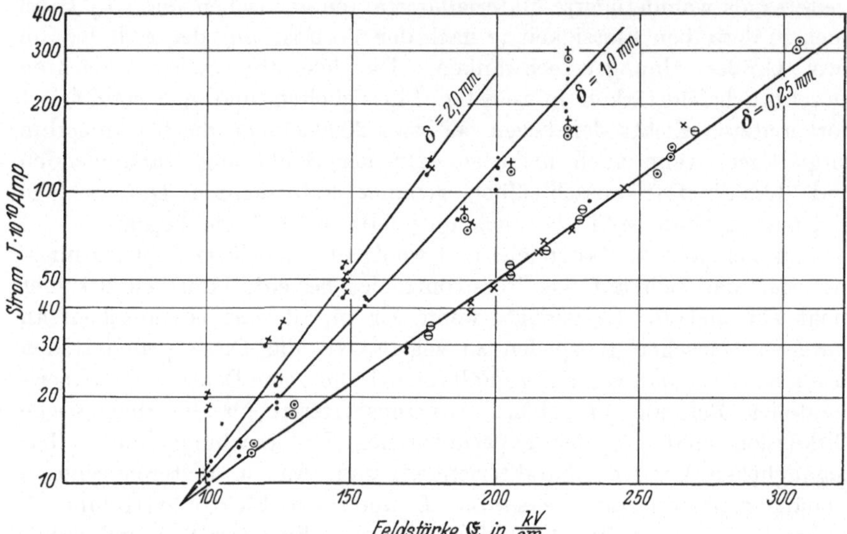

Abb. 147. Strom-Feldstärke-Kennlinie in mäßig gereinigtem Mineralöl. (Nach NIKURADSE.)

aber hat sich bei allen Flüssigkeiten ergeben, daß c unabhängig von E ist, d. h. daß die $\ln j$—E-Kennlinien bei konstantem Elektrodenabstand Gerade sind. Die Abb. 147 und 148 zeigen dies an einem typischen

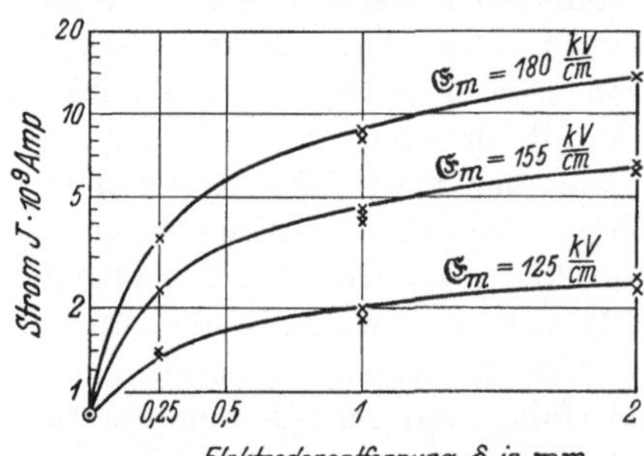

Abb. 148. Strom-Elektrodenabstand-Kennlinien; Umzeichnung von Abb. 147. (Nach NIKURADSE.)

Beispiel (mäßig reines Mineralöl). Abb. 147 gibt in halblogarithmischer Aufzeichnung den Strom in Abhängigkeit von E für jeweils verschiedene Elektrodenabstände d und gibt eine Schar von Geraden, die sich bei der Grenzfeldstärke $E_0 = 90\ \mathrm{kV/cm}$ schneiden; Abb. 148 gibt die Umzeichnung in ein halblogarithmisches j — d-Diagramm und zeigt deutlich, daß c mit zunehmendem d abnimmt.

Das Exponentialgesetz legt es nahe, für den Anstieg des Vorstroms grundsätzlich Vorgänge derselben Art verantwortlich zu machen, wie wir sie für Gase bereits kennengelernt haben (S. 182), nämlich eine Neuerzeugung von Trägern in der Flüssigkeit durch Trägerstoß. In den erwähnten Sonderfällen, in denen c eine Konstante ist, würde es genügen anzunehmen, daß die Träger der einen Art, z. B. die negativen Träger, durch Stoß neue Träger bilden. Aber die geschilderten Befunde zeigen bereits, daß man im allgemeinen Fall mit so einfachen Annahmen nicht auskommt. Man muß offenbar einen komplizierteren Mechanismus der Trägererzeugung annehmen und hat auch derartige Mechanismen gefunden, die alles wünschenswerte leisten. Im allgemeinsten Fall, der einfachere Sonderfälle mit enthält, kann man nämlich annehmen, daß nicht alle zu Stoßionisationen fähige Träger, die weiterhin kurz als Elektronen bezeichnet seien, ihren ganzen Weg von der Anode zur Kathode als Elektronen zurücklegen, sondern sich bei einem Bruchteil ihrer Zusammenstöße mit den neutralen Flüssigkeitsmolekülen umwandeln zu dann nicht mehr zu Stoßionisationen fähigen negativen Ionen. Es sollen also nach dieser Vorstellung von einem Elektron auf 1 cm Fortschreitungsweg α' neue Elektronen erzeugt werden und zugleich sollen ε'-Elektronen als solche durch Anlagerung verloren gehen. Man kann dann auch noch annehmen, daß nicht jeder ionisierende Elektronenstoß gerade zur Bildung eines positiven Ions und eines neuen Elektrons führt, sondern daß nur ein Teil dieser Stöße zur Bildung eines Ions und eines Elektrons, der Rest jedoch nur zur Bildung eines positiven und eines negativen Ions führt. Es sollen also, wiederum pro 1 cm Fortschreitungsweg, $\varkappa$ positive und negative Ionen sowie α positive Ionen und Elektronen erzeugt werden. Wenn außerdem wieder Elektronen durch Anlagerung verloren gehen und die Zahl dieser Anlagerungen auf 1 cm mit ε bezeichnet wird, wäre insgesamt dann also die Zahl der Ionisationen $\alpha + \varkappa$ und die Zahl der gebildeten negativen Ionen $\varepsilon + \varkappa$. Es sind das an sich sicherlich ganz plausible Annahmen, und es ist auch von vorneherein zu übersehen, daß man so zu recht anschmiegungsfähigen Ansätzen kommt, wenn man endlich noch geeignete Annahmen über die Feldstärkenabhängigkeiten der verschiedenen Stoßkoeffizienten α, ε und $\varkappa$ macht. Diese Annahmen ergeben sich natürlich erst aus der vollständigen Durchrechnung und dem Vergleich mit den experimentellen Charakteristiken. In Abb. 149 sind die Ergebnisse für die drei Flüssigkeiten Toluol, Öl und Nitrobenzol zusammengestellt.

Andererseits aber darf man nicht vergessen, daß diese ganze Theorie letzten Endes doch eben nur ein Formalismus ist und daß man dabei auch noch ganz im Rahmen derselben Vorstellungen bleibt, die sich für Gase bewährt haben und für diese auch physikalisch begründet werden konnten. Für Flüssigkeiten macht es immerhin erhebliche Schwierigkeiten, sich ein freies Wandern von Trägern und insbesondere von Elektronen mit einer Energiezunahme bis zur Befähigung zur Stoßionisation vorzustellen. Es wird dies vielleicht am deutlichsten durch die folgende Überschlagsbetrachtung: In Gasen macht sich bei Atmosphärendruck eine Stromzunahme durch Trägerstoß bemerkbar in Feldern von der Größenordnung 10 kV/cm, in Flüssigkeiten nach den obigen Vorstellungen und experimentellen Befunden in Feldern von der Größenordnung 100 kV/cm; dies aber würde bedeuten, daß die Sachlage in Flüssigkeiten dieselbe sein müßte wie in Gasen von nur etwa 10 at Druck. Und wenn wir nun noch überlegen, daß in einem Gas von diesem

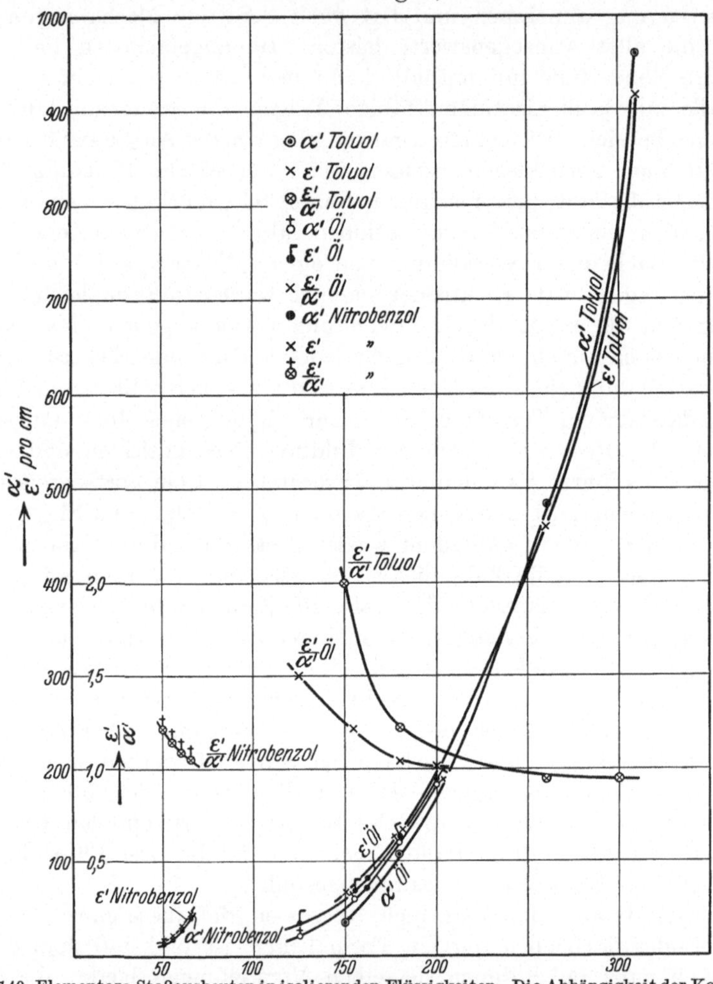

Abb. 149. Elementare Stoßausbeuten in isolierenden Flüssigkeiten. Die Abhängigkeit der Konstanten α' und ε' von der Feldstärke in verschiedenen Flüssigkeiten. ε' = ε + ϰ Gesamtzahl der negativen Ionen, die auf 1 cm Weglänge erzeugt wird. α' = α + ϰ Gesamtionisierungszahl je 1 cm Weglänge. α Anzahl der ionisierenden Stöße je 1 cm Weglänge, bei denen die Elektronen von Molekülen entfernt werden. ε Zahl der Elektronen, die auf 1 cm Weglänge durch Anlagerung negative Ionen bilden. ϰ Zahl der ionisierenden Stöße auf 1 cm Weglänge, bei denen die Moleküle in negative und positive Ionen zerlegt werden. (Nach NIKURADSE.)

Druck die mittleren Molekülabstände immer noch von der Größenordnung des 100fachen Moleküldurchmessers, in Flüssigkeiten hingegen schon durchaus vergleichbar mit diesen sind, müssen wir die Analogien zwischen Flüssigkeiten und Gasen doch sicherlich recht bedenklich finden. Es bleibt dann nur noch übrig, entweder den Vorstrom und seinen Anstieg überhaupt auf andere Weise zu erklären (wie z. B. durch einen Elektronenaustritt aus singulären Stellen der Kathodenoberfläche und die Ausbildung lokaler feldverzerrender Raumladungen) oder mit einem grundsätzlich anderen Flüssigkeitsmodell quanten(wellen)mechanischer Art zu arbeiten. Hierauf einzugehen ist hier nicht möglich und würde auch noch nicht lohnen. Bestehen bliebe dabei natürlich nach wie vor, daß als Grundvorgang für den Vorstromanstieg eine Neubildung von Trägern durch Stoß anzunehmen ist, und nur der Mechanismus dieser Stoßionisation und allgemeiner der Trägerkinetik würde ein im einzelnen anderer sein.

Mechanismus des Durchschlags. Zum Schluß wollen wir uns nun noch mit dem Mechanismus des Durchschlags durch isolierende Flüssigkeiten beschäftigen. Wir wollen uns dabei beschränken auf die theoretisch — wenn auch nicht praktisch — interessantere Sachlage in Flüssigkeiten, die als „rein" in folgendem Sinn zu bezeichnen sind. Ausgeschaltet sein sollen nämlich Verunreinigungen durch suspendierte Staub- oder Faserteilchen, die insbesondere bei nicht extremer Trocknung der Flüssigkeit sich zu leitenden Brücken aneinanderreihen können und dann Veranlassung geben zur Bildung von Dampfkanälen, in denen ein Gasdurchschlag erfolgt. (Nach sorgfältiger Entfernung derartiger Teilchen ändert selbst ein erheblicher Wassergehalt die Durchschlagsfestigkeit nicht sehr und sie bleibt stets oberhalb einiger 100 kV/cm.) Im übrigen empfiehlt es sich, das zur Verfügung stehende recht umfangreiche Beobachtungsmaterial hier nicht zusammenfassend zu besprechen, sondern von Fall zu Fall die experimentellen Befunde als Argumente bzw. Gegenargumente für die einzelnen Theorien des Durchschlags anzuführen. Diese Theorien seien nicht nur der Übersichtlichkeit wegen, sondern auch weil man damit das physikalisch jeweils Wesentliche sogleich anschaulich hervorheben kann, eingeteilt in die mechanischen, thermischen und elektrischen, eine Einteilung in drei Hauptgruppen, die sich auch schon bei den Theorien des Durchschlags durch feste Isolierstoffe (S. 315) bewährt hat.

Die scheinbar einfachste Möglichkeit zu einer Deutung des Durchschlagvorgangs gibt die elektrische Theorie, die den Durchschlag in Flüssigkeiten auffaßt in grundsätzlich vollkommener Analogie zu dem Durchschlag in Gasen, d. h. als bedingt durch eine bis zum Instabilwerden anschwellende Neuerzeugung von Trägern im Entladungsraum (Trägerlawinen). Auf die Schwierigkeiten, zu denen diese Vorstellung führt, haben wir bei der Besprechung der Vorstromtheorien bereits hingewiesen und es hat bei der noch sehr geringen Kenntnis der Trägerkinetik in Flüssigkeiten und dem Mangel an in diesem Zusammenhang verwertbaren Durchschlagsversuchen auch kaum Zweck, die dort skizzierten Ansätze zu einer elektrischen Durchschlagstheorie weiter zu entwickeln. Vorläufig müssen wir uns darauf beschränken nachzusehen,

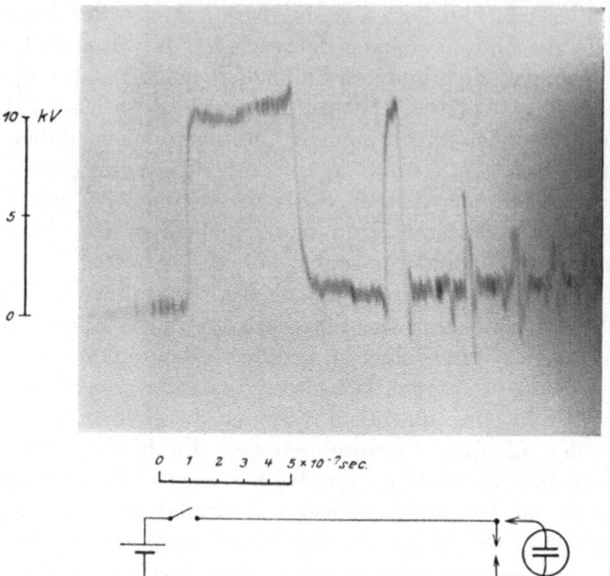

Abb. 150 a. Durchschlag einer Gasfunkenstrecke. Kathodenstrahloszillogramm.
(Nach ROGOWSKI.)

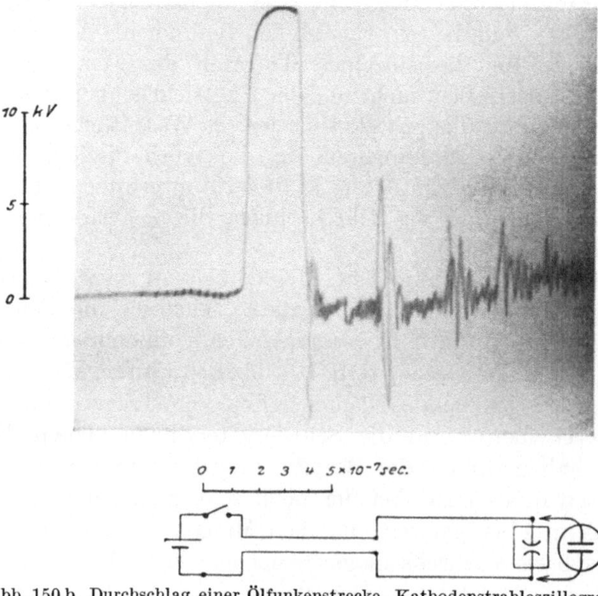

Abb. 150 b. Durchschlag einer Ölfunkenstrecke. Kathodenstrahloszillogramm.
(Nach ROGOWSKI.)

ob es überhaupt Fälle gibt, in denen der Durchschlag als ein rein elektrischer Vorgang aufgefaßt werden kann oder muß. Diese Frage dürfte nun tatsächlich eindeutig bejahend zu beantworten sein, und zwar in zwei Gruppen von Sonderfällen. Die einen betreffen die Durchschläge bei kurzdauernder (Stoß-)Spannungsbeanspruchung, die anderen die Durchschläge in stark inhomogenen Feldern. Bei Beanspruchungszeiten von kürzerer Dauer als etwa 10^{-7} s schaltet die Mitwirkung anderer Vorgänge, wie etwa die der noch zu besprechenden thermischen und mechanischen, wegen ihrer zeitlichen Trägheit eigentlich schon von vornherein aus. Zudem ergibt die Zeitanalyse des Feldzusammen-

bruchs ein derartig gleichartiges Verhalten von Gasstrecken und Flüssigkeitsstrecken, daß man in diesen Fällen an der Gleichartigkeit der während des Durchschlags sich abspielenden Vorgänge wohl nicht zweifeln kann; die Abb. 150a und 150b zeigen dies an zwei Beispielen, deren Zuordnung zum Gas und zur Flüssigkeit ohne die erläuternden

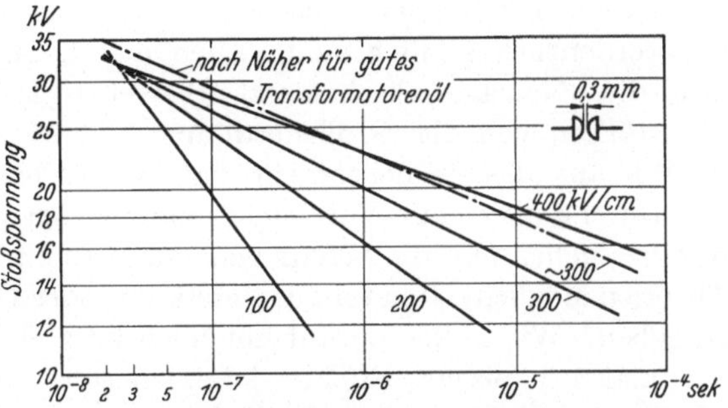

Abb. 151. Durchschlagsspannung von Ölproben verschiedenen Reinheitsgrades in Abhängigkeit von der Dauer einer Stoßbeanspruchung. (Nach KOPPELMANN.)

Unterschriften wohl nicht möglich sein würde. Ferner hat sich gezeigt, daß mit abnehmender Beanspruchungsdauer die Durchschlagsspannung unabhängig von dem äußeren auf der Flüssigkeit lastenden Druck, von der Temperatur und in gewissen Grenzen auch vom Reinheitsgrad der Flüssigkeit wird und auf hohe Werte in der Gegend von 1000 kV/cm ansteigt. Abb. 151 zeigt dies an einigen Ölproben verschiedenen Reinheitsgrades, der gekennzeichnet ist durch die angeschriebenen Durchbruchsfeldstärken bei Verwendung gewöhnlicher Wechselspannung. Da man andererseits gefunden hat, daß man durch fortgesetzte Reinigung, Trocknung und Entgasung ebenfalls Druck- und Temperaturabhängigkeit der Durchschlagsspannung erzielen kann, liegt sogar die Vermutung nahe, daß sich der Durchschlagsmechanismus mit zunehmendem Reinheitsgrad überhaupt dem von der elektrischen Theorie angenommenen nähert und weitere systematische Untersuchungen in dieser Richtung würden deshalb sehr aufschlußreich sein können. Zur Beurteilung der ganzen Sachlage ist aber noch auf einen Umstand hinzuweisen. Man muß nämlich bei einer Übertragung der aus der Gasentladungsphysik bekannten und dort so fruchtbaren Ähnlichkeitsgesetze (S. 225) und allen aus ihnen zu ziehenden Folgerungen auf die Verhältnisse in Flüssigkeiten sehr vorsichtig sein. Dies gilt insbesondere, um nur ein wichtiges Beispiel zu nennen, hinsichtlich der Elektrodenform; denn in Flüssigkeiten müßte, entsprechend der nach den Ähnlichkeitsgesetzen zu fordernden Abnahme aller Lineardimensionen proportional mit zunehmendem Druck (der in Flüssigkeiten formal von der Größenordnung 1000 at anzusetzen ist) extreme Sauberkeit und Glätte der Elektrodenoberflächen zu fordern sein und daraus erklärt sich wohl auch zum Teil der große Einfluß der Elektrodenvorbehandlung auf die Durchbruchsfeldstärke in reinsten Flüssigkeiten. Die andere Gruppe von Sonderfällen, in denen alles auf die rein elektrische Natur des Durchschlags hindeutet, betrifft Beobachtungen in stark inhomogenen Feldern. An scharfen Spitzen zeigen sich nämlich dem eigentlichen Durchschlag vorausgehend leuchtende Entladungen (Glimmen, Büschel, Funkenstiel usw.), die denen in Gasen außerordentlich ähnlich sind. Auch hier kommt man übrigens, soweit sich die Sachlage abschätzend übersehen läßt, auf (mikroskopische) Feldstärken von der Größenordnung 1000 kV/cm.

Wie aus alledem hervorgeht, hat man es bei der überwiegenden Zahl der Durchschläge mit Vorgängen anderer Art als in Gasen zu tun und hier versuchen nun die bereits genannten thermischen und mechanischen Theorien Möglichkeiten für das Verständnis des Durchschlagsmechanismus zu geben. Wir wollen darauf nur noch kurz eingehen, weil es sich dabei um makroskopische Effekte komplizierterer Art handelt, bei denen Elementarvorgänge atomphysikalischer Art nur sekundär eine Rolle spielen. Bei dem thermischen Durchschlag wird im Vorstromgebiet die Flüssigkeit bis zum Verdampfen und zur Bildung von Dampfkanälen erwärmt, in denen dann ein „verschleierter Gasdurchschlag" stattfindet. Abgesehen von den Fällen, in denen die Eigenleitfähigkeit der Flüssigkeit groß genug ist, um die hierzu erforderliche Stromwärme verständlich zu machen oder Faserbrücken einen Strompfad vorbereiten oder endlich die angelegte Spannung eine hochfrequente Wechselspannung ($n \sim 10^6$ Hz) ist und die Dipolverluste (S. 409) hinreichende Wärmeentwicklung bedingen, hat man es mit einem Wärmedurchschlag wahrscheinlich nur zu tun in sehr reinen Flüssigkeiten; denn in diesen reicht das Vorstromgebiet hinauf zu so hohen Feldstärkewerten, daß das Produkt aus Vorstromdichte und Feldstärke groß genug werden kann, um eine für die Verdampfung hinreichende Wärmeproduktion zu ermöglichen. Wenn man das Exponentialgesetz von S. 375 für den Vorstrom bis dicht hinauf zur Durchschlagsfeldstärke extrapolieren darf, kommt man in der Tat zu Vorstromleistungen — in reinem Hexan z. B. mit $j = 10^{-3}$ A/cm² und $E = 1000$ kV/cm zu 10^3 W/cm³ — die eine Deutung des Durchschlags im Sinn der Wärmetheorie wahrscheinlich machen. Aber gerade in den mäßig reinen Flüssigkeiten und bei den mittleren Feldstärken von der Größenordnung 10 kV/cm, also gerade in den meist untersuchten Fällen, ist es zumindest zweifelhaft, ob die Stromwärme genügend groß ist und hier nun scheinen die mechanischen Theorien einen Ausweg zu bieten. Trotz der für die Wärmetheorie sprechenden Druckabhängigkeit der

Durchschlagsfeldstärke — die Abb. 152 gibt dafür ein sehr anschauliches Beispiel und zeigt übrigens zugleich, daß die Vorstromcharakteristik druckunabhängig ist — bleiben eben die Produkte $j\,E$ zu klein ($\lesssim 10^{-2}$ W/cm^3) und man muß dann schon neue Annahmen zu Hilfe nehmen, um die Wärmetheorie zu retten; Annahmen etwa der Art, daß an den Elektroden kleine Gasbläschen sitzen, in oder an welchen eine Glimmentladung entsteht und diese die Erwärmung besorgt. Die mechanischen Theorien arbeiten zwar ebenfalls mit der Annahme von Gasblasen oder Hohlräumen an exponierten Stellen der Elektrodenoberflächen, kombinieren aber damit Überlegungen über elektrostatische Deformationen dieser Bläschen und sind immerhin auch im einzelnen und quantitativ soweit durchgearbeitet, daß sie recht überzeugend sind. Alles in allem dürfte die Theorie des Flüssigkeitsdurchschlags schon recht befriedigend geklärt sein, und die Dinge liegen also bemerkenswerterweise hier gerade umgekehrt wie in der Gasentladungsphysik. In Gasen beherrscht man die Theorie des Vorstroms voll-

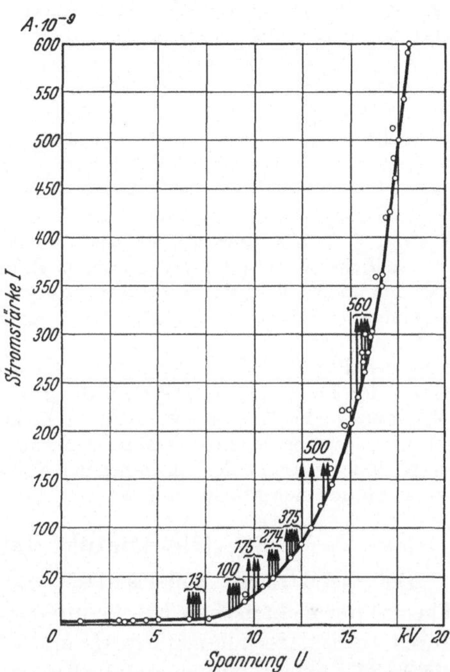

Abb. 152. Vorstromcharakteristik und Abhängigkeit der Durchschlagsspannung vom äußerem Druck in Transformatoröl. Durchschlag erfolgt bei den durch Pfeile bezeichneten Spannungen; äußerer Druck angeschrieben in Torr. (Nach KOPPELMANN.)

kommen, die Theorie des Durchschlags aber gibt noch manches Rätsel auf, in Flüssigkeiten ist die Theorie des Vorstroms noch recht dunkel, die des Durchschlags jedoch wenigstens in der Mehrzahl der Fälle (Wärmedurchschlag und mechanischer Durchschlag) weitgehend klar.

VII. Dielektrika und Magnetika.

Das Studium der Eigenschaften dielektrischer und magnetischer Werkstoffe und das Suchen nach Vorschriften zur Herstellung solcher Werkstoffe mit bestimmten gewünschten Eigenschaften muß sich stützen können auf theoretische Vorstellungen über die Vorgänge bei der elektrischen bzw. magnetischen Erregung, wenn sie nicht reine und richtungslose Empirie bleiben sollen. Wenn auch für die Dielektrikas bisher nur in geringem, so konnten bei den Magnetikas in heute schon durchaus beachtlichem Umfang fruchtbare theoretische Leitgedanken in diesem Sinn entwickelt werden; von physikalisch-wissenschaftlichen Gesichtspunkten aus hat die Theorie insbesonders der polaren Moleküle und der dielektrischen Verluste einerseits, die des Ferromagnetismus andererseits Fortschritte bis zu einem schon befriedigenden Abschluß gemacht. Die Anwendung piezoelektrischer Effekte in den Schwingquarzen und des Kerreffekts in den praktisch trägheitslosen optischen Verschlüssen erfordert es, auch auf diese Effekte einzugehen; die vielerlei Querverbindungen nicht nur hierhergehörender, sondern auch früherer Betrachtungen zur Gittertheorie des Festkörperbaus legten es nahe, zum Schluß auch noch ganz kurz deren Grundlagen zu behandeln.

Einen sehr klaren und schönen Bericht über die hierhergehörenden Theorien hat DEBYE im Handbuch der Radiologie, Bd. VI, gegeben; speziell die Theorie der polaren Moleküle ist behandelt in seinem Buch gleichen Titels. Eine eingehendere Darstellung der Zusammenhänge zwischen Kerreffekt und Molekülbau findet man in einem Bericht von STUART in den Erg. exakt. Naturwiss. Bd. 10 (1931) und in Z. techn. Physik Bd. 16 (1935) S. 28, eine zusammenfassende, nicht schwer zu lesende Darstellung der Molekülbauforschung in der Monographie „Molekülbau" desselben Verfassers. — Über das normale und anomale Verhalten der Isolierstoffe berichtet in handlicher Form GEMANT in seinem Buch „Elektrophysik der Isolierstoffe". — Von den mehr lehrbuchartigen Darstellungen der Theorien des Magnetismus seien genannt zur Einführung die kleine englische Monographie „Magnetism" von STONER und dann der umfassende Bericht von v. AUWERS in MÜLLER-POUILLETS Lehrbuch der Physik, Bd. 4; vorzüglich ist ein zusammenfassender Bericht über den Stand der Forschung und Entwicklung auf dem Gebiet der ferromagnetischen Werkstoffe von KUSSMANN im Arch. Elektrotechn. 1935. — Die Gittertheorie scheint kurz und leichter verständlich kaum darstellbar zu sein; alles Wünschenswerte findet man in dem grundlegenden Artikel von BORN und GÖPPERT-MAYER im Handbuch der Physik, Bd. 24, 2.

39. Die Dielektrizitätskonstante.

Die dielektrische Polarisation. In der klassischen MAXWELLschen Theorie der elektrischen Erscheinungen ist jede Substanz gekennzeichnet durch zwei Materialkonstante D und σ, die Dielektrizitätskonstante und die Leitfähigkeit; für einen idealen vollkommenen Nichtleiter (Isolator) ist $\sigma = 0$ und es bleibt als einzige kennzeichnende Konstante nur die Dielektrizitätskonstante D zu berücksichtigen. Im elektrostatischen Maßsystem ist dies D eine dimensionslose Zahlengröße, die man für den leeren Raum gleich 1 setzt und die für alle materiellen Substanzen größer als 1 ist, angefangen von den Gasen mit einem praktisch noch nicht von 1 verschiedenen Wert bis hinauf zu Wasser mit dem sehr großen $D = 81$. Wir benutzen im folgenden stets das elektrostatische Maßsystem; im praktischen Maßsystem sind die Relativwerte gegen den leeren Raum dieselben, für diesen jedoch ist die Dielektrizitätskonstante $1 \cdot (4\pi \cdot 9 \cdot 10^{11})$ (As cm/V), die Umrechnungsfaktoren sind 1 st.E. = 300 V, 1 st. E. = $3{,}33 \cdot 10^{-10}$ As. Nebenbei bemerkt ist es neuerdings gelungen, keramische Spezialmassen herzustellen, die gegenüber den vordem bekannten Werkstoffen mit D-Werten zwischen etwa 2 und 8 in fast kontinuierlicher Reihe Dielektrizitätskonstante bis hinauf zu $D = 80$ besitzen (CONDENSA und KERAFAR); sie verdanken diese besondere Eigenschaften ihrem Hauptbestandteil TiO_2, der durch den keramischen Prozeß in den kristallinen Zustand übergeführt wird. Auch noch in der formalen elektrostatischen Theorie der dielektrischen Erscheinungen spielt die

Dielektrizitätskonstante die Hauptrolle; denn man arbeitet hier bekanntlich mit einem Vektor $\mathfrak{D}$, der ein der elektrischen Feldstärke $\mathfrak{E}$ gleichgerichteter Vektor und dieser zugeordnet ist durch den einfachen Proportionalitätsansatz $\mathfrak{D} = D\mathfrak{E}$. Dies $\mathfrak{D}$, die „dielektrische Verschiebung" einzuführen, ist deshalb vorteilhaft, weil es abhängt allein von den wahren Ladungen und quellenfrei ist (div $\mathfrak{D} = 0$), wenn keine wahren Ladungen vorhanden sind; dies aber ist stets der Fall in einem System dielektrischer Körper, in dem nicht künstlich z. B. durch Reiben u. dgl. wahre elektrische Ladungen erzeugt worden sind. Im Rahmen rein mathematisch-potentialtheoretischer Ansätze und lediglich unter Mitbenutzung der elementaren elektrostatischen Grenzbedingungen läßt sich dann die Sachlage in einem elektrostatischen System vollständig beschreiben, d. h. es lassen sich $\mathfrak{E}$ und $\mathfrak{D}$ ausrechnen. Als ein Beispiel einfachster Art möge etwa eine homogene Kugel dienen, die in ein ursprünglich gleichförmiges Feld $\mathfrak{E}_0$ gebracht wird. Wenn D die Dielektrizitätskonstante der Kugelsubstanz und $D_0 = 1$ die des umgebenden Mediums ist, ferner R der Kugelradius, r der Abstand des Aufpunktes vom Kugelmittelpunkt und x gerechnet wird vom Kugelmittelpunkt aus in Richtung von $\mathfrak{E}_0$, ergibt sich für das Feldpotential φ_i bzw. φ_a innerhalb bzw. außerhalb der Kugel

$$\varphi_i = -|\mathfrak{E}_0| \cdot \left(1 - \frac{D-1}{D+2}\right) \cdot x,$$

$$\varphi_a = -|\mathfrak{E}_0| \, x + |\mathfrak{E}_0| \frac{D-1}{D+2} R^3 \cdot \frac{x}{r^3}.$$

Es ist also z. B. innerhalb der Kugel das Feld $\mathfrak{E}$ gegeben durch

$$\mathfrak{E}_i = -\frac{\partial \varphi_i}{\partial x} = \mathfrak{E}_0 \frac{3}{D+2},$$

d. h. es ist gleichförmig, gleichgerichtet mit dem ursprünglichen erregenden Feld $\mathfrak{E}_0$ und nur gegen dieses geschwächt um den Faktor $3/(D+2)$; $\mathfrak{D}_i$ ergibt sich daraus einfach aus der Relation $\mathfrak{D}_i = D\mathfrak{E}_i$. Wir werden andererseits später sehen, daß in der feineren atomistischen Theorie der Dielektrika es das physikalisch Sinngemäße ist, nicht von dem Vektor $\mathfrak{D}$, sondern von einem anderen Vektor $\mathfrak{P}$ auszugehen und ihn in den Mittelpunkt der Betrachtung zu stellen. Dies $\mathfrak{P}$, die „Polarisation" des Mediums, ist — zunächst formal — ein ebenfalls mit $\mathfrak{E}$ gleichgerichteter und zu $\mathfrak{E}$ proportionaler Vektor

$$\mathfrak{P} = \frac{D-1}{4\pi} \mathfrak{E}.$$

Wenn $\mathfrak{E}$ etwa als Ergebnis der erwähnten potentialtheoretischen Rechnungen bekannt ist, ist hieraus auch $\mathfrak{P}$ sofort anzugeben. So z. B. ergibt sich aus dem oben angegebenen Ausdruck für $\mathfrak{E}_i$ in einer homogenen Kugel in einem ursprünglich gleichförmigen Feld

$$\mathfrak{P} = \frac{3}{4\pi} \frac{D-1}{D+2} \mathfrak{E}_0,$$

d. h. eine homogene Polarisation der ganzen Kugelsubstanz. Ebenso wie D ist natürlich auch $\dfrac{D-1}{4\pi}$ eine Materialkonstante, die als „elektrische Suszeptibilität“ $\varkappa$ bezeichnet wird, wobei also zwischen D und $\varkappa$ die Beziehung besteht $D = 1 + 4\pi\varkappa$. Ferner ergibt sich aus einer Kombination der Gleichungen $\mathfrak{D} = D\mathfrak{E}$ und $\mathfrak{P} = \dfrac{D-1}{4\pi}\mathfrak{E}$ die wichtige Relation

$$\mathfrak{D} = \mathfrak{E} + 4\pi\,\mathfrak{P}$$

zwischen den Vektoren $\mathfrak{D}$, $\mathfrak{E}$ und $\mathfrak{P}$. Wir haben es also im Rahmen einer formalen Beschreibung der Sachlage in einem System dielektrischer Körper zu tun mit zwei Darstellungsmöglichkeiten, nämlich einerseits durch die zusammengehörenden Rechengrößen $\mathfrak{E}$, $\mathfrak{D}$, D und andererseits durch die ebenfalls zusammengehörenden Rechengrößen $\mathfrak{E}$, $\mathfrak{P}$, $\varkappa$.

Was eigentlich dazu veranlaßt, neben $\mathfrak{D}$ auch noch den Vektor $\mathfrak{P}$ einzuführen und welche tieferen physikalischen Zusammenhänge zwischen den beiden Gruppen von Größen bestehen, werden wir erst verstehen aus den späteren Betrachtungen über die Molekulartheorie der Polarisation. Wir werden zudem darauf nochmals eingehender zurückkommen bei der Besprechung der ganz analogen Sachlage in der Magnetostatik (S. 425), worauf hier schon hingewiesen sei. Zunächst genügt es, noch im Rahmen MAXWELLscher Vorstellungen zu bleiben und sozusagen halbphänomenologisch die folgende Überlegung anzustellen. Wir nehmen an, daß jedes Dielektrikum in einem äußeren elektrischen Feld „polarisiert“ wird, d. h., daß in jedem seiner Volumelemente durch ein elektrisches Feld ein elektrisches Moment erzeugt wird. Der Vektor $\mathfrak{P}$ ist dann — und damit wird auch seine Bezeichnung als „Polarisation“ verständlich — nichts anderes als das induzierte Moment pro Volumeinheit. Wir wollen uns das an dem einfachsten Beispiel der Polarisation des (homogenen und isotropen) Fülldielektrikums eines Plattenkondensators klarmachen. In einem solchen Plattenkondensator ist die Polarisation homogen, d. h. $\mathfrak{P}$ hat überall nicht nur dieselbe Richtung, sondern auch dieselbe Größe; wir können sie uns veranschaulichen als eine in jedem Volumelement erfolgende Ladungstrennung oder genauer gesagt als eine Verschiebung gleich großer positiver und negativer Ladungen in Richtung bzw. in der entgegengesetzten Richtung des dort herrschenden Feldes $\mathfrak{E}$, und zwar bis zu einem bestimmten, zu $\mathfrak{E}$ proportionalen Betrag. Das erregende Feld $\mathfrak{E}$ dürfen wir dabei aber natürlich nicht einfach gleichsetzen dem Feld, das ohne Polarisation herrschen würde, sondern wir müssen berücksichtigen, daß das polarisierende Dielektrikum selbst noch ein Zusatzfeld erzeugt. Potentialtheoretisch handelt es sich also um die Aufgabe, das Potential des tatsächlichen erregenden Feldes zusammenzusetzen aus den Teilpotentialen der einzelnen polarisierten und nach dem eben Gesagten mit räumlich stetig verteilten elementaren Momenten (Dipolen) äquivalenten Volumelemente. Der Gedankengang zur Lösung dieser Aufgabe ist der folgende: Denken wir uns im Dielektrikum einen flachen zylindrischen Hohlraum ausgeschnitten, der mit seiner Breitseite senkrecht steht zu der Richtung der Kraftlinien, so ist in diesem Hohlraum $\mathfrak{D} = \mathfrak{E}$, während außerhalb wie vorher $\mathfrak{D} = D\mathfrak{E}$ sein wird, wenn wir uns auf die beiden Basisflächen des Zylinders Ladungen so aufgebracht denken, daß das Feld $\mathfrak{E}$ unverändert bleibt. Wie unmittelbar einzusehen ist, muß dazu auf der einen Basisfläche eine positive und auf der anderen eine negative Ladung aufgelegt werden, und was wir getan haben ist physikalisch offenbar dies, daß wir die im Dielektrikum bei der Polarisation erzeugten Dipole ersetzt haben durch die Basisladungen. Wie aus den Grundgesetzen der Elektrostatik folgt, sind die anzubringenden Ladungen pro Flächeneinheit $+\dfrac{D-1}{4\,\pi}\,|\mathfrak{E}|$ bzw. $-\dfrac{D-1}{4\,\pi}\,|\mathfrak{E}|$, sie sind also, wenn f die Größe der Basisflächen und d ihr gegenseitiger Abstand ist, äquivalent mit einem Dipolmoment $\dfrac{D-1}{4\,\pi}\,\mathfrak{E}\cdot d\cdot f = \dfrac{D-1}{4\,\pi}\,\mathfrak{E}\times$ Volumen. Das aber heißt nichts anderes, als daß die Polarisation $\mathfrak{P}$ des Dielektrikums = Moment pro Volumeinheit gegeben ist durch den früher angegebenen Ausdruck $\mathfrak{P} = \dfrac{D-1}{4\,\pi}\cdot\mathfrak{E}$.

Darüber, wie die Polarisation im einzelnen zustande kommt, sagen die bisherigen formalen Überlegungen natürlich nichts aus. Sie sagen auch z. B. nichts darüber aus, ob D eine wirkliche Materialkonstante im eigentlichen Sinn des Wortes ist, sondern nehmen dies von vornherein an (wobei man sich die Kenntnis der Größe von D empirisch nach den bekannten Meßmethoden verschafft zu denken hat). Daß auch diese Annahme durchaus nicht so ohne weiteres überzeugend ist, und daß man sogar sehr bald an die Grenzen ihrer Gültigkeit kommt, zeigt am deutlichsten die Übertragung auf zeitlich veränderliche Felder. Wir brauchen uns nämlich nur z. B. daran zu erinnern, zu welchen Folgerungen die Maxwellsche Theorie für die Fortpflanzungsgeschwindigkeit v elektromagnetischer Wellen in einem isotropen Isolator führt. Sie gibt nämlich dafür bekanntlich den Wert $v = c/\sqrt{D}$, d. h. für den Brechungsindex des Mediums gegen den leeren Raum den Wert $n = \sqrt{D}$ und würde deshalb dazu führen, daß n unabhängig von der Frequenz (bzw. Wellenlänge) der Welle ist; sie ist mit anderen Worten nicht imstande, die namentlich im Gebiet der optischen Wellen bekannte „Dispersion" (vgl. S. 123) zu erklären.

Die eigentliche Lösung der Aufgabe, uns im Sinn einer atomistischen Betrachtungsweise über das Wesen der dielektrischen Eigenschaften der körperlichen Medien klar zu werden, wollen wir vorbereiten durch eine Überlegung über die Berechnung des „inneren Feldes" und durch die Erklärung einiger neuer Begriffe, mit denen zu arbeiten sich als praktisch erwiesen hat. Die innere Feldstärke $\mathfrak{F}$ in einem Aufpunkt im Innern des polarisierten Mediums ist nach der Definition der Feldstärke die Kraft, die ausgeübt würde auf eine am Ort des Aufpunkts gedachte (punktförmige) Einheitsladung. Wir müssen sie kennen, weil sie ja die uns interessierende Polarisation erzeugt, und sie zu berechnen soll heißen, sie formelmäßig auszudrücken durch die makroskopische Feldstärke $\mathfrak{E}$ der MAXWELLschen Theorie und durch die Polarisation $\mathfrak{P}$ des Mediums. Dabei macht es zunächst vielleicht Schwierigkeiten einzusehen, daß dies $\mathfrak{F}$ überhaupt verschieden ist von dem $\mathfrak{E}$. Man kann sich dies aber klar machen durch die folgende Überlegung: Im polarisierten Medium sitzen überall, also auch in dem den Aufpunkt enthaltenden Volumelement selbst, elektrische Momente, deren Feldwirkungen in jedem Aufpunkt sich superponieren zu einem Gesamtfeld. Was wir jedoch wissen und durch den Feldvektor $\mathfrak{F}$ beschreiben wollen, ist dies Gesamtfeld abzüglich des Anteils, der herrührt von dem elementaren Moment im Aufpunkt selbst. Um $\mathfrak{F}$ zu berechnen, denken wir uns den Aufpunkt eingeschlossen von einer kleinen Kugel — klein im Vergleich zu den gewöhnlichen mikroskopischen Dimensionen, aber immer noch groß im Vergleich zu molekularen Dimensionen — und zerlegen $\mathfrak{F}$ in drei Teile. Ein Teil $\mathfrak{F}_1$ soll herrühren von den innerhalb jener Kugel liegenden polarisierten Volumelementen; es läßt sich zeigen, daß dieser Teil unter recht weitgehenden Annahmen vernachlässigbar ist. Ein zweiter Teil $\mathfrak{F}_2$ rührt her von den polarisierten Volumelementen außerhalb der Kugel. Er ist nach bekannten elektrostatischen Ansätzen äquivalent dem Feld einer fiktiven Oberflächenladung auf der Kugel und ergibt sich so zu $\mathfrak{F}_2 = \dfrac{4\pi}{3}\,\mathfrak{P}$. Dazu kommt als dritter Teil das äußere Feld $\mathfrak{E}$, so daß wir als Endergebnis erhalten

$$(126\,\mathrm{a}) \qquad \mathfrak{F} = \mathfrak{E} + \frac{4\pi}{3}\,\mathfrak{P}\,.$$

Wir können jetzt sogleich einen Schritt weiter gehen und annehmen, daß in einem polarisierten Medium jedem Molekül ein mittleres Moment $\mathfrak{m}$ zukommt und daß dieses proportional der inneren Feldstärke $\mathfrak{F}$ ist. Es soll also sein $\mathfrak{m} = \alpha\,\mathfrak{F}$. Wie dies molekulare Moment zu deuten ist, möge zunächst noch offen bleiben, so daß wir also insofern vorläufig noch im Rahmen einer formalen Theorie uns bewegen. Wenn dann die Zahl der Moleküle in 1 cm³ n ist, ist $\mathfrak{P}$ (Moment der Volumeinheit) $= n\,\mathfrak{m} = n\,\alpha\,\mathfrak{F}$. Setzen wir den oben angegebenen Wert (126 a) von $\mathfrak{F}$ ein, so erhalten wir

$$(126\,\mathrm{b}) \qquad \mathfrak{P} = n\,\mathfrak{m} = n\,\alpha\,\mathfrak{F} = n\,\alpha\left(\mathfrak{E} + \frac{4\pi}{3}\,\mathfrak{P}\right)$$

oder aufgelöst nach $\mathfrak{P}$

$$(126\,\mathrm{c}) \qquad \mathfrak{P} = \frac{n\,\alpha}{1 - \dfrac{4\pi}{3}\,n\,\alpha}\cdot\mathfrak{E}\,.$$

Damit ist nun also nicht nur gezeigt, daß die Volumpolarisation $\mathfrak{P}$ proportional mit $\mathfrak{E}$ ist, sondern es ist auch der Proportionalitätsfaktor vollständig bekannt, d. h. zurückgeführt auf die elementare Größe α. Um die der Messung unmittelbar zugängliche Dielektrizitätskonstante D zu finden, müssen wir den Wert (126c) von $\mathfrak{P}$ nur noch einsetzen in die allgemeine Relation $\mathfrak{D} = D\mathfrak{E} = \mathfrak{E} + 4\pi\,\mathfrak{P}$ auf S. 386 oder (126c) vergleichen mit dem Ansatz $\mathfrak{P} = \dfrac{D-1}{4\pi}\,\mathfrak{E}$ auf S. 385. Dies gibt

$$(126)\qquad \frac{D-1}{D+2} = \frac{4\pi}{3}\,n\,\alpha.$$

Es ist das zugleich die altbekannte CLAUSIUS-MOSOTTIsche Gleichung, die aussagt, daß $(D-1)/(D+2)$ für dieselbe Substanz proportional mit n, d. h. aber proportional mit der Dichte ist, falls wir α als eine unveränderliche molekulare Materialkonstante ansehen dürfen. Wir wollen hier anschließend noch die sog. „Molekularpolarisation" einführen. Wenn M das Molekulargewicht und ϱ die Dichte der Substanz ist, so ist $n\,M/\varrho$ die Zahl der Moleküle pro Mol, d. h. die universelle LOSCHMIDTsche Zahl $N = 6{,}06 \cdot 10^{23}$. Wir bezeichnen nun als Molekularpolarisation P den Wert von

$$(127\,\mathrm{a})\qquad P = \frac{4\pi}{3}\,N \cdot \alpha = 2{,}54 \cdot 10^{24}\,\alpha$$

und können die Gl. (126) dann auch schreiben in der Form

$$(127)\qquad P = \frac{D-1}{D+2} \cdot \frac{M}{\varrho}.$$

M, ϱ und D können für jede Substanz durch Messungen gefunden werden, so daß also auch die Molekularpolarisation P gemessen werden und aus ihr dann nach Gl. (127a) die Größe α berechnet werden kann. P hat die Dimension eines Volumens (cm^3) und liegt für die einzelnen Substanzen zwischen einigen cm^3 und einigen $100\ \mathrm{cm}^3$. Für gasförmige Substanzen ist noch eine Vereinfachung der obigen Ansätze erlaubt; wir dürfen hier $D + 2 \approx 3$ setzen — physikalisch heißt dies, daß $\mathfrak{F} = \mathfrak{E}$ ist — und erhalten dann

$$(127\,\mathrm{b})\qquad P = \frac{D-1}{3} \cdot \frac{M}{\varrho}.$$

Wie aus diesen Betrachtungen hervorgeht, ist die Grundgröße, auf die letzten Endes alles zurückgeführt werden kann, die Größe α, deren Bedeutung die war: Es ist jedem Molekül eines polarisierten Mediums im Mittel ein elektrisches Moment $\mathfrak{m} = \alpha\,\mathfrak{F}$ zuzuschreiben, das proportional der polarisierenden Feldstärke $\mathfrak{F}$ ist. Oder anders ausgedrückt: α ist das mittlere elektrische Moment, das in einem Molekül erzeugt wird unter dem polarisierenden Einfluß eines elektrischen Feldes von der Stärke 1. Zum Verständnis des Polarisationsvorganges gibt es nun offenbar zwei grundsätzlich verschiedene Möglichkeiten. Entweder können wir annehmen, daß die Moleküle der betreffenden Substanz an sich nicht Träger eines elektrischen Moments sind, sondern daß ein solches erst durch das Feld erzeugt wird; oder wir können annehmen, daß die Moleküle an sich ein (konstantes) Moment besitzen, daß aber die Momente der einzelnen Moleküle ohne Feld regellos in allen Richtungen liegen und daß die Wirkung des Feldes lediglich darin besteht, sie in gewissem Maß gleichzurichten; man nennt dann derartige Moleküle „polare" Moleküle. Die beiden Hauptfragen, die sich natürlich sofort erheben, sind deshalb: Wie kann man entscheiden, ob man es bei einer gegebenen Substanz mit polaren oder mit nichtpolaren Molekülen zu tun hat? Und wie läßt sich im Fall polarer Moleküle die Größe des molekularen Momentes ermitteln?

Molekulare Dipole. Die Möglichkeit zur Beantwortung dieser Fragen gibt das experimentelle und theoretische Studium der Abhängigkeit der Dielektrizitätskonstante bzw. der (mit α proportionalen) Molekularpolarisation P von der Temperatur. Wir werden nämlich — um das Ergebnis bereits vorwegzunehmen — sehen, daß für eine aus nichtpolaren Molekülen zusammengesetzte Substanz P unabhängig von der Temperatur, für eine aus polaren Molekülen zusammengesetzte Substanz hingegen abhängig von der Temperatur, und zwar eine lineare Funktion der reziproken Temperatur sein muß (wobei wir uns allerdings zunächst auf gasförmige Substanzen beschränken wollen). Ferner wird sich zeigen, daß man aus der Neigung der $P, 1/T$-Geraden sehr einfach die Größe des molekularen Momentes der polaren Moleküle bestimmen kann. Zwei Beispiele, die unmittelbar als Typenbeispiele gelten können, gibt die Abb. 153 an Hand der gemessenen P-Werte. CCl_4 (Tetrachlorkohlenstoff) ist ein Vertreter der Klasse der nichtpolaren Substanzen, CH_3Cl (Methylchlorid) hingegen ein Vertreter der Klasse der polaren Substanzen.

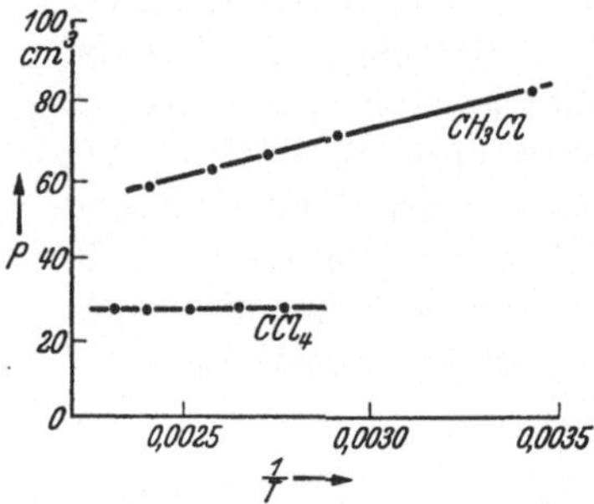

Abb. 153. Temperaturabhängigkeit der Molekularpolarisation des (polaren) CH_3Cl und des (nichtpolaren) CCl_4. (Nach DEBYE.)

Betrachten wir zuerst eine Substanz, die aus lauter polaren Molekülen zusammengesetzt ist, die zunächst frei beweglich angenommen seien (deshalb die Beschränkung auf Gase oder Dämpfe und unter Umständen auf Flüssigkeiten). Jedes Molekül enthalte einen Dipol vom Moment μ, dessen Größe als eine für die betreffende Molekülart kennzeichnende unveränderliche Größe anzusehen ist. Dann werden ohne die Einwirkung eines äußeren Feldes diese elementaren Dipole bezüglich ihrer Achsenrichtungen vollkommen regellos im Raum verteilt sein, und das resultierende Moment $\mathfrak{P}$ der Volumeinheit wird Null sein. Wenn aber ein Feld $\mathfrak{F}$ wirkt, werden sich die Dipole mit ihren Achsen in die Feldrichtung einstellen; allerdings nicht vollständig, sondern gestört durch die desorientierende Gegenwirkung der thermischen Molekularbewegung. Deshalb trägt jedes Molekül nicht mit dem vollen Betrag μ zu der Polarisation bei, sondern nur mit einem gewissen mittleren Betrag, den wir früher mit $\mathfrak{m}$ bezeichnet hatten und nun zuerst berechnen müssen. Es ist das ein typisch statistisches Problem, dessen Lösung aber sehr leicht zu geben ist mit Hilfe des Boltzmann-Prinzips (S. 16) und — übrigens ganz ebenso auch bei der Behandlung der entsprechenden magnetischen Erscheinungen (S. 432) — eine besonders schöne und anschauliche Anwendung dieses Prinzips bildet. Wenn nämlich ein elementarer Dipol mit der Feldrichtung $\mathfrak{F}$ den Winkel ϑ bildet, ist seine potentielle Energie im Feld $u = -\mu F \cos\vartheta$ und für die Zahl der Dipole, deren Achsen im Winkelbereich $d\Omega$ liegen (vgl. Abb. 154a), können wir deshalb unmittelbar anschreiben (vgl. S. 17)

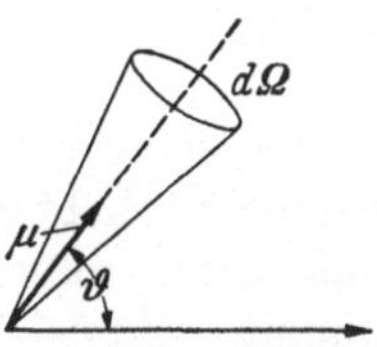

$$dN = A \cdot e^{-\frac{u}{kT}}\, d\Omega = A \cdot e^{\frac{\mu F}{kT}\cos\vartheta}\, d\Omega.$$

Abb. 154a. Zur Theorie der Molekularpolarisation. Verteilung der Dipolrichtungen.

Die Konstante A ist so zu bestimmen, daß die Gesamtzahl N aller Moleküle gleich der Zahl aller zu dem betrachteten Molekülsystem gehörenden Moleküle, also z. B. gleich der Molekülzahl n pro Volumeinheit ist. Nun trägt jeder ϑ-Dipol zu dem resultierenden Moment $\mathfrak{P}$ bei im Betrag $\mu \cos\vartheta$ und das mittlere Moment $\mathfrak{m}$ pro Molekül ist deshalb

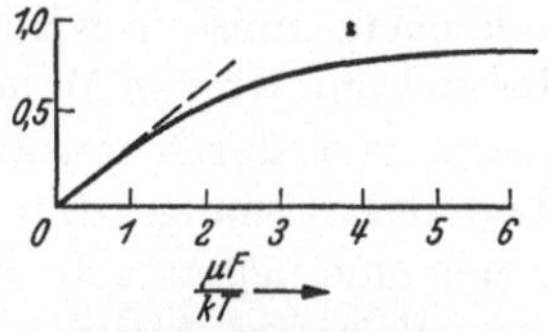

$$\mathfrak{m} = \frac{\int A\, e^{\frac{\mu F}{kT}\cos\vartheta} \cdot \mu \cos\vartheta \cdot d\Omega}{\int A\, e^{\frac{\mu F}{kT}\cos\vartheta}\, d\Omega}.$$

Abb. 154 b. Zur Theorie der Molekularpolarisation. Langevin-Funktion.

Die Integrationen summieren dabei über alle möglichen Richtungen ϑ und lassen sich unschwer ausführen, wenn man bedenkt, daß $d\Omega = 2\pi \sin\vartheta \cdot d\vartheta$ ist. Das Ergebnis ist

$$(128\,\mathrm{a}) \qquad \mathfrak{m} = \mu\left(\mathfrak{Ctg}\,\frac{\mu F}{kT} - \frac{kT}{\mu F}\right) = \mu \cdot L\left(\frac{\mu F}{kT}\right) \qquad \left(\mathfrak{Ctg}\,x = \frac{e^x + e^{-x}}{e^x - e^{-x}}\right).$$

Die Funktion L (die sog. Langevin-Funktion) ist in Abb. 154b aufgezeichnet. Da μ sehr klein ist, können wir mit einer für fast alle Zwecke genügenden Näherung in einer Reihenentwicklung von L nur das erste Glied berücksichtigen und erhalten

$$(128\,\mathrm{b}) \qquad L\left(\frac{\mu F}{kT}\right) = \frac{1}{3}\frac{\mu F}{kT}.$$

Damit aber ist die gestellte Aufgabe gelöst. Es ist dann $\mathfrak{m}$ proportional mit $\mathfrak{F}$ und der Proportionalitätsfaktor, den wir mit α bezeichnet hatten, ist also

$$(128\,\mathrm{c}) \qquad \alpha = \frac{1}{3}\frac{\mu^2}{kT},$$

woraus sich mit Gl. (127a), S. 389, für die Molekularpolarisation ergibt

$$(129\,\mathrm{a}) \qquad P = \frac{4\,\pi}{3}\,N\,\alpha\,(= 2{,}54\cdot 10^{24}\,\alpha) = \frac{4\,\pi}{3}\,N\left(\frac{1}{3}\,\frac{\mu^2}{k\,T}\right).$$

Eine Erweiterung dieses Ansatzes, deren nähere Begründung im folgenden noch gegeben wird, führt zu der Ergänzung durch ein addititives, von der Temperatur unabhängiges Glied $\frac{4\,\pi}{3}\,N\alpha_0$, so daß wir insgesamt erhalten

$$(129\,\mathrm{b}) \qquad\qquad P = \frac{4\,\pi}{3}\,N\left(\alpha_0 + \frac{1}{3}\,\frac{\mu^2}{k\,T}\right).$$

Es ist also, wie vorgreifend schon erwähnt und durch die Abb. 153 veranschaulicht wurde, P abhängig von der Temperatur, und zwar derart, daß es mit zunehmendem T linear mit der reziproken Temperatur abnimmt. Zugleich ergibt sich nun die Möglichkeit, das molekulare Moment μ zu bestimmen, nämlich aus der Neigung der $P, 1/T$-Geraden. Die Größenordnung der μ-Werte ergab sich so für alle die bereits sehr zahlreichen polaren Substanzen, die bisher untersucht worden sind, zu 10^{-18} st.E., woraus sich dann rückwärts die oben benutzte mathematische Näherung rechtfertigt.

Ehe wir hier einige erläuternde und ergänzende Bemerkungen anschließen, müssen wir aber noch den Fall der nichtpolaren Moleküle betrachten. In den Molekülen dieser Art, in denen also ein Moment überhaupt erst durch ein äußeres Feld $\mathfrak{F}$ erzeugt wird, muß offenbar eine Ladungstrennung, d. h. eine räumliche Verschiebung einer positiven gegen eine negative Ladung stattfinden. Ein einfaches Modell dafür wäre etwa das eines kleinen leitenden Kügelchens, in dem sich die Influenzladungen an den Enden des in der Feldrichtung liegenden Durchmessers anhäufen; man würde in diesem Falll, wie aus der elementaren Elektrostatik bekannt ist, für das Moment $\mu = R^3\mathfrak{F}$ finden ($R =$ Kugelradius). Vom Standpunkt der modernen Atomtheorie liegen die Dinge natürlich nicht so einfach; die polarisierende Wirkung des Feldes ist hier aufzufassen als eine Verschiebung (Deformation) der Elektronenhülle gegen den positiven Atomkern, und was hier dabei vornehmlich interessiert, ist, daß das so entstehende Moment unabhängig von der Temperatur ist. Denn darin sollte ja nach den vorhergehenden Ausführungen gerade der wesentliche Unterschied gegen die Orientierungspolarisation liegen. Man kann diese Temperaturunabhängigkeit nun in der Tat unter sehr allgemeinen Voraussetzungen beweisen, aber es genügt bereits, sie sich durch die folgende Überlegung klarzumachen an einem Modell einfachster Art: Es soll eine Punktladung durch eine Kraft an eine Ruhelage gebunden sein und die polarisierende Wirkung eines äußeren Feldes soll in einer Verschiebung aus dieser Ruhelage bestehen, wobei das erzeugte Moment proportional der Verschiebung anzusetzen ist. Dann muß man zunächst annehmen, daß die Bindungskraft wie eine sog. quasielastische Kraft wirkt, d. h. proportional der Verschiebung ist; denn nur dann ist das erzeugte Moment proportional mit der äußeren polarisierenden Kraft und nur dann erhält man nach den vorhergehenden Überlegungen eine Dielektrizitätskonstante, die als wirkliche Materialkonstante unabhängig vom polarisierenden Feld ist. Infolge der durch das Temperaturgleichgewicht unseres Moleküls mit seiner Umgebung bedingten energetischen Kopplungen wird die verschiebbare Ladung kleine Schwingungen um ihre jeweilige Gleichgewichtslage ausführen und man sieht unmittelbar, daß diese Schwingungen im Fall der quasielastischen Bindungskraft stets vollkommen symmetrisch um die neue Gleichgewichtslage verlaufen, einfach so, daß lediglich das Schwingungszentrum verlagert ist um die durch das äußere Feld bedingte statische Verschiebung. Damit aber ist bereits die Temperaturunabhängigkeit des (mittleren) Moments erwiesen. Sie läßt sich in aller Strenge und rechnerisch nachweisen, wenn man auf unser Modell wiederum das Boltzmann-Prinzip anwendet. Wir sehen nun auch, welche Bedeutung und Berechtigung das in der Gl. (129b) zugefügte temperaturunabhängige Glied α_0 hat; es ist nichts weiter als eine zu der dort betrachteten Orientierungspolarisation noch hinzukommende Verschiebungspolarisation der eben betrachteten Art, die man im allgemeinen auch noch wird annehmen müssen.

Molekülstruktur. Die Theorie gab uns bisher als wesentliches Ergebnis die Unterscheidung zweier Klassen von Substanzen, der polaren und der nichtpolaren, daraus die Möglichkeit, Aussagen über die Temperaturabhängigkeit der dielektrischen Eigenschaften in quantitativer Form zu machen und dann das molekulare Moment der polaren Moleküle aus den experimentellen Daten zu finden. Ein nächster Schritt würde der sein müssen, auf Grund bestimmter Modellvorstellungen über den Bau der Moleküle das molekulare Moment wirklich zu berechnen bzw. Zusammenhänge zu finden oder sogar vorauszusagen zwischen dem Molekülbau (chemische Eigenschaften) der betreffenden Substanz und die Dielektrizitätskonstante. Daß man hierbei auf quantitative grundsätzliche Schwierigkeiten nicht stoßen wird, zeigt eine rohe Überschlagsrechnung. Aus den Messungen ergeben sich nämlich, wie schon bemerkt, für μ Größenordnungen um 10^{-18} st.E.; um diese Momente aus der geometrischen Konfiguration von Elementarladungen $\varepsilon \sim 10^{-10}$ st.E. zu erklären, müßte man also Abstände dieser Ladungen von der Größenordnung 10^{-8} cm zur Verfügung haben und derartige Abstände liegen nun auch durchaus im Bereich der anderweits bekannten molekularen Dimensionen. Aber im einzelnen ist bei dem derzeitigen Stand unserer Kenntnis vom Feinbau der Moleküle noch nicht sehr viel in der erwähnten Richtung zu erreichen. Immerhin jedoch gibt es schon eine ganze Reihe von mehr wie nur rein empirischen Hinweisen auf Zusammenhänge zwischen der

Größe des molekularen Moments und der chemischen Struktur namentlich organischer Moleküle und Molekülgruppen und auch einzelne weitergehend durchgeführte Modellbetrachtungen, die recht aufschlußreich sind.

Als ein Beispiel möge etwa die Analyse des Wassermolekülmodells dienen. Bezüglich der Anordnung der beiden H-Atome und des O_2-Moleküls im H_2O-Molekül läßt sich aus Stabilitätsbetrachtungen — die Anordnung muß unempfindlich sein gegen kleine Störungen — und auch in Übereinstimmung mit anderweitigen Folgerungen über die zu fordernden mechanischen Eigenschaften des Modells zeigen, daß zwei Anordnungen in Dreiecksform (Abb. 155) in Betracht kommen, die sich durch den Zentriwinkel unterscheiden (der entweder 32° oder 55° betragen kann). Rechnet man das molekulare Moment μ dieser beiden Modelle

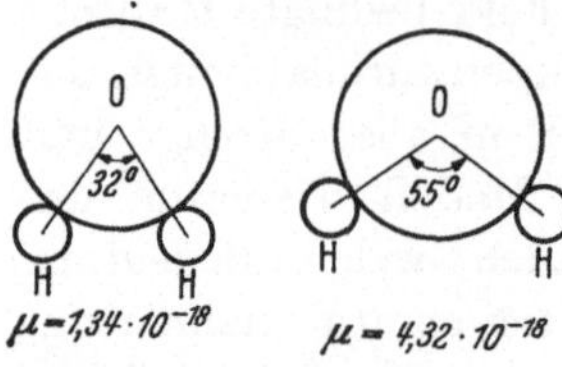

Abb. 155. Dreiecksmodelle des Wassermoleküls. (Nach DEBYE.)

aus, so findet man eine weit bessere Übereinstimmung mit dem aus der Temperaturabhängigkeit der Dielektrizitätskonstante des Wasserdampfes experimentell sich ergebenem Wert $(1{,}85 \cdot 10^{-18})$ für das spitzwinklige Modell und kann also schließen, daß es wahrscheinlich die wirkliche Sachlage richtiger wiedergibt.

Ganz ähnlich wie das Wassermolekül lassen sich noch eine Reihe anderer einfacher anorganischer Moleküle auf Grund ihres durch Messung bekannten elektrischen Moments analysieren. Für das Stickoxydulmolekül N_2O z. B. ergibt sich, daß weder die symmetrische gestreckte Form $N\equiv O\equiv N$, noch eine gewinkelte Form oder die Ringeform $N{=}{=}N$ der Wirklichkeit entsprechen kann, sondern nur die asymmetrische gestreckte Form $N\equiv N=O$; ebenso kann für das Schwefelkohlenstoffmolekül CS_2 und für die Moleküle der Quecksilberhalogenide $HgCl_2$, $HgBr_2$ und HgJ_2 erwiesen gelten, daß sie nicht gewinkelt, sondern gestreckt gebaut sind. Derartige Schlüsse allein aus dem elektrischen Moment sind allerdings meist nicht eindeutig und von bündiger Beweiskraft, aber sie finden eine Stütze und Ergänzung durch Folgerungen aus der Struktur der Ultrarotspektren, aus der Röntgenanalyse, aus der spezifischen Wärme und aus der sog. Anisotropie der Polarisierbarkeit. Auf diese Anisotropie und die aus ihr auf den Molekülbau zu ziehenden Folgerungen werden wir bei späteren Betrachtungen über den Kerreffekt (S. 419) noch zurückkommen, die naturgemäß von besonderem Interesse sind für die kompliziert gebauten großen Moleküle, mit denen es die organische Chemie zu tun hat. Aber im allgemeinen auf die Molekülaufbauforschung einzugehen, gehört nicht mehr hierher. Es muß genügen, einige grundsätzliche Folgerungen zu erwähnen, die unmittelbar zusammenhängen mit dem Thema dieses Abschnittes. Im übrigen sei nur noch darauf hingewiesen, daß sich in den letzten Jahren eine physikalische Stereochemie entwickelt hat, deren Aussagen weit hinausgehen

über die der älteren, rein chemisch orientierten Stereochemie, und daß der
folgende skizzenhafte Ausschnitt an Hand einiger Beispiele aus der Theorie
der dielektrischen Eigenschaften lediglich dazu dienen soll, zu zeigen,
daß es sich hier um Überlegungen handelt, die in besonders eindringlicher
Weise die Fruchtbarkeit atomtheoretischer Betrachtungen zeigen und
auch hinüberführen können zu technisch auswertbaren Ergebnissen.

Es liegt nahe, das elektrische Moment eines Moleküls zu zerlegen in
die Teilmomente bestimmter Atomgruppen und es aus diesen durch
vektorielle Addition zusammenzusetzen. Insbesondere wird man jeder
chemischen Bindung, wie z. B. den Bindungen $C = O$, $C \equiv O$, $C—H$
aliphatisch, $C—H$ aromatisch usw., ein bestimmtes charakteristisches
Moment zuzuschreiben versuchen, womit eine Auflösung der Molekül-
momente sozusagen in elementare Summanden erreicht sein würde.
Dies gelingt auch in gewissem Umfang. Aber es zeigt sich nicht nur,
daß das Moment einer bestimmten Bindung abhängt von der Bindungs-
art und der Wertigkeit (weil diese mit einer jeweils verschiedenen Anordnung der äußeren Atomelektronen verknüpft sind), sondern auch,
daß die den einzelnen Bindungen zugehörenden Momente nicht immer
in Strenge sozusagen charakteristische Konstanten sind, sondern sich
gegenseitig erheblich stören können. Eine solche Störung wird vor
allem dann eintreten, wenn an demselben Atom mehrere starke Momente
angreifen. In solchen Fällen setzt sich das Gesamtmoment natürlich
nicht mehr einfach vektoriell zusammen aus den ungestörten Bindungs-
momenten; ein Beispiel bietet das $CHCl_3$-Molekül, wo von dem C-Atom
die drei starken Momente $Cl_- — C_+$ ausgehen. Es ist auch unmittelbar
einzusehen, daß man die Winkel zwischen den einzelnen in einem Molekül
tätigen Valenzen (Valenzwinklung) kennen muß, um das Gesamtmoment
aus den Teilmomenten zusammensetzen zu können, und daß es in vielen
Fällen möglich sein wird, auf diesem Weg rückwärts Aussagen zu machen
über diese Valenzwinkel. So z. B. kann man im Dibromdiphenyläther
$(C_6H_4)_2OBr_2$ aus den bekannten Momenten der Diphenyläthergruppe
$(C_6H_5)_2O$ und der Brombenzolgruppe $(C_6H_5)Br$ den Valenzwinkel am
Sauerstoffatom zu etwa 145° errechnen. Wenn auch derartige Schlüsse
naturgemäß nicht immer eindeutig sind, ergeben sich auf diesem Weg
doch Möglichkeiten, gewissermaßen elementare Winkelbausteine der
chemischen Atome herauszuschälen. Es ergibt sich auch oft eine sehr
erwünschte Hilfe für den Chemiker, so z. B. die Möglichkeit, ein bestimmtes Molekül einer der als cis- und trans-Form bezeichneten isomeren
Formen zuzuordnen, wo dies nach den üblichen chemischen Methoden
nicht möglich ist. Ein Beispiel ist etwa das Dichloräthylen, das in den
Formen vorkommen kann

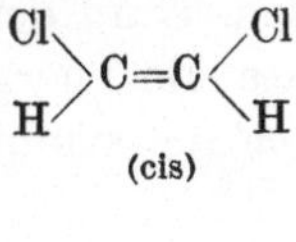

$$\begin{array}{cc} \underset{H}{\overset{Cl}{\diagdown}}C=C\underset{H}{\overset{Cl}{\diagup}} & \underset{Cl}{\overset{H}{\diagdown}}C=C\underset{H}{\overset{Cl}{\diagup}} \\ \text{(cis)} & \text{(trans)} \end{array}$$

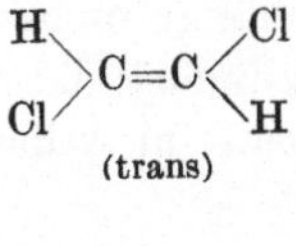

Hier kann man folgern, daß die cis-Form ein starkes Moment haben muß, die trans-Form hingegen das Moment Null, weil sich in letzterer die beiden Momente C—Cl kompensieren. Endlich sei noch der Begriff der „freien Drehbarkeit" erwähnt, der theoretisch besonders interessant ist. Die Moleküle brauchen nämlich nicht, wie bisher stillschweigend vorausgesetzt wurde, starre Gebilde zu sein, sondern es können Teile von ihnen um gewisse Valenzrichtungen als Achsen Drehschwingungen ausführen oder sogar frei rotieren. Als ein Beispiel für freie Drehbarkeit sei das Phenol erwähnt, dessen Molekül aus einem Benzolring besteht, an dessen einem Eck an Stelle des Wasserstoffs die Gruppe OH angehängt ist

$$
\begin{array}{c}
\text{HC}\quad\text{CH} \\
\text{HC}\diagup\qquad\diagdown\text{C—O}_{\diagdown\text{H}} \\
\text{HC}\quad\text{CH}
\end{array}\;.
$$

Diese OH-Gruppe kann sich hier frei um die Achse C—O drehen, wobei die Verbindungslinie O—H einen Kegelmantel überstreicht und das H-Atom auf einem Kreis umläuft, der senkrecht auf der Richtung C—O steht. Bei vollkommen freier Drehbarkeit sind alle Drehlagen gleichwahrscheinlich, bei einer durch innere Kräfte gehemmten Drehbarkeit wird die Rotation ungleichmäßig, und es gibt dann Lagen von besonders großer Häufigkeit oder sogar nur Drehschwingungen um ausgezeichnete Lagen kleinster potentieller Energie. Dementsprechend ist natürlich auch die Berechnung des zeitlichen Momentmittelwertes anzusetzen, der allein der Beobachtung zugänglich ist. In welchem Maß die freie Drehbarkeit gehemmt ist, hängt ab von der Temperatur und dies zeigt sich dann in einer anomalen Temperaturabhängigkeit des Gesamtmoments eines derartigen Moleküls. Allgemein wird man sagen können, daß ein Molekül mit gehemmt drehbaren Gruppen mit steigender Temperatur sich mehr und mehr dem Zustand freier Drehbarkeit nähern muß, bis dann bei genügend hohen Temperaturen gleichförmige Rotation stattfindet. Dabei gibt es Fälle, wo erst bei sehr hohen Temperaturen dieser Zustand der freien Drehbarkeit erreicht sein würde. Als Beispiel sei das Molekül der Ameisensäure H · COOH erwähnt, in dem die Gruppe COOH erst bei etwa $20000°$ frei drehbar werden würde; das Moment wäre dann $3,5 \cdot 10^{-18}$, während sich experimentell und theoretisch das Moment $1,5 \cdot 10^{-18}$ in Übereinstimmung mit der Annahme einer noch vollkommen gehemmten Drehbarkeit ergibt. In anderen Fällen, wie z. B. bei gewissen Äthanderivaten, findet man schon bei bequem erreichbaren Temperaturen eine merkliche Zunahme des Moments mit zunehmender Temperatur, d. h. eine merkliche Zunahme der Drehbarkeit. Wann nun Gruppen frei drehbar sind und wann nicht, hängt nicht nur ab von dem Grad der Rotationssymmetrie des Molekülgebäudes um eine Achse als energetisch mögliche Drehachse (wie etwa im Äthan C_2H_6, wo sich die symmetrisch in Form von Tetraedern gebauten beiden Gruppen CH_3 frei um die C—C-Richtung drehen können), sondern es hängt offenbar auch ab von der Art der Bindung. Das bekannteste Beispiel dafür ist, daß um eine Doppelbindung C=C die freie Drehbarkeit aufgehoben ist, eine solche Doppelbindung also gänzlich steif ist; hierher gehört z. B. das S. 395 schon in anderem Zusammenhang erwähnte Dichloräthylen, indem sich die (CClH)-Gruppen nicht um die Doppelbindung C=C drehen können.

Ergänzungen und Erweiterungen der Theorie. Zum Schluß wollen wir noch kurz eingehen auf zwei Ergänzungen der bisherigen Betrachtungen und auf die Möglichkeiten, die Theorie zu übertragen auf flüssige und feste Dielektrika. Die erste Ergänzung soll sich beziehen auf die sog. „dielektrischen Sättigungserscheinungen". Wir hatten nämlich bei der Ableitung der Beziehung (129a), S. 392 für die Molekularpolarisation P einen Näherungswert für die Langevin-Funktion benutzt, der nur für kleinere Werte des Arguments $\mu \mathfrak{F}/kT$ gilt. Da wir für μ die Größenordnung 10^{-18} fanden und die BOLTZMANNsche Konstante k den Wert $1{,}37 \cdot 10^{-16}$ hat, ist bei allen in Betracht kommenden (absoluten) Temperaturen T diese Näherung eine sehr gute bis hinauf zu Feldstärken von der Größenordnung 100 st.E. (= 30000 V/cm). Immerhin ist in Strenge nach Gl. (128a) das mittlere Moment der Moleküle nicht proportional mit $\mathfrak{F}$ und deshalb die Dielektrizitätskonstante D keine ganz unveränderliche Materialkonstante, sondern von der Feldstärke abhängig. Es steigt P bei großen Feldstärken nicht mehr linear mit diesen an, sondern langsamer und D wird also kleiner. Praktisch kommt dieser Sättigungseffekt allerdings nicht in Betracht; denn die Abnahme von D beläuft sich selbst in Feldern von der Größenordnung von 10000 V/cm nur auf hundertstel Promille. — Eine zweite Ergänzung sei nur eben erwähnt, da sie später in anderem Zusammenhang (S. 409) nochmals besprochen werden wird. Es ist das eine Übertragung der Theorie der polaren Moleküle von statischen bzw. nur langsam veränderlichen Feldern auf Wechselfelder. Zu vermuten ist und wird durch die Erfahrung bestätigt, daß bei sehr hohen Frequenzen eine Orientierung der elementaren Momente nicht mehr stattfindet und die Substanz deshalb ihren polaren Charakter sozusagen verliert. Und zwar sollte dies eintreten, wenn die Einwirkungsdauer des Feldes in jeweils einer Richtung, d. h. die Schwingungsdauer des benutzten Wechselfeldes, klein ist gegen die Einstelldauer der Moleküldipole. Ein bekanntes Beispiel ist Wasser, bei dem die Dielektrizitätskonstante von dem statischen Wert 81 abfällt auf etwa den Wert 3, wenn man die Schwingungswellenlänge herabsetzt von sehr großen Werten bis auf die von Kurzwellen. In der Ausdrucksweise der Optik hat man es also zu tun mit einer „anomalen Dispersion" der Dipolsubstanzen, die so ihre zwanglose Erklärung findet.

Vor allem aber müssen wir noch eingehen auf eine Ergänzung unserer Theorie der dielektrischen Eigenschaften, die gerade praktisch von

besonderer Bedeutung wäre, zu der sich aber leider zur Zeit nur recht
wenig sagen läßt. Bisher haben wir alle unsere Überlegungen nämlich
stillschweigend beschränkt auf gasförmige Substanzen; es fragt sich
nun, ob und wie sie sich übertragen lassen auf Flüssigkeiten und feste
Körper. Zur Diskussion dieser Frage gehen wir am besten aus von der
Clausius-Mosottischen Beziehung nach Gl. (127) S. 389

$$P = \frac{D-1}{D+2} \cdot \frac{M}{\varrho} = 2{,}54 \cdot 10^{-24} \cdot \alpha .$$

Es bedeutete dabei M das Molekulargewicht, ϱ die Dichte der Substanz
und α eine für das Substanzmolekül kennzeichnende Größe, deren
physikalische Bedeutung das im Mittel jedem Molekül im Feld 1 zuzu-
schreibende Moment war. In nichtpolaren Substanzen war α unabhängig
von der Systemtemperatur, in polaren war es bis auf eine additive
Konstante gleich $\mu^2/3\,kT$ zu setzen, wo μ das feste Eigenmoment des
Moleküls ist. Wenn die Theorie allgemein gelten würde, müßte P unabhängig vom Aggregatzustand (bei derselben Temperatur) sein und dürfte
sich also auch beim Verdampfen oder Schmelzen nicht ändern. Einige
Beispiele genügen um zu zeigen, daß dies jedenfalls nicht allgemein der
Fall ist. Die Dielektrizitätskonstante des flüssigen Wassers ist bekanntlich rd. 80, die des Eises rd. 4, so daß sich also die P-Werte im flüssigen
und festen Zustand ungefähr wie 2 : 1 verhalten. Aber auch schon im
Flüssigkeitsbereich gilt für Wasser die Clausius-Mosottische-Beziehung
nicht; bei großen Werten von D ändert sich $(D-1)/(D+2)$ nur wenig
mit D und es müßte also schon eine geringe durch Änderung des Druckes
bewirkte Änderung der Dichte eine große Änderung von D nach sich
ziehen, während experimentell nur eine kleine Änderung festgestellt
werden konnte. Ein zweites Beispiel ist der Äthylalkohol, der ebenfalls
zu den polaren Substanzen gehört. Trägt man $P \cdot T$ über T auf, so müßte
man nach Gl. (129b), S. 392, für die Flüssigkeit und den Dampf dieselbe
Gerade erhalten, und zwar eine Gerade, die extrapoliert die PT-Achse
bei positiven Werten schneidet. Die Messungen ergeben nicht nur einen
für den Dampf und für die Flüssigkeit gänzlich verschiedenen Verlauf
der beiden Geraden, sondern zudem noch für die Flüssigkeitsgerade
— deren sogar besonders glatter Verlauf allerdings schon überraschend
ist — einen Schnittpunkt mit der Ordinatenachse bei negativen Werten.
Andererseits gibt es Substanzen — z. B. Äthyläther gehört hierher —
für die die einfache Theorie auch noch im flüssigen Zustand gilt. Interessant ist auch das Verhalten von Gemischen zweier Flüssigkeiten, von
denen die eine eine polare, die andere eine nichtpolare ist. Bezeichnen
wir die auf die beiden Molekülarten bezüglichen Größe durch Indizes,
so läßt sich die Clausius-Mosottische Beziehung für das Gemisch
schreiben in der Form

$$\frac{D-1}{D+2} \cdot \frac{M_1 f_1 + M_2 f_2}{\varrho} = P_{12} = P_1 f_1 + P_2 f_2 ,$$

wo $f_1 = n_1/(n_1 + n_2)$ bzw. $f_2 = n_2/(n_1 + n_2)$ als ein Maß für die Zusammensetzung des Gemisches aus n_1 Teilen der Substanz 1 und n_2 Teilen der Substanz 2 dient, dessen Dichte gegeben ist durch $\varrho = (n_1 M_1 + n_2 M_2)/(n_1 + n_2)$. Neben Gemischen (wie z. B. von Äthyläther und Benzol), die sich ganz regulär verhalten, gibt es nun Gemische, in denen P_{12} nicht nach Maßgabe der obigen Gleichung (Mischungsgeraden) verläuft, sondern die Molekularpolarisation P_2 des polaren Anteils abhängt von der Konzentration der polaren Moleküle. Abb. 156 gibt ein Beispiel dafür, abgeleitet aus der Diskussion der Messungen an einem Gemisch des polaren Nitrobenzols mit dem nichtpolaren Benzol; es zeigt sich, daß P_2 mit zunehmender Konzentration des Nitrobenzols ständig abnimmt.

In welcher Richtung unsere bisherigen einfachen Ansätze vervollständigt oder abgeändert werden müßten, um auch für Flüssigkeiten und Festkörper anwendbar zu sein, ist an sich nicht schwer zu übersehen, aber sehr schwer und bisher nur unbefriedigend gelöst ist die Aufgabe, hierbei zu quantitativen, praktisch brauchbaren Endergebnissen zu gelangen. Es wird genügen, einige Gesichtspunkte allgemeiner Art hervorzuheben, um erkennen zu lassen, worum es sich dabei handelt. Zunächst einmal dürfte verständlich sein, daß schon die Ausgangsüberlegungen über das innere Feld und über die einfache additive Zusammensetzung der Polarisation $\mathfrak{P}$, d. h. des makroskopischen Moments, aus den

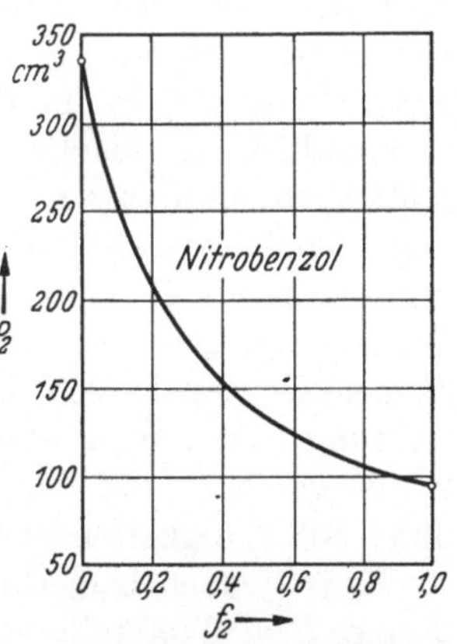

Abb. 156. Molekularpolarisation P_2 von Nitrobenzol in Benzol in Abhängigkeit von der Konzentration f_2 der Mischung. (Nach DEBYE.)

molekularen Momenten einer Verfeinerung bedürfen, wenn die Moleküle so dicht gepackt sind wie in Flüssigkeiten und festen Körpern. In Flüssigkeiten wird man ferner die sog. „Assoziation" der Moleküle in Rechnung zu setzen haben, d. h. das Zusammentreten von Einzelmolekülen zu größeren Gruppen, wobei sich naturgemäß die Einzelmomente nicht einfach addieren. Das in Abb. 156 gezeigte Beispiel des Nitrobenzols läßt sich z. B. zwanglos so verstehen durch die — übrigens auch im einzelnen zu begründende — Annahme einer gegenseitigen Neutralisation der Einzelmomente in den bei der Assoziation entstehenden Komplexen. Was insbesondere die Festkörper anlangt, so ist ohne weiteres einzusehen, daß insbesondere die Theorie der polaren Substanzen sicher nicht unverändert auf sie übertragen werden kann und zwar einfach deshalb schon, weil eine freie Drehbarkeit der Moleküle hier nicht mehr angenommen werden kann. Die Dipole sind gewissermaßen „eingefroren", wofür das schon erwähnte Verhalten Wasser—Eis mit dem starken Abfall der Dielektrizitätskonstante beim Übergang vom flüssigen in den festen Zustand ein eindringliches Beispiel gibt. Abgesehen von der hier nicht zu behandelnden Frage (vgl. dazu S. 445), wieweit in Festkörpern überhaupt noch die Vorstellung von Molekülindividuen im üblichen Sinn gilt, darf man aber dies Einfrieren in seiner Wirkung doch nicht überschätzen. Ein einfaches Beispiel wird dies am besten klar machen. Wir wollen annehmen, daß ein fester Kristall, dessen Dielektrizitätskonstante den großen Wert von $D \sim 100$ habe (wie dies bei Rutil TiO_2 tatsächlich der Fall ist), aufgebaut sei aus polaren Molekülen, deren elementares Moment wieder von der Größenordnung 10^{-18} st.E. sei. Die Dipolachsen seien ursprünglich ganz regellos gerichtet und wir fragen, welcher Bruchteil sich unter der Wirkung eines Feldes von 1 V/cm in die Feldrichtung einstellen müßte, um $D = 100$ verständlich zu machen. Bleiben wir bei dem fiktiven Beispiel des Rutils, so enthält bei einem Molekulargewicht von $48 + 32 = 80$ und einem spez. Gewicht von 4 jeder cm³ rd. $3 \cdot 10^{22}$ Moleküle. Andererseits ergibt sich aus $\mathfrak{D} = D\mathfrak{E} = \mathfrak{E} + 4\pi\mathfrak{P}$ mit $D = 100$ und $\mathfrak{E} = 1/300$ st.E. eine Polarisation $\mathfrak{P}$ vom Betrag 0,03 und dann aus $\mathfrak{P} = n\mu$, daß $n = 3 \cdot 10^{16}$ elementare Dipole sich im cm³ ausrichten müßten. Also schon die Ausrichtung von nur je einem Molekül unter etwa einer Million Moleküle würde genügen und das ist eine Störung, die man einem Kristall wohl ohne Schwierigkeiten zumuten kann.

Es ist jedoch bemerkenswert, daß es neuerdings gelungen ist, detailliertere Modellvorstellungen auch für das dielektrische Verhalten mancher Festkörper zu entwickeln, die gut in den Rahmen der Dipoltheorie passen. Ein solcher Festkörper ist z.B. der Kautschuk und von hier aus werden sich vermutlich ähnliche Überlegungen noch für andere Isolierstoffe organischer Art (z. B. gewisse Harze) anstellen lassen. Kautschuk ist deshalb ein geeignetes Objekt für derartige Studien, weil man durch die dosierbare Zumischung eines Füllstoffes, nämlich des Schwefels, beim Vulkanisieren alle Übergänge von einem sehr weichen zu einem vollkommen verhärteten Zustand verwirklichen (und so gewissermaßen eine zähe Flüssigkeit stetig in einen Festkörper überführen) kann. Reiner Kautschuk besteht aus fadenförmigen Kohlenwasserstoffmolekülen (Poly-Isoprenketten), die praktisch dipolfrei sind und hat deshalb eine kleine Dielektrizitätskonstante. Beim Vulkanisieren werden diese Ketten durch Schwefelbrücken verbunden nach nebenstehendem Schema.

Schwefel gehört zu den Dipolsubstanzen, und es liegt deshalb nahe, in diesen den Sitz der erhöhten Dielektrizitätskonstante zu sehen. Diese Schwefelbrücken sind nicht starr, sondern etwas verrückbar, und da schon eine Drehung der Schwefeldipole um Beträge von der Größenordnung der Bogenminute genügen würde, um die beobachteten Dielektrizitätskonstanten zu erklären, dürfte alles in bester Ordnung sein. Sogar die dielektrischen Anomalien lassen sich an dieser Modellvorstellung verständlich machen, so daß hier in der Tat ein besonders schönes und anschauliches Beispiel für die Erweiterung der Theorie auf feste Körper und ein sehr erfolgversprechender Ansatz zu ihren Anwendungen auf dem Gebiet der praktischen Werkstoffkunde vorzuliegen scheint. Ein anderer Festkörper, der schon sehr genau untersucht worden ist, ist z. B. das Seignettesalz (rechtsweinsaures Natrium-Kalium $C_4H_4O_6NaK \cdot 4\,H_2O$). Dieses Salz und allgemeiner eine Gruppe ähnlicher Salze (die man deshalb seignetteelektrische nennt) zeigen eine Reihe von Absonderlichkeiten und Anomalien, die man zusammenfassend am besten beschreiben kann als Analogien zu den Eigenschaften ferromagnetischer Substanzen (S. 434). Die Abhängigkeit der Dielektrizitätskonstante von der Feldstärke, ein elektrischer Curiepunkt, gewisse pyro- und piezoelektrische Effekte, Zusammenhänge zwischen Dielektrizität und elastischer Beanspruchung usw. weisen in sehr weitgehendem Parallelismus auf diese Analogie hin und legen es nahe, die für die Ferromagnetika entwickelte halbphänomenologische Theorie des inneren Feldes hierher zu übertragen. Vermutlich rührt die Polarisation her nicht nur von der Orientierung polarer Moleküle und von permanent polarisierten Bereiche, sondern auch von der Polarisation nichtpolarer Gruppen, wobei die polaren Moleküle mit abnehmender Temperatur mehr und mehr ihre Fähigkeit zu einer Orientierung verlieren.

40. Dielektrische Anomalien.

Normale und anomale Vorgänge in Dielektriken. Die sehr verwickelten, aus vielerlei Komponenten zusammengesetzten Erscheinungen in Isolierstoffen, mit denen wir uns in diesem Abschnitt beschäftigen wollen, wird der Physiker und der Elektrotechniker naturgemäß von etwas verschiedenen Standpunkten aus betrachten. Wenn wir sie hier zusammenfassen unter der Bezeichnung „dielektrische Anomalien", haben wir uns dabei stillschweigend eigentlich schon die Betrachtungsweise des Physikers zu eigen gemacht; denn andernfalls würden wir besser den Titel „dielektrische Verluste" gewählt und damit sogleich die Gruppe von Effekten in den Vordergrund gestellt haben, die praktisch in erster Linie von Interesse sind. Von vornherein Interessengebiet und Problemstellungen etwas allgemeiner und weiter abzugrenzen, empfiehlt sich hier jedoch, wo es sich letzten Endes auf ein Eingehen auf grundsätzliche theoretische Fragen handeln soll.

Zunächst müssen wir natürlich festlegen, was unter „normal" zu verstehen ist, wenn wir uns für Anomalien interessieren. Wir beginnen deshalb am besten mit einem kurzen Rückblick auf die klassischen MAXWELLschen Vorstellungen über die Vorgänge in einem Dielektrikum,

an denen die Orientierung vorzunehmen nach wie vor das Gegebene
sein dürfte. Im Sinn der MAXWELLschen Theorie würde es eine zu enge
Auffassung sein, ein normales Dielektrikum etwa gleichzusetzen mit
einem vollkommenen Isolator. Wir müssen vielmehr jedes Dielektrikum
kennzeichnen durch zwei Materialkonstanten — und zwar wirkliche
Materialkonstanten im eigentlichen Sinn des Wortes — nämlich durch
seine Dielektrizitätskonstante D und durch seine (OHMsche) Leitfähigkeit σ. Lassen wir auf ein solches Dielektrikum eine reine Sinusspannung
$V = V_0 \sin \omega t$ wirken, so setzt sich der durch das Dielektrikum fließende
Strom bekanntlich zusammen aus einem Verschiebungsstrom i_c und aus
einem Leitungsstrom i_r, die pro Flächeneinheit gegeben sind durch

$$i_c = D\,\omega\,V_0 \cos \omega\,t, \qquad i_r = \sigma\,V_0 \sin \omega\,t.$$

Der Gesamtstrom ist also

$$(130\,\mathrm{a}) \qquad\qquad i = D\,\omega\,V_0 \cos \omega\,t + \sigma\,V_0 \sin \omega\,t.$$

Man kann sich dies auch noch auf andere, vielleicht etwas anschaulichere
Weise klarmachen, nämlich mit Hilfe eines Ersatzschemas. Als solches
benutzt man gewöhnlich einen Kondensator, der mit einem vollkommen
isolierenden Dielektrikum gefüllt ist, und einen OHMschen Widerstand
von entsprechender Größe, der in Serie oder parallel zu dem Kondensator liegt. Das Sinngemäßere scheint uns das letztere zu sein, aus dem
wir unmittelbar die Formel (130 a) ablesen können.

Unsere Ansätze gingen, um dies schon hier besonders zu betonen,
von der Annahme aus, daß D und σ wirkliche Materialkonstante sind,
oder anders ausgedrückt, daß die dielektrische Verschiebung $\mathfrak{D} = D\mathfrak{E}$ und
der Leitungsstrom $\sigma\mathfrak{E}$ getreu und vollkommen den Momentanwerten
der erregenden Feldkraft $\mathfrak{E}$ folgen. Der Leitungsstrom ist dann genau in
Phase mit der erregenden Spannung V, der Verschiebungsstrom hat
gegen sie eine Phasenverschiebung von genau 90°; um auch für den
Gesamtstrom i die Phase angeben zu können, brauchen wir nur die
Formel (130 a) etwas anders zu schreiben dadurch, daß wir einen Hilfs-
winkel δ einführen durch

$$(130\,\mathrm{b}) \qquad\qquad \operatorname{tg} \delta = \frac{\sigma}{D\,\omega}.$$

Dann wird nämlich

$$(130\,\mathrm{c}) \qquad\qquad i = V_0 \cdot \sqrt{\omega^2 D^2 + \sigma^2} \cdot \cos\,(\omega\,t - \delta)$$

und dies zeigt unmittelbar, daß i eine um δ von 90° verschiedene Phasenverschiebung gegen V hat. Für die im Dielektrikum umgesetzte, in
Wärme verwandelte Leistung findet man durch Integration von $i \cdot V$
über eine Periode Proportionalität mit $V_0^2\,\omega D \operatorname{tg} \delta$ und bezeichnet deshalb treffend den Winkel δ als „Verlustwinkel" (der übrigens meist
so klein ist, daß man $\operatorname{tg} \delta$ einfach durch δ ersetzen kann).

Wie aus diesen Betrachtungen hervorgeht, ist also für ein normales Dielektrikum im Sinn der MAXWELLschen Theorie der Verlustwinkel δ bzw. tg δ aufzufassen als eine für jede Substanz spezifische, mit der Frequenz der Beanspruchungsspannung in stets derselben einfachen gesetzmäßigen Weise ω tg $\delta =$ const $(= \sigma/D)$ zusammenhängende Größe, die ein Maß für die Verluste im Dielektrikum bzw. für dessen Leitfähigkeit ist. Die Verluste, (d. h. die im Dielektrikum erzeugte Wärme) sind aufzufassen als bedingt allein durch die Leitfähigkeit und sind nichts anderes als die Joulewärme des Leitungsstromes. Es muß deshalb gleichgültig sein, ob man den Verlustwinkel aus Wechselstrommessungen bestimmt, und zwar bei irgendeiner Frequenz, oder ob man die Leitfähigkeit etwa aus einer Gleichstrommessung üblicher Art gewinnt. In Wirklichkeit zeigen nun aber die Realsubstanzen fast alle ein von diesem einfachen normalen mehr oder minder abweichendes Verhalten, sei es, daß der Verlustwinkel größer ist, als sich aus dem Gleichstromleitfähigkeitswert errechnen würde, d. h. daß die Verluste größer sind als die Joulewärme des Leistungsstromes, oder daß der Verlustwinkel in komplizierterer Weise von der Frequenz abhängt u. dgl. Daraus leitet sich eine erste Gruppe von Anomalien ab.

Bleiben wir vorläufig noch bei einer rein beschreibenden Darstellung des experimentellen Sachverhaltes, so können wir eine zweite Gruppe von Anomalien absondern durch die folgende Betrachtung. Wir gehen wieder davon aus, daß in einem normalen Dielektrikum die dielektrische Verschiebung und der Leitungsstrom dem Feld vollkommen trägheitslos folgen und wollen dieser Voraussetzung nur nach anderer Richtung hin nachgehen. Wenn wir auf einen mit einem derartigen Dielektrikum gefüllten Kondensator eine irgendwie zeitlich veränderliche Spannung wirken lassen, so sind also zu jeder Zeit t die dielektrische Verschiebung $\mathfrak{D} = D\mathfrak{E}$ und der Leitungsstrom $\sigma\mathfrak{E}$ vollständig und allein bestimmt durch den zu dieser Zeit t herrschenden Momentanwert der Feldstärke $\mathfrak{E}$ im Dielektrikum. Der Messung unmittelbar zugänglich sind nun aber natürlich weder $\mathfrak{E}$ und $\mathfrak{D}$ noch der Leitungsstrom für sich, sondern nur der zeitliche Verlauf des durch den Kondensator fließenden Gesamtstromes i. Wir müssen deshalb, um von jenen Größen auf diesen schließen zu können, die Vorgänge im ganzen Stromkreis berücksichtigen. Ohne Wesentliches zu verwischen, können wir uns hier beschränken auf die Diskussion des einfachsten Falles, daß der Stromkreis praktisch selbstinduktionsfrei ist und nur einen OHMschen Widerstand R enthält. Die Spannung werde geliefert von einer Gleichspannungsquelle V_0 und den Kondensator ersetzen wir wieder durch einen ideal isolierenden Kondensator (Kapazität C) und einen Parallelwiderstand w. Wenn dann zur Zeit $t = 0$ die Spannung V_0 angeschaltet wird, beginnt durch das Galvanometer ein Gesamtstrom i zu fließen, der sich in bekannter Weise zusammensetzt wiederum aus dem Ladungsstrom i_c der Kapazität und aus dem Leitungsstrom i_w durch den Ersatzwiederstand, und zwar ist

$$i_c = \frac{V_0}{R} \cdot e^{-\frac{t}{RC} \cdot \frac{R+w}{w}},$$

$$i_w = \frac{V_0}{R+w}\left(1 - e^{-\frac{t}{RC} \cdot \frac{R+w}{w}}\right).$$

Wenn die Leitfähigkeit des Dielektrikums verschwindend klein ist ($\sigma = 0$, $w = \infty$), ist natürlich $i_w = 0$ und für i_c erhält man die übliche Formel

$$i_c = \frac{V_0}{R} \cdot e^{-t/RC}$$

für den rein kapazitiven Ladungsstrom des Kondensators. Wird dann zu irgendeiner späteren Zeit $t > 0$, die Spannung abgeschaltet, d. h. die Spannungsquelle kurzgeschlossen, so entlädt sich der Kondensator durch einen in umgekehrter Richtung wie der Ladungsstrom fließenden, exponentiell abklingenden Entladungsstrom. Auch alle diese Vorgänge sind nun in Wirklichkeit oft viel komplizierter als im Fall des eben betrachteten normalen Dielektrikums. Es überlagern sich über den normalen Ladungsstrom, Leitungsstrom und Entladungsstrom anomale Ströme, es bleiben Rückstandladungen im Kondensator u. dgl. Es hängt eben allgemein die Gesamtheit der Vorgänge nicht mehr ab von den Momentanwerten der elektrischen Zustandgrößen, sondern von der ganzen Vorgeschichte, die das Dielektrikum zur Zeit der Messung hinter sich hat. Man faßt sie deshalb zusammen unter der Bezeichnung „Nachwirkungserscheinungen" oder „dielektrische Hysteresis".

Man könnte von hier aus in der beschreibenden Klassifikation der dielektrischen Anomalien noch weiter gehen und könnte Anomalien der Leitung, Abhängigkeit der Dielektrizitätskonstante von der Frequenz u. dgl. und die im Gebiet nicht mehr quasistationärer Vorgänge zu beobachtenden Effekte gesondert aufzählen, welch letztere den Erscheinungen der Dispersion und (selektiven) Absorption auf optischem Gebiet ganz analog sind. Damit würde für unsere Zwecke aber nicht viel gewonnen sein, wie auch bereits die obige Unterscheidung zweier Gruppen von Anomalien das physikalisch wirklich Wesentliche nicht eigentlich trifft und nur eine erste Übersicht erleichtern sollte.

Formale Theorie der dielektrischen Anomalien. Der Besprechung der eigentlichen Theorien im Sinn modellmäßiger Vorstellungen, die man sich zur Erklärung der dielektrischen Anomalien gebildet hat, seien einige formale, aber gerade deshalb recht allgemeine Überlegungen vorausgeschickt. Wir wollen dabei nicht eingehen auf Einzelheiten dieser Überlegungen, die in dieser Richtung bis zur Ausbildung einer sehr sogar weitgehenden und befriedigenden phänomenologischen Beschreibung des Sachverhaltes entwickelt worden sind, sondern nur die wichtigsten Gesichtspunkte hervorzuheben versuchen, die uns dann später noch von Nutzen sein werden.

Den engen Zusammenhang zwischen den beiden, im vorhergehenden
Abschnitt erwähnten Gruppen von Anomalien, den anomalen Verlusten
und den Nachwirkungen, können wir schon im Rahmen ganz einfacher
derartiger formaler Ansätze erkennen, ohne Voraussetzungen spezieller
Art benutzen zu müssen. Wir wollen zu diesem Zweck zunächst eine
einfache harmonische Wechselspannung $V_0 \sin \omega t$ auf das Dielektrikum
uns wirkend denken und demgemäß für die Feldstärke im Dielektrikum
ansetzen

$$(131\,\mathrm{a}) \qquad\qquad \mathfrak{E} = \mathfrak{E}_0 \sin \omega\, t .$$

Als einfachste Formulierung für ein zeitliches Nachhinken der Verschiebung $\mathfrak{D}$ werden wir dann an Stelle des klassischen normalen Ansatzes
$\mathfrak{D} = \mathfrak{D}_0 \sin \omega\, t$ den Ansatz gebrauchen können

$$(131\,\mathrm{b}) \qquad\qquad \mathfrak{D} = \mathfrak{D}_0 \sin (\omega\, t - \delta') .$$

Die Folge davon ist, daß der Verschiebungsstrom $d\mathfrak{D}/dt$ jetzt nicht mehr
um genau $90°$ phasenverschoben gegen die erregende Spannung ist,
sondern gegeben ist durch

$$(131\,\mathrm{c}) \qquad\qquad i_c = \frac{d\mathfrak{D}}{d t} = \mathfrak{D}_0\, \omega \cos (\omega\, t - \delta') .$$

Es wird also in einem solchen mit Nachwirkung behafteten Medium,
der Verschiebungsstrom nicht mehr wattlos sein und demgemäß ein
Verlust auftreten (und zwar auch, wenn das Medium ein vollkommener
Isolator ist). Hat wie früher das Dielektrikum auch noch eine Leitfähigkeit σ, so überlagert sich einfach noch der Leitungsstrom $\sigma\mathfrak{E}$ und es
ist der Gesamtstrom (mit $\mathfrak{E}_0 = V_0$ und $\mathfrak{D}_0 = D \cdot V_0$)

$$(131\,\mathrm{d}) \qquad i = i_c + i_r = D\, \omega\, V_0 \cos (\omega\, t - \delta') + \sigma\, V_0 \sin \omega\, t$$

und der gesamte Verlust W

$$(131\,\mathrm{e}) \qquad\qquad W = \frac{D\, V_0^2}{2}\, \omega \cdot \sin \delta' + \frac{\sigma\, V_0^2}{2}$$

Es ist klar, daß man auf diesem Weg durch geeignete Wahl von δ' anomal
große Verluste formal verständlich machen kann. Ferner ergibt sich die
Möglichkeit, wenigstens zunächst grundsätzlich eine Frequenzabhängigkeit dieser Verluste zu konstruieren; in der Bezeichnungsweise der früher
durchgeführten Betrachtungen würde dies dann zu interpretieren sein
als eine Frequenzabhängigkeit des Verlustwinkels δ. Und endlich kann
man den eben skizzierten Grundgedanken nun noch verallgemeinern
und erweitern und dadurch naturgemäß die Ergebnisse anschmiegungs-
fähiger an das Beobachtungsmaterial machen. So liegt es nahe, $\mathfrak{D}$ zusammenzusetzen aus zwei Teilen, einem „normalen" Teil $\mathfrak{D}_n$ der momentan der jeweiligen Feldstärke folgt und einem anomalen Teil $\mathfrak{D}_a$, der
mit Trägheit behaftet ist und für den irgendein plausibler Ansatz gewählt
wird. Noch allgemeiner kann man den anomalen Teil wieder aus mehreren

Unterteilen zusammengesetzt denken, also einen Ansatz der Art

$$\mathfrak{D} = \mathfrak{D}_n + \sum \mathfrak{D}_{ai}$$

machen, wobei für jedes $\mathfrak{D}_{ai}$, geeignet gewählte Ankling- oder Abklinggesetze gelten. So z. B. hat man den Ansatz gemacht

$$\frac{d\,\mathfrak{D}_{ai}}{d\,t} = a_i\,(b_i\,D\,\mathfrak{E} - \mathfrak{D}_{ai}),$$

wo a_i und b_i spezifische Konstanten sind; die physikalische Bedeutung ist offenbar die, daß jedes $\mathfrak{D}_a$ nach dem Anlegen eines konstanten Feldes einem der Feldstärke proportionalen Endwert zustrebt und seine Änderungsgeschwindigkeit jeweils proportional ist der noch bestehenden Abweichung von diesem Endwert. Im einzelnen auf die z. T. mathematisch sehr eleganten und auch physikalisch recht plausiblen Entwicklungen einzugehen, ist hier nicht nötig.

Analoge Ansätze ergeben sich natürlich auch für den Strom. Sie bieten aber noch ein besonderes Interesse dadurch, daß sie sich von vornherein sehr allgemein formulieren lassen auf Grund des sog. „Superpositionsprinzips" (das ursprünglich aus experimentellen Befunden abgeleitet wurde). Wie wir sahen, fließt nach dem Anlegen einer konstanten Spannung V_0 durch einen normalen Kondensator der exponentiell mit der Zeit abklingende normale Ladungsstrom und im Fall von Nachwirkungen außerdem ein anomaler Ladungsstrom (Nachladungsstrom), der irgendeinem anderen Zeitgesetz folgt. Für diesen anomalen Strom i_a hat sich nun empirisch ergeben, daß er 1. proportional der Potentialdifferenz V der Kondensatorbelegungen und der Kapazität C des Kondensators ist, also dargestellt werden kann in der Form $i_a = V \cdot C \cdot \varphi(t)$ und 2. daß er die folgende Gesetzmäßigkeit zeigt, die der Ausdruck eben für das Superpositionsgesetz ist. Ändert man zu irgendeiner Zeit t' die Spannungsdifferenz V um den Betrag ΔV, so ergibt sich ein Strom, der aus der Überlagerung des ursprünglichen Stromes $V \cdot C \cdot \varphi(t)$ mit dem der Änderung ΔV entsprechenden Strom $\Delta i_a = \Delta V \cdot C \cdot \varphi(t - t')$ besteht. Es ist also dann

$$i = C \cdot \{V \cdot \varphi(t) + \Delta V \cdot \varphi(t - t')\}.$$

Da dies ganz allgemein gelten soll, kann man für den Strom $i_a(t)$ infolge einer beliebigen Spannungsbelastung $V(t)$ ansetzen

$$i_a(t) = C \int\limits_{-\infty}^{t} \frac{d\,V(t')}{d\,t'}\,\varphi(t - t')\,d\,t' \cdot$$

oder wenn man als Integrationsvariable $x = t - t'$ einführt

$$(132) \qquad\qquad i_a(t) = -C \int\limits_{0}^{\infty} \frac{d\,V(t - x)}{d\,x}\,\varphi(x)\,d\,x.$$

Zur Veranschaulichung betrachten wir den speziellen Fall einer rein harmonischen Ladespannung. Dann ist $V = V_0 \sin \omega t$ und man erhält

$$i_a = \omega C V_0 \left\{ \cos \omega t \cdot \int_0^\infty \cos \omega x \cdot \varphi(x)\, dx + \sin \omega t \int_0^\infty \sin \omega x \cdot \varphi(x)\, dx \right\}.$$

Zur Auswertung muß man natürlich die „Nachwirkungsfunktion" φ kennen. Da $\varphi(t)$ mit zunehmender Zeit t ständig abnimmt, kann man sie gut darstellen durch eine Reihe von Exponentialfunktionen, deren Konstante a_m und T_m für das betreffende Dielektrikum charakteristische spezifische Konstante sind

$$\varphi(x) = \sum a_m \cdot e^{-x/T_m}.$$

Dann wird

$$i_a = \omega C V_0 \left\{ \cos \omega t \cdot \sum \frac{a_m T_m}{1 + \omega^2 T_m^2} + \sin \omega t \cdot \sum \frac{\omega a_m T_m^2}{1 + \omega^2 T_m^2} \right\}.$$

Zu diesem anomalen Strom kommt noch der normale Ladungsstrom $i_n = \omega C \cdot V_0 \cos \omega t$, so daß der Gesamtladestrom, der wirklich fließt — abgesehen natürlich von einem evtl. Leitungsstrom — gegeben ist durch

$$i = \omega C \cdot V_0 \left\{ \cos \omega t \left(1 + \sum \frac{a_m T_m}{1 + \omega^2 T_m^2} \right) + \sin \omega t \cdot \sum \frac{\omega a_m T_m}{1 + \omega^2 T_m^2} \right\}.$$

Ein Vergleich mit den Gl. (130b, c) zeigt, daß sich die Nachwirkung in einer scheinbaren Vergrößerung der Kapazität äußert, die gegeben ist durch

$$\Delta C = C_0 \cdot \sum \frac{a_m T_m}{1 + \omega^2 T_m^2}$$

und daß der Verlustwinkel sich darstellen läßt durch

$$(132\,\text{a}) \qquad \text{tg}\,\delta = \sum \frac{\omega a_m T_m^2}{1 + \omega^2 T_m^2} \bigg/ \left(1 + \sum \frac{a_m T_m}{1 + \omega^2 T_m^2} \right).$$

Da dieser Ausdruck für $\text{tg}\,\delta$ die zunächst nur formal eingeführten und deshalb noch frei verfügbaren Konstanten a_m und T_m enthält, hat man also reichlich Möglichkeiten, durch geeignete Wahl dieser Konstanten die Formel den experimentellen Daten anzupassen.

Mechanismen der anomalen Vorgänge. Wir können jetzt dazu übergehen, die eigentlichen physikalischen, mit konkreten Modellvorstellungen arbeitenden Theorien zu besprechen. Die allgemeinen Überlegungen des vorhergehenden Abschnitts erweisen sich dabei auch deshalb als nützlich, weil sie eine allgemeine kritische Bewertung solcher spezieller Modelltheorien ermöglichen. Knüpfen wir z. B. an die Formel (132a) für den Verlustwinkel und erinnern wir uns, daß diese Formel letzten Endes gewonnen werden konnte lediglich unter Benutzung des Superpositionsprinzips und eines sehr allgemeinen, noch in keiner Weise spezialisierten Ansatzes für eine Nachwirkung, so werden wir von vornherein nicht allzu optimistisch sein können in der Bewertung der Erfolge spezieller

Theorien. Denn daraus, daß eine solche Theorie zu Endergebnissen von demselben formalen Typus wie jene Verlustwinkelformel führt, werden wir noch nicht auf ihre physikalische Richtigkeit schließen dürfen in dem Sinn, daß sie etwa als die einzig mögliche anzusprechen ist. Es gibt denn auch eine ganze Reihe von Möglichkeiten zur Erklärung der dielektrischen Anomalien, aber es dürfte ohne weiteres kaum möglich sein, eindeutig die eine oder andere zu bevorzugen.

Man kann im wesentlichen wohl drei Gruppen solcher Theorien unterscheiden. Die Theorien der ersten Gruppe bleiben noch ganz im Rahmen klassisch MAXWELLscher Vorstellungen und erweitern dies lediglich durch die Annahme einer Schicht- oder Körnerstruktur der Dielektrika. Die der zweiten Gruppe setzen nicht nur eine schon viel weitergehende Verfeinerung der Vorstellungen über den Bau der Dielektrika voraus, sondern sie gehen nun grundsätzlich hinaus über den Vorstellungskreis der MAXWELLschen Theorie; sie verhalten sich zu dieser — wenn man eine Analogie konstruieren will — ganz ebenso wie die optischen Dispersionstheorien zur elektromagnetischen Lichttheorie. Ganz neue und anders gerichtete Wege gehen endlich die Theorien der dritten Gruppe, welche die Ursache der Anomalien in Ionenströmen und den damit zusammenhängenden Raumladungseffekten sehen.

Auf die Theorien der ersten Gruppe brauchen wir hier nicht näher einzugehen, da man dabei vollständig im Rahmen MAXWELLscher Vorstellungen und Ansätze bleibt und atomistische Mechanismen keine Rolle spielen. Für ein Dielektrikum, das inhomogen aufgebaut ist aus Komponenten von verschiedenen Dielektrizitätskonstanten und insbesondere von verschiedenen Leitfähigkeiten — es kann das ein schichtenweiser Aufbau oder ein Aufbau mit Körnerstruktur z. B. in Gestalt eingelagerter kleiner leitender Kugeln usw. sein — ergeben sich eine Frequenzabhängigkeit der Dielektrizitätskonstante D, anomale Verluste und Nachladungserscheinungen. Alle diese Theorien führen letzten Endes auf Formeln von folgendem Typus

$$(133) \qquad \left\{ \begin{aligned} D &= D_\infty \left(1 + \frac{k}{1 + \omega^2\,\tau^2} \right), \\ \operatorname{tg} \delta &= \frac{k\,\omega\,\tau}{1 + k + \omega^2\,\tau^2}, \end{aligned} \right.$$

worin ω die Frequenz der Belastungsspannung, k und τ zwei individuelle Konstante des betreffenden Dielektrikums sind, die sich aus den Dielektrizitätskonstanten und den Leitfähigkeiten der Komponenten und gewissen Formfaktoren zusammensetzen, durch die der Strukturaufbau geometrisch beschrieben wird. Für $\omega = \infty$ geht D in D_∞ über, für $\omega = 0$ in $D_\infty(1 + k) = $ statischer Wert. Der Verlustwinkel δ ist 0 für $\omega \sim 0$ und $\omega \sim \infty$ und hat in der Gegend $\omega \sim 1/\tau$ ein Maximum.

Die Theorien der zweiten Gruppe führen, um dies gleich vorwegzunehmen, auf Endformeln von demselben Typus wie der in den Gl. (133)

zum Ausdruck kommende, aber die physikalische Bedeutung der Konstanten ist nun natürlich eine ganz andere. Erinnern wir uns an die allgemeinen Bemerkungen zu Beginn dieses Abschnitts, so werden wir eine Mahnung zur Vorsicht in der Bewertung ihrer eindeutigen Bündigkeit sehen müssen und ein Kriterium dafür nur sehen können in einer Übereinstimmung zwischen den berechneten und den experimentell sich ergebenden Konstantenwerten oder natürlich darin, daß die betreffenden Theorien auch sonst in anderweitigen ihrer Folgerungen sich als fruchtbar erweisen oder von vornherein von besonders einfachen bzw. physikalisch plausiblen Annahmen ausgehen. Von diesen Gesichtspunkten aus verdient die größte Beachtung und sei deshalb herausgegriffen eine Theorie, die unmittelbar nahegelegt wird durch die Überlegungen, die bereits in den Theorien der Dispersion (S. 123) und der polaren Dipolmoleküle (S. 390) als Grundlage dienten. In ganz roher Form ist der Grundgedanke der, daß in einem Wechselfeld schwingende Ladungen oder pendelnde Dipole, auf die dissipative Reibungskräfte wirken, optisch gesprochen Absorptionserscheinungen oder in elektrischer Ausdeutung

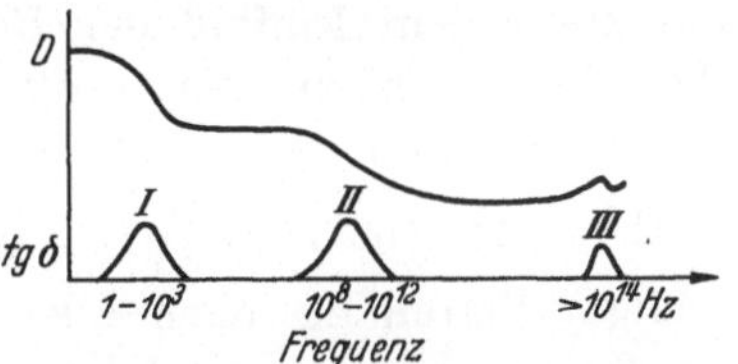

Abb. 157. Verlauf von D und tg δ in Abhängigkeit von der Frequenz. (Nach GEMANT.)

frequenzabhängige anomale Verluste verursachen müssen. In grob schematischer Darstellung gibt die Abb. 157 eine Übersicht über die Sachlage. Die Anomalien im Gebiet I (technische Frequenzen) wird man durch die bereits erwähnten Strukturtheorien erfassen können, die im Gebiet II (ultrakurze elektrische Wellen) durch die Dipolpendelungen und die im Gebiet III liegenden (optische Wellen) durch die inneratomaren Ladungsschwingungen. Abgesehen davon, daß die Theorie der letzteren in ihrer einfachen mechanisch-modellmäßigen Form heute als überholt gelten muß und durch quantentheoretische Ansätze etwa im Rahmen der BOHRschen Atomtheorie zu ersetzen ist, können wir uns hier im Hinblick auf die technischen Belange beschränken auf die Theorie der Dipolpendelungen. Es handelt sich dabei um eine Erweiterung der früheren Ansätze von S. 390f. auf Wechselfelder, und es muß die Gl. (128) S. 391 als Grenzfall für die Frequenz Null dabei auch herauskommen. Wir müssen dazu wieder die Zahl $dn = f(\vartheta)d\Omega$ der Dipole berechnen, deren Achsen mit der Feldrichtung einen Winkel ϑ einschließen oder genauer gesagt, in einem ϑ-Kegel mit dem Öffnungswinkel $d\Omega$ liegen; nun aber soll die elektrische Richtkraft zwar wie früher der Richtung nach konstant sein, der Größe nach jedoch zeitlich veränderlich sein. Die Einrichtung der Dipole in die Feldrichtung erfolgt unter der Wirkung des Drehmoments $R = -\mu \, \mathfrak{F} \sin \vartheta$ und wenn wir annehmen, daß die Bewegung in einem reibenden Medium mit dem Reibungskoeffizienten ξ erfolgt und die Drehgeschwindigkeit $d\vartheta/dt$ konstant ist, ist

$R = \xi \cdot d\vartheta/dt$. Ziemlich langwierige Zwischenrechnungen, die sich natürlich wiederum nur auf statistische Mittelwertsbetrachtungen beziehen, führen zu der folgenden Differentialgleichung für die gesuchte Verteilungsfunktion $f(\vartheta)$ der Dipolrichtung, die als Ausgangspunkt dienen möge

$$(134\,\mathrm{a}) \qquad \xi \frac{\partial f}{\partial t} = \frac{1}{\sin\vartheta}\,\frac{\partial}{\partial\vartheta}\left[\sin\vartheta\left(kT\,\frac{\partial t}{\partial\vartheta} - Rf\right)\right].$$

Wir können sie noch etwas anders schreiben durch Einführung der „Relaxationszeit" τ, die ein anschauliches Maß für die zeitliche Trägheit der Dipoleinstellung abgibt. Da die Gleichung ganz allgemein gilt, können wir nämlich mit ihrer Hilfe auch untersuchen, wie z. B. eine in einem zeitlich konstanten Feld erzeugte Einstellung von selbst unter dem Einfluß der desorientierenden Wirkung der thermischen Bewegungen und unter dem Einfluß der Reibungskraft in die regellose Verteilung übergeht, wenn zur Zeit $t = 0$ das Feld abgeschaltet wird. Für $t = 0$ haben wir dann die S. 391 betrachtete Boltzmann-Verteilung und das mittlere Moment $\mathfrak{m} = \dfrac{\mu^2\,\mathfrak{F}}{3\,kT}$, für $t = \infty$ haben wir regellose (gleichmäßige) Verteilung nach allen Richtungen und das mittlere Moment $\mathfrak{m} = 0$. Der Übergang erfolgt nach dem Gesetz

$$\mathfrak{m} = \frac{\mu^2\,\mathfrak{F}}{3\,kT}\,e^{-\frac{2\,kT}{\xi}\cdot t},$$

d. h. $\mathfrak{m}$ ist nach der Relaxationszeit $\tau = \xi/2\,kT$ auf den Bruchteil $1/e$ seines Anfangswertes abgeklungen. Führen wir in die Gl. (134a) statt ξ die Größe τ ein, so erhalten wir sie in der Form

$$(134\,\mathrm{b}) \qquad 2\,\tau\,\frac{\partial f}{\partial t} = \frac{1}{\sin\vartheta}\,\frac{\partial}{\partial\vartheta}\left[\sin\vartheta\left(\frac{\partial f}{\partial\vartheta} - \frac{Rf}{kT}\right)\right].$$

Diese Gleichung ist zu lösen für ein Wechselfeld $\mathfrak{F}$ von der Frequenz ω (es war $R = -\mu\,\mathfrak{F}\sin\vartheta$). Die Lösung ist in der üblichen komplexen Schreibweise mit $\mathfrak{F} = \mathfrak{F}_0\,e^{i\omega t}$

$$(134\,\mathrm{c}) \qquad f(\vartheta) = A\cdot\left[1 + \frac{1}{1 + i\,\omega\,\tau}\,\frac{\mu\,\mathfrak{F}_0}{kT}\,e^{i\omega t}\cdot\cos\vartheta\right].$$

Damit haben wir also das dynamische Gesetz für die Richtungsverteilung der Dipole gewonnen; es enthält neben der Frequenz des erregenden Feldes noch die für jedes Dielektrikum charakteristische Konstante τ. Jeder ϑ-Dipol trägt zum resultierenden Moment wie früher im Betrag $\mu\cos\vartheta$ bei; mitteln wir über alle Dipole, so erhalten wir für das mittlere Moment den Endausdruck

$$(134\,\mathrm{d}) \qquad \mathfrak{m} = \frac{\mu^2}{3\,kT}\cdot\frac{1}{\sqrt{1 + \omega^2\,\tau^2}}\cdot\mathfrak{F}_0\cdot e^{i\omega(t-\tau)}.$$

Es ist das also die der früheren Gl. (128a, b) S. 391 $\mathfrak{m} = \dfrac{\mu^2\,\mathfrak{F}}{3\,kT}$ für statische Felder entsprechende für ein Feld $\mathfrak{F} = \mathfrak{F}_0 e^{i\omega t}$. Für $\omega = 0$ werden in der Tat beide Ausdrücke gleich; für $\omega = \infty$ wird $\mathfrak{m} = 0$, d. h.

die Reibung macht sich so stark bemerkbar, daß überhaupt keine Orientierung mehr erfolgen kann; im Zwischengebiet ist die Polarisation gegen das erregende Feld phasenverschoben, und zwar hinkt die Polarisation um den Winkel $\omega\tau$ nach. Der Übergang zur Dielektrizitätskonstante kann mit Hilfe der Gl. (126b) und (126) S. 388

$$\frac{D-1}{D+2} = \frac{4\pi}{3}\,n\alpha;\qquad \mathfrak{m} = \alpha\,\mathfrak{F}$$

erfolgen. Die elementaren Zwischenrechnungen sind hier ohne Interesse; sie werden handlicher, wenn wir $D = D_0$ für $\omega = 0$ und $D = D_\infty$ für $\omega = \infty$ einführen und geben als Endresultat

$$(135)\qquad \left|\begin{aligned} \cdot\, D &= D_\infty \frac{D_0 - D_\infty}{1 + \left(\dfrac{D_0 + 2}{D_\infty + 2}\right)^2 \omega^2\tau^2}\,,\\[2ex] \operatorname{tg}\delta &= \frac{(D_0 - D_\infty)}{D_0 + D_\infty \left(\dfrac{D_2 + 2}{D_\infty + 2}\right)^2 \omega^2\tau^2} \cdot \frac{D_0 + 2}{D_\infty + 2}\cdot\omega\,\tau\,. \end{aligned}\right.$$

Dies läßt sich endlich noch etwas einfacher schreiben, wenn man eine neue charakteristische Konstante k einführt durch $D_0 = D_\infty(1 + k)$; man erhält dann Formeln vom Typus der Formeln (133). Für Gase ist die Dipolreibung zu gering, um merkliche Verluste zu geben, aber für Flüssigkeiten ($\tau \sim 10^{-10}$ s, entsprechend Wellenlängen ~ 1 bis 10 cm) hat sich die Theorie vielfach gut bewährt; bedenklich ist natürlich die Übertragung aus bereits genannten Gründen auf Festkörper.

Was nun endlich die dritte der eingangs erwähnten Theoriengruppen anlangt, so können wir uns mit einem Hinweis auf die für Flüssigkeiten S. 373 skizzierten Überlegungen begnügen; sie lassen sich an sich natürlich übertragen auf feste Isolierstoffe und darin liegt ein Vorteil. Die zwangläufige Geschlossenheit der Dipoltheorie fehlt ihnen vorläufig noch, aber bei der außerordentlichen Vielfältigkeit und Kompliziertheit der experimentellen Befunde scheinen die Dinge eben grundsätzlich so zu liegen, daß man nicht alle Anomalien durch nur eine einzige Theorie erfassen kann, und daß man deshalb jeden fruchtbaren neuen Gedanken begrüßen muß.

41. Elektrostriktion, Piezoelektrizität, Kerreffekt.

Die drei Gruppen von Erscheinungen, von denen in diesem Kapitel die Rede sein soll, gehören insofern zusammen, als es sich dabei um Vorgänge in Dielektriken unter der Wirkung eines äußeren elektrischen Feldes handelt, und zwar bei den beiden ersteren um mechanische, bei der letzteren um einen optischen. Die Elektrostriktion als solche spielt allerdings praktisch kaum eine Rolle, aber es ist notwendig, kurz auf sie einzugehen als Vorbereitung auf die Theorie der piezoelektrischen Effekte.

Elektrostriktion. Auf die Volumelmente einer dielektrischen Substanz, mag das nun ein fester Körper, eine Flüssigkeit oder ein Gas sein, werden in einem äußeren elektrischen Feld Kräfte ausgeübt. Es ergibt sich das bekanntlich noch ohne irgendwelche Annahmen atomphysikalischer Art aus den Grundvorstellungen der MAXWELLschen Kontinuumstheorie und es erfolgt die Berechnung dieser Kräfte am einfachsten aus einer Anwendung des Energieprinzips auf das Dielektrikum. Wenn $\mathfrak{E}$ die Feldstärke, D die Dielektrizitätskonstante, ϱ die Dichte der Substanz ist und wenn die Dielektrizitätskonstante nur von der Dichte abhängt, ist die Kraft pro Volumeinheit auf ein Volumelement, auf dessen Ort sich die angegebenen Größen beziehen

$$(136) \qquad \mathfrak{F} = -\frac{1}{8\pi}\,\mathfrak{E}^2\,\mathrm{grad}\,D + \frac{1}{8\pi}\,\mathrm{grad}\left(\mathfrak{E}^2\cdot\frac{dD}{d\varrho}\cdot\varrho\right).$$

Sind noch wahre Ladungen vorhanden, so kommt dazu natürlich noch eine weitere Kraft $\mathfrak{F}_e =$ Ladungsdichte $\times$ Feldstärke, von der wir hier absehen können. Das erste Glied gibt eine Kraft, die überall dort wirksam ist, wo die Dielektrizitätskonstante räumlich sich ändert, und kommt also insbesondere an der Grenzfläche des Dielektrikums in Betracht; das zweite Glied hängt ab von der Druckabhängigkeit der Dielektrizitätskonstante. Infolge dieser Kräfte entstehen Verrückungen der einzelnen Teile des Dielektrikums gegeneinander und zwar solange, bis die hierdurch bedingten elastisch-mechanischen Gegenkräfte jenen elektrischen Kräften das Gleichgewicht halten, bis sich also ein statischer Gleichgewichtszustand, verbunden mit der entsprechenden Deformation bzw. Kompression oder Dilatation der dielektrischen Substanz, eingestellt hat. Diese Verkoppelung von elektrischen und elastischen Kräften zeigt schon, daß selbst in geometrisch einfachen Fällen für Festkörper die Durchrechnung nicht leicht ist. Nur für Flüssigkeiten und Gase, in denen im statischen Ruhezustand als elastische Kraft nur der allseitig gleiche Druck p in Betracht kommt, läßt sich die Sachlage sofort übersehen; die Gleichgewichtsbedingung lautet hier einfach $\mathfrak{F} = -\,\mathrm{grad}\,p$.

Als ein Beispiel und zugleich als Anwendung früherer Überlegungen wollen wir die Sachlage in einem Gas etwas genauer betrachten, das sich zwischen den Platten eines Kondensators befindet und dort einer konstanten Feldstärke ausgesetzt ist. Die Gleichgewichtsbedingung

$$-\frac{1}{8\pi}\,\mathfrak{E}^2\,\mathrm{grad}\,D + \frac{1}{8\pi}\,\mathrm{grad}\left(\mathfrak{E}^2\,\frac{dD}{d\varrho}\,\varrho\right) = \mathrm{grad}\,p$$

läßt sich zunächst durch eine einfache Zwischenrechnung allgemein umformen in die Gleichung, von der wir hier ausgehen wollen

$$\int_{p_0}^{p_1}\frac{dp}{\varrho} = \frac{1}{8\pi}\left\{E_1^2\left(\frac{dD}{d\varrho}\right)_{\varrho=\varrho_1} - E_0^2\left(\frac{dD}{d\varrho}\right)_{\varrho=\varrho_0}\right\}.$$

Sie erlaubt den Druck p an einer Stelle anzugeben, wo die Feldstärke E_1 ist, aus dem Druck p_0 an einer Stelle, wo die Feldstärke E_0 ist. Ist p_0 der

Druck ohne Feld ($E_0 = 0$), so ist also der Druck im konstanten homogenen Feld E eines Kondensators gegeben durch

$$(137\,\text{a}) \qquad \int\limits_{p_0}^{p} \frac{dp}{\varrho} = \frac{1}{8\,\pi} \cdot E^2 \left(\frac{dD}{d\varrho} \right)_{\varrho = \varrho_1}.$$

Nun ist für Gase nach der idealen Zustandgleichung $p = \varrho\,R\,T/M$ ($M =$ Molekulargewicht) und nach der CLAUSIUS-MOSOTTIschen Relation (S. 389)

$$\frac{D-1}{3} = C \cdot \varrho\,; \qquad \frac{dD}{d\varrho} = \frac{D-1}{\varrho}$$

und es ergibt sich demnach aus Gl. (137 a)

$$(137\,\text{b}) \qquad p_1 = p_0 \cdot e^{\,E^2 \cdot \frac{D-1}{8\,\pi} \cdot \frac{1}{\varrho} \cdot \frac{M}{R\,T}}.$$

Wenn n die Zahl der Moleküle in der Volumeinheit ist, kann man statt $M/\varrho R T$ schreiben $1/n k T$; benutzt man noch (S. 388, 389, 392)

$$\frac{D-1}{4\,\pi} = n\,\alpha = n \left(\alpha_0 + \frac{1}{3}\,\frac{\mu^2}{kT} \right),$$

so wird Gl. (137 b)

$$p_1 = p_0 \cdot e^{\frac{1}{2} \left(\alpha_0 + \frac{1}{3}\,\frac{\mu^2}{k\,T} \right) \cdot \frac{E^2}{k\,T}}$$

oder wenn man entwickelt und nur das erste Glied nimmt (da der Exponent stets sehr klein ist)

$$(137\,\text{c}) \qquad p_1 = p_0 \left\{ 1 + \frac{1}{2} \left(\alpha_0 + \frac{\mu^2}{3\,k\,T} \right) \right\} \frac{E^2}{k\,T}.$$

Damit ist die Druckerhöhung in einem Gas durch ein elektrisches Feld in quantitative und der experimentellen Nachprüfung zugängliche Beziehung gesetzt zu der Polarisierbarkeit der Moleküle. Die entstehenden Druckerhöhungen sind sehr klein, nämlich selbst in einem Feld von der Größenordnung 10 kV/cm nur von der Größenordnung $10^{-8}\,p$.

Für Festkörper liegen die Dinge, wie bereits erwähnt wurde, wesentlich komplizierter, weil die elastischen Gegenkräfte nicht mehr einfach durch den allseitig gleichen Druck gegeben, sondern nach den Regeln der Elastizitätstheorie anzusetzen sind. Und nochmals um eine Stufe verwickelter werden die Verhältnisse natürlich, wenn man es nicht mit isotropen Festkörpern, sondern mit Kristallen zu tun hat. Von besonderem Interesse sind dabei die sog. piezoelektrischen Erscheinungen und die damit zusammenhängenden Elektrostriktionseffekte, die an vielen Kristallen — am eingehendsten an Quarz und Seignettesalz — beobachtet und untersucht worden sind. Wir wollen im folgenden aus der ganzen Erscheinungsgruppe in möglichst schematisierter Auswahl nur die Teilfragen herausgreifen, die unmittelbar von Bedeutung sind für die Theorie der Schwingquarze.

Piezoelektrische Kristalle. Ein piezoelektrischer Kristall hat die Eigenschaft, daß bei einer Stauchung (Kompression) oder Dehnung

(Dilatation) in bestimmten Richtungen auf bestimmten Kristallflächen elektrische Ladungen auftreten. Quarz z.B., der in der trigonal-trapezoedrischen Kristallklasse kristallisiert, hat eine dreizählige Hauptachse C (optische Achse) und senkrecht dazu drei zweizählige Nebenachsen A_1, A_2 und A_3, die sich unter jeweils 120 schneiden (Abb. 158a), und durch die Kanten der sechsseitigen Prismen gehen. Diese Nebenachsen sind die piezoelektrisch wirksamen Achsen (polare Achsen); senkrecht zu ihnen stehende (angeschliffene) Flächen werden bei mechanischer Beanspruchung in der Achsenrichtung aufgeladen so, wie das in der Abb. 158b angegeben ist. Wenn man also aus einem Quarzkristall eine Lamelle herausschneidet, z. B. in der in

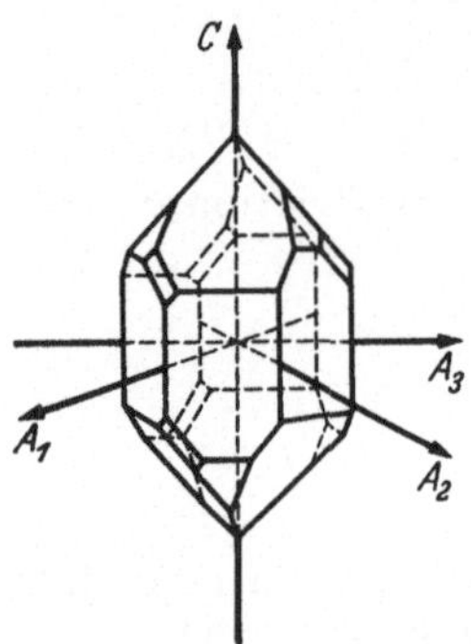

Abb. 158a. Quarzkristall.

Abb. 158c gezeichneten Orientierung zu einer der polaren Achsen A, so treten auf den Stirnflächen der Lamelle, die auf der Richtung p—p senkrecht stehen, Ladungen auf, wenn man die Lamelle in dieser Richtung zusammendrückt oder dehnt; dieselbe Wirkung wie eine Kompression in der Richtung p—p hat eine Dilatation in der dazu senkrechten Richtung p'—p' und umgekehrt. Neben diesen direkten piezoelektrischen Effekten gibt es aber auch — und muß es stets geben, wie sich aus allgemeinen thermodynamischen Überlegungen zeigen läßt — die reziproken piezoelektrischen Effekte, die darin bestehen, daß bei Einwirkung äußerer, in bestimmter Richtung orientierter elektrischer Felder der Kristall komprimiert oder dilatiert wird. Dabei liegen die Dinge allgemein so, daß der Kristall dann dilatiert bzw. komprimiert wird, wenn das Feld erzeugt würde von Ladungsbelegungen

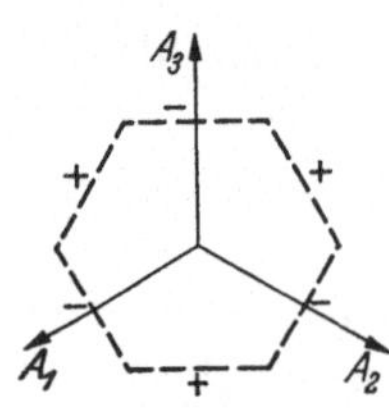

Abb. 158b. Piezoelektrische Aufladung der Quarzflächen.

auf seinen Oberflächen, die entgegengesetztes Vorzeichen haben wie die Ladungen, die nach Maßgabe des direkten Effektes bei einer Kompression bzw. Dilatation entstehen. Es wird also z. B. die Quarzlamelle durch eine positive bzw. negative Ladungsbelegung auf den zu p—p senkrechten Stirnflächen komprimiert, wenn auf diesen Flächen eine negative bzw. positive Ladung durch Kompression oder die umgekehrten Ladungen durch eine Dilatation erzeugt werden. Praktisch verfährt

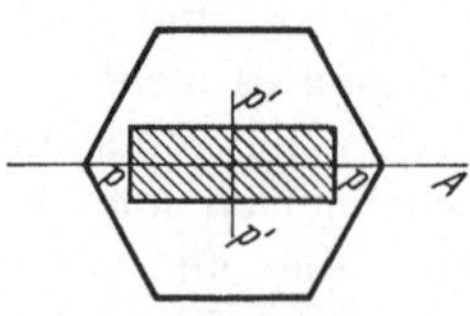

Abb. 158c. Piezoelektrische Quarzlamelle.

man bei der Ausnutzung der reziproken Effekte natürlich so, daß man die Kristalle erregt durch ein Feld, daß sich in Resonanz mit den elastischen Eigenschwingungen des benutzten Kristallkörpers befindet. Der Vollständigkeit halber sei noch erwähnt, daß es außer diesen Kompressions-Dilatationseffekten auch noch analoge Torsionseffekte gibt.

Die phänomenologische Beschreibung der piezoelektrischen Effekte erfordert die Kombination der üblichen Ansätze aus der Elastizitätstheorie der Kristalle mit Ansätzen für die elektrische Erregung, die mit den elastischen Deformationen verbunden ist. Auf die sehr weitläufigen Einzelheiten können wir hier nicht eingehen, aber wir wollen die Endformeln doch wenigstens einigermaßen verständlich zu machen versuchen. Dazu wollen wir in drei Schritten vorgehen. Zunächst erinnern wir uns an die Grundlagen der Elastizitätstheorie: In einem elastischen Festkörper werden durch die auf ein jedes Volumelement wirkenden Kräfte

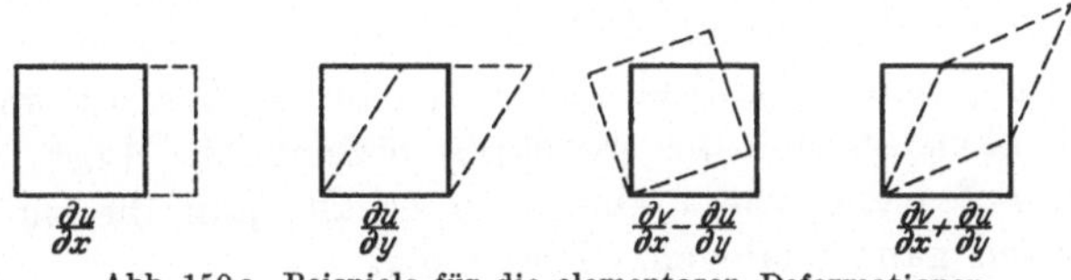

Abb. 159a. Beispiele für die elementaren Deformationen.

gewisse Deformationen (Gestaltsänderungen) der Volumelemente bewirkt. Diese Deformationen lassen sich am einfachsten geometrisch-kinematisch beschreiben in folgender Weise. Ein Punkt, dessen Koordinaten x, y, z sind, wird verrückt um ein Stückchen ds, dessen Komponenten (Verrückungskomponenten) du, dv, dw sind. Dann lassen sich alle überhaupt möglichen Deformationen eines Volumelements zusammensetzen aus gewissen elementaren Deformationen, und zwar ganz allgemein aus sechs solchen, die man mit x_x, y_y, z_z, $y_z = z_y$, $z_x = x_z$, $x_y = y_x$ bezeichnet und die sich durch die Verrückungskomponenten du, dv, dw ausdrücken lassen mit Hilfe folgender Relationen

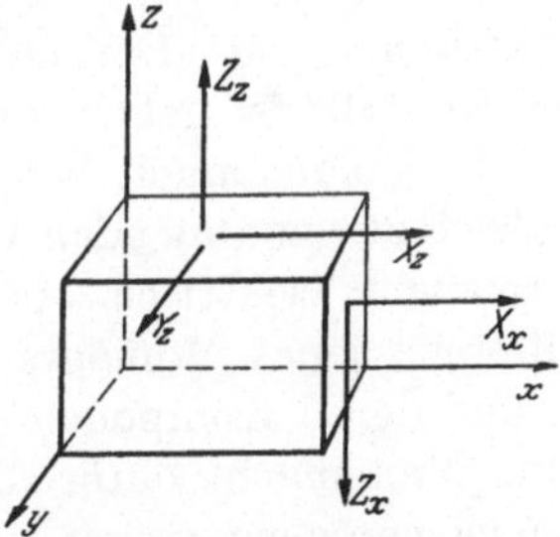

Abb. 159b. Beispiele für die elementaren Kräfte.

$$x_x = \frac{\partial u}{\partial x} \qquad y_z = z_y = \frac{\partial v}{\partial z} + \frac{\partial w}{\partial y}$$

$$y_y = \frac{\partial v}{\partial y} \qquad z_x = x_z = \frac{\partial w}{\partial x} + \frac{\partial u}{\partial z}$$

$$z_z = \frac{\partial w}{\partial z} \qquad x_y = y_x = \frac{\partial u}{\partial y} + \frac{\partial v}{\partial x}.$$

Die geometrische Bedeutung ist unschwer zu erkennen; einige Beispiele sind in der Abb. 159a gezeichnet. Es ist also z. B. $\partial u/\partial x$ eine reine lineare Dilatation in Richtung der x-Achse, die ein Quadrat in ein Rechteck verwandelt; es ist $\partial u/\partial y$ eine Scherung, die ein Quadrat in einen Rhombus verwandelt; es ist $\partial v/\partial x + \partial u/\partial y$ eine Doppelscherung; es ist $\partial v/\partial x - \partial u/\partial y$ eine Drehung des Quadrates als ganzes usw. Die auf ein Volumelement wirkenden Kräfte andererseits sind teils reine Druckkräfte, teils Scherkräfte und werden bezeichnet mit X_x, Y_y, Z_z, $Y_z = Z_y$, $Z_x = X_a$, $X_y = Y_x$. Dabei gibt der große Buchstabe die Richtung der Kraft und der Index die Richtung, auf der das betreffende Flächenelement, an dem die Kraft angreift, senkrecht steht; in Abb. 159b sind einige Beispiele veranschaulicht.

Die mechanischen Gleichgewichtsbedingungen geben dann endlich die Grundgleichungen der Elastostatik, die wir hier brauchen. Für den Fall eines Kristalls lassen sie sich allgemein schreiben in der Form

$$(138\,\mathrm{a})\quad \left\{ \begin{aligned} -X_x &= c_{11}\,x_x + c_{12}\,y_y + c_{13}\,z_z + c_{14}\,y_z + c_{15}\,z_x + c_{16}\,x_y \\ -Y_y &= c_{21}\,x_x + c_{22}\,y_y + c_{23}\,z_z + c_{24}\,y_z + c_{25}\,z_x + c_{26}\,x_y \\ &\;\cdots\cdots\cdots\cdots\cdots\cdots\cdots\cdots\cdots\cdots\cdots \\ -X_y &= c_{61}\,x_x + c_{62}\,y_y + c_{63}\,z_z + c_{64}\,y_z + c_{65}\,z_x + c_{66}\,x_y \end{aligned} \right.$$

Es sind das also Verknüpfungsgleichungen zwischen den Kraftkomponenten und den elementaren Deformationen, und es sind dabei die Größen c_{ik} für jeden Kristall charakteristische Größen, die man als die „elastischen Konstanten" des Kristalls bezeichnet. Löst man diese Gleichungen auf nach den x_x usw., so erhält man die zu den eben angeschriebenen ganz analogen Gleichungen

$$(138\,\mathrm{b})\quad \left\{ \begin{aligned} -x_x &= s_{11}\,X_x + s_{12}\,Y_y + s_{13}\,Z_z + s_{14}\,Y_z + s_{15}\,Z_x + s_{16}\,X_y \\ &\;\cdots\cdots\cdots\cdots\cdots\cdots\cdots\cdots\cdots\cdots\cdots \\ -x_y &= s_{61}\,X_x + s_{62}\,Y_y + s_{63}\,Z_z + s_{64}\,Y_z + s_{65}\,Z_x + s_{66}\,X_y \end{aligned} \right.$$

in denen die Größen s_{ik} als die „elastischen Moduln" des Kristalls bezeichnet werden. Bei geeigneter Wahl des Achsensystems und je nach der Kristallart lassen sich diese allgemeinen Gleichungen noch wesentlich vereinfachen. Nun wenden wir uns der zweiten Seite der Theorie, der elektrischen, zu: Der elektrische Zustand an einer Stelle im Inneren des Kristalls ist gekennzeichnet durch die Komponenten p_x, p_y, p_z des auf die Volumeinheit bezogenen elektrischen Moments. Dabei ist es aus sogleich zu erwähnenden Gründen ohne Interesse, ob der Kristall an sich permanent elektrisch erregt ist, sondern es kommt lediglich auf die Differenz jenes Moments vor und nach einer elastischen Deformation an und deren Komponenten sollen deshalb die obigen Größen p_x, p_y, p_z sein. Man macht dafür die folgenden Ansätze, die für kleine Deformationen genügend genau sind

$$(139\,\mathrm{a})\quad \left\{ \begin{aligned} p_x &= \varepsilon_{11}\,x_x + \varepsilon_{12}\,y_y + \varepsilon_{13}\,z_z + \varepsilon_{14}\,y_z + \varepsilon_{15}\,z_x + \varepsilon_{16}\,x_x \\ p_y &= \varepsilon_{21}\,x_x + \varepsilon_{22}\,y_y + \varepsilon_{23}\,z_z + \varepsilon_{24}\,y_z + \varepsilon_{25}\,z_x + \varepsilon_{26}\,x_y \\ p_z &= \varepsilon_{31}\,x_x + \varepsilon_{32}\,y_y + \varepsilon_{33}\,z_z + \varepsilon_{34}\,y_z + \varepsilon_{35}\,z_y + \varepsilon_{36}\,x_y \end{aligned} \right.$$

Die Größen ε_{ik} sind wiederum für jeden Kristall charakteristische Größen, die man als die „piezoelektrischen Konstanten" bezeichnet. Verbindet man diese Gleichungen mit den Gl. (138 b), so erhält man die entsprechenden Relationen zwischen den Komponenten des Moments und den Kraftkomponenten

$$(139\,\mathrm{b})\quad \left\{ \begin{aligned} -p_x &= \delta_{11}\,X_x + \delta_{12}\,Y_y + \delta_{13}\,Z_z + \delta_{14}\,Y_z + \delta_{15}\,Z_x + \delta_{16}\,X_y \\ -p_y &= \delta_{21}\,X_x + \delta_{22}\,Y_y + \delta_{23}\,Z_z + \delta_{24}\,Y_z + \delta_{25}\,Z_x + \delta_{26}\,X_y \\ -p_z &= \delta_{31}\,X_x + \delta_{32}\,Y_y + \delta_{33}\,Z_z + \delta_{34}\,Y_z + \delta_{35}\,Z_x + \delta_{36}\,X_y \end{aligned} \right.$$

in denen die Größen δ_{ik} als die „piezoelektrischen Moduln" bezeichnet werden. Auch diese Gleichungssysteme, die eigentlichen Ausgangsgleichungen für die phänomenologische Theorie der piezoelektrischen Effekte, lassen sich bei praktischer Wahl des Achsensystems und je nach der Kristallart wesentlich vereinfachen. So z. B. nehmen sie für Quarz die folgende einfache Form an, wenn man die z-Richtung in die Richtung der optischen Achse legt und die x-Richtung zusammenfallen läßt mit einer der polaren Achsen

$$(140\,\mathrm{a}) \quad \begin{cases} p_x = \varepsilon_{11}\,x_x + \varepsilon_{12}\,y_y + \varepsilon_{14}\,y_z \qquad -p_x = \delta_{11}\,X_x + \delta_{12}\,Y_y + \delta_{14}\,Y_z \\ p_y = \varepsilon_{25}\,z_x + \varepsilon_{26}\,x_y \qquad\qquad\quad -p_y = \delta_{25}\,Z_x + \delta_{26}\,X_y \\ p_z = 0 \end{cases}$$

Der dritte Schritt in unserer Übersicht über die Theorie stellt die Beziehung her zwischen den zuletzt erhaltenen Gleichungssystemen und beobachtbaren Größen. Der dabei leitende Gedanke ist der, daß allgemein nur eine Änderung des inneren Moments p sich nach außen hin bzw. an der Oberfläche des Kristalls äußern kann, weil die Wirkung permanenter oder zeitlich konstanter Momente kompensiert wird durch Oberflächenaufladungen, die durch die Luftionen oder durch die Leitfähigkeit der Kristallsubstanz ermöglicht werden. Ändert sich hingegen das Moment p nicht allzu langsam, so entstehen auf der Oberfläche des Kristalls zunächst noch unkompensierte Ladungsbelegungen.

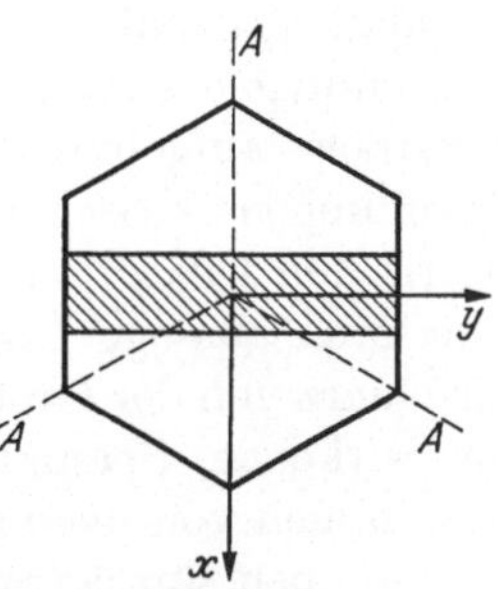

Abb. 160. Piezoquarz.

Die Diskussion machen wir uns am besten klar an dem speziellen Beispiel des Quarzes. Es genügt dabei, von einer noch etwas einfacheren Form der Grundgleichungen auszugehen. Sie ergibt sich, wenn man die Scherungskräfte und Scherungsdeformationen vernachlässigen kann, wie dies unter geeigneten experimentellen Bedingungen erlaubt ist. Wir erhalten dann aus den Gl. (140 a)

$$(140\,\mathrm{b}) \quad \begin{cases} p_x = \varepsilon_{11}\,x_x + \varepsilon_{12}\,y_y \\ -p_x = \delta_{11}\,X_x + \delta_{12}\,Y_y \end{cases}$$

Wir betrachten zunächst nur die zweite dieser Gleichungen. Physikalisch gedeutet sagt sie folgendes aus: Wenn wir aus einem Quarzkristall eine Lamelle ausschneiden, die so wie in Abb. 160 gezeichnet gegen die Kristallachsen A und gegen die Koordinatenachsen x, y orientiert ist, und wenn wir auf diese Lamelle in der x-Richtung einen Druck X_x wirken lassen, so wird in ihr ein Moment $p_x = -\delta_{11} \cdot X_x$ pro Volumeinheit erregt. Ebenso wird in ihr ein Moment $p_x = -\delta_{12} \cdot Y_y$ in derselben Richtung erregt, wenn wir einen Druck Y_y in der y-Richtung ausüben. Die Erregung eines Moments bedingt aber an den freien

Oberflächen die Entstehung entgegengesetzt gleicher Oberflächenladungen, und zwar unabhängig von der Dicke der Lamellen vom Betrag p_x pro Flächeneinheit. Nun ist die gesamte Druckkraft P auf eine Fläche $P =$ Druckkraft pro Flächeneinheit $\times$ Größe der Fläche und es ist andererseits auch die Gesamtladung der Fläche $Q =$ Flächenladungsdichte $\times$ Größe der Fläche, so daß also unabhängig von der Größe der Fläche gilt $Q = \delta_{ik} P$. Mißt man P in dyn und Q in stat. Einheiten, so sind die piezoelektrischen Moduln δ_{ik} nach dem Ergebnis der Messungen für Quarz von der Größenordnung $10^{-8} (\mathrm{cm}^{1/2} \mathrm{g}^{-1/2} \mathrm{s}^{-1})$. Es sind also immerhin recht erhebliche Ladungsmengen, die sich durch experimentell bequem erzeugbare Druckkräfte erzeugen lassen ($1\,\mathrm{kg} = 0{,}98 \cdot 10^6\,\mathrm{dyn}$!). Noch wesentlich günstiger liegen die Dinge, nebenbei bemerkt, bei anderen Substanzen, wie z. B. beim Seignettesalz, dessen piezoelektrische Moduln 10 bis 10^2mal größer sind als die des Quarzes; allerdings stehen dem viel weniger günstige mechanische Eigenschaften und vor allem auch Nachteile gegenüber, die durch elektrische Nachwirkungs- und Hysteresiserscheinungen bedingt sind. Den reziproken Effekt, nämlich die durch künstlich aufgebrachte Oberflächenladungen, d. h. praktisch durch Spannungen zwischen metallischen Oberflächenelektroden erzeugten elastischen Dilatationen erhalten wir aus der ersten der Gl. (140 b) durch eine ganz analoge Überlegung. Die piezoelektrischen Konstanten sind für Quarz von der Größenordnung 10 (CGS-Einheiten), woraus sich selbst für wirkende Spannungen von der Größenordnung 1000 V Längenänderungen von der nur recht geringen Größe 10^{-6} bis 10^{-7} cm ergeben.

Die eben skizzierte phänomenologische Theorie der piezoelektrischen Effekte leistet für eine quantitative Beschreibung alles Wünschenswerte und gibt in gewissem Sinn auch bereits Aufschluß über den Mechanismus dieser Vorgänge. Aber zum Verständnis des Grundvorganges selbst, nämlich der Erregung eines Moments durch eine elastische Deformation, müssen wir natürlich noch eine Stufe tiefer gehen und molekularphysikalische Vorstellungen feinerer Art zu Hilfe nehmen. Dabei ist von vornherein klar, daß es sich nicht so sehr um eine Angelegenheit der einzelnen Moleküle, als vielmehr um einen Effekt handelt, der mit der Anordnung der elementaren Bausteine im Festkörperverband zusammenhängt, also um ein Problem, das die Gittertheorie des Festkörperaufbaus angeht (vgl. Abschn. 43). Die Theorie ist bisher durchgeführt und läßt sich zur Zeit wohl auch nur durchführen für Ionengitter (S. 445), während für Molekülgitter die gittertheoretischen Grundlagen noch fehlen und sich für diese kaum schon mehr sagen läßt, als daß die orientierten Eigenmomente der Moleküle bzw. deren Polarisierbarkeit eine Rolle spielen müssen. In den Ionengittern liegen die Dinge so, daß bei geeigneter Anordnung der Ladungen in der Elementarzelle ein elektrisches Moment vorhanden sein kann, das bei einer Deformation, d. h. bei einer gegenseitigen Verschiebung der Ionen durch äußere mechanische Kräfte sich

ändert. Kennzeichnen wir den Aufbau der Zelle durch die Ionenladungen e_i und durch die von einem festen Punkt zu ihnen gezogenen
Radienvektoren $\mathfrak{r}_i'$ vor und $\mathfrak{r}_i''$ nach der Deformation, so ist die Änderung
des Zellenmoments infolge der Deformation

$$\varDelta\,\mathfrak{P} = \sum e_i\,\mathfrak{r}_i' - \sum e_i\,\mathfrak{r}_i'' = \sum e_i\,\varDelta\,\mathfrak{r}_i.$$

Im Rahmen der üblichen Gittertheorie lassen sich die Verrückungs-
vektoren $\varDelta\,\mathfrak{r}_i$ darstellen durch die Komponenten der Kräfte [vgl. Gl. (138b)
S. 416] und dies gibt dann aufgelöst in die Komponenten Gleichungen
von der Art (139b) S. 416. Hierauf näher einzugehen, ist hier nicht
von Interesse, weil es nur langwierige, rein formale Zwischenrechnungen
erfordern würde, ohne daß sich dabei grundsätzliche Ergänzungen zu
den phänomenologischen Ansätzen ergeben würden. Eine Vertiefung
erfahren diese Ansätze nur insofern, als sich — ebenso wie in der Elastizitätstheorie der Gitter — die formal eingeführten physikalischen Konstanten letzten Endes ausdrücken lassen durch die Potentiale der elementaren
Kräfte zwischen den Gitterpartikeln.

Kerreffekt. Bei der Besprechung der Theorie des Kerreffekts, mit
der wir unsere Betrachtungen über die Theorie der Dielektrika abschließen wollen, werden wir uns beschränken auf den Versuch einer
allgemeinen und möglichst anschaulichen Schilderung der Grundgedanken; die rechnerische Durchführung ist zu langwierig und zudem
quantitativ bestenfalls nur sehr bedingt von Gasen und Dämpfen über-
tragbar auf den praktisch wichtigsten Fall der Flüssigkeiten. Physikalisch ist die Theorie des Kerreffekts deshalb von großem Interesse,
weil sie Aussagen zu machen erlaubt über eine neue Feinbaueigenschaft
der Moleküle, die man als ,,Anisotropie der Polarisierbarkeit" bezeichnet,
eine Bezeichnung, die eigentlich von selbst schon sagt, worum es sich
hier letzten Endes handelt.

Vorausgeschickt seien ein paar Worte über den Kerreffekt selbst.
Dieser elektrooptische Effekt besteht bekanntlich darin, daß eine ganze
Reihe von Flüssigkeiten (weitaus am stärksten Nitrobenzol) in einem
elektrischen Feld E doppelbrechend werden. Schickt man senkrecht
zu der Feldrichtung durch eine solche Flüssigkeit linear polarisiertes
Licht, so zeigt sich, daß der Brechungsindex oder was dasselbe ist, die
Fortpflanzungsgeschwindigkeit, abhängt von der Polarisationsrichtung.
Lichtwellen, die senkrecht bzw. parallel zu E polarisiert sind, bekommen
also einen Gangunterschied und setzen sich nach dem Austritt aus der
Flüssigkeit deshalb nicht mehr zu linear polarisiertem, sondern zu ellip-
tisch polarisiertem Licht zusammen: Schickt man Licht durch eine
solche Kerrzelle, das unter 45° gegen die Richtung des Feldes polarisiert
ist und stellt ein NIKOLsches Prisma so ein, daß es ohne Feld volle
Dunkelheit ergibt, so hellt sich bei Erregung des Feldes das Gesichtsfeld
auf. Man pflegt den Kerreffekt quantitativ zu .beschreiben durch eine

für jede Flüssigkeit kennzeichnende Konstante B (bzw. K), die sog. „Kerrkonstante", die den experimentellen Befunden gemäß folgendermaßen eingeführt wird. Der Gangunterschied Δ zwischen dem p-Strahl ($\|$ zu E polarisiert) und dem s-Strahl ($\perp$ zu E polarisiert) ist proportional der in der Flüssigkeit zurückgelegten Strecke d und proportional dem Quadrat E^2 der Feldstärke. Man setzt deshalb

$$(141\,\text{a}) \qquad \Delta = B \cdot d \cdot E^2,$$

wobei Δ die Differenz der Zahl von Wellenlängen ist, die im p-Strahl und im s-Strahl auf der Strecke d liegen; sind die Wellenlängen dieser beiden Strahlen λ_p und λ_s, so ist also $\Delta = d/\lambda_p - d/\lambda_s$. Man kann die Formel auch noch in anderer Weise schreiben, wenn man die Brechungsindizes n_p und n_s der Flüssigkeit für die beiden Strahlen einführt. Wenn λ die Wellenlänge des benutzten Lichtes im Vakuum ist, ist nämlich $\lambda_p = \lambda/n_p$ und $\lambda_s = \lambda/n_p$, so daß die Formel wird

$$n_p - n_s = B\,\lambda \cdot E^2.$$

An Stelle der Konstanten B führt man meist eine andere Konstante K ein, die mit B zusammenhängt durch

$$(141\,\text{b}) \qquad K = \frac{B\,\lambda}{n_0},$$

wobei n_0 der Brechungsindex der Flüssigkeit ohne Feld ist. Dann wird

$$(141\,\text{c}) \qquad \frac{n_p - n_s}{n_0} = K \cdot E^2.$$

Dies K hat also die Dimension eines reziproken Feldstärkequadrats und ist demnach im statischen Maßsystem zu messen in cm³/erg. Die Größenordnung von K liegt, nebenbei bemerkt, für die meisten bisher untersuchten aktiveren Flüssigkeiten bei 1 bis $10 \cdot 10^{-12}$; nur für Nitrobenzol, das den weitaus größten Kerreffekt zeigt, liegt sie bei $1000 \cdot 10^{-12}$.

Die Tatsache, daß es Flüssigkeiten und, wenn auch in weit geringerem Grad, auch Gase und Dämpfe gibt, die im elektrischen Feld doppelbrechend werden wie einachsige Kristalle, d. h. anisotrop werden mit einer ausgezeichneten Richtung in der Feldrichtung, läßt sich natürlich nicht einfach erklären etwa durch eine Elektrostriktion, denn eine anisotrope Anordnung der Moleküle nach Art der Anordnung in Kristallgittern ist hier nicht möglich. Man muß also die Anisotropie schon in die Moleküle selbst verlegen. Die theoretische Vorstellung, die nun insbesondere auch die Temperaturabhängigkeit der Doppelbrechung — sie nimmt stark ab mit zunehmender Temperatur — und die zwar sehr kleine, aber durchaus meßbare Einstellzeit — sie ist von der Größenordnung 10^{-10} s und macht sich in Wechselfeldern entsprechend einer Wellenlänge von einigen Zentimeter bereits bemerkbar — verständlich macht, beruht auf folgendem Grundgedanken: Die Moleküle der betreffenden Substanzen sind selbst elektrisch anisotrop, d. h. sie werden von einem äußeren Feld

je nach dessen Richtung zu einem mit dem Molekül fest verbundenen
Achsenkreuz verschieden stark polarisiert. Bisher hatten wir nur iso-
trope Moleküle betrachtet und einfach das in einem Molekül erzeugte
Moment (vgl. S. 388) als in der Richtung der äußeren Feldstärke liegend
angenommen, gleichgültig, wie das Molekül gerade zu dem Feld orientiert
ist. Hier jedoch soll das Molekül eine innere elektrische Struktur mit
gewissen ausgezeichneten Richtungen haben und dementsprechend seine
Orientierung zum Feld nicht mehr gleichgültig sein. Es wird dann jedes
Molekül im Feld nicht nur polarisiert, sondern es wird sich zugleich so
einzustellen suchen, daß seine Achse leichtester Polarisierbarkeit in der
Feldrichtung liegt und demgemäß seine potentielle Energie im Feld
ein Minimum wird; aber es wird andererseits daran gehindert durch die
störende desorientierende Wirkung der Wärmebewegung der Moleküle,
ganz analog, wie wir dies für die Dipolmoleküle früher kennengelernt
haben. Haben die Moleküle, wie man der Allgemeinheit und Vollständigkeit wegen annehmen wird, auch noch ein festes elektrisches Eigenmoment, so kommt dazu noch die Orientierung dieser Eigenmomente.
Daraus erkennen wir bereits, daß eine aus derartigen anisotropen Molekülen bestehende Substanz im Feld anisotrop-molekular strukturiert ist
und ferner, daß es sich dabei um einen statistischen Zustand handelt,
und daß wiederum das Boltzmann-Prinzip den Schlüssel zur rechnerischen
Erfassung liefert. Damit ist aber vorerst nur die eine Seite der Angelgen-
heit verständlich gemacht, nämlich die elektrische. Es ist nun noch die
optische Seite zu betrachten, nämlich das Verhalten eines derartig statistisch in einem äußeren Feld ausgerichteten Mediums gegenüber Lichtwellen. Der elektrische Feldvektor der Welle wirkt natürlich ebenfalls pola-
risierend auf die Moleküle und zwar offenbar in verschiedener Weise, je
nachdem er in derselben Richtung wie das statische Feld oder senkrecht
zu diesem schwingt. Insgesamt resultiert so eine Polarisierbarkeit der
Moleküle, die sich analog dem Ansatz auf S. 388 beschreiben läßt durch
einen Proportionalitätsfaktor α, wobei nun aber senkrecht und parallel
zu der Richtung des äußeren statischen Feldes verschiedene Werte α_s
und α_p gehören. Die Verbindung mit den eingangs eingeführten beiden
Brechungsindizes n_s und n_p wird dann endlich hergestellt durch die zu
der Formel (126) S. 389 ganz analogen Formeln (anisotrope „Molekularrefraktion")

$$\frac{n_p^2 - 1}{n_p^2 + 2} = \frac{4\pi}{3} N \cdot \alpha_p \; ; \quad \frac{n_s^2 - 1}{n_s^2 + 2} = \frac{4\pi}{3} N \cdot \alpha_s ,$$

die aus jener hervorgehen durch die bekannte formale Entsprechung
$n^2 = D$ zwischen Brechungsindex und Dielektrizitätskonstante. Zu beachten ist dabei noch bei einer genaueren Diskussion, daß $N = $ Zahl
der Moleküle in der Volumeinheit unter Berücksichtigung der Elektrostriktion durch das meist sehr starke äußere Feld anzusetzen ist. Die
rechnerische Durchführung ist naturgemäß nicht eben einfach und kann

hier nicht wiedergegeben werden. Zur Erläuterung der obigen Skizze
mögen nur noch einige ergänzende Bemerkungen dienen. Man kann
die Polarisierbarkeit (Deformierbarkeit) des Moleküls in einem äußeren
Feld $\mathfrak{E}$, dessen Komponenten bezüglich eines mit dem Molekül fest
verbundenen Achsensystems $\mathfrak{E}_x$, $\mathfrak{E}_y$, $\mathfrak{E}_z$ sind, allgemein und stets beschreiben durch sechs das Molekül in seinen hier interessierenden Eigen-
schaften vollständig kennzeichnende Konstante a_{11}, $a_{12} \ldots a_{33}$; derart
nämlich, daß die gesamte potentielle Energie des Moleküls im Feld
gegeben ist durch

$$U = a_{11}\,\mathfrak{E}_x^2 + a_{22}\,\mathfrak{E}_y^2 + a_{33}\,\mathfrak{E}_z^2 + 2\,a_{12}\,\mathfrak{E}_x\,\mathfrak{E}_y + 2\,a_{13}\,\mathfrak{E}_x\,\mathfrak{E}_z + 2\,a_{23}\,\mathfrak{E}_y\,\mathfrak{E}_z.$$

Durch geeignete Wahl des Achsensystems läßt sich das noch vereinfachen zu

$$U = a_{11}\,\mathfrak{E}_x^2 + a_{22}\,\mathfrak{E}_y^2 + a_{33}\,\mathfrak{E}_z^2,$$

so daß also drei Konstante ausreichend sind. In geometrischer Deutung
— es sei hier erinnert z. B. an das Trägheitsellipsoid eines starren Körpers
in der Mechanik oder an das FRESNELsche- bzw. das Indexellipsoid
der Kristalloptik — ist die Fläche $U = \text{const}$ im Achsensystem der
$\mathfrak{E}_x$, $\mathfrak{E}_y$, $\mathfrak{E}_z$ ein fest mit dem Molekül verbundenes, d. h. in ganz bestimmter
Orientierung zu ihm liegendes Ellipsoid, das kennzeichnend für das
betreffende Molekül ist und als Deformationsellipsoid bezeichnet wird.
Einfacher kann man diesen Sachverhalt auch so ausdrücken, daß das
Molekül hinsichtlich seiner Polarisierbarkeit die Symmetrie eines drei-
achsigen Ellipsoids besitzt. Im übrigen wollen wir nur eine Endformel
noch kurz betrachten, die sich aus der rechnerischen Durchführung der
Theorie ergeben hat. Es läßt sich nämlich die Kerrkonstante darstellen
als Summe zweier Glieder, die gewöhnlich in der Form $K = \text{const}$
$(Q_1 + Q_2)$ geschrieben werden. Diese Möglichkeit der Zerteilung in zwei
Glieder ist deshalb bemerkenswert, weil ihr eine tiefere physikalische
Bedeutung zukommt: Das erste Glied Q_1 rührt her von der Anisotropie
der Polarisierbarkeit allein, während das zweite Q_2 auch noch bedingt
ist durch der Größe eines unter Umständen in den Molekülen enthaltenen festen elektrischen Moments und abhängt von der Richtung
dieses Moments relativ zu dem oben erwähnten Ellipsoid. Beide Glieder
hängen deshalb in verschiedener Weise von der Temperatur ab und
könnten grundsätzlich voneinander getrennt werden durch Messungen
der Kerrkonstante bei verschiedenen Temperaturen. Das erste Glied Q_1
läßt sich zudem bestimmen aus Beobachtungen über die sog. Depolarisation der molekularen Lichtzerstreuung (Tyndalleffekt), die darin
besteht, daß ein mit polarisiertem Licht bestrahltes molekular-anisotropes
Medium seitlich eine Streustrahlung aussendet, die nicht vollständig
polarisiert ist. Es kommt dies daher, daß in jedem bestrahlten Molekül
durch den elektrischen Vektor des eingestrahlten Lichtes ein elektrisches
Moment induziert wird, das in derselben Frequenz schwingt wie das

erregende Licht und deshalb als Quelle von Streulicht wirkt und daß
in anisotropen Molekülen die induzierten Momente nicht in Richtung
des erregenden Lichtvektors liegen. Alles in allem ergibt sich so die Möglichkeit, daß man sich aus der Kombination experimenteller Ergebnisse
über den Kerreffekt, die Depolarisation des Streulichts und der Molekularrefraktion Aufschluß verschaffen kann über die Anisotropie der
Moleküle.

Damit ist an sich allerdings noch nicht viel gewonnen, da bisher diese
Anisotropie noch recht formal-phänomenologisch nur durch gewisse
Rechengrößen beschrieben war. Zu interessanteren und weiterreichenden
Folgerungen kommt man natürlich erst auf Grund feinerer Vorstellungen
über den Bau derartiger anisotroper Moleküle und dann rückwärts
zu Möglichkeiten, Aussagen über die
Molekülstruktur zu ziehen, die in er-
wünschter Weise andere Möglichkeiten
(vgl. S. 393) der Molekülbauforschung ergänzen. Wie das einfachste Modell eines
elektrisch bzw. optisch isotropen Moleküls eine leitende Kugel ist, würde das
einfachste Modell eines anisotropen Moleküls ein leitendes Ellipsoid sein. Mit

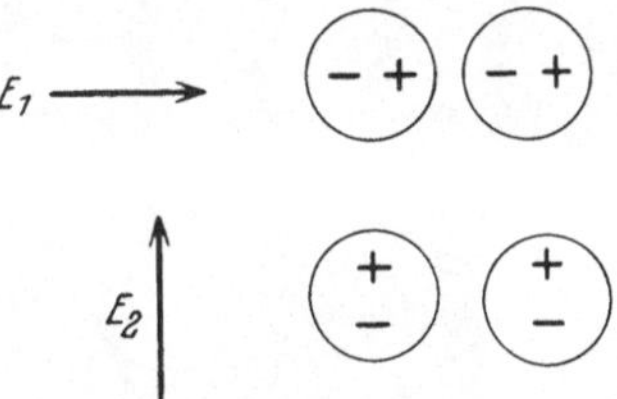

Abb. 161. Einfachstes Modell eines
anisotropen Moleküls. (Nach STUART.)

derartigen primitiven Vorstellungen kommt man natürlich hier nicht
aus, und wir wollen zum Schluß nun noch versuchen, wenigstens die
Grundgedanken einer feineren Betrachtungsweise klarzumachen. Betrachten wir zuerst ein zweiatomiges Molekül wie z. B. das Chlormolekül
Cl_2, das aus zwei gleichen (in erster Näherung isotropen) polarisierbaren
Atomen zusammengesetzt ist, und setzen dieses Molekül einem elektrischen Feld aus, das nach Abb. 161 einmal parallel zur Molekülachse und
einmal senkrecht dazu gerichtet sei, so kommt die Anisotropie, wie man
sich leicht überlegt, zustande durch die wechselseitige Verstärkung bzw.
Abschwächung der in den beiden Atomen induzierten Momente (Dipole).
Diese Anisotropie läßt sich berechnen, und es läßt sich dann durch einen
Vergleich der Folgerungen aus Kerreffekt und Depolarisition erweisen,
ob die in der Abbildung gemachte Annahme über den Bau dieses Moleküls richtig war oder nicht. Grundsätzlich nicht anders liegen die Dinge
bei komplizierter gebauten Molekülen. So z. B. könnte man, um nur ein
noch verhältnismäßig einfaches Beispiel zu geben, bei dem dreiatomigen
SO_2-Molekül aus dem gemessenen großen elektrischen Moment sowohl
auf eine lineare Anordnung O—S—O wie auf eine gewinkelte Anordnung
O⟋^{S}⟍O der Atome schließen. Wir können aber nun aus der Messung des
Depolarisationsgrades des Streulichts und der Kerrkonstante weiter
schließen, daß in dem S. 422 erwähnten Polarisationsellipsoid alle drei
Achsen verschieden voneinander sind und daß also das Molekül elektrisch-
optisch sicher nicht den Symmetriegrad eines Rotationsellipsoids besitzt

und können so eindeutig zugunsten der gewinkelten Form entscheiden. Aber auch bei den großen organischen Molekülen sind durch systematische Untersuchungen solcher Art schon sehr bemerkenswerte Ergebnisse erzielt worden und haben z. B. Aufschlüsse vermittelt über die schon S. 396 erwähnte freie Drehbarkeit von Atomgruppen, über ausgezeichnete, d. h. besonders stabile Konfigurationen usw. Sie führen aber, und mit dem Hinweis darauf wollen wir schließen, auch zu Zusammenhängen mit technisch unmittelbar bedeutungsvollen Dingen, mit denen man zunächst einen Zusammenhang nicht vermuten sollte, nämlich mit dem Gebiet der Schmiermitteltheorie. Betrachten wir etwa die beiden in Abb. 162 gezeichneten Modelle des Dodekans ($C_{12}H_{26}$), die sozusagen zwei Extremformen möglicher Atomanordnungen wiedergeben, so erhebt sich die Frage, ob die eine oder die andere Form die stabilere ist oder ob etwa nacheinander alle möglichen Zwischenformen sich vorfinden. Elektrooptisch läßt sich diese Frage dahin beantworten, daß sicher weder die gestreckte noch die geballte Form allein vorkommt. Dabei ist aber zu beachten, daß sich diese Untersuchungen beziehen

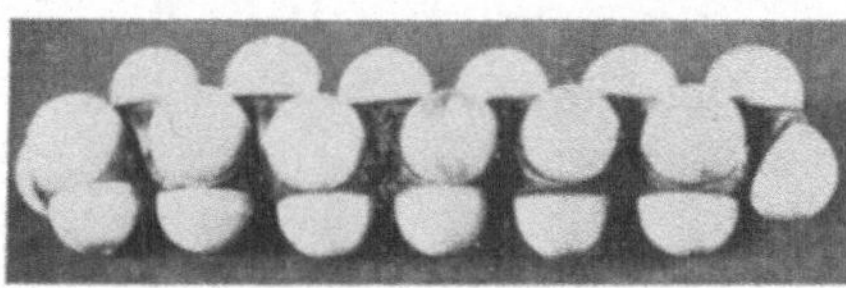

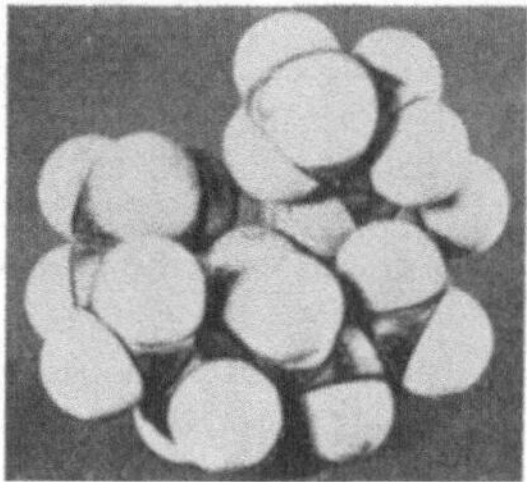

Abb. 162. Gestrecktes und geballtes Modell des Dodekanmoleküls. (Nach STUART.)

auf die Molekülform im Dampfzustand, wo nur die Kräfte zwischen den Atomen je eines Moleküls ein Rolle spielen. Es läßt sich dann weiter folgern, daß z. B. in den Schmierfilmen mit ihrem Ordnungszustand langgestreckter, parallel zueinander ausgerichteter Moleküle noch andere Kräfte tätig sein müssen.

42. Diamagnetismus und Paramagnetismus.

Einleitende Übersicht. Zur phänomenologischen Beschreibung der magnetischen Erscheinungen benutzt man bekanntlich die drei Feldvektoren $\mathfrak{H}$, $\mathfrak{B}$ und $\mathfrak{J}$ und die beiden Materialkonstanten μ und $\varkappa$. $\mathfrak{H}$ ist die (magnetische) Feldstärke, $\mathfrak{B}$ die (magnetische) Induktion oder Verschiebung und $\mathfrak{J}$ die Magnetisierung, deren physikalische Bedeutung die des magnetischen Moments eines magnetisierten Körpers pro Volumeinheit ist; μ ist die Permeabilität und $\varkappa$ die Suszeptibilität, die beide, wenn notwendig, noch als formal abhängig von $\mathfrak{H}$ angesetzt werden können. Zwischen $\mathfrak{B}$ und $\mathfrak{J}$ einerseits und $\mathfrak{H}$ andererseits bestehen die Relationen

$$\mathfrak{B} = \mu\,\mathfrak{H}\,, \qquad\qquad \mathfrak{J} = \varkappa\,\mathfrak{H}\,,$$

die sich mit Benutzung der weiteren Relation

$$\mu = 1 + 4\pi\varkappa$$

auch zusammenfassen lassen in der Beziehung

$$\mathfrak{B} = \mathfrak{H} + 4\pi\mathfrak{I}.$$

Die ganze klassische Magnetostatik mit allen im weiteren Sinn zu ihr gehörenden Problemstellungen läßt sich dann als eine lediglich rechnerisch-potentialtheoretische Verarbeitung und Auswertung dieser Grundgleichungen entwickeln. Wie ein Vergleich mit der formalen Theorie der Dielektrika auf S. 385 zeigt, besteht eine vollkommene Analogie zwischen den magnetischen und den dielektrischen Größen: Das $\mathfrak{H}$ entspricht dem $\mathfrak{E}$, das $\mathfrak{B}$ dem $\mathfrak{D}$, das $\mathfrak{I}$ dem $\mathfrak{P}$, die Permeabilität μ der Dielektrizitätskonstante D und die Suszeptibilität $\varkappa$ der dielektrischen Suszeptibilität $\dfrac{D-1}{4\pi}$. Auch die jeweiligen Relationen zwischen diesen Größen entsprechen sich formal vollkommen:

$$\text{elektrisch:}\quad \mathfrak{D} = D\mathfrak{E} \quad \mathfrak{P} = \left(\frac{D-1}{4\pi}\right)\cdot\mathfrak{E} \quad \mathfrak{D} = \mathfrak{E} + 4\pi\mathfrak{P} \quad D = 1 + 4\pi\left(\frac{D-1}{4\pi}\right)$$

$$\text{magnetisch:}\quad \mathfrak{B} = \mu\mathfrak{H} \quad \mathfrak{I} = \varkappa\mathfrak{H} \qquad\qquad \mathfrak{B} = \mathfrak{H} + 4\pi\mathfrak{I} \quad \mu = 1 + 4\pi\varkappa$$

Vom Standpunkt einer formal potentialtheoretischen Betrachtungsweise liegen dieser Analogie natürlich auch tieferliegende physikalische Entsprechungen zugrunde. Ganz ebenso nämlich, wie wir in der Theorie der Dielektrika eine elektrische Polarisation und eine Zusammensetzung des Feldes aus Dipolfeldern angenommen hatten, werden wir nun auch in der Theorie der Magnetisierung eine magnetische Polarisation und eine Superposition von elementaren Dipolfeldern anzunehmen haben. Insbesondere werden auch in einer atomistisch orientierten Theorie der magnetischen Erscheinungen ganz analog wie in der Theorie der Dielektrika $\mathfrak{B}$ und μ nur eine sekundäre Rolle spielen. Die eigentlich interessierenden Größen sind hier die Magnetisierung $\mathfrak{I}$ und die Suszeptibilität $\varkappa$, wobei nochmals hervorgehoben sei, daß $\mathfrak{I}$ das magnetische Moment pro Volumeinheit ist und demgemäß auch $\varkappa$ sich bezieht auf die Volumeinheit und deshalb genauer als „Volumsuszeptibilität" zu bezeichnen ist. Für viele Zwecke ist es jedoch bequemer, alles zu beziehen auf die Masseneinheit und dann auch eine besondere Bezeichnung $\chi = \varkappa/\delta$ für die „Massensuszeptibilität" einzuführen (δ = Dichte des Körpers); wählt man als Masseneinheit nicht ein Gramm, sondern ein Mol oder ein Atom, so bezeichnet man die entsprechenden Suszeptibilitätswerte als „Molsuszeptibilität" χ_M, oder als „Atomsuszeptibilität" χ_A.

Es ist nicht nötig, auf die magnetostatischen Grundrelationen selbst noch im einzelnen einzugehen, weil sich Schritt für Schritt alles S. 385f. Gesagte hierher aus der formalen Theorie der Dielektrika übertragen läßt. Es ist aber doch vielleicht nützlich, die Deutung gewisser Überlegungen wenigstens zu skizzieren, die in der praktischen Magnetik und

Elektrotechnik eine große Rolle spielen und dort in anschaulicher Weise durchgeführt werden mit Hilfe des Begriffes des „magnetischen Flusses". Erinnert sei etwa an das Beispiel eines geschlitzten Eisenringes, der durch eine stromdurchflossene Wickelung magnetisiert wird. Ausgangspunkt ist dabei bekanntlich die Vorstellung, daß im Innern des Ringes ein Induktionsfluß (oft ungenau als Kraftfluß bezeichnet) vorhanden ist, d. h., daß in dem Ring axial $\mathfrak{B}$-Linien verlaufen, und zwar in geschlossener, auch durch den Luftschlitz nur unwesentlich gestörter Zirkulation. Für den magnetischen Fluß = Zahl der $\mathfrak{B}$-Linien durch jeden Querschnitt ergibt sich dann eine Formel, die der für das OHMsche Gesetz ganz analog gebaut ist und deshalb zu dem Begriff der magnetomotorischen Kraft und dem Begriff des magnetischen Widerstandes führt, mit denen sich weitgehend ganz ebenso arbeiten läßt wie mit den entsprechenden elektrischen Größen. Stellen wir nun die Magnetisierung in den Mittelpunkt unserer Betrachtungen, so haben wir uns die Sachlage allgemein so vorzustellen: Das primär erregende magnetische Feld (sog. induzierendes Feld) $\mathfrak{H}_0$ rühre her von stromdurchflossenen Strömen oder permanenten Magneten und in ihm befinde sich ein Körper aus magnetisierbarem Material. Dann wird in dem Körper eine Magnetisierung hervorgebracht, d. h. es wird in jedem seiner Volumelemente ein magnetisches Moment erzeugt. Alle diese in den einzelnen Volumelementen sitzenden magnetischen Momente, äquivalent mit elementaren Dipolen, erzeugen ihrerseits durch Superposition ihrer Einzelfelder im Körper ein inneres Feld $\mathfrak{H}_i$, so daß also das tatsächlich vorhandene Gesamtfeld $\mathfrak{H} = \mathfrak{H}_0 + \mathfrak{H}_i$ ist. Dabei ist aber zu beachten, daß dieses Gesamtfeld und nicht etwa nur $\mathfrak{H}_0$ oder $\mathfrak{H}_i$ maßgebend ist für die im Endeffekt sich einstellende Magnetisierung, die wir nun mit $\mathfrak{J}$ bezeichnen und von der wir annehmen, daß sie überall mit $\mathfrak{H}$ gleichgerichtet und zu ihm proportional ist; wir setzen demgemäß $\mathfrak{J} = \varkappa \mathfrak{H}$, wo $\varkappa$ (die Suszeptibilität) eine Materialkonstante sein möge. Wenn es auch wegen der eben geschilderten wechselseitigen Verklammerung von Ursache und Wirkung meist nicht leicht sein wird, die diesbezüglichen Rechnungen wirklich durchzuführen, dürfte die Sachlage grundsätzlich klar und anschaulich sein. Insbesondere dürfte ersichtlich geworden sein, daß das eigentlich physikalisch Reale und Wesentliche die Magnetisierung $\mathfrak{J}$ und die jede Substanz sinngemäß kennzeichnende Materialkonstante die Suszeptibilität $\varkappa$ ist und daß an der ganzen Überlegung grundsätzlich auch nichts geändert wird, wenn $\varkappa$ keine Konstante ist, sondern ihrerseits wieder von $\mathfrak{H}$ abhängt. Schwieriger ist es zu verstehen, wie wir von hier aus weiterkommen können zu dem Begriff der Induktion $\mathfrak{B}$, die man in der formalen Theorie als Ausgangsgröße zu wählen und mit Hilfe der Permeabilität als einen Vektor $\mathfrak{B} = \mu \mathfrak{H}$ einzuführen pflegt. Im einfachsten Fall einer homogenen Magnetisierung — den zu betrachten hier genügt, weil daran das Wesentlichste bereits zu erkennen ist — läßt

sich zunächst leicht zeigen, daß man das innere Feld $\mathfrak{H}_i$ (herrührend
von allen bei der Magnetisierung entstehenden Dipolen) darstellen kann
als das Feld einer auf der Oberfläche des magnetisierten Körpers sitzenden Belegung von freiem Magnetismus. Dies folgt nämlich sofort aus der
Darstellung des Potentials V_i des inneren Feldes, das ja nichts anderes
ist als das Potential der räumlich verteilten Dipole (Volumintegral)
und sich rein mathematisch umformen läßt in ein Oberflächenintegral,
d. h. in ein von Oberflächenbelegungen herrührendes Potential:

$$V_i = \int \int \int \frac{\mathfrak{J} \cdot \mathfrak{r}}{r^3}\, d\tau = \int \int \frac{\mathfrak{J} \cdot d f}{r}.$$

Wir haben damit sozusagen ein anschauliches Feldmodell eines magnetisierten Körpers erhalten, nämlich eine bestimmte Verteilung freier
magnetischer Ladungen auf seiner Oberfläche. Von diesen Ladungen
gehen natürlich Kraftlinien aus und so kommt es, daß die Kraftliniendichte im Innern des Körpers eine andere ist als außerhalb. Die Regeln
für die Berechnung derartiger Oberflächenpotentialfelder ergeben nun
weiterhin, und zwar ganz allgemein, daß die Kraftliniendichte unmittelbar
an der Oberfläche innerhalb $(1 + 4\pi\varkappa)$-mal kleiner ist als außerhalb,
d. h., daß das Feld außen $(1 + 4\pi\varkappa)$-mal stärker ist als innen. Der
Verstärkungsfaktor $(1 + 4\pi\varkappa)$ hat damit eine besondere physikalische
Bedeutung gewonnen, er kann ebenso wie $\varkappa$ selbst als eine kennzeichnende
Materialkonstante angesehen werden und es ist deshalb praktisch, dafür
eine besondere Bezeichnung einzuführen, nämlich die Bezeichnung
$(1 + 4\pi\varkappa) = \mu =$ Permeabilität. Der letzte Schritt, der jetzt noch zu tun
bleibt, ist der: Wir wollen, zunächst ganz formal, einen neuen Vektor $\mathfrak{B}$
einführen durch die Definitionsgleichung $\mathfrak{B} = \mu \mathfrak{H}$ bzw. durch die damit
gleichwertige Definitionsgleichung $\mathfrak{B} = \mathfrak{H} + 4\pi \mathfrak{J}$, die aus ersterer sich
wegen $\mu = 1 + 4\pi\varkappa$ und $\mathfrak{J} = \varkappa \mathfrak{H}$ unmittelbar ergibt. Dann läßt sich zeigen,
daß dies $\mathfrak{B}$ überall quellenfrei ist, d. h., daß überall div $\mathfrak{B} = 0$ ist. Anschaulich können wir uns das so verständlich machen, daß die Quellen von $\mathfrak{B}$,
die in den Belegungen aus freiem Magnetismus auf der Oberfläche sitzen,
gerade kompensiert werden durch die ebendort sitzenden Quellen des
Vektors $\mathfrak{J}$ oder auch dadurch, daß zwar die Normalkomponente von $\mathfrak{H}$
an der Oberfläche einen Sprung macht, dort aber auch μ sich unstetig
ändert. Dadurch, daß div $\mathfrak{B} = 0$ ist und daß die normale Komponente
von $\mathfrak{B}$ an der Oberfläche des magnetisierten Körpers stetig bleibt, wird
die Einführung von $\mathfrak{B}$ als neue praktische Rechengröße gerechtfertigt,
und wir können nun auch verstehen, warum es vorteilhaft ist, mit dem
Induktionsfluß bei magnetostatischen Überlegungen zu arbeiten, wovon
wir ja eigentlich ausgegangen waren. Zur Erläuterung dieser ganzen,
nicht ganz einfachen Überlegungen diene noch ein besonders einfaches
Beispiel, nämlich das einer homogenen Kugel, die in ein ursprünglich
gleichförmiges Feld $\mathfrak{H}_0$ gesetzt wird. Es ist das eines der wenigen Beispiele, die sich mit einem erträglichen Aufwand an mathematischen

Hilfsmitteln strenge durchrechnen lassen. Es ergibt sich folgendes: Die ganze Kugel ist gleichmäßig magnetisiert in Richtung des ursprünglichen Feldes $\mathfrak{H}_0$, in der im Innern auch $\mathfrak{B}$ und $\mathfrak{H}$ liegen. Hier innen ergibt sich die gesamte Feldstärke zu $\mathfrak{H}=\mathfrak{H}_0-\dfrac{4\,\pi}{3}\,\mathfrak{I}=\dfrac{3}{\mu+2}\,\mathfrak{H}_0$, die Magnetisierung zu $\mathfrak{I}=\dfrac{3}{4\,\pi}\dfrac{\mu-1}{\mu+2}\,\mathfrak{H}_0=\dfrac{\mu-1}{4\,\pi}\,\mathfrak{H}$ und die Induktion zu $\mathfrak{B}=\mu\,\mathfrak{H}=\dfrac{3\,\mu}{\mu+2}\,\mathfrak{H}_0$. Es ist also $\mathfrak{H}$ sehr klein, wenn μ sehr groß ist und es ist $\mathfrak{H}_i=-\dfrac{4\,\pi}{3}\,\mathfrak{I}$, d. h. also entgegengesetzt gerichtet der Magnetisierung. Außen ist das gesamte Feld nicht mehr gleichförmig in Richtung von $\mathfrak{H}_0$, sondern es kommt noch eine radiale Komponente dazu. Die Feldkraftlinien verlaufen nur in sehr großer Entfernung in Richtung von $\mathfrak{H}_0$, biegen dann aber radial nach der Kugel hin ab und werden an der Kugeloberfläche gebrochen. Die $\mathfrak{B}$-Linien haben natürlich dieselbe Richtung wie die $\mathfrak{H}$-Linien, auch die Größe von $\mathfrak{B}$ ist außen dieselbe wie die von $\mathfrak{H}$. In Formeln gefaßt, woraus sich alle Einzelheiten entnehmen lassen und woraus sich außen bzw. innen durch Multiplikation mit den entsprechenden Werten 1 bzw. μ der Permeabilität auch die Komponenten der Induktion $\mathfrak{B}$ ergeben, ist

$$\text{außen:} \qquad \mathfrak{H}_r = |\,\mathfrak{H}_0\,|\cos\vartheta + \frac{4\,\pi\,R^3}{3}\,|\,\mathfrak{I}\,|\cdot\frac{2\cos\vartheta}{r^3}$$

$$\mathfrak{H}_t = |\,\mathfrak{H}_0\,|\sin\vartheta - \frac{4\,\pi\,R^3}{3}\,|\,\mathfrak{I}\,|\,\frac{\sin\vartheta}{r^3}$$

$$\text{innen:} \qquad \mathfrak{H}_r = |\,\mathfrak{H}_0\,|\cos\vartheta - \frac{4\,\pi}{3}\,|\,\mathfrak{I}\,|\cos\vartheta$$

$$\mathfrak{H}_t = |\,\mathfrak{H}_0\,|\sin\vartheta - \frac{4\,\pi}{3}\,|\,\mathfrak{I}\,|\sin\vartheta\,.$$

Der Index r bzw. t kennzeichnet die radiale bzw. tangentielle Komponente, R ist der Radius der Kugel, r der Abstand des Aufpunkts von Kugelmittelpunkt und ϑ der Winkel zwischen dem Fahrstrahl Aufpunkt—Kugelmittelpunkt und der Richtung von $\mathfrak{H}_0$. Es ergibt sich aus diesen Formeln z. B. sofort, daß $\left(\text{wegen } |\,\mathfrak{I}\,| = \dfrac{3}{4\,\pi}\dfrac{\mu-1}{\mu+2}|\,\mathfrak{H}_0\,|\right)$ für $r=R$ die radiale Komponente von $\mathfrak{B}$ innen und außen gleich groß ist, während die radiale Komponente von $\mathfrak{H}$ außen μ-mal so groß ist wie innen.

Wir kehren nach dieser Einschaltung zum eigentlichen Thema zurück, das wir S. 425 verlassen hatten. Ein Unterschied zwischen den dielektrischen und den magnetischen Erscheinungen besteht nämlich doch, und ist — wenn auch im Rahmen der rein formalen Ansätze lediglich als quantitativer Unterschied zu werten — physikalisch von grundsätzlicher Bedeutung. Während nämlich die Dielektrizitätskonstante, die für den leeren Raum im stat. CGS-System den Wert 1 hat, für alle Substanzen größer als der Vakuumwert ist, kann die Permeabilität sowohl größer wie kleiner als der Vakuumwert sein, der wiederum gleich 1 gesetzt sei. Demgemäß unterscheidet man zwei Klassen magnetischer Substanzen, die „diamagnetischen" und die „paramagnetischen". Es ist für

diamagnetische Substanzen: $\quad \mu < 1 \quad \varkappa < 0$.

paramagnetische Substanzen: $\quad \mu > 1 \quad \varkappa > 0$.

Zur quantitativen Veranschaulichung sei dazu noch bemerkt, daß die Suszeptibilität $\varkappa$ der diamagnetischen Substanzen absolut genommen stets nur sehr klein und demgemäß die Permeabilität μ stes nur sehr wenig kleiner als 1 ist. $\varkappa$ ist nämlich von der Größenordnung -10^{-6} bis -10^{-5}, so z. B. für das sogar sehr ausgeprägt diamagnetische Wismut nur rd. $-1{,}5 \cdot 10^{-5}$. Die $\varkappa$-Werte der paramagnetischen Substanzen reichen bei gewöhnlicher Temperatur auch nur hinauf zur Größenordnung 10^{-5} bis 10^{-4}. Es ist deshalb berechtigt, zunächst allgemein von „schwach magnetischen" Substanzen zu sprechen im Gegensatz zu den „stark magnetischen" ferromagnetischen Substanzen, bei denen die Suszeptibilität um viele Größenordnungen höhere Werte erreichen kann.

Der Diamagnetismus und der Paramagnetismus sind — wie man heute weiß im Gegensatz zum Ferromagnetismus — Eigenschaften der betreffenden Substanzatome selbst und sind (anknüpfend an die alte Vorstellung der AMPÈREschen molekularen Kreisströme) letzten Endes zurückzuführen auf die Bewegung der Elektronen in den Atomen. Die Sachlage läßt sich dann kurz folgendermaßen schildern: Ein Atom kann an sich, d. h. ohne äußeres Feld, je nach der Konfiguration der Elektronenbahnen, ein magnetisches Eigenmoment besitzen oder momentfrei sein. In beiden Fällen kommt infolge einer Bewegung der Elektronen durch die Wirkung eines äußeren Feldes ein Zusatzmoment zur Ausbildung, dessen Richtung der Richtung des äußeren erregenden Feldes stets entgegengesetzt gerichtet ist. Dieses Zusatzmoment, das man als Diamoment bezeichnet, macht an sich also das Atom stets diamagnetisch und der Diamagnetismus ist demgemäß eine ganz allgemeine Eigenschaft aller Atome. Ist das Eigenmoment des Atoms Null, so tritt der Diamagnetismus ungestört in Erscheinung und wir haben es dann zu tun mit einer diamagnetischen Substanz im üblichen Sinn. Ist aber das Eigenmoment nicht Null und ist es — wie übrigens in Wirklichkeit dann immer — größer als das Diamoment, so resultiert aus der Überlagerung der beiden Momente die Eigenschaft des Paramagnetismus im üblichen Sinn. Und zwar liegen die Dinge quantitativ wegen der größenordnungsmäßig überwiegenden Intensitäten der Eigenmomente stets so, daß man bei den paramagnetischen Substanzen die Diamomente praktisch überhaupt vernachlässigen kann; wir haben also vollkommene Analogie zu der Sachlage bei polaren dielektrischen Substanzen (S. 390), und auch die Berechnung der Suszeptibilität erfolgt demgemäß ganz nach dem Muster der Theorie der polaren Dielektrikas.

Theorie des Diamagnetismus. Wir wollen diese Skizze zuerst vervollständigen durch exaktere Überlegungen über den Diamagnetismus. Es genügt dabei, von einfachen Modellvorstellungen auszugehen und auf die Diskussion allgemeinerer Ansätze zu verzichten, die nichts wesentlich anderes ergeben würden. Demgemäß wollen wir annehmen, daß sich im Atom Elektronen (Ladung ε, Masse m) auf gewissen Bahnen mit den Geschwindigkeiten $\mathfrak{v}$ bewegen; der Radiusvektor von einem festen Punkt, z. B. vom Mittelpunkt des Atomkerns aus, nach dem jeweiligen Ort eines Elektrons sei $\mathfrak{r}$. Dann repräsentiert jedes Elektron einen Strom $\varepsilon\mathfrak{v}$ und erzeugt ein magnetisches Moment, das senkrecht steht auf $\varepsilon\mathfrak{v}$ und $\mathfrak{r}$ und dessen Größe bis auf einen Proportionalitätsfaktor gegeben ist durch $\varepsilon\,[\mathfrak{r},\mathfrak{v}]$. Das Gesamtmoment $\mathfrak{m}$ des Atoms, d. h. sein obengenanntes Eigenmoment, erhalten wir durch (vektorielle) Summation der von den einzelnen Elektronen herrührenden Teilmomente proportional zu

$$\mathfrak{m} = \varepsilon \sum [\mathfrak{r},\mathfrak{v}],$$

wobei dieser Ausdruck noch zeitlich gemittelt zu denken ist. Im allgemeinen ist dies $\mathfrak{m}$ von Null verschieden (dann haben wir es nach dem einleitend Gesagten zu tun mit dem Atom einer paramagnetischen Substanz). Aber wenn ein Atom geeignet symmetrisch gebaut ist, kann $\mathfrak{m}$ Null sein (und dann haben wir es zu tun mit dem Atom einer paramagnetischen Substanz). Als einfachstes Modell eines derartigen Atoms kann ein Elektron angesehen werden, das nach den Grundannahmen der BOHRschen Atomtheorie (S. 71 f.) im einquantigen Grundkreis umläuft. Es hat ein Moment von der Größe $9{,}17 \cdot 10^{-21}$ erg/Gauß und könnte analog der durch die Ladung des Elektrons gegebenen elementaren Ladungseinheit als die elementare Einheit des magnetischen Moments angesehen werden (BOHRsches „Magneton“).

Wir gehen nun weiter zur Betrachtung der Entstehung des eingangs genannten Zusatzmomentes (Diamomentes), das sich unter der Wirkung eines äußeren Feldes in jedem Atom ausbildet. Vorausgeschickt sei, daß das Zusatzmoment sich unter sehr allgemeinen Voraussetzungen berechnen und sich deuten läßt als zustande kommend durch eine zusätzliche Rotation aller Atomelektronen um eine Achse durch den Atommittelpunkt in Richtung des äußeren Feldes $\mathfrak{H}$, die mit einer Winkelgeschwindigkeit (ε in stat. E.)

$$(142\,\mathrm{a}) \qquad \omega = -\frac{\varepsilon}{2\,m\,c} \cdot \mathfrak{H}$$

erfolgt. Dies führt zu einer sehr wichtigen Folgerung. Betrachten wir nämlich eines der Atomelektronen, das den Abstand r von der Drehachse hat, so ist dessen Zusatzbewegung r äquivalent mit einem Kreisstrom vom Radius r und der Stromstärke $\varepsilon\omega/2\pi$ und dieser Kreisstrom erzeugt in seinem Mittelpunkt ein magnetisches Moment in Richtung der Achse von der Größe $\mathfrak{M} = \varepsilon\, r^2 \omega / 2\, c$ oder wenn wir den oben angegebenen Ausdruck (142a) für ω einführen

$$(142\,\mathrm{b}) \qquad \mathfrak{M} = -\frac{\varepsilon^2\, r^2}{4\, m\, c^2} \cdot \mathfrak{H}\,.$$

Das negative Vorzeichen bringt dabei zum Ausdruck, daß dieses Moment dem äußeren Feld $\mathfrak{H}$ entgegengesetzt gerichtet ist. Summieren wir nun über alle Elektronen des Atoms, so erhalten wir für das Diamoment des Atoms

$$(142\,\mathrm{c}) \qquad \overline{\mathfrak{M}} = -\frac{\varepsilon^2}{4\, m\, c^2} \cdot \mathfrak{H} \cdot \sum r^2\,.$$

Da in 1 Mol der betreffenden Substanz $N\,(= 6{,}06 \cdot 10^{23})$ Atome sind, so ist das Moment pro Mol $N \cdot \mathfrak{M}$ und demgemäß die Molsuszeptibilität

$$(142\,\mathrm{d}) \qquad \chi_M = \frac{N \cdot \overline{\mathfrak{M}}}{\mathfrak{H}} = -\frac{\varepsilon^2 \cdot N}{4\, m\, c^2} \cdot \sum r^2\,.$$

Die Molsuszeptibilität ist also unabhängig von der Temperatur und hängt wesentlich ab von der Quadratsumme der Elektronenabstände vom Atomkern, d. h. von der Raumladungsverteilung in der den Kern umgebenden Elektronenwolke.

Wir müßten nun noch die Ableitung des Ansatzes (142a bzw. b) für ω nachtragen, von dem wir eben ausgegangen waren. Die dazu führenden allgemeinen Überlegungen sind weitläufig und unanschaulich, und wir wollen uns deshalb die Sachlage an einem einfachen Modell spezieller Art klarmachen. Ein Elektron soll in einer zu $\mathfrak{H}$ senkrecht stehenden Ebene auf einem Kreis mit der Winkelgeschwindigkeit ω rotieren; die Anziehungskraft zwischen Kern und Elektron sei F. Dann lautet die Gleichgewichtsbedingung zunächst ohne Feld

$$(\text{Zentrifugalkraft} =)\ m\,r\,\omega^2 = F\,.$$

Wenn das Feld H wirkt, wird eine ablenkende Kraft radial auf das Elektron ausgeübt, und zwar je nach der Rotationsrichtung bei gegebener Feldrichtung nach außen oder nach innen; die Größe dieser Kraft ist $f = \varepsilon H v / c$, wenn wir die Bahngeschwindigkeit $r\omega$ mit v bezeichnen. Da sich im Feld in erster Näherung nur die Winkelgeschwindigkeit ändert, lautet die Gleichgewichtsbedingung im Feld

$$m\,r\,(\omega + \varDelta\,\omega)^2 = F \pm \frac{\varepsilon\,H\,v}{c}$$

und gibt bei Vernachlässigung quadratischer Glieder für die Änderung $\varDelta\,\omega$ der Winkelgeschwindigkeit durch das Feld

$$\varDelta\,\omega = \pm \frac{\varepsilon}{2\,m\,c}\,H\,.$$

Da das magnetische Moment des Kreisstroms $M = \varepsilon\, r^2 \omega / 2\, c$ ist, ist die mit obiger Änderung $\varDelta\,\omega$ der Winkelgeschwindigkeit verbundene

Änderung δM des magnetischen Momentes

$$\delta M = \frac{\varepsilon\, r^2}{2\, c}\, \varDelta\, \omega = \pm \frac{\varepsilon^2\, r^2}{4\, m\, c^2} \cdot H\,.$$

Dies aber ist offenbar nichts anderes als das gesuchte Diamoment — nämlich ein im Feld hinzukommendes Zusatzmoment — und ist zunächst der Größe nach in Übereinstimmung mit dem früher angegebenen Ausdruck (142 b). Es bleibt nun nur noch zu überlegen, daß dies Zusatzmoment stets die entgegengesetzte Richtung wie das Feld H hat. Dazu brauchen wir aber nur die Abb. 163 zu betrachten. Im Fall a hat M dieselbe Richtung wie H, f ist nach außen gerichtet; die Bahngeschwindigkeit und deshalb M werden durch das Feld verkleinert, d. h. die Richtung von δM ist entgegengesetzt der Richtung von M. Im Fall b hat M entgegengesetzte Richtung wie H, f ist nach innen gerichtet; die Bahngeschwindigkeit und deshalb M der Größe nach werden vergrößert, d. h. δM hat dieselbe Richtung wie M und also wiederum entgegengesetzte Richtung wie H.

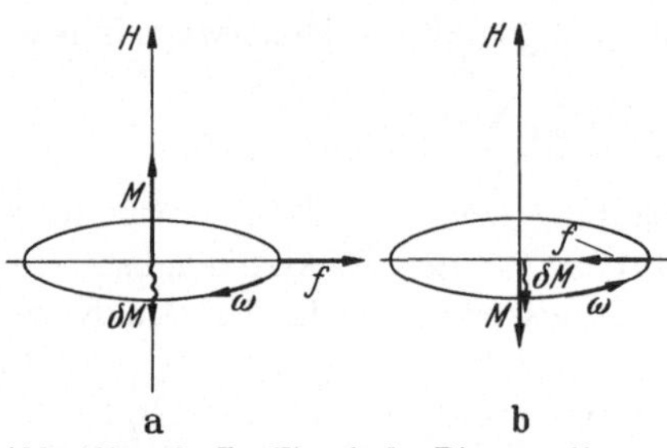

Abb. 163 a u. b. Zur Theorie des Diamagnetismus.

Theorie des Paramagnetismus. Die Ableitung der Grundgleichungen für paramagnetische Substanzen können wir hier sehr schnell erledigen, wenn wir uns an die Überlegungen in Kap. 39 S. 391 erinnern. Denn wir können das dort Gesagte fast wörtlich übertragen und brauchen eigentlich nur andere Buchstaben zu benutzen, worauf S. 425 bereits hingewiesen wurde. Schreiben wir jedem paramagnetischen Atom ein festes magnetisches Eigenmoment m_0 zu, so handelt es sich wiederum um die Orientierung dieser Eigenmomente in einem äußeren Feld $\mathfrak{H}$, und zwar gegen die desorientierende Wirkung der thermischen Bewegung der Atome. Demgemäß erhalten wir nun in vollkommener Analogie zu der Gl. (128 a) S. 391 für ein polares Dielektrikum für das mittlere Moment m eines Atoms

$$(143\,\text{a}) \qquad m = m_0 \left(\mathfrak{C}\text{tg}\, \frac{m_0\, F}{k\, T} - \frac{k\, T}{m_0\, F} \right).$$

F ist dabei die totale Feldkraft am Ort des Atoms. Wir setzen in erster Näherung dafür die äußere Feldkraft H und erhalten dann für kleine Werte von $m_0 H/kT$, d. h. im Gebiet des linearen Anstieges der Langevin-Funktion

$$(143\,\text{b}) \qquad m = \frac{m_0^2\, H}{3\, k\, T}\,.$$

Wenn nun in 1 cm³ der Substanz n Atome sind, ist das Moment der Volumeinheit $J = n\, m$ und wir erhalten für die Volumsuszeptibilität

$$(143\,\text{c}) \qquad \varkappa = \frac{J}{H} = \frac{n\, m_0^2}{3\, k\, T}\,.$$

Die Molsuszeptibilität bekommen wir, wenn wir $n = N = 6{,}06 \cdot 10^{23} =$ Anzahl der Atome in Mol setzen

$$(143\,\text{d}) \qquad \chi_{\text{Mol}} = \frac{N\,m_0^2}{3\,k\,T} = \frac{C}{T}\,,$$

wobei noch die Boltzmann-Konstante k ersetzt werden kann durch R/N ($R =$ Gaskonstante).

Im Gegensatz zu der diamagnetischen Suszeptibilität ist also die paramagnetische temperaturabhängig, und zwar umgekehrt proportional mit der absoluten Temperatur $\left(\text{Gesetz von Curie}; C = \dfrac{N^2\,m_0^2}{3\,R} = \text{Curiesche}\right.$ Konstante$\Big)$. Abweichungen von diesem einfachen Gesetz entstehen, d. h. eine Beschreibung durch die vollständige Formel (143a) ist erforderlich, wenn $m_0 H/kT$ nicht mehr klein genug ist. Man spricht dann von paramagnetischer Sättigung und wir wollen noch überschlagen, ob man überhaupt erwarten kann, mit heutigen Mitteln in das Sättigungsgebiet zu kommen. Es sind dazu offenbar so große Feldstärken notwendig, daß $m_0 H/kT$ vergleichbar mit 1 ist; da die Eigenmomente m_0 nach den experimentellen Befunden von der Größenordnung 10^{-19} sein können, und k von der Größenordnung 10^{-16} ist, ist dazu erforderlich, daß H/T von der Größenordnung 10^3 wird und dies ist mit den modernen starken Elektromagneten bei tiefen Temperaturen durchaus erreichbar. Abb. 164 zeigt den gemessenen und den theoretischen Verlauf der Langevin-Funktion für Gadoliniumsulfat ($m_0 = 7{,}25 \cdot 10^{-20}$) und bestätigt in vorzüglicher Weise unsere Überlegungen (in der Abbildung steht μ bzw. $\bar\mu$ an Stelle von m_0 bzw. m).

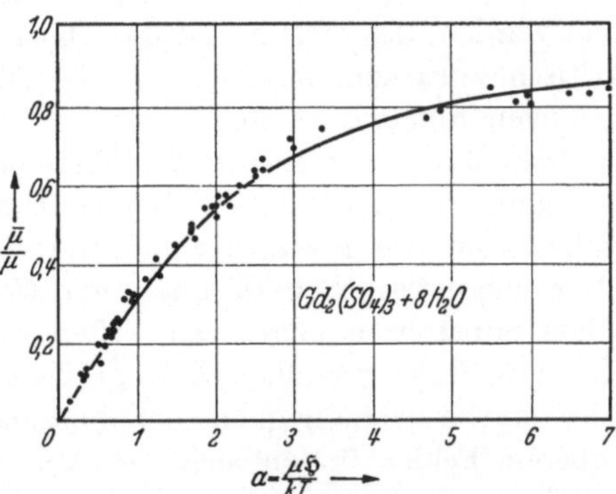

Abb. 164. Gemessener und theoretischer Verlauf des mittleren Momentes von Gadoliniumsulfat. (Nach Kammerlingh-Onnes.)

Im allgemeinen wird man allerdings eine Bestätigung der eben abgeleiteten Formeln durch das Experiment nur für Gase erwarten können schon deshalb, weil ganz ebenso wie bei den dielektrischen Erscheinungen das tatsächlich am Ort eines jeden Atoms herrschende Feld nicht das äußere Feld $\mathfrak{H}$ ist, sondern das durch die Wechselwirkung mit den übrigen Atomen gestörte „innere" Feld dafür einzusetzen wäre. Es hat sich jedoch gezeigt, daß man in vielen Fällen auch bei Flüssigkeiten und festen Körpern zu einer befriedigenden Darstellung der experimentellen Ergebnisse kommt durch eine sehr einfache Ergänzung der Formel (143d). Nämlich dadurch, daß man an Stelle der Temperatur T eine reduzierte

Temperatur $T - \varDelta$ einsetzt und schreibt

$$(144) \qquad \chi = \frac{C}{T - \varDelta},$$

wo dies $\varDelta$ eine spezifische Materialkonstante ist. Im übrigen auf das bereits sehr ausgedehnte Material und die daraus zu ziehenden theoretischen Folgerungen einzugehen (Magnetochemie) oder die neueste quantentheoretische Entwicklung der Theorie zu besprechen, ist bei der geringen praktischen Bedeutung des Dia- und Paramagnetismus nicht notwendig, so interessant und wichtig diese Dinge vom wissenschaftlichen Standpunkt auch sein würden. Manche Ergänzungen werden sich zudem aus den Darlegungen des nächsten Kapitels noch ergeben, wo wir gezwungen sein werden, des öfteren auf die Theorie des Dia- und Paramagnetismus kritisch zurückzukommen und über die bisherigen elementaren Überlegungen hinauszugehen.

Grundlagen der Theorie des Ferromagnetismus. Wenn wir versuchen anzugeben, welche magnetischen Eigenschaften denn eigentlich die Substanzen wie Eisen, Kobalt und Nickel kennzeichnen, die man als „ferromagnetische" bezeichnet, und sie gegen die übrigen paramagnetischen Substanzen abgrenzen, sehen wir uns bereits vor eine gar nicht einfache Frage gestellt. Denn große positive Werte der Suszeptibilität oder starke Abhängigkeit der Suszeptibilität von der Intensität des äußeren Feldes finden sich — ganz abgesehen davon, daß dies eine lediglich quantitative Aussage ist, und deshalb für Definitionszwecke stets eine nur mehr oder minder willkürliche Abgrenzung ermöglicht — bei tiefen Temperaturen auch bei vielen Substanzen, die zu den typisch paramagnetischen gehören. Nicht besser steht es damit, magnetische Hysteresiserscheinungen als Kennzeichen wählen zu wollen; denn wie wir noch sehen werden, handelt es sich bei der Hysteresis um eine Struktureigenschaft sekundärer Art. Am besten noch ließe sich vielleicht eine Abgrenzung des ferromagnetischen gegen den paramagnetischen Zustand geben durch die Tatsache, daß der erstere bei einer bestimmten kritischen Temperatur (der sog. Curie-Temperatur) in den letzteren übergeht und nur unterhalb dieser Temperaturgrenze besteht. Wie sich zeigen wird, sind es in der Tat viel tieferliegende Gründe, die zu einer Unterscheidung zwischen Paramagnetismus und Ferromagnetismus herangezogen werden müssen, und vorweggenommen sei sogleich als Ergebnis der neueren magnetischen Forschungsarbeit, daß der Ferromagnetismus sich nicht etwa nur quantitativ, sondern grundsätzlich unterscheidet vom Paramagnetismus: Der Diamagnetismus und Paramagnetismus sind, wie aus den Darlegungen im vorhergehenden Abschnitt hervorgegangen ist, Eigenschaften des einzelnen Atoms. Der Ferromagnetismus hingegen ist eine Eigenschaft bestimmter Atomverbände oder Atombindungsarten und kommt stets nur einer Vielheit von Atomen zu. Der einfachste und schlagendste Beweis dafür dürfte sein, daß sich die Einzelatome ferromagnetischer Substanzen (einschließlich des Eisenatoms!) in keiner Weise und irgendwie auffallend in ihrem magnetischen Eigenschaften unterscheiden von den Atomen der übrigen paramagnetischen Substanzen. [Man kann, nebenbei bemerkt, die einzelnen Atome, losgegelöst aus dem gewöhnlichen Festkörperverband, erfassen durch magnetische Untersuchungen z. B. von verdünnten Lösungen oder durch Ablenkungsversuche an Atom-Dampfstrahlen in extrem inhomogenen Feldern (Stern-Gerlach-Versuch).] Ein anderer Beweis ist zu sehen in der Existenz der bekannten HEUSLERschen Legierungen, die ausgesprochen ferromagnetisch sind, obwohl sie aus nichtferromagnetischen Komponenten wie z. B. Aluminium, Mangan, Kupfer, Zinn zusammengesetzt sind.

Es liegt nahe, den Ferromagnetismus zu erfassen durch eine Erweiterung der Ansätze für den Paramagnetismus. Wir kommen so auf eine Theorie, die physikalisch an sich durchaus sinnvoll ist, und die auch hinausgeht über eine nur formale Beschreibung; aber wir wollen uns dabei doch stets bewußt bleiben, daß eine atomtheoretische „Erklärung" damit noch keineswegs gegeben ist. Wir knüpfen an an die Formel (143 a) S. 432

$$m = m_0 \left(\mathfrak{Ctg}\, \frac{m_0 F}{k T} - \frac{k T}{m_0 F} \right).$$

Es war darin m das mittlere Moment eines Atoms in einer paramagnetischen Substanz, m_0 das Eigenmoment jedes dieser Atome, F die auf jedes Atom wirkende magnetische Feldkraft und die Formel kam so zustande, daß wir die unter der orientierenden Wirkung des Feldes und der desorientierenden Wirkung der thermischen Molekularbewegung sich einstellende mittlere Orientierung der elementaren atomaren Momente berechneten. Die in der Klammer stehende Funktion von $m_0 F/k T$ (die Langevin-Funktion) wird für kleine Werte des Arguments zu $m_0 F/3\, k T$ und nähert sich für große dem Wert 1. Während wir früher F der äußeren Feldstärke H gleichsetzen konnten, wollen wir nun die Wechselwirkung der Atome aufeinander berücksichtigen dadurch, daß wir uns F zusammengesetzt denken aus dem äußeren Feld H und einem „inneren" Feld H_i, und zwar wollen wir dieses innere Feld einfach proportional m setzen, also $F = (H + c m)$ schreiben. Beziehen wir alles auf 1 Mol der Substanz (das N Atome enthält) und bezeichnen das Moment pro Mol mit σ, so ist also $N \cdot m = \sigma$ und $N m_0 = \sigma_\infty$ ist der Höchstwert (Sättigungswert) von σ, der für sehr tiefe Temperaturen oder sehr starke Felder erreicht wird. Wir erhalten dann als Endformel

$$(145) \qquad \sigma = \sigma_\infty \left\{ \mathfrak{Ctg}\, \frac{\dfrac{\sigma_\infty}{N}\left(H + \dfrac{c}{N}\sigma\right)}{k T} - \frac{k T}{\dfrac{\sigma_\infty}{N}\left(H + \dfrac{c}{N}\sigma\right)} \right\}$$

aus der wir zunächst durch eine formale Diskussion einige Folgerungen ziehen wollen.

Für kleine Werte des Arguments gibt die Entwicklung der rechten Seite bis zum ersten Glied

$$\sigma = \sigma_\infty \, \frac{1}{3} \cdot \frac{\sigma_\infty}{N} \left(H + \frac{c}{N}\, \sigma \right).$$

Lösen wir dies auf nach σ, so erhalten wir

$$(146\,\text{a}) \qquad \frac{\sigma}{H} = \chi_M = \frac{C_m}{T - \Theta}$$

mit den Abkürzungen

$$(146\,\text{b}) \qquad C_m = \frac{\sigma_\infty^2}{3\,k\,N} = \frac{N}{3\,k}\, m_0^2; \qquad \Theta = \frac{\sigma_\infty^2 \cdot c}{3\,k\,N^2} = \frac{c}{3\,k}\, m_0^2.$$

Wir haben aber damit gerade das S. 434 erwähnte und an vielen Substanzen bewährte empirische Gesetz [Gl. (144)] gefunden. Sehen wir die Sachlage an von Seite einer Theorie des Ferromagnetismus, so werden wir diese Gleichung so zu deuten haben: Es gibt für jede ferromagnetische Substanz eine kritische Temperatur Θ (die sog. Curie-Temperatur), oberhalb welcher sie sich verhält wie eine paramagnetische Substanz (d. h. eben dem genannten Gesetz folgt). Diese kritischen Temperaturen wurden bekanntlich experimentell auch festgestellt; so z. B. verliert Eisen bei 1042° abs., Nickel bei 631° abs. seinen Ferromagnetismus aus der in Gl. (146 b) angegebenen Bedeutung von Θ, das zunächst lediglich als eine Abkürzung eingeführt wurde, ergibt sich $3\,k\Theta = c\,m_0^2$; es erinnert diese Relation an die energetischen Betrachtungen im Zusammenhang mit dem Gleichverteilungsprinzip der klassischen Statistik (S. 24) und läßt vermuten, daß die kritische Temperatur zusammenhängt mit der Zerstörung des inneren Feldes durch die thermischen Molekularbewegungen.

Für die weitere Diskussion ist es empfehlenswert, die Grundgleichung (145) durch eine Parameterdarstellung in zwei zu zerspalten. Wir bezeichnen das Argument in Gl. (145) mit a und betrachten die beiden Gleichungen

$$(147) \qquad \left\{ \begin{aligned} \frac{\sigma}{\sigma_\infty} &= \mathfrak{Ctg}\, a - \frac{1}{a} = L\,(a), \\[2mm] a &= \frac{\sigma_\infty}{k\,N\,T} \left(H + \frac{c}{N}\, \sigma \right). \end{aligned} \right.$$

Die Funktion $L\,(a)$ (vgl. Abb. 154 b, S. 391) steigt vom Nullpunkt auf unter einem Winkel, dessen Tangente $a/3$ ist und nähert sich mit zunehmendem a dem Sättigungswert 1. Eine merkwürdige Folgerung ergibt sich nun zunächst für $H = 0$, d. h. wenn überhaupt kein äußeres Feld vorhanden ist, nämlich die Existenz einer „spontanen" Magnetisierung. Für $H = 0$ ist

$$(147\,\text{a}) \qquad a = \frac{\sigma_\infty\, c}{N^2\, k\, T} \cdot \sigma$$

oder

$$(147\,\text{b}) \qquad \frac{\sigma}{\sigma_\infty} = \frac{N^2\, k\, T}{\sigma_\infty^2 \cdot c}\, a.$$

Dies aber ist in der σ/σ_∞, a-Ebene eine Gerade durch den Nullpunkt und die spontane Magnetisierung ist also gegeben durch den Wert von a, der zu dem Schnittpunkt dieser Geraden mit der $L(a)$-Kurve gehört. Damit es aber überhaupt einen Schnittpunkt gibt, muß die Neigung der Geraden flacher sein als die der Tangente an die L-Kurve im Nullpunkt, d. h. es muß sein

$$(147\,\mathrm{c}) \quad \begin{cases} \dfrac{N^2\,k\,T}{\sigma_\infty^2\,c} < \dfrac{1}{3} \\ \text{oder} \\ T < \Theta. \end{cases}$$

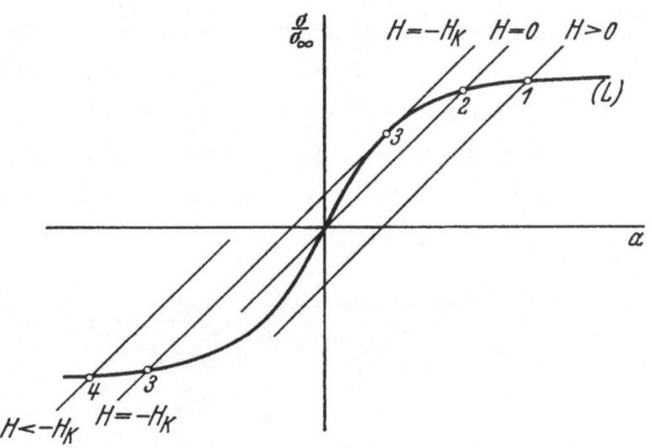

Abb. 165a. Zur Theorie der Hysteresisschleife.

Man sollte also nach unserer Theorie erwarten, daß alle ferromagnetischen Substanzen auch ohne Feld mehr oder minder gesättigt magnetisiert sind.

Für $H \neq 0$ verläuft die Diskussion folgendermaßen: Wir müssen jetzt ausgehen von den vollständigen Gl. (147), deren zweite wir mit den Abkürzungen c_1 und c_2 für geeignet zusammengefaßte konstante Faktoren möglichst einfach schreiben wollen:

$$(147\,\mathrm{d}) \quad \begin{cases} \dfrac{\sigma}{\sigma_\infty} = \mathfrak{Ctg}\,a - \dfrac{1}{a}, \\ \dfrac{\sigma}{\sigma_\infty} = c_1\,a - c_2\,H. \end{cases}$$

Ferner müssen wir unsere Betrachtung nun auch ausdehnen auf negative Werte des äußeren Feldes H, d. h. auf äußere Felder, die dem inneren entgegengesetzt gerichtet sind. Wiederum ist die sich in einem gegebenen Feld H einstellende Magnetisierung σ gegeben durch den Schnittpunkt der durch die erste Gleichung beschriebenen $L(a)$-Kurve mit der durch die zweite

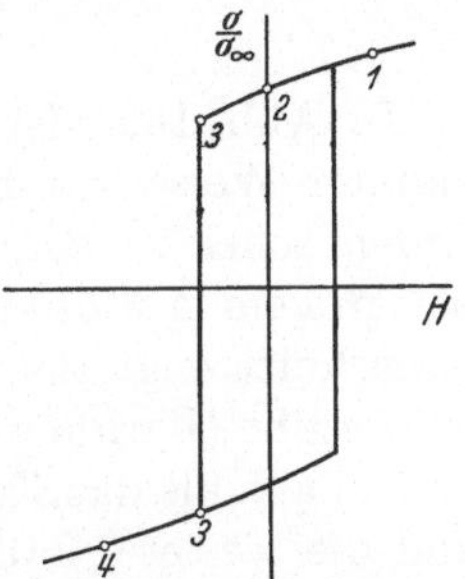

Abb. 165b. Zur Theorie der Hysteresisschleife.

Gleichung beschriebenen (σ, a)-Geraden, aber diese Geraden sind jetzt je nach dem Wert von H parallel zueinander verschoben, so wie dies in Abb. 165a skizziert ist. Verkleinern wir H und lassen es über den Wert 0 zu negativen Werten gehen, so wandert der Zustandpunkt stabil auf dem oberen Ast der L-Kurve bis die zu dem Wert $-H_K$ gehörende Gerade die L-Kurve tangiert. Dann wird der Zustand instabil und springt in den stabilen Zustand auf dem unteren Ast der L-Kurve über, auf dem er dann stabil weiter nach links wandert. Analog findet bei Vergrößerung von H ein Sprung vom unteren zum oberen Ast statt. Denken wir uns dies umgezeichnet in eine Abbildung, in der das äußere

Feld H (oder eine dazu proportionale Größe) als Abszisse dient, so erhalten wir offenbar ein Abbildung nach der in Abb. 165 b gezeichneten, also eine Hysteresisschleife zwischen zwei Sprüngen und die Erscheinung der Remanenz bzw. Koerzitivkraft.

Ausbau der Theorie. Wir sehen schon aus diesen skizzenhaften Überlegungen, daß unsere Theorie sehr anschaulich zu Ergebnissen führt, die viele von den typischen Eigenschaften der Ferromagnetika enthalten. Aber bei näherer Betrachtung stellen sich leider nicht nur gewisse Schönheitsfehler und quantitative Mängel, sondern auch grundsätzliche Schwierigkeiten ein, und wir müssen deshalb zusehen, ob und wie diese behoben werden können.

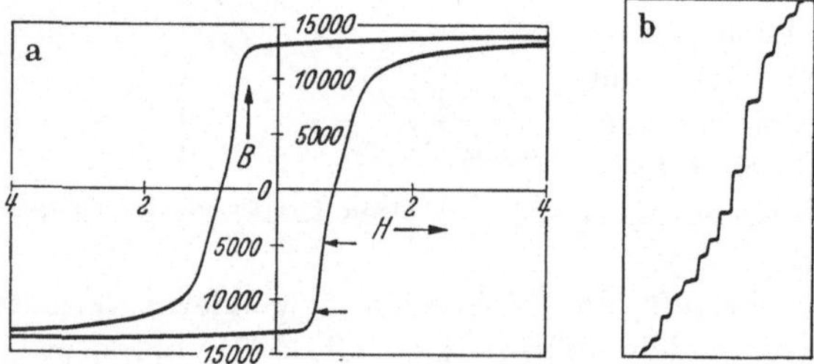

Abb. 166a u. b. a Fluxmeteraufnahme einer Hysteresisschleife. b Vergrößerte Aufnahme des in der Abb. 166a durch ← gekennzeichneten Teils; äußere Feldstärke kleiner als die Koerzitivkraft. (Nach HAWORTH.)

In Abb. 166a ist eine reale Hysteresisschleife abgebildet, die in bekannter Weise durchaus stetig, ohne die Unstetigkeitssprünge, zu verlaufen scheint. Solche Sprünge zeigen sich erst durch eine Aufnahme bei großem Auflösungsvermögen, wie dies der in Abb. 166b abgebildete Ausschnitt zeigt, der den durch Pfeile gekennzeichneten Teil der Abb. 166a wiedergibt (Barkhausen-Sprünge). Die Wirklichkeit sieht also wesentlich anders aus als das Ergebnis unserer einfachen Theorie. Diese Diskrepanz und die weitere, daß wir oben im Widerspruch mit der Erfahrung eine intensive spontane Magnetisierung aus der Theorie folgern mußten, lassen sich lösen durch die Annahme von sog. „Elementarbereichen": Jedes Ferromagnetikum soll bestehen aus vielen kleinen Gebieten — etwa 100 bis 10000 Atomdurchmesser umfassend — die bis zu einem nur von Temperatur und dem Material abhängigen Höchstbetrag spontan magnetisiert sind, deren Magnetisierungsrichtungen jedoch regellos verteilt sind. In jedem Gebiet kann die Ummagnetisierung erst erfolgen, wenn die Komponente des äußeren Feldes in Richtung der spontanen Eigenmagnetisierung einen bestimmten kritischen, wiederum von Gebiet zu Gebiet verschiedenen Betrag überschreitet. Es ist diese Ergänzung der Theorie offenbar nicht nur fähig, die genannten Schwierigkeiten zu beseitigen, sondern sie hat offenbar auch noch den Vorteil großer Anschmiegungsfähigkeit an vielerlei Einzelheiten.

Wir können nun auch schon wenigstens in den gröbsten Zügen übersehen, in welchen Richtungen der weitere Ausbau der Theorie zu geschehen hat. Zunächst erhebt sich da die Frage nach der Herkunft der spontanen Magnetisierung der Elementarbereiche und hier liegt offenbar ein Problem grundsätzlichster Art vor, das das Wesen des Ferromagnetismus selbst und zutiefst berührt. Nach dessen Erledigung drängt sich als dringlichste Aufgabe die nicht so grundsätzliche aber viel umfangreichere auf, die Fülle der Einzelheiten, die in der strukturbedingten Konstitutionsabhängigkeit der realen Magnetisierungskurven zum Ausdruck kommen, aus einem übergeordneten allgemeinen Prinzip zu verstehen. Sie führt, wie wir noch sehen werden, zu der Erkenntnis, daß die Hysteresis überhaupt keine dem idealen Atomgitter an sich zugehörende Erscheinung ist, sondern zusammenhängt mit den inneren elastischen Verspannungen und führt dann weiter zu der Herausarbeitung von Zusammenhängen der magnetischen Eigenschaften teils mit elastomechanischen, teils mit kristallographischen (bzw. metallographischen) und strukturtheoretischen Fragen.

Zuerst seien ein paar Worte gesagt zur Lösung des erstgenannten grundsätzlichen Problems. Hier müssen wir uns allerdings mit einigen recht oberflächlichen Andeutungen begnügen; denn wir müßten dabei tief eindringen in quantenmechanische Überlegungen, die zu verstehen allzuviele Vorkenntnisse erfordert und ohne die sich eben kaum klarmachen läßt, worum es sich dabei handelt. Die zur Diskussion stehende Frage ist letzten Endes die nach einer Erklärung des inneren Feldes H_i, das bisher einfach als Rechengröße beschreibend eingeführt wurde, oder genauer gesagt, einer quantitativen Erklärung des Faktos c in dem Ansatz $H_i = c \cdot m$ (S. 435) für das innere Feld. Versuchen wir nämlich, wie dies an sich das Gegebene zu sein scheint, einfach die entsprechenden Überlegungen aus der Theorie der Dielektrika auf die Verhältnisse in den ferromagnetischen Substanzen zu übertragen, so ergibt sich wie dort für c der Wert $4\pi/3 \sim 4$, während andererseits nach den Meßdaten einen mehr als 1000mal größerer Wert anzunehmen nötig ist. Es folgt das aus den Formeln (146b) S. 436 für die Größen C_m und Θ, die andererseits aus magnetischen Messungen unmittelbar zu entnehmen sind. Im Rahmen klassischer Vorstellungen gibt es nun keine Möglichkeit, eine Wechselwirkung zwischen den Atomen von derartiger Größe zu verstehen; erst die Quantenmechanik hat hier eine Lösung ermöglicht durch die Entdeckung eines ganz neuartigen Wechselwirkungseffektes, des sog. „Austauscheffektes" der Elektronen und durch die Berücksichtigung eines aus spektraltheoretischen Überlegungen zwar schon längere Zeit bekannten, im Vorhergehenden aber noch nicht erwähnten Effektes, nämlich des sog. „Elektronenspins". Bezüglich des letzteren genügt es hier anzumerken, daß das magnetische Moment eines Atoms nicht nur durch die Bewegungen der Atomelektronen, sondern auch durch eine

Eigenrotation der Elektronen hervorgerufen werden kann, daß also jedem Elektron an sich ein gewisses elementares Moment zukommt, und daß diese Spinmomente je nach der Lage der Elektronendrehachsen sich vektoriell untereinander und mit dem Bahnbewegungsmoment zu einem Gesamtmoment zusammensetzen. Betrachten wir im einfachsten Fall zwei Atome im Festkörperverband und die gegenseitige potentielle Energie P zweier Elektronen dieser Atome, so läßt sich P als Ergebnis einer hier auch nicht andeutungsweise wiederzugebenden quantenmechanischen Rechnung darstellen durch einen Ausdruck der Form

$$(148) \quad P = \mathrm{const} - \frac{1}{2} J - 2J \cdot m_1 m_2 \cos\vartheta.$$

Es sind hierin m_1 und m_2 der Größe nach die Spinmomente der beiden

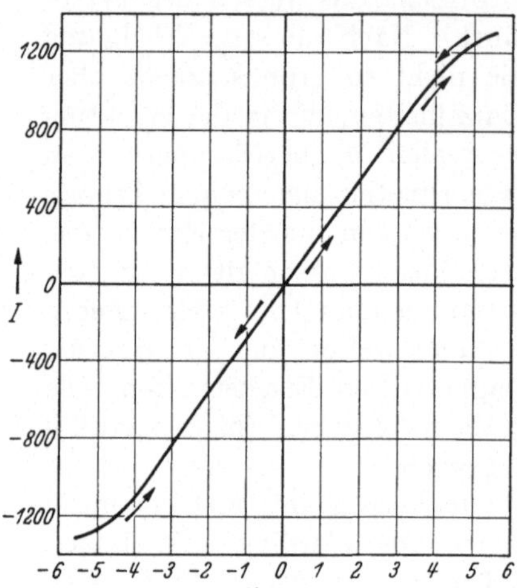

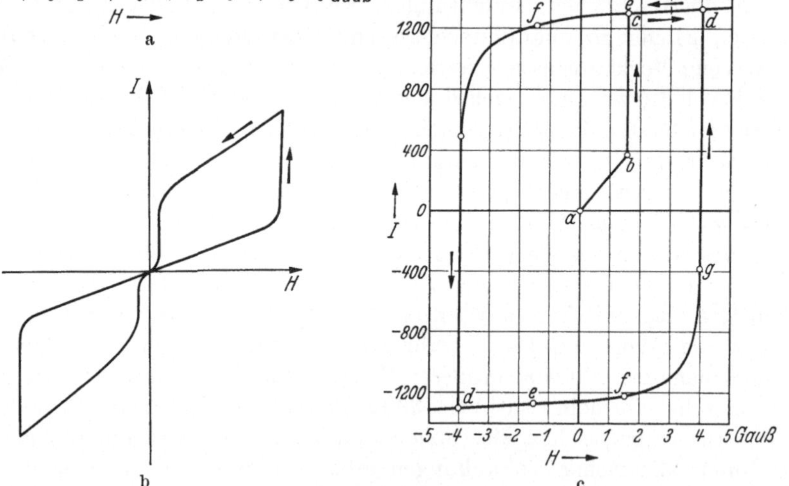

Abb. 167 a bis c. Typische Formen von Magnetisierungskurven. (Nach V. AUWERS.)

Elektronen und ϑ der Winkel zwischen ihren Richtungen. J ist das sog. Austauschintegral und hat physikalisch im wesentlichen die Bedeutung der Arbeit, die man leisten müßte bei einer Vertauschung der beiden Elektronen; wenn J positiv ist, bedeutet das einen Verlust an potentieller Energie beim Austausch und der Austauschvorgang muß dann also spontan vor sich gehen. Der Faktor $m_1 m_2 \cos\vartheta$ erinnert an die potentielle Energie zweier Elementarmagnete, aber er ergibt sich quantitativ außerordentlich viel größer als diese und eben darin liegt eigentlich die Erklärung für die in der Theorie des Ferromagnetismus benötigte große Wechselwirkungsenergie benachbarter Atome. Wir können demnach nun sagen, daß das Kennzeichen für eine ferromagnetische Substanz letzten Endes das positive Vorzeichen des Austauschintegrals ist, und daß die Eigenmagnetisierung der Elementarbereiche zustande kommt dadurch, daß die Spinmomente benachbarter Atome durch die Wechselwirkung parallel-gleichsinnig ausgerichtet werden. Zeigen läßt sich auch in der Tat, daß für die meisten Substanzen das Austauschintegral negativ

sein muß und deshalb nur wenige ferromagnetisch sein werden; warum allerdings gerade Eisen, Nickel und Kobalt ein positives Austauschintegral besitzen, ist noch nicht befriedigend geklärt.

Wir wollen uns nun noch beschäftigen mit den sehr wichtigen Ergänzungen der Theorie, die die Beziehungen zwischen magnetischen und elastomechanischen Eigenschaften betreffen

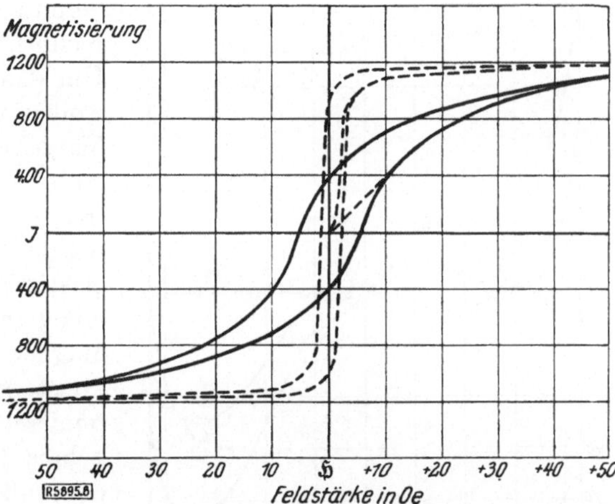

Abb. 168. Einfluß der Kaltverformung auf die Hysteresisschleife von Weicheisen. (Nach KUSSMANN.)

und in der Spannungsbedingtheit der Magnetisierungskurve zum Ausdruck kommen. Als Beispiele für die Variabilität der tatsächlichen Verhältnisse mögen die Abb. 167a bis c dienen, die typische Formen von Magnetisierungskurven zeigen. Erinnert sei hier ferner an die erstaunlich großen Bereiche, die man heute hinsichtlich der Anfangspermeabilität, der Remanenz und der Koerzitivkraft beherrscht durch geeignete mechanische und thermische Vorbehandlung, Gefügegestaltung usw. (vgl. Abb. 168). Die magnetische Werkstoffkunde hat es ermöglicht, fast alle die weitgespannten und verschiedensten Wünschen der Praxis zu erfüllen, wenn auch vielfach durch systematische empirische Forschungsarbeit, so doch mehr und mehr geleitet auch von theoretischen Gesichtspunkten. Um deren Grundgedanken zu entwickeln, gehen wir am besten aus davon, daß in einem magnetisierten Festkörper pro Volumeinheit ein gewisser Betrag an innerer potentieller Energie U seinen Sitz hat. Diese Gesamtenergie setzt sich zusammen aus drei Anteilen. Sie besteht nämlich aus der inneren Energie U_i und der äußeren Energie $H\,J$. U_i wiederum besteht aus einem magnetischen Anteil $T = \int_0^J H\,dJ$ und einem elastischen Anteil A, herrührend von inneren Strukturspannungen oder von äußeren mechanischen Kräften oder bei nicht freier Oberfläche von den Gegenkräften etwa der Widerlager u. dgl. gegen die aus der Magnetostriktion entstehenden Spannungen. Es ist also $U = T + A - HJ$ und kann graphisch erhalten werden, wenn man die Magnetisierungskurve kennt, die J in Abhängigkeit von H beschreibt. T erhält man zunächst einfach durch eine Integration der Magnetisierungskurve, das Glied HJ kann berücksichtigt werden durch eine Scherung und die Berechnung von A erfordert natürlich die empirische oder rechnerische Kenntnis der Magnetostriktion. Um das Wesentliche zu zeigen, wollen wir ausgehen von einer Magnetisierungskurve wie sie in Abb. 167a für den spannungsfreien Einkristall angegeben wurde und wollen zusätzliche elastische Spannungen durch eine Längenänderung infolge der Magnetostriktion gegen einen konstanten äußeren Druck superponieren. Wir erhalten als Ergebnis U in Abhängigkeit von der äußeren Feldstärke H, wie dies in Abb. 169 für zwei Feldstärkewerte gezeichnet ist. Denken wir uns nun für alle kontinuierlich aneinander schließenden Feldstärkewerte solche U, J-

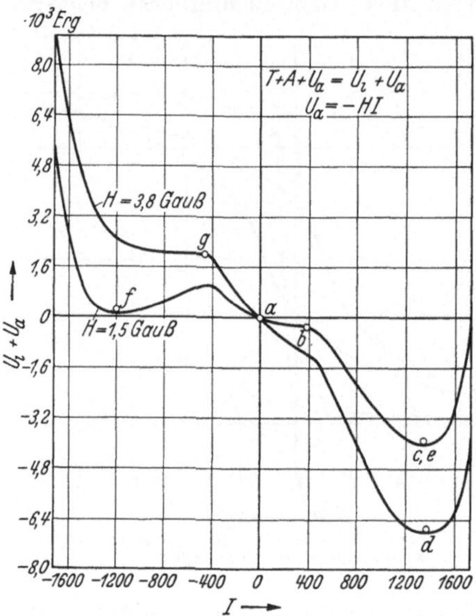

Abb. 169. Zur Konstruktion der Hysteresisschleife Abb. 167c aus der Abb. 167a. (Nach V. AUWERS.)

Kurven konstruiert, so erhalten wir durch eine Umzeichnung sofort die zu jeder Feldstärke H gehörende Magnetisierung, also die Magnetisierungskurve $J(H)$; die Zuordnung ist aber nicht eindeutig und dies liegt daran, daß nicht alle Energiezustände stabile Gleichgewichtszustände sind, sondern nur die, in denen die Gleichgewichtsbedingung $dU/dH = 0$ und die Stabilitätsbedingung $U = $ Minimum erfüllt sind. Wenn wir von diesem Gesichtspunkt aus rückwärts verfolgen, was bei einer kontinuierlichen Steigerung des äußeren Feldes passiert, so gibt gibt dies die bereits in Abb. 167c gezeichnete Magnetisierungskurve; zur Erleichterung sind dabei die entsprechenden Zustände in beiden Abbildungen mit denselben Buchstaben bezeichnet. Wir erhalten also eine sehr ausgeprägte Magnetisierungsschleife. Als Endergebnis können wir daraus die Erkenntnis ableiten, daß die Hysterese, wie schon eingangs erwähnt, an spannungsfreien Festkörpern nicht auftritt, sondern, daß sie die Folge innerer Spannungszustände ist. Diese können ihrerseits, wie wir verallgemeinernd weiter schließen dürfen, natürlich die verschiedensten Ursachen haben und alle Änderungen des inneren strukturellen Aufbaus, der Vorbehandlung in thermischer oder mechanischer Hinsicht usw. werden sich in einer Änderung der Gestalt der Schleife bemerkbar machen. Auf Einzelheiten einzugehen, würde zu weit führen, aber es wird nun wenigstens verständlich geworden sein, daß und wie man die Mannigfaltigkeit des empirischen Materials von diesem Grundgedanken aus verstehen und zum Teil sogar planend Werkstoffe mit gewünschten magnetischen Eigenschaften herstellen kann.

Eine konsequente Durchführung der eben skizzierten Theorie ist in recht befriedigendem Umfang möglich für die Festkörper, deren struktureller Aufbau sich dem Idealfall des ungestörten Gitters nähert, also für Einkristallkörper, und die Entwicklung der Theorie hat deshalb auch ihren Ausgang genommen von kristallmagnetischen Untersuchungen. Die technischen Werkstoffe metallischer Art, um die es sich in der praktischen Magnetik stets handelt, sind nun aber meist weit entfernt von diesem idealen Zustand. Sie bestehen aus einem Konglomerat von einzelnen verschieden großen und verschieden orientierten „Kristalliten“, d. h. kleinen Kristallen, die in den „Korngrenzen“ diskret aneinanderstoßen; jeder Kristallit ist natürlich vielmals größer als die früher (S. 438) erwähnten Elementarbereiche und darf nicht etwa damit verwechselt werden. Jedenfalls haben wir es also zu tun mit einem sehr komplizierten Gefügebau mit inneren Gefügespannungen der verschiedensten Art, und es bleibt deshalb noch zu überlegen, wie sich die Magnetisierungsvorgänge in derartigen Gebilden grundsätzlich verstehen lassen. Um die Sachlage übersichtlich schildern zu können, betrachten wir eine technische Magnetisierungskurve und unterteilen sie in drei Abschnitte, die kleinen, mittleren und starken Feldstärken entsprechen; als Feldstärkemaß diene etwa die Koerzitivkraft H_c, so daß die drei Gebiete gekennzeichnet sind durch $H < H_c$, $H \sim H_c$ und $H > H_c$. Im Gebiet I haben wir es zu tun mit der reversiblen Anfangsmagnetisierung, wobei in ganz reinen Substanzen die Anfangspermeabilität wahrscheinlich bestimmt ist nur durch die inneren, durch die Magnetostriktion bedingten Spannungen. Die Magnetisierung erfolgt hier aber nicht etwa dadurch, daß sich die spontanen Magnetisierungen der einzelnen Elementarbereiche ausrichten (umklappen) derart, daß sie in die Richtungen der kristallographisch leichtesten Magnetisierung zu liegen kommen, die mit der Richtung des äußeren Feldes einen möglichst kleinen Winkel bilden; diese nächstliegende Annahme würde nämlich zu energetischen Schwierigkeiten führen. Man stellt sich deshalb den Vorgang so vor, daß eine reversible „Wandverschiebung“ eintritt, d. h., daß sich die Grenzen zwischen den einzelnen Elementarbereichen verschieben derart, daß die Bereiche mit günstiger Orientierung der Eigenmagnetisierung wachsen auf Kosten der Bereiche mit weniger günstiger. Wenn diese

Wandverschiebungen hier im Gebiet kleiner Feldstärken nur klein sind, erfolgen sie gewissermaßen quasielastisch und deshalb reversibel. Im Gebiet II sind die Wandverschiebungen bereits so groß, daß sie über viele Elementarbereiche hinwegstreichen und deshalb irreversibel sind. Am oberen Ende dieses Gebietes ist der Wandverschiebungsprozeß bereits soweit fortgeschritten, daß nun alle Elementarbereiche günstigst orientiert sind. Erst im Gebiet III findet dann das letzte Eindrehen der spontanen Magnetisierungsvektoren in die Feldrichtung statt und wenn es vollendet ist, ist der Zustand der technischen Sättigung der Magnetisierung erreicht. Dies alles ist natürlich nicht nur reine Spekulation, sondern kann heute schon als recht weitgehend bewiesen gelten, wenn auch die Ansichten hinsichtlich mancher Einzelheiten noch auseinandergehen. Auf eine Folgerung sei zum Schluß noch hingewiesen, die an einem Beispiel von vielen zeigen möge, wie fruchtbar die eben geschilderten Vorstellungen sind. Da die Wandverschiebung mit einer zwar recht großen, aber immerhin endlichen Geschwindigkeit vor sich geht — sie hat sich von der Größenordnung 10^3 cm/s ergeben — müssen die ferromagnetischen Eigenschaften in einem Wechselfeld von hinreichend hoher Frequenz verschwinden; nämlich offenbar dann, wenn die Überstreichungszeit eines Elementargebietes vergleichbar wird mit der Schwingungsdauer des Wechselfeldes. Bei einer Ausdehnung der Elementarbereiche über 100 bis 1000 Atomabstände, d. h. über Strecken von der Größenordnung 10^{-6} bis 10^{-5} cm, wird ein Elementarbereich von der Wandverschiebung überstrichen in Zeiten von der Größenordnung 10^{-9} bis 10^{-8} s und wir müßten deshalb — übrigens in Übereinstimmung mit der Erfahrung — erwarten, daß bei Frequenzen oberhalb etwa 10^9 die Permeabilität absinkt. Im übrigen ist nun für die Erforschung der magnetischen Werkstoffeigenschaften eine feste Grundlage geschaffen. Kehren wir zurück zu dem Ausgangspunkt aller unserer Überlegungen, nämlich zu der Einführung der Arbeitshypothese des inneren Feldes, so sehen wir, daß er sich — erweitert und ergänzt durch die Verbindung mit der Erkenntnis der Rolle, die die inneren Spannungen ganz allgemein spielen — vortrefflich bewährt und zu einem sehr befriedigenden elasto-magnetischen theoretischen Bild geführt hat.

43. Gitterbau der Festkörper.

Verschiedentlich schon sind wir in unseren bisherigen Ausführungen auf den Begriff des Gitterbaus der festen Körper gestoßen und wollen deshalb nun noch die dortigen mehr gelegentlichen Hinweise ergänzen durch eine Übersicht über die Grundlagen der Gittertheorie. Fast alle festen Körper, auch solche organischen Ursprungs, haben eine kristallinische Struktur, soweit sie nicht überhaupt kristallisiert sind in makroskopisch großen Einzelstücken. Amorphe Festkörper im eigentlichen Sinn des Wortes gibt es jedenfalls nur in Ausnahmefällen (z. B. die Gläser) und auch diese haben die Tendenz, im Lauf der Zeit in die stabilere kristallisierte Phase überzugehen (Entglasung) und werden deshalb richtiger aufgefaßt als Flüssigkeiten in Form unterkühlter Schmelzen. Mit Recht kann also der Kristall als die Normalform des festen Aggregatzustandes angesehen werden.

Geometrische Grundbegriffe. Ein Kristall — wobei man hier nicht etwa an die äußere Form, sondern an die innere Feinstruktur denken möge — ist ein physikalisch anisotropes Gebilde oder genauer gesagt, ein homogenes anisotropes Gebilde, d. h. es gibt in ihm gewisse ausgezeichnete Richtungen, ohne daß irgendeine Stelle in ihm von irgendeiner anderen verschieden wäre. Dem liegt zugrunde eine geometrisch regelmäßige Anordnung der elementaren Bausteine in einem räumlichen „Gitter", d. h. in den Knotenpunkten eines regelmäßigen räumlichen Maschenwerks (das selbst natürlich lediglich als geometrische Hilfsvorstellung aufzufassen ist). Für viele Substanzen kennt man heute nicht nur die Art dieser geometrischen Anordnung, sondern auch die Art dieser elementaren Bausteine: In den „Ionengittern" sind es die positiven und negativen Ionen (z. B. Na_+ und Cl_- im Chlornatriumkristall); zu ihnen gehören die Gitter vieler

Abb. 170. $CaCO_3$-Gitter als Beispiel für ein Ionenradikalgitter. (Nach OTT.)

einfacher polarer anorganischer Salze wie die der Alkali- und Erdalkalihalogenide und der Erdalkalioxyde und -sulfide. In den „Atomgittern" sind die Bausteine die neutralen Atome (z. B. Al und N im Aluminiumnitridkristall oder Si und C im Karborundkristall). In den eben erwähnten Beispielen ist von Molekülen der betreffenden Substanz im Sinne der üblichen chemischen Vorstellung nichts mehr aufzufinden; aber es gibt auch Gitter, in denen geometrisch zusammengehörende Gruppierungen nach Art der Moleküle als elementare Bausteine dienen. Man spricht dann von „Ionenradikalgittern" bzw. „Molekülgittern". Die Gitter organischer Substanzen, aber auch die Gitter komplizierter gebauter anorganischer Salze (z. B. das von $CaCO_3$ mit den Ionen Ca^{++} und CO_3^{--} als Bausteinen (Abb. 170) gehören hierher. Für die Metalle ist über die Natur der Gitterbausteine bisher nur bekannt, daß die Metallgitter jedenfalls nicht analog den Ionengittern aus Atomionen und Elektronen in den Gitterpunkten aufgebaut sind.

Geometrisch läßt sich ein Gitter (Punktgitter) beschreiben durch eine „Translationsgruppe" aus drei Vektoren a_1, a_2, a_3 und durch eine Punktgruppe aus s-Punkten, wobei (a_1, a_2, a_3) und s für das Gitter kennzeichnende Größen sind. Es heißt dies folgendes und wird sogleich an Hand konkreter Beispiele noch anschaulicher werden: Man kann alle

Gitterpunkte dadurch erhalten, daß man ein elementares System von Punkten, nämlich das System der genannten s-Punkte — die sog. „Basis" des Gitters — in Richtung der drei Vektoren $\mathfrak{a}_1$, $\mathfrak{a}_2$, $\mathfrak{a}_3$ um Strecken verschiebt, die jeweils ganze Vielfache von $|\mathfrak{a}_1|$ bzw. $|\mathfrak{a}|_2$ bzw. $|\mathfrak{a}_3|$ sind. Als Beispiel betrachten wir das in Abb. 171 in einem Ausschnitt gezeichnete raumzentrierte kubische Gitter, in dem in den Ecken und im Mittelpunkt

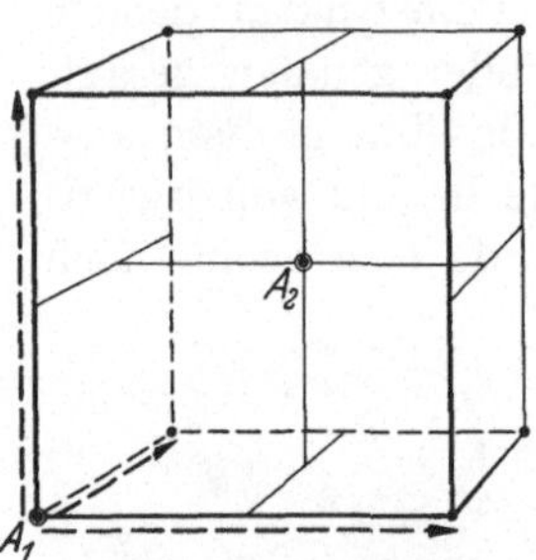

Abb. 171. Basis und Translationsgruppe des raumzentrierten kubischen Gitters.

jedes Würfels ein Gitterpunkt sitzt; es ist verwirklicht für viele Metalle als Gitter der Atommassen. Hier ist die Basis (mit $s = 2$) die Gruppe der zwei Atome A_1 und A_2 und die drei Vektoren $\mathfrak{a}$ haben die Richtung und Größe der drei Würfelseiten. Ein anderes Beispiel ist das kubische flächenzentrierte Gitter (Abb. 172), das z. B. im Ionengitter des NaCl vorliegt, wo abwechselnd Na_+- und Cl_--Ionen die Gitterpunkte besetzen. Die Basis (mit $s = 8$) ist hier das in der Zeichnung hervorgehobene System der Eckpunkte eines Teilwürfels und die Vektoren $\mathfrak{a}$ sind nach Größe und Richtung die drei Kanten des großen Würfels. Wir können hier auch gleich noch einen weiteren elementaren Begriff der Gittertheorie erläutern, nämlich den Begriff der „Zelle". Es ist das der kleinste Gitterteil, durch dessen Translation das ganze Gitter erzeugt werden kann, also in unseren Beispielen jeweils der in den Abbildungen gezeichnete große Würfel. Bemerkt sei noch, daß die Zelleneinteilung eines gegebenen Gitters an sich natürlich nicht eindeutig, sondern sogar unendlich vieldeutig ist und daß man überhaupt ein gegebenes Gitter auf mehrere verschiedene Arten geometrish interpretieren kann. Hierauf im einzelnen einzugehen und insbesondere auch zu untersuchen, wie die

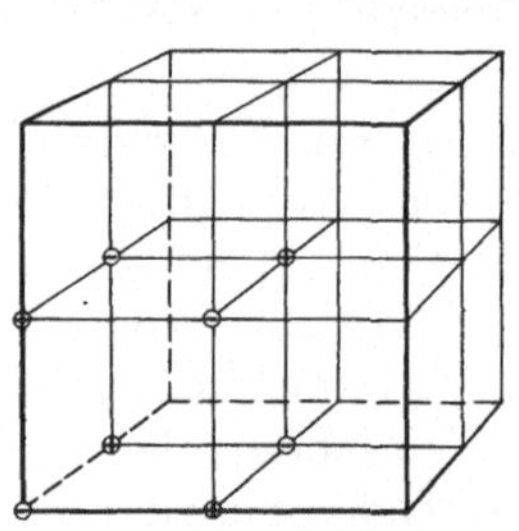

Abb. 172.
Basis des flächenzentrierten kubischen (Ionen-)Gitters.

bekannten Symmetrieklassen der Kristalle mit dem geometrischen Gitterbau zusammenhängen und aus ihm hervorgehen, ist Aufgabe der Kristallographie und ist eine rein geometrische Angelegenheit. Erforderlich ist aber noch, die obigen geometrischen Betrachtungen analytisch zu fassen. Wir müssen dazu die Lage eines jeden Gitterpunktes algebraisch beschreiben und dazu möglichst einfache Symbole benutzen, mit denen dann weitergerechnet werden kann. Am bequemsten geschieht dies durch einen Vektor $\mathfrak{r}$, den wir uns von einem beliebigen festen Punkt O aus nach dem zu erfassenden Gitterpunkt P gezogen denken und mit $\mathfrak{r}_k^z$ bezeichnen, wenn dieser Gitterpunkt in der Zelle Nummer z liegt und dem Basispunkt Nummer k entspricht. Dann ist offenbar

$$(149\,\text{a}) \qquad \mathfrak{r}_k^z = \mathfrak{r}_k + l_1\,\mathfrak{a}_1 + l_2\,\mathfrak{a}_2 + l_3\,\mathfrak{a}_3,$$

wo $\mathfrak{r}_k$ der Vektor ist, der von dem Festpunkt O nach dem Punkt k der Basis selbst gezogen ist und l_1, l_2, l_3 drei ganze Zahlen sind, welche die betreffende Zelle Nummer z kennzeichnen, während die Vektoren $\mathfrak{r}_k$ den Aufbau der Basis kennzeichnen. Bezeichnen wir die rechtwinkligen Komponenten von $\mathfrak{r}_k$ mit x_k, y_k und z_k und die von $\mathfrak{a}_1$ mit $\mathfrak{a}_{1x}$, $\mathfrak{a}_{1y}$, $\mathfrak{a}_{1z}$ usw., so sind also die rechtwinkligen Koordinaten des (z, k)-Punktes

$$(149\,\text{b}) \qquad \left\{ \begin{aligned} x_k^l &= x_k + l_1\,\mathfrak{a}_{1x} + l_2\,\mathfrak{a}_{2x} + l_3\,\mathfrak{a}_{3x} \\ &\cdots\cdots\cdots\cdots\cdots \\ z_k^l &= z_k + l_1\,\mathfrak{a}_{1z} + l_2\,\mathfrak{a}_{2z} + l_3\,\mathfrak{a}_{3z}. \end{aligned} \right.$$

Der Abstand zweier bestimmter Gitterpunkte (z, k) und (z', k') ist nach obigen Formeln unmittelbar anzugeben

$$(149\,\text{c}) \qquad \mathfrak{r}_{k,\,k'}^{l,\,l'} = \mathfrak{r}_k^l - \mathfrak{r}_{k'}^{l'}.$$

Man kann sich dies alles leicht an Hand der Abb. 171 und 172 klarmachen; zur weiteren Veranschaulichung diene noch die Abb. 173 einfachster Art eines ebenen Gittermodells, dessen Basis aus nur zwei Punkten besteht.

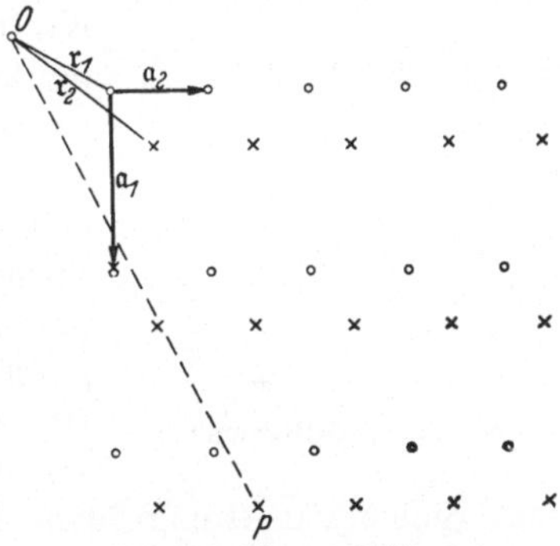

Erwähnt sei noch, weil bei gittertheoretischen Überlegungen oft davon Gebrauch gemacht wird, der Begriff des „reziproken" Gitters. Die Gitterpunkte der Elementarzelle liegen in den Schnittpunkten eines Systems von Netzebenen; dieses Ebenensystem wird abgebildet in ein System von Punkten durch reziproke Radien derart, daß man von einem Abbildungszentrum aus Senkrechte auf die Ebenen zieht und auf diesen Senkrechten vom Zentrum aus jeweils das Reziproke

Abb. 173. Ebenes Gitter zur Veranschaulichung der Gl. (149).
$(O\!P = \mathfrak{r}_2^z = \mathfrak{r}_2 + 2\,\mathfrak{a}_1 + 1\,\mathfrak{a}_2.)$

der Länge der betreffenden Senkrechten aufträgt. Wenn auch erst bei feineren kristallographischen Überlegungen ersichtlich wird, warum es nützlich ist mit dem reziproken Gitter zu arbeiten, ist doch eine Vereinfachung der Sachlage durch seine Einführung leicht zu verstehen, nämlich der Ersatz der zweidimensionalen Ebenen-Mannigfaltigkeiten durch ein System von Punkten.

Die Gitterkräfte. Nach diesen geometrischen Vorbemerkungen können wir dazu übergehen, uns mit den Grundvorstellungen der eigentlichen physikalischen Gittertheorie zu beschäftigen. Die erste und wichtigste Frage, die hier sich sofort aufdrängt ist die, welche inneren Kräfte die Gitter stabil zusammenhalten; denn in Wirklichkeit schweben die Atome oder Ionen in der angenommenen geometrischen Konfiguration natürlich weder von selbst frei im Raum, noch sind sie an einem fiktiven festen Maschenwerk befestigt. Wenn erst diese Frage beantwortet ist, ist alles weitere — mag es sich dabei nun um die Statik (z. B. in der Elastizitätstheorie der Gitter) oder um die Dynamik (z. B. in der Theorie der inneren Gitterschwingungen) handeln — im wesentlichen eine mathematisch rechnerische Angelegenheit.

Unmittelbar ersichtlich ist zunächst, daß zwischen den Bausteinen anziehende Kräfte wirken müssen, die verhindern, daß sich das Gitter zerstreut in seine elementaren Bestandteile und die die Kohäsion bedingen. Für die polaren Ionengitter sind diese Kräfte offenbar die elektrostatischen Anziehungskräfte zwischen den Ionen, für die Atomgitter sind es die (allerdings nur quantenmechanisch befriedigend zu erfassenden) Anziehungskräfte zwischen den an sich neutralen Atomen derselben Art, die man auch zur Erklärung des Zusammenhaltens der nichtpolaren Moleküle wie z. B. des H_2-Moleküls braucht. Außerdem aber müssen abstoßende Kräfte wirken; diese Kräfte müssen verhindern, daß die „Gitterpunkte" zusammenfahren und sind verantwortlich zu machen z. B. für die Druckfestigkeit (Kompressibilität) der Gitter. Nun kennt man aus dem spezifischen Gewicht der Gittersubstanz und aus röntgenographischen Untersuchungen quantitativ den Abstand der Gitterpunkte und findet dafür die Größenordnung 10^{-7} bis 10^{-8} cm, also dieselbe Größenordnung wie die der aus gaskinetischen Betrachtungen

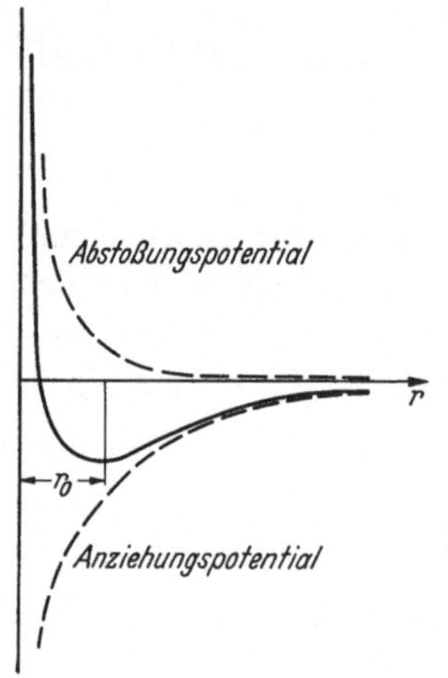

Abb. 174. Kraftpotentiale zwischen zwei Gitterpunkten.

sich ergebenden Atomgrößen. Dies führt dazu, die abstoßenden Kräfte als dieselben anzusehen, die für das verantwortlich zu machen sind, was man die Größe der Atome nennt. In einfachster Modellvorstellung wird man deshalb auch in den Gittern die Bausteine auffassen als starre sich berührende Kugeln, in verfeinerter Vorstellung sie beschreiben durch abstoßende Zentralkräfte, die mit einer geeigneten hohen Potenz des Abstandes abnehmen. Insgesamt ergibt sich so für die potentielle Energie zunächst je zweier benachbarter Gitterbausteine, z. B. im einfachsten Fall der polaren Ionengitter ein Ansatz von der Form

$$(150) \qquad u = -\frac{B_1}{r} + \frac{B_2}{r^m},$$

in der das erste Glied das Anziehungspotential der Ionenladungen, das zweite das Abstoßungspotential der Ionenkugeln ist, wobei m wesentlich größer als 1 ist und sich z. B. für das NaCl-Gitter zu etwa 9 ergeben hat. In Abb. 174 sind die beiden Teilpotentiale und das resultierende Gesamtpotential schematisch gezeichnet. Wesentlich ist daran, daß es eine bestimmte Entfernung r_0 der beiden Ionenmittelpunkte gibt, in der u ein Minimum ist und demgemäß die zwischen den Ionen wirkende Kraft

$K = du/dr$ Null ist. In diesem Abstand befinden sich also die beiden Ionen im Gleichgewicht und können um diese Gleichgewichtskonfiguration kleine Schwingungen ausführen bei ihren thermisch bedingten Bewegungen. (Allerdings muß noch auf eine recht mißliche Schwierigkeit dieser ganzen Modellvorstellung hingewiesen werden, die darin liegt, daß sich aus der Wirkung elektrostatischer Zentralkräfte nach einem ganz allgemeinen Theorem der Potentialtheorie niemals stabile Gleichgewichtslagen ergeben; man kann diese Schwierigkeit aber überwinden durch Hinzuziehung elektrodynamischer Kräfte und neuerdings befriedigend durch wiederum quantenmechanische Überlegungen.) Die gesamte potentielle Energie eines Gitters setzt sich additiv aus Teilpotentialen der eben betrachteten Art zusammen, ihre Berechnung erfordert also eine Summation über alle Gitterpunkte. In erster und bereits recht guter Näherung kann man dabei jedoch so rechnen, daß man für jeden Gitterpunkt nur die jeweils benachbartesten berücksichtigt und kommt dann auf verhältnismäßig einfache Ausdrücke für die sog. „Gitterenergie", die üblicherweise auf 1 Mol der betreffenden Substanz bezogen wird. Diese Gitterenergie hat physikalisch die Bedeutung der Arbeit, die man aufwenden muß, um das Gitter in seine Bestandteile zu zerlegen und diese praktisch unendlich weit voneinander zu entfernen. Sie darf im allgemeinen natürlich nicht verwechselt werden mit der Sublimationswärme = Summe von Schmelzwärme und Verdampfungswärme, weil es sich dabei um eine Zerlegung in die das Gitter aufbauenden Bestandteile, also z. B. bei einem Ionengitter um eine Zerlegung in die Ionen handelt; nur bei einem Atomgitter würde sie übereinstimmen mit der Sublimationswärme.

Einfachste Anwendungen der idealen Gittertheorie. Im übrigen brauchen wir uns mit dem Ausbau der mathematischen Gittertheorie hier nicht mehr zu beschäftigen und könnten dies auch nicht tun, ohne sogleich auf außerordentlich langwierige formale Rechnungen zu kommen. Nur ein paar kursorische Bemerkungen mögen noch Platz finden, um zu zeigen, wie man überhaupt zu physikalisch greifbaren Folgerungen kommt. Zunächst dürfte verständlich sein, daß jede Deformation eines Gitters, wodurch die gegenseitige Lage der Gitterpunkte geändert wird, innere Spannungen zur Folge haben muß und daß sich auf diesem Weg grundsätzlich eine Elastizitätstheorie der Festkörper mit Gitterstruktur aufbauen läßt. Verhältnismäßig einfach zu berechnen allerdings ist nur die Kompressibilität, d. h. die Arbeit, die zu leisten, ist um einen Kristall von bestimmter Größe (also etwa 1 Mol), durch allseitigen Druck so zu deformieren, daß alle Entfernungen zwischen den Gitterpunkten um einen bestimmten Betrag verkleinert werden. Es werden dabei die Gitterpunkte aus ihren ursprünglichen Gleichgewichtslagen gegen die Abstoßungskräfte verschoben; die dabei zu leistende Arbeit ist einerseits gegeben durch die Änderung der Gitterenergie und andererseits durch das Arbeitsintegral $\int p\,dv$ des äußeren Druckes p bei der mit der Kompression verbundenen Änderung Δv des Volumens. Wenn der äußere Druck, der am Anfang des Kompressionsvorgangs 0 ist, am Ende P ist, können wir mit einem mittleren Druck $P/2$ rechnen und durch Gleichsetzung der beiden Arbeitsausdrücke die Kompressibilität $\varkappa$ finden gemäß der Definitionsgleichung $P = -\dfrac{1}{\varkappa}\cdot\dfrac{\Delta v}{v}$. Für ein Ionengitter vom Typus des Steinsalzgitters läßt sich dies Programm leicht durchführen, wenn wir wiederum nur die einem jeden Ion benachbartesten sechs Ionen entgegengesetzten Vorzeichens berücksichtigen. Aus dem Ansatz (150) S. 448 für die potentielle Energie eines Ionenpaares ergibt sich die Kraft K, gegen die die Kompressionsarbeit zu leisten ist, pro Ionenpaar zu $K = \partial u/\partial r$ und daraus die Kompressionsarbeit A pro Mol, das N Ionen eines Vorzeichens enthält, zu

$$A = 6\,N \int\limits_{r_0}^{r} \frac{\partial u}{\partial r}\,dv\,.$$

Andererseits ist die Volumänderung, die mit der Änderung des Ionenabstands von r_0 auf $r < r_0$ verbunden ist, z. B. für ein Gitter vom Typus des NaCl-Gitters

$$-\Delta v = \Delta\,(2\,N\,r_0^3) = 6\,N\,r_0^2\,\Delta\,r_0 = 6\,N\,r_0^2\cdot(r_0-r)\,.$$

Der Ausdruck $2\,N r_0^3$ für das Volumen v eines Mols, in dem sich N Ionen einer Art befinden, kommt dabei dadurch zustande, daß nach Abb. 172, S. 446, in einem Würfel von der Kantenlänge $2\,r_0$ jeder Eckpunkt zu 8 Würfeln, jeder Kantenpunkt zu 4 Würfeln und jeder Flächenpunkt zu 2 Würfeln gehört. In jeder Zelle befinden sich also, wenn man die Punkte nicht mehrfach zählt, nur je 4 Ionen einer Art, d. h. je 4 Ionen füllen ein Volumen von der Größe $(2\,r_0)^3$ und demgemäß N Ionen ein Volumen von der Größe $v = \dfrac{(2\,r_0)^3}{4}\,N = 2\,N\,r_0^3$. Ferner ist

$$A = \int\limits_{r_0}^{r} p\,dv = \frac{P}{2}\,\Delta v\,.$$

Damit sind alle zur Berechnung der Kompressibilität erforderlichen Gleichungen gegeben, wobei man sich noch auf so kleine Verschiebungen $|r-r_0|$ beschränken kann, daß es genügt, in der Umgebung der Gleichgewichtslage $\partial u/\partial r$ nur bis zur ersten Potenz von $(r-r_0)$ zu entwickeln.

Um die Rechnung wirklich durchführen zu können, müssen wir natürlich die Konstanten B_1, B_2 und m in dem Ansatz (150), S. 448, für die potentielle Energie kennen. Die Konstante B_1 läßt sich unter der Annahme rein CoULOMBscher Kräfte zwischen zwei isolierten Ionen durch eine Art Mittelwertsbildung finden und ergibt sich für Gitter vom Typus des NaCl-Gitters zu 0,29; die Konstante B_2 ist dann bestimmt durch

B_1, m und den Gleichgewichtsabstand r_0 der Ionenmittelpunkte, der seinerseits unmittelbar aus dem spezifischen Gewicht des Kristalls gegeben ist
(denn wir haben oben bereits gesehen, daß das Volumen eines Mols $2Nr_0^3$
ist). Es muß nämlich im Gleichgewichtsabstand $r = r_0$ die Kraft $\partial u/\partial r = 0$
sein und dies gibt $B_2 = B_1 \dfrac{r_0^{m-1}}{m}$. Am schwierigsten ist der Exponent m
des Abstoßungsgliedes zu bestimmen. Auf atomtheoretischen recht
komplizierten Überlegungen oder einfacher empirisch durch einen nach-
träglichen Vergleich z. B. zwischen errechneten und gemessenen Kom-
pressibilitätswerten hat sich für m ein Wert von ungefähr 9 für NaCl
am besten bewährt. Wir setzen demgemäß nun an ($\varepsilon =$ Ionenladung)

$$u = 0{,}29 \cdot \varepsilon^2 \left(\frac{1}{r} - \frac{r_0^8}{9} \cdot \frac{1}{r^9} \right)$$

und erhalten als Endergebnis für die Kompressibilität

$$\varkappa = 5{,}7 \cdot 10^{16}\, r_0^4 .$$

Trotz der recht groben Vereinfachungen ergeben sich auf diesem Wege
Werte für die Kompressibilität, die mit den direkt experimentell be-
bestimmten bis auf einige Prozent überein-
stimmen. Schwieriger ist die Berechnung
anderer physikalischer Konstanten eines Gitters wie z. B. der thermischen Ausdehnung,
weil wir dabei bereits von gitter-dynamischen
Überlegungen Gebrauch machen müßten. Aber
qualitativ läßt sich leicht übersehen, warum
ein Gitter sich bei Erwärmung ausdehnen

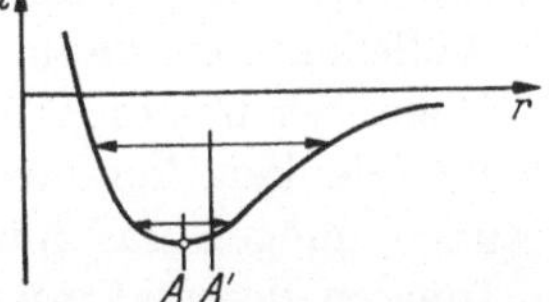

Abb. 175. Zur Theorie der thermischen Ausdehnung der Gitter.

muß. Nämlich einfach deshalb, weil die Kraft, die eine Gitterpunkt-
masse bei einer Elongation aus der Gleichgewichtslage in diese zurück-
zieht, asymmetrisch um die Gleichgewichtslage verteilt ist, und zwar
derart, daß sie nach kleineren Abständen hin stärker ansteigt als
nach Seite größerer hin. Wenn die Masse in Ruhe wäre, würde sie im
tiefsten Punkt der Potentialkurve (Abb. 175) liegen; infolge der thermischen Bewegungen macht sie Schwingungen um die Gleichgewichtslage,
und zwar nach beiden Seiten hin bis zu jeweils derselben Höhe, nämlich
bis dorthin, wo ihre kinetische Energie gerade gleich ist dem Zuwachs
an potentieller Energie gegen die Tiefstlage. Mit zunehmender Temperatur verschiebt sich also — es nimmt mit der Temperatur die mittlere
kinetische Energie zu — der Schwingungsmittelpunkt von der Stelle A
nach der Stelle A' hin, d. h. aber, der mittlere Abstand der Gitterpunkt-
massen nimmt zu oder der Körper dehnt sich aus. Im Fall vollkommen
symmetrischer quasielastischer Bindungskräfte würde demnach ein
Kristall keine Wärmeausdehnung zeigen und ebenso würden alle seine
elastischen Konstanten temperaturunabhängig sein.

Realkristalle. Wir müssen zum Schluß aber noch auf eine wichtige
Ergänzung aller bisherigen Betrachtungen kurz eingehen. Bisher haben

wir nämlich stets angenommen, daß wir es zu tun haben mit idealen Gittern („Idealkristallen") im Sinn vollkommen exakter geometrischer Modelle. Solche Idealkristalle gibt es nun in der Natur nicht, sondern die „Realkristalle" werden stets gewisse Mängel — „Kristallbaufehler", „Störstellen", „Fehlstellen" — aufweisen. Wie sich gezeigt hat, kann man über diese Mängel nicht immer hinwegsehen und sie lediglich als unwesentliche Schönheitsfehler betrachten; es gibt in der Tat eine Reihe wichtiger Erscheinungen, bei deren Erklärung gerade diese Fehler eine wesentliche Rolle spielen. Wenn auch neuerdings die Anwendung der Fehlstellenvorstellung als Arbeitshypothese vielleicht etwas übertrieben wird und wenn auch leider und ganz natürlicherweise die Theorie der Realkristalle fast immer in nur qualitativen Überlegungen stecken bleiben muß und sich nicht in ähnlich exakt mathematischer Form fassen läßt wie die der Idealkristalle, hat die Beschäftigung mit den Realkristallen doch ohne Zweifel viele neue und wichtige Einsichten eröffnet. Beispiele dafür haben wir verschiedentlich schon kennengelernt (z. B. S. 307) und wollen hier nur noch einige allgemeine Bemerkungen anschließen, die in der Hauptsache allerdings nur dazu dienen sollen, die üblichen Bezeichnungsweisen verständlich zu machen.

Wenn wir uns die Abmessungen eines Realkristalls immer weiter verkleinert denken, kommen wir zuletzt auf Gebilde, die idealen Gitterbau besitzen, mögen das nun wirkliche Kristallindividuen oder Teilgebiete im Inneren des makroskopischen Realkristalls sein; man bezeichnet sie als „Gitterblöcke". Aber in einem Realkristall gibt es auch Kristallbaufehler oder Inhomogenitäten, die entweder in „Fehlanordnungen" einzelner Bausteine, in einem Einbau von Fremdatomen an Gitterplätzen oder „Zwischengitterplätzen", oder in Leerstellen — man spricht dann von einer „Kristallücke" bzw. von „Lückenkristallen" — bestehen können. Die Kristallbaufehler können submikroskopisch klein sein und ihre Existenz dann nur indirekt verraten, sie können aber auch direkt sichtbar sein, wie z. B. in den Mosaikkristallen. Wichtiger als derartige Nomenklaturfragen ist für uns, daß sich auf Grund der Erkenntnis der Existenz von Kristallbaufehlern eine Unterscheidung zwischen zwei wesentlich verschiedenen Gruppen von Kristalleigenschaften ergeben hat, die man als „strukturempfindliche" bzw. „strukturunempfindliche" Eigenschaften bezeichnet. Die experimentelle Untersuchung der verschiedenen physikalischen Eigenschaften an verschiedenen Kristallproben einer und derselben Substanz hat nämlich gezeigt, daß es Eigenschaften gibt, die innerhalb der Meßgenauigkeit quantitativ stets gleich gefunden werden, während andere sich von Probe zu Probe als verschieden ergeben, und zwar zum Teil bis um Beträge ihrer mittleren Größenordnung und ohne unmittelbar ersichtlichen Grund. Zu den ersteren gehören z. B. die Dichte, die Elastizität, die spezifische Wärme, die optische Absorption und Dispersion usw., zu den letzteren insbesondere die Festigkeitseigenschaften (z. B. die Zerreißfestigkeit) und eine Gruppe von Eigenschaften, die mit Diffusionsvorgängen und mit der elektrischen Leitfähigkeit zusammenhängen. Diese Befunde legen den Gedanken nahe — der dann in ausgedehnten Untersuchungen gestützt und ausgebaut werden konnte —, daß für die strukturempfindlichen Eigenschaften eben die „Struktur", d. h. nicht allein der ideale und stets gleiche Bau der Gitterblöcke, sondern der reale Aufbau des ganzen Kristalls mit allen seinen Kristallbaufehlern maßgebend ist. Da wir gewisse Eigentümlichkeiten der elektrischen Leitfähigkeit nichtmetallischer Kristalle, die geradezu als typisches Beispiel für die Auswirkung strukturempfindlicher Eigenschaften gelten können, an anderer Stelle (S. 307) schon besprochen haben, seien zum Schluß nur noch ein paar Worte gesagt über die Zerreißfestigkeit, von deren Untersuchung die Diskussion der ganzen hierhergehörenden Fragen ihren Ausgang genommen hatte. Man kann die Zerreißfestigkeit eines idealen Gitters ausrechnen als die Kraft, die erforderlich ist, um in einfachster Modellvorstellung eine Kette von Gitterbausteinen zu zerreißen, d. h. die Kettenglieder weit genug voneinander gegen die Anziehungskräfte voneinander zu entfernen bis in instabile Lagen hinein. Die „molekulare Festigkeit" die man so erhält, liegt in der Größenordnung von 10^4 bis 10^5 kg/cm^2 und ist sehr viel größer als die an makroskopischen Stücken gemessene „technische Festigkeit" (so z. B. beim Eisen etwa 4500mal so groß!). Der Unterschied ist um so größer, je zahlreicher die Kristallbaufehler sind, deren Auswirkung in dem obigen Kettenmodell so zu deuten wären, daß eben nicht alle Kettenglieder gleich stark sind und die Kette dann an der schwächsten Stelle reißt. Kleine Unregelmäßigkeiten beim Erstarren, mikroskopische Spalten und Risse, eingesprengte Fremdatome können in dieser Weise wirken und sind als solche Baufehler anzusprechen. So ergibt sich die Notwendigkeit, über der physikalisch-mathematischen Gittertheorie noch einen Ergänzungsbau zu errichten, die technische Gittertheorie oder die Wissenschaft von den realen Werkstoffen.

Sachverzeichnis.

Ablenkung von Trägern in elektrischen und magnetischen Feldern 113f.
— von Metallelektronen im magnetischen Feld 249.
Absorption in der Dispersionstheorie 125, 127.
— von Licht durch Atome 76, 81, 83.
— — in Gasentladungen 220f.
— von Röntgenstrahlen 86.
Absorptionsvermögen, optisches 93.
Adatome 285f.
Adsorbierte Atome 285f.
Adsorption 287f.
— von Ionen 366.
Adsorptionskräfte 353.
Ähnlichkeitsgesetze in Gasentladungen 225f.
— bei der Zündung 233.
— in Flüssigkeiten 381.
Äquivalentleitfähigkeit 328.
Akkommodationskoeffizient 46.
— an der Kathode 217.
Akkumulator 348.
Aktivierte Kathoden 284f.
Aktive Stellen an der Bogenkathode 218.
Akzeptoren 311.
Ambipolare Diffusion 161.
— in der Säule 195, 201.
Ampèresche Kreisströme 429.
Anfangsgeschwindigkeit s. Austrittsgeschwindigkeit.
Angeregte Atome 278.

Ångström-Einheit 65.
Anisotropie der Moleküle 420.
Anlagerung von Elektronen an Ionen 102, 198.
Anlaufstrom bei Glühkathoden 145.
Anomaler Ladungsstrom 406.
Anomalien, dielektrische 401f.
— der Stromleitung 372f.
Anregung der Atome 75f., 218f.
— durch Absorption 81, 220f.
— der charakteristischen Röntgenstrahlen 86.
— durch Stöße 2. Art 101, 220f.
— stufenweise 80, 83, 220f.
— thermische 103.
Anregungsfunktion 97f., 219.
— in Isolatoren 322.
Anregungsspannung 75, 80, 93, 219f.
Anti-Stokessche Fluoreszenz 107.
Assoziation in Flüssigkeiten 399.
Atomgitter 445.
Auer-Strumpf 89.
Ausbeute und Ähnlichkeitsgesetze 227.
— bei Elektronenstoß 32, 94f.
— im Kathodenfallgebiet 204.
— der Lichtemission von Entladungen 224.
— des Photoeffektes 264.
— der sekundären Elektronemission 278, 281.

Ausbeute bei Stößen 2. Art 101.
Ausdehnung, thermische 451.
Austauschintegrale 440.
Austinsche Formel 126.
Austrittsarbeit 60, 145, 259f., 289f.
Autoelektrischer Effekt 273f.
— an der Kathode 217.
Avogadrosche Zahl 21.

Bahngeschwindigkeit von Trägern 154.
Bandenspektrum 88.
Barkhausen-Sprünge 438.
Barometrische Höhenformel 40.
Basis eines Gitters 446.
Bauersche Ströme 177.
Bedeckungsgrad 191f., 285f., 296f.
Behinderte Entladungen 207.
Bequereleffekt 344.
Beschleunigung von Trägern in elektrischen Feldern 110f., 119.
Besselsche Funktion 196.
Beweglichkeit der elektrolytischen Ionen 325, 329f.
— der Träger in Gasen 156f.
Bewegungsgleichung von Elektronen in der Elektronenoptik 133.
— von Trägern im Vakuum 107f.
— von Trägern in Gasen 158.
— von Trägern in der Dispersionstheorie 124f.
Bildkraft 274, 286.

Bipolare Trägerströmung 165.

Blitz 176, 180f.

Bogenentladung 211, 216f.

BOHRsches Atommodell 71f.

— Magneton 430.

BOLTZMANNsche Konstante 3, 16.

Boltzmann-Prinzip 12f.

— und Dipolorientierung 17, 391, 432.

— in der Doppelschichttheorie 352.

— in der Halbleitertheorie 308.

— — und Kerreffekt 421.

— und Maxwell-Verteilung 18.

— für Träger in Gasen 161.

— und Paramagnetismus 432.

BRAUNsches Rohr 121.

Brechung, Theorie der — 123f.

— in der Heavisideschicht 127f.

— in einem geschichteten Medium 132.

Brechungsindex, optischer 123.

— der Heavisideschicht 127.

— in der Elektronenoptik 133.

Bremsstrahlung 84.

Brennfleck in der BRAUNschen Röhre 122.

Brennspannung von Entladungen 230.

Brennspannungsgebirge 237.

Brennweite in der Elektronenoptik 136, 138.

BROWNsche Bewegung 2.

Büschelentladung 241.

— in Flüssigkeiten 382.

Charakteristik von Entladungen 231.

— von Glühkathodenströmen 145.

— von Gitterröhren 152.

Charakteristik von unselbständigen Entladungen 163f.

— vollständige in Isolatoren 315.

— in isolierenden Flüssigkeiten 374.

Chemische Reaktionen an der Bogenkathode 216.

— bei der elektrolytischen Polarisation 344f.

CLAUSIUS-MOSOTTIsche Gleichung 389, 398.

Compton-Effekt 62.

CONDENSA 384.

COULOMBsche Kräfte 320, 448.

CURIEsches Gesetz 433.

Curie-Temperatur 434, 436.

Dampfdruckbestimmung 21.

Dampfdruck der Metallelektronen 261.

Depolarisation der Lichtstreuung 422.

Detailliertes Gleichgewicht 104.

Diamagnetismus 430f.

Dielektrizitätskonstante 384f.

— von Flüssigkeiten und Festkörpern 398f.

— in der Dispersionstheorie 125.

— der Heavisideschicht 127.

Dielektrikum, geschichtetes 408.

Dielektrische Verluste 401f.

— anomale 405f.

Diffusion, ambipolare 161, 194f.

— in Elektrolyten 339, 347.

— in den Erdkapillaren 176.

— von Gasen 3, 26, 38f.

— im Kathodenfallgebiet 204, 213, 215.

— in der positiven Säule 194f.

Diffusion, von Trägern in Gasen 160, 169.

— in W.-Th.-Glühkathoden 293.

Dipole, Richtungsverteilung 17.

— in Dielektrikas 386f.

— in Magnetikas 432f.

Dipolfelder 425f.

Dipolgitterkräfte 286f.

Dipolverluste, dielektrische 409.

Dispersion der Dipolsubstanzen 397.

— der elektrolytischen Leitfähigkeit 335.

— optische 123f., 387.

— in der Schwankungstheorie 53.

Dissoziation 324, 327, 335f.

— in isolierenden Flüssigkeiten 368f.

Donatoren 311.

Doppelbrechung 419f.

Doppelschicht an Grenzflächen 350f., 357, 361f.

— an der Kathode 290f.

— an Wassertropfen 181.

Drehbarkeit von Atomgruppen 396, 424.

— der Moleküle in Festkörpern 399.

Dreierstoß 104.

Druckmessung mit dem Ionisationsmanometer 150.

Druck von Gasen 2, 20f.

Dublettserien (-linien) 65.

DULONG-PETITsches Gesetz 25.

Durchgriff in Gitterröhren 152, 243.

Durchsichtige Medien 127.

Durchschlag in Gasen 232f.

— in Flüssigkeiten 374, 379f.

— in Isolatoren 314f.

Eintrittswärme von Elektronen 276.

Elastizität der Gitter 449f.

— und Magnetismus 441f.

Elastizitätstheorie 415f.
Elektrofilter 165.
Elektrokapillarität 354f.
Elektrolyte, schwache und starke 331, 337.
Elektrolytkondensatoren 301.
Elektrolytische Leitung 324f.
Elektromotorische Kräfte 338f.
Elektronen, Ladung und Masse 71, 111.
— im Atom 71f., 86.
— in Dielektrikas 392.
— in der Dispersionstheorie 123f.
— in Flüssigkeiten 377.
— in Halbleitern 301f., 310f., 313.
— in der Heavisideschicht 126f.
— in Isolatoren 322.
— in magnetischen Körpern 430f., 440.
— in Metallen 246f.
— Bewegung im Vakuum 106f., 129f.
— — in Gasen 157f.
— — in Gitterröhren 150f. 243.
— — im Kathodenfallgebiet 204f., 219.
— — in der positiven Säule 194f., 199f., 220f.
— — an Sonden 188f.
— — bei der Zündung 233f.
— s. auch Elektronen in Metallen, Halbleitern usw.
— Temperatur 24, 186f., 200, 224, 248.
— Stöße gegen Atome 76, 93f., 103.
— — gegen Photonen 62.
— — 2. Art 100.
— Auslösung durch angeregte Atome 278.
— — durch Ionenstoß 203, 205f., 231, 277f.
— — durch Licht 60, 145.

Elektronen, thermische Anlagerung 145f., 211, 216, 256f.
— Auslösung 102, 198, 227, 377.
— Wiedervereinigung 102, 104, 165, 194, 204, 222, 227.
Elektronengas 33, 50, 185f., 248f., 252f.
Elektronenoptik 129f.
Elektronenschalen im Atom 86.
Elektronenspin 439.
Elektronen-Volt 77, 111, 187.
Elektrophorese 359f.
Elektrophoretische Kraft 332.
Elektrostenolyse 361.
Elektrostriktion 412f.
Elementarbereiche, magnetische 438, 443.
Elemente, galvanische 343.
Emissionsvermögen von Glühkathoden 130.
— optisches 93.
Energiebilanz der positiven Säule 193, 222.
— der Bogenkathode 216.
Energiebändermodelle 254, 310.
Energieniveaus im Atom 76f.
Energieverteilung s. Maxwell-Verteilung, Boltzmann-Prinzip.
Einfrieren der Dipole 400.
Entartung des Elektronengases 252.
— der Gase 46f.
Entladungen, selbständige 182f.
— unselbständige 162f.
— höhere Formen 240.
Erdladung 175f.
Erdmagnetismus 176.

Fading 126.
Fallraum an der Kathode 203, 206f., 215.
FARADAYsches Gesetz 302, 327.

Farbe der Entladungsteile 219.
Fehlergesetz 58.
Fehlordnungen im Gitter 307, 452.
— in Halbleitern 307.
— in Isolatoren 321.
Feldbogen 217.
FERMATsches Prinzip 132.
Ferromagnetismus 434f.
Festigkeit 453.
— elektrische 321.
Festkörper, dielektrische 397.
Flüssigkeiten, dielektrische 397.
— elektrolytische 324f.
— isolierende 367f.
Fluoreszenz 61.
Fokussierung von Trägerstrahlen 120, 122.
Fortpflanzungsgeschwindigkeit elektromagnetischer Wellen 125, 133.
— des Lichts in Isolatoren 387.
Fortschreitungsgeschwindigkeit 154, 248.
— in Elektrolyten 325.
Freiheitsgrad 14, 18, 25.
Funke 241.
Funkeleffekt 271.

Galvanische Elemente 343.
Gasdurchschlag, verschleierter 382.
Gasgemische, Temperaturgleichgewicht in — 24.
Gegenstrom, luftelektrischer 175.
Geometrische Optik 131.
Geschwindigkeit der Gasmoleküle 3.
— mittlere 11, 19.
— von Trägern s. Elektronen, Träger.
Geschwindigkeitskoordinate 8.
Geschwindigkeitsverteilung s. Maxwell-Verteilung.
Gewitter 179f.

Gitterblöcke 452.
Gitterenergie 449.
Gitterkräfte 320, 447.
Gitterröhren 150, 242.
Gitterschwingungen 282.
Gittertheorie 444f.
— der Halbleiter 306f.
— der Isolatoren 319f.
— der Kathodenzerstäubung 283.
— der Piezoelektrizität 418.
— der sekundären Elektronenemission 276.
Gleichgewicht, detailliertes 104, 184.
— thermisches 22, 33, 103.
Gleichverteilungssatz 24f.
Gleitentladungen 240.
Glühisolatoren 301.
Glühkathoden 258f.
— Kathodenfall 211.
— Kennlinie 145f.
— Zündung 241f.
Gradient in der Säule 192f., 196, 202.
— s. Potentialgradient.
Grammäquivalent 327.
Grenzflächenvorgänge 340f.
Grenzionisierung an der Kathode 203.
Grenzstrom 347.
Großzahlforschung 58.

Härte der Röntgenstrahlen 85.
Halbleiter 300f.
Hall-Effekt 249.
— in Halbleitern 302.
HAMILTONsches Prinzip 132.
Heavisideschicht 126f., 177f.
Heißleiter 300.
HEUSLERsche Legierungen 435.
Hochohmwiderstände 300.
Höhenstrahlung 174, 177.
Hohlraumstrahlung 89f.
$h\nu$-Beziehung 63, 264.
Hysteresis, dielektrische 404.
— magnetische 437f.

Impulsbreite der Röntgenstrahlen 85.
Impulskoordinaten 16.
Innere Reibung von Gasen 42f.
Innerer Widerstand von Gitterröhren 152.
Inneres Feld, elektrisches 387.
— — magnetisches 426, 439.
Ionen in Elektrolyten 325f.
— in Gasen 163f.
— in Gittern 445.
— in Gitterröhren 149.
— in Halbleitern 301f.
— in isolierenden Flüssigkeiten 368f.
— in Isolatoren 320.
— durch Anlagerung 102, 198, 227.
— negative in der positiven Säule 193, 198.
— schwere 175.
— solvatisierte 320.
Ionengitter 445.
Ionenradien 329.
Ionenstoß an der Kathode 203f.
Ionenwolken in Elektrolyten 332f.
Ionisationsmanometer 150.
Ionisierung durch Atomstoß 104.
— durch Elektronenstoß 32, 75f.
— durch Stöße zweiter Art 101.
— thermische 103, 200.
— in Stufen 84, 220.
— durch Ionenstoß 235.
— in der Atmosphäre 172f., 177f.
Ionisierungsausbeute 95.
Ionisierungskoeffizient 97, 207, 227, 235.
Ionisierungsspannung 75, 93.
Isoelektrischer Punkt 366.
Isolatoren 255, 301, 311, 314f.
Isolierende Flüssigkeiten 367f.
Isotope 121.

Johnson-Effekt 271.
JOULEsche Wärme 249.
— in Dielektrikas 403.
— in Isolatoren 318.

Kapillaraktive Substanzen 359.
Kapillarität 354f.
Kaskadenfall im Atom 80, 218.
Kathodenfall 202f., 219.
— der Bogenentladung 216.
— der Glimmentladung 203.
— der Glühkathoden 211.
— normaler 210.
Kathodenzerstäubung 283.
Kautschuk, Dipoltheorie des 400.
Kennlinie s. Charakteristik.
KERAFAR 384.
Kernphysik 71.
Kerreffekt 419f.
Kippvorgang bei der Zündung 239.
Kombinationsprinzip von RITZ 69.
Kompressibilität 449f.
Kondensation 21.
Kontaktpotential 250, 261, 367.
Kontinuierliches Spektrum 88f.
Kontraktion der positiven Säule 198.
Korngrenzen 443.
Körnerstruktur der Dielektrika 408.
Kosinusgesetz 283.
Kristallücken 452.
Kristallmagnetismus 443.
Kristalle s. Gitter.
— piezoelektrische 413f.
Kupferoxydul 305, 309, 313.

Ladungsstrom, anomaler 406.
Lagekoordinaten 8, 14.
Langevin-Formel 156, 186, 201.

Langevin-Funktion 391, 435.
Langevin-Schottkysche Gleichung 144, 148.
Laufzahl 69.
Leitfähigkeit, elektrische 246f., 252.
— der Atmosphäre 173, 178.
— von Elektrolyten 324f.
— von isolierenden Flüssigkeiten 367f.
— von Gasen 167.
— von Halbleitern 301f.
— von Isolatoren 315.
Leitungsstrom, luftelektrischer 172.
Lichtausbeute 224.
Lichtelektrischer Effekt s. Photoeffekt.
Lichtemission von Entladungen 218.
Lichtenbergsche Figuren 240.
Lichtquanten 61, 90, 103.
— Diffusion der 221.
Lichttheorie 59f.
Linienserien 64f.
Linsen, elektrische und magnetische 134.
Liouvillesches Theorem 16.
Lochblende 131, 134.
Lockerionen 309.
Lockerstellen in Isolatoren 321.
Löcher im Gitter 307, 311.
Löschen von Entladungen 244f.
Lösungstension 341.
Luftelektrizität 170f.

Magnetfeld-Röhrensender 115.
Magnetische Ablenkung von Elektronen 249.
— — von Trägern 113f., 119f.
— Linsen 138.
Magnetisierung 424.
Magnetismus der Erde 176.
Magneton 430.

Magnetostatik 424f.
Magnetostriktion 442.
Magnetron 116.
Masse des Elektrons 111.
— der Energie 63.
— der Lichtquanten 63.
Masseparabel 120.
Massenspektrograph 118f.
Massenwirkungsgesetz 104, 335.
Maxwell-Verteilung 10, 18f., 49.
— der Glühelektronen 146.
— der Metallelektronen 259, 267.
— der Plasmaelektronen 33, 186, 190, 215, 219.
— der Sekundärelektronen 283.
Metallmodelle 254f.
Metastabile Zustände 83f.
— — bei Stößen 2. Art 101.
— — im Kathodenfall 204.
— — in der Säule 197, 220.
— — bei der Zündung 236.
Mikrofeld im Plasma 185.
Mittelwerte 11f.
— bei Maxwell-Verteilung 19.
— der freien Weglänge 27.
— der Relativgeschwindigkeit 30.
— der Schwankung 53f.
Modul, elastischer 416.
Moleküle, polare 390f.
Molekülbau 393f., 423f.
Molekülgitter 445.
Molekulare Festigkeit 453.
Molekularpolarisation 389.
Molekularrefraktion 421.
Momente, elektrische 388f.
— magnetische 429f.
Multiplettserien (-linien) 65.
Multiplier 272, 277.

Nachwirkungserscheinungen, dielektrische 404.
Nachwirkungsfunktion 407.

Napfmodell 258, 260, 266, 274.
Negative Ionen s. Ionen.
Neutralisationswärme von Elektronen 276.
— von Ionen 216.
Neutralisation von Ionen an Metallen 277, 279f.
Niederdruckentladung 194.
Niederschlagselektrizität, luftelektrische 172.
Niedervoltbogen 215.
Normaler Kathodenfall 210, 228.
Nullpunktsenergie 51, 253, 259.

Oberflächen, reine 257, 266, 284.
Oberflächeneffekte in isolierenden Flüssigkeiten 370f.
Oberflächenschichten 285f.
Oberflächenspannung 354, 357.
Ohmsches Gesetz in Elektrolyten 335.
— in isolierenden Flüssigkeiten 368.
— in ionisierten Gasen 167.
— in Metallen 193.
Osmotischer Druck 338, 340f.
Oxydkathoden 130, 284f.

Parabel, Thomsonsche 168.
— Masse- 120.
Paramagnetismus 429, 432f.
Passivierung 349.
Pauli-Prinzip 48.
Permeabilität 424.
Piezoelektrische Kristalle 413f.
Phasengrenzflächen 340f.
Phasenraum 14.
Photoeffekt 60, 257, 263f.
— sensibilisierter 295f.
— in Halbleitern 312f.
— an der Kathode 204.
Photonen 61f. (s. Lichtquanten).

PLANCKsche Strahlungs-
formel 91.
Plasma 182f., 213.
POISSEUILLEsches Gesetz
42, 364.
POISSONsche Gleichung
138.
Polarisation 344f.
— der Atome 286.
— anisotrope 421f.
— dielektrische 384f.
— magnetische 425f.
Polarisationskapazität 345.
Polaritätseffekte bei der
Zündung 236.
Positive Säule s. Säule.
Potential, elektrokineti-
sches 361f.
— elektrolytisches 343.
— der Gitterkräfte 448.
Potentialgefälle, luftelek-
trisches 170f.
Potentialminimum im
Raumladungsfeld 141,
146.
Potentialtheorie der Atomkräfte 280, 287f., 298.
—elektrischer Felder 139f.,
205f.
— der Dielektrikas 385f.
— der Doppelschichten
352.
— der Magnetikas 425f.
Potenzleiter 301.
Pumpgeschwindigkeit 42.

Quantenäquivalent 265.
Quarz, piezoelektrischer
414, 417.
Quarzlampe 191, 200, 224.
Quasineutralität des Plas-
mas 183, 195, 197.
Quecksilberatom 81f.
Querstabilität der Ent-
ladung 211.

Radioaktive Substanzen in
der Atmosphäre 174.
Randeffekt beim Durch-
schlag 319.

Raumladungen in der At-
mosphäre 171, 173.
— in Elektrolyten 325.
— in isolierenden Flüssigkeiten 373, 375.
— im Kathodenfallgebiet
205f.
— in der positiven Säule
195.
— an Sonden 189, 244.
— von Trägerströmen
138f., 163f.
Raumladungsgebiet der
Kennlinien 145.
— von Gitterröhren 152,
243, 272.
Raumladungsschicht an
Sonden 189, 244.
— an der Kathode 205f.
Raumpotential 187.
Raumwellen, drahtlose 126.
Rauschen von Röhren 271.
Reabsorption in der Säule
220.
Realkristalle 451f.
Reziprokes Gitter 447.
Reemission 81.
Reflexion an Wänden 20,
45.
Reflexionsvermögen, op-
tisches 93.
Reibung, innere der Gase
38.
— in der Dispersionstheorie
124.
— in Dielektrikas 410.
— in Elektrolyten 329f.
Reibungselektrizität 365f.
Rekombination s. Wieder-
vereinigung.
Relaxationskraft 332.
Relaxationszeit, dielektri-
sche 410.
Resonanzlinie 81.
Resonanzprinzip bei Stö-
ßen 2. Art 101.
Restspannungen in iso-
lierenden Flüssigkeiten
373.
Reststrom 346.
RICHARDSONsche Glei-
chung 259f.
RITZsches Kombinations-
prinzip 69.

Röntgenstrahlen 84f.
Rotsensibilisierung 298.
Rückstrom in isolierenden
Flüssigkeiten 373.

Sättigung, dielektrische
397.
— magnetische 433, 435.
Sättigungsstrom von Glüh-
kathoden 145.
— in isolierenden Flüssig-
keiten 369.
— unselbständige Entla-
dungen 168.
— an Sonden 189.
Säule, positive 191f.
— Diffusions- 194.
— thermische 199, 229.
— Lichtemission 221.
Saha-Formel 105, 201, 229.
Schaltvorgänge 245.
Scharmittel 30.
Schlagweitengebirge 237.
Schlauchentladung 199.
Schmiermitteltheorie 424.
Schönwetterfeld, luftelek-
trisches 176.
Schraubenbahnen im Mag-
netfeld 138.
Schreibgeschwindigkeit
des BRAUNschen Rohres
122.
Schroteffekt 268f.
Schwankungstheorie 52f.,
269f.
Schwarze Strahlung 89,
268.
Schweigezone 126.
Seignettesalz 401.
Sekundärelektronen aus
Metallen 272, 275f.
— -Vervielfacher 272, 277.
Selektivstrahler 88.
Selenzellen 312.
Sensibilisierte Kathoden
284f.
Serienformeln, spektrale
67f.
Serienspektren 64.
Solvatation 324.
Sonden 187f.
Spannungen, kritische 93.
Spannungsreihe 344.

Spezifische Wärme der Gase 51.
— — fester Körper 25.
— — der Metalle 251.
— Ladung von Trägern 119.
— Kohäsion 357.
Spektrum von Entladungen 218.
Sperrschicht-Photozellen 312f.
Spitzenentladung 240.
Sprudeleffekt 365.
Stationarität von Entladungen 206, 208, 223.
Statistik, klassische 25f.
— Fermische 46f., 251f.
Statistisches Gewicht 223.
STEFAN-BOLTZMANNsches Gesetz 92.
Steilheit 152.
Stern-Gerlach-Versuch435.
Steuerspannung 152.
Störpegel 272.
Störstellen 307, 452.
Stöße, elastische Kugelstöße 23.
— gegen Wände 20, 40, 45.
— von Elektronen 93f.
— 2. Art 100f., 221.
— von Ionen 204, 231.
— gegen Metallflächen 275, 277f.
STOKESsche Regel 62.
Stoßzahl 28f.
Strahlungsgesetze 89.
Streuung des Lichts 62.
Strömungsströme 360f.
Strömungswiderstand von Gasen 41f.
Stromempfindlichkeit der BRAUNschen Röhre 121.
Stromverteilung in Gitterröhren 151.
— an der Kathode 203, 208, 219.
Strukturempfindliche Eigenschaften 452.
Stufenprozesse 80, 83, 103.
— in der Säule 197, 220f.
Superpositionsprinzip 406.
Suszeptibilität 424.

Teleologische Betrachtungsweise 212.
Temperatur, thermodynamische 23.
— der Bogenkathode 217.
— der Elektronen 23, 159, 186f., 224.
— im Plasma 196, 200, 224.
— der Träger 155, 161.
Terme, spektrale 69f.
Termschema 76f.
Termzahl 69.
Thermische Bogentheorie 217.
— Plasmatheorie 199, 229.
— Elektronenemission 211, 216, 256f., 282.
— Ionisation 103, 199f., 241.
Thermisches Gleichgewicht 22.
Thermodiffusion 39.
Thermoelektrische Effekte 250.
Totalreflexion von Elektronen 151.
TOWNSENDsche Relation 161, 196.
Träger s. Ionen, Elektronen.
— Bewegung im Vakuum 106f.
— — in Gasen 153f.
— Diffusion 160.
— spezifische Ladung 119.
Trägerbilanz der Säule 193.
Trägerdichte in der Atmosphäre 174.
— in der Heavisideschicht 129, 179.
— aus Sondenmessungen 191.
Trägerlawinen in Gasen 231.
— in Flüssigkeiten 376, 379.
— in Isolatoren 319.
Trägerstromdichte 142.
Translationsgruppe 445.
Transportgleichung 34f.
Triplettserien (-linien) 65, 69.

Trockengleichrichter 312.
Tunneleffekt 254, 275, 280, 299.
Tyndall-Effekt 56, 422.

Überführungszahlen in Elektrolyten 325.
— in Halbleitern 302.
Übergangswahrscheinlichkeit im Atom 78, 223.
Überspannung 348.
Unipolare Trägerströmung 163.

Vakuumfaktor 150.
Valenzwinkelung 395.
Ventilwirkung 349.
Verbotene Übergänge im Atom 78.
Verdampfung 21.
— an der Kathode 216.
— der Metallelektronen 261.
Verdünnungsgesetz 337.
Verluste, dielektrische 402f.
Verlustwinkel 402f.
Verschiebungsgesetz, WIENsches 92.
Verschwindungskoeffizient 175.
Verteilungsfunktion 8.
— FERMIsche 48.
— MAXWELLsche 18.
— der Weglängen 28.
— der Schwankungen 57.
Verweilzeit angeregter Atome 75.
Voltaeffekt 260, 367.
Vorerregte Entladung 236, 241.
Vorstrom in isolierenden Flüssigkeiten 375, 382.
— bei der Zündung 242.

Wärmedurchschlag 317f., 382.
Wärmeelektrischer Durchschlag 319.

Wärmeerzeugung in Flüssigkeiten 382.
— durch Ionenstoß 282.
— an der Kathode 212, 216.
— in Metallen 249.
— in der positiven Säule 194, 199, 224.
— s. JOULEsche Wärme.
Wärmeleitung der Gase 34, 37.
— bei tiefen Temperaturen 44f.
— in der Bogenkathode 216.
— in Metallen 250, 252.
— in der Säule 202.
Wahrscheinlichkeitsrechnung 4f.
Wahrscheinlichster Zustand 12, 48.
Wandstöße 21, 40, 45.

Wandströme in der Säule 195.
Wandverschiebung, magnetische 443.
Wasserfallelektrizität 180, 365.
Weglänge der Elektronen in Metallen 250, 251.
Weglänge, mittlere freie 26f., 31.
Wellen, elektromagnetische 123f.
Wellenlänge der Bremsstrahlung 85.
Wellentheorie des Lichts 59.
Wellenzahl 65.
WIEDEMANN-FRANZsches Gesetz 250, 252.
Widerstandsthermometer 300.
Wiedervereinigung von Trägern 102, 165, 227.

Wiedervereinigung in der Atmosphäre 175.
— im Kathodenfallgebiet 204.
— im Plasma 184.
— in der Säule 194.
WIENsches Verschiebungsgesetz 92.
Wirkungsquantum 60, 63, 91.
Wirkungsquerschnitt 28, 94.

Zeitmittel 30.
Zelle eines Gitters 446.
— des Phasenraums 14, 47.
Zerreißfestigkeit 453.
Zersetzungsspannung 346.
Zündung 230f.
Zustandsraum 12.
Zwischengitterplätze 307.